# 南方森林多功能经营技术研究

郑小贤　王新杰　等　著

中国林业出版社

**图书在版编目(CIP)数据**

南方森林多功能经营技术研究／郑小贤，王新杰著 . —北京：中国林业出版社，2017. 7
ISBN 978-7-5038-9165-6

Ⅰ. ①南… Ⅱ. ①郑… ②王… Ⅲ. ①森林经营 – 研究 – 中国 Ⅳ. ①S75

中国版本图书馆 CIP 数据核字(2017)第 165683 号

出版 中国林业出版社(100009 北京西城区德内大街刘海胡同 7 号)
电话 (010)83225481
发行 新华书店北京发行所
印刷 北京中科印刷有限公司
版次 2017 年 8 月第 1 版
印次 2017 年 8 月第 1 次
开本 787mm×1092mm 1/16
印张 26. 5
印数 1000 册
字数 650 千字

# 《南方森林多功能经营技术研究》
## 编写人员名单

（按姓氏笔画排列）

| | | | | |
|---|---|---|---|---|
| 王俊峰 | 王新杰 | 卢妮妮 | 向玉国 | 刘　乐 |
| 刘波云 | 刘晓玥 | 衣晓丹 | 许　昊 | 杜　燕 |
| 杨雪春 | 李　杰 | 李　俊 | 汪　晶 | 张梦雅 |
| 张梦雅 | 张　鹏 | 罗　梅 | 周君璞 | 周　洋 |
| 郑小贤 | 孟　楚 | 赵　娜 | 侯绍梅 | 徐雪蕾 |
| 高志雄 | 凌　威 | 崔　岜 | | |

# 前　　言

南方是我国重要林区，具有丰富的森林生态系统类型，其中的亚热带常绿阔叶林具有分布广、面积大、群落类型多样化等特征，是我国南方森林生态系统的主体，为区域生态环境和生物多样性保护、经济繁荣稳定和社会发展等起到了不可替代的重要作用。

由于长期不合理经营利用，导致南方常绿阔叶林结构退化、质量下降、生产力和生物多样性衰退，大多退化为常绿阔叶次生林。因此，急需研究常绿阔叶次生林结构优化、质量提升和多功能经营等关键技术。

我们团队于 2012 年至 2016 年在福建省三明市将乐县开展了常绿阔叶次生林和人工林多功能经营技术研究与示范，取得了阶段性研究成果，整理汇编成本书。本研究目标和主要内容是：根据我国南方常绿阔叶林的多功能经营需求开展森林多功能经营规划与经营方案编制、提高常绿阔叶林生物多样性和森林生产力的多功能经营、人工针叶林多功能经营和基于农户的森林多功能经营信息服务网络化等技术研究，重点解决生态公益林多功能经营中如何既能突出森林主导功能又能协调多目标冲突的理论与关键技术难点，提出适合我国南方集体林区森林多功能经营技术体系，为森林多功能经营提供理论和方法支撑。

本研究成果主要包括：森林多功能经营理论和多功能经营技术模式研究。在森林多功能经营理论方面，本研究采用先易后难的研究方法，首先研究林分单一功能随时间变化规律。生物多样性功能随林分年龄呈现先上升后下降的二次曲线关系，在林龄约 47a 时达到最大。水源涵养功能的变化趋势随林分年龄呈现先下降后上升的关系，最小值出现在 49a。木材生产能力与林分年龄为显著的对数关系。其次本研究揭示了两种功能的随时间变化规律，生物多样性与水源涵养两种功能的变化规律，从幼龄到中龄阶段，随年龄逐渐增强，在 33a 时达到最大后开始下降，在 66a 处达到低谷后恢复上升。生物多样性和木材生产两种功能之和随林分年龄呈现对数关系，而水源涵养和木材生产两种功能的变化规律，呈现先下降后上升的二次曲线关系，最小值出现在林分年龄为 49a 处。最后研究生物多样性、木材生产和水源涵养三种功能，其变化规律随年龄呈现先下降后上升的二次曲线关系，在林分年龄 49a 处最小。在此基础之上，揭示了结构与功能耦合关系，构建了主导结构因子与森林多功能的非线性模型，提出了森林多功能成熟理论。

在森林多功能经营方法研究方面，本研究提出了森林多功能评价方法、组织多功能经营类型方法、参与式村级和林场级森林多功能经营方案编制方法、森林多功能成熟确定方法等。

在森林多功能经营技术研究与示范方面，本研究提出了常绿阔叶次生林健康评价和多功能评价技术、兼顾多功能的低质低效林抚育和改造技术、珍贵树种目标树经营技术、基于农户的森林多功能经营信息服务平台开发技术等。

在森林多功能经营模式研究与示范方面，本研究提出了常绿阔叶次生林多功能经营模式、杉木 + 草珊瑚多功能经营模式、杉木 + 毛竹复合经营模式、杉木混交林复合经营模式、林禽养殖复合经营模式等。

本研究认为森林多功能经营具有以下特点：

（1）森林多功能经营不是强调森林单一功能的最大化，而是根据社会发展和林分特点，在发挥主导功能的同时兼顾其他功能，发挥森林的最大综合作用。因此，需要研究单个功能和多功能的变化规律，在熟悉功能变化特点的基础上才能实现森林多功能经营的目的。

（2）森林多功能是有层次的，包括空间层次与时间层次。空间层次是指森林多功能规划评价的空间尺度，有些功能发生在林分尺度，有些则在区域尺度发挥功效。在实际森林经营中应当注意这些功能发挥的空间范围及其影响。时间层次指的是森林功能随时间变化规律，不同生长演替阶段森林的功能是有差异的，揭示森林多功能随时间变化规律是森林多功能经营时必须解决的理论问题。

在本书即将出版之际，向为本研究提供各种便利条件的将乐国有林场和龙栖山国家自然保护区等单位表示深深的感谢。

"十二五"农村领域国家科技计划课题：南方集体林区生态公益林可持续经营技术研究与示范（2012BAD22B05）为本书的出版提供了经费支持，在此一并表示感谢！

郑小贤

2017 年 5 月于北京林业大学

# 目　　录

# 1 栲类次生林干扰与幼苗幼树更新评价

## 1.1 研究内容与研究方法

### 1.1.1 研究内容

主要研究内容如下：

(1)评价指标体系理论框架研究

通过阅读文献，针对相关文献中出现的各指标体系进行分析研究，总结归纳出森林干扰评价指标体系存在的问题，提出一套新的干扰评价指标体系理论框架。

(2)栲类次生林干扰评价研究

根据提出的评价指标体系理论框架，结合样地数据，实例分析将乐林场栲类次生林干扰状况。构建栲类次生林干扰评价指标体系，确定指标阈值和权重，确定评价模型，划分干扰等级，主要评价将乐林场栲类次生林乔木层稳定等级。

(3)栲类次生林更新幼苗幼树评价研究

在对将乐林场栲类次生林乔木层干扰评价的基础上，基于标准地数据，结合更新幼苗幼树分布格局的分析结果，选用平均密度、平均地径和平均盖度 3 个指标，采用因子分析法综合分析，对将乐林场栲类次生林林下更新幼苗幼树进行更新评价研究。

(4)影响栲类次生林干扰度的因素分析

在研究栲类次生林的干扰评价指标的基础上，分析各评价指标与干扰度之间的相关性，探明影响栲类次生林干扰度的因素。根据各因素与干扰度的相关系数大小，结合林分现状和当地需求，针对不同稳定等级的林分给出了切实可行的经营建议，为栲类次生林经营研究提供了理论依据。

### 1.1.2 技术路线

在理论分析与文献综述的基础上，制定了栲类次生林干扰评价与影响因素分析的技术路线，如图 1.1 所示。

### 1.1.3 数据来源

根据将乐地区常绿阔叶林的分布情况，在将乐地区随机选择有代表性的 21 块栲类次生林标准地，以通过评价标准地稳定等级来反应将乐地区栲类次生林的生长状况。标准地基本情况如表 1.1。

标准地面积为 20 m×30 m，总调查面积为 1.26 hm²，在每个标准地中设置以 10 m 为单位间距的调查单元，以标准地的西南角作为原点，东西走向为横轴，南北走向为纵轴，

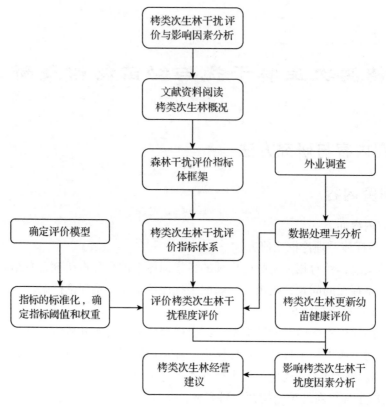

**图1.1 技术路线图**

编写单元号。同时，应详细记录标准地基本信息，包括样地地址(林场、林班、小班)、森林类型、样地大小、优势树种、坡度、坡向、坡位、林分起源、立地类型等因子。

乔木调查：本研究设置起测径阶为 5 cm，对达到起测径阶的树木每木检尺，并进行坐标确定，同时，详细记录每株树的树种、胸径、树高、枝下高、冠幅、优势度、乔木病虫害情况等。

灌草和更新调查：在标准地的四角和中心处设置 5 个 5 m×5 m 小样方，进行灌木和林下更新幼树幼苗调查，随机设置 5 个 1 m×1 m 小样方进行草本调查，分别记录灌木和幼树的树种、高度、地径、盖度等因子，记录草本的种名、高度、高度、盖度等因子。

**表1.1 标准地基本情况表**

| 标准地号 | 树种组成 | 标准地规格(m×m) | 郁闭度 | 平均胸径(cm) | 平均树高(m) |
|---|---|---|---|---|---|
| 1 | 5 苦槠 1 栲树 1 米槠 1 山矾 + 油桐 + 茅栗 | 20×30 | 0.7 | 18.0 | 9.3 |
| 2 | 4 栲树 4 米槠 1 苦槠 + 檫木 + 木荷 - 青冈栎 | 20×30 | 0.7 | 19.0 | 9.7 |
| 3 | 4 栲树 2 拟赤杨 1 枫香 1 苦槠 1 木荷 1 南酸枣 | 20×30 | 0.8 | 12.5 | 11.3 |
| 4 | 3 栲树 2 苦槠 1 拟赤杨 1 青冈 1 杉木 1 木荷 1 南酸枣 | 20×30 | 0.8 | 13.5 | 9.8 |
| 5 | 6 栲树 1 木荷 1 苦槠 + 杨梅 + 青冈 + 南酸枣 + 台湾冬青 | 20×30 | 0.6 | 15.3 | 7.0 |
| 6 | 3 黄樟 2 冬青 1 苦槠 1 米槠 1 栲树 + 拟赤杨 + 青冈 | 20×30 | 0.7 | 12.8 | 9.3 |
| 7 | 7 栲树 1 青冈 1 甜槠 + 细柄阿丁枫 + 枫香 + 黄瑞木 | 20×30 | 0.5 | 19.4 | 9.5 |

（续）

| 标准地号 | 树种组成 | 标准地规格（m×m） | 郁闭度 | 平均胸径（cm） | 平均树高（m） |
|---|---|---|---|---|---|
| 8 | 5 栲树 2 青冈 1 南酸 1 木荷 + 米槠 + 苦槠 - 枫香 - 甜槠 | 20×30 | 0.6 | 16.4 | 10.2 |
| 9 | 3 栲树 2 木荷 1 黄樟 1 甜槠 1 青冈 1 黄润楠 + 米槠 | 20×30 | 0.6 | 13.7 | 9.9 |
| 10 | 3 栲树 2 拟赤杨 2 臭子乔 1 木荷 1 黄瑞木 1 苦槠 | 20×30 | 0.8 | 12.5 | 9.8 |
| 11 | 4 栲树 2 拟赤杨 1 杉木 1 南酸枣 1 木荷 1 苦槠 | 20×30 | 0.7 | 12.2 | 9.2 |
| 12 | 3 罗浮栲 3 杉木 1 黄樟 1 拟赤杨 1 苦槠 + 罗浮柿 | 20×30 | 0.7 | 16.3 | 10.1 |
| 13 | 4 栲树 2 拟赤杨 1 杉木 1 南酸枣 1 木荷 1 苦槠 | 20×30 | 0.7 | 12.2 | 9.2 |
| 14 | 3 罗浮栲 3 杉木 1 黄樟 1 拟赤杨 1 苦槠 + 罗浮柿 | 20×30 | 0.7 | 16.3 | 10.1 |
| 15 | 3 栲树 2 柿子树 1 杉木 1 青冈栎 1 拟赤杨 + 苦槠 | 20×30 | 0.6 | 9.3 | 8 |
| 16 | 5 苦槠 2 栲树 1 山乌桕 1 红楠 - 拟赤杨 | 20×30 | 0.6 | 8.4 | 6.7 |
| 17 | 3 苦槠 2 栲树 2 马尾松 1 山乌桕 1 枫香 1 红楠 | 20×30 | 0.2 | 13.4 | 8.6 |
| 18 | 3 栲树 2 苦槠 1 木荷 1 刨花润楠 1 乐昌含笑 + 红楠 | 20×30 | 0.85 | 12.2 | 12 |
| 19 | 4 栲树 1 木蜡树 1 细柄阿丁枫 1 格式栲 1 红楠 + 木荷 | 20×30 | 0.85 | 13.7 | 12.4 |
| 20 | 4 栲树 2 黄樟 1 刺毛杜鹃 + 老鼠刺 + 苦槠 - 南酸枣 | 20×30 | 0.8 | 11.4 | 9.1 |
| 21 | 4 栲树 1 木荷 1 苦槠 + 罗浮栲 - 拟赤杨 - 南酸枣 | 20×30 | 0.8 | 9.2 | 8.5 |

## 1.2 研究方法

### 1.2.1 干扰评价研究方法

#### 1.2.1.1 指标阈值确定方法

本研究采用频数分析法，对部分没有具体数值的指标进行频度分析，然后采用正态等距划分法划分其阈值及赋值，通过计算最终得出干扰度值，划分干扰度等级及其分级范围。

根据全国森林火险区划等级标准（王建林，2001；郑焕能，1991），表 1.2 为树种燃烧类型划分表，林分易燃树种比例（FI）为标准地易燃树种数与标准地总树种数的比值。

根据小班划分技术标准，表 1.3 为林地坡度等级划分表，根据标准划分坡度指标阈值。

**表 1.2　树种燃烧等级划分表**

| 燃烧等级 | 树种 |
|---|---|
| 难燃类 | 水曲柳、黄波罗、栲、槠、竹类、槭树、阔叶混交（优势不明显） |
| 可燃类 | 杉木、桦、落叶松、云杉、杨、檫树、椴、针阔混交、硬阔（色木等）、软阔（枫杨、柳、槭树、楸）、杂木 |
| 易燃类 | 马尾松、麻栎、高山栎、桉树、安息香树、胡枝子、杜鹃、樟树、油松、针叶混交林（优势不明显）、灌木林 |

**表 1.3　林地坡度等级划分表**

| 坡度(°) | 0 < I ≤ 5 | 5 < I ≤ 15 | 15 < I ≤ 25 | 25 < I ≤ 35 | 35 < I ≤ 45 | > 45 |
|---------|-----------|------------|-------------|-------------|-------------|------|
| 等级 | 平坡 | 缓坡 | 斜坡 | 陡坡 | 急坡 | 险坡 |

#### 1.2.1.2　指标权重确定方法

本研究采用熵权法修正层次分析法赋予指标权重，具体的步骤可分为 4 步：

（1）指标归一化处理

由于各评价指标来自不同方面，单位及标准不统一，直接用来评价是不准确也是不规范的，因此，必须对各指标进行归一化处理，使其统一呈无量纲。设置归一化处理后的指标值 $P$ 范围为 $[0,1]$，具体换算公式如下：

$$P = \frac{(x_{ij} - x_{\min})(P_{\max} - P_{\min})}{x_{\max} - x_{\min}} + P_{\min}$$

式中：$P$ 为评价指标的归一化换算值；$x_{ij}$ 表示第 $i$ 个评价指标第 $j$ 个标准地的实测值；$x_{\max}$ 和 $x_{\min}$ 分别为评价指标的实测最大值和实测最小值。

（2）层次分析法

采用层次分析法对干扰指标体系的目标层、控制层、评价层和阈值层的指标分别赋予权重，分别记为 $W_m$、$W_k$、$W_p$ 和 $W_y$。

（3）熵权法

熵权法是根据各指标的具体值所提供信息量的大小，来确定指标权重的方法。采用熵权法对干扰指标体系的调查指标层赋予权重，共设有 n 个研究对象，即标准地，每个对象可用 m 个指标来描述，即评价指标，归一化数据矩阵为 $P = (p_{ij})_{n \times m}$，具体计算公式如下：

$$h_i = -\frac{1}{\ln(n)} \sum_{j=1}^{n} f_{ij} \ln f_{ij}$$

$$w_i = \frac{1 - h_i}{m - \sum_{i=1}^{m} h_i} \left( 0 \leq w_s \leq 1, \sum_{1}^{m} w_i = 1 \right)$$

式中：$f_{ij} = p_{ij} / \sum_{j=1}^{n} p_{ij}$，$p_{ij}$ 表示第 $i$ 个指标第 $j$ 个标准地的无量纲值；$h_i$ 和 $w_i$ 分别表示第 $i$ 个指标的熵值和熵权。

（4）熵权法修正层次分析法

根据层次分析法和熵权法计算得出的权重结果，综合各权重信息，计算出各指标最终权重，利用信息熵结合层次分析法计算出各指标权重，客观性较强。

$$W_i = w_m \times w_k \times w_p \times w_y \times w_i$$

式中：$W_i$ 表示第 $i$ 个指标修正后的权重。

### 1.2.2　幼苗幼树更新评价研究方法

#### 1.2.2.1　更新幼苗幼树等级划分标准

用幼苗幼树的株高划分其等级（表 1.4），以代表不同生长阶段，并进一步分析幼苗幼树更新的动态。

表 1.4　更新幼苗幼树等级的划分

| 等级 | Ⅰ 级 | Ⅱ 级 | Ⅲ 级 | Ⅳ 级 | Ⅴ 级 |
|------|------|------|------|------|------|
| 标准 | $h \leq 30$ cm | $30$ cm $< h \leq 60$ cm | $60$ cm $< h \leq 100$ cm | $100$ cm $< h \leq 200$ cm | $h > 200$ cm，$d \leq 7.5$ cm |

注：$h$. 苗高；$d$. 胸径。

结合更新幼苗幼树等级划分标准，研究提出树种幼苗和幼树的标准，其中幼苗包括小苗和大苗：小苗为Ⅰ级和Ⅱ级，用 $S$ 表示，大苗为Ⅲ级和Ⅳ级，用 $M$ 表示；幼树为Ⅴ级，用 $L$ 表示。

#### 1.2.2.2　格局测定指标

空间分布格局的测定采用方差/均值 $(V/\overline{m})$ 法，并用 $T$ 检验检测预测值是否符合实际的分布规律，结合 Lloyd 聚块性指标 $(m^*/\overline{m})$、丛生指标 $(I)$、负二项参数 $(K)$ 和 Cassie 指标 $(CA)$ 等进行综合分析，各指标计算公式及指标说明如表 1.5 所示。

表 1.5　空间分布格局指标

| 指标 | 公式 | 说明 |
|------|------|------|
| 均值<br>方差 | $\overline{m} = \sum\limits_{i=1}^{n} m_i/n$<br>$V = \sum\limits_{i=1}^{n} (m_i - \overline{m})^2/(n-1)$ | 当 $V/\overline{m} > 1$ 时，群落呈集中分布；<br>当 $V/\overline{m} < 1$ 时，群落呈均匀分布。 |
| 平均拥挤度 | $m^* \approx m + (V/\overline{m} - 1)$ | 当 $m^*/\overline{m} = 1$ 时，群落为随机分布；当 $m^*/\overline{m} < 1$ 时，群落为均匀分布；当 $m^*/\overline{m} > 1$ 时，群落为聚集分布。 |
| 丛生指标 | $I = (V/\overline{m}) - 1$ | 当 $I = 0$ 时，群落为随机分布；当 $I > 0$ 时，群落为聚集分布；当 $I < 0$ 时，群落为均匀分布。 |
| 负二项参数<br>Negative binomial parameter | $K = \overline{m}^2/(V - \overline{m})$ | $K$ 值愈小，聚集度越大；当 $K$ 值趋于无穷大时 $(K > 8)$，则逼近泊松分布。 |
| Cassie 指标<br>Cassie index | $CA = 1/K$ | 当 $CA = 0$ 时，群里呈随机分布；当 $CA > 0$ 时，群里呈聚集分布；当 $CA < 0$ 时，群落呈均匀分布。 |

#### 1.2.2.3　评价方法

用软件 spss18.0 通过"分析→降维→因子分析"，探求分析数据中的基本结构，将平均密度 $(X_1)$、平均地径 $(X_2)$ 和平均盖度 $(X_3)$ 3 个评价指标用一个综合指标表示，将该指标定义为天然更新优劣得分因子 $(F)$，根据每个树种得分反映更新优劣。

### 1.2.3　pearson 相关性分析

Pearson 相关系数是用来衡量两个数据集合是否在一条线上，用它来衡量定距变量间的线性关系。相关系数越接近于 1 或者 −1 时，两数据的相关度越强，相关系数越接近于 0，相关度越弱。

本研究通过软件 spss18.0 进行 pearson 分析，分别分析干扰度与各评价指标对的相关性以及干扰度对林下更新的影响。

## 1.3 栲类次生林干扰评价体系

### 1.3.1 评价体系的构建

本研究提出由"调查指标–阈值指标–评价指标–控制指标–目标指标"5个层次构成的森林干扰评价指标体系框架(图1.2)。

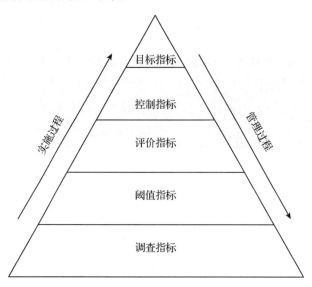

**图1.2 森林干扰评价指标体系框架**

该体系由下而上结构是由调查指标、阈值指标、评价指标、控制指标、目标指标5个层次组成,它们之间的相互关系为下一层指标服务于上一层指标,下一层指标是上一层指标的具体实施,自下而上是实施过程,自上而下是管理过程。其中,调查指标(主要是野外数据采集)的数量和详细程度是根据评价阈值指标内容确定的,是为建立阈值指标服务的;阈值划分和评定是为分析评价服务的,只有划定了指标阈值才能进行具体评价;评价指标是全面客观评价森林干扰现状最重要的指标层,是核心层,具有承上启下的作用,它是为上层控制指标服务的指标;控制指标是为评价目标服务的;最高层次是目标指标层,即评价的目的。

图1.2也表达了森林干扰评价指标体系的各层次指标的内在逻辑关系。这个体系从下而上演变的过程反映了信息集成度提高的过程,信息价值和信息包含程度也在提高,所以是指导阈值数据处理的基本思路,以及分析评价的设计模式,也是评价体系"信息大厦"的基本框架。

综上,把干扰评价指标体系看成一个"金字塔"体系,以调查指标为底层依次而上,直到目标指标。

## 1.3.2　评价指标

### 1.3.2.1　指标选取的原则

次生林干扰评价指标体系是对林分的社会(经营)属性和自然属性两方面进行客观描述，要能反映出林分干扰程度和次生林生态系统稳定程度。因此，构建该指标体系应按照以下原则进行：

(1)科学性原则

指标能够客观描述次生林的干扰状况，有可行的测算方法、标准和统计方法。

(2)代表性原则

指标能反映出林分自然和社会属性，以及其变化趋势和其受干扰、破坏的程度。

(3)可操作性原则

指标的数据要易获取、可操作性强，实现理论与实践相统一。

(4)系统性原则

指标要能够全面、系统地反映林分各方面特性，充分体现林分干扰和相应的协调性。

(5)适用性原则

指标要因地制宜地进行选择，对于不同的评估对象，采用不同的指标才能更好地显示其生态系统稳定程度。

### 1.3.2.2　指标的确定

以将乐林场栲类次生林为例，构建了森林干扰评价指标体系。该体系的评价目标是栲类次生林的抗干扰的稳定程度情况(目标指标层)，因此其控制指标层有2个指标，即从林

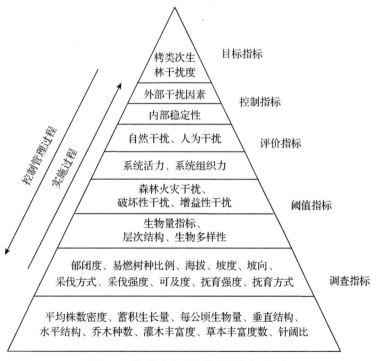

**图1.3　栲类次生林干扰评价指标体系**

分外部干扰因素和生态系统稳定性入手分析，当外部干扰因素越小，内部稳定性越高，反之相反；评价指标层选择自然干扰和人为干扰2个方面反映外部干扰程度，选择系统活力和系统组织力反映生态系统稳定性情况；阈值指标层受评价指标层控制，主要选择森林火灾干扰、破坏性干扰、增益性干扰、生物量指标、层次结构、生物多样性等指标；调查指标层主要有：郁闭度、易燃树种比例、坡度、采伐方式、采伐强度、可及度、抚育强度、抚育方式等19个指标，该指标层既受上层阈值指标控制，又是上层指标的具体实施指标。各指标层间的关系见图1.3。

需要说明的是，自然干扰原则上可分为森林火灾、林业有害生物、大气污染等干扰方式，通过对当地资料调查了解，将乐林场栲类次生林主要的自然干扰为火灾干扰，所以设置指标时忽略了其他干扰方式。

### 1.3.2.3　指标权重与阈值确定

本研究采用熵权法修正层次分析法确定各指标权重，各指标的权重值见表1.6。

**表1.6　栲类次生林评价指标权重**

| 指标 | 权重 | 指标 | 权重 |
|---|---|---|---|
| 郁闭度 | 0.0085 | 平均株数密度 | 0.0365 |
| 易燃树种比例 | 0.0339 | 蓄积生长量 | 0.0668 |
| 海拔 | 0.0537 | 每公顷生物量 | 0.0634 |
| 坡度 | 0.0371 | 垂直结构 | 0.0381 |
| 坡向 | 0.0335 | 水平结构 | 0.0036 |
| 采伐方式 | 0.1500 | 乔木种数 | 0.0133 |
| 采伐强度 | 0.1361 | 灌木丰富度 | 0.0165 |
| 可及度 | 0.0473 | 草本丰富度 | 0.0440 |
| 抚育强度 | 0.0833 | 针阔比 | 0.0512 |
| 抚育方式 | 0.0833 | | |

非连续型变量的阈值确定，采用二类调查规程中的标准，表1.7为非连续型变量指标的阈值划分及赋值。对于连续性变量的阈值确定，在综合考虑栲类次生林生长过程中结构特征变化的基础上，经定量与定性分析，采用正态等距划分法来计算正态分布的区间估计，划分出各指标的指标阈值，表1.8为连续性变量指标的阈值划分及其标准化赋值。

**表1.7　非连续型变量的阈值划分及赋值**

| 指标 | 特征值 | 赋值 | 指标 | 特征值 | 赋值 |
|---|---|---|---|---|---|
| 采伐方式 | 择伐 | 0 | 可及度 | 不可及 | 0 |
| | 渐伐 | 0.5 | | 半可及 | 0.5 |
| | 皆伐 | 1 | | 可及 | 1 |
| 采伐强度 | 弱 | 0 | 抚育 | 未抚育 | 0 |
| | 中 | 0.5 | | 抚育 | 1 |
| | 强 | 1 | 坡向 | 阴坡 | 0 |
| 水平结构 | 均匀 | 0 | | 阳坡 | 1 |
| | 随机 | 0.5 | 垂直结构 | 复层林 | 0 |
| | 团状 | 1 | | 单层林 | 1 |

表 1.8　连续型变量的阈值划分及标准化赋值

| 指标 | 指标阈值 | 赋值 | 指标 | 指标阈值 | 赋值 |
|---|---|---|---|---|---|
| | $0.6 < Y \leq 0.8$ | 0 | | $>45$ | 0 |
| 平均郁闭度 | $0.8 < Y \leq 0.9$ | 0.5 | | $35 < I \leq 45$ | 0.2 |
| | $\leq 0.6$；$>0.9$ | 1 | 坡度 | $25 < I \leq 35$ | 0.4 |
| | $\leq 0.15$ | 0 | | $15 < I \leq 25$ | 0.6 |
| 易燃树种比例 | $0.15 < FI \leq 0.29$ | 0.5 | | $5 < I \leq 15$ | 0.8 |
| | $>0.29$ | 1 | | $0 < I \leq 5$ | 1 |
| | $>600$ | 0 | | $>1500$ | 0 |
| 海拔 | $400 < H \leq 600$ | 0.5 | 平均株数密度 | $900 < D \leq 1500$ | 0.5 |
| | $\leq 400$ | 1 | | $\leq 900$ | 1 |
| | $>165$ | 0 | 平均乔木种数 | $>6$ | 0 |
| 每公顷生物量 | $95 < B \leq 165$ | 0.5 | （种） | $5 < SN \leq 6$ | 0.5 |
| | $\leq 95$ | 1 | | $\leq 5$ | 1 |
| | $>8.3$ | 0 | 灌木丰富度 | $>10$ | 0 |
| 针阔比（%） | $4.2 < R \leq 8.3$ | 0.5 | （种） | $5 < SA \leq 10$ | 0.5 |
| | $\leq 4.2$ | 1 | | $\leq 5$ | 1 |
| | $>1.8$ | 0 | 草本丰富度 | $>10$ | 0 |
| 蓄积生长量 | $1.0 < ZV \leq 1.8$ | 0.5 | （种） | $5 < HA \leq 10$ | 0.5 |
| | $\leq 1.0$ | 1 | | $\leq 5$ | 1 |

## 1.3.3　干扰状况评价

### 1.3.3.1　评价模型

本研究通过对 Costanza 的森林健康指数模型进行改进（李杰等，2013），在原有的反应森林生态系统稳定性的因子基础上，增加了外部干扰因素的人为干扰和自然干扰指标，并可根据评价目标调节权重，具体模型如下：

$$SL = \sum_{r=1}^{n} (W_1 x_1 + W_2 x_2 + \cdots + W_n x_n)$$

式中：$SL$ 为稳定等级取值，即干扰度值，值域为 $[0 \sim 1]$；$W_1$，$W_2$，$\cdots$，$W_n$ 为权重，$W_1 + W_2 + \cdots + W_n = 1$；$x_1$，$x_2$，$\cdots$，$x_n$ 为各指标标准化后的相对值，值域为 $[0 \sim 1]$。

### 1.5.3.2　干扰等级划分

对将乐林场栲类次生林标准地干扰度值 SL 进行等级划分，如表 1.9 所示，将稳定等级划分为几无干扰、轻度干扰、中度干扰和强度干扰四个等级。

表 1.9　森林稳定等级标准

| 稳定等级 | 几无干扰 | 轻度干扰 | 中度干扰 | 强度干扰 |
|---|---|---|---|---|
| 干扰度值 | $0 \leq SL \leq 0.27$ | $0.27 < SL \leq 0.34$ | $0.34 < SL \leq 0.41$ | $0.41 < SL \leq 1$ |

### 1.3.3.3　干扰评价结果

将乐林场栲类次生林 21 块标准地的评价结果见表 1.10，其中几无干扰的标准地数有为 12 个，占总标准地数 57.14%；轻度干扰标准地数 7 个，占总数 33.34%；中度干扰标准地数 1 个，占总数 4.76% ；强度干扰的标准地也仅有 1 个，占总数 4.76% 。

结合标准地具体情况，第 17 号标准地的干扰度值最高，如表 1.11 所示，为 0.474，评价结果为强度干扰；该标准地经营历史有 2 次采伐，采伐后未进行人工更新，所以乔木生长状况不佳，蓄积量低，因此，评价结果显示受干扰程度严重。第 21 号标准地干扰度值为 0.345，评价结果为中度干扰，该标准地经营历史显示有过一次采伐，而且标准地坡向采光不好，乔木生长不佳，标准地平均胸径仅为 9.15 cm；另外，21 号标准地坡位为下坡，距离居民点比较近，也是导致干扰程度偏高的一个原因。

综合 21 个标准地评价结果发现，将乐林场栲类次生林稳定等级主要处于几无干扰和轻度干扰状态，与当地针对常绿阔叶林进行封山育林的现状相符合。应结合栲类次生林稳定等级，提出有效的经营管理措施，减少或避免负面干扰，加强正面干扰，提高林分稳定性。

表 1.10　不同稳定等级标准地比例

| 稳定等级 | 标准地数（个） | 比例（%） |
| --- | --- | --- |
| 几无干扰 | 12 | 57.14 |
| 轻度干扰 | 7 | 33.34 |
| 中度干扰 | 1 | 4.76 |
| 强度干扰 | 1 | 4.76 |

表 1.11　各标准地的干扰度值

| 标准地号 | 干扰度 | 标准地号 | 干扰度 |
| --- | --- | --- | --- |
| 1 | 0.265 | 12 | 0.27 |
| 2 | 0.248 | 13 | 0.317 |
| 3 | 0.27 | 14 | 0.27 |
| 4 | 0.214 | 15 | 0.276 |
| 5 | 0.305 | 16 | 0.322 |
| 6 | 0.313 | 17 | 0.474 |
| 7 | 0.31 | 18 | 0.216 |
| 8 | 0.249 | 19 | 0.204 |
| 9 | 0.208 | 20 | 0.231 |
| 10 | 0.249 | 21 | 0.345 |
| 11 | 0.317 | | |

## 1.4　栲类次生林幼苗幼树更新评价

### 1.4.1　不同等级株数分布

分别统计各标准地内不同等级的幼苗幼树株数，从表 1.12 可以看出，林分幼苗幼树密度平均为 7 638 株/hm$^2$，I 级幼苗密度最大，为 2 771 株/hm$^2$，V 级最小，仅 469 株/hm$^2$，幼苗幼树密度随着等级增大而减小，呈明显的倒"J"型分布，与异龄林直径分布（潘文君等，2004）的特征相似。从 I 级到 V 级的各等级所占比例分别为 36.28%，21.96%，19.34%，16.29% 和 6.14%。进一步分析可以发现，幼苗幼树在生长过程中存在 2 个株数骤减的过程，分别是Ⅰ级到Ⅱ级和Ⅳ级到Ⅴ级，说明这2个阶段幼苗竞争较为激烈，其他阶段幼苗密度变化不大，相对稳定。

树种中黄瑞木更新幼苗幼树最多，所占比例为22.22%；其次为栲树、细齿柃和细枝柃，所占比例分别为12.78%，12.20%和10.42%，其余树种所占比例均较小。

**表 1.12　将乐林场栲类次生林主要树种更新幼苗幼树不同等级分布(株/hm²)**

| 树　　种 | Ⅰ级 | Ⅱ级 | Ⅲ级 | Ⅳ级 | Ⅴ级 | 总计 | 比例(%) |
|---|---|---|---|---|---|---|---|
| 黄瑞木 *Cornus stolonifera* | 556 | 361 | 366 | 302 | 112 | 1 697 | 22.22 |
| 栲树 *Castanopsis fargesii* | 400 | 205 | 190 | 132 | 49 | 976 | 12.78 |
| 细齿柃 *Eurya nitida* | 298 | 200 | 185 | 166 | 83 | 932 | 12.20 |
| 细枝柃 *Eurya loquaiana* | 288 | 176 | 151 | 137 | 44 | 796 | 10.42 |
| 老鼠刺 *Ilex pernyi* | 283 | 156 | 102 | 83 | 39 | 663 | 8.68 |
| 黄润楠 *Phoebe zhennan* | 249 | 141 | 122 | 102 | 59 | 673 | 8.81 |
| 山矾 *Symplocos caudata* | 200 | 141 | 112 | 68 | 20 | 541 | 7.08 |
| 檵木 *Loropetalum chinensis* | 185 | 107 | 93 | 98 | 10 | 493 | 6.45 |
| 苦槠 *Castanopsis sclerophylla* | 185 | 83 | 78 | 73 | 29 | 448 | 5.87 |
| 木荷 *Schima superba* | 127 | 107 | 78 | 83 | 24 | 419 | 5.49 |
| 总计 | 2 771 | 1 677 | 1 477 | 1 244 | 469 | 7 638 | 100.00 |
| 比例(%) | 36.28 | 21.96 | 19.34 | 16.29 | 6.14 | 100.00 | |

## 1.4.2　空间分布格局

聚集度指标测定结果(表1.13)表明，林分主要树种的方差/均值 $V/m$ 比率均大于1，4种聚集度指标出现的结果分别为 $m^*/m > 1$、$I > 0$、$K$ 值均在8以下(当 $K$ 大于8时接近于泊松分布)、$CA > 0$；黄瑞木聚集程度最强，$V/m$ 值为135.64，木荷聚集程度最弱，$V/m$ 值为10.48。对 $V/m$ 的显著性检验结果也表明，除木荷聚集程度为显著外，其余树种聚集程度均为极显著，说明将乐林场栲类次生林主要树种更新幼苗幼树的空间分布格局呈现明显的聚集分布。

**表 1.13　将乐林场栲类次生林主要树种更新幼苗幼树空间分布格局**

| 树种 | $V/m$ | $T$检验 | 分布 | $m^*/m$ | $I$ | $K$ | $CA$ |
|---|---|---|---|---|---|---|---|
| 黄瑞木 *Cornus stolonifera* | 135.64 | 32.66** | 聚集 | 1.01 | 134.64 | 0.93 | 1.07 |
| 栲树 *Castanopsis fargesii* | 25.45 | 6.31** | 聚集 | 1.02 | 24.45 | 2.58 | 0.39 |
| 细齿柃 *Eurya nitida* | 51.83 | 14.67** | 聚集 | 1.01 | 50.83 | 1.56 | 0.64 |
| 细枝柃 *Eurya loquaiana* | 35.14 | 8.54** | 聚集 | 1.02 | 34.14 | 1.46 | 0.68 |
| 老鼠刺 *Ilex pernyi* | 35.54 | 8.63** | 聚集 | 1.02 | 34.54 | 1.31 | 0.76 |
| 黄润楠 *Phoebe zhennan* | 15.99 | 4.16** | 聚集 | 1.02 | 14.99 | 3.17 | 0.32 |
| 山矾 *Symplocos caudata* | 33.71 | 10.35** | 聚集 | 1.02 | 32.71 | 1.44 | 0.69 |
| 檵木 *Loropetalum chinensis* | 22.01 | 12.13** | 聚集 | 1.01 | 21.01 | 5.57 | 0.18 |
| 苦槠 *Castanopsis sclerophylla* | 33.42 | 10.25** | 聚集 | 1.03 | 32.42 | 1.18 | 0.85 |
| 木荷 *Schima superba* | 10.48 | 2.63* | 聚集 | 1.04 | 9.48 | 2.70 | 0.37 |

注：* 表示在 $P < 0.05$ 水平差异显著，** 表示在 $P < 0.01$ 水平差异显著；$V/m$、$m^*/m$、$I$、$K$ 和 $CA$ 分别为方差均值比率、聚块性指标、丛生指标、负二项式分布指数和 Cassie 指标。

在分析幼苗不同阶段聚集强度时以 $m^*/m$ 值为主，其他指标值共同检验。如表 1.14 所示，同一树种的更新幼苗在不同发育阶段，其空间分布格局存在差异，各主要树种在小苗、大苗和幼树 3 个阶段的空间分布格局都呈聚集分布，在不同阶段聚集强度有所不同。随着幼苗株高的增大，大部分树种 $m^*/m$ 值逐渐增大，聚集强度逐渐增强，以栲树、苦槠和木荷最为明显，黄瑞木和檵木聚集强度随株高增大基本没有变化，细枝柃随株高增大聚集强度逐渐减弱。一般天然更新种群，其分布格局是由随机向集群分布转变，但细枝柃反之，黄瑞木和檵木规律性不强，说明随着栲类次生林的演替，这些树种将逐渐减少，甚至消失，而栲树、苦槠和木荷等栲类树种种群天然更新规律明显，有发展成群落主要树种的趋势。

**表 1.14　将乐林场栲类次生林主要树种各立木级的分布格局**

| 树种 | 立木级 | $V/m$ | $T$ 检验 | 分布 | $m^*/m$ | $I$ | $K$ | $CA$ |
|---|---|---|---|---|---|---|---|---|
| 黄瑞木 *Cornus stolonifera* | S | 114.22 | 27.46 ** | 聚集 | 1.02 | 113.22 | 0.53 | 1.89 |
| | M | 53.14 | 1.90 | 聚集 | 1.02 | 52.14 | 0.87 | 1.15 |
| | L | 42.78 | 22.00 ** | 聚集 | 1.05 | 41.78 | 0.48 | 2.07 |
| 栲树 *Castanopsis fargesii* | S | 24.84 | 6.16 ** | 聚集 | 1.03 | 23.84 | 1.60 | 0.62 |
| | M | 13.65 | 2.05 | 聚集 | 1.06 | 12.65 | 1.39 | 0.72 |
| | L | 10.89 | 4.81 ** | 聚集 | 1.16 | 9.89 | 0.63 | 1.59 |
| 细齿柃 *Eurya nitida* | S | 26.90 | 7.48 ** | 聚集 | 1.03 | 25.90 | 1.47 | 0.68 |
| | M | 22.55 | 2.88 * | 聚集 | 1.03 | 21.55 | 1.55 | 0.65 |
| | L | 21.45 | 7.10 ** | 聚集 | 1.13 | 20.45 | 0.38 | 2.62 |
| 细枝柃 *Eurya loquaiana* | S | 18.31 | 4.33 ** | 聚集 | 1.05 | 17.31 | 1.25 | 0.80 |
| | M | 29.25 | 6.53 ** | 聚集 | 1.04 | 28.25 | 0.83 | 1.20 |
| | L | 2.88 | 0.29 | 聚集 | 1.02 | 1.88 | 2.64 | 0.38 |
| 老鼠刺 *Ilex pernyi* | S | 19.49 | 4.77 ** | 聚集 | 1.04 | 18.49 | 1.32 | 0.76 |
| | M | 47.09 | 9.65 ** | 聚集 | 1.05 | 46.09 | 0.42 | 2.39 |
| | L | 27.42 | 2.74 * | 聚集 | 1.08 | 26.42 | 0.45 | 2.24 |
| 黄润楠 *Phoebe zhennan* | S | 15.95 | 4.15 ** | 聚集 | 1.05 | 14.95 | 1.25 | 0.80 |
| | M | 5.65 | 1.12 | 聚集 | 1.06 | 4.65 | 3.89 | 0.26 |
| | L | 18.86 | 15.94 ** | 聚集 | 1.09 | 17.86 | 0.60 | 1.67 |
| 山矾 *Symplocos caudata* | S | 25.36 | 7.70 ** | 聚集 | 1.04 | 24.36 | 1.08 | 0.93 |
| | M | 30.44 | 3.82 ** | 聚集 | 1.06 | 29.44 | 0.53 | 1.90 |
| | L | 7.15 | 1.61 | 聚集 | 1.08 | 6.15 | 0.89 | 1.13 |
| 檵木 *Loropetalum chinensis* | S | 21.89 | 12.06 ** | 聚集 | 1.02 | 20.89 | 2.46 | 0.41 |
| | M | 9.61 | 0.71 | 聚集 | 1.03 | 8.61 | 3.58 | 0.28 |
| | L | 15.82 | 20.77 ** | 聚集 | 1.03 | 14.82 | 2.36 | 0.42 |
| 苦槠 *Castanopsis sclerophylla* | S | 12.07 | 3.50 ** | 聚集 | 1.05 | 11.07 | 1.83 | 0.55 |
| | M | 23.29 | 6.36 ** | 聚集 | 1.09 | 22.29 | 0.49 | 2.05 |
| | L | 9.59 | 1.35 | 聚集 | 1.19 | 8.59 | 0.61 | 1.64 |
| 木荷 *Schima superba* | S | 16.25 | 4.23 ** | 聚集 | 1.09 | 15.25 | 0.72 | 1.38 |
| | M | 8.86 | 1.86 | 聚集 | 1.13 | 7.86 | 0.99 | 1.01 |
| | L | 5.16 | 2.24 * | 聚集 | 1.15 | 4.16 | 1.64 | 0.61 |

注：S. 小苗；M. 大苗；L. 幼树。

## 1.4.3 更新状况评价

首先对数据做 KMO 和 Bartlett 检验，由表 1.15 所示，KMO 统计量为 0.41，Bartlett 检验显著性水平为 0.00，显示显著性水平很高，说明该组数据适合做因子分析。从因子分析结果看（表 1.16），前两个因子累计贡献率为 98.45%，满足因子个数对累计贡献率的要求，使用主成分分析法提取 2 个因子分析，并定义因子为 $F_1$、$F_2$。

**表 1.15　KMO 和 Bartlett 检验**

| | | |
|---|---|---|
| 取样强度的 Kaiser – Meyer – Olkin 度量 | | 0.41 |
| Bartlett 球形度检验 | 近似卡方值 Proximate chi – square | 18.97 |
| | 自由度 DOF | 3 |
| | 显著性水平 Significance level | 0.00 |

**表 1.16　因子分析**

| 成分 | 初始特征值 | | | 提取因子平方和 | | |
|---|---|---|---|---|---|---|
| | 特征值 | 方差贡献率 | 累积方差贡献率 | 特征值 | 方差贡献率 | 累积方差贡献率 |
| 1 | 2.29 | 76.24% | 76.24% | 2.29 | 76.24% | 76.24% |
| 2 | 0.67 | 22.22% | 98.45% | 0.67 | 22.22% | 98.45% |
| 3 | 0.05 | 1.55% | 100.00% | | | |

表 1.17 为旋转前后因子载荷矩阵，发现因子载荷和方差贡献率在旋转前后都有了较大的变化，可以看出方差贡献率总和不变，仍为 98.45%，但旋转后因子载荷提取的信息量更向 $F_1$、$F_2$ 因子集中。$F_1$ 因子包含了平均密度 85% 的信息；平均盖度 98% 的信息，几乎为全部信息，将其定义为苗木的密度因子。$F_2$ 因子包含了平均地径 97% 的信息，基本上为其全部的信息，因此定义 $F_2$ 为苗木的生长因子。再根据提取因子的方差贡献率赋予权重，可写出林地更新优劣得分，定义为因子 $F = (0.58F_1 + 0.40F_2)/0.99$，由此可计算得到各主要树种天然更新效果评价的综合得分。

**表 1.17　旋转前后因子载荷矩阵**

| 旋转 | 成分 | 平均密度 $X_1$<br>（N/hm²） | 平均地径 $X_2$<br>（cm） | 平均盖度 $X_3$<br>（%） |
|---|---|---|---|---|
| Before | 1 | 0.98 | − 0.74 | 0.88 |
| | 2 | 0.09 | 0.67 | 0.47 |
| 后 After | 1 | 0.85 | − 0.22 | 0.98 |
| | 2 | − 0.50 | 0.97 | − 0.13 |

将各树种综合得分以降序排列，并生成柱状图，由图 1.4 可以看出，天然更新优劣状况因子得分最高的是黄瑞木，为 0.53，最低的是栲树，为 − 0.85，各主要树种以更新优劣状况排序依次为：黄瑞木、木荷、细枝柃、山矾、檵木、细齿柃、黄润楠、老鼠刺、苦槠、栲树。评价结果表明黄瑞木更新效果最好，其次是木荷，但黄瑞木不是栲类次生林的优势树种，更新抚育时应以木荷、栲树等树种为主。

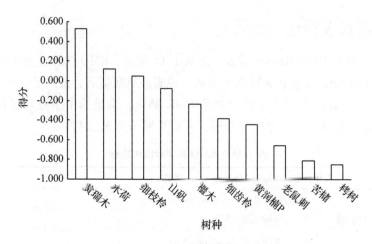

**图1.4 主要树种天然更新优劣得分**

从更新评价结果可知，黄瑞木的更新幼苗最多，幼树聚集强度最大，更新情况最好，但黄瑞木并不是栲类次生林的优势树种。黄瑞木一般为落叶灌木或小乔木，最高可达 5 m 左右，耐寒喜光，在林分中主要以林下灌木存在，一般不能长成大乔木，所以不是常绿阔叶林的优势树种；但除木荷外，栲树和苦槠天然更新状况很差，由于当地栲类林进行封山育林，大部分林分干扰度较低，林分郁闭度较大，林大阳光稀少，不利用天然更新，也说明随着栲类次生林的演替，木荷等树种有替代栲树、苦槠成为林分优势种的可能。

## 1.5 栲类次生林干扰影响因素分析与经营建议

### 1.5.1 栲类次生林干扰影响因素分析

#### 1.5.1.1 干扰度与各评价指标的 pearson 相关分析

通过 spss18.0 软件，对干扰度与各评价指标做二元变量线性 pearson 相关分析，得出表 1.18 分析结果。

自然干扰指标中，栲类次生林干扰度与林分郁闭度的相关系数高于其他指标，在 $a = 0.01$ 水平下呈现显著相关；易燃树种比例、海拔、坡度和坡向等指标的相关性不明显。

人为干扰指标中，采伐方式和采伐强度的相关系数均较高，在 $a = 0.01$ 水平，采伐方式呈显著相关，在 $a = 0.05$ 水平，采伐强度呈显著相关。

系统活力指标中，平均株数密度、蓄积生长量和每公顷生物量均在 $a = 0.01$ 水平下呈现显著相关关系。

系统组织力指标中，水平结构的相关系数较其他指标高，但相关性不显著，垂直结构、乔木种数、灌木丰富度、草本丰富度和针阔比的相关性也不明显。

所有指标中，与干扰度相关性较大的指标是系统活力指标和人为干扰指标，说明栲类次生林干扰度与外界人为干扰有和内在活力有很高的相关性，采伐方式和强度越低，林木活力越旺盛的地方，林分受到的干扰度就越小，反之则相反。

表 1.18 栲类次生林干扰度与各指标的相关性系数

| 自然干扰指标 | 相关系数 R | 人为干扰指标 | 相关系数 R |
|---|---|---|---|
| 郁闭度 | -0.729** | 采伐方式 | 0.650* |
| 易燃树种比例 | 0.086 | 采伐强度 | 0.717** |
| 海拔 | 0.070 | 可及度 | -0.092 |
| 坡度 | 0.300 | | |
| 坡向 | 0.145 | | |
| 系统活力指标 | 相关系数 R | 系统组织力指标 | 相关系数 R |
| 平均株数密度 | -0.634** | 垂直结构 | -0.333 |
| 蓄积生长量 | -0.713** | 水平结构 | -0.354 |
| 每公顷生物量 | -0.721** | 乔木种数 | -0.108 |
| | | 灌木丰富度 | 0.018 |
| | | 草本丰富度 | -0.054 |
| | | 针阔比 | 0.318 |

注：* 表示 Correlation is significant at the 0.05 level；** 表示 Correlation is significant at the 0.01 level

### 1.5.1.2 干扰度对林下更新的影响分析

通过 spss18.0 软件，得出栲类次生林幼苗幼树更新评价指标与干扰度的相关系数矩阵，如表 1.19 所示。更新评价指标中，平均地径与干扰度的相关系数较平均密度和平均盖度高，但三个指标的相关性均不明显。

栲类林是常绿阔叶林的典型类型，大多分布于低山丘陵地区，较为喜爱阳光。当林分受到一定干扰，林下阳光适合栲树幼苗生长时，更新状况最佳，当林分干扰度较小或者几无干扰情况下，不利于栲树幼苗的生长，但对栲类树种幼树或者成树的生长影响不大，这也说明了干扰度与更新评价指标没有明显的线性相关关系。

表 1.19 更新评价指标与干扰度的相关系数矩阵

| | | 平均密度 | 平均地径 | 平均盖度 | 干扰度 |
|---|---|---|---|---|---|
| Correlation | 平均密度 | 1.000 | -0.449 | -0.510 | 0.290 |
| | 平均地径 | -0.449 | 1.000 | 0.560 | -0.432 |
| | 平均盖度 | -0.510 | 0.560 | 1.000 | -0.223 |
| | 干扰度 | 0.290 | -0.432 | -0.223 | 1.000 |
| Sig.<br>（1 - tailed） | 平均密度 | — | 0.021 | 0.009 | 0.101 |
| | 平均地径 | 0.021 | — | 0.004 | 0.025 |
| | 平均盖度 | 0.009 | 0.004 | — | 0.166 |
| | 干扰度 | 0.101 | 0.025 | 0.166 | — |

### 1.5.1.3 干扰度与评价指标的耦合模型

森林生态系统是个完整的个体，各因子之间的相互作用，形成了其复杂的结构体系。森林生态系统稳定等级的高低，通常是由有代表性的一个或多个主导因子相互作用所表现的，因此，在森林干扰评价结果的基础上，找到影响森林稳定等级的主导因子，并对其进行调整，是改善森林稳定等级的有力措施。

通过软件 spss18.0 对各评价指标进行了主成分分析，如表 1.20，结果表明，人为干扰指标是影响稳定等级贡献率最大的因子，影响稳定等级的主导因子依次是人为干扰($X_1$)、生物多样性($X_2$)、自然干扰($X_3$)、生物量($X_4$)、层次结构($X_5$)和其他因素($X_6$)，栲类次生林稳定等级与各评价指标之间的耦合关系模型为：

$$SL = 0.36X_1 + 0.18X_2 + 0.13X_3 + 0.1X_4 + 0.09X_5 + 0.14X_6$$

**表 1. 20　评价指标与稳定等级定量化解释**

| 主成分因子 | 特征向量 | 解释率 |
| --- | --- | --- |
| 人为干扰 | 6.42 | 35.69 |
| 生物多样性 | 3.14 | 17.43 |
| 自然干扰 | 2.39 | 13.28 |
| 生物量 | 1.85 | 10.28 |
| 层次结构 | 1.60 | 8.90 |
| 未解释因素 | 2.59 | 14.41 |

## 1.6　栲类次生林经营建议

### 1.6.1　维持轻度干扰林分

将乐林场栲类次生林主要以几无干扰和轻度干扰的状态存在，这与当地对栲类次生林进行封山育林的措施有关。在封山育林的同时尽量做到以下几点：

(1)保持森林生态系统稳定性；在生态过程中，保持森林生态系统结构方面的稳定性；保持森林生态系统的恢复力和抗干扰能力；保持森林生态系统为社会提供价值的可持续性。

(2)适当的抚育措施，促使森林发挥最大效能，使林分朝着正向演替；在保证演替规律，使得演替正向发展的前提下，适当保留一些经济价值较高树种，保留一些水源涵养能力较强的树种。

(3)根据当地情况，适当增加针叶林比例，使林分达到恰当的针阔比例，同时，为尽量提高林分树种的多样性，尽量调整林分，使其树种多样化、乡土化、混交化。

### 1.6.2　改善中度干扰林分

根据评价结果，主要是第14号和19号标准地为中度干扰，结合分析干扰度影响的因素，主要是系统活力指标和人为干扰影响比较大，针对林地具体情况提出以下几点建议：

(1)控制中度干扰林分的系统活力指标，使林分内主要栲类树种的平均株数密度、蓄积生长量和每公顷生物量等指标在一定的阈值范围内，尽量减少系统活力指标对干扰度的影响。

(2)针对有采伐经营史的林地，适当进行人工抚育，补种一些针叶树种，使林分达到恰当的针阔比例，丰富林分物种多样性，增加林分抗干扰能力。

(3)针对距离居民点较近的林地，切实做好封山育林的宣传工作，提出相应的惩罚措施，在林地外围种植构骨或者十大功劳等常绿灌木，尽量降低人为干扰对林分造成的影响。

## 1.6.3　治理强度干扰林分

将乐林场栲类次生林受到强度干扰的林分比例很小，强度干扰的林分主要因为未切实做到封山育林或是人为干扰严重，针对强度干扰林分提出如下几点经营建议：

（1）切实做到封山育林

针对不同干扰程度的林分，采用不同程度和类型的封山育林措施。在封育时，应同时考虑一些抚育措施，如进行除杂、除灌等。为了保证林分生长良好，应在"以封为主，封育结合"的指导下，对过密的林分进行抚育间伐。此外，应密切关注林木的生长状况，及时预防和治理病虫害，防止其扩散而造成更大的损失。

（2）调整树种组成

研究发现，受到强度干扰的林分树种组成比较单一，物种丰富度小，在封山育林和促进正向演替原则的基础上，确定目标树种，补植乡土树种和针叶树种，控制恰当的针阔比例。

（3）改善更新技术

针对将乐林场栲类次生林，应以天然更新为主，同时辅助人工更新，补植适当比例的乡土树种，采伐方式采取单株择伐的作业体系，使林分郁闭度控制在一定范围内，适当改善林隙大小，控制林下光照环境，以及保留适量的枯倒木等措施，以促进林分的天然更新，使林分达到提高小径级林木的目的，使林分垂直层次分化更明显。

## 1.7　结论

本研究系统通过分析了现有评价体系的不足，构建了"金字塔"森林干扰评价指标理论体系，并以将乐林场栲类次生林实例验证，进行了乔木层稳定等级评价研究、林下更新评价研究，以及分析了影响栲类次生林干扰度的主要因素，主要得出以下结论：

第一，构建了由"调查指标－阈值指标－评价指标－控制指标－目标指标"5 个层次构成的森林干扰评价指标体系框架，即"金字塔"体系。该体系自下而上是评价的实施过程，自上而下是指标层的管理过程。结合将乐林场栲类次生林 21 块标准地实例分析，构建了将乐林场栲类次生林干扰评价指标体系，评价结果显示，几无干扰的标准地数 12 个，占总标准地数 57.14%；轻度干扰标准地数 7 个，占总数 33.34%；中度干扰和强度干扰标准地数各 1 个，均占总数 4.76%。说明将乐林场栲类次生林主要处于几无干扰和轻度干扰状态。

第二，将乐林场栲类次生林林下更新的幼苗幼树，以Ⅰ级幼苗密度最大，Ⅴ级最小，密度随着等级增大而变小，呈明显的倒"J"型分布；幼苗生长过程中，分别在Ⅰ级到Ⅱ级和Ⅳ级到Ⅴ级存在 2 个密度骤减的过程，Ⅱ级、Ⅲ级、Ⅳ级幼苗密度变化不大。主要树种中，更新幼苗最多的为黄瑞木，其次为栲树，其余树种所占比例均较小。将乐林场栲类次生林更新幼苗幼树的空间格局均呈聚集分布，不同发育阶段聚集强度存在差异，除细枝柃是小苗的聚集强度较大外，栲树、苦槠和木荷等树种均是幼树聚集强度较大，说明随着常绿阔叶林的演替，栲树等树种有发展成群落主要树种的趋势。各树种更新优劣得分排序依次为：黄瑞木、木荷、细枝柃、山矾、檵木、细齿柃、黄润楠、老鼠刺、苦槠、栲树，更新评价结果最差的是栲树，主要由于当地栲类林干扰较小，林分郁闭度较高的原因所致。

第三，对干扰度与各评价指标做二元变量线性 pearson 相关分析，结果显示，与干扰度相关系数较大的指标是系统活力指标和人为干扰指标，均呈现显著相关关系；干扰度对林下更新影响较大的指标是平均地径。在分析影响因素的基础上，构建栲类次生林的稳定等级与评价指标之间的耦合关系，其中人为干扰指标是影响稳定等级贡献率最大的因子，影响栲类次生林稳定等级的主导因子依次是人为干扰（$X_1$）、生物多样性（$X_2$）、自然干扰（$X_3$）、生物量（$X_4$）、层次结构（$X_5$）和其他因素（$X_6$），栲类次生林稳定等级与各评价指标之间的耦合关系模型为：

$$SL = 0.36X_1 + 0.18X_2 + 0.13X_3 + 0.1X_4 + 0.09X_5 + 0.14X_6$$

第四，针对不同稳定等级的林分，从维持轻度干扰林分、改善中度干扰林分和治理强度干扰林分提出将乐地区栲类次生林的经营建议。

# 2 栲类次生林结构调整

## 2.1　研究的目的、内容与技术路线

### 2.1.1　研究目的

通过分析将乐林场栲类次生林的林分结构，了解将乐林场栲类次生林的生长现状，结合当地对于栲类次生林的经济、社会和生态需求，提出理想的林分结构及调整措施，为将乐林场的栲类次生林可持续经营提供科学依据。

### 2.1.2　研究内容

主要研究内容：

（1）林分结构分析

利用标准地调查数据分析栲类次生林的林分结构，主要从非空间和空间两部分进行分析，非空间结构主要从树种、年龄、蓄积量和直径几部分进行分析，空间结构主要是从林木分层、空间指数和开敞度几方面进行分析，了解将乐林场栲类次生林的结构现状。

（2）目标林分结构确定

通过查阅资料、阅读文献了解当地对栲类次生林有哪些经济、社会和生态需求，确定栲类次生林的林种及经营类型，并且提出目标林分的理想结构。

（3）制定林分结构调整措施

根据目标林分的各项指标，提出合理的林分调整方案。通过林分调整使栲类次生林的结构向着原始天然林的理想结构发展，保证森林生态系统的健康和完整，实现森林的可持续经营。

### 2.1.3　技术路线

研究技术路线见图 2.1。

### 2.1.4　研究方法

#### 2.1.4.1　标准地设置

在充分考虑标准地代表性的同时，选取保存完整并且远离林缘的地区设置标准地。在将乐林场共设置标准地 37 块。标准地面积有 20m×30m 和 30m×40m 两种。本研究选取了与本研究内容相关的 17 块标准地调查数据进行分析研究。标准地基本情况见表 2.1，具体的调查内容如下：

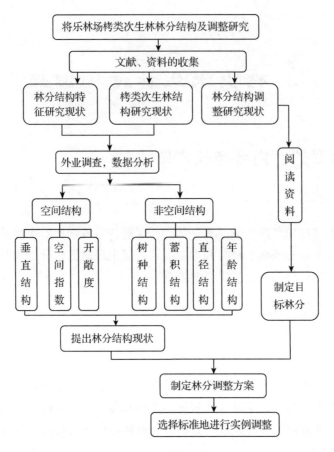

**图 2.1  技术路线**

（1）标准地基本情况调查

记录每块标准地的经纬度、坡度、坡位、坡向、小班信息以及郁闭度等基本信息。

（2）每木检尺及树高测定

在每块标准地内进行每木检尺调查，记录单木胸径（起测径阶为 5cm）及种名，同时测定每株林木的树高。直径的测定在胸高的位置用卷尺测定精确地标准直径（到 0.1m）；树高的测定使用测高仪进行，精度也在 0.1m。

（3）每株单木空间位置的确定

将每块标准地分为 10m×10m 的小样方，以每块样方为一个单位测定其中每株树的 $x$、$y$ 坐标。

（4）林木更新调查

分别在每块标准地内的四个角及中间位置选择 5m×5m 的小样方进行灌木调查及幼苗更新调查，每个小样方内选择 1m×1m 的样方进行草本调查，分别记录样方内草本的种名、高度、盖度及生长状况。

表 2.1 标准地基本情况表

| 标准地号 | 小班号 | 海拔<br>（m） | 面积 | 密度<br>（株/hm²） | 坡向 | 坡位 |
|---|---|---|---|---|---|---|
| P1 | 元当工区 058 林班 13 大班 040 小班 | 307 | 20m×30m | 1033 | 西南 | 上坡 |
| P2 | 元当工区 058 林班 13 大班 040 小班 | 307 | 20m×30m | 950 | 西南 | 中坡 |
| P3 | 光明工区 028 林班（附近）东青墩 | 274 | 20m×30m | 1683 | 西北 | 中坡 |
| P4 | 光明工区 028 林班（附近）东青墩 | 314 | 20m×30m | 1583 | 北 | 上坡 |
| P5 | 光明工区 050 林班 15 大班 020 小班 | 315 | 20m×30m | 1217 | 西北 | 中坡 |
| P6 | 光明工区 050 林班 15 大班 020 小班 | 315 | 20m×30m | 950 | 西 | 中坡 |
| P7 | 光明工区 050 林班 15 大班 040 小班 | 315 | 20m×30m | 1283 | 西北 | 中坡 |
| P8 | 光明工区 050 林班 15 大班 020 小班 | 315 | 20m×30m | 1917 | 东南 | 中坡 |
| P9 | 光明工区 028 林班 16 大班 060 小班 | 315 | 20m×30m | 2050 | 东南 | 中坡 |
| P10 | 光明工区 028 林班（附近）东青墩 | 297 | 40m×30m | 1600 | 西南 | 中坡 |
| P11 | 龙栖山自然保护区 | 733 | 40m×30m | 1425 | 西南 | 下坡 |
| P12 | 光明村 29 林班 7 大班 9 小班 | 484 | 20m×30m | 1583 | 东北 | 上坡 |
| P13 | 光明村 29 林班 7 大班 9 小班 | 470 | 20m×30m | 1400 | 北 | 下坡 |
| P14 | 光明工区 28 林班 18 大班 6 小班 | 412 | 20m×30m | 1900 | 北 | 下坡 |
| P15 | 光明工区 28 林班 18 大班 6 小班 | 422 | 20m×30m | 1383 | 北 | 下坡 |
| P16 | 光明工区 28 林班 16 大班 6 小班 | 471 | 20m×30m | 1500 | 西 | 下坡 |
| P17 | 光明工区 28 林班 16 大班 6 小班 | 335 | 20m×20m | 1850 | 西南 | 下坡 |

### 2.1.4.2 结构分析方法

（1）树种组成

采用树种组成系数来表示树种组成（通常采用十分法），即某树种的蓄积量（或胸高断面积）所占比重，这种表示方法既可以比较直观的表示出各个树种在林内所占比例，也可以看出林内的优势树种有哪些。本章通过计算林木的胸高断面积来计算标准地的树种组成。

（2）年龄结构

利用直径与林龄的关系，采用立木级代表林木年龄结构，即直径小于 2.5cm 时，高度小于 33cm 的为幼苗，高度大于 33cm 的为幼树。林木胸径 2.5～7.5cm 定义为幼龄林木、胸径 7.6～22.5cm 之间定义为中龄林木、胸径大于 22.5cm 的定义为成熟林木。根据各个龄级的林木株数比例来分析林木的数量变化和动态发展趋势，可以分为以下三个类型：

增长型种群：这个种群中的幼年个体所占的比例最大，老年个体最少，种群的数量呈上升趋势；

稳定性种群：各个龄级个体数量比较均匀，每个龄级间数量差大小相近，树种数量比较稳定；

衰退型种群：老年个体的数量较大，幼年个体最少，种群数量呈减少趋势。

（3）蓄积量结构

根据福建省林勘院编制的《森林调查常用表》（1995）中天然阔叶树种、天然杉木、和天然马尾松的二元材积计算公式：

天然杉木 $\quad\quad V = 0.000058061860D^{1.9553351}H^{0.89403304}$

天然马尾松　　　　$V = 0.000062341803D^{1.8551497}H^{0.95682492}$

天然林阔叶树种　$V = 0.000052764291D^{1.8821611}H^{1.0093166}$

根据我国有关技术规定，林木径级可以分为四个等级，小径级（6cm～18cm）、中径阶（20cm～32cm）、大径阶（>34cm）。分别计算每个径组的蓄积量比例来分析林分的蓄积量现状。

（4）直径结构

天然林直径结构的拟合模型有许多种，根据前人的研究结果，对数正态分布、γ分布和 weibull 分布的拟合结果较好，本章选用这三种拟合函数对标准地直径结构进行分析。

（5）垂直结构

根据我国规定划分林层的标准，需要满足以下 4 个条件：

①次林层平均高与主林层平均高相差 20% 以上（以主林层为 100%）。

②各林层林木蓄积量不少于 30m³/hm²。

③各林层林木平均直径在 8cm 以上。

④主林层林木疏密度不少于 0.3，次林层林木疏密度不小于 0.2。

考虑到研究对象的复杂结构，根据标准结合树高聚类，对标准地的林层进行划分。

（6）空间结构指数

空间结构指数的计算首先都是要选定一个基本的空间结构单元，林内任意一株林木及参照树与其 $n$ 株相邻木可以构成一个结构单元。研究表明 $n = 4$ 是最合适的结构单元，因此本章设置参照树与其周围的 4 株最近林木组成一个空间基本单元，以此为基础，分别对混交度、角尺度和混交度进行计算分析。

## 2.2 栲类次生林林分结构分析

### 2.2.1 非空间结构分析

（1）树种组成

根据标准地调查结果，共有乔木树种 97 个，主要树种除了栲树、苦槠、米槠、甜槠、青钩栲、罗浮栲等栲属植物外，还有木荷、青冈、黄樟、刨花润楠、冬青、细柄蕈树、黄樟、红楠等常绿乔木以及拟赤杨、南酸枣、野柿、枫香、檫树等落叶乔木，部分标准地内还有杉木及马尾松等针叶树。除了这些高大乔木外，标准地内还有山矾、光叶山矾、檵木、老鼠刺、黄瑞木、刺毛杜鹃、细齿叶柃等小乔木树种。其中青钩栲和青冈为该地区的珍惜乡土树种。

栲类次生林内常见树种有 25 个，各个树种间的重要值差异较大，其中栲树的重要值最大，是栲类次生林内的第一优势树种，也是栲类次生林恢复过程中的建群种。计算各主要树种和栲树的种间联结系数，结果如表 2.2。由表 2.2 可知，林内大部分树种与栲树没有明显的正联结关系，说明将乐林场的栲类次生林群落结构还不稳定，仍然处于群落演替过程中。其中，木荷与栲树有明显的正联结关系，说明栲树与木荷在资源利用方面是互补的，因此随着林分的演替，林内的木荷优势度会逐渐增大，米槠、罗浮栲、枫香与栲树有明显的负联结关系，即与栲树之间存在资源的竞争或者干扰，随着林分的演替，这类树种在林内的比例会逐渐减小，青冈、苦槠、拟赤杨等与栲树没有明显的联结关系，是林分演替过程中的伴生树种。

选择林内重要值较高的树种栲树、苦槠、拟赤杨、木荷及青冈，采用其重要值进行聚类分析，将栲类次生林划分为几种群落，可以看出，结果如图 2.2 所示。

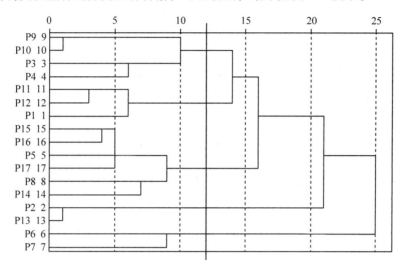

**图 2.2　标准地聚类结果**

**表 2.2　主要树种的重要值及种间联结系数 AC**

| 树种 | 相对密度（%） | 相对频度（%） | 相对显著度（%） | 重要值 | 种间联结系数 AC |
|---|---|---|---|---|---|
| 栲树 | 173.81 | 120.08 | 605.25 | 301.75 | |
| 苦槠 | 95.24 | 75.69 | 275.90 | 167.68 | −0.15 |
| 木荷 | 102.44 | 71.23 | 141.53 | 127.93 | 0.35 |
| 拟赤杨 | 60.50 | 50.18 | 156.91 | 105.16 | −0.16 |
| 青冈 | 83.38 | 45.23 | 140.63 | 88.85 | −0.04 |
| 杉木 | 35.10 | 28.95 | 134.33 | 66.89 | 0.01 |
| 米槠 | 4.85 | 8.83 | 6.30 | 48.50 | −0.53 |
| 南酸枣 | 31.43 | 34.79 | 54.12 | 48.47 | −0.06 |
| 山矾 | 14.60 | 9.94 | 16.74 | 39.74 | −0.19 |
| 甜槠 | 24.07 | 32.33 | 12.69 | 35.33 | 0.01 |
| 黄樟 | 17.96 | 18.31 | 24.05 | 33.37 | 0.00 |
| 罗浮栲 | 4.40 | 6.39 | 23.53 | 25.73 | −0.60 |
| 檵木 | 26.67 | 17.49 | 15.73 | 25.70 | 0.02 |
| 刨花润楠 | 30.24 | 24.25 | 20.96 | 24.77 | −1.00 |
| 枫香 | 12.70 | 22.56 | 8.64 | 24.56 | −0.41 |
| 冬青 | 3.66 | 5.11 | 10.74 | 24.26 | −0.11 |
| 细柄阿丁枫 | 22.05 | 25.73 | 16.74 | 21.51 | 0.02 |
| 红楠 | 18.81 | 22.42 | 20.00 | 21.33 | −1.00 |
| 木蜡 | 12.40 | 12.10 | 23.90 | 15.40 | 0.03 |

（续）

| 树种 | 相对密度（%） | 相对频度（%） | 相对显著度（%） | 重要值 | 种间联结系数 AC |
|------|------|------|------|------|------|
| 格式栲 | 15.23 | 9.73 | 16.59 | 13.85 | 0.03 |
| 柿子树 | 25.02 | 24.72 | 18.10 | 22.62 | 0.06 |
| 黄槠 | 0.17 | 0.20 | 0.04 | 13.44 | 0.02 |
| 檫树 | 0.15 | 0.17 | 10.05 | 15.65 | 0.02 |
| 山乌桕 | 10.13 | 18.53 | 10.33 | 13.00 | 0.01 |
| 山合欢 | 7.02 | 10.03 | 3.11 | 6.72 | -0.11 |

根据标准地主要树种重要值的聚类结果，可将 17 块标准地划分为 6 个群落类型。分类结果见表 2.3。

经过对 6 个群落的立地环境和树种组成进行分析可知，每个群落内基本都有栲树、苦槠、木荷的存在，只是由于密度、海拔、土壤等立地环境的影响，各群落的优势树种不同。木荷具有很强的光合能力，因此在群落恢复的任何阶段生长都不会受到影响，会逐渐成为群落的优势树种，苦槠在群落恢复初期生长比较有优势，随着群落郁闭，其发育和生存都将受到威胁，优势度会逐渐降低；拟赤杨为落叶喜光树种，在群落恢复初期出现在林内，随着林分郁闭，常绿树种逐渐占据上林层，拟赤杨的生长会逐渐受到抑制，退出优势树种。

**表 2.3　标准地群落划分结果**

| 群落 | 标准地号 | 树种组成 | 密度（株/hm²） |
|------|------|------|------|
| 群落一 | P1，P2 | 3 苦槠 2 栲树 2 米槠 + 油桐 + 檫树 - 拟赤杨林 | 900 |
| 群落二 | P13 | 5 苦槠 2 栲树 1 山乌桕 1 红楠 + 拟赤杨 - 山合欢林 | 1200 |
| 群落三 | P3，P4，P9，P10 | 3 栲树 2 拟赤杨 1 木荷 1 苦槠 + 南酸枣 + 臭子乔 + 杉木 + 青冈 + 枫香 | 1700 |
| 群落四 | P5，P8，P14，P15，P16，P17 | 4 栲树 1 木荷 1 苦槠 1 木蜡树 + 格式栲 + 刨花润楠 + 黄樟 + 细柄阿丁枫 | 1800 |
| 群落五 | P6，P7 | 6 栲树 1 青冈 + 苦槠 + 南酸枣 - 木荷 - 米槠 - 山矾 | 1100 |
| 群落六 | P11，P12 | 3 杉木 2 罗浮栲 1 拟赤杨 1 黄樟 1 栲树 1 苦槠 + 青冈 + 野柿 - 罗浮柿 - 浙闽樱 | 1400 |

苦槠 + 栲树 + 米槠林（以下称为群落一）是以米槠、苦槠和栲树为优势树种的群落，17 块标准地中有两块属于该群落，平均海拔分布为 300m，平均林分密度为 900 株/hm²，群落内有乔木 12 种，主要树种为米槠、苦槠、栲树、木荷、青冈等常绿树种，另外群落内有少量落叶树种如檫树、拟赤杨和油桐。

苦槠 + 栲树林（以下称为群落二）内优势树种主要是栲树和苦槠，标准地中有 1 块属于该群落，海拔为 470m，林分密度为 1200 株/hm²，群落内主要树种除了苦槠和栲树外，还有小乔木山乌桕以及落叶树种山合欢、拟赤杨。

栲树 + 拟赤杨 + 木荷林（以下称为群落三）内优势树种为栲树、常绿树种木荷及落叶树种拟赤杨，标准地中有 4 块属于该群落，海拔分布范围为 270~320m，主要分布在离水源较近地区，为拟赤杨的生长提供了良好的环境。平均林分密度为 1700 株/ hm²，群落内的主要树种为常绿树种栲树、苦槠、木荷、青冈及枫香，落叶树种拟赤杨和南酸枣，群落内还存在少量杉木。

栲树 + 木荷 + 苦槠林(以下称为群落四)在将乐林场比较常见，标准地中有 6 块属于该群落，海拔分布范围为 310～480m，平均林分密度为 1800 株/ hm²，群落内主要树种有常绿树种栲树、木荷、苦槠、格式栲、刨花润楠、黄樟、细柄阿丁枫等，落叶树种以小乔木木蜡树为主。

栲树 + 青冈林(以下称为群落五)，标准地中有 2 块属于该群落，海拔为 310m，林分密度为 1100 株/ hm²，群落内主要树种有常绿树种栲树、青冈、木荷、苦槠、米槠及山矾，林内还有少量落叶树种南酸枣。

杉木 + 拟赤杨 + 罗浮栲林(以下称为群落六)是研究中唯一的针阔混交林，针阔混交比为 3:7，罗浮栲是群落内第二优势树种。标准地内有两块属于该群落，海拔范围分别为 480m 和 730m，海拔高于其他群落，平均林分密度为 1400 株/ hm²，群落内主要树种为针叶树种杉木、落叶树种拟赤杨以及罗浮栲、青冈、栲树、苦槠等常绿树种。

(2)年龄结构

分别绘制每个群落及优势树种的年龄结构图，用来分析各群落及优势树种的发展趋势，结果如图 2.3 所示。

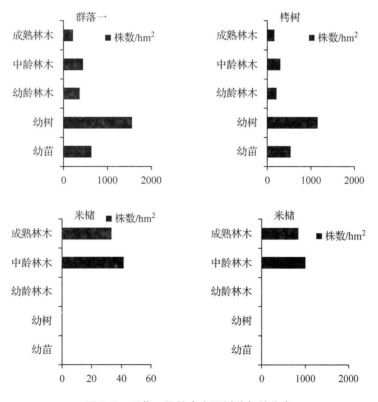

**图 2.3 群落一及林内主要树种年龄分布**

群落一的年龄结构呈现增长型特征，幼苗和幼树的密度较大，为2000株/hm²以上，不仅可以满足林木正常更新，群落内林木数量也会逐渐增多。其中苦槠和米槠只有中龄林木和成熟林木，不存在幼苗和幼树，因此两个树种均为衰退型种群，种群数量随着群落发展减少，栲树的幼树所占比例较大，为增长型种群，种群数量随着群落发展呈上升趋势，随着群落的发展，栲树的优势度会逐渐上升。

群落二主要是幼苗和成熟林木，中间阶段的林木株数极少，幼苗的密度高达1300株/hm²左右，说明群落受到干扰还处于恢复中，即随着群落发展，林木的株数呈现增长趋势。其中苦槠的成熟林木数量大于幼苗及幼树比例，即随着群落的发展，将成为衰退型种群，栲树和山乌桕中幼苗密度较大，随着群落的发展，种群数量整体呈现上升趋势，并且由于栲树的幼苗幼树密度约为800株/hm²，密度大于山乌桕，因此随着群落发展栲树逐渐成为林内第一优势树种(图2.4)。

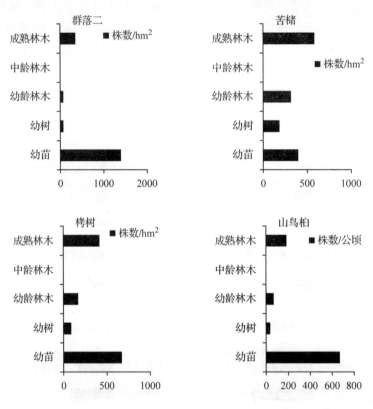

**图2.4 群落二及林内主要树种年龄分布**

群落三林内整体幼苗和幼树密度较大，其中幼树密度最大，为8000/hm²，可以满足群落自身的更新需求并且林木株数呈上升趋势。其中栲树、青冈与木荷均为增长型种群，其中栲树的幼苗和幼树密度最大，约为1300株/hm²，青冈的幼苗和幼树密度最小，在200株/hm²左右，三个树种的林木数量都会随着群落的发展呈上升趋势，拟赤杨种群不存在幼苗和幼树，属于衰退型种群，种群数量在群落内的数量逐渐减少；由三个增长型种群的密度可以推断群落会逐渐演替为栲树＋木荷＋青冈林(图2.5)。

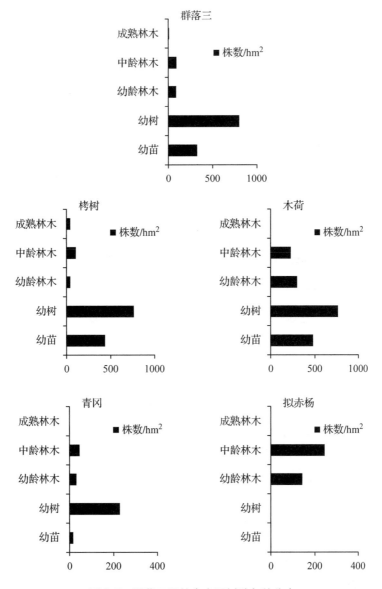

**图 2.5  群落三及林内主要树种年龄分布**

群落四内，幼树的数量最大，幼苗幼树的总密度较大，其中幼树密度最大，为 5000 株/hm²，说明群落内幼苗幼树可以满足群落自身的更新需求，并且林木株数呈上升趋势。其中优势种群栲树、木荷与苦槠在群落内均为增长型种群，幼苗和幼树所占比例较大，群落内的种群数量呈上升趋势，栲树的幼树和幼苗密度最大，为 1800 株/hm²，其次为木荷，幼苗和幼树的密度为 600/hm² 株，苦槠的幼苗和幼树密度最小，为 200 株/hm² 左右，随着群落的发展，栲树、苦槠、木荷依然是优势树种，群落结构比较稳定（图 2.6）。

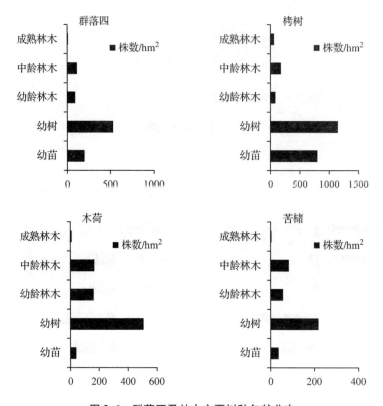

**图 2.6　群落四及林内主要树种年龄分布**

群落五整体的幼苗和幼树密度较高，其中幼树密度最高为 $4000/hm^2$，林木数量随着群落的发展呈上升趋势。其中栲树与青冈的成年林木密度比幼苗和幼树密度高，因此随着群落发展，种群数量会逐渐减少，呈现衰退型种群的特征。苦槠与木荷的幼苗和幼树所占比例较大，种群数量在群落内呈现上升趋势，并且苦槠的种群密度比木荷大，推断群落会逐渐演替为苦槠 + 木荷林(图 2.7)。

群落六的林木株数仍然呈现增长型的特征。其中栲树、罗浮栲、苦槠和青冈的幼苗和幼树所占比例较大，在群落内都是增长型种群，拟赤杨没有幼苗存在，幼树的数量小于成熟林木的数量，种群呈现衰退型特征，随着群落的发展，拟赤杨的数量逐渐减少，群落会逐渐演替为罗浮栲 + 栲树 + 青冈林(图 2.8)。

6 个群落内林木的年龄结构均符合增长型种群的特征，群落内的林木株数随着群落发展会逐渐增多，其中幼苗密度普遍低于幼树密度，可能是由于幼苗个体较小，在标准地调查中可能容易被忽略。根据 6 个群落内优势树种的发展趋势可以了解到研究地区栲类次生林演替先后顺序，大致为群落六→群落三→群落五→群落四；群落一→群落二→群落四，群落四的群落结构比较稳定。

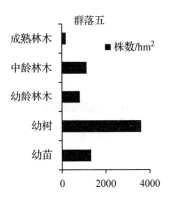

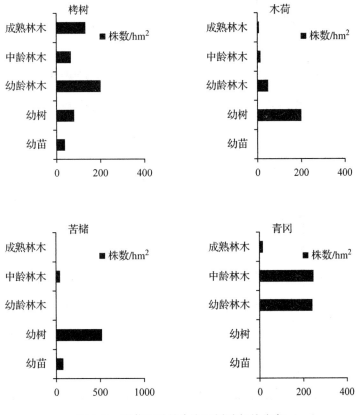

**图2.7 群落五及林内主要树种年龄分布**

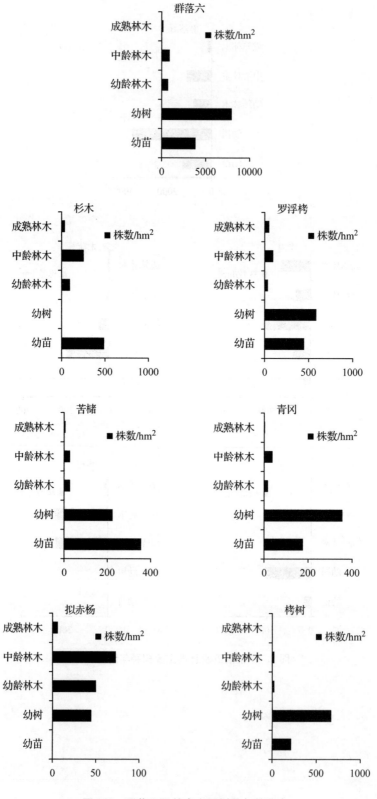

**图 2.8　群落六及林内主要树种年龄分布**

（3）蓄积量结构

图2.9是6个群落不同径级的蓄积结构图，影响蓄积结构的因素有很多，林分密度、经营措施、立地条件等都会对单位蓄积量产生影响。

分别计算每个群落及主要树种的不同径级的蓄积所占比例，对其进行具体分析。数据处理结果见表2.4。

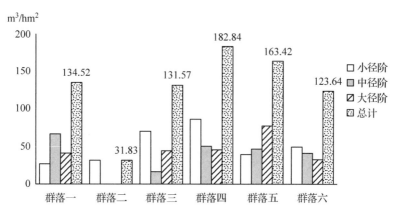

图2.9 各群落分径级蓄积结构

群落一的平均林分密度为900株/hm²，蓄积量为134.52m³/hm²，在六个群落中密度最低，单位蓄积量为第三，主要是由于中径级林木所占比例较大，大径级、中径级和小径级的蓄积量比为3:5:2，说明群落正在向着蓄积量大、中、小径级比例为5:3:2的方向发展。其中栲树中大径级林木的蓄积占77.90%，苦槠和米槠的中径级和小径级蓄积比例较大，说明在群落恢复初期，首先出现的是栲树，而苦槠和米槠随着群落发展随后出现并且成为优势树种。

群落二的平均林分密度为1200株/hm²，高于群落五的林分密度，但单位蓄积量最低，仅为31.83m³/hm²，是因为该群落内只有小径级的林木，分析原因可能是因为属于该标准地离居民点较近，坡度较大，导致人工干扰较大，群落内林下土壤保水能力变差，所以林木生长状况不佳。

群落三的大径级、中径级和小径级的蓄积比接近4:1:5，林分密度为1700株/hm²，仅次于群落四，单位蓄积量仅为131.57m³/hm²，主要是由于林内小径级林木所占比例较大，导致群落虽然密度较大，但单位蓄积较小。大径级林木主要是优势树种栲树和拟赤杨，还有部分苦槠和臭子乔，说明在林分恢复发展的初期，林内除了优势树种，还有苦槠和臭子乔出现，但是由于生长过程中被其他树种压迫，没有发展成为优势树种。

群落四的大径级、中径级和小径级的蓄积比接近2:3:5，与理想的大中小径级的蓄积比5:3:2相差较大。其单位蓄积量最大，为182.83m³/hm²，主要是由于林分密度最大，为1800株/hm²，林内主要是小径级林木，说明该群落处于群落恢复的初期，随着群落的发展，群落内林木由于竞争会产生自疏，林木密度就会减小。

群落五中大径级、中径级和小径级的蓄积比例接近5:3:2，大径级林木较多，这种蓄积结构接近天然阔叶林理想的蓄积比。林分密度为1100株/hm²，单位蓄积量为

163.42m³/hm²，仅次于群落四，说明该群落已经经历了自疏过程，林内大径级林木所占比例较大，并且大径级林木只有栲树，说明群落恢复初期林内只有栲树。

群落六的平均林分密度为 1400 株/hm²，单位蓄积量为 123.64m³/hm²，大径级、中径级和小径级的蓄积比约为 3:3:3，蓄积比正在向着理想结构 2:3:5 发展。大径级林木主要有优势树种杉木、罗浮栲以及常绿树种黄樟、栲树以及苦槠，说明栲树、苦槠等在林分恢复初期已经出现，但是后来被杉木和拟赤杨的生长所压迫，没有成为林内的优势树种。

栲类次生林的六个群落内，群落四的单位蓄积量最大（182.83m³/hm²），主要是由于林分密度较大（1800 株/hm²），而单位蓄积量其次两位分别为群落五和群落一，密度分别为 900 株/hm² 和 1100 株/hm²，密度在六个群落内最低，并且两个群落的蓄积比比较接近理想的蓄积结构，说明将乐林场的栲类次生林，近成过熟林控制密度在 900 株/hm²~1100 株/hm² 之间调整林木蓄积结构，可以得到理想的单位蓄积量。

表 2.4　各群落主要树种不同径级蓄积量比例

群落一

| 主要树种 | 小径阶 | 中径阶 | 大径阶 |
| --- | --- | --- | --- |
| 全林分 | 19.91% | 49.33% | 30.76% |
| 苦槠 | 9.40% | 64.66% | 25.94% |
| 栲树 | 2.86% | 19.23% | 77.90% |
| 米槠 | 19.24% | 68.29% | 12.47% |

群落四

| 主要树种 | 小径阶 | 中径阶 | 大径阶 |
| --- | --- | --- | --- |
| 全林分 | 47.15% | 27.67% | 25.19% |
| 栲树 | 23.53% | 27.43% | 49.03% |
| 木荷 | 70.86% | 29.14% | 0.00% |
| 苦槠 | 64.77% | 13.36% | 21.87% |

群落六

| 主要树种 | 小径阶 | 中径阶 | 大径阶 |
| --- | --- | --- | --- |
| 全林分 | 39.61% | 33.44% | 26.95% |
| 杉木 | 38.45% | 50.02% | 11.53% |
| 罗浮栲 | 19.21% | 46.89% | 33.91% |
| 拟赤杨 | 67.01% | 32.99% | 0.00% |
| 黄樟 | 13.62% | 12.95% | 73.43% |
| 栲树 | 21.02% | 0.00% | 78.98% |
| 苦槠 | 27.23% | 9.57% | 63.19% |
| 青冈 | 43.45% | 56.55% | 0.00% |

群落三

| 主要树种 | 小径阶 | 中径阶 | 大径阶 |
| --- | --- | --- | --- |
| 全林分 | 53.69% | 12.58% | 33.73% |
| 栲树 | 17.26% | 18.66% | 64.08% |
| 拟赤杨 | 87.41% | 0.00% | 12.59% |
| 木荷 | 95.74% | 4.26% | 0.00% |
| 苦槠 | 34.97% | 7.21% | 57.81% |
| 南酸枣 | 75.02% | 24.98% | 0.00% |
| 臭子乔 | 0.00% | 0.00% | 100.00% |

群落六

| 主要树种 | 小径阶 | 中径阶 | 大径阶 |
| --- | --- | --- | --- |
| 全林分 | 24.01% | 28.58% | 47.41% |
| 栲树 | 5.67% | 21.11% | 73.22% |
| 青冈 | 57.56% | 42.44% | 0.00% |
| 苦槠 | 73.39% | 26.61% | 0.00% |
| 木荷 | 39.16% | 60.84% | 0.00% |
| 米槠 | 21.51% | 78.49% | 0.00% |

（4）直径结构

表 2.5 是标准地直径结构基本情况表。可以看出，群落二的直径范围小，为 5.0~18.6cm，林内均为小径级林木，群落四的直径范围最大，为 5.0~66.3cm，但是直径均值只有 11.7cm，说明该群落的直径分布离散性较大，并且林内以小径阶林木为主，群落一

的直径范围较小，为 5.1~47.0cm，而直径的均值为 16.1cm，说明该群落的直径分布离散性较小。

表 2.5　标准地直径基本情况表

| 标准地号 | 最小值(cm) | 最大值(cm) | 均值(cm) |
|---|---|---|---|
| 群落一 | 5.1 | 47 | 16.1 |
| 群落二 | 5 | 18.6 | 8.7 |
| 群落三 | 5 | 59.8 | 10.4 |
| 群落四 | 5 | 66.3 | 11.7 |
| 群落五 | 5.1 | 62.7 | 14.5 |
| 群落六 | 5 | 46.6 | 12.2 |

为了更好地了解群落恢复过程中的直径分布变化，作各群落的直径分布图，并进行分析。由图 2.10 可知，群落三、群落四直径分布的范围较大，在 6~30cm 的范围内是典型的倒 J 型分布，林木株数随着直径的增大而减小，而 30~60cm 之间直径不是连续分布，部分径级缺少。经过分析原始数据可知，这两个群落内直径在 30cm 以上的林木均为栲树，可以推测，两个群落的起源地最初的立地条件并不好，因此在群落恢复初期，林内只有栲树存在，随着林内栲树的生长，林内的土壤、郁闭度等立地环境得到改善，为其他树种的生长提供了条件。群落五和群落六径阶直方分布基本符合倒 J 型，其中群落五的林木株数在 6~10cm 数量较多，之后随着直径增大株数骤减，主要是由于青冈的小径级林木较多。群落六在直径 10cm 和 16cm 径级时林木株数低于倒 J 型曲线水平，说明是在林分天然更新中受到了一定的外来干扰导致相关径级株数减少。群落一与群落二的径阶直方图不是典型的倒 J 型分布，其中群落二的林木主要聚集在 6~12cm 之间，主要由于该群落本身生长状况不佳，导致林内只存在小径阶林木，说明苦槠最先出现在林内，并且株数较少，导致 14~18cm 林木株数较少。群落一的直径 8~28cm 之间林木株数随着直径增大基本呈线性变化，其中 18cm 出林木株数突然减少，是由于优势树种米槠、苦槠和栲树在群落恢复初期就已出现，并且在群落恢复过程中出现的新树种较少，导致株数随着直径的变化不大。而 18cm 出现林木株数骤减可能是由于受到了一些外界干扰造成。

前人对于常绿阔叶林及栲类林的研究表明，在研究栲类次生林直径结构的时候，对数正态分布、γ 分布和 weibull 分布的拟合结果较好，本章选用这三种拟合函数对标准地直径结构进行分析，拟合结果见表 2.6 和表 2.7。首先结合偏度和峰度系数进行观察分析，各标准地的偏度均大于零，说明直径分布曲线均呈现略微左偏的现象，各个群落内小径阶和中径阶林木所占的比例较大，这与径阶直方图表现的结果也一致。6 个群落的峰度系数均为正数，说明群落的径阶分布比较集中，离散型弱，其中群落三的峰度系数最高，其次为群落四，说明这两个群落直径曲线峭度较大，主要是由于这两个群落内的优势树种均有木荷，前文对于蓄积结构的分析可以看出，木荷不是在群落恢复前期出现的树种，后发展成为林分的优势树种，正是由于其小径阶和中径阶林木株数过多。群落三、群落四、群落五及群落六在 weibull 分布中 c 值均小于 1，说明这四个群落径级结构符合倒 J 型分布，与前面径阶直方图表现结果一致。群落二、群落一的 c 值属于 1~3.6 的范围，说明两个群落的径阶属于单峰左偏山状分布。

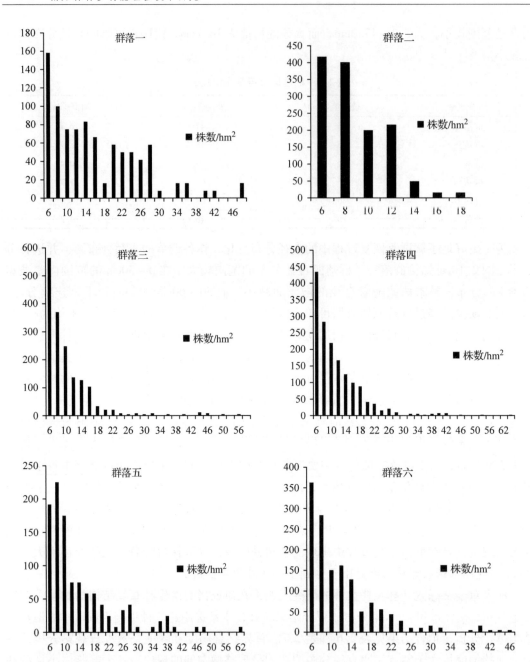

图 2.10 各群落直径分布

表 2.6 各群落直径拟合参数

| 群落 | Weibull 分布 | | | γ 分布 | | 偏度 | 峰度系数 |
| --- | --- | --- | --- | --- | --- | --- | --- |
| | a | b | c | b | p | | |
| 群落一 | 6 | 10.63 | 1.1 | 8.42 | 1.22 | 0.95 | 0.49 |
| 群落二 | 6 | 2.82 | 1.03 | 0.83 | 10.52 | 0.95 | 0.55 |
| 群落三 | 6 | 3.15 | 0.75 | 6.88 | 0.55 | 3.45 | 18.99 |
| 群落四 | 6 | 5.15 | 0.85 | 7.91 | 0.71 | 2.15 | 6.13 |
| 群落五 | 6 | 9.25 | 0.87 | 13.31 | 0.75 | 1.72 | 2.91 |
| 群落六 | 6 | 6.31 | 0.82 | 10.44 | 0.67 | 1.91 | 3.68 |

由表 2.7 的 $x^2$ 检验表可以看出，群落一的对数正态分布拟合效果较好；群落二、群落四、群落五和群落六在 weibull 分布、gama 分布和对数正态分布中拟合效果都很理想，而群落三对几种分布类型均不符合。

根据分布函数得到各径阶的理论值，与实际的径阶株数进行 $X^2$ 检验，与 $X_{0.05}^2$ 进行比较，小于 $X_{0.05}^2$ 则说明拟合效果较好。

表 2.7　群落 $x^2$ 检验结果

| 群落 | Weibull 分布 | $\gamma$ 分布 | 对数正态分布 | $X_{0.05}^2$ |
|---|---|---|---|---|
| 群落一 | 40.15 | 46.26 | 25.42 | 30.14 |
| 群落二 | 7.16 | 4.71 | 5.45 | 9.49 |
| 群落三 | 31.78 | 36.51 | 816.14 | 28.87 |
| 群落四 | 16.83 | 15.44 | 38.34 | 41.34 |
| 群落五 | 13.67 | 12.8 | 21.57 | 38.89 |
| 群落六 | 15.91 | 13.46 | 28.02 | 28.87 |

## 2.2.2　空间结构分析

1）林分垂直结构

研究对象的栲类次生林是在 1958 年皆伐后自然恢复的林分，之后林分受到不同程度的人为干扰（采伐），形成了栲类次生林的垂直结构。对每个群落的树高进行数据处理，计算蓄积比和树种组成，对其进行林层划分并进行分析。

表 2.11　垂直结构划分结果

| 群落 | 林层划分 | 丰富度 | 蓄积比例（%） | 不同林层的树种组成 |
|---|---|---|---|---|
| 群落一 | 上林层 h>12m | 5 | 65.00 | 3 苦槠 2 栲树 1 米槠 1 油桐 + 拟赤杨 + 檫树 – 茅栗 – 木荷 |
| | 下林层 h≤12m | 12 | 35.00 | 4 米槠 3 苦槠 1 栲树 + 山矾 + 檫树 + 青冈 – 黄槠 |
| 群落二 | | 17 | | 5 苦槠 2 栲树 1 山乌桕 1 红楠 + 拟赤杨 – 山合欢林 |
| 群落三 | 上林层 h>13m | 14 | 62.09 | 5 栲树 1 拟赤杨 1 苦槠 1 臭子乔 1 南酸枣 + 杉木 |
| | 下林层 h≤13m | 40 | 37.91 | 2 拟赤杨 2 栲树 1 木荷 1 苦槠 1 青冈 + 黄瑞木 |
| 群落四 | 上林层 h>12m | 27 | 72.60 | 4 栲树 1 木蜡树 1 木荷 1 苦槠 + 格式栲 + 刨花润楠 |
| | 下林层 h≤12m | 50 | 27.40 | 3 栲树 2 木荷 1 苦槠 + 刺毛杜鹃 + 红楠 |
| 群落五 | 上林层 h>12 | 7 | 76.31 | 8 栲树 1 青冈 + 苦槠 |
| | 下林层 h≤12m | 22 | 31.04 | 4 青冈 1 栲树 1 山矾 1 甜槠 1 细柄阿丁枫 + 苦槠 |
| 群落六 | 上林层 h>10m | 14 | 63.78 | 3 罗浮栲 2 杉木 1 黄樟 1 栲树 1 苦槠 + 拟赤杨 |
| | 下林层 h≤10m | 40 | 36.22 | 3 杉木 1 罗浮栲 1 青冈 1 野柿 1 拟赤杨 + 苦槠 + 黄樟 |

不同的群落林层高度划分结构见表 2.11，群落二是单层林，其他群落均分为两个林层。

左群落一内，上林层树种组成主要是米槠、苦槠以及栲树，另外有少量的油桐及拟赤杨，说明在群落恢复过程中，首先有米槠、苦槠及栲树出现，随后林内又出现了油桐及拟赤杨等落叶树种。下林层的树种仍然以米槠、苦槠及栲树为主，由前文可知，米槠与栲树之间存在竞争关系，因此下林层的米槠会在群落恢复过程中由于竞争导致优势度逐渐降低。

群落二的单位面积蓄积量为 $31.83m^3/hm^2$，不能满足划分林层的基本要求。其他五个群落，上林层物种丰富度均低于下林层，并且上林层的林分蓄积量均远远大于下林层。这是因为上林层主要是由高大乔木树种组成，种类较少，而下林层除了与上林层相同的乔木树种外，还有一些在林分演替过程中出现的亚乔木和小乔木以及灌木树种，如山矾、光叶山矾、檫木、细齿叶柃、刺毛杜鹃等。

在群落三内，上林层的60%均为栲树，占有绝对优势，另外还有一些落叶树种如拟赤杨、枫香、南酸枣等也处于上林层，下林层所占比重最多的是拟赤杨，为30%，木荷、苦槠、栲树在下林层所占比重较少，说明拟赤杨大部分属于下林层，随着群落的发展，一段时间内，拟赤杨的优势度会变大，结合前面年龄结构的分析，由于拟赤杨在林内没有幼苗幼树，所以拟赤杨的优势度经历了一个先增大后变小的过程。

在群落四内，上林层有40%是栲树，下林层30%为栲树，说明栲树在林内的更新比较稳定，随着林分的发展一直是第一优势树种。下林层主要树种为栲树、木荷及苦槠，说明该群落比较稳定，随着群落恢复，不会演替变化为其他群落，这与年龄结构分析得到的结论一致。

在群落五内，上林层主要是由栲树、青冈、苦槠组成，其中栲树占到了蓄积的80%，占绝对优势。下林层主要树种是青冈、山矾、栲树和甜槠。其中青冈比例最大，为下林层蓄积的40%，栲树仅有一成。说明随着林分的发展，青冈在林内优势度有所增大，而栲树由于下林层株数较小，随着群落发展优势度有所降低。

在群落六的上林层中罗浮栲所占蓄积量最大，为30%，其次是杉木的蓄积为20%，栲树的蓄积为10%，下林层杉木所占比例最大，为30%，其次是罗浮栲、青冈和拟赤杨，说明林内罗浮栲和杉木的更新较为稳定，随着林分的发展仍然是林内优势树种，而栲树的优势度会渐渐变小，这可能会导致群落的逆向演替，应该采取适当措施调整来减小杉木的优势度。

（2）空间结构指数分析

对于乔木空间结构的分析，主要是用空间指数混交度 $M$，角尺度 $W$，大小比数 $U$ 和开敞度来分析林分整体以及单株林木的空间环境，以此了解林木的生长状况。首先分群落统计各个群落的空间结构指数，结果如表2.12。

表2.12 各群落空间结构指数

| 群落 | $W$ | $U$ | $M$ | 开敞度 |
|------|-----|-----|-----|--------|
| 群落一 | 0.57 | 0.56 | 0.77 | 0.28 |
| 群落二 | 0.58 | 0.47 | 0.6 | 0.24 |
| 群落三 | 0.55 | 0.49 | 0.7 | 0.22 |
| 群落四 | 0.57 | 0.51 | 0.75 | 0.2 |
| 群落五 | 0.59 | 0.48 | 0.74 | 0.28 |
| 群落六 | 0.53 | 0.5 | 0.73 | 0.22 |

由表2.12可知，6个群落的角尺度均大于0.517，属于聚集分布，其中群落六的聚集度最低，为0.53，群落五的聚集度最高，为0.59。群落一的大小比数为0.56，整个群落

的平均状况为竞争劣势，其他五个群落均为中庸或接近中庸的状态。群落二的混交度最低，为0.60，主要由于该林分本身生长状况不佳，乔木种类较少。群落一的混交度最高，为0.77。六个群落林木的开敞度介于0.2~0.3之间，其中群落四的开敞度为0.2，林木生长空间严重不足，主要原因是群落的林木密度较大，因此每棵树的相对生长空间就会减小。

根据上文进行的林分垂直结构划分结构，分别计算每个群落各林层主要树种的空间结构指数，对其进行分析。

①由表2.13得知，群落一的各林层角尺度均值分别是0.62和0.55，都是聚集分布，上林层的聚集度大于下林层。林内优势树种栲树和苦槠都是聚集分布，下林层的米槠为随机分布。林层混交度分别为0.81和0.75，属于强度混交和极强度混交之间。上林层栲树和油桐的混交度为1，说明两个树种的4株相邻木均为与之不同种乔木，下林层米槠的混交度为0.45，即每个米槠的4株相邻木中有两株为米槠，结合下林层树种组成可以看出，下林层米槠占四成，数量较多，造成米槠的混交度较低。上林层优势树种都处于竞争的绝对优势状态，落叶树种檫树的大小比数为0.63，属于竞争劣势状态，说明檫树在林分内出现较晚，虽然已经生长到上林层，但是由于林内优势树种的存在，仍然处于竞争劣势状态，优势树种米槠和苦槠在下林层的大小比数分别为0.43和0.31，说明在群落恢复初期很长一段时间内林内其他树种出现较少，所以下林层的米槠和苦槠仍然可以保持竞争优势。林层开敞度分别是0.31和0.27，上林层的生长空间充足，下林层的生长空间不足，其中苦槠在上下林层的开敞度分别为0.22和0.21，下林层米槠的开敞度为0.27，生长空间不足，由上文知道米槠与栲树之间存在资源竞争，因此，在结构调整过程中应该通过措施尽量减小米槠的优势度与竞争力，而苦槠与栲树之间的联结关系不明显，作为伴生树种，在制定调整措施时注意提高苦槠的生长空间。

表2.13　群落一主要树种空间指数

| 主要树种 | $W$ | $M$ | $U$ | 开敞度 |
| --- | --- | --- | --- | --- |
| 上林层 | 0.62 | 0.81 | 0.35 | 0.31 |
| 栲树 | 0.83 | 1.00 | 0.17 | 0.38 |
| 苦槠 | 0.54 | 0.67 | 0.21 | 0.22 |
| 油桐 | 0.75 | 1.00 | 0.00 | 0.50 |
| 檫树 | 0.38 | 0.88 | 0.63 | 0.38 |
| 茅栗 | 0.50 | 0.75 | 0.38 | 0.40 |
| 下林层 | 0.55 | 0.75 | 0.66 | 0.27 |
| 米槠 | 0.48 | 0.45 | 0.43 | 0.27 |
| 苦槠 | 0.63 | 0.69 | 0.31 | 0.21 |
| 山矾 | 0.69 | 1.00 | 0.94 | 0.30 |
| 青冈 | 0.50 | 1.00 | 0.88 | 0.38 |
| 黄槠 | 0.70 | 0.85 | 0.85 | 0.29 |

②群落二内，该群落没有划分林层，因此对全林分的主要树种进行空间指数分析（表2.14）。全林分的角尺度为0.58，属于聚集分布，林内主要树种苦槠角尺度为0.49，属于

随机分布，其他树种均为聚集分布，优势树种栲树和苦槠的混交度均大于林分均值，并且处于竞争优势地位，林分开敞度均值为 0.24，属于生长空间不足，应该在林分调整过程中采取适当的择伐措施。

**表 2.14  群落二内主要树种空间指数**

| 主要树种 | $W$ | $M$ | $U$ | 开敞度 |
| --- | --- | --- | --- | --- |
| 群落二 | 0.58 | 0.60 | 0.47 | 0.24 |
| 苦槠 | 0.49 | 0.65 | 0.46 | 0.30 |
| 栲树 | 0.64 | 0.69 | 0.39 | 0.27 |
| 拟赤杨 | 0.63 | 1.00 | 0.13 | 0.09 |
| 红楠 | 1.00 | 0.63 | 0.25 | 0.33 |

③由表 2.15 得知，群落三上林层的角尺度均值为 0.57，下林层的角尺度为 0.54，都为聚集分布，上林层的聚集度略大。上林层的混交度为 0.63，属于中度混交与强度混交之间，其中拟赤杨的混交度仅为 0.43，即每株拟赤杨的 4 个相邻木中至少有两株为拟赤杨，下林层的混交度均值为 0.73，接近强度混交，林内除了栲树的混交度为 0.76，其他主要树种的混交度均低于下林层平均值。上林层栲树的大小比数为 0.03，接近绝对优势，说明上林层栲树直径基本大于周围所有相邻木。上林层的开敞度为 0.19，生长空间严重不足，但是上林层中优势树种栲树的开敞度为 0.35，生长空间充足，说明林内大径级的栲树周围林木较少，拟赤杨的开敞度仅为 0.14，生长空间严重不足，主要是由于拟赤杨每年的落叶有效地改善了土壤质量，为幼苗的生长提供了条件。下林层开敞度为 0.23，林内主要树种的开敞度均低于均值，说明下林层的主要树种生长空间严重不足，而林内一些新增乔木或小灌木树种的生长空间大于主要树种。

**表 2.15  群落三主要树种空间指数**

| 树种 | $W$ | $M$ | $U$ | 开敞度 |
| --- | --- | --- | --- | --- |
| 上林层 | 0.57 | 0.63 | 0.23 | 0.19 |
| 栲树 | 0.58 | 0.78 | 0.03 | 0.35 |
| 拟赤杨 | 0.58 | 0.43 | 0.33 | 0.14 |
| 南酸枣 | 0.52 | 0.66 | 0.27 | 0.14 |
| 杉木 | 0.50 | 0.80 | 0.20 | 0.20 |
| 下林层 | 0.54 | 0.73 | 0.56 | 0.23 |
| 栲树 | 0.54 | 0.76 | 0.49 | 0.21 |
| 拟赤杨 | 0.53 | 0.61 | 0.52 | 0.20 |
| 木荷 | 0.54 | 0.65 | 0.58 | 0.21 |
| 苦槠 | 0.62 | 0.58 | 0.55 | 0.17 |
| 青冈 | 0.53 | 0.66 | 0.63 | 0.14 |
| 黄瑞木 | 0.48 | 0.65 | 0.45 | 0.17 |

④由表 2.16 可知，群落四内优势树种在上下林层都为聚集分布，并且下林层木荷和苦槠的角尺度均值都大于林分角尺度均值，林层混交度分别为 0.74 和 0.75，属于强度混交，下林层中优势树种栲树与木荷的混交度低于林分的均值。综上两条，在林分结构调整中可确定下林层的木荷作为采伐对象。上林层中栲树的大小比数均值为 0.16，说明每株栲

树周围的四株相邻木最多有一株的直径比栲树大。上林层开敞度为 0.17，说明上林层林木的生长空间严重不足，下林层开敞度为 0.21，情况略好于上林层但是仍为生长空间不足，在林分调整过程中应当适当考虑采伐一些小径级木荷来提高林分的开敞度。

表 2.16 群落四主要树种空间指数

| 树种 | W | M | U | 开敞度 |
|------|-----|-----|-----|--------|
| 上林层 | 0.56 | 0.74 | 0.25 | 0.17 |
| 栲树 | 0.61 | 0.78 | 0.16 | 0.20 |
| 木蜡树 | 0.44 | 0.75 | 0.19 | 0.13 |
| 木荷 | 0.54 | 0.65 | 0.19 | 0.21 |
| 格式栲 | 0.50 | 0.81 | 0.31 | 0.13 |
| 刨花润楠 | 0.81 | 0.63 | 0.25 | 0.09 |
| 下林层 | 0.57 | 0.75 | 0.62 | 0.21 |
| 栲树 | 0.55 | 0.66 | 0.51 | 0.20 |
| 木荷 | 0.63 | 0.65 | 0.62 | 0.20 |
| 苦槠 | 0.58 | 0.84 | 0.56 | 0.16 |
| 红楠 | 0.70 | 0.70 | 0.55 | 0.17 |

⑤由表 2.17 可知，群落五的上林层与下林层的角尺度均值分别为 0.56 和 0.59，为聚集分布，其中优势树种栲树的角尺度分别为 0.47 和 0.38，属于平均分布，青冈的角尺度分别为 0.75 和 0.53，属于聚集分布，并且上林层的青冈聚集度比较高。栲树的混交度在上下林层分别取值 0.78 和 0.75，说明栲树在上下林层混交情况相似，即每株栲树周围有3 株不同种的相邻木，青冈在的混交度在上林层的取值为 0.92，属于极强度混交，即每株青冈周围四株相邻木中基本没有青冈存在，而其在下林层的取值为 0.53，接近中度混交，即每株青冈周围有两棵不同种的相邻木，形成这种情况是由于青冈的幼树在阴凉环境下生长较好，在林分生长初期，林分没有郁闭，所以其混交度较大，而随着林分的发展郁闭度渐渐增大，为青冈幼苗的生长提供了有利环境，大批幼苗开始出现，同时青冈的混交度降低。林内上林层与下林层的开敞度分别为 0.36 和 0.25，大于其他群落的开敞度，这是由于林分密度较低，因此每株林木的生长空间相对较大。林内优势树种栲树的开敞度分别为0.39 和 0.37，生长空间基本充足，而青冈的开敞度分别为 0.22 和 0.25，生长空间不足并且都低于林层均值，因此在林分结构调整时应注意增大优势树种青冈的生长空间。

表 2.17 群落五主要树种空间指数

| 树种 | W | M | U | 开敞度 |
|------|-----|-----|-----|--------|
| 上林层 | 0.56 | 0.86 | 0.13 | 0.36 |
| 栲树 | 0.47 | 0.78 | 0.09 | 0.39 |
| 青冈 | 0.75 | 0.92 | 0.25 | 0.22 |
| 苦槠 | 1.00 | 1.00 | 0.00 | 0.90 |
| 下林层 | 0.59 | 0.70 | 0.58 | 0.25 |
| 青冈 | 0.64 | 0.53 | 0.61 | 0.25 |
| 栲树 | 0.38 | 0.75 | 0.63 | 0.37 |
| 山矾 | 0.67 | 0.38 | 0.63 | 0.18 |
| 甜槠 | 0.68 | 0.82 | 0.29 | 0.21 |

⑥由表2.18可知，群落六中上林层角尺度为0.46，为均匀分布，下林层角尺度为0.55，为聚集分布。其中优势树种罗浮栲在上下林层角尺度分别为0.50和0.52，林木分布基本合理，杉木的角尺度均值分别为0.43和0.51，即杉木在上林层中为均匀分布，在下林层中则为随机分布，聚集程度均低于林层平均值。上林层与下林层混交度均值分别为0.69和0.74，属于中度混交和强度混交之间，而下林层中优势树种杉木与罗浮栲的混交度分别为0.5和0.52，低于林层的平均水平，为了防止群落发生逆向演替，在制定调整措施时应该减小杉木的竞争能力。

表2.18　群落六主要树种空间指数

| 树种 | W | M | U | 开敞度 |
| --- | --- | --- | --- | --- |
| 上林层 | 0.46 | 0.69 | 0.19 | 0.22 |
| 罗浮栲 | 0.50 | 0.63 | 0.15 | 0.21 |
| 杉木 | 0.43 | 0.61 | 0.11 | 0.20 |
| 栲树 | 0.50 | 1.00 | 0.00 | 0.31 |
| 苦槠 | 0.50 | 1.00 | 0.25 | 0.37 |
| 拟赤杨 | 0.45 | 0.80 | 0.50 | 0.19 |
| 下林层 | 0.55 | 0.74 | 0.58 | 0.22 |
| 杉木 | 0.51 | 0.50 | 0.53 | 0.22 |
| 罗浮栲 | 0.52 | 0.52 | 0.61 | 0.21 |
| 青冈 | 0.59 | 0.91 | 0.53 | 0.27 |
| 拟赤杨 | 0.60 | 0.85 | 0.63 | 0.20 |
| 苦槠 | 0.69 | 0.88 | 0.19 | 0.20 |
| 黄樟 | 0.50 | 1.00 | 0.42 | 0.28 |

## 2.3　栲类次生林结构调整

### 2.3.1　目标林分的确定

目标结构的建立是在分析了当地林分结构，对当地的森林资源现状充分了解的基础上，结合当地对于森林资源在生态、经济等各方面的需求，提出一个最大限度的既能满足经营目的，又能使森林资源得到持续利用的理想结构。

研究地区针叶树多，阔叶树少，天然阔叶林是宝贵的自然资源，采取强有力的措施恢复和保护天然阔叶林至关重要，同时应该合理利用天然阔叶林资源，对成过熟林进行合理的开发利用，形成良性循环。作为商品经营性林场，将乐林场很重要的一个方面是以丰富的森林风景资源为依托，选择合适区域，发展森林生态旅游，同时应该注意森林安全，增强自身抗火、阻火效能，在混交林内增加防火树种的比例，比如，减少阔叶林内杉木及落叶树种等可燃树种比例，同时，生物多样性保护是将乐地区常绿阔叶林的主导功能。

综合上述各项需求，本研究认为，对将乐地区栲类次生林结构优化的主要目标是使其林分结构接近当地天然常绿阔叶林的林分结构，同时考虑林内保存一定的防火树种，满足该地区对于生态旅游及生物多样性保护的需要，最终实现森林的可持续经营。目标林分主要从以下方面构建。

（1）树种组成

合理的树种组成是实现目标林分非常重要也是非常基础的一项。林分中树种组成的调整是一个长期的过程，在调整过程中应该注意不能破坏森林的生态稳定性。本研究对象是以栲属乔木为优势树种的六个群落，其中群落六为针阔混交林，其他五个群落均属于常绿阔叶林。

常绿阔叶林类型的群落多样性比较大，林内的常绿树种占据优势地位，但是也会有落叶树种及部分针叶树种的存在。在林分调整过程中不需要采取专门的树种调整措施，但是在进行其他结构调整的过程中应当保持舍针留阔、舍落叶留常绿的基本原则，保证并且促进群落的正向演替。

（2）直径结构

将乐林场的栲类次生林是典型的天然、异龄、混交林，因此典型的反"J"型分布是理想的直径结构，本研究的栲类次生林的六种群落中，群落一、群落二的直径为左偏单峰山状，应该制定合理的调整措施，使直径结构从单峰山状向倒 J 型过渡。

（3）蓄积结构

林分结构蓄积比最理想的状态为大径级、中径级和小径级的蓄积比为 5∶3∶2，同时林分密度在 900~1100 株/hm² 之间进行蓄积结构调整效果最佳，本研究的栲类次生林六种群落中，群落五的蓄积比为 5∶3∶2，群落一的中径级蓄积比较大，群落二的林木均为小径级林木，其余三种群落均为小径级的蓄积量所占比重比较大，在林分调整中重点采伐小径级林木，既减小了林分密度，又可以改善蓄积结构。

（4）空间结构

调整林分的空间结构最终目标是使林分的结构更加健康稳定。主要从林分的混交度、角尺度、大小比数和开敞度四个方面进行调整。

①林分的混交度越高越好。采伐林内混交度较低的林木，以此来提高林分的混交度。

②直径大小比数分布合理。理论上最好的直径大小比数分布是中庸状态所占的比例远高于其他级别，劣势和绝对劣势的状态比例最低。

③减小群落的聚集度。选择林内角尺度较高的林木作为采伐木，调整林分的角尺度在 0.475~0.517 之间。

④林分的开敞度在(0.3, 0.4]的范围内更加合理，为林木的生长提供充足的空间。

## 2.3.2　林分结构调整方案

林分结构调整方案的制定，应当在不破坏当地森林原有生态系统稳定性的基础上进行，主要的调整措施为采伐或补植，具体措施应该根据具体情况决定。

（1）林分结构调整原则

根据对于林分结构现状的了解以及目标林分的确定，在林分结构调整过程中应该遵循以下几项原则：

①近自然原则。选择群落内结构不合理的林木进行伐除，大部分林木留给自然的进程调节和控制，保持天然林结构并实现林隙更新，实现经济合理的调整目标。

②生态有益原则。在林分结构调整过程中保护该地区珍贵乡土树种及林分建群种，在需要通过补植来增加混交度的时候也尽量选择乡土树种。

③控制总量原则。在林分结构调整过程中，郁闭度大于 0.7 的林分才可以进行采伐措施，每次采伐量不超过总蓄积的 15%，相邻的大径级林木不能同时采伐。

（2）林分结构调整内容

根据结构调整的原则和内容，分别针对每个群落的林分结构现状分析其结构调整内容，对经营类型进行划分（表 2.19）。

群落一中米槠、苦槠和栲树为林内的优势树种，另外还有木荷、青冈等常绿树种及檫树、拟赤杨和油桐等落叶树种，林分平均密度为 900 株/$hm^2$，优势树种中只有栲树存在幼苗和幼树，蓄积结构中大、中、小径级的比例为 2:5:3，群落的直径结构为左偏单峰山状，群落内林木为聚集分布，林分结构的调整措施主要是采伐林内的中径级林木来调整群落的直径和蓄积结构，结合空间结构指数和树种结构采伐单木，通过种植乡土树种木荷和青冈幼苗来调节树种结构，促进群落演替，人工促进天然更新来调节密度结构。

群落二中苦槠为第一优势树种，但年龄结构显示苦槠的幼苗不能满足自身的更新，而栲树的优势度会逐渐增大，群落内只有小径级林木，并且林木呈聚集分布，主要通过人工促进天然更新调整群落的生长现状，并且将群落封禁保护，减少各类干扰对群落的影响。

群落三、四、六中林分密度较大，小经级蓄积量最大并且群落内林木为聚集分布，说明小径级林木数量较多，调整措施主要是通过采伐来降低群落密度，采伐小径级林木来调整直径结构，通过空间结构指数和树种组成确定单株采伐木来调整群落空间结构及树种组成，对于优势树种更新不足的情况，需要补植幼苗满足其自身更新要求。

群落五的密度、蓄积结构都比较理想，主要通过空间结构指数同时考虑树种组成来确定单株采伐木，调整群落的空间结构。

栲类次生林中，群落二属于天然阔叶林封禁保护经营类型，其他群落均为天然阔叶林抚育和更新采伐经营类型。

（3）林分结构调整实例

将乐地区的栲类次生林六个群落在林分结构上有一定的相似性，各自也有独特特点，以群落一为例，进行林分结构的调整，以考察结构调整思想及措施的可行性。在进行结构调整前对比林分的现状并且提出对应调整措施。该群落林分密度为 900 株/$hm^2$，首先通过确定采伐木进行结构调整。该群落直径 8~28cm 的范围内林木株数较多，蓄积小、中、大径级的比例 2:5:3，因此确定采伐木主要范围为中径级林木。经过角尺度筛选和混交度筛选，被选木有 8 株，结果如表 2.20。可以看出，备选采伐木中有黄槠两株，米槠两株，光叶山矾两株以及苦槠一株，茅栗一株。备选木中没有珍贵乡土树种，R35、W41 和 W47 为小径级林木，暂不采伐，其余五株作为目标林木采伐。重新计算群落空间结构，发现采伐后，$W = 0.54$，$U = 0.51$，$M = 0.84$，开敞度为 0.29。经过林分调整，群落的角尺度虽然仍然为聚集分布，但是聚集度有所降低，群落整体由原来的竞争劣势倒接近中庸状态，混交度保持不变，林木生长空间略有提高，可以看出，林分结构调整措施有效地改善了群落的空间结构，经过采伐调整，群落内密度小于 900 株/$hm^2$，选择乡土树种青冈、木荷幼苗进行补植。

表 2.19 结构调整主要内容

| 林分结构 | 现状 | 调整内容 |
|---|---|---|
| 树种组成 | 常绿阔叶林，群落内米槠、苦槠、栲树为优势树种，另有落叶树檫树、油桐、拟赤杨及常绿树种青冈、黄槠、木荷、冬青等。 | 减少落叶树种比例，及米槠、苦槠、栲树的优势度 |
| 蓄积结构 | 小径级、中径级及大径级的蓄积比例为2:5:3，中径级林木蓄积量最多。 | 以群落内中径级林木为主要调整对象 |
| 直径结构 | 直径8～28cm范围内林木株数随直径增大基本成线性变化，林木主要聚集于此范围 | |
| 空间结构 | 群落内W＝0.56，为聚集分布，U＝0.56，林分整体处于竞争劣势，M＝0.77，属于强度混交，开敞度＝0.28，生长空间不足 | 通过择伐降低群落角尺度，降低群落大小比数均值，使群落的生长接近中庸状态。 |

表 2.20 采伐木基本情况

| 树号 | 树种 | 直径(cm) | Tree1 | Tree2 | Tree3 | Tree4 | U | M |
|---|---|---|---|---|---|---|---|---|
| R35 | 黄槠 | 5.5 | 31 | 32 | 33 | 34 | 1 | 0.75 |
| W10 | 米槠 | 13.8 | 51 | 50 | 52 | 54 | 0.75 | 0 |
| W22 | 苦槠 | 21.4 | 11 | 7 | 8 | 9 | 1 | 0.25 |
| W40 | 光叶山矾 | 13.7 | 29 | 31 | 30 | 32 | 0.75 | 0.75 |
| W41 | 光叶山矾 | 8.7 | 28 | 31 | 30 | 32 | 1 | 0.75 |
| W47 | 黄槠 | 7.5 | 33 | 30 | 31 | 32 | 1 | 0.75 |
| P04 | 米槠 | 25.7 | 38 | 39 | 40 | 37 | 0 | 0.75 |
| P19 | 茅栗 | 15.9 | 55 | 6 | 7 | 8 | 0.75 | 0.75 |

采伐木的确定方式如图2.11。

## 2.4 结论

在系统全面地研究地区栲类次生林林分结构的基础上，结合当地的社会需求，对栲类次生林的经营目标结构、调整措施等做了研究。主要得出以下结论。

利用标准地调查数据全面分析了将乐地区栲类次生林的林分结构特征，根据优势树种的重要值聚类结果将研究对象分为6个群落。群落内各树种之间种间联结性较低，说明研究对象的恢复过程仍处于不稳定状态。各群落都以中、小径级林木为主，蓄积结构不合理。多数群落直径分布属于倒J型分布，少数呈现左偏山状分布，对数正态分布对直径结构的拟合效果最好。在空间结构上，群落二只有一个林层，其它均是复层林。六种群落的空间格局均为聚集分布，并且都存在林木生长空间不足的现象，其中群落一整体处于竞争劣势状态，栲类次生林的混交度处于0.60～0.77之间，混交度普遍较高。通过对树种组成、蓄积结构、直径结构及空间结构的分析，全面了解了将乐地区栲类次生林的生长现状。为目标林分结构的制定和制定具体的林分调整措施提供了依据。

针对林分结构现状，结合当地的社会需求及森林主导功能确定了林分的经营目标及具体的林分结构。将乐地区的栲类次生林主要功能是物种多样性保护，并且当地旨在发展生态旅游，因此，对林分目标结构的设定是使其林分结构接近当地原始天然常绿落叶林的林分结构。采用补植与采伐相结合的方法进行结构调整。群落二属于天然阔叶林封禁保护经

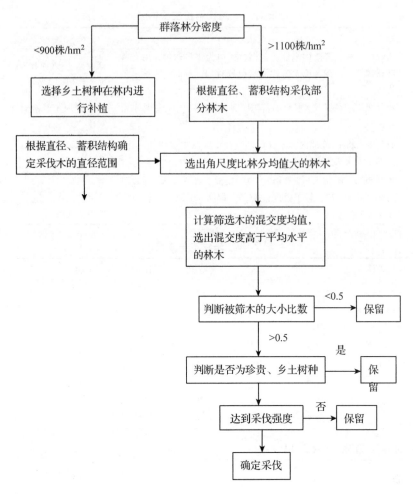

**图 2.11 结构调整过程中采伐木确定的方法**

营类型,其他群落均为天然阔叶林抚育和更新采伐经营类型。本研究以林分的空间结构调整为主体,设定了一套结构调整思路,并且采用群落一作为实例进行结构调整并且取得了一定的效果。

# 3 次生林抚育效果分析

## 3.1 研究目的、内容和方法

### 3.1.1 研究目的意义

中幼林抚育的研究由来已久，但是多是建立在以人工用材林为培育目的基础上，片面地追求其蓄积生长量。本研究的对象为福建省将乐林场的常绿阔叶次生林，其结构复杂，主要树种有栲树、木荷、青冈等乔木树种，拥有复杂的林层、树种组成。由于长期受各种干扰，急需调整次生林的结构和提高其功能。本研究首先对将乐林场次生林组织经营类型与经营措施类型，然后重点对抚育措施类型制定技术措施并实施抚育，最后从林木生长和林分结构变化来分析次生林抚育的效果，为确定将乐林场次生林合理的抚育技术提供理论依据。

### 3.1.2 研究内容

主要研究内容：

(1)组织森林经营类型

通过阅读文献，归纳总结国内外组织抚育经营类组的依据，并结合将乐林场现状，组织森林经营类型。

(2)确定次生林经营类型及经营措施类型

根据将乐林场次生林经营类型的划分结果，确定经营措施类型。

(3)设计次生林主要抚育技术措施

针对各经营类型设计不同的抚育措施，包括抚育的强度，起始时间、间隔期和修枝等措施。根据目标树的经营方法将林木划分为目标树、保留树、干扰树和其他林木四个等级。

(4)次生林抚育效果评价

综合评价不同强度抚育前后的生态、经济效果，为指导将乐林场次生林抚育提供理论和方法依据。

### 3.1.3 研究方法

本研究采用理论与实践相结合的方法，根据生态重要性和生态脆弱性组织森林经营类型，并确定次生林经营类型和经营措施类型。针对各经营类型，设置样地并进行抚育，对实施抚育之后的样地进行复查。用 SPSS、winklemass 等软件对样地调查与复查的数据计算处理，对抚育的效果进行评价，确定最佳的抚育模式。

### 3.1.3.1 样地设置

2011年，以将乐林场的二类调查结果为基础，在海拔250m以下的次生林中，坡度基本上低于25°，各选取4块郁闭度在0.8以上的幼龄林样地和中龄林样地；在海拔250m以上的次生林中，坡度基本上大于25°，各选择4块郁闭度在0.8以上的幼龄林样地和中龄林样地，共设置16块样地，样地大小为20m×30m（表3.1）。在每一个类型的样地中，选取1块样地作为对照，将其余3块样地按照10%、20%和35%强度进行抚育，并修枝、割灌等措施，在2014年对样地进行复查。

表3.1 样地基本信息

| 样地编号 | 树种组成 | 抚育强度 | 林龄 | 郁闭度 | 平均胸径（cm） | 平均树高（m） | 坡度（°） | 海拔（m） |
|---|---|---|---|---|---|---|---|---|
| 1 | 4拟赤杨1栲树1木荷1山矾1乐昌含笑1黄润楠+青冈+杨梅 | 对照 | 幼龄林 | 0.80 | 9.23 | 7.65 | 35 | 297 |
| 2 | 4拟赤杨2栲树1檫木1山矾+木荷+苦槠+青冈+黄樟 | 10% | 幼龄林 | 0.80 | 9.69 | 7.69 | 29 | 315 |
| 3 | 3拟赤杨2栲树1苦槠1南酸枣+枫香+木荷+黄樟+冬青+光叶山矾 | 20% | 幼龄林 | 0.85 | 9.68 | 7.68 | 37 | 315 |
| 4 | 3拟赤杨2栲树1黄樟1刺毛杜鹃1老鼠刺+枫香+苦槠+木荷 | 35% | 幼龄林 | 0.85 | 9.96 | 7.87 | 32 | 307 |
| 5 | 4马尾松2甜槠2栲树1木荷+黄润楠+苦槠-山矾 | 对照 | 中龄林 | 0.80 | 13.97 | 11.56 | 30 | 456 |
| 6 | 3马尾松2甜槠2栲树1木荷1米槠+黄润楠-山矾-杨梅 | 10% | 中龄林 | 0.80 | 14.17 | 11.92 | 30 | 450 |
| 7 | 4马尾松2甜槠2栲树+枫香+黄润楠-黄樟-杨梅+木荷 | 20% | 中龄林 | 0.85 | 14.03 | 11.27 | 36 | 437 |
| 8 | 4马2栲树1黄润楠1木荷+甜槠+杨梅+南酸枣-苦槠 | 35% | 中龄林 | 0.80 | 14.70 | 12.16 | 39 | 436 |
| 9 | 7木荷1火力楠1杉木1马尾松 | 对照 | 幼龄林 | 0.80 | 7.99 | 7.04 | 21 | 218 |
| 10 | 7火力楠2杉木1马尾松 | 10% | 幼龄林 | 0.80 | 8.41 | 8.59 | 19 | 224 |
| 11 | 6火力楠2木荷2杉木 | 20% | 幼龄林 | 0.80 | 8.47 | 6.90 | 24 | 197 |
| 12 | 6火力楠1木荷2杉木1马尾松 | 35% | 幼龄林 | 0.85 | 8.84 | 8.81 | 18 | 188 |
| 13 | 6木荷2火力楠2杉木 | 对照 | 中龄林 | 0.80 | 12.73 | 9.91 | 16 | 226 |
| 14 | 6火力楠2木荷2杉木 | 10% | 中龄林 | 0.80 | 13.64 | 12.34 | 10 | 217 |
| 15 | 6木荷2火力楠2杉木-马尾松 | 20% | 中龄林 | 0.85 | 13.81 | 13.01 | 12 | 235 |
| 16 | 6火力楠2杉木1马尾松1木荷 | 35% | 中龄林 | 0.85 | 14.05 | 13.84 | 20 | 228 |

### 3.1.3.2 测定内容及方法

（1）林木生长的测定及计算

在抚育前后分别对所选择的样地内进行每木检尺，记录胸径在5cm以上的所有林木的树种名称、坐标、胸径、树高、冠幅、枝下高、干形等因子。

普雷斯勒蓄积生长率公式被广泛地用来说明林分在某一段时间内的平均生长率，本章采用此公式来说明抚育对林分蓄积量的影响，公式如下：

$$P_v = \frac{V_a - V_{a-n}}{V_a + V_{a+n}} \cdot \frac{200}{n}$$

在上式中：$V_a$ 为抚育之后样地保留的林分平均单位蓄积量，$V_{a-n}$ 为伐后第 $n$ 年林分平均单位蓄积量，$P_v$ 即为林分蓄积量在此 $n$ 年间的平均生长率。

（2）林分空间结构指数

研究种群空间分布的方法有很多，本研究主要采用扩散系数 $C$、丛生指数 $I$、平均拥挤度指数 $m^*$、Cassie 指标 CA 来判别栲树水土保持林中主要树种的空间分布格局。首先要求出各样地内的调查数据的均值 $\bar{x}$ 和方差 $S^2$，然后分别采用如下公式计算各指标值。

$$C = s^2 / \bar{x}$$

当 $C > 1$、$C = 1$、$C < 1$ 时，分别表示聚集分布、随机分布和均匀分布。

$$I = s^2 / \bar{x} - 1$$

当 $I > 0$、$I < 0$、$I = 0$ 时，分别表示聚集分布、均匀分布和随机分布。

$$m^* = x + (s^2 / \bar{x} - 1)$$

当 $m^* > 1$、$m^* = 1$、$m^* < 1$ 时，分别表示聚集分布、随机分布和均匀分布。

$$CA = (s^2 - \bar{x}) / \bar{x}^2$$

当 $CA > 0$、$CA < 0$、$CA = 0$ 时，分别表示聚集分布、均匀分布和随机分布。

本章采用混交度和角尺度来检验抚育之后杉木大径级用材林内树种间的隔离程度和分布格局。混交度能体现林分内各树种之间隔离程度的大小，其计算公式为：

$$M_i = \frac{1}{n} \sum_{j=1}^{n} v_{ij} \quad v_{ij} = \begin{cases} 1, & \text{参照树 } i \text{ 与第 } j \text{ 株相邻木为非同种} \\ 0, & \text{否则} \end{cases}$$

混交度（$M$）取值为 0、0.25、0.5、0.75、1 时，分别表示零度混交，弱度混交、中度混交，强度混交、极强度混交。

角尺度能体现林分内各树种的空间分布格局，其计算公式为：

$$W_i = \frac{1}{n} \sum_{j=1}^{n} z_{ij} \quad z_{ij} = \begin{cases} 1, & \text{当第 } j \text{ 个 } \alpha \text{ 角小于标准角 } \alpha_0 \\ 0, & \text{否则} \end{cases}$$

角尺度（$W$）小于 0.457 为均匀分布，位于 0.457 ~ 0.517 之间的为随机分布，大于 0.517 为团状分布。

## 3.1.4　技术路线

研究技术路线见图 3.1。

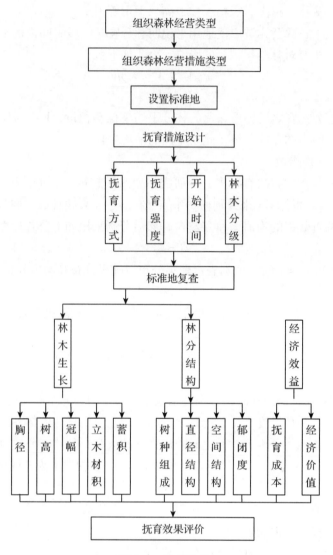

图 3.1  技术路线

## 3.2  次生林经营类型与经营措施类型

### 3.2.1  组织森林经营类型组

为了体现森林生态服务功能，本研究参照森林资源二类调查中对生态区域、坡度、山体部位、植被盖度等指标的规定，选取生态重要性和生态敏感性作为控制指标，对森林经营类型进行划分，结果如表 3.1：

表 3.1　生态重要性等级划分

| 区域<br>景观 | 生态重要性等级 | | | |
| --- | --- | --- | --- | --- |
| | A | B | C | D |
| 河流、湖库 | 江河、湖库两侧自然地形第一层山脊以内 | 江河支流两侧 500m 内，湖库周边 500～1000m 之间的地段 | 其他河流中上游、湖库两侧 1000m 以外 | 其他河流中下游、湖库两侧 1000m 以外 |
| 森林公园 | 核心区和缓冲区<br>生态保护区 | 实验区<br>游览区 | 生活服务区 | |
| 山体部位 | 重要分水岭的山顶、山帽或山脊 | 其他山体的山顶、山脊 | 山体中上部 | 下部与山谷 |

由表 3.1 可知，把森林生态重要性分为 4 个等级，A 级代表生态重要性高，主要在重要水体的第一层山脊以内、自然保护区的核心区和缓冲区，生态功能很重要。B 代表生态重要性较高，主要位于江河支流、湖库第一层山脊外，以及山顶和山脊，生态功能比较重要。C 代表生态重要性一般，主要位于山体中上部，生态功能较重要。D 代表生态重要性较低，主要位于山体下部与山谷，生态功能一般。

表 3.2　区域生态敏感性等级

| 因子 | 区域生态敏感性等级 | | | |
| --- | --- | --- | --- | --- |
| | 1 | 2 | 3 | 4 |
| 坡度 | >46° | 36°~45° | 26°~35° | ≤25° |
| 凋落物干湿状况 | 干热、连续 | 干热、间断 | 湿冷、连续 | 湿冷、间断 |
| 植被自然度 | 原始的植被 | 演替中期或后期的次生群落 | 人为干扰大，演替逆行 | 人工植被 |
| 土壤厚度 | | 薄 | 中 | 厚 |
| 裸岩率 | >51% | 41%~50% | 25%~40% | ≤25% |
| 植被盖度 | ≤0.1 | 0.2~0.3 | 0.4~0.5 | >0.6 |

森林生态敏感性是指森林对干扰反应的敏感程度，本研究根据坡度、凋落物干湿状态、植被自然度、土壤厚度、裸岩率和植被盖度将其分为 4 个等级，1 级代表脆弱，2 级代表亚脆弱，3 级代表亚稳定，4 级代表稳定（表 3.2）。

根据生态重要性等级（表 3.1）和生态敏感性等级（表 3.2）所划分的交叉组合，可以形成 16 个经营类型（表 3.3）。

表 3.3　森林经营类型分类

| 指标层 | 生态重要性等级 | | | | |
| --- | --- | --- | --- | --- | --- |
| | 级别 | A | B | C | D |
| 区域生态<br>敏感等级 | 1 | A1 | B1 | C1 | D1 |
| | 2 | A2 | B2 | C2 | D2 |
| | 3 | A3 | B3 | C3 | D3 |
| | 4 | A4 | B4 | C4 | D4 |

上述 16 个等级类型结合森林经营单位的现实经营管理水平，可将其归为 4 个类型组，森林经营类型组划分结果见表 3.4。

**表 3.4  森林经营类型组**

| 类型组 | 类型 |
| --- | --- |
| 严格保护类型组 | A1、A2、B1 |
| 重点保护类型组 | A3、B2、C1、C2、D1 |
| 保护经营类型组 | A4、B3、B4、C3、D2 |
| 集约经营类型组 | D3、C4、D4 |

本研究组织严格保护、重点保护、保护经营和集约经营类型组 4 个森林经营类型组。各经营类型组的特点如下：

①严格保护类型组：以保护生物多样性、自然景观为主要目的的森林，主要有国防林、自然保护区的核心区和缓冲区的森林、处于生态敏感性极高的水源涵养林。

②重点保护类型组：以确保生态安全、改善现有生态环境为主要目的的森林，可以从事少量的木材生产利用，主要有生态敏感性和生态重要性较高的水土保持林、水源涵养林、农田、国道、省道防护林、国家重点公益林。

③保护经营类型组：兼具生态防护功能和经济功能的森林，在发挥生态效益的基础上，进行木材生产活动，主要有生态比较稳定地区的水土保持林、水源涵养林、农田防护林、防风固沙林、一般用材林。

④集约经营类型组：以获得经济效益为目的的人工林和天然次生林，其生态条件较好、生境比较稳定。主要有一般用材林、速生丰产林和薪炭林。

## 3.2.2  组织将乐林场经营类型组

参考我国森林经营类型组划分条件，并结合将乐林场森林资源现状，组织经营类型组如下：

①重点保护类型组：主要位于将乐林场内的重点公益林、金溪河两侧 500m 以内、其他山体的山顶和山脊，面积约为 755.42hm²。

②保护经营类型组：主要位于将乐林场内的山体中上部，主要有水源涵养林、水土保持林，面积约为 2555.31 hm²。

③集约经营类型组：主要位于将乐林场内的山腰与山谷，主要有一般用材林、速生丰产林和薪炭林，面积约为 3258.17 hm²。

## 3.2.3  组织将乐林场次生林经营类型组

本研究对象为将乐林场次生林，组织次生林经营类型组：

①保护经营类型组：主要位于将乐林场内的山体中上部，主要有水源涵养林、水土保持林，面积约为 550.74 hm²。

②集约经营类型组：主要位于将乐林场内的山腰与山谷，主要有一般用材林、速生丰产林和薪炭林，面积约为 309.78 hm²。

## 3.2.4　组织将乐林场次生林经营类型

根据将乐林场次生林经营类型组，组织将乐林场次生林经营类型，结果如表 3.5 所示。

**表 3.5　将乐林场次生林经营类型**

| 经营类型组 | 经营类型 | 海拔（m） | 坡度（°） | 经营目标 |
|---|---|---|---|---|
| 保护经营类型组 | 栲树水土保持林 | ≥250 | ≥25 | 栲树为优势树种，林分生长较快、树种均匀分布、发挥水土保持功能 |
| 集约经营类型组 | 杉木大径级用材林 | <250 | <25 | 杉木为优势树种，林分生长较快、中度混交，生产大径级的木材 |

由表 3.5 可知，栲树水土保持林属于保护经营类型组，位于山体中上部，海拔在 250m 以上，坡度大于等于 25°，采取保护经营措施，使栲树成为优势树种，并发挥林分的水土保持功能。杉木大径级用材林：属于集约经营类型组，位于山体下部与山谷，海拔在 250m 以下，坡度低于 25°，采取科学合理的经营措施，使杉木逐渐成为林分中的优势树种，并生产大径级的林木。

## 3.2.5　划分次生林经营措施类型

根据将乐林场次生林经营类型的划分结果，针对各经营类型内森林资源现状、结构和功能的差异，根据林分的经营水平和立地条件组织森林经营措施类型。

### 3.2.5.1　栲树水土保持林经营措施类型

①抚育类型：对郁闭度大于 0.7 的林分进行抚育，抚育方式主要有透光伐、生态疏伐、生长伐、卫生伐。

②林分改造类型：对于生产力较低、目的树种不足的林分，病腐木超过 20% 的林分，以及郁闭度低于 0.4 的林分进行林分改造。

③封山育林类型：对于未达到抚育标准又不需要做林分改造的林分实行封山育林，林分在自然状态下自然恢复。

④更新采伐类型：对于上层林郁闭度较大，主要树种平均年龄达到成熟林，林下更新较差的林分进行更新采伐。

### 3.2.5.2　杉木大径级用材林经营措施类型

①抚育类型：对郁闭度大于 0.7 的林分进行抚育，抚育方式主要有透光伐、生态疏伐、生长伐、卫生伐。

②林分改造类型：对于生产力较低、目的树种不足的林分，病腐木超过 20% 的林分进行林分改造。

③择伐利用类型：对于主要树种平均年龄进入成熟林阶段，确定合理的择伐强度，逐次将成熟林木采伐。

## 3.3 次生林抚育措施类型

### 3.3.1 栲树水土保持林抚育措施类型

#### 3.3.1.1 林木分级

栲树水土保持林主要的经营目的是发挥其生态效益，目的树种为乡土顶级群落的优势树种，包括栲树、木荷。本研究采用目标树经营的方法对次生林内的林木进行分级，林木分级的结果如下：

（1）目标树：指在林分中代表主要的生态、经济价值的优势单株林木，是符合林分经营目的的目的树种。用字母"Z"在目标树树干上做出标记。

目标树的选择依据如下：①目标树的形状：主干通直、无病虫害、目标树的树高（m）/胸径（m）小于或者等于80。②目标树的间距：阔叶树平均间距 = 目标树胸径（cm）× 25。③目标树的株数密度：200 株/$hm^2$。

（2）保留树：指林分中目的树种的幼树，在目标树择伐利用后，能够迅速进入主林层，成为新的目标树。保留树应该主干通直、无病虫害，用油漆在树干处做出明显标记。

（3）干扰树：指林分中对目标树的生长发育产生干扰的林木。在此类林木树干处做出明显标记后，予以择伐利用。

（4）其他林木：林分内除了目标树、保留树和干扰树之外的林木，不采取人为措施，依靠自然力来促进其生长。

#### 3.3.1.2 栲树水土保持林抚育措施

幼龄林阶段抚育的具体措施如下：

（1）抚育方式：团状抚育，在有目标树的群团中进行。

（2）抚育开始期：林分郁闭后，目标树受干扰树、灌木、杂草压制时。

（3）抚育强度：设置4块此类样地，抚育强度采用蓄积百分比表示，分别为对照组、10%、20%和35%。

（4）割灌：对影响目标树和保留树生长发育的灌木、杂草、藤蔓，要进行割除清理。

中龄林阶段抚育的具体措施如下：

（1）抚育方式：综合疏伐法，伐去对目标树的生长发育造成干扰的林木。

（2）抚育开始期：林分郁闭度达到0.8或者目标树连年胸径生长量出现下降。

（3）抚育强度：设置4块此类样地，抚育强度采用蓄积百分比表示，分别为对照组、10%、20%和35%。

（4）割灌：对影响目标树和保留树生长发育的灌木、杂草、藤蔓，为林木的生长创造良好的环境，定期伐去林分内萌蘖的幼苗。

（5）修枝：修枝的高度3～5m。

### 3.3.2 杉木大径级用材林抚育措施类型

#### 3.3.2.1 林木分级

杉木大径级用材林应该集约经营，生产大径级的优质木材，目的树种包括杉木、马尾松。本研究采用目标树经营的方法对次生林内的林木进行分级，林木分级的结果如下：

（1）目标树：指在林分中代表主要的生态、经济价值的优势单株林木，是符合林分经营目的的目的树种。用字母"Z"在目标树树干上做出标记。

目标树的选择依据如下：①目标树的形状：主干通直、无病虫害、目标树的树高（m）/胸径（m）小于或者等于80。②目标树的间距：针叶树平均间距 = 目标树胸径（cm）× 20。③目标树的株数密度：200 株/hm²。

（2）保留树：指林分中目的树种的幼树，在目标树择伐利用后，能够迅速进入主林层，成为新的目标树。保留树应该是主干通直、无病虫害的幼树，用油漆在树干处做出明显标记。

（3）干扰树：指林分中生长发育不良，并且对目标树的生长发育产生干扰的林木。在此类林木树干处做出明显标记后，予以择伐利用。

（4）其他林木：林内除了目标树、保留树和干扰树之外的林木，不采取人为措施，依靠自然力来促进其生长发育。

### 3.3.2.2 杉木大径级用材林抚育措施

（1）幼龄林阶段抚育的具体措施

①抚育方式：团状抚育，在选择目标树的群团中进行。

②抚育开始期：林分郁闭后，目标树受到压制时。

③抚育强度：设置 4 块此类样地，抚育强度采用蓄积百分比表示，分别为对照组、10%、20% 和 35%。

④割灌：对影响目标树生长发育的灌木、杂草、藤蔓，要进行割除清理，定期伐去林分内萌蘖的幼苗。

⑤修枝：修枝的高度不超过全树高的三分之一，在实施修枝的过程中，要尽量减小保留木的伤口。

（2）中龄林阶段抚育的具体措施

①抚育方式：下层疏伐法，伐去林分中较小的林木，保留干形较好的目标树。

②抚育开始期：林分郁闭度达到 0.8 或者目标树连年胸径生长量出现下降。

③抚育强度：设置 4 块此类样地，抚育强度采用蓄积百分比表示，分别为对照组、10%、20% 和 35%。

④割灌：对影响目标树生长发育的灌木、杂草、藤蔓进行割除清理，定期伐去林分内伐桩四周萌生的幼苗。

⑤修枝：修枝的高度 3～5m，在实施修枝的过程中，要尽量减小保留木的伤口。

## 3.4 抚育对栲树水土保持林的影响

### 3.4.1 抚育对栲树水土保持林林木生长的影响

#### 3.4.1.1 抚育对林分胸径生长的影响

对栲树水土保持林抚育前后的胸径变化进行统计分析，结果表明（表3.6），胸径平均生长量随着抚育强度呈正比例关系。幼龄林在抚育强度为 10%、20% 和 35% 时，其胸径生长量比对照组的增长率约为 23.3% 、40.0% 和 60.0% ；中龄林在抚育强度为 10% 、20% 和 35% 时，其胸径生长量比对照组的增长率约为 10.3% 、37.9% 和 41.3% 。从表 3.6 也可以看出，在同等抚育强度下，对幼龄林胸径生长的促进效果远高于中龄林。

**表 3.6 抚育对林木胸径生长的影响**

| 样地编号 | 抚育前平均胸径<br>（cm） | 抚育后平均胸径<br>（cm） | 年均生长量<br>（cm） | 总生长量<br>（cm） | 比对照的增长率<br>（%） |
|---|---|---|---|---|---|
| 1 | 9.23 | 10.13 | 0.30 | 0.90 | 0.00 |
| 2 | 9.69 | 10.80 | 0.37 | 1.11 | 23.33 |
| 3 | 9.68 | 10.94 | 0.42 | 1.26 | 40.00 |
| 4 | 9.96 | 11.40 | 0.48 | 1.44 | 60.00 |
| 5 | 13.97 | 14.84 | 0.29 | 0.87 | 0.00 |
| 6 | 14.17 | 15.13 | 0.32 | 0.96 | 10.34 |
| 7 | 14.03 | 15.23 | 0.40 | 1.20 | 37.90 |
| 8 | 14.70 | 15.93 | 0.41 | 1.23 | 41.30 |

### 3.4.1.2 抚育对林分树高生长的影响

对栲树水土保持林抚育前后的树高变化进行统计分析，结果表明（表 3.7），不同强度的抚育可以促进林木的树高生长，当抚育强度为 10% 时，幼龄林、中龄林阶段林分内树高年均生长量比对照组的生长率分别为 10.0% 和 16.6% ；当抚育的强度为 20% 时，各林分内树高年均生长量比对照组的生长率分别为 17.5% 和 22.2% ；当抚育的强度为 35% 时，各林分内树高年均生长量比对照组的生长率分别为 15.0% 和 25.0% ；抚育的强度越大，促进作用越强。从数据也可以看出，在幼龄林中，抚育的强度从 20% 提高到 35% 时，林分内树高生长量比对照组的增长率从 17.5% 下降到 15.0% ；在中龄林中，当抚育的强度为 20% 和 35% 时，树高生长量比对照组的增长率为 22.2% 和 25.0% ，差别并不大，说明在栲树水土保持林并不适合高强度的抚育。

**表 3.7 抚育对树高生长的影响**

| 样地编号 | 抚育前平均树高<br>（m） | 抚育后平均树高<br>（m） | 年均生长量<br>（m） | 总生长量<br>（m） | 比对照的增长率<br>（%） |
|---|---|---|---|---|---|
| 1 | 7.77 | 8.97 | 0.40 | 1.20 | 0.00 |
| 2 | 7.65 | 8.89 | 0.44 | 1.32 | 10.00 |
| 3 | 7.68 | 9.09 | 0.47 | 1.41 | 17.50 |
| 4 | 7.87 | 9.13 | 0.46 | 1.38 | 15.00 |
| 5 | 11.56 | 12.64 | 0.36 | 1.08 | 0.00 |
| 6 | 11.92 | 13.18 | 0.42 | 1.26 | 16.67 |
| 7 | 11.36 | 12.68 | 0.44 | 1.32 | 22.22 |
| 8 | 12.31 | 13.66 | 0.45 | 1.35 | 25.00 |

### 3.4.1.3 抚育对冠幅生长的影响

对栲树水土保持林抚育前后的冠幅生长变化进行统计分析，结果表明（表 3.8），将乐林场次生林林分中冠幅的年均生长量随着抚育强度的增大而增大，在 10% 、20% 、35% 的抚育强度下，幼龄林冠幅生长量比对照组冠幅生长量高出 17.7% 、40.0% 和 44.4% ，中龄林冠幅生长量比对照组冠幅生长量高出 17.4%、28.2% 和 34.7%。

表 3.8　抚育对平均冠幅的影响

| 样地编号 | 伐前冠幅<br>（m） | 伐后冠幅<br>（m） | 年均生长量<br>（m） | 冠幅总生长量<br>（m） | 比对照增长率<br>（%） |
|---|---|---|---|---|---|
| 1 | 2.09 | 2.54 | 0.15 | 0.45 | 0.00 |
| 2 | 2.20 | 2.73 | 0.18 | 0.53 | 17.78 |
| 3 | 2.22 | 2.85 | 0.21 | 0.63 | 40.00 |
| 4 | 2.37 | 3.02 | 0.22 | 0.65 | 44.44 |
| 5 | 3.43 | 3.89 | 0.15 | 0.46 | 0.00 |
| 6 | 3.50 | 4.04 | 0.18 | 0.54 | 17.39 |
| 7 | 3.51 | 4.10 | 0.20 | 0.59 | 28.26 |
| 8 | 3.50 | 4.12 | 0.21 | 0.62 | 34.78 |

#### 3.4.1.4　抚育对单株材积生长的影响

结果表明（表 3.9），随着抚育强度的增大，单株材积的生长率不断增大。在幼龄林阶段实施 10%、20% 和 35% 强度抚育时，单株材积生长率分别为 12.32%、13.11% 和 13.30%，比对照组分别增加了 16.67%、24.15% 和 25.95%；在中龄林阶段实施 10%、20% 和 35% 强度抚育，单株材积生长率分别为 7.36%、8.14% 和 8.18 比对照组分别增加了 3.95%、14.97% 和 15.54%。对比幼龄林和中龄林阶段抚育强度从 20% 上升到 35% 时，单株材积生长率比对照组的单株材积生长率分别只增加了 1.80% 和 0.57%，说明此经营类型抚育的强度在 20% 比较合理。

表 3.9　抚育对单株材积生长的影响

| 样地编号 | 抚育前单株材积<br>（m³） | 抚育后单株材积<br>（m³） | 材积年均生长量<br>（m³） | 材积总生长量<br>（m³） | 普莱斯勒生长率<br>（%） | 比对照的增长率<br>（%） |
|---|---|---|---|---|---|---|
| 1 | 0.0263 | 0.0362 | 0.0099 | 0.0033 | 10.56 | 0.00 |
| 2 | 0.0291 | 0.0423 | 0.0132 | 0.0044 | 12.32 | 16.67 |
| 3 | 0.029 | 0.0432 | 0.0142 | 0.0047 | 13.11 | 24.15 |
| 4 | 0.0313 | 0.0469 | 0.0156 | 0.0052 | 13.30 | 25.95 |
| 5 | 0.0875 | 0.1083 | 0.0208 | 0.0069 | 7.08 | 0.00 |
| 6 | 0.0919 | 0.1147 | 0.0228 | 0.0076 | 7.36 | 3.95 |
| 7 | 0.0855 | 0.1103 | 0.0248 | 0.0083 | 8.14 | 14.97 |
| 8 | 0.1004 | 0.1285 | 0.0281 | 0.0094 | 8.18 | 15.54 |

#### 3.4.1.5　抚育对林分蓄积量的影响

对栲树水土保持林抚育前后的林分蓄积量变化进行统计分析，结果表明（表 3.10），总体来看，当抚育强度增大，林分蓄积生长率不断增大。

表 3.10　抚育对林分蓄积量的影响

| 样地编号 | 抚育前蓄积 （m³/hm²） | 抚育后保留蓄积 （m³/hm²） | 抚育三年后蓄积 （m³/hm²） | 蓄积生长量 （m³/hm²） | 年均生长量 （m³/hm²） | 普莱斯勒生长率 （%） |
|---|---|---|---|---|---|---|
| 1 | 50.06 | 50.06 | 59.99 | 9.93 | 3.31 | 6.02 |
| 2 | 57.70 | 51.93 | 64.32 | 12.39 | 4.13 | 7.11 |
| 3 | 54.84 | 43.87 | 57.04 | 13.17 | 4.39 | 8.70 |
| 4 | 57.10 | 37.68 | 49.16 | 11.48 | 3.83 | 8.81 |
| 5 | 133.73 | 133.73 | 156.74 | 23.01 | 7.67 | 5.28 |
| 6 | 118.08 | 106.27 | 126.86 | 20.59 | 6.86 | 5.89 |
| 7 | 112.71 | 90.17 | 110.32 | 20.15 | 6.72 | 6.70 |
| 8 | 133.28 | 86.64 | 105.25 | 18.61 | 6.20 | 6.47 |

由于抚育后林分保留蓄积量的不同，年均蓄积生长量的大小与生长率的高低不一致，普雷斯勒蓄积生长率公式可以更准确的反应抚育对林分蓄积生长的促进效果。以幼龄林阶段来分析，对照组以及低、中、高强度的抚育后年均蓄积生长量分别为 3.31m³/hm²、4.13m³/hm²、4.39m³/hm² 和 3.83m³/hm²，林分蓄积增生长率则分别为为 6.02%、7.11%、8.70% 和 8.81%；在中龄林阶段，对照组的林分蓄积生长率约为 5.28%，在实施 10%、20% 和 35% 强度抚育后，林分蓄积生长率分别为 5.89%、6.70% 和 6.47%。从表格中也可以看出，抚育强度增大到 35% 时，幼龄林阶段的林分蓄积生长率为 8.81%，与抚育强度 20% 时 8.70% 的生长率变化不大，而在中龄林阶段，林分蓄积生长量则出现了轻微下降，说明在栲树水土保持林中抚育强度应控制在 20%。

## 3.4.2　抚育的经济效益

根据福建当地原木成交价格（见表 3.11），将 8cm 径阶以下（不含）的林木作为薪材，薪材的市场价格在 100 元/m³。8~12cm 径阶的林木价格取市场价平均值，杉木为 980 元/m³，马尾松、栲树、木荷、火力楠价格约为 900 元/m³，拟赤杨、冬青、山矾等杂木的价格约为 500 元/m³。14~18cm 径阶的林木价格取市场平均值，杉木约为 1020 元/m³，马尾松、栲树、木荷、火力楠价格约为 1000 元/m³，拟赤杨、冬青、山矾等杂木的价格约为 600 元/m³。由于抚育 20cm 径阶以上的林木非常少，以 20cm 径阶各林木的价格代替 20cm 以上所有径阶林木的价格，杉木、栲树、木荷、火力楠的价格为 1200 元/m³，马尾松的价格为 1120 元/m³，拟赤杨、冬青、山矾等杂木的价格为 700 元/m³。

表 3.11　福建主要树种木材价格　　　　　　（单位：元/m³）

| 径阶（cm） | 杉木 | 马尾松 | 栲树 | 木荷 | 火力楠 | 杂木 |
|---|---|---|---|---|---|---|
| 薪材 | 100 | 100 | 100 | 100 | 100 | 100 |
| 8、10、12 | 980 | 900 | 900 | 900 | 900 | 500 |
| 14、16、18 | 1020 | 1000 | 1000 | 1000 | 1000 | 600 |
| 20 以上 | 1200 | 1120 | 1200 | 1200 | 1200 | 700 |

注：数据来自福建省 2012 年原木成交价。

将乐林场当地劳动力工价为 150 元/工日，栲树水土保持林高海拔或在 250m 以上而且坡度较陡的地区，抚育施工和木材运输都非常困难，抚育成本很高。在幼龄林阶段，当抚育强度为10%时，每亩地需要1工日；当抚育强度为20%时，每亩地需2工日；当抚育的强度为35%时，每亩地需要3.5工日，在实施同等强度的抚育时，中龄林阶段的工作量比幼龄林阶段的工作量多出约40%。在栲树水土保持林中，集材的成本为100元/m³，采伐工具、食物等作为其他费用。抚育价值=木材抚育量×出材率×木材单价+木材抚育量×(1−出材率)×薪材单价。

经济效益是检验抚育效果的重要因素，由表3.12可知，抚育的强度越高，抚育所得到的净利润就越大。在幼龄林阶段，收获的木材大多为廉价的薪材，当抚育强度为10%，净利润为负值，只有增大抚育的强度，才能获得一些较大径级的木材，产生经济收入，在抚育强度增加到35%时，净利润为912元/hm²。在中龄林阶段，抚育的木材径级较大，可以获得较高的经济价值，当抚育强度达到35%时，净利润可以达到10828.0元/hm²。

**表3.12 抚育的经济效益**

| 样地编号 | 木材抚育量（m³/hm²） | 抚育成本（元/hm²） | 集材成本（元） | 其他费用（元） | 出材率（%） | 抚育价值（元/hm²） | 净利润（元/hm²） |
|---|---|---|---|---|---|---|---|
| 1 对照 | 0.0 | 0.0 | 0.0 | 0.0 | 60.0 | 0.0 | 0.0 |
| 2(10) | 5.8 | 3750.0 | 580 | 100.0 | 60.0 | 3364.0 | −1066.0 |
| 3(20) | 10.9 | 5000.0 | 1090 | 200.0 | 60.0 | 6322.0 | 32.0 |
| 4(35) | 19.4 | 8000.0 | 1940 | 400.0 | 60.0 | 11252.0 | 912.0 |
| 5 对照 | 0.0 | 0.0 | 0.0 | 0.0 | 70.0 | 0.0 | 0.0 |
| 6(10) | 11.8 | 5250.0 | 1180 | 100.0 | 70.0 | 6844.0 | 314.0 |
| 7(20) | 22.5 | 7000.0 | 2250 | 200.0 | 70.0 | 12564.0 | 3114.0 |
| 8(35) | 46.6 | 11200.0 | 4660 | 400.0 | 70.0 | 27028.0 | 10828.0 |

## 3.4.3 抚育对林分非空间结构的影响

### 3.4.3.1 抚育对林分郁闭度的影响

根据表3.13可知，在抚育之前，样地的郁闭度均为0.80左右，林分内的光照、通风条件非常差，急需要进行抚育的工作，抚育可以降低林分的郁闭度，改善林分内的光照条件和环境卫生，为保留木创造了良好的生长空间。在幼龄林阶段，抚育强度为10%时，抚育后林分的郁闭度依旧在0.75以上，降低的幅度非常小。在抚育强度为20%时，林分郁闭度从0.80下降到0.65，在抚育强度为35%时，郁闭度从0.85下降到0.55；在中龄林阶段，抚育强度为10%时，林分的郁闭度依旧保持在0.75以上，降低的幅度非常小。在抚育强度为20%时，林分郁闭度从0.80下降到0.65左右。在抚育强度为35%时，郁闭度从0.80下降到0.55。抚育后保留郁闭度应该在0.6到0.7之间，20%强度的抚育适合栲树水土保持林。

表 3.13  抚育对林分郁闭度的影响

| 样地编号 | 抚育强度 | 抚育前郁闭度 | 抚育后郁闭度 |
|---|---|---|---|
| 9 | 对照组 | 0.80 | 0.80 |
| 10 | 10% | 0.80 | 0.75 |
| 11 | 20% | 0.85 | 0.65 |
| 12 | 35% | 0.85 | 0.55 |
| 13 | 对照组 | 0.80 | 0.80 |
| 14 | 10% | 0.80 | 0.75 |
| 15 | 20% | 0.85 | 0.65 |
| 16 | 35% | 0.80 | 0.55 |

### 3.4.3.2  抚育对林分树种组成的影响

由表 3.14 可知，抚育可以改变林分内的树种组成，提高目的树种在林分内的蓄积百分比，随着抚育强度的增加，目的树种栲树和木荷在林分内的蓄积百分比也越高。在幼龄林阶段，目的树种蓄积百分比的都很小，在实施了 10%、20% 和 35% 强度抚育的幼龄林中，目的树蓄积数百分比分别从 26.0%、24.4% 和 23.9% 提高到了 28.5%、33.0% 和 38.4%；在中龄林中，在实施了 10%、20% 和 35% 强度抚育的中龄林分，目的树种蓄积百分比分别从 30.5%、32.2% 和 31.1% 提高到了 34.2%、44.1% 和 48.8%。幼龄林和中龄林阶段，目的树种蓄积百分比的差距非常大，这主要是因为在栲树水土保持林中的树种组成更加复杂，而且拟赤杨等喜光树种在幼龄林阶段有很强的适应能力，会快速成为林分内的主要树种，并且压制其他目的树种，如栲树、木荷等，因此，对幼龄林的抚育是非常有必要的。

表 3.14  抚育对林分树种组成的影响

| 样地编号 | 伐前树种组成 | 目的树种蓄积百分比（%） | 伐后树种组成 | 目的树种蓄积百分比（%） |
|---|---|---|---|---|
| 1 | 4 拟赤杨 1 栲树 1 木荷 1 山矾 1 乐昌含笑 1 黄润楠 + 青冈 + 杨梅 - 枫香 | 25.30 | 4 拟赤杨 1 栲树 1 木荷 1 山矾 1 乐昌含笑 1 黄润楠 + 青冈 + 杨梅 - 枫香 | 25.30 |
| 2 | 4 拟赤杨 2 栲树 1 檫木 1 山矾 + 木荷 + 苦槠 + 青冈 + 黄樟 | 26.00 | 3 拟赤杨 2 栲树 1 檫木 1 山矾 1 木荷 + 苦槠 + 黄樟 | 28.57 |
| 3 | 3 拟赤杨 2 栲树 1 苦槠 1 南酸枣 + 枫香 + 木荷 + 黄樟 + 冬青 + 光叶山矾 + 杨梅 - 檵木 | 24.44 | 2 拟赤杨 2 栲树 1 苦槠 1 木荷 1 枫香 + 黄樟 + 冬青 + 杨梅 | 33.00 |
| 4 | 3 拟赤杨 2 栲树 1 黄樟 1 刺毛杜鹃 1 老鼠刺 + 枫香 + 苦槠 + 木荷 | 23.91 | 3 栲树 2 拟赤杨 1 黄樟 1 苦槠 1 枫香 1 木荷 + 刺毛杜鹃 | 38.44 |
| 5 | 4 马尾松 2 甜槠 2 栲树 1 木荷 + 黄润楠 + 苦槠 - 山矾 | 32.79 | 4 马尾松 2 甜槠 2 栲树 1 木荷 + 黄润楠 + 苦槠 - 山矾 | 32.79 |
| 6 | 3 马尾松 2 甜槠 2 栲树 1 木荷 + 米槠 + 黄润楠 - 山矾 - 杨梅 | 30.56 | 3 马尾松 2 甜槠 2 栲树 1 木荷 + 米槠 + 黄润楠 | 34.27 |
| 7 | 4 马尾松 2 甜槠 2 栲树 + 枫香 + 黄润楠 - 黄樟 - 杨梅 + 木荷 | 32.25 | 3 马尾松 3 栲树 1 甜槠 1 木荷 + 黄润楠 + 枫香 + 黄樟 | 44.15 |
| 8 | 4 马 2 栲树 1 黄润楠 1 木荷 1 甜槠 + 杨梅 + 南酸枣 - 苦槠 | 31.06 | 3 马 3 栲树 2 木荷 + 黄润楠 + 甜槠 + 苦槠 | 48.85 |

### 3.4.3.3 抚育对林分直径结构的影响

对栲树水土保持林幼龄林样地抚育前后直径调查的结果进行分析，结果见图 3.2。在幼龄林阶段，在 6cm 径阶以上林木株数逐渐减少。在未进行抚育前，1、2 和 3 号样地直径结构都表现为倒"J"型分布，4 号样地中 14cm 径阶林木多于 10cm 径阶林木。当抚育强度为 10% 和 20% 时，林分的直径结构仍然为倒"J"型分布，在 6cm 径阶和 10cm 径阶的林

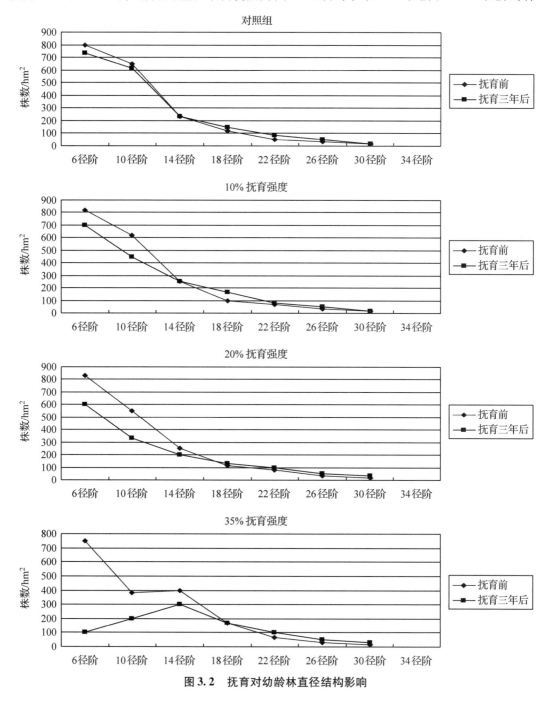

图 3.2 抚育对幼龄林直径结构影响

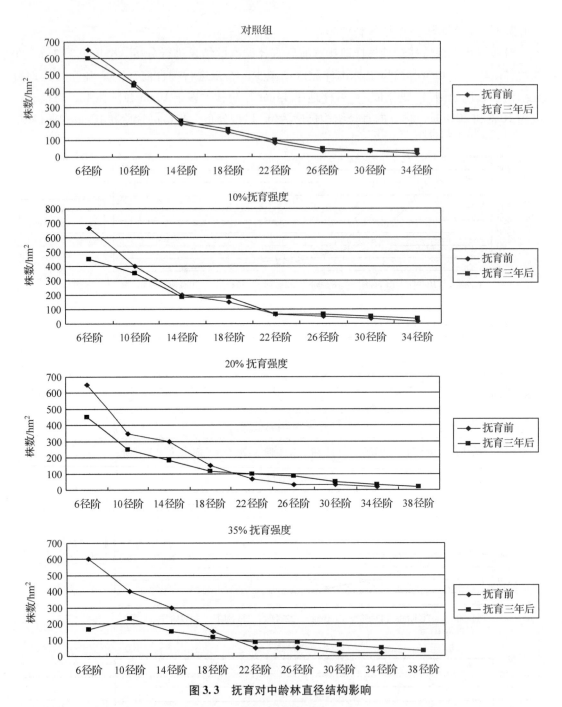

**图 3.3 抚育对中龄林直径结构影响**

木有所减少，而在 22cm 径阶和 26cm 径阶的林木有所增加。当抚育强度为 35% 时，抚育后林分直径结构呈倒不再是"J"型分布，14cm 径阶林木最多。

对栲树水土保持林中龄林样地抚育前后直径调查的结果进行分析，结果见图 3.3。在中龄林阶段，在 6cm 径阶以上林木株数逐渐减少。在未进行抚育前，各样地直径结构都表现为倒"J"型分布，当抚育强度为 10% 和 20% 时，林分的直径结构仍然为倒"J"型分布，在 6cm 径阶、10cm 径阶和 14cm 径阶的林木有所减少，而在 26cm 径阶和 30cm 径阶的林木有所增加，尤其是在抚育强度为20%时，林分内出现了38cm径阶的林木。当抚育强度为35%时，抚育后林分直径结构不再是呈倒"J"型分布，6径cm阶的林木株数少于10cm径阶林木株数。

## 3.4.4 抚育对林分空间结构的影响

根据标准地调查结果，对栲树水土保持林主要树种在幼龄林阶段的空间分布格局进行分析，结果见表3.15。

**表3.15 抚育对幼龄林主要树种分布格局的影响**

| 树种 | 样地编号 | 抚育前 | | | | | 抚育强度 | 抚育后 | | | | |
|---|---|---|---|---|---|---|---|---|---|---|---|---|
| | | $C$ | 分布 | $I$ | $m^*/x$ | $CA$ | | $C$ | 分布 | $I$ | $m^*/x$ | $CA$ |
| 栲树 | 1 | 2.08 | Clump | 1.08 | 1.45 | 0.07 | 0 | 3.60 | Clump | 2.60 | 1.86 | 0.17 |
| | 2 | 2.08 | Clump | 1.08 | 1.45 | 0.07 | 10% | 1.92 | Clump | 0.92 | 1.71 | 0.06 |
| | 3 | 3.67 | Clump | 2.67 | 1.20 | 0.18 | 20% | 1.60 | Clump | 0.60 | 1.46 | 0.04 |
| | 4 | 2.63 | Clump | 1.63 | 1.18 | 0.11 | 35% | 1.23 | Clump | 0.23 | 1.37 | 0.03 |
| 木荷 | 1 | 1.80 | Clump | 0.80 | 1.26 | 0.21 | 0 | 1.80 | Clump | 0.80 | 2.20 | 0.21 |
| | 2 | 3.20 | Clump | 2.20 | 1.60 | 0.43 | 10% | 2.25 | Clump | 1.25 | 2.06 | 0.31 |
| | 3 | 1.57 | Clump | 0.57 | 1.18 | 0.18 | 20% | 1.00 | Random | 0.00 | 1.00 | 0.00 |
| | 4 | — | — | — | — | — | 35% | — | — | — | — | — |
| 拟赤杨 | 1 | 1.98 | Clump | 0.98 | 1.82 | 0.01 | 0 | 17.28 | Clump | 16.29 | 2.37 | 0.01 |
| | 2 | 2.95 | Clump | 1.95 | 1.93 | 0.01 | 10% | 2.89 | Clump | 1.89 | 1.39 | 0.01 |
| | 3 | 3.06 | Clump | 2.06 | 2.13 | 0.01 | 20% | 1.28 | Clump | 0.29 | 1.22 | 0.01 |
| | 4 | 3.99 | Clump | 3.00 | 2.78 | 0.00 | 35% | 1.08 | Clump | 0.08 | 1.20 | 0.01 |
| 苦槠 | 1 | — | — | — | — | — | 0 | — | — | — | — | — |
| | 2 | 1.62 | Clump | 0.62 | 1.73 | 0.14 | 10% | 1.39 | Clump | 0.39 | 1.64 | 0.09 |
| | 3 | 5.00 | Clump | 4.00 | 6.30 | 0.80 | 20% | 0.98 | Uniform | -0.02 | 0.53 | -0.01 |
| | 4 | 1.80 | Clump | 0.80 | 1.92 | 0.16 | 35% | 1.17 | Clump | 0.18 | 1.55 | 0.04 |

在实施抚育之前，栲树在1、2、3和4号样地内的扩散系数($C$)分别为2.08、2.08、3.67和2.63，均大于1，另外，其丛生指数($I$)均大于1，Cassie指数($CA$)均大于0，平均拥挤度($m^*/\bar{x}$)都大于1，说明栲树的分布格局为聚集型分布。在经过抚育之后，在对照组中，栲树的扩散系数从2.08上升到了3.60，而在经过10%、20%和35%强度的抚育后，在2、3、4号样地内的扩散系数分别降低为1.92、1.60和1.23，抚育之后，栲树的丛生指数($I$)均大于1，Cassie指数($CA$)均大于0，平均拥挤度($m^*/x$)都大于1，仍然保持为聚集分布，只是在抚育之后的林分内，栲树的聚集程度降低了。

木荷在1、2和3号样地内的扩散系数($C$)分别为1.80、3.20和1.57，均大于1，木荷在4号样地内没有分布，另外，其丛生指数($I$)均大于1，Cassie指数($CA$)均大于0，平均拥挤度($m^*/x$)都大于1，说明木荷的分布格局为聚集型分布。在经过10%、20%和35%强度的抚育后，木荷在1、2和3号样地内的扩散系数分别降低为1.80、2.25和1.00，抚育之后，再结合木荷的丛生指数($I$)、Cassie指数($CA$)、平均拥挤度($m^*/x$)的数据，木荷在1和2号样地内仍然保持为聚集分布，只是在抚育之后的2号样地，木荷的聚集程度降低了，而在抚育强度为20%时，木荷的扩散系数变为1.00，丛生指数（I）为0、Cassie 指数（CA）等于0、平均拥挤度（m*/x）等于1，说明此抚育强度有效地降低了木荷的聚集度，此时木荷的聚集强度为随机分布。

苦槠在幼龄阶段的株数较少，在抚育之前，苦槠在2、3和4号样地中的扩散系数（C）均大于1，丛生指数（I）均大于1，Cassie 指数（CA）均大于0，平均拥挤度（m*/x）都大于1，说明苦槠的分布格局为聚集型分布。在经过10%抚育时，其聚集程度有所降低，当抚育强度为20%时，苦槠的扩散系数（C）小于1，变为均匀分布。

拟赤杨抚育前扩散系数分别为1.98、2.95、3.06和3.99，均大于1，再结合丛生指数（I）、Cassie 指数（CA）、平均拥挤度（m*/x）的数据，拟赤杨在幼龄林阶段属于聚集分布。在经过抚育之后，对照组内拟赤杨的扩散系数增加到了17.28，聚集度变大，在经过抚育过后的林分内，拟赤杨仍然呈聚集分布，聚集强度较抚育前下降了很多，当抚育强度达到20%时，林分内的拟赤杨接近随机分布。

表3.16 抚育对中龄林主要树种分布格局的影响

| 树种 | 样地编号 | 抚育前 | | | | | 抚育强度 | 抚育后 | | | | |
|---|---|---|---|---|---|---|---|---|---|---|---|---|
| | | C | 分布 | I | m*/x | CA | | C | 分布 | I | m*/x | CA |
| 栲树 | 5 | 2.00 | Clump | 1.00 | 1.52 | 0.13 | 0 | 1.28 | Clump | 0.29 | 1.61 | 0.04 |
| | 6 | 1.13 | Clump | 0.13 | 1.14 | 0.02 | 10% | 0.90 | Clump | −0.11 | 0.63 | −0.02 |
| | 7 | 2.00 | Clump | 1.00 | 1.52 | 0.13 | 20% | 1.66 | Clump | 0.65 | 1.61 | 0.09 |
| | 8 | 12.50 | Clump | 11.50 | 3.69 | 1.44 | 35% | 9.14 | Clump | 8.14 | 3.31 | 1.16 |
| 木荷 | 5 | 3.56 | Clump | 2.57 | 2.08 | 0.37 | 0 | 4.00 | Clump | 5.00 | 2.83 | 0.83 |
| | 6 | 1.28 | Clump | 0.29 | 1.61 | 0.04 | 10% | 1.15 | Clump | 0.16 | 1.45 | 0.02 |
| | 7 | — | — | — | — | — | 20% | — | — | — | — | — |
| | 8 | 0.58 | Uniform | −0.43 | 0.65 | −0.06 | 35% | 0.67 | Uniform | −0.33 | 0.61 | −0.06 |
| 甜槠 | 5 | 5.26 | Clump | 4.26 | 1.66 | 0.19 | 0 | 8.05 | Clump | 7.05 | 1.95 | 0.34 |
| | 6 | 6.26 | Clump | 5.26 | 1.75 | 0.23 | 10% | 9.33 | Clump | 8.33 | 2.06 | 0.40 |
| | 7 | 2.13 | Clump | 1.13 | 1.74 | 0.05 | 20% | 1.19 | Clump | 0.19 | 1.77 | 0.01 |
| | 8 | 9.78 | Clump | 8.78 | 1.94 | 0.33 | 35% | 8.04 | Clump | 7.05 | 0.72 | 0.34 |
| 马尾松 | 5 | 0.29 | Uniform | −0.71 | 1.07 | −0.02 | 0 | 3.24 | Clump | 2.24 | 1.45 | 0.09 |
| | 6 | 1.16 | Clump | 0.16 | 1.11 | 0.02 | 10% | 1.58 | Random | 0.58 | 1.24 | 0.02 |
| | 7 | 1.58 | Clump | 0.58 | 1.24 | 0.02 | 20% | 0.64 | Uniform | −0.36 | 0.35 | −0.01 |
| | 8 | 0.81 | Uniform | −0.19 | 0.83 | −0.01 | 35% | 1.96 | Clump | 0.96 | 1.27 | 0.04 |

根据标准地调查结果，对栲树水土保持林在中龄林阶段抚育前后的空间分布格局进行分析，结果见表3.16。在实施抚育之前，栲树在5、6、7和8号样地内的扩散系数（C）分别为2.00、1.13、2.00和12.50，均大于1，另外，其丛生指数（I）均大于1，Cassie 指数（CA）均大于0，平均拥挤度（m*/x）都大于1，说明栲树的分布格局为聚集型分布。在经过强度为10%、20%和35%抚育之后，栲树在5、7和8号样地的扩散系数也有所下降，但是仍然都大于1，再结合其丛生指数（I）均大于1，Cassie 指数（CA）均大于0，平均拥挤度（m*/x）都大于1，仍然保持为聚集分布，只是在抚育之后的林分内，栲树的聚集程度降低了。在14号样地，即抚育强度为10%时，栲树的分布格局变成了均匀分布。

　　木荷在5、6和8号样地内的扩散系数(C)分别为3.56、1.28和0.58，木荷在15号样地内没有分布，另外，再结合其丛生指数(I)，Cassie指数(CA)，平均拥挤度(m*/x)，木荷分布格局在5和6号样地内为聚集型分布，在8号样地内为均匀分布。在经过10%和35%强度的抚育后，木荷在5、6和8号样地内的扩散系数分别降低为4.00、1.15和0.67，抚育之后，木荷的分布格局并未发生变化，这主要是因为在中龄林样地木荷的数量较少，且大部分作为目的树种保留了下来。

　　甜槠在中龄林阶段的株数较多，抚育前，苦槠在5、6、7和8号样地中的扩散系数(C)均大于1，丛生指数(I)均大于1，Cassie指数(CA)均大于0，平均拥挤度(m*/x)都大于1，说明甜槠的分布格局为聚集型分布。在经过不同强度抚育后，其扩散系数(C)均大于1，丛生指数(I)均大于1，Cassie指数(CA)均大于0，平均拥挤度(m*/x)都大于1，甜槠在林分中仍然是聚集分布。

　　马尾松是林分内的主要树种，也是非目的树种。在抚育之前，马尾松在5、6、7和8号样地的扩散系数分别为0.29、1.16、1.58和0.81，再结合其丛生指数(I)、Cassie指数(CA)、平均拥挤度(m*/x)的数据，马尾松在5和8号样地属于均匀分布，在6和7号样地属于聚集分布，但是聚集强度很低，说明马尾松在中龄阶段的分布很均匀。在经过抚育之后，马尾松在5、6、7和8号样地的扩散系数分别为3.24、1.00、0.64和1.96，马尾松在5和8号样地为聚集分布，在6号样属于随机分布，在7号样地属于均匀分布，分布格局变化很大。

## 3.5　抚育对杉木大径级用材林的影响

### 3.5.1　抚育对杉木大径级用材林林木生长的影响

#### 3.5.1.1　抚育对林分胸径生长的影响

　　对抚育前后的林分平均胸径进行统计分析，研究表明(表3.17)，胸径平均生长量随着抚育强度的增大而增加。幼龄林在抚育强度为10%、20%和35%时，其胸径生长量比对照组的增长率约为23.33%、53.33%和60.0%；而中龄林的增长率分别为为19.23%、38.46%和42.31%。在同等抚育强度，幼龄林胸径生长量比对照组的增长率约为23.3%、53.3%和60.0%，远高于中龄林的19.23%、38.46%和42.31%。

表3.17　抚育对林木胸径生长的影响

| 样地编号 | 抚育前平均胸径<br>(cm) | 抚育后平均胸径<br>(cm) | 年均生长量<br>(cm) | 总生长量<br>(cm) | 比对照的增长率<br>(%) |
|---|---|---|---|---|---|
| 9 | 7.99 | 8.89 | 0.30 | 0.90 | 0.00 |
| 10 | 8.41 | 9.52 | 0.37 | 1.11 | 23.33 |
| 11 | 8.47 | 9.85 | 0.46 | 1.38 | 53.33 |
| 12 | 8.84 | 10.28 | 0.48 | 1.44 | 60.00 |
| 13 | 12.73 | 13.51 | 0.26 | 0.78 | 0.00 |
| 14 | 13.64 | 14.57 | 0.31 | 0.93 | 19.23 |
| 15 | 13.81 | 14.89 | 0.36 | 1.08 | 38.46 |
| 16 | 14.05 | 15.16 | 0.37 | 1.11 | 42.31 |

### 3.5.1.2 抚育对林分树高生长的影响

对抚育前后的林分平均高进行统计分析，研究结果见表3.18表明，下层抚育可以促进林木树高生长的效果与抚育的强度呈正相关，当抚育强度为10%时，幼龄林、中龄林阶段林分内树高年均生长量比对照组的生长率分别为7.89%和15.00%；当抚育的强度为20%时，各林分内树高年均生长量比对照组的生长率分别为10.53%和20.00%；当抚育的强度为35%时，各林分内树高年均生长量比对照组的生长率分别为31.57%和32.50%。从数据也可以看出，在幼龄林中，抚育的强度从20%提高到35%时，林分内树高生长量比对照组的增长率从10.53%上升为31.57%，增长了约2倍；而在中龄林中，抚育的强度从20%提高到35%时，林分内树高生长量比对照组的增长率从20.00%上升为32.50%，增长了约0.6倍。

表3.18 抚育对树高生长的影响

| 样地编号 | 抚育前平均树高<br>（m） | 抚育后平均树高<br>（m） | 年均生长量<br>（m） | 总生长量<br>（m） | 比对照的增长率<br>（%） |
|---|---|---|---|---|---|
| 9 | 7.04 | 8.18 | 0.38 | 1.14 | 0.00 |
| 10 | 9.59 | 10.82 | 0.41 | 1.23 | 7.89 |
| 11 | 6.89 | 8.16 | 0.42 | 1.26 | 10.53 |
| 12 | 8.81 | 10.31 | 0.50 | 1.50 | 31.57 |
| 13 | 9.91 | 11.11 | 0.40 | 1.20 | 0.00 |
| 14 | 12.35 | 13.73 | 0.46 | 1.38 | 15.00 |
| 15 | 13.01 | 14.44 | 0.48 | 1.44 | 20.00 |
| 16 | 13.84 | 15.43 | 0.53 | 1.59 | 32.50 |

### 3.5.1.3 抚育对冠幅生长的影响

对杉木大径级用材林抚育前后的冠幅生长变化进行统计分析，结果表明（表3.19），将乐林场次生林林分中冠幅的年均生长量随着抚育强度的增大而增大，在10%、20%、35%的抚育强度下，幼龄林冠幅的生长量比未抚育的对照组高出13.04%、32.61%和39.13%，中龄林冠幅生长量比对照组冠幅生长量高出15.91%、29.55%和36.36%。

表3.19 抚育对平均冠幅的影响

| 样地编号 | 伐前冠幅<br>（m） | 伐后冠幅<br>（m） | 年均生长量<br>（m） | 冠幅总生长量<br>（m） | 比对照增长率<br>（%） |
|---|---|---|---|---|---|
| 9 | 1.83 | 2.29 | 0.15 | 0.46 | 0.00 |
| 10 | 1.98 | 2.50 | 0.17 | 0.52 | 13.04 |
| 11 | 2.11 | 2.72 | 0.20 | 0.61 | 32.61 |
| 12 | 2.39 | 3.03 | 0.21 | 0.64 | 39.13 |
| 13 | 3.13 | 3.57 | 0.15 | 0.44 | 0.00 |
| 14 | 3.36 | 3.87 | 0.17 | 0.51 | 15.91 |
| 15 | 3.44 | 4.01 | 0.19 | 0.57 | 29.55 |
| 16 | 3.51 | 4.11 | 0.20 | 0.6 | 36.36 |

### 3.5.1.4 抚育对单株材积生长的影响

对抚育前后的单株材积变化进行统计分析（表3.20），总体来看，随抚育强度增大，单株材积生长率不断增大。在幼龄林阶段，实施10%、20%和35%强度抚育后，单株材积生长率分别为11.78%、13.38%和13.86%，比对照组分别增加了18.15%、34.20%和39.02%；在中龄林阶段，实施10%、20%和35%强度抚育后，单株材积生长率分别为7.38%、7.87%和8.01%，比对照组分别增加了10.48%、17.81%和19.91%；当抚育强度相同时，幼龄林中生长率比对照组的增长率大于中龄林。

表 3.20　抚育对单株材积生长的影响

| 样地编号 | 抚育前单株材积（$m^3$） | 抚育后单株材积（$m^3$） | 材积年均生长量（$m^3$） | 材积总生长量（$m^3$） | 普莱斯勒生长率（%） | 比对照的增长率（%） |
|---|---|---|---|---|---|---|
| 9 | 0.0199 | 0.0269 | 0.0070 | 0.0023 | 9.97 | 0.00 |
| 10 | 0.0268 | 0.0383 | 0.0115 | 0.0038 | 11.78 | 18.15 |
| 11 | 0.0221 | 0.0332 | 0.0111 | 0.0037 | 13.38 | 34.20 |
| 12 | 0.0301 | 0.0459 | 0.0158 | 0.0053 | 13.86 | 39.02 |
| 13 | 0.0629 | 0.0769 | 0.0140 | 0.0047 | 6.68 | 0.00 |
| 14 | 0.0912 | 0.1139 | 0.0227 | 0.0076 | 7.38 | 10.48 |
| 15 | 0.0983 | 0.1246 | 0.0263 | 0.0088 | 7.87 | 17.81 |
| 16 | 0.1128 | 0.1436 | 0.0308 | 0.0103 | 8.01 | 19.91 |

#### 3.5.1.5　抚育对林分蓄积量的影响

对杉木大径级用材林抚育前后的林分蓄积量变化进行统计分析，结果表明（表3.21），当抚育强度增大，林分蓄积生长率不断增大。

在幼龄林阶段，对照组以及低、中、高强度的抚育后年均蓄积生长量分别为2.75 $m^3$/$hm^2$、4.07 $m^3$/$hm^2$、3.27 $m^3$/$hm^2$和4.39 $m^3$/$hm^2$，林分蓄积增生长率则分别为6.25%、7.47%、8.44%和9.12%；在中龄林阶段，对照组的林分蓄积生长率约为5.12%，在增大抚育强度后，林分蓄积生长率分别为6.79%、7.44%和7.52%。

另外，在中龄林阶段，当抚育强度达到35%时，抚育三年后的林分蓄积生长率为7.52%，与抚育强度20%时的蓄积生长率7.44%相差很小，为了在后期获得更多大径级木材，抚育强度应该控制在20%。

表 3.21　抚育对林分蓄积量的影响

| 样地编号 | 抚育前蓄积（$m^3$/$hm^2$） | 抚育后保留蓄积（$m^3$/$hm^2$） | 抚育三年后蓄积（$m^3$/$hm^2$） | 蓄积生长量（$m^3$/$hm^2$） | 年均生长量（$m^3$/$hm^2$） | 普莱斯勒生长率（%） |
|---|---|---|---|---|---|---|
| 9 | 39.86 | 39.86 | 48.11 | 8.25 | 2.75 | 6.25 |
| 10 | 53.79 | 48.41 | 60.62 | 12.21 | 4.07 | 7.47 |
| 11 | 42.32 | 33.86 | 43.68 | 9.82 | 3.27 | 8.44 |
| 12 | 63.90 | 41.54 | 54.7 | 13.16 | 4.39 | 9.12 |
| 13 | 142.15 | 142.15 | 165.78 | 23.63 | 7.88 | 5.12 |
| 14 | 177.38 | 159.64 | 195.83 | 36.19 | 12.06 | 6.79 |
| 15 | 199.51 | 40.19 | 199.45 | 40.06 | 13.35 | 7.44 |
| 16 | 208.86 | 136.71 | 171.46 | 34.75 | 11.58 | 7.52 |

## 3.5.2 抚育的经济效益

将乐林场当地的劳动力成本150元/工日，在幼龄林阶段，10%抚育强度时，每亩林地需要1个工日；20%抚育强度时，每亩林地需要2工日；当抚育强度为35%时，每亩林地需要3.5个工日，中龄林的工作量比幼龄林多出约60%。集材成本为100元/$m^3$，采伐工具、油料等作为其他费用。

杉木大径级用材林抚育的经济效益（表3.22），从表中可以看出，抚育的程度越高，抚育所得到的净利润就越大。在幼龄林阶段，当抚育强度为10%，净利润为负值，在抚育强度增加到35%时，净利润为1320元/$hm^2$。在中龄林阶段，抚育的木材径级较大，可以获得较高的经济价值，当抚育强度为10%时，已经可以获得4296元/$hm^2$的净利润，当抚育强度达到35%时，净利润可以达到14080元/$hm^2$。

表3.22　抚育的经济效益

| 样地编号 | 木材抚育量（$m^3/hm^2$） | 抚育成本（元/$hm^2$） | 集材成本（元） | 其他费用（元） | 出材率（%） | 抚育价值（元/$hm^2$） | 净利润（元/$hm^2$） |
|---|---|---|---|---|---|---|---|
| 9 | 0.0 | 0.0 | 0.0 | 0.0 | 60.0 | 0.0 | 0.0 |
| 10 | 5.4 | 2500.0 | 540.0 | 200.0 | 60.0 | 2810.0 | −430.0 |
| 11 | 8.5 | 5000.0 | 850.0 | 400.0 | 60.0 | 4930.0 | −1320.0 |
| 12 | 22.4 | 8750.0 | 2240.0 | 700.0 | 60.0 | 12992.0 | 1320.0 |
| 13 | 0.0 | 0.0 | 0.0 | 0.0 | 70.0 | 0.0 | 0.0 |
| 14 | 17.7 | 4000.0 | 1770.0 | 200.0 | 70.0 | 10266.0 | 4296.0 |
| 15 | 40.2 | 8000.0 | 4020.0 | 500.0 | 70.0 | 20100.0 | 7580.0 |
| 16 | 72.2 | 14000.0 | 7220.0 | 800.0 | 70.0 | 36100.0 | 14080.0 |

## 3.6　抚育对林分非空间结构的影响

### 3.6.1　抚育对林分郁闭度的影响

根据表3.23可知，在抚育之前，样地的郁闭度均为0.80左右，林分内的光照条件非常差，急需要进行抚育的工作。在幼龄林阶段，当抚育强度为10%时，抚育后林分的郁闭度依旧在0.75以上，降低的幅度非常小，当抚育强度为20%时，林分郁闭度从0.80下降到0.70，当抚育强度为35%时，郁闭度从0.850下降到0.60；在中龄林阶段，当抚育强度为10%时，抚育后林分的郁闭度依旧在0.75以上，降低的幅度非常小，在抚育强度为20%时，林分郁闭度从0.85下降到0.70。在抚育强度为35%时，郁闭度从0.85下降到0.65。抚育后林分合理的郁闭度应该保持在0.6～0.7，杉木大径级用材的抚育强度可以达到35%。

表 3.23 抚育对林分郁闭度的影响

| 样地编号 | 抚育强度 | 抚育前郁闭度 | 抚育后郁闭度 |
|---|---|---|---|
| 9 | 0 | 0.80 | 0.80 |
| 10 | 10% | 0.80 | 0.75 |
| 11 | 20% | 0.80 | 0.70 |
| 12 | 35% | 0.85 | 0.60 |
| 13 | 0 | 0.80 | 0.80 |
| 14 | 10% | 0.80 | 0.75 |
| 15 | 20% | 0.85 | 0.70 |
| 16 | 35% | 0.85 | 0.65 |

## 3.6.2 抚育对林分树种组成的影响

由表 3.24 可知，抚育可以改变林分内的树种组成，提高目的树种在林分内的蓄积百分比，随着抚育强度的增加，目的树种杉木和马尾松在林分内的蓄积百分比也越高。在幼龄林阶段，在实施了 10%、20% 和 35% 强度抚育的林分中，目的树种蓄积百分比分别从 22.00%、23.48% 和 23.29% 提高到了 26.67%、31.18% 和 39.62%；在中龄林阶段，实施了 10%、20% 和 35% 强度抚育的林分中，目的树种蓄积百分比分别从 21.58%、23.57% 和 26.14% 提高到了 24.78%、33.72% 和 40.00%。在杉木大径级用材林的幼龄林和中龄林阶段，在未进行抚育的对照组和实施同等强度的抚育时，其目的树种株数百分比相差很小，当抚育的强度为 35% 时，在幼龄林和中龄林中，其目的树种株数百分比都比未进行抚育的对照组中的目的树种株数百分比提高了一倍，说明此经营类型可以实施高强度的抚育。

表 3.24 抚育对林分树种组成的影响

| 样地编号 | 伐前树种组成 | 目的树种蓄积百分比（%） | 伐后树种组成 | 目的树种蓄积百分比（%） |
|---|---|---|---|---|
| 9 | 7 木荷 1 火力楠 1 杉木 1 马尾松 | 19.84 | 7 木荷 1 火力楠 1 杉木 1 马尾松 | 19.84 |
| 10 | 7 火力楠 2 杉木 1 马尾松 | 22.00 | 7 火力楠 2 杉木 + 马尾松 | 26.67 |
| 11 | 6 火力楠 2 木荷 2 杉木 | 23.48 | 5 火力楠 2 木荷 3 杉木 | 31.18 |
| 12 | 6 火力楠 1 木荷 2 杉木 1 马尾松 | 23.29 | 5 火力楠 1 木荷 3 杉木 1 马尾松 | 39.62 |
| 13 | 6 木荷 2 火力楠 2 杉木 | 19.52 | 6 木荷 2 火力楠 2 杉木 | 19.52 |
| 14 | 6 火力楠 2 木荷 2 杉木 | 21.58 | 6 火力楠 2 木荷 2 杉木 | 24.78 |
| 15 | 6 木荷 2 火力楠 2 杉木 – 马尾松 | 23.57 | 5 木荷 2 火力楠 3 杉木 + 马尾松 | 33.72 |
| 16 | 6 火力楠 2 杉木 1 马尾松 1 木荷 | 26.14 | 5 火力楠 1 木荷 3 杉木 1 马尾松 | 40.00 |

## 3.6.3 抚育对林分直径结构的影响

对杉木大径级用材林样地抚育前后直径调查的结果进行分析，结果见图 3.4。在幼龄林阶段，在第 6cm 径阶的林木株数非常多，约为 900 株/hm²，随着径阶的增大，林木株数逐渐减少，在第 22cm 径阶大约为 17 株/hm²。在对照组中，抚育前后林木直径分布曲线变化非常小。当抚育强度为10%后，林分在第6cm和8cm径阶的林木株数减少，第12cm径阶以上的林木株数明显大于抚育之前，林分中新出现了22cm径阶的林木。当抚育强度为20%时，林分第6和8cm径阶的林木株数明显减少，12cm径阶以上的林木也多于抚育前。当抚育的强度达到35%时，第10cm径阶以下的林木被大量伐除，林分的直径结构呈现出截尾正态分布，峰值出现在第10cm径阶，即平均胸径所在的径阶。

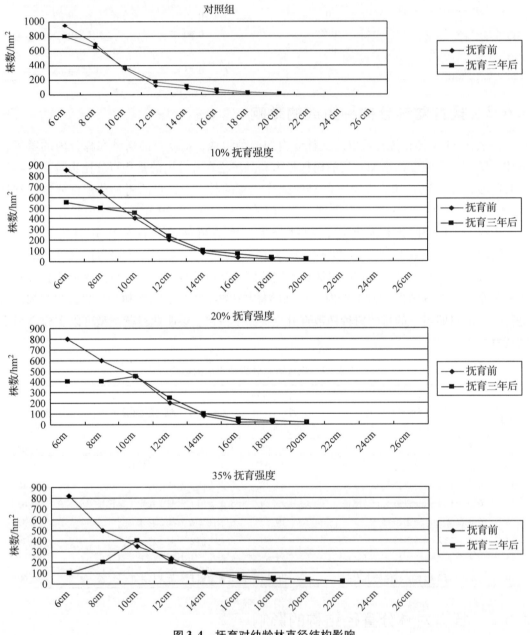

图3.4　抚育对幼龄林直径结构影响

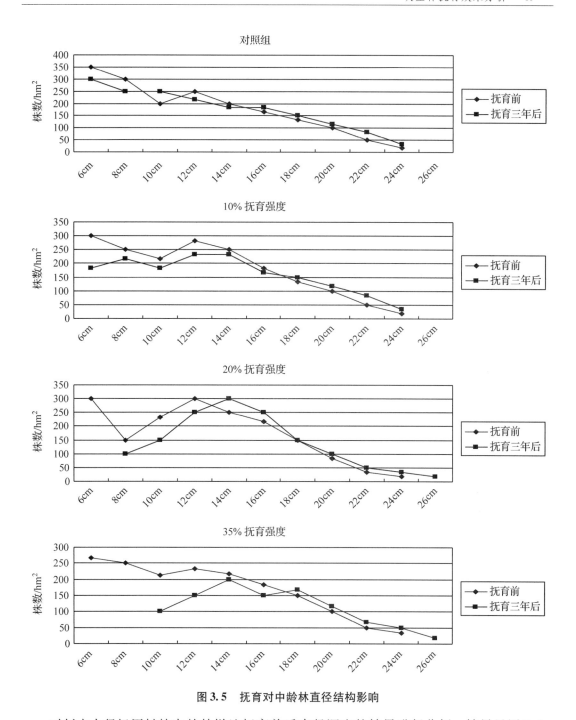

**图 3.5 抚育对中龄林直径结构影响**

对杉木大径级用材林中龄林样地抚育前后直径调查的结果进行分析，结果见图 3.5。在中龄林阶段，在抚育前，林分内第 8cm 或者 10cm 径阶的林木株数有的少于第 12cm 径阶林木的株数，6cm 径阶的林木株数与 12cm 径阶相差很小，这可能是因为林分内的郁闭度已经较高，林下的杉木、马尾松等阳性树种无法生存，在第 12cm 径阶以上的林木株数逐渐减少。当抚育强度为 10% 时，抚育后林分直径结构与抚育前变化很小，但是株数最多的径阶从抚育前的第 6cm 径阶变为抚育后的第 12cm 和 14cm 径阶。当抚育强度为 20% 时，第 6cm 径阶的林木已经被伐除，抚育后林分直径结构接近正态分布，峰值位于 14cm 径阶，即平均胸径所在的径阶，14cm 径阶两侧的林木株数大致相等。当抚育的强度达到 35% 时，第 6cm 和 8cm 径阶的林木被伐除，林分直径分布很不规律，平均胸径所在径阶以及其上下两个径阶的林木株数较多，而其他径阶的林木株数则很少甚至没有。

## 3.7 抚育对林分空间结构的影响

## 3.7.1 抚育对林分混交度的影响

由表 3.25 可知，在幼龄林阶段，即 9、10、11 和 12 号样地的林分的混交度分别为 0.41、0.41、0.43 和 0.46，都处于弱度混交，说明林分中树种的种隔离程度较低。林分中混交分为 0.5 的频率最高，其频率分别为 0.38、0.40、0.44 和 0.48。在抚育强度为 10% 时，10 号样地的林分混交度从 0.41 提高到了 0.42；在抚育强度为 20% 时，11 号样地的林分混交度从 0.43 提高到了 0.45；在抚育强度为 35% 时，12 号样地的林分混交度从 0.46 提高到了 0.50，抚育之后，林分混交度为 0.5 的分布频率仍然最高，而且比抚育之前有所提升。抚育增强了林分内的树种隔离程度，抚育的强度越大，对林分内混交度提高的效果越明显，当抚育在 35% 时，林分甚至已经提升到了中度混交的状态，可见，在幼龄林阶段是可以进行高强度的抚育的。

表 3.25 抚育对林分混交度的影响

| 龄组 | | 抚育强度 | 混交度分布频率 | | | | | 平均值 |
| | | | 0 | 0.25 | 0.50 | 0.75 | 1.00 | |
|---|---|---|---|---|---|---|---|---|
| 抚育前 | 幼龄林 | 对照组 | 0.22 | 0.20 | 0.38 | 0.12 | 0.08 | 0.41 |
| | | 10% | 0.19 | 0.22 | 0.40 | 0.12 | 0.07 | 0.41 |
| | | 20% | 0.16 | 0.20 | 0.44 | 0.14 | 0.06 | 0.43 |
| | | 35% | 0.16 | 0.18 | 0.48 | 0.15 | 0.07 | 0.46 |
| | 中龄林 | 对照组 | 0.20 | 0.20 | 0.40 | 0.12 | 0.08 | 0.42 |
| | | 10% | 0.18 | 0.22 | 0.35 | 0.20 | 0.05 | 0.43 |
| | | 20% | 0.18 | 0.23 | 0.26 | 0.24 | 0.09 | 0.45 |
| | | 35% | 0.19 | 0.21 | 0.28 | 0.24 | 0.08 | 0.44 |
| 抚育后 | 幼龄林 | 对照组 | 0.22 | 0.20 | 0.38 | 0.12 | 0.08 | 0.41 |
| | | 10% | 0.17 | 0.21 | 0.42 | 0.12 | 0.08 | 0.42 |
| | | 20% | 0.14 | 0.17 | 0.48 | 0.15 | 0.06 | 0.45 |
| | | 35% | 0.10 | 0.13 | 0.52 | 0.16 | 0.09 | 0.50 |
| | 中龄林 | 对照组 | 0.20 | 0.20 | 0.40 | 0.12 | 0.08 | 0.42 |
| | | 10% | 0.17 | 0.20 | 0.44 | 0.13 | 0.06 | 0.44 |
| | | 20% | 0.12 | 0.16 | 0.50 | 0.13 | 0.09 | 0.48 |
| | | 35% | 0.10 | 0.18 | 0.51 | 0.11 | 0.10 | 0.48 |

在中龄林阶段，即 13、14、15 和 16 号样地林分的混交度分别为 0.42、0.43、0.45 和 0.44，都处于弱度混交，说明林分中树种的种隔离程度较低。林分中混交分为 0.5 的频率最高，其频率分别为 0.40、0.35、0.26 和 0.28。在抚育强度为 10% 时，14 号样地的林分

混交度从 0.43 提高到了 0.44；在抚育强度为 20% 时，15 号样地的林分混交度从 0.45 提高到了 0.48；在抚育强度为 35% 时，16 号样地的林分混交度从 0.44 提高到了 0.48，抚育之后，林分混交度为 0.5 的分布频率仍然最高，而且比抚育之前有所提升，其频率分别为 0.40、0.44、0.50 和 0.51。试验说明抚育可以增强了林分内的树种隔离程度，抚育的强度越大，对林分内混交度提高的效果越明显，但是，当抚育在 20% 和 35% 时，林分混交度都提升到了 0.48，接近中度混交的状态，可见，在中龄林阶段是不需要进行高强度的抚育就可以取得较好的增强林分内种隔离程度。

## 3.7.2 抚育对主要树种大小比数的影响

由表 3.26 可知，在抚育之前，火力楠和木荷在幼龄林中处于亚优势，火力楠在 9、10、11 和 12 号样地中大小比数分别为 0.39、0.38、0.38 和 0.38；在经过 10%、20% 和 35% 强度的抚育之后，对照组和抚育之后样地的火力楠仍然处于亚优势，其大小比数分别为 0.39、0.40、0.41 和 0.46，比之前的大小比数略微增加，这是因为抚育主要是伐去胸径较小的林木，保留的都是胸径较大的林木。木荷在幼龄林 9、11 和 12 号样地的大小比数分别为 0.48、0.51 和 0.57，只有在 9 号样地中的木荷是亚优势状态，其他三个样地中的木荷均是轻微劣势状态。在经过抚育之后，在 11 和 12 号样地的大小比数分别为 0.51 和 0.52，仍然是轻微劣势状态。在抚育前后基本没有什么变化，一直呈现出轻微劣势。

表 3.26 抚育对幼龄林主要树种胸径大小比数的影响

| 树种 | 伐前大小比数分布频率 | | | | | | 抚育强度 | 伐后大小比数分布频率 | | | | | |
|---|---|---|---|---|---|---|---|---|---|---|---|---|---|
| | 0 | 0.25 | 0.50 | 0.75 | 1.00 | 均值 | | 0 | 0.25 | 0.50 | 0.75 | 1.00 | 均值 |
| 火力楠 | 0.30 | 0.24 | 0.18 | 0.16 | 0.12 | 0.39 | 0 | 0.30 | 0.24 | 0.18 | 0.16 | 0.12 | 0.39 |
| | 0.29 | 0.26 | 0.18 | 0.16 | 0.11 | 0.38 | 10% | 0.22 | 0.28 | 0.28 | 0.12 | 0.10 | 0.40 |
| | 0.32 | 0.21 | 0.20 | 0.17 | 0.10 | 0.38 | 20% | 0.20 | 0.27 | 0.30 | 0.13 | 0.10 | 0.41 |
| | 0.31 | 0.21 | 0.21 | 0.18 | 0.09 | 0.38 | 35% | 0.18 | 0.24 | 0.30 | 0.16 | 0.12 | 0.45 |
| 木荷 | 0.17 | 0.20 | 0.28 | 0.24 | 0.11 | 0.48 | 0 | 0.17 | 0.20 | 0.28 | 0.24 | 0.11 | 0.48 |
| | — | — | — | — | — | — | 10% | — | — | — | — | — | — |
| | 0.18 | 0.19 | 0.24 | 0.19 | 0.2 | 0.51 | 20% | 0.19 | 0.19 | 0.25 | 0.19 | 0.18 | 0.51 |
| | 0.11 | 0.19 | 0.23 | 0.27 | 0.2 | 0.57 | 35% | 0.14 | 0.21 | 0.26 | 0.22 | 0.17 | 0.52 |
| 马尾松 | 0.06 | 0.13 | 0.32 | 0.25 | 0.24 | 0.62 | 0 | 0.06 | 0.13 | 0.32 | 0.25 | 0.24 | 0.62 |
| | 0.08 | 0.12 | 0.31 | 0.26 | 0.23 | 0.61 | 10% | 0.14 | 0.17 | 0.29 | 0.2 | 0.2 | 0.54 |
| | — | — | — | — | — | — | 20% | — | — | — | — | — | — |
| | 0.12 | 0.15 | 0.26 | 0.23 | 0.24 | 0.58 | 35% | 0.16 | 0.21 | 0.30 | 0.19 | 0.14 | 0.50 |
| 杉木 | 0.14 | 0.19 | 0.25 | 0.2 | 0.22 | 0.54 | 0 | 0.14 | 0.19 | 0.25 | 0.2 | 0.22 | 0.54 |
| | 0.15 | 0.19 | 0.25 | 0.21 | 0.2 | 0.53 | 10% | 0.15 | 0.16 | 0.21 | 0.19 | 0.19 | 0.52 |
| | 0.14 | 0.21 | 0.24 | 0.21 | 0.2 | 0.53 | 20% | 0.16 | 0.21 | 0.25 | 0.21 | 0.17 | 0.51 |
| | 0.16 | 0.19 | 0.26 | 0.18 | 0.21 | 0.53 | 35% | 0.19 | 0.22 | 0.24 | 0.19 | 0.16 | 0.48 |

杉木和马尾松由于是目的树种，杉木在幼龄林 9、10、11 和 12 号样地的大小比数分别为 0.54、0.53、0.53 和 0.53，马尾松在幼龄林 9、10 和 12 号样地的大小比数分别为 0.62、0.61 和 0.58，均处于轻微劣势状态。且抚育给了它们快速生长的环境，因此在林

分中的大小比数逐渐减小，在抚育强度增加后，杉木在 9、10、11 和 12 号样地的大小比数分别降到 0.54、0.52、0.51 和 0.48，马尾松在 9、10 和 12 号样地的大小比数分别降到 0.62、0.54、和 0.50。当抚育强度上升时，杉木和马尾松在林分的逐渐从轻微劣势分别转化为亚优势状态和中庸状态，由此可见，在幼龄林阶段，采取高强度的抚育有利于目的树种的生长。

　　根据标准地调查的结果，对杉木大径级用材林主要树种大小比数进行分析。由表 3.27 可知，在抚育之前，火力楠和木荷在中龄林中处于亚优势，火力楠在 13、14、15 和 16 号样地中大小比数分别为 0.40、0.39、0.38 和 0.41；在 10%、20% 和 35% 强度的抚育之后，对照组和抚育之后 13、14、15 和 16 号样地的火力楠仍然处于亚优势，其大小比数分别为 0.40、0.42、0.43 和 0.46，比之前的大小比数有所升高，这是因为抚育主要是伐去胸径较小的林木，保留的都是较大胸径的林木。木荷在幼龄林 13、14、15 和 16 号样地的大小比数分别为 0.56、0.50、0.55 和 0.50，在 5 和 7 号样地中的木荷是轻微劣势状态，在 14 和 16 样地中的木荷是中庸状态。经过 10%、20% 和 35% 强度的抚育之后，在 13、14 和 15 号样地的大小比数分别为 0.50、0.51 和 0.52，在抚育强度为 35 时，木荷的大小比数增加了，从中庸状态变为轻微劣势状态。

表 3.27　抚育对中龄林主要树种胸径大小比数的影响

| 树种 | 伐前大小比数分布频率 | | | | | | 抚育强度 | 伐后大小比数分布频率 | | | | | |
|------|------|------|------|------|------|------|------|------|------|------|------|------|------|
|  | 0 | 0.25 | 0.50 | 0.75 | 1.00 | 均值 |  | 0 | 0.25 | 0.50 | 0.75 | 1.00 | 均值 |
| 火力楠 | 0.30 | 0.20 | 0.22 | 0.16 | 0.12 | 0.40 | 0 | 0.30 | 0.20 | 0.22 | 0.16 | 0.12 | 0.40 |
|  | 0.29 | 0.24 | 0.20 | 0.16 | 0.11 | 0.39 | 10% | 0.25 | 0.24 | 0.22 | 0.16 | 0.13 | 0.42 |
|  | 0.32 | 0.21 | 0.20 | 0.17 | 0.10 | 0.38 | 20% | 0.23 | 0.24 | 0.22 | 0.18 | 0.13 | 0.43 |
|  | 0.27 | 0.20 | 0.22 | 0.22 | 0.09 | 0.41 | 35% | 0.20 | 0.22 | 0.26 | 0.18 | 0.14 | 0.46 |
| 木荷 | 0.14 | 0.22 | 0.28 | 0.21 | 0.16 | 0.56 | 0 | 0.14 | 0.22 | 0.28 | 0.21 | 0.16 | 0.56 |
|  | 0.15 | 0.23 | 0.25 | 0.20 | 0.17 | 0.50 | 10% | 0.14 | 0.24 | 0.26 | 0.21 | 0.15 | 0.50 |
|  | 0.12 | 0.19 | 0.26 | 0.23 | 0.20 | 0.55 | 20% | 0.19 | 0.19 | 0.25 | 0.19 | 0.18 | 0.51 |
|  | 0.13 | 0.23 | 0.28 | 0.20 | 0.16 | 0.50 | 35% | 0.14 | 0.21 | 0.26 | 0.22 | 0.17 | 0.52 |
| 马尾松 | — | — | — | — | — | — | 0 | — | — | — | — | — | — |
|  | — | — | — | — | — | — | 10% | — | — | — | — | — | — |
|  | 0.14 | 0.14 | 0.25 | 0.24 | 0.23 | 0.57 | 20% | 0.15 | 0.19 | 0.28 | 0.24 | 0.14 | 0.51 |
|  | 0.12 | 0.15 | 0.26 | 0.23 | 0.24 | 0.58 | 35% | 0.14 | 0.20 | 0.30 | 0.22 | 0.14 | 0.51 |
| 杉木 | 0.15 | 0.18 | 0.27 | 0.24 | 0.20 | 0.56 | 0 | 0.15 | 0.18 | 0.27 | 0.24 | 0.20 | 0.56 |
|  | 0.15 | 0.19 | 0.25 | 0.22 | 0.19 | 0.53 | 10% | 0.15 | 0.20 | 0.25 | 0.20 | 0.20 | 0.52 |
|  | 0.14 | 0.20 | 0.25 | 0.21 | 0.2 | 0.53 | 20% | 0.17 | 0.20 | 0.25 | 0.22 | 0.16 | 0.50 |
|  | 0.13 | 0.19 | 0.26 | 0.21 | 0.21 | 0.54 | 35% | 0.16 | 0.23 | 0.25 | 0.21 | 0.16 | 0.50 |

　　抚育之前，杉木在 13、14、15 和 16 号样地内的大小比数分别为 0.56、0.53、0.53 和 0.54，属于轻微劣势状态；经过 10%、20% 和 35% 强度的抚育之后，在 14、15 和 16 号样地的大小比数分别为 0.52、0.50 和 0.50，14 号样地的杉木大小比数降低了，但仍然还是属于轻微劣势状态，而 15 和 16 号样地杉木的大小比数均为 0.50，已经变为中庸状态，也说明在中龄林阶段，抚育强度在 20% 时即可达到效果，并不需要高强度的抚育。13 和 14

号样地中没有马尾松，在抚育之前，15 和 16 号样地落叶松的大小比数分别为 0.57 和 0.58，均属于轻微劣势状态。经过 10%、20% 和 35% 强度的抚育之后，15 和 16 号样地马尾松的大小比数都下降到 0.51，但是仍然属于轻微劣势状态。

## 3.8  结论

本研究对将乐林场次生林组织经营类型，把次生林划分为栲树水土保持林和杉木大径级用材林两个经营类型，分别对两个经营类型组织经营措施类型，并对抚育经营措施类型进行研究，分别设计抚育措施，研究不同强度抚育对次生林林木生长、经济效益和空间结构的影响，综合分析抚育效果。为确定将乐林场次生林合理的抚育强度和具体抚育措施提供理论依据。本研究结论如下：

（1）在栲树水土保持林经营类型幼龄林阶段，当抚育的强度达到 20% 时，抚育的综合效果最佳。抚育后林分胸径、树高、冠幅的年均生长量和单株材积生长率分别比对照组增长 40.0%、17.5%、40% 和 24.15%，林分蓄积增长率 8.7%；抚育的净利润为 32 元//hm²，抚育后林分郁闭度 0.65；抚育可以改变林分内的树种组成，目的树种在林分内的蓄积百分比从 24.44% 提高到 33.0%；直径结构为倒"J"型分布，目的树种聚集度下降，接近均匀分布。

在中龄林阶段，当抚育的强度达到 20% 时，抚育效果最佳。抚育后林分胸径、树高、冠幅的年均生长量和单株材积生长率对照组的增长率分别为 37.9%、22.2%、28.26% 和 14.97%，林分蓄积增长率为 6.7%；抚育的净利润为 3114 元//hm²，抚育后林分郁闭度低 0.65，为保留木创造良好的生长条件；抚育可以改变林分内的树种组成，目的树种在林分内的蓄积百分比从 32.25% 提高到 44.15%；直径结构为倒"J"型分布，目的树种聚集度下降，接近均匀分布。

（2）在杉木大径级用材林的幼龄林阶段，当抚育的强度达到 35% 时，抚育的综合效果最佳。抚育后林分胸径、树高、冠幅的年均生长量和单株材积生长率比对照组的增长率分别为 60.0%、31.57%、39.13% 和 39.02%，林分蓄积增长率为 9.12%；抚育的净利润为 1320 元//hm²，抚育后林分郁闭度为 0.6；目的树种在林分内的蓄积百分比从 23.29% 提高到 39.62%；直径结构接近正态分布；林分中度混交，杉木从轻微劣势变为亚优势。

在中龄林阶段，当抚育的强度达到 20% 时，抚育的综合效果最佳。抚育后林分胸径、树高、冠幅的年均生长量和单株材积生长率比对照组的增长率分别为 38.46%、20%、29.55% 和 17.81%，林分蓄积增长率为 7.44%；抚育的净利润为 7580 元/hm²，抚育后林分郁闭度低 0.65；抚育可以改变林分内的树种组成，目的树种在林分内的蓄积百分比从 23.57% 提高到 33.72%；直径结构接近正态分布；林分混交度为 0.48，接近中度混交；杉木从轻微劣势变为中庸。

# 4 低质低效常绿阔叶林改造

## 4.1 研究内容与技术路线

### 4.1.1 研究内容

主要研究内容：

（1）将乐林场常绿阔叶林恢复演替及林分特征分析

根据调查数据，划分出恢复演替阶段，分析不同演替阶段低质低效常绿阔叶林林分特征，提出各演替阶段低质低效林的评判标准。

（2）低质低效常绿阔叶林立地类型划分与评价

通过对低质低效林立地因子进行统计和分析，得出影响林分质量的主要立地因子，再进行聚类分析对低质低效林分类和评价。

（3）组织森林经营类型和森林经营措施类型

根据不同演替阶段低质低效林的特征，组织森林经营类型，制定相应经营措施类型。

（4）目标树经营技术

研究低质低效常绿阔叶目标树经营技术，对低质低效林进行经营试验示范，对比分析经营措施的效果并不断完善。

### 4.1.2 技术路线

福建三明将乐林场低质低效常绿阔叶林经营的技术路线，如图4.1所示。

### 4.1.3 研究方法

#### 4.1.3.1 林分基本结构

（1）树种组成

对调查样地内出现的树种分别统计各特征因子，利用重要值分析林分的优势树种，并对样地内的树种组成进行分析。一般采用十分法来表示树种组成，即某树种的蓄积量（或胸高断面积）所占比重，这种表示方法既可以比较直观的表示出各个树种在林内所占比例，也可以体现群落的优势树种情况。

（2）生物多样性

①物种丰富度指数：物种丰富度即物种的总数目，是最简单最古老的物种多样性计测方法，但生物学意义显著。

$$SA = S$$

式中，$SA$ 表示丰富度指数；$S$ 表示样方内物种总数。

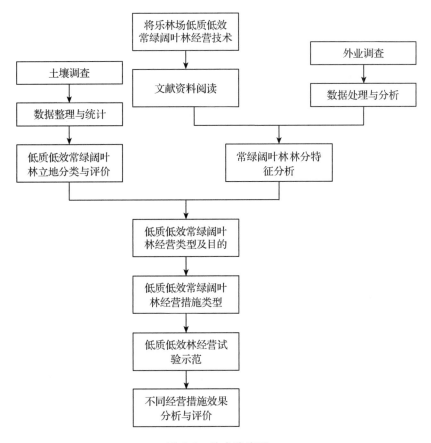

**图 4.1　技术路线图**

②多样性指数：物种多样性指数较多，本研究采用 Shannon-Weiner 多样性指数，Shannon-Weiner 多样性指数假设个体是从无穷大的种群中随机取得，同时所有的物种都在样本中出现。

$$H^* = - \sum P_i \ln P_i$$

Simpson 多样性指数：

$$D_S = 1 - \sum_{i=1}^{s} \left( \frac{N_i}{N} \right)^2$$

Shannon-Wiener 指数在生态学上的意义可以理解为：保证了对种数一定的总体，各种间数量分布均匀时，多样性最高；两个个体数量分布均匀的总体，物种数目越多，多样性越高。

均匀度采用 Pielou 均匀度指数表示。Pielou 均匀度指数是表示林分中各树种多度的均匀程度，也即每个树种的个体数差异。

$$E = ( - \sum P_i \ln P_i ) / \ln S$$

优势度指数：Simpson 生态优势度指数

$$\lambda = \sum_{i=1}^{s} p_i^2$$

式中：$N_i$ 为第 $i$ 个树种的株数；$N$ 为样地总株数；$P_i$ 为表示第 $i$ 个树种所占总株数的比例（$i$ =1，2，3，…，$S$），也即 $P_i = N_i/N$；$S$ 为表示林分中的树种总数。

（3）空间结构

本研究中，用林分混交度（$M_i$）表示林分内树种空间的隔离程度。角尺度（$W_i$）描述了林分分布格局，是由林分内任意一株参照树和距离它最近的 $n$ 株相邻木构成的，本研究选定相邻木 $n$ =4；标准角为72°；当角尺度平均值 $W_i$ < 0.457 时为均匀分布，当 $0.457 \leq W_i \leq 0.517$ 时为随机分布，当 $W_i$ > 0.517 时为团状分布，采用以下各式来计算角尺度和混交度。

$$M_i = \frac{1}{n}\sum_{j=1}^{n} v_{ij} \quad v_{ij} = \begin{cases} 1, 参照树 i 与第 j 株相邻木为非同种 \\ 0, 否则 \end{cases}$$

$$W_i = \frac{1}{n}\sum_{j=1}^{n} z_{ij} \quad z_{ij} = \begin{cases} 1, 当第 j 个 \alpha 角小于标准角 \alpha_0 \\ 0, 否则 \end{cases}$$

（4）径阶分布

在描述林分直径结构特征时，由于 Weibull 分布函数适应性强、灵活性大，因此选择该分布函数对直径分布进行拟合。其方程形式如下：

$$f(x) = \frac{c}{b}\left(\frac{x-a}{b}\right)^{c-1}\exp\left[-\left(\frac{x-a}{b}\right)^{c}\right]$$

式中：$a$ 为位置参数，这里指的是每一组中最小径阶的下限值；$b$ 为尺度参数，$b>0$；$c$ 为形状参数，$c>0$；$x$ 为组中值，$x>a$。

### 4.1.3.2 立地质量评价研究方法

（1）相关性分析

相关性分析是指对两个或多个具备相关性的变量元素进行分析，从而衡量多个变量因素的相关密切程度。在多个变量存在的情况下，定量因子与数量化后的定性因子之间可能存在着一定的相关关系，因此运用 SPSS 软件对所有变量进行相关性分析，相关系数（r）代表两两变量之间正相关或者负相关程度，相关系数（r）的取值范围是（−1，1），当数值越接近 −1 或者 +1 时，说明两者之间的关系越密切，而接近 0 时，则说明关系越不密切。

（2）主成分分析

主成分分析是利用降维的思想来筛选和提炼所有变量，把多个变量转化为几个综合指标的多元统计方法，并保证原有变量信息变化不大较少损失。通常主成分是转化生成的综合指标，主成分能较好表达原有变量中所包含的大部分信息，并且各个主成分之间互不相关，鉴于立地各因子对立地分类的贡献不同，将主导因子表现基本一致的地块归在一类，更加客观全面系统的考虑各因子对立地类型划分的影响，本研究将对所有指标做主成分分析，从而筛选出主导因子。

（3）聚类分析

聚类分析是运用多元统计方法将样本的多个观测变量中找出能衡量样本组合之间的相似程度的计算方法，应用最多的要数系统聚类，系统聚类形成的聚类树状图，能够直观地显示分类对象的差异和联系，结合学科的专业知识，选择适当的阈值，对聚类结果进行分类。

## 4.1.4　数据来源

根据将乐林场常绿阔叶林的分布情况，在将乐林场随机选择有代表性49块标准地，来反映将乐地区常绿阔叶林的状况。标准地基本情况如表4.1。

表4.1　标准地基本情况表

| 标准地号 | 树种组成 | 林分密度<br>（N/hm²） | 郁闭度 | 平均胸径<br>（cm） | 平均树高<br>（m） |
|---|---|---|---|---|---|
| 1 | 5 苦槠 3 栲树 1 米槠 1 山矾 | 950 | 0.7 | 18.0 | 9.3 |
| 2 | 4 栲树 4 米槠 2 苦槠 + 檫木 + 木荷 | 1033 | 0.7 | 19.0 | 9.7 |
| 3 | 5 栲树 3 拟赤杨 1 枫香 1 苦槠 | 1683 | 0.8 | 12.5 | 11.3 |
| 4 | 4 栲树 3 苦槠 2 拟赤杨 1 青冈 | 1583 | 0.8 | 13.5 | 9.8 |
| 5 | 6 栲树 3 木荷 1 苦槠 + 杨梅 + 青冈 | 1217 | 0.6 | 15.3 | 7.0 |
| 6 | 4 黄樟 4 冬青 1 苦槠 1 米槠 | 1533 | 0.7 | 12.8 | 9.3 |
| 7 | 7 栲树 2 青冈 + 甜槠 + 细柄阿丁枫 | 950 | 0.5 | 19.4 | 9.5 |
| 8 | 5 栲树 2 青冈 1 南酸枣 1 山矾 | 1283 | 0.6 | 16.4 | 10.2 |
| 9 | 4 栲树 4 木荷 1 黄樟 1 甜槠 | 1933 | 0.6 | 13.7 | 9.9 |
| 10 | 5 栲树 2 拟赤杨 2 臭子乔 1 木荷 | 2017 | 0.8 | 12.5 | 9.8 |
| 11 | 5 栲树 3 拟赤杨 1 杉木 1 南酸枣 | 1558 | 0.7 | 12.2 | 9.2 |
| 12 | 4 罗浮栲 4 杉木 1 黄樟 1 拟赤杨 | 1383 | 0.7 | 16.3 | 10.1 |
| 13 | 4 栲树 4 拟赤杨 1 杉木 1 木荷 | 1083 | 0.7 | 12.2 | 9.2 |
| 14 | 5 罗浮栲 3 杉木 1 黄樟 1 拟赤杨 | 1483 | 0.7 | 16.3 | 10.1 |
| 15 | 5 栲树 2 柿子树 1 杉木 1 青冈栎 | 2233 | 0.6 | 9.3 | 8 |
| 16 | 5 苦槠 2 栲树 2 山乌桕 1 红楠 | 1400 | 0.6 | 8.4 | 6.7 |
| 17 | 5 苦槠 3 栲树 2 马尾松 | 317 | 0.2 | 13.4 | 8.6 |
| 18 | 5 栲树 2 苦槠 1 木荷 1 刨花润楠 | 1300 | 0.85 | 12.2 | 12 |
| 19 | 5 栲树 3 木蜡树 2 细柄阿丁枫 | 1450 | 0.85 | 13.7 | 12.4 |
| 20 | 6 栲树 3 黄樟 1 刺毛杜鹃 + 老鼠刺 | 2100 | 0.8 | 11.4 | 9.1 |
| 21 | 6 栲树 3 木荷 1 苦槠 + 罗浮栲 | 1783 | 0.8 | 9.2 | 8.5 |
| 22 | 9 杉木 1 马尾松 | 233 | 0.1 | 7.4 | 5.3 |
| 23 | 6 马尾松 2 楠木 2 香樟 | 200 | 0.2 | 7.2 | 4.8 |
| 24 | 7 楠木 3 杉木 | 2075 | 0.4 | 7.8 | 7.4 |
| 25 | 4 杉木 3 木荷 2 无患子 1 樟树 | 167 | 0.2 | 6.3 | 3.4 |
| 26 | 6 杉木 4 无患子 | 83 | 0.2 | 5.6 | 2.4 |
| 27 | 5 木荷 3 杉木 1 桉树 1 山乌桕 | 483 | 0.4 | 6.4 | 4.3 |
| 28 | 4 桉树 3 杉木 3 无患子 | 2067 | 0.5 | 6.8 | 5.7 |
| 29 | 5 拟赤杨 3 刨花润楠 2 山乌桕 | 983 | 0.5 | 7.6 | 6.42 |
| 30 | 5 枫香 2 杨梅 2 檵木 1 油桐 | 317 | 0.5 | 11.3 | 5.8 |
| 31 | 4 栲树 3 柿子树 2 杉木 1 青冈栎 | 1583 | 0.6 | 11.2 | 12.1 |
| 32 | 5 苦槠 2 栲树 1 山乌桕 1 红楠 | 1317 | 0.6 | 9.4 | 6.9 |
| 33 | 5 苦槠 2 栲树 2 马尾松 1 山乌桕 | 517 | 0.6 | 12.8 | 8.7 |
| 34 | 6 苦槠 4 杉木 | 767 | 0.7 | 12.3 | 12.8 |
| 35 | 9 鹅掌楸 1 厚朴 | 1550 | 0.7 | 10.6 | 7.9 |

（续）

| 标准地号 | 树种组成 | 林分密度<br>（N/hm²） | 郁闭度 | 平均胸径<br>（cm） | 平均树高<br>（m） |
|---|---|---|---|---|---|
| 36 | 8 鹅掌楸 2 厚朴 | 1667 | 0.7 | 11 | 8.7 |
| 37 | 8 光皮桦 2 山矾 | 350 | 0.2 | 5.8 | 5.5 |
| 38 | 6 光皮桦 3 楠木 1 合欢 | 250 | 0.2 | 4.7 | 4.3 |
| 39 | 4 杉木 3 千年桐 3 山乌桕 | 2750 | 0.5 | 4.4 | 4.3 |
| 40 | 8 木荷 1 杉木 - 棕榈 - 栲树 | 1167 | 0.85 | 23.5 | 17.3 |
| 41 | 6 火力楠 4 杉木 | 1667 | 0.75 | 15.8 | 16.1 |
| 42 | 9 细柄阿丁枫 + 乌桕 + 香樟 | 2183 | 0.5 | 6.4 | 5.3 |
| 43 | 5 杉木 4 火力楠 1 马尾松 | 1767 | 0.8 | 14.5 | 14.6 |
| 44 | 7 乌桕 2 杉木 + 泡桐 + 马尾松 | 867 | 0.1 | 3.6 | 2.7 |
| 45 | 5 枫香 3 杉木 2 千年桐 + 乌桕 | 1033 | 0.4 | 3.8 | 3.5 |
| 46 | 8 光皮桦 1 木荷 + 马尾松 - 杉木 | 1550 | 0.6 | 5.1 | 5.1 |
| 47 | 10 木荷 | 2333 | 0.6 | 13.6 | 11.2 |
| 48 | 8 火力楠 1 马尾松 + 木荷 | 2350 | 0.9 | 10.5 | 10.8 |
| 49 | 7 火力楠 1 杉木 1 木荷 1 马尾松 | 2433 | 0.5 | 8.9 | 8.2 |

注：栲树 *Castanopsis fargesii*、拟赤杨 *Alniphyllum fortunei*、木荷 *Schima suprba*、青冈 *Cyclobalanopsis glauia*、苦槠 *Castanopsis sclerophylla*、南酸枣 *Choerospondias axillaris*、杉木 *Cunninghamia lancolata*、山矾 *Symplocos sumuntia*、甜槠 *Castanopsis eyrei*、黄樟 *Cinnamomum porrectum*、檵木 *Loropetalum chinense*、黄瑞木 *Adinandra millettii*、光叶山矾 *Symplocos lancifolia*、冬青 *Ilex purpurea*、细柄阿丁枫 *Altinga grlilipes*、乌桕 *Sapium sebiferum*、光皮桦 *Betula luminifera*、火力楠 *Michelia macelurei*、枫香 *Liquidambar formosana*、黄绒润楠 *Machilus grijsii*、野柿 *Diospyros kakivar*、树参 *Dendropanax dentiger*、乌饭树 *Vaccinium bracteatum*、米槠 *Castanopsis carlesii*、鼠刺 *Itea chinensis*、檫木 *Sassafras tzumu*、杨梅 *Myrica rubra*、马尾松 *Pinus massoniana lamb*、鹅掌楸 *Liriodendron chinense*。

标准地总调查面积为 2.94hm²，每个标准地规格为 20m×30m，在每个标准地的四个角分别埋设水泥桩并标注样地编号，同时并对标准地内的林木进行编号，挂置写有编号的铝制树牌，记录样地海拔、坡度、郁闭度等基本信息，然后进行每木检尺，记录树种、活立木、枯立木等因子，并用直径卷尺测定每株林木 1.3m 位置的直径，采用 Vertex IV 超声波测高仪，精确测量每株树的树高、第一活枝高及第一死枝高，其精度为 0.1m，并测量其树冠的东、西、南、北四个方向的冠幅等因子。

林分年龄测定：对于自然恢复形成的林分，采用生长锥实测 3～5 株优势树种的年龄，代表林分平均年龄；对于人工恢复促进更新的林分，查找小班实际造林时间，表示林分平均年龄。

土壤调查：在标准地内选择一处地方挖掘土壤剖面，根据土层颜色和致密程度划分土壤发生层，观测、记录土层厚度等土壤调查因子，按不同土深，分别使用环刀（需称取环刀重量）取样，并仔细去除环刀内土样的植物根系和残体等。及时称取每一环刀土壤湿重，用铝盒盛装，在铝盒外标注，带回在 105℃ 下烘干 24h 后，称重并计算土壤容重。

## 4.2　常绿阔叶林林分特征研究

### 4.2.1　常绿阔叶林恢复演替阶段的划分

本章采用空间替代时间方法，采用林分年龄法划分恢复演替阶段，将常绿阔叶林自

1958 年皆伐后恢复到 2014 年的次生演替，划分为演替第一阶段(1~10a)，演替第二阶段(11~30a)，演替第三阶段(31~60a)，划分结果见表4.2。

表 4.2 标准地演替阶段类型

| 标准地号 | 树种组成 | 平均年龄(a) | 演替阶段 |
|---|---|---|---|
| 1 | 5 苦槠 3 栲树 1 米槠 1 山矾 | 53 | 第三阶段 |
| 2 | 4 栲树 4 米槠 2 苦槠 + 檫木 + 木荷 | 51 | 第三阶段 |
| 3 | 5 栲树 3 拟赤杨 1 枫香 1 苦槠 | 17 | 第二阶段 |
| 4 | 4 栲树 3 苦槠 2 拟赤杨 1 青冈 | 19 | 第二阶段 |
| 5 | 6 栲树 3 木荷 1 苦槠 + 杨梅 + 青冈 | 44 | 第三阶段 |
| 6 | 4 黄樟 4 冬青 1 苦槠 1 米槠 | 24 | 第二阶段 |
| 7 | 7 栲树 2 青冈 + 甜槠 + 细柄阿丁枫 | 51 | 第三阶段 |
| 8 | 5 栲树 2 青冈 1 南酸枣 1 山矾 | 42 | 第三阶段 |
| 9 | 4 栲树 4 木荷 1 黄樟 1 甜槠 | 24 | 第二阶段 |
| 10 | 5 栲树 2 拟赤杨 2 臭子乔 1 木荷 | 16 | 第二阶段 |
| 11 | 5 栲树 3 拟赤杨 1 杉木 1 南酸枣 | 19 | 第二阶段 |
| 12 | 4 罗浮栲 4 杉木 1 黄樟 1 拟赤杨 | 31 | 第三阶段 |
| 13 | 4 栲树 4 拟赤杨 1 杉木 1 木荷 | 35 | 第三阶段 |
| 14 | 5 罗浮栲 3 杉木 1 黄樟 1 拟赤杨 | 32 | 第二阶段 |
| 15 | 5 栲树 2 柿子树 1 杉木 1 青冈栎 | 14 | 第二阶段 |
| 16 | 5 苦槠 2 栲树 2 山乌桕 1 红楠 | 16 | 第二阶段 |
| 17 | 5 苦槠 3 栲树 2 马尾松 | 18 | 第二阶段 |
| 18 | 5 栲树 2 苦槠 1 木荷 1 刨花润楠 | 41 | 第三阶段 |
| 19 | 5 栲树 3 木蜡树 2 细柄阿丁枫 | 46 | 第三阶段 |
| 20 | 6 栲树 3 黄樟 1 刺毛杜鹃 + 老鼠刺 | 24 | 第二阶段 |
| 21 | 6 栲树 3 木荷 1 苦槠 + 罗浮栲 | 21 | 第二阶段 |
| 22 | 9 杉木 1 马尾松 | 8 | 第一阶段 |
| 23 | 6 马尾松 2 楠木 2 香樟 | 8 | 第一阶段 |
| 24 | 7 楠木 3 杉木 | 8 | 第一阶段 |
| 25 | 4 杉木 3 木荷 2 无患子 1 樟树 | 3 | 第一阶段 |
| 26 | 6 杉木 4 无患子 | 3 | 第一阶段 |
| 27 | 5 木荷 3 杉木 1 桉树 1 山乌桕 | 5 | 第一阶段 |
| 28 | 4 桉树 3 杉木 3 无患子 | 5 | 第一阶段 |
| 29 | 5 拟赤杨 3 刨花润楠 2 山乌桕 | 14 | 第二阶段 |
| 30 | 5 枫香 2 杨梅 2 檵木 1 油桐 | 14 | 第二阶段 |
| 31 | 4 栲树 3 柿子树 2 杉木 1 青冈栎 | 14 | 第二阶段 |
| 32 | 5 苦槠 2 栲树 1 山乌桕 1 红楠 | 16 | 第二阶段 |
| 33 | 5 苦槠 2 栲树 2 马尾松 1 山乌桕 | 18 | 第二阶段 |
| 34 | 6 苦槠 4 杉木 | 11 | 第二阶段 |
| 35 | 9 鹅掌楸 1 厚朴 | 8 | 第一阶段 |
| 36 | 8 鹅掌楸 2 厚朴 | 8 | 第一阶段 |
| 37 | 8 光皮桦 2 山矾 | 6 | 第一阶段 |
| 38 | 6 光皮桦 3 楠木 1 合欢 | 6 | 第一阶段 |

（续）

| 标准地号 | 树种组成 | 平均年龄(a) | 演替阶段 |
|---|---|---|---|
| 39 | 4 杉木 3 千年桐 3 山乌桕 | 5 | 第一阶段 |
| 40 | 8 木荷 1 杉木 – 棕榈 – 栲树 | 48 | 第三阶段 |
| 41 | 6 火力楠 4 杉木 | 32 | 第三阶段 |
| 42 | 9 细柄阿丁枫 + 乌桕 + 香樟 | 9 | 第一阶段 |
| 43 | 5 杉木 4 火力楠 +1 马尾松 | 31 | 第三阶段 |
| 44 | 7 乌桕 2 杉木 + 泡桐 + 马尾松 | 4 | 第一阶段 |
| 45 | 5 枫香 3 杉木 2 千年桐 + 乌桕 | 3 | 第一阶段 |
| 46 | 8 光皮桦 1 木荷 + 马尾松 – 杉木 | 6 | 第一阶段 |
| 47 | 10 木荷 | 16 | 第二阶段 |
| 48 | 8 火力楠 1 马尾松 + 木荷 | 20 | 第二阶段 |
| 49 | 7 火力楠 1 杉木 1 木荷 1 马尾松 | 15 | 第二阶段 |

## 4.2.2 不同恢复演替阶段林分结构特征

林分基本结构是森林特征的重要因子，了解掌握林分的基本结构是合理划分森林经营类型和经营管理措施的前提和基础。

### 4.2.2.1 树种结构特征

演替第一阶段的主要树种结构见表 4.3，株数密度范围是 $75 \sim 315$ N/hm$^2$，平均株密度为 204 N/hm$^2$，平均胸径在 $5.1 \sim 6.2$cm 之间，平均树高在 $3.2 \sim 5.8$m 之间，其中杉木、马尾松的株数较多，密度在 300 株/hm$^2$ 以上，分布比较广泛，重要值最大，表明它们占优势，是由于次生林多是在杉木林、马尾松林及杉木马尾松混交林的皆伐迹地形成的，例如标准地 22、23、24、25、26 号。杉木和马尾松的最大胸径超过 10cm，表明在原有林分的皆伐或部分择伐中遗留一部分杉木和马尾松的幼树，使它们能在演替第一阶段快速生长。木荷的重要值为 12.47，排名第三，具有一定的优势，木荷分布广泛是当地的主要的防火树种和优良的乡土树种，由于木荷幼苗更新初期较耐荫蔽，保存率高，生长速度快，被作为当地人工造林的主要树种。楠木、山乌桕、香樟是近十年在采伐迹地人工促进更新中常用的树种，但由于楠木、山乌桕和香樟幼苗存活率和保存率低，多次造林不能郁闭成林。光皮桦、鹅掌楸、细柄阿丁枫、枫香、无患子是近五年在采伐迹地人工促进更新中常用的树种，其中细柄阿丁枫、枫香、无患子幼苗存活率和保存率较高，在造林中能三年郁闭成林，未来可以成为当地经营补植的主要树种。光皮桦和鹅掌楸多为人工种植，虽然在演替第一阶段数量上有一定优势，但自然更新能力较差，幼苗数量很少，随着演替的进行会逐渐失去优势。

演替第二阶段主要树种结构见表 4.4，株数密度范围是 $19 \sim 220$ N/hm$^2$，平均株密度为 83 N/hm$^2$，平均胸径在 $5.8 \sim 18.3$cm 之间，平均树高在 $4.2 \sim 9.9$m 之间，其中栲树、拟赤杨、苦槠、青冈的株数较多，每公顷株数在 150 株以上，分布广泛，重要值较高，表明它们占优势，是由于演替第二阶段多是在原有针阔混交林或杉木马尾松混交林的皆伐地上通过自然恢复形成的，与演替第一阶段相比，人为干扰较小，进入演替第二阶段，当地的常绿阔叶树种逐渐取得优势，大多形成以栲树为主要树种的栲树次生林，占演替第二阶

表 4.3　演替第一阶段树种结构特征

| 树种 | 株数 (N/hm²) | 胸径（cm) | | | 树高（m) | | | 重要值 |
|---|---|---|---|---|---|---|---|---|
| | | 最大 | 最小 | 平均 | 最大 | 最小 | 平均 | |
| 杉木 | 315 | 15.6 | 5 | 5.7 | 7.4 | 1.6 | 5.1 | 18.57 |
| 马尾松 | 300 | 12.5 | 5 | 5.3 | 6.3 | 1.4 | 3.8 | 13.06 |
| 木荷 | 260 | 9.7 | 5 | 5.9 | 8.5 | 4.6 | 5.6 | 12.47 |
| 楠木 | 210 | 7.3 | 5 | 5.6 | 5.8 | 3 | 4.6 | 10.46 |
| 光皮桦 | 255 | 8.3 | 5 | 5.5 | 7 | 5 | 5.8 | 10.34 |
| 山乌桕 | 135 | 5.9 | 5 | 5.2 | 5.3 | 2.1 | 3.4 | 8.87 |
| 鹅掌楸 | 225 | 9.4 | 5 | 6.2 | 8.7 | 4.2 | 5.5 | 8.01 |
| 细柄阿丁枫 | 195 | 6.8 | 5 | 5.4 | 5.6 | 3.5 | 4.3 | 6.82 |
| 枫香 | 195 | 7.2 | 5 | 5.1 | 7.1 | 4.8 | 5.2 | 5.04 |
| 无患子 | 105 | 5.3 | 5 | 5.3 | 5.4 | 2 | 3.5 | 2.42 |
| 香樟 | 75 | 5.8 | 5 | 5.1 | 4.8 | 1.8 | 3.2 | 1.26 |

段群落的 85%，栲树的最大胸径为 46.7cm，平均胸径 18.3 cm，在演替第二阶段树种中都是最大的，也表明在原有林分的皆伐中遗留一部分栲树，使它们能在恢复演替中快速成长，拟赤杨、苦槠、青冈的重要值都在 10 以上，它们天然更新能力较强，是组成栲类次生林的主要树种。木荷的重要值为 8.16，排名第五，在演替第二阶段成为栲类次生林的主要伴生树种，同样具有优势，杉木的株数密度是 44 N/hm²，与演替第一阶段相比有大幅度的下降，表明随着演替的进行，杉木在与阔叶树的竞争中处于劣势，杉木会在株数上失去优势，在郁闭的林下，杉木的幼苗自然更新受阻，有逐渐消失的趋势。南酸枣、山矾、黄樟、檵木、黄瑞木、黄润楠、枫香在栲类次生林中分布较少，重要值较低，在竞争上不占优势，不能成为栲类次生林的目标树种。

表 4.4　演替第二阶段树种结构特征

| 树种 | 株数 (N/hm²) | 胸径（cm) | | | 树高（m) | | | 重要值 |
|---|---|---|---|---|---|---|---|---|
| | | 最大 | 最小 | 平均 | 最大 | 最小 | 平均 | |
| 栲树 | 189 | 46.7 | 5 | 18.3 | 21.5 | 3.6 | 9.6 | 13.74 |
| 拟赤杨 | 220 | 17 | 5 | 9.5 | 13.8 | 4.3 | 9.3 | 12.58 |
| 苦槠 | 179 | 17.6 | 5.1 | 8.7 | 15.7 | 3.5 | 8.7 | 11.10 |
| 青冈 | 156 | 19.5 | 5.1 | 9.3 | 11.3 | 3.5 | 7.8 | 10.88 |
| 木荷 | 89 | 18.1 | 5 | 8.3 | 12.2 | 3.4 | 7.9 | 8.16 |
| 南酸枣 | 67 | 23.5 | 6.1 | 10.6 | 15.1 | 6.2 | 9.9 | 7.57 |
| 杉木 | 44 | 17.2 | 5.2 | 9.8 | 12.6 | 4.8 | 7.1 | 7.48 |
| 山矾 | 51 | 13.8 | 5.2 | 7.3 | 9.7 | 4.2 | 6.1 | 6.48 |
| 甜槠 | 50 | 13.9 | 5.2 | 7.3 | 10.7 | 4.6 | 7.9 | 5.66 |
| 黄樟 | 46 | 15.6 | 5 | 7.2 | 12.4 | 5 | 7.3 | 2.26 |
| 檵木 | 44 | 7.1 | 5 | 5.8 | 7.3 | 1.3 | 4.2 | 2.10 |
| 黄瑞木 | 37 | 10.7 | 5 | 6.2 | 9.5 | 4.8 | 5.3 | 1.77 |
| 冬青 | 37 | 8.8 | 5 | 6 | 11 | 3.1 | 5.7 | 1.36 |
| 枫香 | 22 | 9.3 | 5.1 | 6.3 | 10.7 | 4.2 | 5.5 | 1.27 |
| 黄润楠 | 19 | 12.3 | 5 | 7.1 | 9.9 | 3.6 | 5.8 | 1.04 |

演替第三阶段主要树种见表 4.5，株数密度范围是 22～186 N/hm²，平均株密度为 102 N/hm²，平均胸径在 6.1～24.7cm 之间，平均树高在 5～11.8m 之间，其中栲树、拟赤杨、苦槠、青冈、甜槠的株数较多，每公顷株数在 140 株以上，分布比较广泛，栲树的重要值最高为 33.74，栲树的最大胸径为 62.7cm，平均胸径 24.7cm，在演替第三阶段树种中都是最大的，表明栲树占绝对优势，完全形成以栲树为主要树种的栲类次生林，占第三阶段群落的 95%，木荷在演替第三阶段同样是栲类次生林的主要伴生树种，杉木的株数密度是 52 N/hm²，与演替第二阶段相比有增大趋势，主要是因为杉木是当地主要的商品林树种，具有一定的经济价值，在演替第三阶段对林分人为的改造经营过程中，有人工补植杉木的现象，导致杉木的株数增多，但杉木的重要值仅为 1.57，表明杉木同样处于劣势，在演替第三阶段通过人工补植的经营措施很难使杉木取得优势。

表 4.5　演替第三阶段树种结构特征

| 树种 | 株数（N/hm²） | 胸径（cm） | | | 树高（m） | | | 重要值 |
|------|------|------|------|------|------|------|------|------|
| | | 最大 | 最小 | 平均 | 最大 | 最小 | 平均 | |
| 栲树 | 186 | 62.7 | 5 | 24.7 | 23.5 | 4.6 | 11.8 | 33.74 |
| 拟赤杨 | 164 | 39 | 5 | 13.7 | 15.8 | 4.2 | 11.6 | 11.58 |
| 苦槠 | 162 | 21.1 | 5.1 | 11.8 | 17.2 | 4.5 | 10.5 | 11.10 |
| 青冈 | 156 | 28.3 | 5.2 | 13.1 | 17.8 | 7.8 | 11.2 | 9.66 |
| 甜槠 | 143 | 26.7 | 5.1 | 12.5 | 13.8 | 4.7 | 9.2 | 8.88 |
| 木荷 | 102 | 18.5 | 5.1 | 10 | 12.8 | 5.3 | 8.5 | 5.48 |
| 南酸枣 | 76 | 25.8 | 5 | 11.6 | 14.4 | 3.2 | 9.1 | 5.16 |
| 黄瑞木 | 67 | 13.4 | 5 | 7.1 | 12.7 | 5.2 | 7 | 2.97 |
| 山矾 | 54 | 15.9 | 5.4 | 8.4 | 11.7 | 4.9 | 7.2 | 2.48 |
| 黄樟 | 46 | 19.6 | 5.1 | 9.3 | 16.7 | 5.8 | 8.7 | 2.26 |
| 杉木 | 52 | 19.7 | 5.1 | 9.5 | 15.6 | 3.7 | 8.8 | 1.57 |
| 檵木 | 22 | 9.7 | 5 | 6.1 | 8.9 | 2.5 | 5 | 1.10 |

#### 4.2.2.2　物种多样性分析

由表 4.6 可知，草本层和灌木层的多样性指数差异不大，而且明显高于乔木层，说明乔木层物种较少，演替第一阶段在采伐迹地或裸地上进行的，乔木层大量的树种消失，给草本层和灌木层的物种充足的生存空间，草本层物种优势作用明显，部分林分主要采取人工更新，补植选取的树种单一，物种分布不是很均匀，尤其是在第一阶段的前三年，林分大多未郁闭，草本植物生长迅速，例如茅草（Imperata cylindrica），当地演替第一阶段常见的一种草本，每年的 4 到 6 月份，可以长到 1～1.5m，严重影响乔木幼苗的生长，所以在演替第一阶段低质低效林的经营中要做好对草本植物生长的控制，为乔木幼苗幼树创造生存空间，保证在 3 年内可以郁闭成林。

表 4.6　演替第一阶段物种多样性指数

| 层次 | 香农威纳指数 $H$ | 多样性指数 $D$ | 优势度指数 $C$ | 丰富度 $S$ | 均匀度 $J$ |
|------|------|------|------|------|------|
| 草本 | 1.303 | 2.399 | 0.417 | 7.167 | 0.670 |
| 灌木 | 0.945 | 1.980 | 0.405 | 4.417 | 0.682 |
| 乔木 | 1.211 | 1.706 | 0.344 | 4.038 | 0.674 |

由表4.7可知，演替第二阶段中草本层和灌木层的香农威纳指数和多样性指数差异不大，而且明显低于乔木层，说明在第二阶段林分郁闭度较高的情况下，草本层和灌木层物种的生长受到了一定抑制，主要以芒萁、狗脊蕨和淡竹叶为主，多样性受到一定程度的干扰。演替第二阶段林下荫蔽的环境为部分灌木层植物创造良好的生长环境，例如小刚竹和杜茎山等，但是灌木层物种的优势与乔木层树种幼苗幼树天然更新形成了竞争，不利于乔木层幼苗幼树的更新，因此在演替第二阶段低质低效林经营过程中，要对灌木层植物的生长进行控制，采取劈灌或抑灌等措施。

**表4.7 演替第二阶段物种多样性指数**

| 层次 | 香农威纳指数 $H$ | 多样性指数 $D$ | 优势度指数 $C$ | 丰富度 $S$ | 均匀度 $J$ |
|------|------|------|------|------|------|
| 草本 | 1.061 | 2.559 | 0.341 | 4.317 | 0.778 |
| 灌木 | 1.561 | 2.976 | 0.366 | 11.376 | 0.679 |
| 乔木 | 2.460 | 9.832 | 0.235 | 16.333 | 0.687 |

由表4.8可知，演替第三阶段多样性指数、优势度指数的数值大小顺序为乔木层 > 灌木层 > 草本层。其中乔木层和灌木层的丰富度指数差异不大，而且明显高于草本层，乔木层和灌木层树种组成随着演替的进行多样性增强，林下郁闭的环境为其他物种的生存创造了有利条件，乔木层在群落中的重要地位越来越突出，分布逐渐趋于均匀。

**表4.8 演替第三阶段物种多样性指数**

| 层次 | 香农威纳指数 $H$ | 多样性指数 $D$ | 优势度指数 $C$ | 丰富度 $S$ | 均匀度 $J$ |
|------|------|------|------|------|------|
| 草本 | 0.885 | 2.055 | 0.224 | 3.167 | 0.805 |
| 灌木 | 2.114 | 5.498 | 0.182 | 15.317 | 0.781 |
| 乔木 | 2.291 | 7.137 | 0.240 | 14.333 | 0.868 |

## 4.2.3 不同恢复演替阶段林分空间结构

空间结构是指林木在水平和垂直方向的分布状态，它反映了林木个体的相互关系，是重要的林分特征之一。

### 4.2.3.1 角尺度

由表4.9可知，演替第一阶段，角尺度值介于0.35到0.51之间，平均值为0.43介于随机分布与均匀分布之间，没有聚集分布情况；其中均匀分布的标准地是10块，占演替初期62.5%，表明演替第一阶段林木之间主要呈现均匀分布，同时，10块呈均匀分布的标准地全部有人工种植造林促进更新恢复的现象，说明第一阶段林木间均匀分布的状态主要是人为因素造成，随着演替进行林木之间竞争加剧，部分林木死亡，林木间分布有逐渐呈随机分布的趋势。

由表4.10可知，演替第二阶段角尺度值介于0.42到0.57之间，平均值为0.51，介于随机分布与团状分布之间；第二阶段林木之间主要呈现随机分布与团状分布，它们多是在采伐迹地上自然恢复，人为干扰很少；只有标准地30和48呈均匀分布，它们是由有人工种植造林恢复形成的，在恢复过程中有改造经营措施，表明人工的改造经营措施可以是林木间的分布趋于均匀状态；在自然恢复演替第二阶段林木间分布的状态是由种间和种内竞争造成的，随着演替进行林木之间竞争加剧，优势树种的在群落中主导地位增强，林木间分布有逐渐呈团状分布的趋势。

表 4.9 演替第一阶段各标准地角尺度

| 标准地号 | 角尺度 | | | | | | 分布类型 |
|---|---|---|---|---|---|---|---|
| | 0 | 0.25 | 0.50 | 0.75 | 1 | 平均值 | |
| 22 | 0.24 | 0.28 | 0.26 | 0.06 | 0.16 | 0.40 | 均匀 |
| 23 | 0.01 | 0.24 | 0.55 | 0.18 | 0.03 | 0.49 | 随机 |
| 24 | 0.15 | 0.22 | 0.31 | 0.19 | 0.03 | 0.38 | 均匀 |
| 25 | 0.12 | 0.21 | 0.28 | 0.18 | 0.11 | 0.42 | 均匀 |
| 26 | 0.01 | 0.20 | 0.45 | 0.20 | 0.06 | 0.47 | 随机 |
| 27 | 0.02 | 0.21 | 0.56 | 0.17 | 0.05 | 0.50 | 随机 |
| 28 | 0.24 | 0.30 | 0.17 | 0.17 | 0.12 | 0.41 | 均匀 |
| 35 | 0.15 | 0.32 | 0.41 | 0.09 | 0.03 | 0.38 | 均匀 |
| 36 | 0.39 | 0.21 | 0.27 | 0.06 | 0.06 | 0.35 | 均匀 |
| 37 | 0.00 | 0.41 | 0.30 | 0.26 | 0.37 | 0.45 | 均匀 |
| 38 | 0.14 | 0.39 | 0.20 | 0.13 | 0.08 | 0.36 | 均匀 |
| 39 | 0.00 | 0.21 | 0.58 | 0.18 | 0.03 | 0.51 | 随机 |
| 42 | 0.08 | 0.19 | 0.53 | 0.11 | 0.09 | 0.47 | 随机 |
| 44 | 0.01 | 0.20 | 0.59 | 0.16 | 0.04 | 0.50 | 随机 |
| 45 | 0.07 | 0.40 | 0.33 | 0.11 | 0.07 | 0.42 | 均匀 |
| 46 | 0.12 | 0.27 | 0.31 | 0.18 | 0.12 | 0.44 | 均匀 |

表 4.10 演替第二阶段各标准地角尺度

| 标准地号 | 角尺度 | | | | | | 分布类型 |
|---|---|---|---|---|---|---|---|
| | 0 | 0.25 | 0.5 | 0.75 | 1 | 平均值 | |
| 3 | 0.00 | 0.25 | 0.46 | 0.23 | 0.06 | 0.55 | 团状 |
| 4 | 0.05 | 0.33 | 0.25 | 0.21 | 0.16 | 0.53 | 团状 |
| 6 | 0.01 | 0.20 | 0.45 | 0.20 | 0.06 | 0.47 | 随机 |
| 9 | 0.00 | 0.08 | 0.70 | 0.06 | 0.16 | 0.57 | 团状 |
| 10 | 0.00 | 0.21 | 0.42 | 0.24 | 0.12 | 0.57 | 团状 |
| 11 | 0.00 | 0.20 | 0.48 | 0.19 | 0.14 | 0.57 | 团状 |
| 15 | 0.00 | 0.24 | 0.46 | 0.21 | 0.13 | 0.56 | 团状 |
| 16 | 0.08 | 0.22 | 0.41 | 0.23 | 0.06 | 0.49 | 随机 |
| 17 | 0.10 | 0.20 | 0.45 | 0.20 | 0.06 | 0.48 | 随机 |
| 20 | 0.07 | 0.18 | 0.42 | 0.25 | 0.08 | 0.52 | 团状 |
| 21 | 0.00 | 0.20 | 0.56 | 0.14 | 0.09 | 0.53 | 团状 |
| 29 | 0.00 | 0.25 | 0.49 | 0.17 | 0.09 | 0.52 | 随机 |
| 30 | 0.00 | 0.41 | 0.30 | 0.26 | 0.37 | 0.45 | 均匀 |
| 31 | 0.01 | 0.19 | 0.53 | 0.18 | 0.10 | 0.54 | 团状 |
| 32 | 0.00 | 0.21 | 0.58 | 0.18 | 0.03 | 0.51 | 随机 |
| 33 | 0.01 | 0.24 | 0.55 | 0.18 | 0.03 | 0.49 | 随机 |
| 34 | 0.02 | 0.21 | 0.56 | 0.17 | 0.05 | 0.50 | 随机 |
| 47 | 0.00 | 0.21 | 0.58 | 0.18 | 0.03 | 0.51 | 随机 |
| 48 | 0.07 | 0.40 | 0.33 | 0.11 | 0.07 | 0.42 | 均匀 |
| 49 | 0.01 | 0.20 | 0.45 | 0.20 | 0.06 | 0.47 | 随机 |

由表 4.11 可知，演替第三阶段角尺度介于 0.47 到 0.61 之间，平均值为 0.54，为团状分布，随着演替的进行，角尺度取值逐渐增大。团状分布的标准地为 10 块，占演替第三阶段的 77%，表明第三阶段林木之间主要呈现团状分布，它们没有采取人工经营措施是自然恢复形成的栲类次生林；只有标准地 40、41 和 43 呈随机分布，它们主要是由人工经营改造的木荷和火力楠林，在经营过程中采取补植，劈灌，择伐等措施，表明经营活动可以改变林木间的分布，对聚集的林分进行调整，可以缓解种间和种内的竞争，改善林木生长的空间。

表 4.11 演替第三阶段各标准地角尺度

| 标准地号 | 角尺度 | | | | | | 分布类型 |
| | 0 | 0.25 | 0.5 | 0.75 | 1 | 平均值 | |
|---|---|---|---|---|---|---|---|
| 1 | 0.00 | 0.34 | 0.45 | 0.18 | 0.03 | 0.56 | 团状 |
| 2 | 0.00 | 0.30 | 0.55 | 0.20 | 0.06 | 0.57 | 团状 |
| 5 | 0.00 | 0.21 | 0.46 | 0.17 | 0.05 | 0.56 | 团状 |
| 7 | 0.00 | 0.21 | 0.48 | 0.18 | 0.03 | 0.52 | 团状 |
| 8 | 0.01 | 0.29 | 0.23 | 0.39 | 0.19 | 0.55 | 团状 |
| 12 | 0.01 | 0.34 | 0.33 | 0.21 | 0.11 | 0.52 | 团状 |
| 13 | 0.00 | 0.44 | 0.35 | 0.38 | 0.03 | 0.61 | 团状 |
| 14 | 0.00 | 0.29 | 0.35 | 0.30 | 0.06 | 0.53 | 团状 |
| 18 | 0.00 | 0.24 | 0.36 | 0.35 | 0.05 | 0.55 | 团状 |
| 19 | 0.00 | 0.21 | 0.38 | 0.28 | 0.13 | 0.58 | 团状 |
| 40 | 0.01 | 0.20 | 0.45 | 0.20 | 0.06 | 0.47 | 随机 |
| 41 | 0.02 | 0.21 | 0.56 | 0.17 | 0.05 | 0.50 | 随机 |
| 43 | 0.08 | 0.19 | 0.53 | 0.11 | 0.09 | 0.47 | 随机 |

#### 4.2.3.2 混交度

由表 4.12 可知，混交度值在 0.07 到 0.42 之间，平均值为 0.3，林分多数处于弱度混交和中度混交；演替第一阶段林分的混交强度较低均没有超过 0.5，没有强度混交和极强度混交，树种空间隔离程度小，这与第一阶段人工造林促进恢复是树种选择比较单一，多选择 2 到 4 种树种株行混交有关，例如标准地 1，树种组成为杉木和马尾松，杉木为 13 株，马尾松仅 1 株，因此呈零度混交状态，可能是人工造林促进恢复选择树种不当，导致林木死亡，林分密度低，未郁闭成形成低质低效林；第一阶段中度混交林分占 31%，比例较低，应采取人工经营措施进行改造，避免它们退化为低质低效林。

表 4.12 演替第一阶段各标准地混交度

| 标准地号 | 混交度 | | | | | | 混交强度 |
| | 0 | 0.25 | 0.5 | 0.75 | 1 | 平均值 | |
|---|---|---|---|---|---|---|---|
| 22 | 0.93 | 0.00 | 0.00 | 0.00 | 0.07 | 0.07 | 零度混交 |
| 23 | 0.45 | 0.16 | 0.12 | 0.18 | 0.08 | 0.32 | 弱度混交 |
| 24 | 0.37 | 0.27 | 0.24 | 0.10 | 0.02 | 0.28 | 弱度混交 |
| 25 | 0.32 | 0.21 | 0.19 | 0.15 | 0.12 | 0.38 | 中度混交 |

（续）

| 标准地号 | 混交度 | | | | | | 混交强度 |
| --- | --- | --- | --- | --- | --- | --- | --- |
| | 0 | 0.25 | 0.5 | 0.75 | 1 | 平均值 | |
| 26 | 0.53 | 0.19 | 0.14 | 0.11 | 0.03 | 0.23 | 弱度混交 |
| 27 | 0.31 | 0.26 | 0.22 | 0.09 | 0.11 | 0.35 | 弱度混交 |
| 28 | 0.23 | 0.20 | 0.32 | 0.17 | 0.08 | 0.42 | 中度混交 |
| 35 | 0.40 | 0.28 | 0.15 | 0.11 | 0.06 | 0.29 | 弱度混交 |
| 36 | 0.48 | 0.25 | 0.10 | 0.12 | 0.05 | 0.25 | 弱度混交 |
| 37 | 0.59 | 0.11 | 0.17 | 0.06 | 0.06 | 0.22 | 弱度混交 |
| 38 | 0.15 | 0.32 | 0.41 | 0.09 | 0.03 | 0.38 | 中度混交 |
| 39 | 0.14 | 0.39 | 0.20 | 0.13 | 0.08 | 0.38 | 中度混交 |
| 42 | 0.58 | 0.19 | 0.15 | 0.09 | 0.03 | 0.22 | 弱度混交 |
| 44 | 0.41 | 0.20 | 0.16 | 0.19 | 0.04 | 0.31 | 弱度混交 |
| 45 | 0.07 | 0.40 | 0.33 | 0.11 | 0.07 | 0.42 | 中度混交 |
| 46 | 0.42 | 0.22 | 0.16 | 0.12 | 0.07 | 0.30 | 弱度混交 |

由表4.13可知，混交度平均值为0.53，林分处于中度混交和强度混交水平，演替中期，林分的混交度有所提高，基本达到中度混交，标准地47呈零度混交状态，是由于这是一片人工经营的木荷纯林，木荷是目标树种，为了培育木荷的大径材，在经营过程中除去了其它非目的树种，最终形成木荷纯林；恢复演替第二阶段多是栲类次生林，郁闭度较高，影响其他树种更新，为提高林分的稳定性，可在恢复演替第二阶段进行适度的间伐提高混交度。

表4.13　演替第二阶段各标准地混交度

| 标准地号 | 混交度 | | | | | | 混交强度 |
| --- | --- | --- | --- | --- | --- | --- | --- |
| | 0 | 0.25 | 0.5 | 0.75 | 1 | 平均值 | |
| 3 | 0.03 | 0.12 | 0.31 | 0.37 | 0.18 | 0.64 | 强度混交 |
| 4 | 0.02 | 0.20 | 0.27 | 0.35 | 0.16 | 0.61 | 中度混交 |
| 6 | 0.00 | 0.11 | 0.35 | 0.37 | 0.17 | 0.65 | 强度混交 |
| 9 | 0.00 | 0.12 | 0.19 | 0.53 | 0.15 | 0.68 | 强度混交 |
| 10 | 0.00 | 0.11 | 0.32 | 0.44 | 0.12 | 0.64 | 强度混交 |
| 11 | 0.00 | 0.20 | 0.28 | 0.39 | 0.14 | 0.62 | 中度混交 |
| 15 | 0.00 | 0.24 | 0.26 | 0.41 | 0.13 | 0.63 | 强度混交 |
| 16 | 0.03 | 0.22 | 0.21 | 0.40 | 0.09 | 0.55 | 中度混交 |
| 17 | 0.02 | 0.20 | 0.25 | 0.39 | 0.14 | 0.61 | 中度混交 |
| 20 | 0.02 | 0.18 | 0.22 | 0.42 | 0.14 | 0.61 | 中度混交 |
| 21 | 0.00 | 0.20 | 0.24 | 0.44 | 0.12 | 0.62 | 中度混交 |
| 29 | 0.00 | 0.25 | 0.31 | 0.35 | 0.09 | 0.57 | 中度混交 |
| 30 | 0.00 | 0.21 | 0.30 | 0.42 | 0.07 | 0.59 | 中度混交 |
| 31 | 0.01 | 0.19 | 0.33 | 0.38 | 0.10 | 0.60 | 中度混交 |
| 32 | 0.00 | 0.21 | 0.38 | 0.33 | 0.07 | 0.56 | 中度混交 |
| 33 | 0.01 | 0.24 | 0.35 | 0.35 | 0.05 | 0.55 | 中度混交 |
| 34 | 0.05 | 0.21 | 0.41 | 0.27 | 0.05 | 0.51 | 中度混交 |
| 47 | 1.00 | 0.00 | 0.00 | 0.00 | 0.00 | 0.00 | 零度混交 |
| 48 | 0.57 | 0.16 | 0.09 | 0.15 | 0.03 | 0.23 | 弱度混交 |
| 49 | 0.51 | 0.25 | 0.08 | 0.12 | 0.04 | 0.24 | 弱度混交 |

由表 4.14 可知，演替第三阶段，混交度值在 0.32 到 0.66 之间，平均值为 0.57，随着演替的进行，强度混交占有比例增大，混交程度逐渐增强。除了标准地 41 和 43 是采取人为的经营措施，形成以火力楠为目标树种的林分，造成弱度混交状态，其余自然恢复到演替第三阶段的林分，都形成以栲树为优势树种的栲类次生林，以强度混交为主。通过对将乐林场常绿阔叶林不同阶段的混交度分析，林分由第一阶段的弱度混交向中期的中度混交发展，到第三阶段呈现强度混交，在经营过程中可以人为促进调整树种混交程度，使整个群落更趋稳定。

表 4.14　演替第三阶段各标准地混交度

| 标准地号 | 混交度 | | | | | | 混交强度 |
|---|---|---|---|---|---|---|---|
| | 0 | 0.25 | 0.5 | 0.75 | 1 | 平均值 | |
| 1 | 0.05 | 0.16 | 0.19 | 0.49 | 0.11 | 0.61 | 中度混交 |
| 2 | 0.05 | 0.12 | 0.15 | 0.52 | 0.16 | 0.66 | 强度混交 |
| 5 | 0.04 | 0.15 | 0.16 | 0.54 | 0.12 | 0.64 | 强度混交 |
| 7 | 0.00 | 0.21 | 0.28 | 0.38 | 0.13 | 0.61 | 中度混交 |
| 8 | 0.01 | 0.13 | 0.23 | 0.49 | 0.14 | 0.66 | 强度混交 |
| 12 | 0.01 | 0.14 | 0.23 | 0.51 | 0.11 | 0.64 | 强度混交 |
| 13 | 0.05 | 0.14 | 0.25 | 0.43 | 0.13 | 0.61 | 中度混交 |
| 14 | 0.00 | 0.19 | 0.28 | 0.37 | 0.16 | 0.63 | 强度混交 |
| 18 | 0.02 | 0.14 | 0.21 | 0.44 | 0.19 | 0.66 | 强度混交 |
| 19 | 0.00 | 0.18 | 0.26 | 0.43 | 0.13 | 0.63 | 强度混交 |
| 40 | 0.26 | 0.20 | 0.25 | 0.23 | 0.06 | 0.41 | 中度混交 |
| 41 | 0.40 | 0.21 | 0.16 | 0.18 | 0.05 | 0.32 | 弱度混交 |
| 43 | 0.31 | 0.21 | 0.23 | 0.19 | 0.06 | 0.37 | 弱度混交 |

**4.2.3.3　各演替阶段林分径阶分布**

由于将乐林场的常绿阔叶林大部分在采伐迹地上恢复演替形成的，具有多年龄世代，林分结构复杂，因此采用 weibull 分布对其进行拟合，将标准内的林木株数按 2cm 径阶进行统计，结果如图 4.2、图 4.3 和图 4.4。

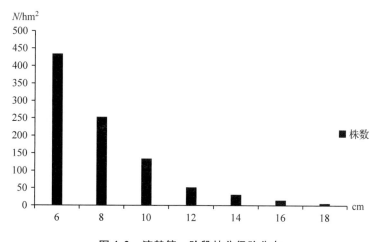

图 4.2　演替第一阶段林分径阶分布

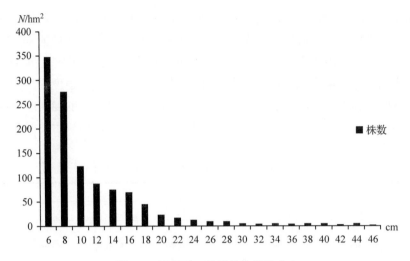

图4.3　演替第二阶段林分径阶分布

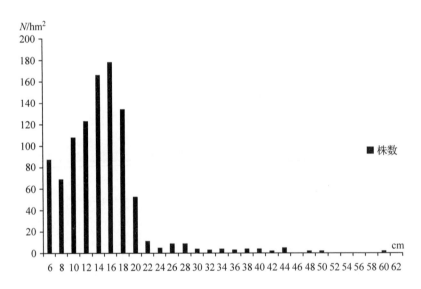

图4.4　演替第三阶段林分径阶分布

通过对各演替径阶分布曲线统计分析后发现，在图4.2和图4.3演替第一和第二阶段径阶分布曲线都为为倒J型曲线，在图4.4演替第三阶段径阶分布曲线为单峰山状曲线。演替第一阶段6cm径阶与8cm径阶居多，不同树种的年龄差异不大，演替第二阶段有大径材林木出现，是生长型林分，应采取经营措施，增加12~18 cm径阶林木数量。演替第三阶段林木直径分布范围为6~62cm径阶，分布范围最广直径分布离散性较大，符合次生林径阶分布的特征，多代杂乱丛生，12~18 cm径阶林木数量增多，应注重大径材树木的培育，针对以栲树为优势树种的栲类次生林，应把栲树作为目标树种进行大径材的经营，栲树的目标直径可以设为50cm，针对50cm以上径阶的霸王树可以进行采伐，使中小径阶林木获得生长空间。

表 4.15 各演替阶段直径拟合参数

| 演替阶段 | Weibull 分布 | | | 偏度 | 峰度系数 | $X^2$ 检验 | $X^2_{0.05}$ |
|---|---|---|---|---|---|---|---|
| | $a$ | $b$ | $c$ | | | | |
| 演替初期 | 6 | 2.82 | 1.03 | 0.95 | 0.55 | 7.16 | 9.49 |
| 演替中期 | 6 | 5.15 | 0.85 | 2.15 | 6.13 | 16.83 | 41.34 |
| 演替后期 | 6 | 8.25 | 1.87 | 1.72 | 2.91 | 13.67 | 38.89 |

本研究选用 weibull 拟合函数对各演替阶段标准地直径结构进行分析，拟合结果见表 4.15。各演替阶段的偏度均大于零，说明直径分布曲线均呈现左偏，这与径阶直方图表现的结果也一致。各个演替阶段的峰度系数均为正数，说明群落的径阶分布较为集中，其中演替第二阶段群落的峰度系数最高，说明直径曲线峭度较大，主要是由于第二阶段群落内树种间竞争明显，树木生长差异增大。

#### 4.2.3.4 各演替阶段林分密度和郁闭度分析

由表 4.16 可知，演替第一阶段林分的株密度平均值为 1094N/hm²，郁闭度平均值为 0.36，标准地之间的株数密度和郁闭度差距较大，整体而言，株数密度和郁闭度较低，郁闭度低于 0.4 的低质低效林有 9 块，它们的株数密度都在 1000 N/hm² 以下，都是树种选择不当，成活率和保存率过低造成的，在经营过程中应采取重新造林或者补植树种的措施，提高林分的质量。郁闭度和株密度可以作为演替第一阶段判断低质低效林的主要依据。

表 4.16 各演替阶段林分密度和郁闭度

| 第一阶段 | | | 第二阶段 | | | 第三阶段 | | |
|---|---|---|---|---|---|---|---|---|
| 标准地号 | 郁闭度 | 密度(N/hm²) | 标准地号 | 郁闭度 | 密度(N/hm²) | 标准地号 | 郁闭度 | 密度(N/hm²) |
| 22 | 0.1 | 233 | 3 | 0.8 | 1683 | 1 | 0.7 | 950 |
| 23 | 0.2 | 200 | 4 | 0.8 | 1583 | 2 | 0.7 | 1033 |
| 24 | 0.4 | 2075 | 6 | 0.7 | 1533 | 5 | 0.6 | 1217 |
| 25 | 0.2 | 167 | 9 | 0.6 | 1933 | 7 | 0.5 | 950 |
| 26 | 0.2 | 83 | 10 | 0.8 | 2017 | 8 | 0.6 | 1283 |
| 27 | 0.4 | 483 | 11 | 0.7 | 1558 | 12 | 0.7 | 1383 |
| 28 | 0.5 | 2067 | 15 | 0.6 | 2233 | 13 | 0.7 | 1083 |
| 35 | 0.7 | 1550 | 16 | 0.6 | 1400 | 14 | 0.7 | 1483 |
| 36 | 0.7 | 1667 | 17 | 0.2 | 317 | 18 | 0.85 | 1300 |
| 37 | 0.2 | 350 | 20 | 0.8 | 2100 | 19 | 0.85 | 1450 |
| 38 | 0.2 | 250 | 21 | 0.8 | 1783 | 40 | 0.85 | 1167 |
| 39 | 0.5 | 2750 | 29 | 0.5 | 983 | 41 | 0.75 | 1667 |
| 42 | 0.5 | 2183 | 30 | 0.5 | 317 | 43 | 0.8 | 1767 |
| 44 | 0.1 | 867 | 31 | 0.6 | 1583 | | | |
| 45 | 0.4 | 1033 | 32 | 0.6 | 1317 | | | |
| 46 | 0.6 | 1550 | 33 | 0.6 | 517 | | | |
| | | | 34 | 0.7 | 767 | | | |
| | | | 47 | 0.6 | 2333 | | | |
| | | | 48 | 0.9 | 2350 | | | |
| | | | 49 | 0.5 | 2433 | | | |

演替第二阶段林分株密度平均值为 1537 N/hm²，郁闭度平均值为 0.65，株数密度和郁闭度与第一阶段相比都有所提高，郁闭度低于 0.4 的低质低效林有 5 块，它们的株数密度都在 1500 N/hm² 以下，主要是灌木杂乱丛生，林木多代萌生，在经营过程中应采取劈灌、折灌、修枝等措施，提高林分的质量。

演替第三阶段林分株密度平均值为 1287 N/hm²，郁闭度平均值为 0.72，株数密度与第二阶段相比有所下降，但郁闭度有所提高，郁闭度都在 0.5 以上，标准地间株数密度变化较小，整体而言，第三阶段林分郁闭度和株数密度较为稳定，郁闭度和株数密度已经不能作为第三阶段判断低质低效林的主要依据，林分的蓄积量和目标树种的比例将作为判断低质低效林的主要依据，在经营过程中应采取劈灌、择伐、补植等措施，提高林分的蓄积量和目标树种的比例。

## 4.2.4 低质低效常绿阔叶林判定标准

通过对不同演替阶段常绿阔叶林林分特征的分析研究，综合低质低效林改造技术规程，总结得出低质低效常绿阔叶林在不同演替阶段的判定标准见表 4.17。

表 4.17 不同演替阶段低质低效常绿阔叶林判定标准

| | 第一阶段 | 第二阶段 | 第三阶段 |
|---|---|---|---|
| 郁闭度 | 未郁闭或小于 0.4 | 小于 0.4 或大于 0.8 | 小于 0.5 |
| 株数密度（N/hm²） | 小于 1500 | 小于 1200 | 小于 1200 |
| 混交度 | 小于 0.3 | 小于 0.5 | 小于 0.5 |
| 角尺度 | 小于 0.4 均匀分布 | 小于 0.5 随机分布 | 小于 0.5 随机分布 |
| 多样性指数 | 乔木层小于 1.5 灌木层大于 2 | 乔木层大于 5 灌木层大于 4 | 乔木层大于 5 灌木层大于 3 |
| 直径结构 | 直径分布聚集在 6~8cm 阶林木过多，倒 J 型曲线 | 直径分布聚集在 8~10cm 径阶的范围，倒 J 型曲线 | 直径分布离散性较大，缺少大径材林木，单峰山状曲线 |
| 林相特征 | 林分未成林，树种单一，优势树种缺失 | 林木分化严重，残次多代萌生林，局部林分密度过小 | 林木竞争激烈，目的树种更新困难，局部林分密度过大 |
| 标准地 | 22、23、25、26、27、37、38、44、45 | 17、29、30、32、33、34、48、20、21 | 1、2、7、13、18、19、40 |

根据不同演替阶段低质低效林常绿阔叶林的特征，可以把低质低效林常绿阔叶林分为低郁闭度林和退化栲类次生林两类，再分别组织森林经营类型。

低郁闭度林：多存在于演替第一阶段，采伐迹地，灌木林地，多次造林未成林林地，宜林荒山荒地，年龄在 1~10a 之间，未郁闭或郁闭度 <0.4，灌木林覆盖度 <40%，林分密度低，树种选择不当，目标树种缺失。

退化栲类次生林：多存在于演替第二和第三阶段，平均年龄在 20a 左右，多数郁闭成林，树种以栲树、拟赤杨、木荷、青冈、苦槠、黄樟、杉木、山矾、甜槠、南酸枣为主，林木分化严重，残次多代萌生林，局部林分密度过高导致林木生长缓慢，林木生长严重退化，目标树种密度小于 30 N/hm²。

## 4.3　低质低效常绿阔叶林立地类型划分与评价

立地类型划分是森林经营和植被恢复的重要理论基础，通过立地类型划分与评价的研究能够选择合适的树种，因地制宜提出适宜的经营技术措施，有效提高林地生产力及林木经营的各种效益。

### 4.3.1　立地因子的选择与量化

立地条件因子的分析和选择是划分立地类型的关键，通过掌握经营范围内的立地条件，找出对造林、植被恢复、低质低效林经营等工作产生影响的主要因子，因地制宜发挥林地生产潜力。将乐林场气候条件一致，不用考虑气候因子，选择坡向、坡位、腐殖层、海拔、坡度、土壤含水率、土壤厚度、土壤孔隙度、土壤类型作为立地因子见表4.18，其中，坡向、坡位、土壤类型是定性指标，在做分析前必须对它们赋值进行量化（见表4.19）。

表4.18　标准地立地因子详情表

| 标准地号 | 海拔（m） | 坡向 | 坡位 | 坡度（°） | 土壤类型 | 土壤厚度（cm） | 腐殖层（cm） | 土壤含水率（%） | 土壤孔隙度 |
|---|---|---|---|---|---|---|---|---|---|
| 1 | 307 | 半阳坡 | 中 | 44 | 红壤 | 115 | 2 | 19.344 | 0.433 |
| 2 | 307 | 半阳坡 | 上 | 40 | 红壤 | 115 | 4 | 28.059 | 0.492 |
| 7 | 319 | 半阳坡 | 中 | 37 | 红壤 | 120 | 10 | 37.102 | 0.550 |
| 13 | 733 | 阳坡 | 下 | 25 | 红壤 | 120 | 2 | 33.365 | 0.616 |
| 17 | 492 | 半阴坡 | 上 | 37 | 红壤 | 111 | 8 | 41.339 | 0.541 |
| 18 | 412 | 阴坡 | 下 | 24 | 暗红壤 | 116 | 9 | 22.025 | 0.427 |
| 19 | 422 | 阴坡 | 下 | 24 | 红壤 | 116 | 8 | 22.086 | 0.460 |
| 20 | 471 | 半阴坡 | 下 | 36 | 暗红壤 | 108 | 6 | 31.955 | 0.472 |
| 21 | 335 | 半阳坡 | 下 | 41 | 黄红壤 | 107 | 7 | 27.723 | 0.480 |
| 22 | 211 | 半阳坡 | 中 | 24 | 黄壤 | 105 | 0.2 | 34.585 | 0.520 |
| 23 | 221 | 半阴坡 | 下 | 8 | 黄壤 | 108 | 3 | 29.889 | 0.450 |
| 25 | 236 | 阴坡 | 下 | 42 | 黄壤 | 89 | 0.5 | 22.603 | 0.469 |
| 26 | 228 | 阳坡 | 下 | 21 | 黄壤 | 101 | 0.8 | 28.996 | 0.460 |
| 27 | 229 | 半阴坡 | 中 | 15 | 红壤 | 116 | 3 | 20.197 | 0.423 |
| 29 | 445 | 半阴坡 | 上 | 40 | 红壤 | 105 | 6 | 27.614 | 0.440 |
| 30 | 448 | 阴坡 | 上 | 28 | 黄红壤 | 105 | 4 | 20.278 | 0.434 |
| 32 | 473 | 阴坡 | 上 | 36 | 红壤 | 110 | 7 | 18.232 | 0.480 |
| 33 | 496 | 半阳坡 | 中 | 35 | 红壤 | 111 | 8 | 41.339 | 0.541 |
| 34 | 208 | 阴坡 | 上 | 28 | 黄红壤 | 106 | 7 | 18.851 | 0.401 |
| 37 | 196 | 阴坡 | 中 | 24 | 黄红壤 | 90 | 8 | 22.485 | 0.395 |
| 38 | 213 | 阴坡 | 上 | 25 | 红壤 | 90 | 9 | 23.468 | 0.414 |
| 40 | 247 | 阴坡 | 下 | 31 | 暗红壤 | 90 | 6 | 35.317 | 0.443 |
| 44 | 207 | 半阴坡 | 中 | 20 | 红壤 | 95 | 8 | 20.202 | 0.428 |
| 45 | 195 | 半阴坡 | 中 | 15 | 黄红壤 | 80 | 3 | 22.981 | 0.502 |
| 48 | 194 | 半阳坡 | 下 | 10 | 暗红壤 | 95 | 2 | 19.128 | 0.480 |

**表 4.19　定性指标赋值量化表**

| 指标 | 划分等级 | 赋值 |
|---|---|---|
| | 上 | 1 |
| 坡位 | 中 | 2 |
| | 下 | 3 |
| | 阴坡 | 1 |
| 坡向 | 半阴坡 | 2 |
| | 半阳坡 | 3 |
| | 阳坡 | 4 |
| | 红壤 | 1 |
| | 暗红壤 | 2 |
| 土壤类型 | 黄红壤 | 3 |
| | 黄壤 | 4 |

## 4.3.2　立地因子分析

### 4.3.2.1　立地因子的相关性分析

以标准地立地因子为研究对象，用 SPSS 对量化后的立地因子进行相关性分析见表 4.20，海拔与坡度、土壤厚度、腐殖层厚度都为显著的正相关，即随着海拔的增加，坡度、土壤厚度、腐殖层厚度都有一定增加。坡向只与土壤的含水率有显著地正相关，与其他因素关系不明显，土壤类型与土壤厚度和腐殖层有显著地负相关，说明红壤土层较薄，黄壤土层较厚，红壤土多分布在海拔低，坡度小的地区，黄红和黄壤土多分布在海拔高。土壤类型与土壤厚度和腐殖层、坡度与土壤厚度等变量因子之间存在较高的相关性，说明各变量之间也有较大的影响，因此有必要进行主成分分析。

**表 4.20　立地因子的相关性分析**

| | 海拔 | 坡向 | 坡位 | 坡度 | 类型 | 厚度 | 腐殖层 | 含水率 | 孔隙度 |
|---|---|---|---|---|---|---|---|---|---|
| 海拔 | 1 | | | | | | | | |
| 坡向 | −0.031 | 1 | | | | | | | |
| 坡位 | −0.367** | 0.096 | 1 | | | | | | |
| 坡度 | 0.558** | 0.117 | −0.283* | 1 | | | | | |
| 土壤类型 | −0.347* | −0.077 | 0.195 | −0.172 | 1 | | | | |
| 土壤厚度 | 0.391** | 0.124 | −0.038 | 0.363* | −0.289* | 1 | | | |
| 腐殖层 | 0.319* | −0.209 | −0.178 | 0.158 | −0.366** | 0.098 | 1 | | |
| 含水率 | 0.184 | 0.326* | 0.065 | 0.239 | −0.065 | 0.145 | 0.068 | 1 | |
| 孔隙度 | 0.270 | 0.168 | 0.041 | 0.207 | −0.196 | 0.366** | −0.044 | 0.575** | 1 |

注：** 在 0.01 水平(双侧)上显著相关，* 在 0.05 水平(双侧)上显著相关。

### 4.3.2.2　土壤立地因子的主成分分析

利用 SPSS 中主成分分析，通过因子旋转载荷矩阵，筛选出主因子的贡献率占所有因子贡献率的 70% 以上，从而确定主导因子。

从表 4.21 主成分分析可知，前三个主成分的特征值大于 1，可以代表了所有因子

70.401%的特征信息，选取前三个主成分为低质低效林立地类型性状的主成分，根据各因子向量大小可知见表4.22，在第一主成分中，海拔和坡度的系数最大，因此第一主成分主要反应的是海拔和坡度两个指标，第二主成分中，坡向和土壤含水率的系数最大，由于在立地因子的相关性分析中坡向和土壤含水率有显著的相关性，因此可以代表第二主成分，在第三主成分中，土壤厚度的系数最大，土壤厚度代表第三主成分。

**表4.21  主成分分析解释的总方差**

| 成分 | 初始特征值 | | | 旋转平方和载入 | | |
| --- | --- | --- | --- | --- | --- | --- |
| | 合计 | 方差(%) | 累积(%) | 合计 | 方差(%) | 累积(%) |
| 1 | 2.698 | 31.087 | 34.541 | 2.418 | 26.863 | 26.863 |
| 2 | 1.929 | 21.432 | 52.518 | 2.092 | 23.243 | 50.106 |
| 3 | 1.509 | 17.883 | 70.401 | 1.824 | 20.272 | 70.401 |
| 4 | 0.872 | 9.685 | 80.086 | | | |
| 5 | 0.557 | 6.188 | 86.274 | | | |
| 6 | 0.492 | 4.358 | 90.632 | | | |
| 7 | 0.372 | 4.138 | 94.770 | | | |
| 8 | 0.289 | 3.129 | 97.899 | | | |
| 9 | 0.282 | 2.101 | 100.000 | | | |

**表4.22  立地因子相关矩阵的特征向量**

| 因子 | 成分 | | |
| --- | --- | --- | --- |
| | 1 | 2 | 3 |
| 海拔 | 0.781 | −0.277 | −0.170 |
| 坡向 | 0.189 | 0.606 | −0.183 |
| 坡位 | −0.360 | 0.521 | 0.449 |
| 坡度 | 0.697 | −0.079 | −0.451 |
| 土壤类型 | −0.557 | 0.243 | −0.461 |
| 土壤厚度 | 0.134 | 0.114 | 0.517 |
| 腐殖层 | 0.387 | −0.523 | 0.428 |
| 土壤含水率 | 0.492 | 0.603 | 0.140 |
| 土壤孔隙度 | 0.576 | 0.544 | 0.178 |

## 4.3.3  立地类型划分

### 4.3.3.1  划分指标的选择

在进行立地类型划分和评价时，可选择的立地因子较多，通过相关性分析和主成分分析得出，作用最大的是海拔、坡度、坡向和土壤厚度，在划分立地类型及评价立地质量时，为了便于研究优先选择这4个指标。

### 4.3.3.2  聚类分析

在SPSS18.0中，选择"分析"菜单下的"分类"里的"系统聚类"，采用"组间连接""欧氏距离法"计算样本间的最短距离，画出树状图(如图4.5所示)。

通过聚类分析，把研究对象分为三类，结合对林分特征的分析研究，分别总结出三类

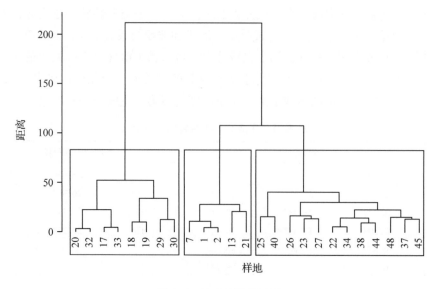

图 4.5　标准地聚类分析

立地条件下的林分生长情况，提取每一类立地的特征因子，可以对三类立地情况进行评价，第一类和第二类位于立地条件较好、生态环境稳定的地块，第三类立地条件较差，需注意水源涵养和水土保持，注重生态环境的恢复(表 4.23)。

表 4.23　立地条件类型划分与评价

| 分类 | 第一类 | 第二类 | 第三类 |
|---|---|---|---|
| 立地条件 | 海拔 400～800m，坡向为阳坡或半阳坡，多为上坡位，腐殖层较厚，土层厚土壤肥沃，土壤含水量和孔隙度较大 | 海拔 250～400m，坡向为半阳坡或半阴坡，腐殖层一般，土层厚度中等，土壤较肥沃，土壤含水量和孔隙度中等 | 海拔小于 250m，坡向为半阴坡或阴坡，腐殖层薄，土层厚度小较贫瘠，土壤含水量和孔隙度中低 |
| 林分情况 | 海拔较高，人为干扰小，自然恢复较快，多为栲类次生林，生长良好 | 树木生长迅速，林相较为杂乱，存在过密或过稀的林分 | 多处于低海拔地带，人为干扰较多，人工恢复较多，生长缓慢，部分难以郁闭成林 |
| 立地评价 | 优 | 良 | 差 |

# 4.4　低质低效常绿阔叶林经营技术

## 4.4.1　组织经营类型及经营目标

本研究将生态重要性和生态敏感性作为组织经营类型的主要划分条件，结合研究区森林经营管理的现实水平，分别组织严格保护类型、重点保护类型、经营保护类型和集约经营类型 4 个森林经营类型。根据上述对将乐林场常绿阔叶林的分析，可以把低质低效林常绿阔叶林中低郁闭度林和退化栲类次生林两类林分分别组织保护经营类型和集约经营类型 2 个森林经营类型，即立地条件优良的立地条件符合集约经营类型要求，立地条件较差的符合保护经营类型要求，同时强调整个经营周期的技术措施设计。

福建三明将乐林场常绿阔叶林多为生态公益林，以发挥生态防护功能为主，兼顾经济功能，因此，在确定经营目标时，应主要考虑提高林分质量和健康水平，维持常绿阔叶林林分质量和健康水平，也就是要维持生态系统的活力（表4.24）。

表 4. 24　不同类型低质低效林的经营目标

| 经营类型 | 经营对象 | 经营目标 |
| --- | --- | --- |
| 低郁闭度林保护经营 | 低郁闭度林 | 保留乡土优良树种，提高林分郁闭度，灌草覆盖度60%以上，乔木生长迅速 |
| 退化栲类林集约经营 | 退化栲类次生林 | 改善林下环境，缓解竞争，促进林木更新，注重目标树的培育，增加大径材的产出，提高经济效益 |

## 4.4.2　经营原则

### 4.4.2.1　多功能经营原则

根据我国不同生态类型区的不同森林类型的多功能利用需求，开展森林的多功能评价和经营技术的实验研究，重点解决在多功能经营中如何既能突出森林主导功能又能协调多目标统一的关键技术难点，提供森林多功能经营共性技术体系及针对典型区域不同森林类型的、可操作的高效经营模式，在保证发挥好不同森林类型的主导功能的同时充分发挥其它功能，使森林与林业对社会经济发展提供有力的科技支持。在保证发挥其生态服务功能的同时，提高其生产力与经济效益。

### 4.4.2.2　生态优先原则

充分发挥森林维护国土生态安全、推进生态文明的独特作用，协调好木材生产与保护生物多样性、协调好森林生态系统与湿地、草原和荒漠等生态系统的关系。从林业建设与宏观经济和社会发展、整体与局部的关系出发，制定森林分类经营方案，使其与国家林业重点工程相关政策相适应。

## 4.4.3　低郁闭度林保护经营类型

保护经营类型以生态和经济兼容，在保持生态防护功能的基础上，确立明确的经济功能或经济目标而进行合理采伐利用。结合当地林分的特征和立地条件分析，将乐林场保护经营类型主要针对低郁闭度林，多存在于演替第一阶段，采伐迹地，灌木林地，多次造林未成林林地，宜林荒山荒地，年龄在 1~10a 之间，未郁闭或郁闭度 <0.4，灌木林覆盖度 <40%，林分密度低，树种选择不当，目标树种缺失，林分地表裸露，生态防护效益低。确定林分的经营类型后，根据经营原则和经营目标采取全面改造措施类型和补植改造措施类型两种措施类型。

### 4.4.3.1　全面改造措施类型

全面改造经营模式适应于立地条件较差的地区，土壤贫瘠，林木树种选择不当，存活率低，林地大面积裸露，继续培育经营难以改变现状，必须全面改造，清除无价值林木，改善土壤状况，选择乡土优良树种重新造林。

（1）乡土优良树种选育

乡土优良树种选育选择标准：

①在当地适应性强，生长迅速，分布广泛；

②幼苗可以采用人工培育，栽植成活率和保存率高；

③根系和枝叶发达，生态防护能力强；

④林木有较高经济价值。

通过对当地林木生长情况的实际调查，结合林场多年造林设计验收资料，筛选出当地优良的乡土树种见表4.25。

表4.25　优良的乡土树种

| 树种 | 成活率(%) | 保存率(%) | 生长速度 | 特　　　性 |
|---|---|---|---|---|
| 木荷 | 100 | 95 | 较快 | 林分较早郁闭，长势良好，常作为阔叶树用材林的造林树种和防火树种 |
| 枫香 | 95 | 85 | 较快 | 山地造林表现较优，可作为当地营造水土保持林、水源涵养林等生态公益林的首选树种 |
| 火力楠 | 95 | 80 | 较快 | 速生稳定性树种，干形较好，自然整枝能力强，用材林主要树种 |
| 细柄阿丁枫 | 90 | 80 | 中等 | 稳定性树种，中等生长速度，耐旱，对病虫害抗性极强，园林观赏树种 |
| 乌桕 | 95 | 85 | 较快 | 阳性先锋树种，不耐荫喜生于荒山荒地和砍伐迹地上 |
| 拟赤杨 | 85 | 75 | 较快 | 造林表现较优，生长迅速，能形成大径材，主要用材林树种 |
| 光皮桦 | 90 | 80 | 中等 | 生态适应能力较强，耐干旱瘠薄在荒地或林下均可生长 |
| 栲树 | 85 | 80 | 中等 | 早期生长缓慢，适应性强，当地次生林中分布广泛，材质优良，主要用材林树种 |
| 杉木 | 95 | 90 | 较快 | 造林表现较优，生长迅速，当地商品林主要树种，面积最大 |

（2）经营技术措施

①林地清理：全面改造经营模式需进行林地清理，对立地条件差的低郁闭度林分树木进行全面伐除，只保部分灌草。

②密度设计：造林密度根据立地条件和所选择的树种，一般不小于 1500 N/hm$^2$，株间距为 $2 \times 3m$ 至 $3 \times 4m$。

③整地：整地时间在造林前一个月进行，在山区造林过程中多采用穴壮整地方式，它操作简单节省人力成本，能取得较好的效果。整地时要将表土和心土分置树穴两旁，栽植时应先回填表土，再回填心土。

④施肥：对土壤较肥沃地区，用肥沃表土用做基肥进行回填；立地条件差的林地，栽植时采用磷氮复合肥与土壤混合。

⑤苗木规格：为了保证造林的成活率和保存率，在短时间内使林分郁闭，应采用优质一级苗，要求苗无机械损伤、根系发达、无病虫害。

⑥栽植时间：根据福建三明地区气候情况，应在每年的2~4月造林。

⑦抚育管理：造林当年7~8月抚育一次，主要是除草，应采用机械除草和人工除草相结合，当地7~8月雨水充足，茅草等杂草生长迅速，容易缠绕覆盖压死当面栽植幼苗，应及时除草、扩穴保证幼苗的生长空间。

#### 4.4.3.2 补植改造措施类型

补植经营模式适应于立地条件良好的地区，土壤较肥沃，林木密度过低，林相残破，林地部分裸露，有继续培育经营价值的林分，可以在保持原有植被条件的基础上补植优良乡土树种，提高林木整体质量，增强生态防护作用。

（1）保护现有阔叶树

对原有林分有经营价值的阔叶树种采取保护措施，统计其生长状况和优势度，对于原有林分中占主要优势的林木可以选择作为目标树。在采取补植改造措施类型时要尽量不破坏原有林木，把原有目标树作为补植的主要树种。

（2）经营技术措施

补植方式多运用均匀和局部2种补植方式，综合考虑原有林分结构功能。树种组成方面，应优先营造针阔的混交林，针叶纯林，应补植部分阔叶树种，补植后形成不同树种随机分布的混交群落，有利于林分结构功能的稳定。补植林木采用穴植法，挖明穴，回表土，容器苗栽植前要用去薄膜袋，使根系舒展。

#### 4.4.3.3 低郁闭度林保护经营试验示范

（1）以细柄阿丁枫、乌桕为优势树种的混交林

细柄阿丁枫和乌桕为当地优良的乡土树种，有着多年的造林经营历史，生长快能较快郁闭成林，它们对土壤的适应性较强，在红壤、黄壤等不同质地的土壤下均能生长。细柄阿丁枫和乌桕的大径材都是优良商品材，乌桕具有较高的观赏价值，在公路旁上坡造林，秋天叶子由绿变紫、变红形成景观林。

①造林设计：造林设计见图4.6。

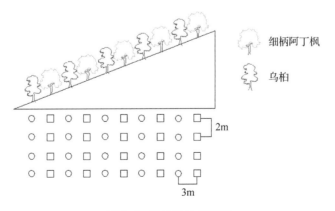

细柄阿丁枫

乌桕

**图4.6 造林设计示意图**

②林分生长过程：细柄阿丁枫、乌桕为优势树种的混交林是在杉木采伐迹地，灌草丛生，缺少乔木层，林分退化，急需经营改造的地块，采用全面改造的经营模式，经过10a的经营改造，见图4.7可以看到在第3a可以郁闭成林，第10a形成以细柄阿丁枫、乌桕为

优势树种的混交林。经营措施在第 1 年主要是林地清理，整地，施肥，栽植，在第 2 和 3a 主要是割草、劈灌，在第 4a 到第 10a 主要进行补植、复壮，修枝，促进干型培育。

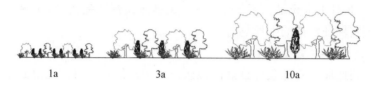

图 4.7　林分幼林生长过程示意图

（2）以木荷、光皮桦为优势树种的混交林

木荷和光皮桦是当地优良的乡土树种，有着多年的造林经营历史，具有较高的经济价值和广泛的用途。光皮桦材质优良，纹理细致，木材坚硬，是高级家具的优良材料。木荷和光皮桦能耐干旱瘠薄，在火烧迹地、采伐迹地或森林破坏后的荒山快速生长形成混交林，是一种值得推广的造林先锋树种组合。

①造林设计：造林设计见图 4.8。

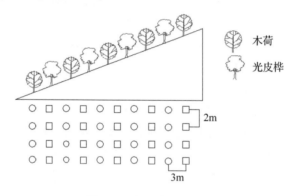

图 4.8　造林设计示意图

②林分生长过程：这类林分多为受人为干扰造成的火烧迹地、采伐迹地或森林破坏后的荒山，急需经营改造的地块，采用全面改造型经营措施类型，可以形成以木荷、光皮桦为优势树种的混交林见图 4.9。第 1a 以除草为主，要连续除草松土 2~3a，每年 5~6 月和 9~10 月抚育 2 次，第 2a 以扩穴为主，穴径 60cm，深度 15cm，第 3a 开始修除树木基部 1/3 以下枝条及双叉枝和竞争枝，直至郁蔽成林，经过 10a 的经营改造，可以形成以木荷、光皮桦为优势树种的混交林。

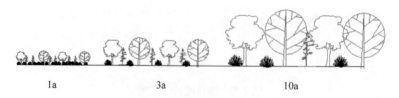

图 4.9　林分生长过程示意图

③以火力楠、枫香为优势树种的混交林：枫香作为当地的优良的乡土树种，在近几年的造林中，发挥着重要的作用。但由于经营技术不当或者人为干扰破坏，形成了一定面积的低密度林分。因此在保留枫香的基础上，采用补植改造经营措施类型对低密度林分进行经营改造，补植树种为火力楠，火力楠早期生长迅速，并且有较高的经济价值，补植改造经营之后，可以很快形成以火力楠、枫香为优势树种的混交林见图 4.10。

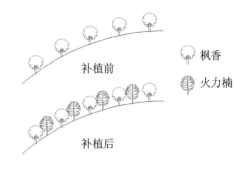

图 4.10  改造经营措施类型

## 4.5  退化栲类林集约经营类型

该集约经营类型是以获得稳定的经济收益和可持续的林产品为目的的天然次生林和人工林经营，一般位于立地条件较好地区。集约经营类型主要针对退化栲类次生林，多存在于演替第二和第三阶段，平均年龄在 20a 左右，多数郁闭成林，树种以栲树、拟赤杨、木荷、青冈、苦槠、黄樟、杉木、山矾、甜槠、南酸枣为主，林木分化严重，残次多代萌生林，局部林分密度过高导致林木生长缓慢，林木生长严重退化，目标树种株数小于 30 株/$hm^2$，林分经济效益低。针对将乐林场林分现状采用集约经营类型后，根据经营原则目标采取抚育改造措施类型和目标树经营措施类型两种措施类型。

### 4.5.1  抚育改造措施类型

该经营措施类型适用于立地条件较好的地区，土壤相对肥沃，树种组成复杂多样，林木生长潜力和郁闭度较高林分，林木有较高培育价值，需要识别和培育有价值的优势树种，疏伐部分杂木，改善林木生长环境。

抚育的具体技术措施有：修枝、抑灌、疏伐、更新等。

①修枝：演替第一阶段修枝主要剪去树冠下徒生枝，促进干型培育；演替第二和第三阶段的林分主要剪去树冠下部已枯死和濒临枯死的枝条。林分郁闭前不修枝，否则容易使杂草生长，也不利于防火；林分郁闭后，树干下部出现枯枝后开始。

②抑灌：折干抑灌是一种比较全面、高效的措施。对幼树周边的灌木折干，使灌木缓慢死亡，同时抑制周边杂草，有利于幼树的生长发育。

③疏伐：对于郁闭度在 0.7 以上，结构不稳定、功能低下、林分局部密度过高的林分，可选择杉木和光叶山矾为疏伐对象，保护栲树、木荷、拟赤杨等优势木，加快林分的稳定性和功能性建设。

④更新：退化栲类次生林中主要更新方式是促种抑萌和人工播种，林分中常有以母株为中心，形成由该树种的萌生群团，这种林分的稳定性差，易受外力破坏，有的可能退化到灌丛、稀树、甚至荒地，采用促种抑萌，只保留有培育更新价值的萌生苗。同时为了促进林分正向演替，应在林下人工播种硬阔叶树种，如栲树，木荷青冈，苦槠，拟赤杨等树种。

## 4.5.2 目标树经营措施类型

同一群落中林木个体大小变化很大，个体大的更容易获得生长和竞争的优势，它们能占据了整个群落生物量的绝大部分，因此可以根据林木个体差异，按照某种标准在林分内选择目标树来满足经营目的。将乐林场目标树经营模式适应于演替第二和第三阶段的林分，立地条件较好，树种组成以楮树、木荷、拟赤杨、火力楠等优良的乡土树种为主，林木生长潜力不一，需要识别和经营有价值的目标树种，疏伐部分非目标树种，经营目标树种的大径材。

（1）识别和培育目标树

目标树是生态系统演替的顶级树种和具备优良遗传基因的树木，这意味着林分具备了质量持续提高的基础；其次目标树达到期望径级（高价值），所以森林经营就具备了长期动态稳定的经济基础；再是目标树作业尽可能借用自然力（天然更新），人工投入少，自然增值大；最后是目标树经营既可培育优质大径材，又可通过采伐非目标树得到中间收入。通过对退化楮类次生林林分特征的分析，选择目标树的 5 个标准见表 4.26。

**表 4.26 目标树的指标特征**

| 指标 | 具体内容 |
| --- | --- |
| 生活力 | 能够抵御风害、病虫害，有极强的生命力，具有竞争力，在林分当中处于优势地位 |
| 林木质量 | 树干通直或轻度弯曲、无分叉、无任何损伤和病虫害的林木 |
| 密度 | 必须考虑到目标树的密度，密度过大容易造成目标树之间的竞争；过小则会造成林地的浪费 |
| 目标胸径 | 目标树的目标胸径确定应对林木生长过程和经济效益综合分析 |
| 多样性 | 在选择目标树的时候要考虑对森林其他物种的影响，注重多样性保护 |

（2）目标树经营技术

①目标树间距确定：依据目标树分布格局可以确定相邻目标树适宜距离，阔叶树最佳间距等于目标树胸径的 25 倍。

②目标树密度估计：根据目标树平均胸径来预估，根据试验林分调查数据，目标树间平均距离约为目标树胸径的 20~25 倍，即阔叶树树间平均距离（m）= 目标树胸径（m）×25，针叶树树间平均距离（m）= 目标树胸径（m）×20。假设每株目标树所占面积形状为正六边形，正六边形面积 $F = (3/2) \times \sqrt{3}a^2$（a 为正六边形边长或者半径，相当于树间平均距离的 1/2），则目标树株数密度 = $10000m^2/F$。

③目标树干型要求：目标树的树高和胸径之间有一个比例关系，树高直径比（高径比）= 树高（m）/胸径（m），高径比一般小于或等于 80，如果大于 80，说明林木太瘦长了，这样的林分不稳定、不健康，需要调整。

④目标树选取时间：在幼林形成的初期阶段及林分建群阶段一般不确定目标树，在林分郁闭后，树高已经长到最后采伐高度一半的时候，开始选择目标树。

⑤目标树更新层建立：目标树采伐前再考虑更新层，阴性树种在采伐前 20a 建立更新层，阳性树种在采伐前 10a 建立更新层。

⑥目标树分布格局：多采用随机分布和均匀分布的林分结构，具有较高的稳定性。

（3）非目标树经营

林分抚育是控制树木株间竞争及树木同其他植被的竞争的主要经营措施。在目标树经营模式时，应对非目标树进行部分抚育，除掉分叉及受压抑的树，以及不需要的植被，调整林分密度和结构，让目标树获得更大的生长空间。退化栲类次生林抚育强度不宜过大，采伐强度不超过20%，伐后郁闭度保持在0.5~0.6，抚育方式主要是采用下层疏伐和透光伐，改善林分光照条件。

## 4.5.3　集约经营类型试验示范

（1）以栲树、木荷和拟赤杨为优势树种的混交林经营

退化栲类次生林主要有栲树、苦槠、青冈、拟赤杨、木荷、杉木等主要乔木树种组成，但林下有鼠刺、檫木、树参等灌木杂乱丛生，林分郁闭度较大，影响主要树种生长空间，需要进行抚育改造的经营模式，改善林下的生长环境，对以鼠刺、檫木、树参等灌木进行伐除，保留栲树、木荷、拟赤杨等有高价值的优势树种，抚育改造后的示意图见图4.11。

抚育改造前　　　　　抚育改造后

**图4.11　抚育改造效果示意图**

（2）以木荷为目标树种的混交林经营

木荷为中国珍贵的用材树种，树干通直，材质坚韧，结构细致，同时木荷是较好的耐火树种，在当地有着较长的经营历史，以木荷为目标树种的混交林经营模式，符合当地森林经营要求，可以使退化栲类次生林发展成优质高效的木荷混交林。在经营过程中见图4.12，木荷目标胸径为40cm，目标树密度55 N/hm²，以木荷目标树经营为骨架，把非目标树也纳入经营体系，对退化栲类次生林中栲树、青冈、鼠刺、檫木、树参、拟赤杨、杉木等非目标树种分阶段进行抚育，既可以提高森林质量，提高蓄积量，也可以兼顾短、中期收益。

（3）以火力楠为目标树种的混交林经营

火力楠生长迅速，木材易加工，优质用材树种。在将乐林场有一定的经营面积，一部分还被划入国家战略储备林，是当地经营历史较长的树种之一，以火力楠为目标树种的混交林经营模式，符合当地森林经营要求，可以使退化栲类次生林发展成优质高效的火力楠混交林。在经营过程示意图见图5.13，火力楠目标胸径为40cm，目标树密度60 N/hm²，以火力楠目标树经营为主，把栲树，拟赤杨，杉木等非目标树种分阶段进行抚育，可以提高蓄积量，兼顾短、中期收益。

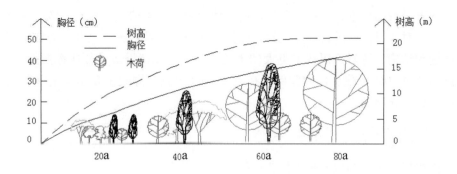

图 4.12　木荷目标林分生长过程

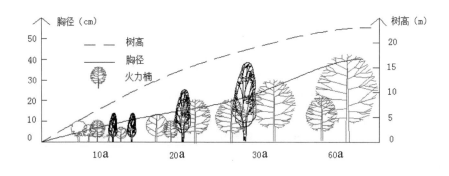

图 4.13　火力楠目标林分生长过程示意图

## 4.6　结论

通过分析福建三明将乐地区低质低效常绿阔叶林林分现状及结构特征,提出了当地低质低效常绿阔叶林判定标准,并对低质低效林立地条件特征评价,结合林分特征和立地评价,先组织森林经营类型,再针对不同经营类型的低质低效林分提出了四种经营措施类型,并以通过将乐林场低质低效常绿阔叶林试验示范,对不同经营措施类型进行了效果评价,主要得出以下结论:

第一,将当地常绿阔叶林恢复演替过程,划分为演替第一阶段(1~10a),演替第二阶段(11~30a),演替第三阶段(31~60a),三个阶段的林分特征不同。第一阶段由于受人为干扰严重,树种多为杉木、马尾松及人工促进恢复所选用的木荷、细柄阿丁枫、枫香、无患子等,演替第二和第三阶段,主要是自然恢复人为干扰小,树种多为栲树、拟赤杨、苦槠、青冈、甜槠等,形成了典型的栲类次生林。

第二,林分空间结构分析中,随着演替的进行,角尺度和混交度取值逐渐增大,演替第二阶段多数在是在采伐迹地上自然更新恢复演替的，人为干扰很少，在演替第三阶段林木之间竞争加剧，多为团状分布，强度混交占有比例增大，优势树种的在群落中主导地位增强。在林分的径阶分布中，第一阶段林分中小径阶的林木占多数，第二阶段有大径材林木出现，是生长型林分，应采取经营措施，增加 12~18 cm 径阶林木数量，第三阶段林木直径分布范围最广，多代杂乱丛生，应注重大径材树木的培育，需对胸径 50cm 以上的霸王树进行采伐，使林下中小径阶林木快速更新生长，采用 weibull 分布对直径结构拟合结果较好，直径分布曲线均呈现左偏的现象。

第三，低质低效林立地因子进行相关性分析研究中，海拔与坡度、土壤厚度、腐殖层厚度都为显著的正相关，土壤类型与土壤厚度和腐殖层、坡度与土壤厚度等变量因子之间存在较高的相关性，红壤土层较薄，黄壤土层较厚，红壤土多分布在海拔低，坡度小的地区，黄壤土多分布在海拔高，坡度大的地区。划分立地类型及评价立地质量采用海拔、坡度、坡向、和土壤厚度 4 个指标。

第四，组织低郁闭度林保护经营和退化栲类林集约经营，立地条件优良的采用集约经营类型，立地条件较差采用保护经营类型，对不同经营类型分别提出了对应的 4 种经营措施类型，即全面改造措施类型，补植改造措施类型，抚育改造措施类型，目标树经营措施类型。在 4 种经营措施类型指导下，进行了低郁闭度林保护经营试验示范和退化栲类林集约经营试验示范，形成以细柄阿丁枫、乌桕、木荷、光皮桦、火力楠、枫香、栲树和拟赤杨为优势树种的混交林经营模式，以木荷、火力楠为目标树种的混交林经营模式，并应用于实践，取得良好的经营效果，选择乡土优良树种，提高林木存活率和保存率，3 年郁闭成林，灌草覆盖度 60% 以上，乔木生长迅速，同时改善林下环境，缓解竞争，促进林木更新，注重目标树的培育，增加大径材的产出，提高经济效益。实现了当地低质低效常绿阔叶林经营目标，提高林分质量和健康水平，增加林产品生产的经济效益，充分发挥林木的经济价值。

# 5 常绿阔叶林健康评价

## 5.1 研究目的、内容与方法

### 5.1.1 研究目的与意义

本研究目的在于构建适合于常绿阔叶林的健康评价指标体系。

意义在于根据社会需求及不同权重赋值方法比较分析，提出一套适用于不同主导功能的常绿阔叶林健康评价指标体系，为常绿阔叶林健康经营提供技术支撑和评价方法。

### 5.1.2 研究内容

(1)常绿阔叶林主导功能类型研究

分析区域社会需求，总结归纳常绿阔叶林的社会需求功能，对众多需求功能进行主导功能定量分析，筛选出最优主导功能类型。

(2)常绿阔叶林健康评价指标体系构建

以常绿阔叶林的最优主导功能类型为前提，构建健康评价指标体系。

(3)权重赋值方法研究

采用层次分析法、熵权法和组合复权法进行指标权重赋值，通过比较分析选取最佳权重赋值方法，以提高评价指标体系的合理性。

(4)将乐林场常绿阔叶林健康评价

以常绿阔叶林小班为评价单元，对将乐林场 1996 年和 2007 年的常绿阔叶林进行评价，分析林分 10 年间的健康动态变化。并对 2012 年实地调查的常绿阔叶林进行评价，验证评价体系的合理性。根据评价结果，为常绿阔叶林的健康经营提出合理建议。

### 5.1.3 技术路线

本研究思路如图 5.1。

### 5.1.4 研究方法

(1)评价指标层次构建方法

本章采用目标法构建常绿阔叶林健康评价体系，即目标层为常绿阔叶林的健康，准则层从侧面反映森林的基本状况和各项功能，指标层则是由具体的可获得的指标直接对准则层进行度量，是评价体系中的最基本层次。

(2)主导功能类型优选方法

采用定性结合定量的方法进行常绿阔叶林的主导功能优选研究，主要包括系统聚类法

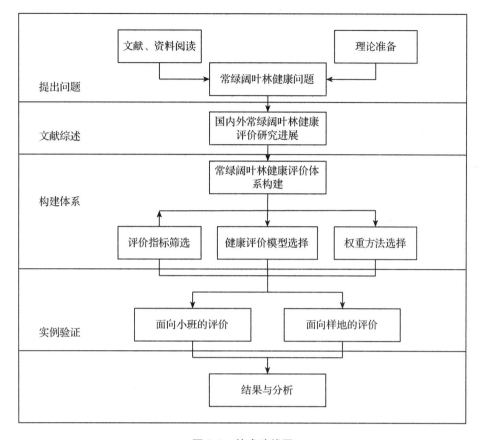

图 5.1　技术路线图

和层次分析法。首先进行社会需求分析，得到研究地区森林的各种需求功能，其次采用系统聚类法对需求结果进行主导功能类型划分，最后采用层次分析方法对划分的主导功能类型进行优选。

（3）指标权重赋值方法

指标权重的赋值方法可分为主观复权法和客观赋权法。主观赋权法常采用的是层次分析法，客观赋权法直接利用各个指标所反映的原始信息来获取指标权重，其中较常用的包括变异系数法、熵权法等。此外，为了综合主观、客观复权法的特点，还有组合赋权法。

（4）健康等级划分方法

本章采用频数分析法结合正态等距划分法对各项评价指标进行等级划分及赋值，通过计算得到最终的健康值，采取同样的方法定义健康等级及其分级范围。

## 5.1.5　数据来源

### 5.1.5.1　样地数据

乔木调查：在研究区内，设置 18 块常绿阔叶林固定样地，面积为 20m × 30m，调查总面积为 1.1hm²。在每块样地边界上，以水平 10m 为间距埋设标记桩，设置调查单元。以样地西南角作为原点，东西方向为 X 轴，南北方向为 Y 轴，编写行列号和单元号，对每个单元内起测直径(5cm)以上的树木进行每木检尺和定位测定，即先测量单株树木在调查单元内的相对位置，经内业处理后再计算其绝对坐标。

灌木、草本、幼苗调查：在样地四角及中心设置 5 个 5m×5m 小样方进行灌木调查和幼树幼苗调查；另随机选取 5 个 1m×1m 小样方进行草本调查。

土壤调查：挖取土壤剖面一个，调查土壤垂直结构、土壤厚度、腐殖质层厚度，并用土壤环刀取样带回实验室进行理化分析。固定样地基本情况如表 5.1。

表 5.1 固定样地概况

| 样地号 | 树种组成 | 郁闭度 | 坡度<br>（°） | 平均胸径<br>（cm） | 平均树高<br>（m） |
|---|---|---|---|---|---|
| 1 | 4 栲树 4 米槠 2 苦槠 | 0.7 | 40 | 19.0 | 9.7 |
| 2 | 5 苦槠 1 栲树 1 米槠 | 0.7 | 44 | 18.0 | 9.3 |
| 3 | 3 枫香 2 油桐 2 樟树 | 0.2 | 17 | 13.7 | 8.9 |
| 4 | 5 拟赤杨 2 枫香 1 檵木 | 0.7 | 40 | 13.9 | 8.1 |
| 5 | 4 栲树 2 拟赤杨 1 枫香 | 0.8 | 25 | 12.5 | 11.3 |
| 6 | 2 栲树 2 苦槠 1 拟赤杨 | 0.8 | 23 | 13.5 | 9.8 |
| 7 | 4 拟赤杨 3 栲树 1 檫木 | 0.8 | 23 | 10.8 | 8.8 |
| 8 | 6 栲树 3 木荷 1 青冈 | 0.8 | 30 | 13.8 | 7.6 |
| 9 | 6 栲树 1 木荷 1 苦槠 | 0.6 | 38 | 15.3 | 7.0 |
| 10 | 3 黄樟 2 冬青 1 苦槠 | 0.7 | 36 | 12.8 | 9.3 |
| 11 | 7 栲树 1 青冈 + 甜槠 | 0.5 | 37 | 19.4 | 9.5 |
| 12 | 5 栲树 2 青冈 1 南酸枣 | 0.6 | 34 | 16.4 | 10.2 |
| 13 | 3 栲树 2 木荷 1 黄樟 | 0.6 | 36 | 13.7 | 9.9 |
| 14 | 3 栲树 2 拟赤杨 1 木荷 | 0.8 | 35 | 12.5 | 9.8 |
| 15 | 7 拟赤杨 1 黄樟 1 檵木 | 0.6 | 31 | 15.8 | 8.4 |
| 16 | 5 枫香 2 马尾松 2 拟赤杨 | 0.5 | 31 | 14.9 | 7.9 |
| 17 | 4 栲树 2 拟赤杨 1 杉木 | 0.7 | 25 | 12.2 | 9.2 |
| 18 | 3 罗浮栲 3 杉木 1 黄樟 | 0.7 | 25 | 16.3 | 10.1 |

### 5.1.5.2 小班数据

采用福建省三明市将乐国有林场 1996 年和 2007 年的小班调查数据，由于常绿阔叶林资源较少，因此研究对象为所有包含常绿阔叶树种的小班，通过筛选得出郁闭度大于等于 0.2 的，包含常绿阔叶林的小班合计 427 个，信息如表 5.2。

表 5.2 小班信息统计

| 年度 | 小班编号 | 面积<br>（hm²） | 树种组成 | 郁闭度 | 平均胸径<br>（cm） | 平均树高<br>（m） | 起源 |
|---|---|---|---|---|---|---|---|
| 1996 | BJ500100108070 | 1.81 | 10 木荷 | 0.9 | 3.0 | 3.0 | 2 |
| 1996 | BJ500800819110 | 5.03 | 10 其他硬阔 | 0.7 | 13.0 | 10.5 | 1 |
| 1996 | BJ501201215010 | 2.81 | 6 杉木 4 其他硬阔 | 0.8 | 5.0 | 4.5 | 2 |
| … | … | … | … | … | … | … | … |
| 1996 | BJ500200216060 | 2.08 | 6 杉木 4 其他硬阔 | 0.8 | 5.0 | 4.2 | 2 |
| 2007 | BJ500100108070 | 2.35 | 5 马尾松 4 木荷 1 杉木 | 0.5 | 14.1 | 11.9 | 2 |

（续）

| 年度 | 小班编号 | 面积<br>（hm²） | 树种组成 | 郁闭度 | 平均胸径<br>（cm） | 平均树高<br>（m） | 起源 |
|---|---|---|---|---|---|---|---|
| 2007 | BJ500800819110 | 5.03 | 10 其他硬阔 | 0.7 | 16.1 | 12.1 | 1 |
| 2007 | BJ501201215010 | 2.81 | 8 其他硬阔 2 马尾松 | 0.6 | 11.4 | 6.2 | 1 |
| … | … | … | … | … | … | … | … |
| 2007 | BJ500200216060 | 2.08 | 7 其他硬阔 3 杉木 | 0.8 | 14.0 | 9.5 | 2 |

## 5.2 常绿阔叶林健康评价指标体系研究

首先根据研究区域的社会需求分析确定森林的最优主导功能类型，其次根据主导功能类型筛选相对应的评价指标构建评价指标体系，然后选优确定指标权重，评价森林健康程度，最后分析评价结果（图5.2）。

**图5.2 常绿阔叶林健康评价思路**

## 5.2.1 评价指标选择原则

本研究选择指标原则如下：

①适用性原则：森林健康评价指标体系的建立应根据不同区域的社会需求，有针对性的选取评价指标，常绿阔叶林具有多种功能，选用的指标应符合系统的主要性状。

②科学性原则：以科学理论为指导构建森林健康评价指标体系，不仅要反映现阶段森林的健康状况，也能对其未来健康状况做出预测，从而更好地实现森林的健康可持续发展。

③可操作性原则：选取的定性或定量指标应具有可度量性，且在实际调查中易于操作，内容简单明了。

④层次性原则：根据需要将指标体系进行分层分级，通过分层指标更能准确、直观地评价森林的健康状况。

## 5.2.2 主导功能类型研究

（1）社会需求分析

森林具有多种功能，根据区域的社会需求不同，森林主导功能会产生各种区域差异。将乐县是我国南方集体林区48个重点林业县之一，享有福建"绿色宝库"之称，是国家林业局全国集体林区林权改革的唯一试点，也是海峡两岸现代林业的合作试验区。分析区域的社会需求，有利于科学利用县内丰富的森林资源，对当地林业的健康合理发展具有指导作用。

（2）生物多样性及生境保护

自 20 世纪 50 年代起，将乐县进行了多次森林资源调查，如 1957 年进行的果树品种资源调查、1985 年的龙栖山自然保护区动植物综合科学技术调查等。经专家鉴定，全县野生植物共 1824 种，野生动物共 486 种，其中国家一级保护动物、植物种类多种多样。但由于近年来森林受人为干扰日益严重，尤其是常绿阔叶林资源的锐减，使得野生动植物的生境不断缩小。

常绿阔叶林的减少，一方面使得全县整体的森林类型减少，一些特定物种的生存条件发生改变，随着森林的消失而消失，如闽楠、深山含笑、福建青冈栎、薄叶润楠等珍稀常绿阔叶树种已逐渐减少，华南虎、金钱豹等珍稀的野生动物已濒临灭绝。

（3）防止水土流失

将乐县山地丘陵面积较广，地形陡峭，土壤极易被冲刷，常绿阔叶林由于根系发达，在防止水土流失方面具有重要作用。由于常绿阔叶林资源不断被破坏，将乐地区的水土流失情况趋于严重化。自 2000 年以来，县内连续发生了三次特大洪灾，县内人们的生产生活安全受到威胁。截止 2010 年底，将乐县水土流失面积为 12829hm²，经济损失巨大。2012 年，福建省为解决水土流失问题将投入 6 亿元资金，用于全省的水土保持投入则高达 12 亿元，防治水土流失是将乐县林业发展主要动力和方向，其中最主要的防治手段是常绿阔叶林的重建和恢复。

（4）森林旅游

近几年来，将乐县对森林旅游的发展越来越重视，目前生态旅游已成为县第三产业中的支柱性产业，是福建省 2012 年重点发展的生态旅游区之一，其中天阶山森林公园、玉华洞、龙栖山国家级自然保护区都以保存着较好的常绿阔叶林景观而远近闻名。可见，健康可持续的森林是满足当地旅游业发展的前提和保障，因此将乐县常绿阔叶林的健康与否直接关系到当地旅游业的未来发展。2013 年，将乐县还被授予"福建省森林县城"的称号，未来以常绿阔叶林为主的森林旅游建设前景良好。

（5）木材供应

改革开放以来，将乐县内的林业加工企业逐渐增多，其中 10 家是市级的农业产业化龙头企业，1 家省级龙头企业，截止 2010 年全县林业总产值为 12.6 亿元，用材需求不断增大。根据区域规划，福建省整体的用材需求开始转向珍贵用材林方向，例如闽楠、浙楠、青钩栲等珍贵常绿阔叶用材树种，以及格氏栲、沉水樟等当地重点发展的优良用材树种都在用材需求内。据报道，福建省将规划约 67 万 hm² 的珍贵用材林面积，将乐县作为主要的规划县之一，发展常绿阔叶用材树种既符合全省的规划需要，也利于地区的生态环境发展要求。

（6）改良土壤

土壤状况对林木的生长具有重要作用，县内大部分常绿阔叶林被转化为针叶林，属于森林群落的逆向演替过程，对土壤肥力的消耗巨大，土壤退化趋势加剧。研究表明，转化为针叶林的土壤，土层厚度较阔叶林而言有所下降，在常绿阔叶林状态下的土壤疏松容重为 1.0g/cm³，而被破坏或改造后形成的针叶林、灌丛等，其容重增加，可达 1.4g/cm³，其他土壤肥力因子及调节的温度的能力也明显下降。为了防止土壤退化，目前将乐地区逐年增加阔叶林比重和人工改造针叶林力度，通过补植、套种阔叶树种等方式促进土壤状态的良性恢复，研究表明，恢复阔叶林种植以后三年左右，土壤肥力会得到改善。

（7）其他需求

工业废气污染也是将乐县的环境问题之一。1998 年工业废气的排放量达 209914 万 m³，加之汽车的尾气排放，大气污染程度升高，对动植物的危害都不可忽视。此外，根据将乐气象资料统计，1980 年后十年的年平均温度比前十年的增加了 0.44℃、极端最低低温上升了 1.69℃，地区的小气候有变暖的趋势，由此也造成了一些次要病虫害上升为主要病虫害。为此，需要采取措施对地区的小气候进行调节，而森林在调节小气候、改善空气质量上有明显的优势。常绿阔叶林在调节小气候方面较针叶林更具优势，研究显示常绿阔叶林内的年均温低于林外 0.7℃，同状态下的马尾松林的林内外温差只有 0.16℃，在夏季高温月份，常绿阔叶林的降温效率为 6.9%，而马尾松林仅为 1.1%；在冬季常绿阔叶林还有一定的增温效果，马尾松林则呈现完全相反的结果。可见，常绿阔叶林在降低高温、提高低温等方面的生态优势。

除了调节地区小气候之外，将乐县还积极宣传和发展林下经济，充分利用非林产品资源，如植物果实、一些生长条件特殊的药材、真菌，珍惜花草等林副产品都是未来林下经济的发展模式，林产品的挖掘随着林下经济迅速发展也前景广大。

此外，以 2012 年对将乐林场的实际调查来看，现阶段林场范围内的常绿阔叶林除少部分用于提供木材外，其余基本上都划分为生态公益林范畴。

综上，将乐县森林资源丰富，区域对常绿阔叶林的需求种类多，生物多样性保护、保持水土、动植物生境保护、改良土壤、生态旅游、调节气候、木材需求以及提供林产品等。

## 5.2.3 主导功能类型划分

根据将乐县的林业需求现状分析可知，将乐县对森林的需求包括物种多样性保护、防止水土流失、森林旅游、木材供应、林产品供应、调节气候等，作者认为健康经营应该是在发挥森林的最优功能的同时，尽可能地发挥其他功能，来实现森林整体效益最大化过程。因此，有必要进行森林的主导功能类型的划分及优选的研究。

首先进行主导功能类型划分，再进行类型的优选。采用专家评分打分法对常绿阔叶林在物种保存、生境保存、防止水土流失、森林旅游等 8 个功能的经济、社会、生态效益进行评分排序，由高到低的分值依次为 8、7、6、5、4、3、2、1，结果见表 5.3。

表 5.3　各功能效益评价

| 功能 | 经济效益 | 社会效益 | 生态效益 |
|------|---------|---------|---------|
| 木材供应 | 8 | 2 | 1 |
| 林产品供应 | 6 | 3 | 2 |
| 调节气候 | 2 | 5 | 4 |
| 物种保护 | 5 | 4 | 7 |

（续）

| 功能 | 经济效益 | 社会效益 | 生态效益 |
|------|---------|---------|---------|
| 生境保护 | 4 | 3 | 8 |
| 防止水土流失 | 3 | 7 | 6 |
| 改良土壤 | 3 | 6 | 5 |
| 森林旅游 | 7 | 8 | 3 |

根据上述结果，采用系统聚类方法将各功能进行分类，结果如图5.3。

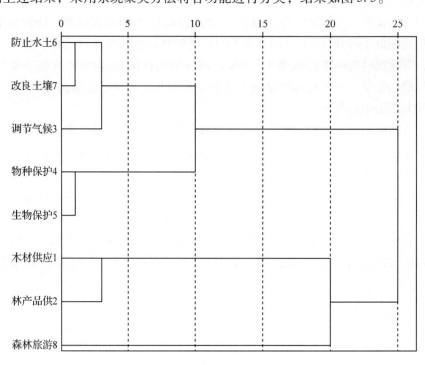

**图5.3 各种功能的聚类结果**

根据图5.3，可划分为四大主导功能类型，{3，7，6}、{4，5}、{1，2}、{8}。结合将乐地区的功能需求分析，将其中的{3，7，6}定位为水土保持类型、{4，5}定位为生物多样性保护类型、{1，2}定位为木材生产类型、{8}定位为生态旅游类型。

## 5.2.4 主导功能类型优选

以聚类分析得出的四大主导功能类型作为策略层，8种功能为指标层，对将乐县常绿阔叶林的主导功能类型进行优选，层次结构模型设计如图5.4。

在外业调查及征求专家意见的基础上，构建 A－Ci，Ci－P 判断矩阵，并计算结果。

### 5.2.4.1 A－Ci 判断矩阵

构建 A－Ci 判断矩阵，分析各单项指标对目标层，即常绿阔叶林主导功能类型的权重分布情况，计算结果如表5.4。

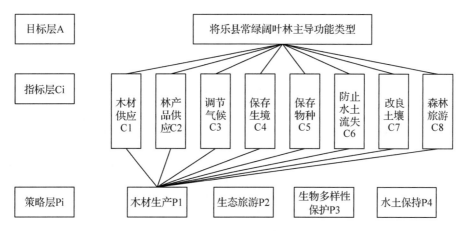

**图 5.4　将乐县常绿阔叶林主导功能类型层次结构模型**

**表 5.4　判断矩阵 A – Ci 计算结果**

| A – Ci | C1 | C2 | C3 | C4 | C5 | C6 | C7 | C8 | 权重 | 指数 |
|---|---|---|---|---|---|---|---|---|---|---|
| C1 | 1 | 3 | 2 | 1/4 | 1/3 | 1/2 | 2 | 1 | 0.0944 | |
| C2 | 1/3 | 1 | 2 | 1/4 | 1/3 | 1/3 | 1 | 1/2 | 0.0574 | |
| C3 | 1/2 | 1/2 | 1 | 1/4 | 1/4 | 1/4 | 1 | 1/3 | 0.0449 | |
| C4 | 4 | 4 | 4 | 1 | 1 | 2 | 5 | 3 | 0.2649 | CI = 0.03 |
| C5 | 3 | 3 | 4 | 1 | 1 | 2 | 4 | 2 | 0.2279 | RI = 1.41 |
| C6 | 2 | 3 | 4 | 1/2 | 1/2 | 1 | 2 | 1 | 0.1405 | CR = 0.0219 < 0.1 |
| C7 | 1/2 | 1 | 1 | 1/5 | 1/4 | 1/2 | 1 | 1/3 | 0.0519 | |
| C8 | 1 | 2 | 3 | 1/3 | 1/2 | 1 | 3 | 1 | 0.1181 | |

注：CI：一致性指标；RI：平均一致性指标；CR：随机一致性比率。

A – Ci 判断矩阵的随机一致性比率 CR 小于 0.1，即可通过一致性检验，结果具有可信度。从表 5.4 中各项单项指标的权重系数可看出，对于将乐县常绿阔叶林的主导功能类型而言，其中保存生境（C4 = 0.2649）、保存物种（C5 = 0.2279）、防止水土流失（C6 = 0.1405）和森林旅游（C8 = 0.1181）4 项单项功能的权重较大，表明在所有分析的 8 先需求功能中以动植物生境保护、物种保存的需求度最高，其次是防止水土流失和森林旅游的需求。

### 6.2.4.2　Ci – P 判断矩阵

构造 Ci – P 判断矩阵，分析策略层的四个主导功能类型对每个指标的解释能力大小。判断矩阵计算结果如表 5.5 至表 5.12。

**表 5.5　判断矩阵 C1 – P**

| C1 – P | P1 | P2 | P3 | P4 | 权重 |
|---|---|---|---|---|---|
| P1 | 1 | 1/5 | 1 | 1/3 | 0.1041 |
| P2 | 5 | 1 | 3 | 2 | 0.4794 |
| P3 | 1 | 1/3 | 1 | 1/3 | 0.1183 |
| P4 | 3 | 1/2 | 3 | 1 | 0.2983 |

指标 indexes：CI = 0.0162 RI = 0.9 CR = 0.0180 < 0.1

**表 5.6　判断矩阵 C1 – P**

| C2 – P | P1 | P2 | P3 | P4 | 权重 |
|---|---|---|---|---|---|
| P1 | 1 | 2 | 1 | 4 | 0.3664 |
| P2 | 1/2 | 1 | 1/3 | 1 | 0.1392 |
| P3 | 1 | 3 | 1 | 3 | 0.3773 |
| P4 | 1/4 | 1 | 1/3 | 1 | 0.1171 |

指标 indexes：CI = 0.0152 RI = 0.9 CR = 0.0169 < 0.1

表 5.7  判断矩阵 C3 – P

| C3 – p | P1 | P2 | P3 | P4 | 权重 |
|---|---|---|---|---|---|
| P1 | 1 | 1 | 1/3 | 1/3 | 0.1256 |
| P2 | 1 | 1 | 1/4 | 1/2 | 0.1293 |
| P3 | 3 | 4 | 1 | 1 | 0.4048 |
| P4 | 3 | 2 | 1 | 1 | 0.3404 |

指标 indexes：CI = 0.0152 RI = 0.9 CR = 0.0169 < 0.1

表 5.8  判断矩阵 C4 – P

| C4 – p | P1 | P2 | P3 | P4 | 权重 |
|---|---|---|---|---|---|
| P1 | 1 | 2 | 1/5 | 1/4 | 0.1104 |
| P2 | 1/2 | 1 | 1/4 | 1/3 | 0.0887 |
| P3 | 5 | 4 | 1 | 2 | 0.4937 |
| P4 | 4 | 3 | 1/2 | 1 | 0.3072 |

指标 indexes：CI = 0.0461 RI = 0.9 CR = 0.0513 < 0.1

表 5.9  判断矩阵 C5 – P

| C5 – p | P1 | P2 | P3 | P4 | 权重 |
|---|---|---|---|---|---|
| P1 | 1 | 2 | 1/5 | 1/3 | 0.1156 |
| P2 | 1/2 | 1 | 1/5 | 1/4 | 0.0761 |
| P3 | 5 | 5 | 1 | 2 | 0.5088 |
| P4 | 3 | 4 | 1/2 | 1 | 0.2995 |

指标 indexes：CI = 0.0188 RI = 0.9 CR = 0.0209 < 0.1

表 5.10  判断矩阵 C6 – P

| C6 – p | P1 | P2 | P3 | P4 | 权重 |
|---|---|---|---|---|---|
| P1 | 1 | 2 | 1/2 | 1/5 | 0.1319 |
| P2 | 1/2 | 1 | 1/3 | 1/5 | 0.0843 |
| P3 | 2 | 3 | 1 | 1/2 | 0.2595 |
| P4 | 5 | 5 | 2 | 1 | 0.5244 |

指标 indexes：CI = 0.0135 RI = 0.9 CR = 0.0150 < 0.1

表 5.11  判断矩阵 C5 – P

| C7 – p | P1 | P2 | P3 | P4 | 权重 |
|---|---|---|---|---|---|
| P1 | 1 | 1 | 1/3 | 1/5 | 0.0952 |
| P2 | 1 | 1 | 1/4 | 1/5 | 0.0886 |
| P3 | 3 | 4 | 1 | 1/3 | 0.2649 |
| P4 | 5 | 5 | 3 | 1 | 0.5513 |

指标 indexes：CI = 0.0251 RI = 0.9 CR = 0.0279 < 0.1

表 5.12  判断矩阵 C6 – P

| C8 – p | P1 | P2 | P3 | P4 | 权重 |
|---|---|---|---|---|---|
| P1 | 1 | 4 | 1 | 2 | 0.3682 |
| P2 | 1/4 | 1 | 1/3 | 1/4 | 0.0832 |
| P3 | 1 | 3 | 1 | 1 | 0.2882 |
| P4 | 1/2 | 4 | 1 | 1 | 0.2604 |

指标 indexes：CI = 0.0236 RI = 0.9 CR = 0.0263 < 0.1

由表 5.5 至表 5.12 可知，不同主导功能类型在单项指标上的分配权重不同，在单项功能指标上权重越大、指标数越多，作者认为该项主导功能类型的需求越大。经分析，以 P3 即生物多样性保护为主的主导功能类型在物种保存（P = 0.5088）、生境保护（P = 0.4937）、调节气候（P = 0.4048）以及林产品（P = 3773）等四项功能指标上都有较高的权重，其他类型则只在 1 到 2 项单项功能上权重较大。

根据单层次结果，进行策略层的权重总排序，分析策略层中的四大主导功能类型总的综合权重大小，即综合权重越大，则该项主导功能类型所能表达单项指标能力越好，该项主导功能的需求越大。层次总排序最终计算结果如表 5.13。

表 5.13  层次总排序计算结果

| | C1 | C2 | C3 | C4 | C5 | C6 | C7 | C8 | 权重 |
|---|---|---|---|---|---|---|---|---|---|
| | 0.1041 | 0.0574 | 0.0449 | 0.2649 | 0.2279 | 0.1405 | 0.0519 | 0.1181 | |
| P1 | 0.4794 | 0.3664 | 0.1256 | 0.1104 | 0.1156 | 0.1319 | 0.0952 | 0.3682 | 0.1261 |
| P2 | 0.1183 | 0.1392 | 0.1293 | 0.0887 | 0.0761 | 0.0843 | 0.0886 | 0.0832 | 0.1590 |
| P3 | 0.2983 | 0.3773 | 0.4048 | 0.4937 | 0.5088 | 0.2595 | 0.2649 | 0.2882 | 0.3820 |
| P4 | 0.2787 | 0.1171 | 0.3404 | 0.3072 | 0.2995 | 0.5244 | 0.5513 | 0.2604 | 0.3328 |

四大主导功能类型的综合权重排序为：生物多样性保护类型（P3 = 0.3820）＞水土保持类型（P4 = 0.3328）＞生态旅游类型（P2 = 0.1590）＞木材生产类型（P1 = 0.1261），从综合

权重值可知，生物多样性保护为主的功能类型在将乐地区的需求最大，即以生物多样性保护为主，再兼顾水土保持、生态旅游、木材生产等其他功能为辅的功能类型不仅可满足大尺度上生物多样性保护的需求还可以满足地区对常绿阔叶林恢复的生态需求（杜燕等，2013）。

## 5.2.5 评价指标体系构建

健康的常绿阔叶林应该是：具有良好的动植物生长的可持续性环境条件的，即较强的组织力；对外界干扰具有较强抵抗力的，即较强的抗干扰力；且具有较高生物量的，即较高的生产力；能够满足区域社会发展需求、充分发挥其主导功能的良好状态。

首先从常绿阔叶林健康概念的四个特征出发构建评价指标体系。目标层 A，即常绿阔叶林健康；准则层 B，包含可持续性 B1、抗干扰力 B2、生产力 B3 和生态功能 B4 四个方面；指标层 C，由可以直接测定或计算的反映准则层特征的指标组成，设 C11，…，C1n 表示可以反映可持续性 B1 的度量指标，C21，…，C2n、C31，…，C3n、C41，…，C4n 依次表示度量其他三方面的指标，则评价指标体系如图 5.5。

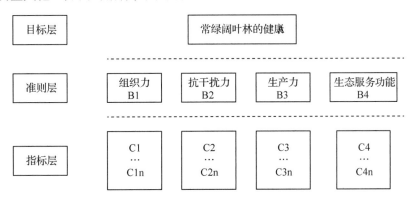

**图 5.5　常绿阔叶林评价指标体系**

图 5.5 中，生态服务功准则层的亚指标的选择由森林的具体主导功能类型决定，是可根据社会需求的改变而变化的。根据前文对将乐地区常绿阔叶林的功能需求分析表明，将乐地区的生态服务功能：以生物多样性保护为主的功能类型，是现阶段的最优选择。因此，本研究后续的生态服务功能指标以体现生物多样性保护为原则进行筛选。

所有指标层的具体度量指标主要来自森林资源调查规范中的调查因子，研究表明，树种组成、年龄、郁闭度、起源、层次、生物量和土壤结构对林分的生态功能有影响（杜燕等，2011），因此以森林资源调查中的因子作为评价指标具有可靠性。

首先对评价体系选用的指标进行定性分类。本次选用的森林资源调查指标主要包含了 19 项，其中包括树种组成、龄组、起源、立地等级、病害程度和虫害程度 6 项描述性指标和平均胸径、蓄积量、土壤厚度等 13 项量化指标。结合区域实际情况和已有研究结论，定性归类结果如表 5.14。

**表 5.14 各准则层评价指标**

| 准则层 | 具体指标 | 指标数 |
|---|---|---|
| 组织力 | 龄组、立地等级、郁闭度、株树密度、灌木高度、灌木盖度、草本高度、草本盖度 | |
| 抗干扰力 | 树种组成、坡度、海拔、腐殖质层厚度、病害程度、虫害程度 | |
| 生产力 | 平均树高、平均胸径、蓄积量、土壤厚度 | |
| 生态服务功能 | 起源 | |

其次，进行定量分析。以 1996 年的常绿阔叶林为例，对组织力、抗干扰力和生产力的定量指标进行相关分析，如表 5.15、表 5.16 和表 5.17。

**表 5.15 组织力指标相关分析**

| | 郁闭度 | 株树密度 | 灌木高度 | 灌木盖度 | 草本高度 | 草本盖度 |
|---|---|---|---|---|---|---|
| 郁闭度 | 1.000 | 0.277 ** | − 0.100 | − 0.090 | − 0.140 | − 0.130 |
| 株树密度 | | 1.000 | − 0.442 ** | − 0.532 ** | − 0.040 | 0.324 ** |
| 灌木高度 | | | 1.000 | 0.718 ** | 0.178 * | − 0.324 ** |
| 灌木盖度 | | | | 1.000 | 0.080 | − 0.397 ** |
| 草本高度 | | | | | 1.000 | 0.493 ** |
| 草本盖度 | | | | | | 1.000 |

注：**. 在 0.01 水平上显著相关(双侧检验)；*. 在 0.05 水平上显著相关(双侧检验)

**表 5.16 抗干扰力指标相关分析**

| | 坡度 | 海拔 | 腐殖质层厚度 |
|---|---|---|---|
| 坡度 | 1.000 | 0.436 ** | − 0.076 |
| 海拔 | | 1.000 | − 0.325 ** |
| 腐殖质层厚度 | | | 1.000 |

**表 5.17 生产力指标相关分析**

| | 平均胸径 | 平均树高 | 蓄积量 | 土壤厚度 |
|---|---|---|---|---|
| 平均胸径 | 1.000 | 0.862 ** | 0.208 ** | − 0.043 |
| 平均树高 | | 1.000 | 0.284 ** | − 0.113 |
| 蓄积量 | | | 1.000 | − 0.098 |
| 土壤厚度 | | | | 1.000 |

由表 5.15、表 5.16 和表 5.17 分析可知，灌木高度与灌木盖度间相关性较高，草本高度与草本盖度、郁闭度与株树密度、坡度与海拔、平均胸径与平均树高也显著相关，如果将所有指标都纳入评价体系，则会影响评价结果的准确性，因此对关联性较高的因子应进行筛选，选择其中一项或全部剔除。

研究表明，完整的群落结构可用于森林健康的评价指标，也具有较高的可行性，因此增加群落结构作为组织力的衡量标准；研究表明常绿阔叶林的抗干扰能力还与林分中阔叶树种的比重相关(杜燕等，2013)，因此将林分中常绿阔叶林比重定义为抗干扰度，将其作为抗干扰力准则层的衡量标准之一。前面研究结果表明研究区常绿阔叶林的主导功能为生物多样性保护，一方面生物多样性不仅与树种起源有关，还与树木本身的活力相关，另一方面林分物种多样性保育价值(后文简称：保育价值)可用于衡量林分生物多样性保护功能的强弱，因此在生态服务功能准则层中，增加保育价值和树木活力指标作为林分生态服务功能的衡量指标。经过定性和定量筛选，最终结果如表5.18。

表 5.18 各准则层评价指标最终结果

| 准则层 | 具体指标 | 指标数 |
|---|---|---|
| 组织力 | 龄组、立地等级、郁闭度、群落结构 | 4 |
| 抗干扰力 | 坡度、病害程度、虫害程度、抗干扰度 | 4 |
| 生产力 | 平均胸径、蓄积量、土壤厚度 | 3 |
| 服务功能 | 起源、保育价值、树木活力 | 3 |

## 5.2.6 指标等级划分及赋值

对于有国家或地方规范性文件的按照标准直接进行等级划分并赋值；对于没有相关规定的，利用 SPSS 中的频数分析描述正态分布的情况，在符合正态分布情况下，采用等距划分法确定等级，所有评价指标的具体数据均以 1996 年为基准。对划分后的不同指标等级进行赋值，值域为[0，1]。

### 5.2.6.1 组织力指标

(1)龄组

在《福建省森林资源规划设计调查和森林经营方案编制技术规定》中将龄组划分为幼龄林、中龄林、近熟林、成熟林和过熟林 5 个等级。研究表明，林分功能随着林分年龄的增大而增大，但是一定阶段后，其功能组逐渐下降(杜燕等，2011)，因此幼龄林、中龄林、近熟林、成熟林和过熟林依次赋值为 0，0.25，0.5，1 和 0.75。

(2)立地等级

根据福建省规程，立地等级划分为 4 个等级，瘠薄、中等肥沃、较肥沃和肥沃，分别赋值 0，0.33，0.67 和 1。

(3)郁闭度

根据 1996 年《福建省森林资源规划设计调查》中的标准将郁闭度划分为 4 个等级，[0.2，0.4)为稀、[0.4，0.6)为中、[0.6，0.8)为高、≥0.8 为密。郁闭度过高，影响林冠树木的生长，对灌木和草本层的发育也有影响(杜燕等，2011)，因此针对郁闭度的 4 个等级依次赋值 0，0.33，1 和 0.67。

(4)群落结构

完整的群落结构有利于森林各项功能的发挥，是森林健康的重要标准之一。根据森林资源调查技术规范，群落结构可分为多层、复层和单层三种类型，分别赋值 1，0.5 和 0。

多层结构：包含乔木层、下木层、草本层和地被物层 4 个植被层的森林。

复层结构：具有乔木层和其它 1~2 个植被层的森林。

单层结构：只有乔木一个植被层的森林。

#### 5.2.6.2 抗干扰力指标

**(1)坡度**

根据福建省森林资源调查技术规程,坡度可划分为6个等级。其中1级为0~5°的平坡,但通过实际调查情况,研究区坡度为1级的常绿阔叶林分基本没有,因此将规定中的1级归属到2级,划分标准为:≤15°为缓坡;16~25°为斜坡;26~35°为陡坡;36~45°为急坡;≥46°及以上为险坡。分别赋值1,0.75,0.5,0.25和0。

**(2)病害、虫害程度**

病虫害被害率(%)按照发生病虫害株树占被调查总株数的百分数计算,根据规程,病虫害程度均分为轻度、中度和严重三个等级,分别赋值1,0.5和0,病虫害程度分级标准如表5.19。

**表5.19 病虫害等级划分标准**

| 危害 | 危害部位 | 被害率(%) | | |
| --- | --- | --- | --- | --- |
| | | 轻度 | 中度 | 严重 |
| 虫害 | 叶部 | <33% | [33%,66%) | ≥66% |
| | 树梢 | <21% | [21%,51%) | ≥51% |
| | 果实或种子 | <11% | [11%,21%) | ≥21% |
| | 枝干或根部 | <5% | [5%,11%) | ≥11% |
| 病害 | 叶或果实 | <25% | [25%,50%) | ≥50% |
| | 枝干或根部 | <26% | [26%,51%) | ≥51% |

**(3)抗干扰度**

林分中的常绿阔叶树种的比重与林分的抗干扰力相关,通过将乐林场栲树次生林的干扰类型划分研究中(杜燕等,2013),总结得出不同干扰类型的特征如下:

Ⅰ:人为干扰轻,栲树占6成及以上,主要伴生树种为木荷和苦槠,其余伴生树种包括青冈、南酸枣、杨梅、台湾冬青、檵木等,记为:栲树+木荷+苦槠类型。

Ⅱ:人为干扰中等,栲树占4成左右,主要伴生树种为木荷或拟赤杨,其余伴生树种包括青冈栎、苦槠、山矾等,记为:栲树+木荷或栲树+拟赤杨类型。

Ⅲ:人为干扰严重,栲树占2成及以下,伴生树种杂,包括青冈、甜槠以及人工补植的樟树和杉木,记为:栲树+青冈类型。

基于上述研究成果,将栲树次生林干扰类型的特征应用到整个常绿阔叶林林分,以林分中常绿阔叶树种的树种组成系数为划分依据,1级抗干扰度高,阔叶树种6成及以上;2级抗干扰度中,阔叶树种为3~5成;3级抗干扰度低,为2成及以下,分别赋值1,0.5和0。

#### 5.2.6.3 生产力指标

**(1)平均胸径**

以1996年小班数据,对平均胸径值进行频数分析(见图5.6和表5.20)。

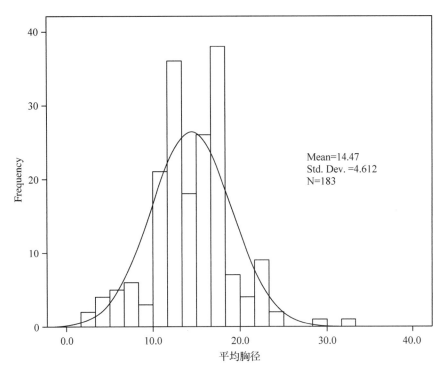

图 5.6　平均胸径频数分析结果

表 5. 20　平均胸径数据统计结果

| 平均胸径 | | |
| --- | --- | --- |
| N | Valid | 183 |
| | Missing | 0 |
| Std. Error of Mean | | 0. 3 |
| Skewness | | 0. 3 |
| Std. Error of Skewness | | 0. 2 |
| Kurtosis | | 1. 2 |
| Std. Error of Kurtosis | | 0. 4 |
| Minimum | | 2. 3 |
| Maximum | | 32. 0 |

由图 5.6 可知，平均胸径符合正态分布，其标准差为 0. 3409，采用正态等距法将其划分为 5 个等级，即 <8. 2、[8. 2，14. 2)、[14. 2，20. 1)、[20. 1，26. 1)、≥26. 1，分别赋值 0，0. 25，0. 5，0. 75 和 1。

（2）蓄积量

同理，采用相同方法对蓄积量进行分析，结果见图 5.7 和表 5. 21。

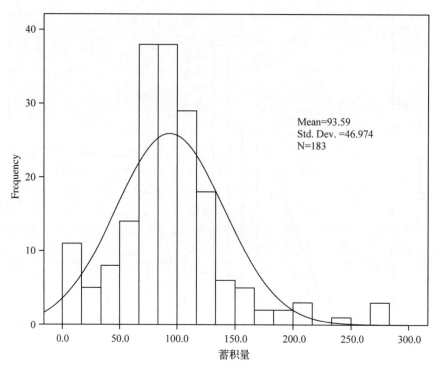

**图 5. 7  蓄积量频数分析图**

**表 5. 21  蓄积量数据统计结果**

| 蓄积量 | | |
| --- | --- | --- |
| N | Valid | 183 |
| | Missing | 0 |
| Std. Error of Mean | | 46. 97 |
| Skewness | | 1. 11 |
| Std. Error of Skewness | | 0. 18 |
| Kurtosis | | 3. 24 |
| Std. Error of Kurtosis | | 0. 36 |
| Minimum | | 3. 00 |
| Maximum | | 280. 60 |

将蓄积量划分为 5 个等级，即为：$<58.52\mathrm{m^3/hm^2}$、$[58.52\mathrm{m^3/hm^2}, 114.04\mathrm{m^3/hm^2})$、$[114.04\mathrm{m^3/hm^2}, 169.56\mathrm{m^3/hm^2})$、$[169.56\mathrm{m^3/hm^2}, 225.08\mathrm{m^3/hm^2})$、$\geqslant 225.08\mathrm{m^3/hm^2}$，分别赋值 0，0.25，0.5，0.75 和 1。

（3）土壤厚度

土壤厚度是森林资源调查的因子之一，根据相关规程将土壤厚度划分为 3 个等级。1 级，80cm 以上为厚；2 级，40～80cm 为中；3 级，40cm 以下为薄，分别赋值 1，0.5 和 0。

5.2.6.4  生态服务功能指标

（1）起源

林分起源划分为天然林、人工林 2 种类型。天然林赋值为 1，人工林赋值为 0。

（2）保育价值

林分的物种多样性保育价值为单位面积物种多样性保育价值量与林分面积的乘积。研究表明，在林分尺度上，规定中对保育价值的评估存在偏差，保育价值量与林分林龄和起源相关，作者通过改进重新进行了林分尺度的保育价值评估，计算公式如下（杜燕等，2013）：

$$U_g = S_{ij} \times A$$

式中，$U_g$ 为改进后的物种保育价值年总量，元/a；$S_{ij}$ 表示 $i$ 起源、$j$ 龄组的单位面积物种多样性保育价值量，$i$ 取值 1、2，分别表示天然林和人工林，$j$ 取值 1~5，依次表示幼龄林、中龄林、近熟林、成熟林和过熟林，元/（$hm^2 \cdot a$）；$A$ 为林分面积，$hm^2$。

以 2012 年调查的常绿阔叶林样地情况为衡量依据，首先计算得到林分的平均 Shannon-Winner 指数值为 2.3352，利用改进后的评价模型得到不同起源和不同龄组的单位面积物种多样性保育价值量如表 5.22。

表 5.22　不同起源、不同龄组单位面积保育价值　　　　　　　　　　（元/$hm^2$）

| | 幼龄林 | 中龄林 | 近熟林 | 成熟林 | 过熟林 |
|---|---|---|---|---|---|
| 人工林 | 15125.0 | 16805.5 | 18486.1 | 20166.6 | 21847.2 |
| 天然林 | 21174.9 | 23527.7 | 25880.5 | 28233.2 | 30586.0 |

以 1996 年常绿阔叶林为基础，分起源和龄组计算林分的物种多样性保育价值。对结果进行频数分析后，符合正态分布很规律，故将其划分 5 个等级，依次为：<11.58、[11.58，23.05)、[23.05，34.51)、[34.51，45.98)、≥45.98，单位：万元。对 5 各等级依次赋值 0、0.25、0.5、0.75 和 1。

（3）树木活力

树木活力的高低可作为森林发挥各种服务功能强弱的重要衡量标准，对南方地区的森林群落尤为重要。树木活力主要可通过冠长率、冠层褪色率和冠层落叶率 3 个具体指标体现，根据研究区域和对象的不同，合理选择指标。每个指标划分高、中、低 3 个等级，分别赋值 0、0.5，和 1。各指标具体定义和计算方法如表 5.23：

表 5.23　树木活力指标

| 指标 | 定义 | 计算 |
|---|---|---|
| 冠长率 | 林分的平均冠长率（树冠长度与树高之比） | 林分中所有单木冠长率的平均值 |
| 冠层褪色率 | 林分中所有褪色在中度以上的单木的比例 | 林分中所有褪色在中度（25%）以上的单木株数与总株数的比 |
| 冠层落叶率 | 林分中落叶率在 25% 以上的树木的比例 | 林分中落叶率在 25% 以上的单木株数与总株数的比 |

## 5.2.7　健康评价

综上，将乐地区以生物多样性保护主导功能类型为主要需求，构建的常绿阔叶林健康评价体系如图 5.8。

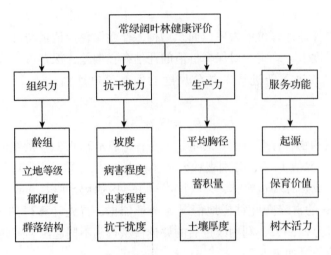

**图 5.8　常绿阔叶林健康评价指标体系**

采用综合指数评价法进行健康评价，模型如下：

$$H = \sum_{j=1}^{m} w_j P_{ij}$$

式中，$H$ 为健康指数值，值域为 $[0，1]$；$i$ 为小班号；$j$ 为健康评价指标；$w_j$ 为第 $j$ 个指标的权重；$P_{ij}$ 为第 $i$ 号小班在第 $j$ 个指标上的森林健康等级得分。

## 5.3　将乐林场常绿阔叶林健康评价

### 5.3.1　面向小班的健康评价

分别采用层次分析法、熵权法和组合赋权法对指标体系进行赋权，对将乐林场 1996 年和 2007 年的各常绿阔叶林小班进行健康评价。

5.4.1.1　基于层次分析法赋权的健康评价

根据层次分析法原理计算指标权重，判断矩阵计算及一致性检验结果。基于层次分析法得到各指标对总目标的综合权重见表 5.24。

**表 5.24　基于层次分析法的指标权重**

| 评价指标 | 权重 | 评价指标 | 权重 |
| --- | --- | --- | --- |
| 龄组 | 0.0281 | 抗干扰度 | 0.0814 |
| 立地等级 | 0.0334 | 平均胸径 | 0.0513 |
| 郁闭度 | 0.0473 | 蓄积量 | 0.0323 |
| 群落结构 | 0.0562 | 土壤厚度 | 0.1285 |
| 坡度 | 0.0397 | 起源 | 0.1619 |
| 病害程度 | 0.0793 | 保育价值 | 0.1020 |
| 虫害程度 | 0.0793 | 树木活力 | 0.0814 |

根据权重值，计算 1996 年林场常绿阔叶林的健康指数值 $H$，对结果做频度分析，结果如图 5.9。

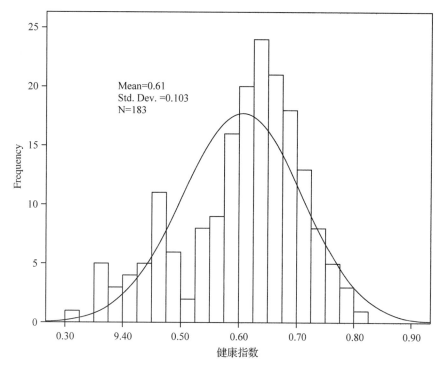

**图 5.9 基于层次分析法的健康指数值**

由图 5.9 可以看出,健康指数 $H$ 符合正态分布,将其划分为 5 个等级,值域范围如表 5.25。

**表 5.25 基于层次分析法的健康等级及值域**

| 等级 | 疾病 | 不健康 | 亚健康 | 健康 | 优质 |
| --- | --- | --- | --- | --- | --- |
| 健康值范围 | [0, 0.43) | [0.43, 0.52) | [0.52, 0.62) | [0.62, 0.71) | [0.71, 1] |

根据健康等级划分的值域,对 1996 年和 2007 年的常绿阔叶林小班的健康评价结果进行统计分析,不同健康等级的小班数和面积分布如图 5.10 和图 5.11 所示。

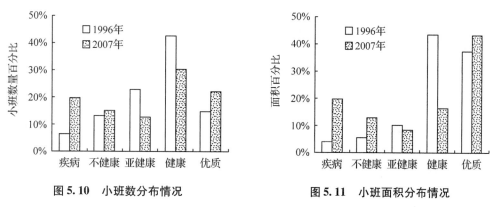

**图 5.10 小班数分布情况**          **图 5.11 小班面积分布情况**

结果表明,1996 年林场常绿阔叶林小班处于疾病等级的小班数为 12 个,占评价总面积的 3.8%；不健康等级的小班数为 24 个，占评价总面积的 5.5%；亚健康等级的小班数为 42 个，占总评价面积的 10.0%；健康等级的小班数为 78 个，占评价总面积的 43.5%；优质等级的小班数为 27 个，占评价总面积的 37.2%。与 1996 年相比，2007 年林场疾病等级小班数增加了 36 个，增加面积占评价总面积的 15.7%；不健康等级小班数增加 13 个，占评价总面积的 7.4%；亚健康等级的小班数则减少 11 个，占评价总面积的 1.8%；健康等级小班数减少 4 个，占评价总面积的 27.4%；优质等级小班数则增加 27 个，占评价总面积的 6.0%。

对基于层次分析法赋权的评价结果进行统计，1996 年常绿阔叶林的平均健康指数均值为 0.58，2007 年的均值为 0.61，整体状况略有改善，1996 年和 2007 年将乐林场的常绿阔叶林都处于亚健康的状态。

### 5.3.1.2 基于熵权法赋权的健康评价

在对数据进行归一化处理并计算熵值后得到各指标的熵权，结果如表 5.26：

**表 5.26 基于熵权法的权重**

| 评价指标 | 权重 | 评价指标 | 权重 |
| --- | --- | --- | --- |
| 龄组 | 0.0693 | 抗干扰度 | 0.0724 |
| 立地等级 | 0.0700 | 平均胸径 | 0.0729 |
| 郁闭度 | 0.0738 | 蓄积量 | 0.0710 |
| 群落结构 | 0.0730 | 土壤厚度 | 0.0729 |
| 坡度 | 0.0739 | 起源 | 0.0685 |
| 病害程度 | 0.0742 | 保育价值 | 0.0613 |
| 虫害程度 | 0.0742 | 树木活力 | 0.0725 |

通过计算 1996 年林场常绿阔叶林的健康指数值 H，对结果做频度分析后，得到基于熵权法的健康等级评价结果如表 5.27。

**表 5.27 基于熵权法的健康等级划分结果**

| 等级 | 疾病 | 不健康 | 亚健康 | 健康 | 优质 |
| --- | --- | --- | --- | --- | --- |
| 健康值范围 | [0, 0.45) | [0.45, 0.53) | [0.53, 0.62) | [0.62, 0.70) | [0.70, 1] |

对 1996 年和 2007 年林场的常绿阔叶林进行健康评价，结果如图 6.12 和图 6.13。

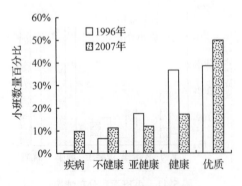

图 5.12 小班数分布情况

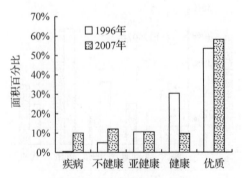

图 5.13 小班面积分布情况

由图 5.12 和图 5.13 可知,2007 年常绿阔叶林优质等级的小班数量百分比和面积百分比均增加,健康等级的有所减小,其他健康等级变化较小。

对基于熵权法赋权的评价结果进行统计,1996 年常绿阔叶林的平均健康指数值为0.62,2007 年的为 0.63,1996 年和 2007 年将乐林场的常绿阔叶林都处于健康状态。

### 5.3.1.3 基于组合赋权法的健康评价

组合基于层次分析法和熵权法得到的权重($\lambda = 0.5$),得出组合权重,结果如表 5.28。

表 5.28 组合赋权法权重

| 评价指标 | 权重 | 评价指标 | 权重 |
|---|---|---|---|
| 龄组 | 0.0492 | 抗干扰度 | 0.0763 |
| 立地等级 | 0.0522 | 平均胸径 | 0.0776 |
| 郁闭度 | 0.0611 | 蓄积量 | 0.0550 |
| 群落结构 | 0.0651 | 土壤厚度 | 0.0531 |
| 坡度 | 0.0573 | 起源 | 0.0989 |
| 病害程度 | 0.0773 | 保育价值 | 0.1120 |
| 虫害程度 | 0.0773 | 树木活力 | 0.0878 |

计算林场 1996 年常绿阔叶林的健康指数值 $H$,对各小班林分的健康指数值做频度分析后,得到基组合赋权法的健康等级范围,将其划分为 5 个等级,结果如表 5.29。

表 5.29 基于组合赋权法的健康等级

| 等级 | 疾病 | 不健康 | 亚健康 | 健康 | 优质 |
|---|---|---|---|---|---|
| 健康值范围 | $[0, 0.45)$ | $[0.45, 0.52)$ | $[0.52, 0.61)$ | $[0.61, 0.69)$ | $[0.69, 1]$ |

基于组合赋权法的健康等级分级标准,对将乐林场 1996 年和 2007 年的常绿阔叶林小班的健康评价结果如图 5.14 和图 5.15。

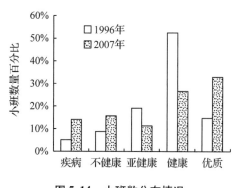

图 5.14 小班数分布情况

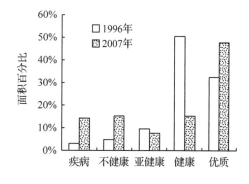

图 5.15 小班面积分布情况

对评价结果进行统计分析,得到 1996 年常绿阔叶林的平均健康指数值为 0.60,2007年的为 0.62,根据表 5.29 的等级划分结果,1996 年常绿阔叶林总体情况为亚健康水平,2007 年则为健康水平,森林健康状况得到改善。

### 5.3.1.4 不同赋权法评价

将不同赋权方法得到的健康评价结果进行对比分析,结果如表 5.30。

表 5.30　不同赋权方法评价结果对比

| 常绿阔叶林健康水平 | 层次分析法 | 熵权法 | 组合赋权法 |
|---|---|---|---|
| 1996 年 | 亚健康 | 健康 | 亚健康 |
| 2007 年 | 亚健康 | 健康 | 健康 |

由表 5.30 可知，对于 1996 年和 2007 年的常绿阔叶林的健康动态，基于层次分析法或基于熵权法得到的评价结果相似，虽然 2007 年的健康指数较 1996 年的值有所增大，但都属于同一个健康等级，说明 1996 年到 2007 年林分的健康情况基本没有变化。结果与实际情况有异，分析原因，一方面基于层次分析法的结果主观性较大，对林分实际生长情况的解释能力较低，忽略了保护性经营措施对林分健康恢复的促进作用；另一方面基于熵权法的结果对评价指标间的相互关系辨识度较低，主要依靠的是实际调查内容进行评价，因此各指标的权重较为均衡，使得评价结果也出现均衡化的现象。

因此，基于单一赋权法的评价体系对林分健康的动态变化不易识别，但从实际调查情况来看，由于多年封山育林、人工补植阔叶树种等经营措施，2007 年的常绿阔叶林比 1996 年的健康水平应有所提高。

基于组合赋权法的结果则较为符合实际情况，将乐林场常绿阔叶林从 1996 年的亚健康状态转变为 2007 年的健康状态，既涵盖了主观经营措施的作用，又能通过实际调查数据验证林分健康情况的改善，说明基于组合赋权法的评价方法既考虑了区域的社会需求，又考虑了评价对象的实际情况，因此评价结果与单一的权重赋值方法相比，更加趋于合理化。

## 5.3.2　面向样地的健康评价

### 5.3.2.1　权重计算

面向样地的林分健康评价与面向小班的林分评价存在尺度差异，根据组合赋权法的计算过程，对 2012 年调查的常绿阔叶林的客观权重进行重新计算，然后得出新的指标权重值，结果如表 5.31。

表 5.31　面向样地的权重体系

| 评价指标 | 熵权 | 层次分析法权重 | 组合权重 |
|---|---|---|---|
| 龄组 | 0.0448 | 0.0281 | 0.0364 |
| 立地等级 | 0.0434 | 0.0334 | 0.0384 |
| 郁闭度 | 0.0634 | 0.0473 | 0.0554 |
| 垂直结构 | 0.0712 | 0.0562 | 0.0637 |
| 坡度 | 0.0803 | 0.0397 | 0.0600 |
| 病害 | 0.0840 | 0.0793 | 0.0817 |
| 虫害 | 0.0840 | 0.0793 | 0.0817 |
| 抗干扰度 | 0.0840 | 0.0814 | 0.0827 |
| 胸径 | 0.0823 | 0.0513 | 0.0668 |

(续)

| 评价指标 | 熵权 | 层次分析法权重 | 组合权重 |
|---|---|---|---|
| 平均蓄积 | 0.0642 | 0.0323 | 0.0483 |
| 土壤 | 0.0838 | 0.1285 | 0.1061 |
| 起源 | 0.0840 | 0.1619 | 0.1230 |
| 保育价值 | 0.0788 | 0.102 | 0.0904 |
| 树木活力 | 0.0517 | 0.0814 | 0.0666 |

### 5.3.2.2 指标计算及赋值

评价指标中，只有蓄积量和保育价值量需要进行计算，其他调查因子可直接根据指标划分标准进行赋值。

其中保育价值的评估根据前面介绍的方法进行。样地蓄积量的计算由样地所有单株木材积计算得到。根据前文对各指标等级的划分及相应的赋值，18 块固定样地各指标赋值如表 5.32。

表 5.32　固定样地指标赋值结果

| 样地号 | 龄组 | 立地等级 | 郁闭度 | 群落结构 | 坡度 | 病害程度 | 虫害程度 | 抗干扰度 | 平均胸径 | 蓄积量 | 土壤厚度 | 起源 | 保育价值 | 树木活力 |
|---|---|---|---|---|---|---|---|---|---|---|---|---|---|---|
| 1 | 0.75 | 0.67 | 0.67 | 1.00 | 0.25 | 1.00 | 1.00 | 0.50 | 0.50 | 0.50 | 1.00 | 1.00 | 0.00 | 1.00 |
| 2 | 0.75 | 0.67 | 0.67 | 1.00 | 0.25 | 1.00 | 1.00 | 0.50 | 0.50 | 0.50 | 1.00 | 1.00 | 0.00 | 1.00 |
| 3 | 0.25 | 0.00 | 0.00 | 0.50 | 0.25 | 1.00 | 1.00 | 0.00 | 0.25 | 0.00 | 1.00 | 1.00 | 0.00 | 0.00 |
| 4 | 0.50 | 0.33 | 0.67 | 1.00 | 0.25 | 1.00 | 1.00 | 0.50 | 0.25 | 0.75 | 1.00 | 1.00 | 0.00 | 0.00 |
| 5 | 0.50 | 0.33 | 1.00 | 1.00 | 0.75 | 1.00 | 1.00 | 0.50 | 0.25 | 0.50 | 1.00 | 1.00 | 0.00 | 0.50 |
| 6 | 0.50 | 0.33 | 1.00 | 1.00 | 0.75 | 1.00 | 1.00 | 0.00 | 0.25 | 0.50 | 1.00 | 1.00 | 0.00 | 1.00 |
| 7 | 0.25 | 0.33 | 1.00 | 0.00 | 0.75 | 1.00 | 1.00 | 0.50 | 0.25 | 0.25 | 1.00 | 1.00 | 0.00 | 1.00 |
| 8 | 0.25 | 0.67 | 1.00 | 0.50 | 0.50 | 1.00 | 1.00 | 1.00 | 0.50 | 0.75 | 1.00 | 1.00 | 0.00 | 0.50 |
| 9 | 0.50 | 1.00 | 0.67 | 1.00 | 0.25 | 1.00 | 1.00 | 1.00 | 0.50 | 0.25 | 1.00 | 1.00 | 0.00 | 1.00 |
| 10 | 0.50 | 0.67 | 0.67 | 1.00 | 0.25 | 1.00 | 1.00 | 0.50 | 0.25 | 0.50 | 1.00 | 1.00 | 0.00 | 1.00 |
| 11 | 0.75 | 1.00 | 0.33 | 1.00 | 0.25 | 1.00 | 1.00 | 1.00 | 0.50 | 0.50 | 1.00 | 1.00 | 0.00 | 1.00 |
| 12 | 0.75 | 0.33 | 0.67 | 1.00 | 0.50 | 1.00 | 1.00 | 0.50 | 0.50 | 0.50 | 1.00 | 1.00 | 0.00 | 1.00 |
| 13 | 0.50 | 0.00 | 0.67 | 1.00 | 0.25 | 1.00 | 1.00 | 0.50 | 0.25 | 0.50 | 1.00 | 1.00 | 0.00 | 1.00 |
| 14 | 0.50 | 0.00 | 1.00 | 1.00 | 0.25 | 1.00 | 1.00 | 0.50 | 0.25 | 0.50 | 1.00 | 1.00 | 0.00 | 0.50 |
| 15 | 0.50 | 1.00 | 0.67 | 0.50 | 0.50 | 1.00 | 1.00 | 0.50 | 0.50 | 0.50 | 1.00 | 1.00 | 0.00 | 0.50 |
| 16 | 0.50 | 0.33 | 0.33 | 0.50 | 0.50 | 1.00 | 1.00 | 0.50 | 0.25 | 0.50 | 1.00 | 1.00 | 0.00 | 1.00 |
| 17 | 0.50 | 1.00 | 0.67 | 1.00 | 0.75 | 1.00 | 1.00 | 0.50 | 0.25 | 0.75 | 1.00 | 1.00 | 0.00 | 0.50 |
| 18 | 0.75 | 1.00 | 0.67 | 1.00 | 0.75 | 1.00 | 1.00 | 0.50 | 0.50 | 0.75 | 1.00 | 1.00 | 0.00 | 0.50 |

### 5.3.2.3 评价结果

结合基于组合赋权法的健康分级标准得到 18 块固定样地健康情况如表 5.33。

**表 5.33 固定样地健康评价结果**

| 样地编号 | 健康值 | 健康等级 | 样地编号 | 健康值 | 健康等级 |
|---|---|---|---|---|---|
| 1 | 0.68 | 健康 | 10 | 0.64 | 健康 |
| 2 | 0.69 | 健康 | 11 | 0.72 | 优质 |
| 3 | 0.38 | 疾病 | 12 | 0.69 | 健康 |
| 4 | 0.57 | 亚健康 | 13 | 0.62 | 健康 |
| 5 | 0.65 | 健康 | 14 | 0.58 | 亚健康 |
| 6 | 0.65 | 健康 | 15 | 0.63 | 健康 |
| 7 | 0.60 | 亚健康 | 16 | 0.61 | 亚健康 |
| 8 | 0.68 | 健康 | 17 | 0.68 | 健康 |
| 9 | 0.72 | 优质 | 18 | 0.71 | 优质 |

由表 5.33 可知，调查的 18 块样地中，疾病等级的样地数为 1 个，不健康等级没有，亚健康等级的样地有 4 个，健康小班 10 个，优质小班 3 个。18 块样地的平均健康指数值为 0.64，以组合赋权法得到的健康等级分析可知，2012 年调查的常绿阔叶林处于健康水平。

3 号样地距离道路较近，林分中栲树等优势树种遭人为砍伐频繁，林相残破，是所有调查样地中林分情况最差的一个，评价结果也显示其为疾病等级，说明本研究构建的健康评价体系符合客观实际情况，具有科学价值。

## 5.3.3 经营建议

以生物多样性保护为主导功能类型、采用组合赋权构建的健康评价体系对 1996 年和 2007 年将乐林场常绿阔叶林小班的健康评价结果表明，林分的健康状况有所好转，从亚健康等级逐渐转为健康等级。对 2012 年调查的常绿阔叶林的评价结果也表为健康等级。在评价体系的 14 个亚指标中，保育价值、起源和树木活力 3 项指标所占权重最大，分别为 0.1120，0.0989 和 0.0878。为了进一步促进常绿阔叶林向着健康和优质方向发展，本研究提出以下几点经营建议：

（1）提高常绿阔叶树种比重

保育价值量的大小与树种直接相关，阔叶树种明显高于针叶树种的价值量，尤其是珍贵的阔叶树种，其价值量更高。将乐地区，以楠木、栲树等为主的高价值树种应该被大力发展，通过研究其生长特性，了解其生长规律，一方面可以指导当地人们通过种植珍贵树种获取经济效益，另一方面，林分中常绿阔叶林树种比重的增加，还有利于整个林分抗干扰能力的加强，对提高常绿阔叶林林分的健康状况有重要作用。

（2）加强天然林保育

天然林常绿阔叶在生物多样性保护、水土保持、水源涵养等方面的功能都强于人工林，林场目前虽然已经提高了常绿阔叶林的整体比例，但人工起源的阔叶林其生态功能仍然较弱，因此在受人为干扰严重的常绿阔叶林中，应以天然更新为主、人工更新为辅的方式进行阔叶树种的补植或更换，促使林分向着健康状态发展。

（3）补充树木活力因子的调查

将乐地区酸雨较为频发，常绿阔叶林抵抗能力比人工林好，以往树木活力指标多用于人工林的调查指标，但从本研究分析可知树木活力对常绿阔叶林的健康同样具有较高的影响。因此，在今后的森林资源调查中，可以补充这类指标的调查，通过调查结果及时采取合理有效的经营措施，保证常绿阔叶林的健康生长。

## 5.4  结 论

以福建省三明市将乐林场常绿阔叶林为研究对象，首先根据社会需求分析，确定区域森林的主导功能类型，其次以主导功能类型为评价依据，建立适于常绿阔叶林的健康评价指标体系，主要包括 4 个方面的综合指标，共 16 个亚指标，并采用层次分析法、熵权法和组合赋权法对指标体系进行权重赋值，分别对林场 1996 年和 2007 年的常绿阔叶林小班进行评价，提出合理的指标赋权方法，最后对 2012 年的常绿阔叶林调查样地进行健康评价。本章的主要研究结论如下：

（1）将乐地区常绿阔叶林的主导功能类型可划分四大类型，经分析知其优先顺序为：生物多样性保护＞水土保持＞生态旅游＞木材生产，因此目前适合将乐地区常绿阔叶林发展的最优主导功能类型为生物多样性保护类型，即以生物多样性保护为主，兼顾其他生态功能的发展类型。

（2）根据区域主导功能类型，结合小班调查因子，采用定性和定量的方法构建了适合于常绿阔叶林的健康评价指标体系，包括组织力、抗干扰度、生产力和生态服务功能 4 个方面，龄组、立地等级、郁闭度、群落结构、坡度、病害程度、虫害程度、抗干扰度、平均胸径、蓄积量、土壤厚度、起源、保育价值、树木活力等 14 个亚指标。

（3）采用层次分析法、熵权法和组合赋权法对指标体系赋权，分别对 1996 年、2007 年将乐林场常绿阔叶林小班进行健康评价。通过评价结果的比较，以及将乐林场常绿阔叶林的实地调查情况表明，结合主观和客观的组合赋权法得到的评价结果更符合实际情况。

基于组合赋权法的评价结果表明，1996 年将乐林场常绿阔叶林疾病等级小班占评价总面积的 3.1%，不健康等级小班占 4.5%，亚健康等级小班占 9.5%，健康等级小班占 50.6%，优质等级小班占 32.4%，平均健康指数值 0.58，整体处于亚健康水平状态。

2007 年疾病等级小班占评价总面积的 14.1%，不健康等级小班占 15.2%，亚健康等级小班占 7.8%，健康等级小班占 15.1%，优质等级小班占 47.8%，平均健康指数值 0.62，整体处于健康状态。

2012 年调查的 18 块固定样地中，疾病等级的占调查总面积的 5.6%，不健康等级的没有，亚健康等级的占 22.2%，健康等级的占 55.6%，优质等级的占 16.7%。平均健康值为 0.64，即 2012 年调查的常绿阔叶林处于健康水平。

（4）根据 1996 年、2007 年以及 2012 年的评价结果，在提高保育价值、重视林分起源和增加树木活力指标调查三个方面对将乐地区常绿阔叶林提出了健康经营建议。

# 6 基于 WebGIS 的森林多功能评价

## 6.1 研究目的、内容与方法

### 6.1.1 研究目的意义

本研究目的旨在构建基于 WebGIS 的森林多功能评价指标体系，对各小班所具备的功能进行评价，进而确定小班的主导功能；制作将乐林场森林功能分布图，实现对评价结果的可视化展示及实时更新。

本研究的研究意义：

（1）有利于提高森林多功能评价结果的客观性、准确性

定性评价方法因存在主观判断等难以避免的问题，已不能满足森林多功能经营的需要。因此选择定量评价方法替代传统定性评价方法势在必行。GIS 手段作为一门全新的学科和技术恰好能满足这种需求，采用 GIS 手段构建森林多功能评价指标体系，符合森林多功能评价由定性判断转向定量评价这一发展趋势，可切实提高评价结果的客观性、准确性。

（2）有利于促进 GIS 手段在森林多功能评价领域的应用

运用 GIS 手段选取评价指标时，其强大的空间分析、数据处理、多要素综合分析和动态预测能力，可获取常规的技术手段无法获取的包含空间信息的评价指标。森林多功能评价研究与 GIS 技术相结合，一方面，促进了森林多功能评价工作由静态分析向动态研究转变，拓展了森林多功能评价的方法和途径，推动了森林多功能评价研究的发展；另一方面，通过将 GIS 技术与森林多功能评价研究相结合，也为其自身开辟了全新的应用领域。

（3）有利于保证森林多功能的发挥

通过对森林进行经营单位层次的森林多功能评价，可为森林经营单位制定森林经营规划提供依据。加强对森林资源的多功能经营。从而转变当前以木材生产为主的单一功能经营模式，促进森林生态功能同经济功能的共同发挥。

（4）有利于提高森林的经营管理水平

运用 WebGIS 技术构建森林多功能评价系统，经营者可根据研究区实际情况选取评价指标，进行森林多功能评价，确保了评价结果的针对性和实用性。从而提高了森林经营效果和水平，使森林得以充分发挥其生态效益、社会效益和经济效益，满足人们生产生活的需要。

### 6.1.2 研究内容

（1）确定将乐林场森林主要功能：根据将乐林场森林资源的具体情况，结合研究区所

在地区的经济水平和社会需求，确定林场森林所具有的主要功能。

（2）构建基于 GIS 的将乐林场森林多功能评价指标体系：以 GIS 技术为辅助手段，获取包含空间信息的林场森林多功能评价指标，构建将乐林场森林多功能评价指标体系。

（3）进行将乐林场森林多功能评价、区划：根据所构建的评价指标体系，确定各小班的主导功能。基于 ArcGIS 平台，进行林场森林功能区划，并制作将乐林场森林功能分布图。

（4）构建基于 WebGIS 的森林多功能功能评价系统：以上述研究成果为基础，利用 C# 语言和 ArcGIS Server 组件库构建将乐林场森林多功能评价系统。

## 6.1.3　技术路线

（1）整合国内外森林功能评价的研究成果。收集林场小班矢量图、地形图以及 DEM 数字高程数据等资料。

（2）根据将乐林场森林资源的实际情况，确定林场森林主要功能，并筛选各项功能的评价指标。构建森林多功能评价空间数据库。

（3）通过专家打分法、层次分析法确定各项评价指标得分并计算各评价指标权重。

（4）利用计算所得的指标得分及指标权重计算小班各项功能评价得分，确定小班主导功能。

（5）以上述研究成果为基础，进行森林多功能区划，制作林场森林功能区划图，构建基于 WebGIS 的森林多功能评价系统。

具体的技术路线，如图 6.1 所示。

## 6.1.4　研究方法

本研究采用定性判断与定量化研究相结合，野外调查与科学推理相结合的研究方法，构建将乐林场森林多功能评价指标体系。

在研究过程中主要利用层次分析法建立评价指标体系。

## 6.1.5　数据的收集与处理

### 6.1.5.1　数据收集

收集的数据包含属性数据和图形数据两个部分。

属性数据主要包括：将乐林场 1996 年、2007 年两期森林资源二类小班调查数据，小班调查数据的内容有：小班面积、地类、土层厚度、土壤含水率、山权、林权、优势树种、树种组成、树种起源、郁闭度、混交度、年龄、龄级、龄组、平均胸径、平均树高、亩株数、亩蓄积、小班蓄积、坡度、立地等级、经营类型等。将乐林场基本情况介绍，包括：森林资源现状，经营方针、原则和目标，森林经营类型的组织，森林经营设计，多种经营综合利用规划及相关政策、标准等规范；此外还收集了国内外关于森林功能评价的研究成果、研究方法。其他数据，包括：福建三明将乐县志(1998)、当地社会经济材料。将乐县森林经营沿革等森林档案资料，

图形数据包括：将乐县 2007 年小班矢量图、将乐县 30m 分辨率 DEM 数字高程数据，

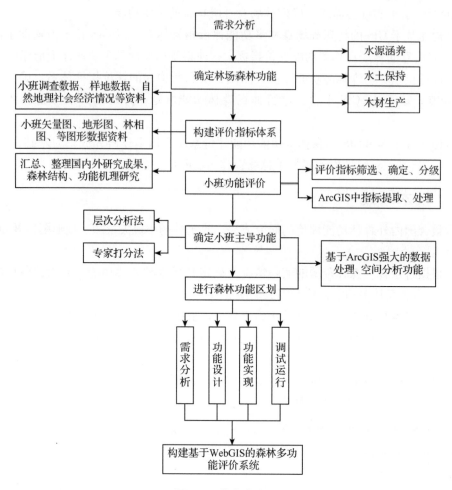

**图 6.1 技术路线图**

将乐县 1:5 万地形图、将乐林场 1:1 万地形图以及将乐林场 1:1 万林相图。

### 6.1.5.2 数据的处理

　　所获取的部分图形数据存在没有坐标投影或各图形间坐标投影不统一的情况。而在使用 ArcGIS 处理数据时，图形数据的投影是否统一决定着对图形数据的进一步分析处理能否顺利进行。因此本研究决定将图形数据的投影坐标系统一为我国现阶段通用的高斯克吕格投影坐标系—北京 54 坐标系。在收集到的数据中，地形图的投影是基于北京 54 坐标系的高斯克吕格投影：其中 1:5 万的地形图为 6°分带，1:1 万的地形图为 3°分带。将纸质地形图扫描后，利用其所处的经度范围计算所属投影带，进行投影，并利用公里网格实现配准。

　　（1）山脊线提取

　　基本思想：山脊线即分水线，根据它是地表径流起源点的特性，进行地表径流模拟计算，得到栅格径流方向，且这些径流只有流出方向而不具备流入方向。由此可知，分水线即为栅格汇流积聚量为零的区域，选取栅格的汇流积聚量为零的区域，即可得到山脊线。具体过程如图 6.2 所示。

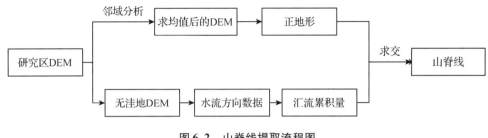

图 6.2  山脊线提取流程图

操作步骤：

①正地形的获取：打开 ArcMap，执行操作 ArcToolbox→Spatial Analyst→Neighborhood →Block Statistics，在弹出的对话框中，输入研究区 DEM 数据，然后在邻域设置中将高度和宽度均设为 4，单位设为像元，在 statistics_ type 中选择 mean 类型，并选择矩形作为邻域分析图形，获得计算后的栅格图像，命名为 Edem。以此为基础，执行操作 ArcToolbox→ Spatial Analyst→Map Algebra→Raster Calculator，在弹出的栅格计算对话框中，选取研究区 DEM 与 Edem 做差，并对计算结果执行重分类（Reclassify）命令，将分界线值设置为 0，然后把大于 0 的区域赋值为 1，命名为 zdx。

②提取山脊线

a. 洼地填充及计算洼地水流方向：针对载入的研究区 DEM 数据，执行操作 ArcTool-box→Analysis Tools→Hydrology→Fill，在 Input surface raster 中选取研究区 DEM 数据，在 Output surface raster 中选择输出路径“G：\ Thesis \ map \ Mdem”，点击 OK，即可对其中的洼地进行填充，输出结果命名为 Mdem。另外执行操作 ArcToolbox→Analysis Tools→Hy-drology→Flow Direction，选取 Mdem 作为输入数据，用以计算水流方向，并将输出结果命名为 Msfrcc。

b. 汇流积聚量的计算及零值提取：继续在 Hydrology 中进行操作，选取工具 Flow Ac-cumulation，以 Msfrcc 作为输入数据，获取汇流积聚量数据并命名为 stem1。执行操作 Spa-tial Analyst→Map Algebra→Raster Calculator，在弹出的栅格计算对话框中录入公式：stm0 = （［stem1］= = 0），点击 evaluate，提取汇流积聚量的零值。

c. 校正处理：执行操作 ArcToolbox→Spatial Analyst→Neighborhood→Block Statistics，以 stm0 作为输入数据，在邻域设置中高度和宽度均设为 2，单位为像元，并选择矩形进行邻域分析，在 statistics_ type 中选择 mean。从而获取较为光滑的数据，并将数据命名为 clean0。

d. 获取山脊线：执行操作 ArcToolbox→Spatial Analys→Surface Analysis→Contour，在 contour_ interval 输入 2，确定等值线间的距离，base_ contour 中选择 0，从而获取研究区 Dem 等值线图 Contr；继续执行操作 ArcToolbox→Spatial Analys→Surface Analysis→Hill-shade，获取研究区 Dem 晕渲图 Hilsding。在 ArcMap 中加载 clean0，并将其选中单击右键选择 Properties 工具，打开 Symbology 将数据分为两级，利用上一步骤生成的 Contr 和 Hils-ding 作为辅助依据，调整分级临界点，选取属性值接近于 1 的栅格，确定为山脊线所在位置，进而获得分界阈值等于 0.67331。以此为依据，对 clean0 进行重新分类，将属性值在

1 附近的栅格赋值为 1，其余栅格赋值为 0。执行操作 Spatial Analyst→Map Algebra→Raster Calculator，在弹出的对话框中，将重分类的数据与数据 zdx 相乘，消除错误山脊线。继续重分类，将其余属性值不为 1 的栅格的属性值赋为 0，即可得到正确的山脊线，保存为 "G：\Thesis\map\山脊线.shp"。研究区山脊线提取结果如图 6.3 所示。

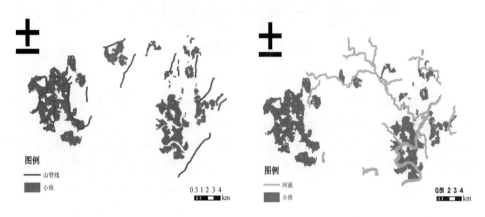

图 6.3　研究区山脊线　　　　　　图 6.4　研究区矢量河流网

（2）河流网提取

本研究采用矢量化栅格河流网的方法完成对河流网的提取，具体步骤如下：

因在提取山脊线的过程中已经获取了汇流积聚量等数据，并分别进行了保存，所以在提取研究区矢量河流网的过程中可省去上述步骤。

①提取栅格河网：在栅格河网提取过程中，需要设置一个汇流提取阀值（这里为 200）。执行操作 ArcToolbox→Spatial Analyst→Map Algebra→Raster Calculator，在弹出的栅格计算对话框中输入 "G：\Thesis\map\stemet＝con（G：\Thesis\map\stem1，200，1）"，得到河网的栅格数据 stemet。

②矢量化河网及校正：执行操作 Hydrology→Stream To Feature，在 in_ stream_ raster 中选取 Msfrcc、在 in_ flow_ direction_ raster 中选取 stemet，输出的数据名称确定为 laststem，即矢量形式的河谷网络。以此为基础，在 ArcMap 中加载 laststem 图层，选择 Editor→Start Editing，将平行状的沟谷直接删除。然后选择 Save Edits，保存编辑结果，并选择 Stop Edits 停止编辑。即形成所需的矢量化的河流网，保存为 "G：\Thesis\map\河流.shp"。矢量河流网提取结果如图 6.4 所示。

（3）道路网提取

首先，打开 ArcCatalog10，在实验路径 G：\thesis\map\workstation 下的新建 "公路.shp" 和 "林路.shp" 两个线文件来存储将乐林场道路数据。其次，分别在二者属性表中添加字段，包括："Road_ name"（道路名称）、"Road_ width"（道路宽度）、"Road_ length"（道路长度）、"Road_ class"（道路类型），再次，打开赋投影后的 1∶1 万将乐林场地形图，1∶5 万将乐县地形图，对不同类别的道路进行矢量化，最后，对上述的三个属性分别进行赋值，为矢量化后的每条道路相应的输入名称、宽度、长度以及类型，完成对道路的提取，并将结果保存于保存为 "G：\Thesis\map\公路.shp" 和 "G：\Thesis\map\林路

. shp"两个图层。公路提取结果如图 6.5 所示，林路提取结果如图 6.6 所示。

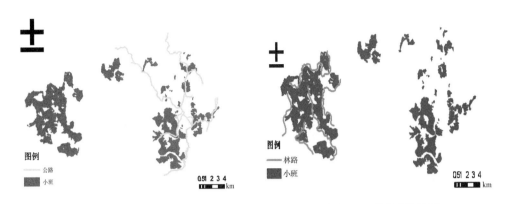

图 6.5 研究区公路网      图 6.6 研究区林路网

## 6.1.6 建立森林多功能评价空间数据库

基于 ArcGIS 平台，构建将乐林场的森林多功能评价空间数据库。一方面，该数据库可实现对林场小班属性数据的管理、更新，对小班属性数据的检索、查询、统计以及计算；另一方面，还可以还利用 GIS 的空间分析功能对该数据库中包含空间信息的属性字段进行空间分析操作。

具体构建步骤如下：首先，加载小班面图层文件"将乐林场小班. shp"其次，打开小班面图层属性表，添加坡度、年生长量、林班和小班编号以及距道路和山脊线距离等个属性字段，具体最后，结合已有数据，对新添加的属性字段进行设置并输入该属性数据值，从而完成森林多功能评价空间数据库的创建。如表 6.1 所示。

表 6.1 小班主要属性字段及类型

| 字段编号 | 字段值 | 字段类型 | 备注 |
|---|---|---|---|
| 1 | ID | Long Integer | 唯一标识符 |
| 2 | 林班编号 | Long Integer | |
| 3 | 小班编号 | Long Integer | |
| 4 | 小班面积 | Double | 2 位有效数字 |
| 5 | 距河流距离 | Double | 2 位有效数字 |
| 6 | 郁闭度 | Double | 2 位有效数字 |
| 7 | 地被物厚度 | Double | 2 位有效数字 |
| 8 | 土壤厚度 | Double | 2 位有效数字 |
| 9 | 坡度 | Double | 2 位有效数字 |
| 10 | 距山脊距离 | Double | 2 位有效数字 |
| 11 | 土壤含水率 | Double | 2 位有效数字 |
| 12 | 混交度 | Double | 2 位有效数字 |
| 13 | 坡向 | Text | |
| 14 | 年生长量 | Double | 2 位有效数字 |
| 15 | 地位级 | Int | |

（续）

| 字段编号 | 字段值 | 字段类型 | 备注 |
|---|---|---|---|
| 16 | 蓄积量 | Double | 2 位有效数字 |
| 17 | 距道路距离 | Double | 2 位有效数字 |
| 18 | 涵水得分 | Int | |
| 19 | 水保得分 | Int | |
| 20 | 木材得分 | Int | |
| 21 | 主导功能 | Text | |

注：ArcGIS 中由于规定了字段名称长度不得大于五个汉字，故简化了部分字段名。

## 6.2 森林多功能评价指标体系构建

### 6.2.1 评价指标体系构建原则

（1）适用性原则

森林多功能评价指标体系是建立在不同研究区、不同主导功能森林的基础上，其目的也是为辅助该研究区森林进行更好的多功能经营。因此应结合研究区森林特点及社会需求构建森林多功能评价指标体系。

（2）科学性原则

利用科学的理论和方法构建的指标体系，应建立在对森林各项功能的作用机理、影响因子、评价方法认识理解正确基础上，客观、准确地反映森林的主导功能。

（3）可操作性原则

评价指标的选取应结合现有资料及研究区实际情况，尽可能选取有代表性、易于量化森林功能影响因子，相关数据容易获取，真实可靠，具有技术、经济可行性，运算处理结果能够应用于生产实践。

（4）层次性与独立性原则

各指标应根据相互间的支配关系，在符合评价目标要求的前提下，自上而下的构成评价系统，形成层次分明的整体；而各指标之间应尽量避免重复性信息，保持相对独立，从而避免由于指标重叠对评价结果产生影响。

### 6.2.2 森林功能需求分析

（1）水源涵养功能需求分析

将乐县境内河流较多，形成了纵横交错的网状水系，径流总量达到22.85 亿 m³，多年平均年径流系数为 0.59，有利于农田灌溉，不利于引洪排涝。此外，将乐县境内雨量集中，5、6 月份梅雨季节暴雨频繁，占全年降雨量的 30%，极易引发洪涝灾害。森林的水源涵养功能是指森林所具备的调节径流流量、滞洪蓄洪以及改善水质的能力，可实现防止灾害发生的目的。但是近年来由于森林过量采伐以及大力营造针叶纯林，致使天然林逐渐被人工纯针叶林所代替，造成了将乐县森林资源：中幼林多、成熟林少；针叶林多、阔叶林少；用材林多、水源涵养林少的特点。最终结果就是森林降雨截留能力较差，林地土壤贮水能力不足。因此需加强对研究区森林水源涵养功能的重视。

（2）水土保持功能需求分析

一方面，将乐县境内多为山地丘陵，属褶皱山地地貌，山矮坡陡，山势狭长，地形陡峭，造成了林地坡度较高不易保持水土的局面。另一方面，将乐地区的气候属于亚热带季风性山地气候，兼具海洋性和大陆性气候的特点，年均降水量高达 2027 mm，且 5、6 月为梅雨季节暴雨频发，极易造成水土流失。2000 年至 2010 年间，将乐县已发生三次特大洪水，造成水土流失面积高达 12836hm²，给国家、人民造成巨大损失。而森林的水土保持功能，可减少暴雨对土壤的剥蚀，减缓地表径流的冲刷性侵蚀，以及延缓各种重力侵蚀，达到防止水土的大量流失的目的。因此需加强对研究区森林水土保持功能的重视。

（3）木材生产功能需求分析

将乐林场林地主要分布在金溪两岸和省道延泰公路两侧，经营区内有林区公路和林区便道分布，水陆交通十分发达。将乐县作为南方重点林业县，林业 GDP 为 6.43 亿元。"十二五"规划开展以来，将乐地区林业的加工企业进一步增多，市场对木材的需求也进一步增大。针对这种情况，将乐林场在经营总面积为 7078.2hm² 的情况下，确定商品用材林面积高达 6012.6hm²。与此同时，市场的用材需求也整体向珍贵用材林方向发生转变。在此基础上，林场对未来的定位确定为：以市场为导向、经济效益为中心、森林可持续利用为原则，加快培育以商品林为主体的速生丰产林基地建设，提高林场森林资源总量和质量。因此继续推进用材林事业的发展，有助于将乐县森林资源、经济效益双增长目标的实现。

## 6.2.3 评价指标选取

（1）水源涵养功能评价指标选取

位于湖泊、水库、河川上游积水区的森林即为水源涵养林。水源涵养林的主要功能之一就是稳定河川径流、防止泥沙淤积。而实现这一功能的关键就在于水源涵养林同河流距离的远近。水源涵养林的另外一个功能则体现在拦截、蓄积降水方面。主要通过林冠层的拦截、地被物层的吸持、土壤的蓄水作用实现。其中，林冠层的拦截能力主要依靠水源涵养林的郁闭度体现，地被物的吸持、土壤的蓄水能力则以其自身厚度有极大的关联。

所以，水源涵养功能评价指标为：距河流距离、郁闭度、地被物厚度、土壤厚度。

（2）水土保持功能评价指标选取

坡度是影响森林水土保持功能的主要因素。坡度急缓决定着地表径流的冲刷力大小。坡度越陡，所汇集的地表径流能量就越大，对林地土壤的侵蚀也就越严重。而坡向的不同，则会造成太阳辐射强度不同，从而造成水分蒸发量、土壤含水量的不同，即水土保持能力的不同。山脊线被称为分水线，而分水线则是地表径流的起源点。所以山脊线附近地表径流势能较大，对山脊线两侧一定范围以内的区域的冲刷严重。大量研究结果表明：森林的水土保持功能可有效提高林下土壤含水率，因此林下土壤含水率是检验森林水土保持功能优劣的重要评价指标之一。研究区内长期栽植纯林的区域，土壤缺乏元素，难以抵挡地表径流冲击，而栽植混交林的区域却不存在这一问题；而我国水土保持试验站大量观测数据也显示，混交林的水土保持功能优于纯林，进一步佐证了混交林能够更好发挥水土保持功能这一论断。

因此选择坡度、坡向、距山脊线距离、土壤含水率、混交度作为水土保持功能评价指标。

(3)木材生产功能评价指标选取

用材林的主要经营目的就是最大限度地提供优质木材。而用材林进行木材生产所涉及的两个环节即为采伐环节和运输环节。在传统的森林经营中，森林经营者，通过对年生长量、每公顷蓄积量、地位级等反映林木生长状况因素的调查，即可掌握森林生长状况及木材生产能力，并以此为依据进行采伐，从而最大限度地获取木材。而木材是否便于运输则是木材生产成本高低的最重要影响因素，同时也从经济的角度反映了该地区森林木材生产功能的强弱。因此需要选择坡度较为平缓，同时距道路较近的林地进行采运作业。从而降低木材生产成本，提高森林木材生产能力。

因此，选择每公顷蓄积量、年生长量、地位级、坡度、距道路距离作为木材生产功能评价。

## 6.2.4　评价指标体系构建

以上述的分析结果为基础，构建将乐林场森林多功能评价指标体系，如表6.2所示。

**表6.2　将乐林场多功能评价指标体系**

|  | 森林功能 | 评价指标 |
|---|---|---|
| 主导功能(A) | 水源涵养(B1) | 距河流距离(C1) |
|  |  | 郁闭度(C2) |
|  |  | 地被物厚度(C3) |
|  |  | 土壤厚度(C4) |
|  | 土保持(B2) | 坡度(C5) |
|  |  | 距山脊线距离(C6) |
|  |  | 土壤含水率(C7) |
|  |  | 混交度(C8) |
|  |  | 坡向(C9) |
|  | 木材生产(B3) | 年生长量(C10) |
|  |  | 地位级(C11) |
|  |  | 每公顷蓄积量(C12) |
|  |  | 坡度(C13) |
|  |  | 距道路距离(C14) |

## 6.2.5　评价指标分级

对指标进行等级划分是使指标具备评价功能的基础。因为在对评价指标进行分级后，即可通过分析、研究小班森林所处的具体指标等级，判定小班各项功能的强弱，进而通过比较分析确定小班的主导功能。而对评价指标进行分级工作，需按照以下几条依据开展：首先，对于已经在《森林资源规划调查主要技术规定》或其他文献资料中明确规定的指标分级标准，可直接采用规定的标准作为分级标准。例如；森林资源规划设计调查主要技术规定中曾对水土保持林的划分做出明确规定：水土保持林指分布于主要山脊分水岭两侧各300m 范围内的森林、林木和灌木林。其次，对由前人研究获得，并经过大量后续研究、验证后得到广泛认可的分级标准，可在结合研究区实际情况的基础上有选择性地加以应用。例如对年生长量指标因子的分级，就是基于相关研究成果的基础上外业调查中获取的研究区实际情况而确定。最后，对于既没有可依据标准，又没有可参照成果的评价指标，则采用计算平均数的方式进行分级。例如；针对距道路、河流的距离两项指标没有参考依据的问题，通过在 ArcMap 中选取研究区森林的特征点，并求不同特征点其与相应道路河流间的平均距离，并在 95% 的可信度下进行正态分布的区间估计，从而确定分级标准。分级结果如下。如表 6.3 所示。

表 6.3 森林多功能评价指标因子分级表

| 功能 | 评价指标 | 分级 | | |
|---|---|---|---|---|
| 水源涵养(B1) | 距河流距离(C1) | <100m | 100m~400m | >400m |
| | 郁闭度(C2) | >0.7 | 0.5~0.7 | <0.5 |
| | 地被物厚度(C3) | >40cm | 20cm~40cm | <20cm |
| | 土壤厚度(C4) | >60cm | 50cm~60cm | <50cm |
| 水土保持(B2) | 坡度(C5) | >35° | 25°~35° | <25° |
| | 距山脊线距离(C6) | <200m | 200m~400m | >400m |
| | 土壤含水率(C7) | >0.3 | 0.2~0.3 | <0.2 |
| | 混交度(C8) | >0.75 | 0.5~0.75 | <0.5 |
| | 坡向(C9) | 阳坡、半阳坡 | 半阴坡 | 阴坡 |
| 木材生产(B3) | 年生长量(C10) | $>5m^3/hm^2$ | $3m^3/hm^2~5m^3/hm^2$ | $<3m^3/hm^2$ |
| | 地位级 C11) | I 级 | II 级 | 其他 |
| | 每公顷蓄积量(C12) | $>80m^3/hm^2$ | $60m^3/hm^2~80m^3/hm^2$ | $<60m^3/hm^2$ |
| | 坡度((C13) | <15° | 15°~25° | >25° |
| | 距道路距离(C14) | <100m | 100m~300m | >300m |

## 6.2.6 评价指标的分析

本研究只对以下 5 项通过常规手段难以获取的、包含有空间信息的指标进行分析处理，包括：坡度、坡向、距道路距离、距河流距离以及距山脊线距离。

（1）坡度、坡向分析

①打开 ArcMap，载入研究区格网 DEM，执行操作 ArcToolbox→3D Analyst tools→Raster Surface→slope 工具，利用将乐林场格网 DEM 生成坡度图，并存储于"G：\ Thesis \ map"文件夹中。

依次选择 ArcToolbox→3D Analyst tools→Reclassify，在 Input raster 中选择研究区的坡度图，在 Reclass field 中选择 value。选择 classification，在出现的 classification 对话框中，将classes 的值设置为 4。并设置 Break Values 中的值为："坡度 <15°"、"15° < = 坡度 < =25°"、"25° < = 坡度 < =35°"以及"坡度 >35°"。即可实现对上文所生成的坡度图进行重分类。在此基础上执行操作 Conversion Tools→From Raster→Raster to Polygon，从而将生成的坡度分级图转化为矢量特征类。在出现的对话框中，输入研究区的坡度图像，将输出结果的存储路径设置为"G：\Thesis\map"生成坡度图。

②在 ArcToolbox 窗口下，执行操作 3D Analyst→surface analyst→aspect，通过将乐林场格网 DEM 得到坡向图，保存为 G：\Thesis\map\poxiang.img。

坡度分级结果如图 6.7 所示；坡向分级结果如图 6.8 所示。

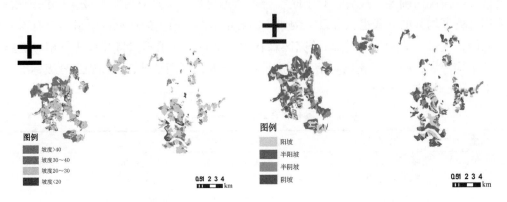

图 6.7　研究区坡度分级图　　　　　图 6.8　研究区坡向图

（2）道路、河流、山脊线指标因子分析

打开 ArcMap，加载 Arctoolbox 工具箱，执行操作 Analysis Tools→Proximity→Muliple Ring Buffer 工具。在 Input Features 中分别选取将乐林场道路网图层"公路.shp"和"林路.shp"，在 Output Features Class 中自动生成输出路径"G：\Thesis\map\公路_MultipleRin.shp"和"G：\Thesis\map\林路_MultipleRin.shp"。并在 Distances 中添加为 300以及 500，Buffer_Unit 中选择 meters，Field_Name 中输入 Mul_Rbuffer，Dissolve_Option中选择 ALL，然后点击 OK 即可。其中，公路两侧作业可及区域如图 6.9 所示；林路两侧作业可及区域如图 6.10 所示。

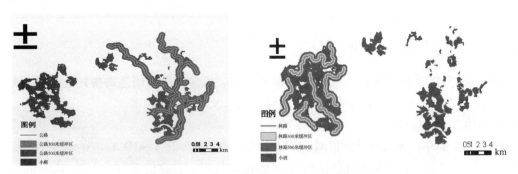

图 6.9　公路可及区图　　　　　图 6.10　林路可及区图

（3）山脊和河流缓冲区

山脊线缓冲区、河流缓冲区的创建方法与道路两侧作业可及区的创建方法类似，创建山脊线缓冲区需将 Input Features 中内容分别修改为"G：\Thesis\map\山脊线.shp"；相应的输出路径 Output Features Class 中内容更改为"G：\Thesis\map\山脊线_MultipleRin.shp"；在 Distances 中添加为 300 以及 400，并在 Field_Name 中输入 Mul_Sbuffer。而创建山脊线缓冲区需将 Input Features 中内容分别修改为"G：\Thesis\map\河流．shp"；相应的输出路径 Output Features Class 中内容更改为"G：\ Thesis \ map \ 河流_
MultipleRin．shp"；在 Distances 中添加为 300 以及 400，并在 Field_ Name 中输入 Mul_
Hbuffer。河流缓冲区域如图 6.11 所示；山脊线缓冲区域如图 6.12 所示。

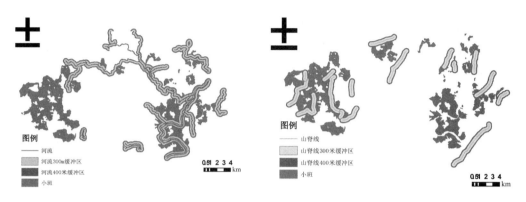

图 6.11　河流缓冲区图　　　　　　图 6.12　山脊线缓冲区图

## 6.2.7　评价指标体系与评价因子权重

通过对森林结构与功能以及各影响因子进行系统分析，将评价指标体系分为 3 个层次
结构，即：目标层、准则层、措施层。如图 6.13 所示。

目标层(A)：即各小班的主导功能，指为实现研究区环境条件下的森林更好地发挥其
主导功能的目标。

准则层(B)：分为水源涵养功能(B1)、水土保持功能(B2)和木材生产功能(B3)三个
方面。

措施层(C)：水源涵养功能由距河流距离(C1)、郁闭度(C2)、地被物厚度(C3)、土
壤厚度(C4)决定；水土保持功能由坡度(C5)、距山脊线距离(C6)、土壤含水率(C7)、
混交度(C8)、坡向(C9)决定；木材生产功能由年生长量(C10)、地位级(C11)、每公顷蓄
积量(C12)、坡度(C13)、距道路距离(C14)决定。

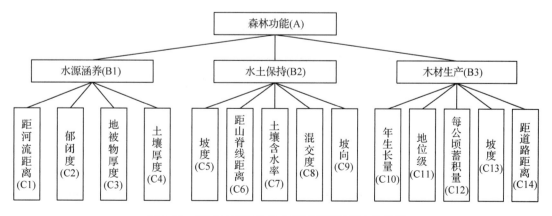

图 6.13　将乐林场森林多功能评价因子层次结构图

根据相关技术规程：当某地块同时满足不同需求时，应该以先公益林后商品林的原则进行划分。因此在本研究区内各功能区的重要性从高到低依次为：水源涵养功能区、水土保持功能区、木材生产功能区。在此基础上，本研究采用专家打分法和层次分析法相结合的方式分析确定评价指标因子权重，并根据将乐林场实际情况，以及图所确定的将乐林场森林多功能评价指标层次结构，构建判断矩阵。并分别对各判断矩阵进行计算，计算结果如表 6.4、表 6.5、表 6.6 和表 6.7 所示。并以此为基础，进行了各评价指标对于评价目标各小班主导功能的综合权重计算，如表 6.8 所示。

表 6.4　A 层与 B 层的判断矩阵及其计算

| A | B1 | B2 | B3 | 权重 | 一致性检验 |
|---|---|---|---|---|---|
| B1 | 1 | 2 | 4 | 0.5571 | $\lambda_{max} = 3.0182$ |
| B2 | 1/2 | 1 | 3 | 0.3202 | $CI = 0.0091$ |
| B3 | 1/4 | 1/3 | 1 | 0.1227 | $CR = 0.0157$ |

表 6.5　B1 层与 C 层各因素间的判断矩阵及其计算

| B1 | C1 | C2 | C3 | C4 | 权重 | 一致性检验 |
|---|---|---|---|---|---|---|
| C1 | 1 | 3 | 4 | 4 | 0.5363 | $\lambda_{max} = 4.0210$ |
| C2 | 1/3 | 1 | 2 | 2 | 0.2205 | $CI = 0.0070$ |
| C3 | 1/4 | 1/2 | 1 | 1 | 0.1216 | $CR = 0.0077$ |
| C4 | 1/4 | 1/2 | 1 | 1 | 0.1216 | |

表 6.6　B2 层与 C 层各因素间的判断矩阵及其计算

| B2 | C5 | C6 | C7 | C8 | C9 | 权重 | 一致性检验 |
|---|---|---|---|---|---|---|---|
| C5 | 1 | 2 | 4 | 4 | 6 | 0.4338 | $\lambda_{max} = 5.0873$ |
| C6 | 1/2 | 1 | 3 | 3 | 5 | 0.2821 | $CI = 0.0218$ |
| C7 | 1/4 | 1/3 | 1 | 1 | 3 | 0.1165 | $CR = 0.0199$ |
| C8 | 1/4 | 1/3 | 1 | 1 | 3 | 0.1165 | |
| C9 | 1/6 | 1/5 | 1/3 | 1/3 | 1 | 0.0511 | |

表 6.7　B3 层与 C 层各因素间的判断矩阵及其计算

| B3 | C10 | C11 | C12 | C13 | C14 | 权重 | 一致性检验 |
|---|---|---|---|---|---|---|---|
| C10 | 1 | 3 | 3 | 4 | 5 | 0.4558 | $\lambda_{max} = 5.0567$ |
| C11 | 1/3 | 1 | 1 | 2 | 3 | 0.1851 | $CI = 0.0142$ |
| C12 | 1/3 | 1 | 1 | 2 | 3 | 0.1851 | $CR = 0.0126$ |
| C13 | 1/4 | 1/2 | 1/2 | 1 | 2 | 0.1075 | |
| C14 | 1/5 | 1/3 | 1/3 | 1/2 | 1 | 0.0665 | |

表 6.8 将乐林场森林多功能评价指标因子权重表

| 准则层（B）指标 | 权重 | 措施层（C）指标 | 权重 |
|---|---|---|---|
| 水源涵养（B1） | 0.5571 | 距河流距离（C1） | 0.2987 |
| | | 郁闭度（C2） | 0.1228 |
| | | 地被物厚度（C3） | 0.0678 |
| | | 土壤厚度（C4） | 0.0678 |
| 水土保持（B2） | 0.3202 | 坡度（C5） | 0.1389 |
| | | 距山脊线距离（C6） | 0.0903 |
| | | 土壤含水率（C7） | 0.0373 |
| | | 混交度（C8） | 0.0373 |
| | | 坡向（C9） | 0.0164 |
| 木材生产（B3） | 0.1227 | 年生长量（C10） | 0.0559 |
| | | 地位级（C11） | 0.0227 |
| | | 每公顷蓄积量（C12） | 0.0227 |
| | | 坡度（C13） | 0.0132 |
| | | 距道路距离（C14） | 0.0082 |

## 6.2.8 评价指标分级阈值确定

本研究采用专家打分法对评价指标分级结果进行阈值划分，选取的阈值分别为10、5、0。如表6.9所示。

表 6.9 评价指标因子分级得分表

| 功能 | 评价指标 | 得分 | | |
|---|---|---|---|---|
| | | 10 | 5 | 0 |
| 水源涵养（B1） | 距河流距离（C1） | <100m | 100m~400m | >400m |
| | 郁闭度（C2） | >0.7 | 0.5~0.7 | <0.5 |
| | 地被物厚度（C3） | >40cm | 20cm~40cm | <20cm |
| | 土壤厚度（C4） | >60cm | 50cm~60cm | <50cm |
| 水土保持（B2） | 坡度（C5） | >35° | 25°~35° | <25° |
| | 距山脊线距离（C6） | <200m | 200m~400m | >400m |
| | 土壤含水率（C7） | >0.3 | 0.2~0.3 | <0.2 |
| | 混交度（C8） | >0.75 | 0.5~0.75 | <0.5 |
| | 坡向（C9） | 阳坡、半阳坡 | 半阴坡 | 阴坡 |
| 木材生产（B3） | 年生长量（C10） | >5$m^3$/$hm^2$ | 3$m^3$/$hm^2$~5$m^3$/$hm^2$ | <3$m^3$/$hm^2$ |
| | 地位级 C11） | I级 | II级 | 其他 |
| | 每公顷蓄积量（C12） | >80$m^3$/$hm^2$ | 60$m^3$/$hm^2$~80$m^3$/$hm^2$ | <60$m^3$/$hm^2$ |
| | 坡度（（C13） | <15° | 15°~25° | >25° |
| | 距道路距离（C14） | <100m | 100m~300m | >300m |

## 6.2.9 计算小班功能得分及得分标准化

首先通过公式 确定各小班的各项功能得分：

$$X_i^r = \sum_{i=1}^{n} X_{ij}^r \times W_j$$

式中：$i$ 代表小班编号，$j$ 代表森林功能评价指标编号，$r$ 代表小班主导功能编号，$X_i^r$ 代表小班功能得分，代表小班功能评价指标得分，$W_j$ 为评价指标的权重。

然后对各小班的评价得分进行标准化：

$$Z_i^r = (X_i^r - \overline{X_i^r}) / S_i^r$$

式中：$Z_i^r$ 表示标准化后的各小班功能得分，$\overline{X_i^r}$ 表示各小班各项功能得分的平均值，$S_i^r$ 为各小班功能评价值的标准差。

## 6.2.10　评价结果

在 ArcGIS 平台下，首先加载小班面图层文件"将乐林场小班 . shp"，并打开小班面图层属性表。其次，将标准化后得到的小班主要功能评价得分，分别添加到属性列"涵水得分"、"水保得分"、"木材得分"中。最后，以小班为单位分别比较各小班三项功能的分值大小，确定得分最高者确定为该小班的主导功能。以小班编号为 6 的小班为例，水源涵养评价得分为 0.4718，水土保持评价得分为 1.0763，木材生产评价得分为 0.5442，经比较1.0763 最大，所以确定该小班的主导功能为水土保持。然后以各小班的主导功能为划分依据，制作林场的多功能分布图。对林场的 1279 个小班进行评价，得到评价结果。如表6.10 所示。

**表 6.10　小班功能评价得分表**

| 小班编号 | 水源涵养评价得分 | 水土保持评价得分 | 木材生产评价得分 | 主导功能 |
| --- | --- | --- | --- | --- |
| 1 | 2.8878 | 1.5048 | 0.4709 | B1 |
| 2 | 4.1564 | 1.9316 | 0.6835 | B1 |
| 3 | 1.3610 | 3.1914 | 0.4955 | B2 |
| 4 | 1.0207 | 0.9712 | 1.1426 | B3 |
| 5 | 5.4044 | 1.4756 | 0.0592 | B1 |
| 6 | 0.4718 | 1.0763 | 0.5442 | B2 |
| 7 | 4.0263 | 1.9986 | 0.4467 | B1 |
| 8 | 0.8914 | 1.5048 | 0.3970 | B2 |
| 9 | 4.6740 | 1.7498 | 0.5787 | B1 |
| 10 | 5.5613 | 0.8554 | 0.9519 | B1 |
| 11 | 3.5627 | 2.0063 | 1.1426 | B1 |
| 12 | 2.7685 | 2.5327 | 1.0255 | B1 |
| 13 | 1.7722 | 1.9347 | 0.6254 | B2 |
| 14 | 1.7722 | 1.1791 | 1.0050 | B1 |
| 15 | 3.5757 | 0.9710 | 0.9282 | B1 |
| 16 | 2.2265 | 3.0433 | 0.9816 | B2 |
| 17 | 2.9513 | 0.4593 | 1.0840 | B1 |
| 18 | 1.4447 | 0.1665 | 0.5829 | B1 |
| 19 | 0.2877 | 0.9809 | 1.0840 | B3 |
| 20 | 2.2265 | 2.7093 | 0.0904 | B2 |

（续）

| 小班编号 | 水源涵养评价得分 | 水土保持评价得分 | 木材生产评价得分 | 主导功能 |
|---|---|---|---|---|
| ... | ... | ... | | ... |
| 1269 | 5.5613 | 1.6413 | 0.9947 | B1 |
| 1270 | 4.6530 | 1.0759 | 0.2073 | B1 |
| 1271 | 2.7301 | 2.3283 | 0.9020 | B1 |
| 1272 | 0.9083 | 2.2021 | 0.3518 | B2 |
| 1273 | 0.2501 | 0.2205 | 0.8040 | B3 |
| 1274 | 0.4787 | 1.7883 | 0.9617 | B2 |
| 1275 | 4.7939 | 0.6582 | 0.3785 | B1 |
| 1276 | 3.0720 | 0.7950 | 0.4900 | B1 |
| 1277 | 3.9797 | 0.5088 | 0.5454 | B1 |
| 1278 | 4.7042 | 1.1920 | 0.8360 | B1 |
| 1279 | 0.2501 | 2.5565 | 0.9355 | B2 |

重新划分后各功能区面积统计结果为：水源涵养功能区有 667 个小班，占小班总数的 52.15%，小班总面积为 3594.6hm²，占林场经营面积的 50.78%；水土保持功能区有 247 个小班，占小班总数的 19.31%，小班总面积为 1424.5hm²，占林场经营面积的 20.13%；木材生产功能区有 293 个小班，占小班总数的 22.91%，小班总面积为 1617.4hm²，占林场经营面积的 22.85%；其他林业用地有小班 72 个，占小班总数的 5.63%，小班总面积为 441.7 hm²，占林场经营面积的 6.24%。如图 6.14 所示。

图例

■ 水源涵养功能区
■ 水土保持功能区
□ 木材生产功能区
▨ 无林地
— 公路
— 林路
— 河流
— 山脊线

0.51 2 3 4
km

**图 6.14 新的林场森林多功能分布图**

与林场原林功能分布图(图 6.15)对比发现:木材生产功能区小班数减少了 430 个,面积减少了 2445hm²;水源涵养功能区,小班数增加了 333 个,面积增加了 1936.6 hm²,水土保持功能区,小班数增加了 97 个,面积增加了 508.4hm²。其中,木材生产功能区中有 487 个小班需要调整,包括:有 114 个小班由于不满足木材生产功能区的评价条件需要调整,其余 373 个则同时满足其他功能区的区划条件,根据公益林优先级高于商品林的区划优先级原则也需要进行调整。结合评价条件将满足条件的 342 个小班调整到水源涵养功能区,另外 145 个小班调整到水土保持功能区。原主导功能为水土保持功能的小班中,有 34 个坡度小于 30°,41 个距山脊线距离大于 400m,导致该小班水土保持功能得分较低需进行调整。经过比较分析将 39 个小班调整到水源涵养功能区,其余 36 个小班调整至木材生产功能区。原主导功能水源涵养功能的小班中,有 31 个由于距河流距离大于 500m,有 17 个小班地被物厚度、土壤厚度无法达到要求,所以将对其主导功能进行调整,将 21 个划归木材生产功能区,其余 27 个调整至水土保持功能区。

分析评价所得林场森林功能分布图发现:水源涵养功能区、木材生产功能区空间呈面状分布,水土保持功能区空间呈星点状分布,评价结果符合研究区实际情况以及林场经营目标。

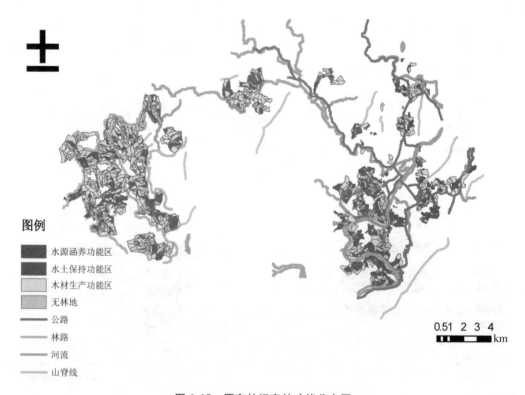

图 6.15　原有林场森林功能分布图

# 6.3　基于 WebGIS 的森林多功能评价系统的设计实现

以森林多功能评价为依据,设计实现基于 WebGIS 的森林多功能评价系统。可辅助林场森林经营单位的森林多功能评价,为用户提供可视化的森林多功能评价结果,为森林多功能经营提供技术支撑。

## 6.3.1 系统需求分析

需求分析是指确定系统所要实现目标的过程，是设计系统前的必备环节。本研究通过走访将乐林场经营管理者，得知用户对系统的需求主要体现在以下几个方面：

地图操作：包括加载、移除图层，缩放、平移地图，全图显示，方向漫游等。

信息查询：包括利用属性数据查询图形数据，以及通过图形数据查询属性数据。

统计报表：包括获取专项要素统计报表，计算输出蓄积量报表，以及报表的打印输出。

森林多功能评价：包括利用本研究构建的评价体系进行评价，以及用户自定义评价体系进行评价。

专题图生成：包括生成各类数据的专题图，以及支持专题图以饼状图、柱状图等形式输出，提供专题图打印。

数据管理：包括对林场数据进行维护、更新以及删除。

系统管理：包括新增、删除系统用户，维护系统正常运行以及进行系统更新。

## 6.3.2 系统架构设计

### 6.3.2.1 开发架构的确定

确定系统的开发模式是软件开发过程中至关重要的环节，适宜的开发模式可有效地降低开发成本、缩短开发周期，使系统投入运行后具备较好的稳定性。如何根据各种影响因素来选择开发模式，并以此为依据进一步选择适宜的开发语言和平台。是系统研发人员需要解决的首要问题。

B/S( Browser/Server、浏览器/服务器)结构是随着 Internet 技术兴起的，在 C/S 结构基础上进行变化或改进后产生的结构模式，如图 6.16 所示。它是一次性到位的开发结构模式，能实现不同人员，从不同地点，以不同接入方式(比如 LAN，WAN，Internet/Intranet等)访问和操作数据库的功能；它能有效地保护数据平台和管理访问权限。特别是在跨平台语言出现之后，B/S 架构管理软件更是方便、快捷、高效。

此外，B/S 结构模式还具有：开放型好，易于扩展，所开发系统维护、升级便捷以及用户使用方便的特点。因此本研究决定采用 B/S 架构模式作为将乐林场森林多功能评价系统的总体架构。系统架构如图 6.17 所示。

本系统采用三层架构模式构建系统的逻辑结构，它们分别是：数据层、逻辑层以及应用层：

(1)数据层

数据层为系统三层架构的第三层，通过数据库来管理森林资源数据中所包含的空间数据和属性数据，为系统提供数据支撑。本系统采用 Oracle 11G2 关系数据库对存储于其中的数据进行管理。使用大型空间数据库引擎 ArcSDE 等组件对用户的访问命令进行处理，通过存储、调用、分析数据库中的各种数据，将结果显示在系统界面中，满足用户的需求。

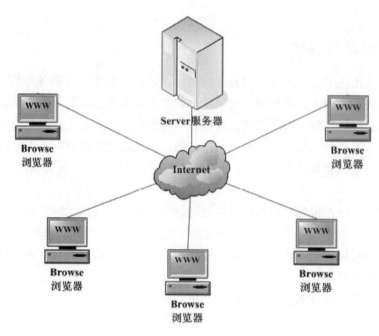

**图 6.16    B/S 模式结构图**

（2）逻辑层

逻辑层为系统三层架构的中间层，本层接收从应用层传来的用户指令，通过调用本层中相应应用组件，利用 ArcSDE 与数据层进行数据交互，从而实现对相应数据的操作处理并将处理结果返回应用层，显示给用户，便于用户开展交互式应用。

（3）应用层

应用层为系统三层架构的第一层，是直接面向用户的应用集合。为使用户能直观便捷地应用本系统，需要将该层设计为界面简洁易操作的图文菜单模式。用户不必了解具体的逻辑层，只需通过图文菜单操作就能够发送请求到逻辑层，并取回处理信息。

6.3.2.2    软硬件开发环境

本系统是面向 GIS 领域，基于 .NET 框架的组件式开发方法，因此本系统决定采用 C# 4.0 和 ArcGIS10.0 中的 ArcGIS Server 组件库来构建将乐林场森林多功能评价系统。其中服务器端采用 c# 语言进行设计，Web 应用服务器采用 IIS 服务器，浏览器端采用 Flex 技术进行开发，系统数据库决定使用 Oracle 数据库。

系统硬件环境要求：根据需求分析可以了解到系统设计实现后的主要任务就是利用空间数据进行森林多功能评价。而该类操作会占用计算机较大内存，所以用于研发软件的计算机处理器应在酷睿二代以上、配置不低于 2G 内存、500G 的硬盘、256M 的显存，同时应当配备可完成扫描、绘图以及打印的机器来完成地图的输出。

系统软件环境要求：考虑当前经济的发展水平和市场的需求，并且综合考虑软件规模、林场承受力等因素，采用的软件配置由以下部分组成：

①操作系统软件：Windows7。

②地理信息平台：ArcGIS Objects for . NET 10. 0、ArcGIS Server 10. 0、Arc SDE 10. 0。

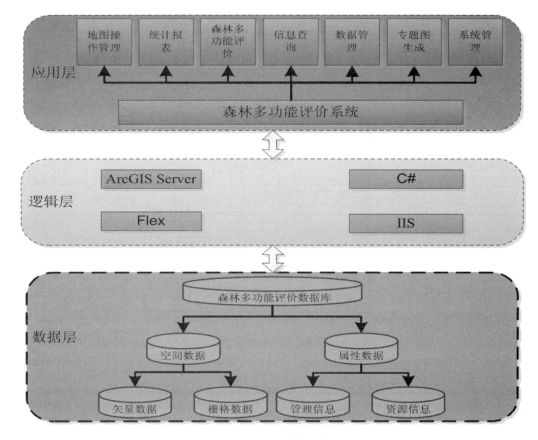

图 6.17 系统总体架构图

③数据库软件：Oracle 11G2。

④开发工具：Microsoft . Net Framework 4.0；Microsoft Visual Studio 2012；Web 服务器开发平台：Internet Information Services（IIS）7.0。

## 6.3.3 系统功能设计

### 6.3.3.1 系统总体功能设计

系统总体设计是对系统整体结构、研发策略以及应用特性的设计，是对系统模块的分类、数据入库的模式和整个研究的决策安排等进行最优的规划和部署。本研究建立在对于将乐林场进行需求分析的基础上，按照自上向下的设计原则，系统功能模块划分，如图 6.18 所示。

### 6.3.3.2 系统功能模块设计

（1）地图操作模块

需提供对地图的基本操作，包括：图层加载，图层移除，控制已加载图层的显示或隐藏，对已加载的图层进行缩放、平移、鹰眼导航、全图显示、比例尺控制以及方向漫游等。

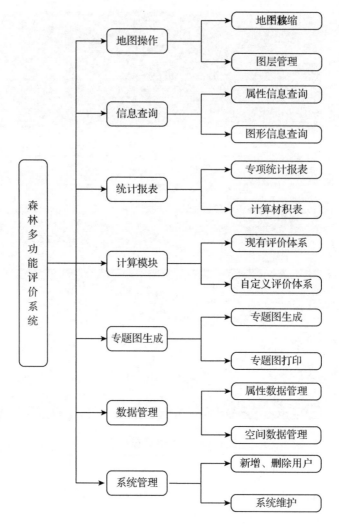

图6.18　系统功能模块设计

(2)信息查询模块

为满足用户获取特定数据的要求，本功能旨在实现空间查询和属性查询两部分内容。空间查询是用户通过对地图图层指定区域的点、线、面等多种空间要素进行查询，从而获取相应的属性信息。属性查询是用户利用系统提供的查询窗口设置相应的查询条件，实现所要查询的信息在地图上的定位。

(3)统计报表模块

本功能旨在实现的功能包括：一方面，系统可根据用户输入的查询条件提供相应的数据，并将其以报表形式输出；另一方面，考虑到木材生产是林场现阶段的主营业务，因此本系统需支持以现有数据进行林木材积的计算，并需具备将计算结果以报表形式输出的功能。此外，还需实现对所有报表的打印输出的功能。从而满足用户浏览数据的要求。

(4)森林多功能评价模块

本功能旨在实现利用本研究构建的林场森林多功能评价指标体系，进行林场森林功能的评价；以及用户自定义评价体系，重新进行经营单位层次的森林多功能评价。从而为森林经营管理提供决策依据和技术支持。

(5)专题图生成模块

本功能旨在实现根据现有数据制作森林功能分布图等各种类型的专题图、以饼状图、点状图、柱状图等形式进行专题图输出以及对所生成的专题图进行打印输出。

(6)数据管理模块

本功能旨在实现对各种图形、属性数据的编辑，包括新增、修改以及删除等功能。

(7)系统管理模块

本功能应由用户管理和系统维护两部分组成。用户管理部分包括系统管理员针对用户申请创建角色并赋予相应权限，并将所创建的角色授予用户，实现新增用户的功能。此外，管理员能够还能对用户和角色进行修改和删除。系统维护部分指系统管理员对系统进行联网更新。

## 6.3.4　系统数据库设计实现

本系统所用到的数据包括：空间数据和属性数据两部分，其中属性数据包括：来源于将乐林场 2007 年森林资源二类小班调查数据的小班图属数据；空间数据包括：小班矢量图，DEM 数字高程数据，将乐县地形图、将乐林场地形图；以及本研究中所提取的公路图、林路图、河流图、山脊线图。根据已有数据的特点，本系统决定采用 Geodatabase 空间数据模型 + ArcSDE 空间数据引擎 + Oracle 11G2 关系数据库来存储系统数据，实现空间数据和属性数据的一体化集成存储。所构建的森林多功能评价系统的 Geodatabase 模型，如图 6.19 所示。

由于在进行评价体系构建时已经完成了对数据的处理，所以在此可直接使用 ArcCatalog 进行数据入库工作。具体方法为：首先，通过客户端连接到 SDE 服务器；其次，针对矢量、栅格、属性三种数据类型分别建立数据集；最后，将数据按各自的数据类型存入与之对应的数据集。即完成了数据库的创建。

## 6.3.5　系统功能实现

根据前面对系统的设计，下面就以将乐林场的森林为研究对象，重点介绍其在系统各大功能模块的实现。森林多功能评价系统主界面如图 6.20 所示。

6.3.5.1　地图操作模块

本系统可加载的地图数据类型有：矢量数据、栅格数据。加载数据后用户可通过地图基本操作栏，对地图进行放大、缩小、平移、查找、全图以及通过矩形进行要素选取等基本操作。地图操作工具栏如图 6.21 所示。

用户可通过在左侧图层控制列表栏中对已加载的图层进行勾选操作，从而达到控制该图层的显示或隐藏的目的。图层控制界面如图 6.22 所示。

本功能模块关键代码：

```
private void 打开所有图层 ToolStripMenuItem_ Click(object sender, EventArgs e)
    {
```

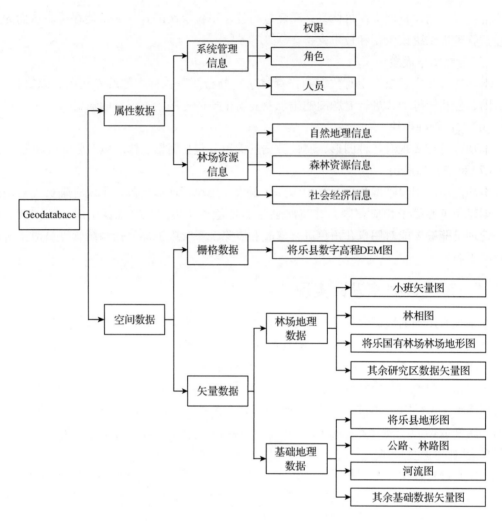

图 6.19　森林资源信息 Geodatabase 数据模型图

```
IEnumLayer pEnumLayer = this. axMapControll. Map. get_ Layers(null, false);
if (pEnumLayer = = null)
{
    return;
}
ILayer pLayer;
pEnumLayer. Reset();
for (pLayer = pEnumLayer. Next(); pLayer ! = null; pLayer = pEnumLayer. Next())
{
    pLayer. Visible = true;
}
  this. axMapControll. Refresh();
  this. axTOCControll. Update();
}
```

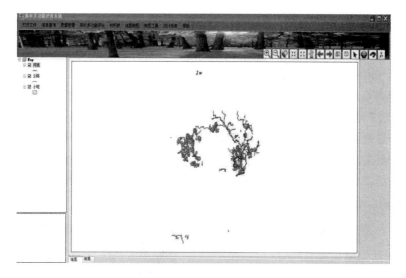

图 6.20 系统主界面

图 6.21 地图操作工具栏

图 6.22 图层控制界面

```
private void 关闭所有图层 ToolStripMenuItem_ Click(object sender, EventArgs e)
  {
    IEnumLayer pEnumLayer = this. axMapControl1. Map. get_ Layers(null, false);
    if (pEnumLayer = = null)
    {
        return;
    }
    ILayer pLayer;
    pEnumLayer. Reset();
    for (pLayer = pEnumLayer. Next(); pLayer ! = null; pLayer = pEnumLayer. Next())
    {
```

```
        pLayer. Visible = false;
    }
        this. axMapControl1. Refresh();
        this. axTOCControl1. Update();
}//图层操作部分关键代码
```

#### 6.3.5.2　信息查询模块

系统的信息查询功能包括：属性查询，即利用系统提供的查询窗口，设置、输入相应的查询条件，点击查询获取相应信息并实现所获信息在图上的高亮显示，方便用户使用。其查询范围包括森林资源二类小班调查数据中所包括的所有小班因子。以查询郁闭度大于0.8 的小班为例，如图 6.23 所示。

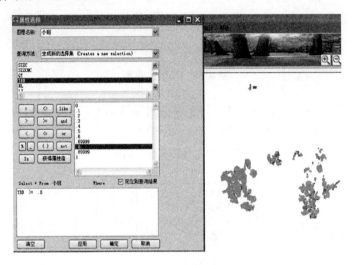

**图 6.23　属性信息查询**

空间查询，即通过调用 *Identity* 几何图形查询方法，在地图上选取所要查询的点线面要素，从而获取与该图形要素相对应的属性信息。须注意的是，当系统加载多个图层时，所显示的信息是最上端图层的图形要素信息。如图 6.24 所示。

本功能模块关键代码：

```
private void button17_Click(object sender, EventArgs e)
    {
        if (textBox1. Text = = "")
        {
            MessageBox. Show("请生成查询语句");
            return;
        }
        try
        {
            IQueryFilter pQueryFilter = new QueryFilterClass();
            pForestLibrary. axMapControl1. Map. ClearSelection();
            pForestLibrary. axMapControl1. ActiveView. Refresh();
```

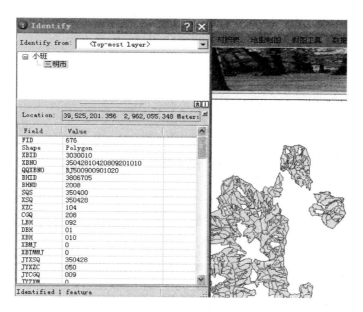

**图 6.24 空间信息查询**

pQueryFilter. WhereClause = textBox1. Text;

IFeatureSelection pFSelection = this. pFeatureLayer as IFeatureSelection;

int iSelectedFeatureCount = pFSelection. SelectionSet. Count;

esriSelectionResultEnum selectMethod;

switch (comboBox2. SelectedIndex)

　{

　　　case 0: selectMethod = esriSelectionResultEnum. esriSelectionResultNew;

　　　break;

　　　case 1: selectMethod = esriSelectionResultEnum. esriSelectionResultAdd;

　　　break;

　　case 2: selectMethod = esriSelectionResultEnum. esriSelectionResultSubtract;

　　break;

　　　case 3: selectMethod = esriSelectionResultEnum. esriSelectionResultAdd;

　　　 break;

　　　default: selectMethod = esriSelectionResultEnum. esriSelectionResultNew;

　　　break;

　}

　　pFSelection. SelectFeatures (pQueryFilter, selectMethod, false);

　　　　　if　( pFSelection. SelectionSet. Count　=　=　iSelectedFeatureCount　|　|

pFSelection. SelectionSet. Count　= = 0)

　　{

　　　MessageBox. Show ("没有符合本次查询条件的结果");

　　　return;

　　}

this. pForestLibrary. axMapControl1. ActiveView. PartialRefresh

```
(esriViewDrawPhase.esriViewGeoSelection, null, null);
}
    catch(Exception ex)
    {
      MessageBox.Show("查询语句错误,请检查:" + ex.Message);
      return;
    }
}//属性查询部分关键代码
```

#### 6.3.5.3 统计报表模块

根据用户需求，报表统计功能包括专项统计报表和材积表计算两方面内容。专项统计报表指用户可选择查看某一图层所包含的所有小班因子数据，并将所需的数据以报表形式输出。以输出小班图层的郁闭度信息为例，如图 6.25 所示。

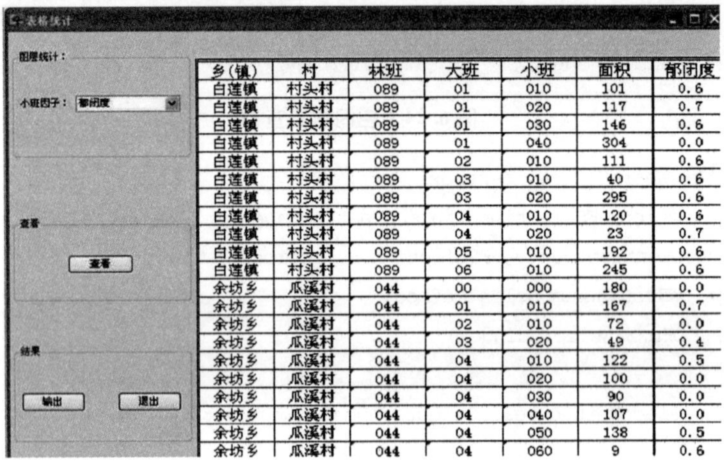


| 乡(镇) | 村 | 林班 | 大班 | 小班 | 面积 | 郁闭度 |
|---|---|---|---|---|---|---|
| 白莲镇 | 村头村 | 089 | 01 | 010 | 101 | 0.6 |
| 白莲镇 | 村头村 | 089 | 01 | 020 | 117 | 0.7 |
| 白莲镇 | 村头村 | 089 | 01 | 030 | 146 | 0.6 |
| 白莲镇 | 村头村 | 089 | 01 | 040 | 304 | 0.0 |
| 白莲镇 | 村头村 | 089 | 02 | 010 | 111 | 0.6 |
| 白莲镇 | 村头村 | 089 | 03 | 010 | 40 | 0.6 |
| 白莲镇 | 村头村 | 089 | 03 | 020 | 295 | 0.6 |
| 白莲镇 | 村头村 | 089 | 04 | 010 | 120 | 0.6 |
| 白莲镇 | 村头村 | 089 | 04 | 020 | 23 | 0.7 |
| 白莲镇 | 村头村 | 089 | 05 | 010 | 192 | 0.6 |
| 白莲镇 | 村头村 | 089 | 06 | 010 | 245 | 0.6 |
| 余坊乡 | 瓜溪村 | 044 | 00 | 000 | 180 | 0.0 |
| 余坊乡 | 瓜溪村 | 044 | 01 | 010 | 167 | 0.7 |
| 余坊乡 | 瓜溪村 | 044 | 02 | 010 | 72 | 0.0 |
| 余坊乡 | 瓜溪村 | 044 | 03 | 020 | 49 | 0.4 |
| 余坊乡 | 瓜溪村 | 044 | 04 | 010 | 122 | 0.5 |
| 余坊乡 | 瓜溪村 | 044 | 04 | 020 | 100 | 0.0 |
| 余坊乡 | 瓜溪村 | 044 | 04 | 030 | 90 | 0.0 |
| 余坊乡 | 瓜溪村 | 044 | 04 | 040 | 107 | 0.0 |
| 余坊乡 | 瓜溪村 | 044 | 04 | 050 | 138 | 0.5 |
| 余坊乡 | 瓜溪村 | 044 | 04 | 060 | 9 | 0.6 |

**图 6.25 统计报表界面**

本功能模块关键代码：

```
private void 材积计算ToolStripMenuItem_Click(object sender, EventArgs e)
{
    if (comboBox1.SelectedIndex == 0)
    {
        double[,] X = new double[D.Length, 3];
        double[,] Y = new double[D.Length, 1];
        double[,] B;
        for (int i = 0; i < D.Length; i++)
        {
            X[i, 0] = 1;
            X[i, 1] = Math.Log10(D[i]);
            X[i, 2] = Math.Log10(H[i]);
            Y[i, 0] = Math.Log10(V[i]);
        }
```

```
        B = MultiMatrix (MultiMatrix (ReverseMatrix (MultiMatrix (TransMatrix (X), X)),
TransMatrix(X)), Y);
        double a1 = B[0, 0];
        double a2 = B[1, 0];
        double a3 = B[2, 0];
        double a = Convert. ToDouble (textBox1. Text. ToString ());
        double b = Convert. ToDouble (textBox1. Text. ToString ());
        double c = Math. Pow (10, a1 + a2 * Math. Log10 (a) + a3 * Math. Log10 (b));
        textBox3. Text = c. ToString ();
        string y = "V = " + Math. Pow (10, a1). ToString ("0. 0000") + "* D^" + a2. ToString ("0. 0000")
+ "* H^" + a3. ToString ("0. 0000");
        this. textBox4. Text = y;
    }
    else if (comboBox1. SelectedIndex = = 1)
    {
        double[,] X = new double[D. Length, 3];
        double[,] Y = new double[D. Length, 1];
        double[,] B;
        for (int i = 0; i < D. Length; i + +)
        {
            X[i, 0] = 1;
            X[i, 1] = Math. Log10 (D[i] + 1);
            X[i, 2] = Math. Log10 (H[i]);
            Y[i, 0] = Math. Log10 (V[i]);
        }
        B = MultiMatrix (MultiMatrix (ReverseMatrix (MultiMatrix (TransMatrix (X), X)),
TransMatrix(X)), Y);
        double a1 = B[0, 0];
        double a2 = B[1, 0];
        double a3 = B[2, 0];
        double a = Convert. ToDouble (textBox1. Text. ToString ());
        double b = Convert. ToDouble (textBox1. Text. ToString ());
        double c = Math. Pow (10, a1 + a2 * Math. Log10 (a + 1) + a3 * Math. Log10 (b));
        textBox3. Text = c. ToString ();
        string y = "V = " + Math. Pow (10, a1). ToString ("0. 000000") + "* (D + 1)^" + a2. ToString ("
0. 0000") + "* H^" + a3. ToString ("0. 0000");
        this. textBox4. Text = y;
    }
    else if (comboBox1. SelectedIndex = = 2)
    {
        double[,] X = new double[D. Length, 2];
```

```
        double[,] Y = new double[D. Length, 1];
        double[,] B;
        for (int i = 0; i < D. Length; i + +)
        {
            X[i, 0] = 1;
            X[i, 1] = D[i] * D[i] * H[i];
            Y[i, 0] = V[i];
        }
        B = MultiMatrix (MultiMatrix (ReverseMatrix (MultiMatrix (TransMatrix (X), X)),
TransMatrix(X)), Y);
        double a1 = B[0, 0];
        double a2 = B[1, 0];
        double a = Convert. ToDouble (textBox1. Text. ToString ());
        double b = Convert. ToDouble (textBox1. Text. ToString ());
        double c = a1 + a2 * a * a * b;
        textBox3. Text = c. ToString ();
        string y = "V = " + a1. ToString ("0. 0000") + " + " + a2. ToString ("0. 000000") + "* D^2* H";
        this. textBox4. Text = y;
    }
    else if (comboBox1. SelectedIndex = = 3)
    {
        double[,] X = new double[D. Length, 2];
        double[,] Y = new double[D. Length, 1];
        double[,] B;
        for (int i = 0; i < D. Length; i + +)
        {
            X[i, 0] = 1;
            X[i, 1] = H[i];
            Y[i, 0] = V[i] / (D[i] * D[i]);
        }
        B = MultiMatrix (MultiMatrix (ReverseMatrix (MultiMatrix (TransMatrix (X), X)),
TransMatrix(X)), Y);
        double a1 = B[0, 0];
        double a2 = B[1, 0];
        double a = Convert. ToDouble (textBox1. Text. ToString ());
        double b = Convert. ToDouble (textBox1. Text. ToString ());
        double c = a * a * (a1 + a2 * b);
        textBox3. Text = c. ToString ();
        string y = "V = D^2* (" + a1. ToString ("0. 0000") + " + " + a2. ToString ("0. 000000") + "*
H)";
        this. textBox4. Text = y;
```

```
    }
    }//报表统计部分关键代码
```

#### 6.3.5.4 森林多功能评价模块

系统的森林多功能评价是指，一方面，用户可使用本研究所构建的林场森林多功能评价指标体系，实现对林场森林的多功能评价；另一方面，若用户对现有评价体系不满意，还可重新在系统中选择适宜的评价指标，构建评价指标体系，实现对将乐林场森林的多功能评价。为确保用户所构建的评价指标体系正确，本系统还设定了检验程序，即只有当用户所选取的各评价指标的权重值相加等于一时，系统才能根据用户自定义的评价指标体系进行评价。用户自定义评价指标体系的界面，如图 6.26 所示。

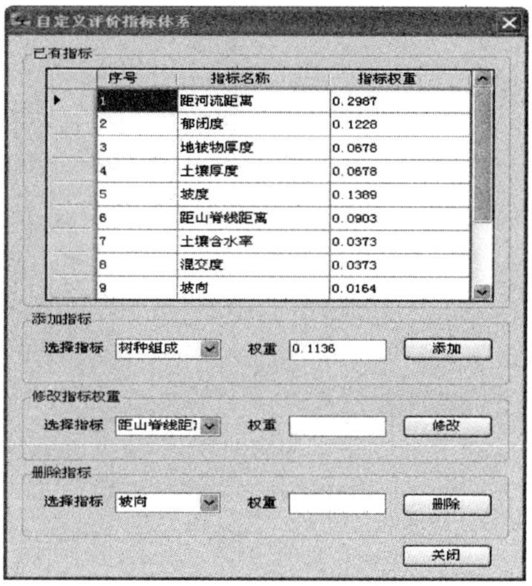

本功能模块关键代码：

**图 6.26 森林多功能评价指标体系界面**

```csharp
private void vieworder()
    {
            int i,j;
            int[] temp = new int[this.LenA];
            for(i = 0;i < this.LenA;i + +)
                temp[i] = i;
            for(i = 0;i < this.LenA;i + +)
                for(j = i + 1;j < this.LenA;j + +)
                    if(this.W[temp[i]] < this.W[temp[j]])
                    {int t = temp[i];temp[i] = temp[j];temp[j] = t;}
            string str = "";
            for(i = 0;i < this.LenA;i + +)
                //str + = this.zhuze[temp[i]].ToString() + ":" + this.W[temp[i]].ToString();
            {
            Label templabel = new Label();
                templabel.Text = this.zhuze[temp[i]].ToString() + ":" + this.W[temp[i]]
.ToString();
                    templabel.Location = new  Point(this.groupBox1.Location.X + 10,
this.groupBox1.Location.Y + i* 20 + 40);
                templabel.AutoSize = true;
                this.groupBox1.Controls.Add(templabel);//END 处理单序排序
            }

            for(j = 0;j < LenB;j + +)
                for(i = 0;i < LenA;i + +)
```

```
            Torder[j] + = W[i]* TW[i,j];
    int[] Ttemp = new int[this. LenB];
    for(i = 0;i < this. LenB;i + +)
        Ttemp[i] = i;
    for(i = 0;i < this. LenB;i + +)
        for(j = i +1;j < this. LenB;j + +)
            if(this. Torder[Ttemp[i]] < this. Torder[Ttemp[j]])
            {int t = Ttemp[i];Ttemp[i] = Ttemp[j];Ttemp[j] = t;}
    str = "";
    for(i = 0;i < this. LenB;i + +)
        str + = this. fangan [Ttemp [i]]. ToString () + ":" + this. Torder [Ttemp [i]]
. ToString() +"\t";
    Label templabel2 = new Label();
    templabel2. Text = str;
        templabel2. Location  =  new  Point ( this. groupBox1. Location. X  + 10,
this. groupBox1. Location. Y +20* LenA +80);
    templabel2. AutoSize = true;
    this. groupBox1. Controls. Add(templabel2);//END 处理总序排序
}//层次分析法部分关键代码
```

### 6.3.5.5 专题图生成模块

　　系统的专题图生成功能包括：通过本研究构建的评价指标体系生成的功能分布图的打印输出，用户自定义评价体系生成的功能分布图的打印输出，系统所包含的数据的专题图打印输出。可供选择的输出形式，包括：功能分布图、点状图、饼图、柱状图以及图层渲染图。其中柱状图、饼图的输出界面如图 6.27 和图 6.28 所示。以柱状图为例，选取郁闭度、小班边界周长两字段的柱状图输出界面如图 6.29 所示。

图 6.27　柱状图界面

图 6.28　饼图界面

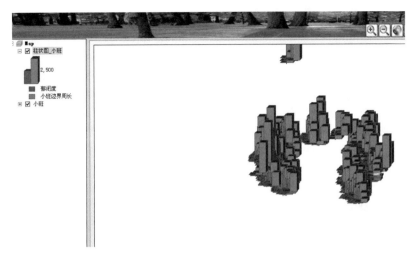

**图 6.29 柱状图输出界面**

本功能模块关键代码为:

```
private void button1_Click(object sender, EventArgs e)
  {
    try
     {
       for (int i =0; i < ZDSZ. Length; i + +)
       {
           ZDSZ[i] ="";
       }
       int n =0;
       for (int j =0; j < listView1. Items. Count; j + +)
       {
           if (listView1. Items[j]. Checked = = true)
           {
               ZDSZ[n] =listView1. Items[j]. SubItems[0]. Text;
               n + +;
           }
       }
       if (ZDSZ[0] = = "")
       {
           MessageBox. Show("没有选择字段,请选择字段");
       }
       else
       {
           IFeatureLayer pF =ZZT(ZDSZ);
       pF. Name ="柱状图_" +pMap. get_Layer(layerindex). Name;
       pMap. AddLayer(pF);
```

```
        IActiveView pActiveView = pMap. Map as IActiveView;

        pActiveView. Refresh();

        pToc. Update();

        this. Close();

      }

    }

    catch (Exception ex)

    {

        MessageBox. Show(ex. Message. ToString());

    }
```

}//柱状图输出部分关键代码

### 6.3.5.6 数据管理模块

数据管理模块包括图形数据管理和属性数据管理两个方面。图形数据管理是指通过对图元进行新增、修改以及删除，实现对相应地理信息的编辑。新增图元的工具界面如图 6.30 所示。

图 6.30 添加图元界面

属性数据管理是指在相应图层文件属性表中对字段进行新增、删除以及编辑修改。新增、删除字段界面如图 6.31 和图 6.32 所示。以增、删水土保持功能字段为例，处理结果如图 6.33 和图6.34 所示。

图 6.31 添加字段界面

图 6.32 删除字段界面

本功能模块关键代码为：

```
private void button1_Click(object sender, EventArgs e)

{

  int n = 0;

  pFeatureLayer = pForestLibrary. axMapControl1. get_Layer(comboBox1. SelectedIndex)

  as IFeatureLayer;

  for (int i = 0; i < pFeatureLayer. FeatureClass. Fields. FieldCount; i + +)

  {

    if (pFeatureLayer. FeatureClass. Fields. get_Field(i). Name = = this. textBox1. Text)

    {
```

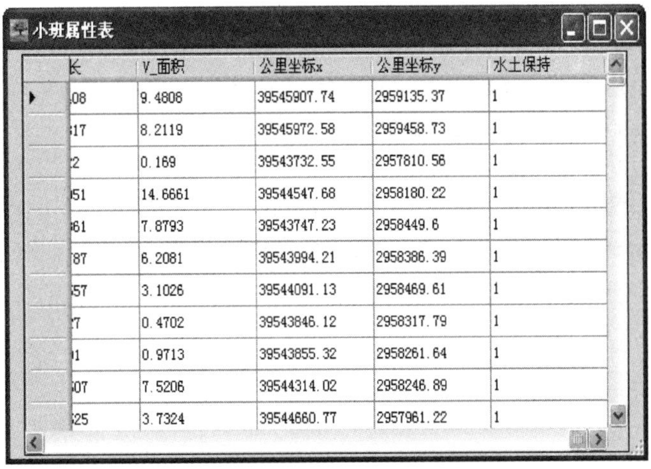


| 长 | V_面积 | 公里坐标x | 公里坐标y | 水土保持 |
|---|---|---|---|---|
| 08 | 9.4808 | 39545907.74 | 2959135.37 | 1 |
| 17 | 8.2119 | 39545972.58 | 2959458.73 | 1 |
| 2 | 0.169 | 39543732.55 | 2957810.56 | 1 |
| 51 | 14.6661 | 39544547.68 | 2958180.22 | 1 |
| 61 | 7.8793 | 39543747.23 | 2958449.6 | 1 |
| 87 | 6.2081 | 39543994.21 | 2958386.39 | 1 |
| 57 | 3.1026 | 39544091.13 | 2958469.61 | 1 |
| 7 | 0.4702 | 39543846.12 | 2958317.79 | 1 |
| 1 | 0.9713 | 39543855.32 | 2958261.64 | 1 |
| 07 | 7.5206 | 39544314.02 | 2958246.89 | 1 |
| 25 | 3.7324 | 39544660.77 | 2957961.22 | 1 |

图6.33　添加水土保持字段界面

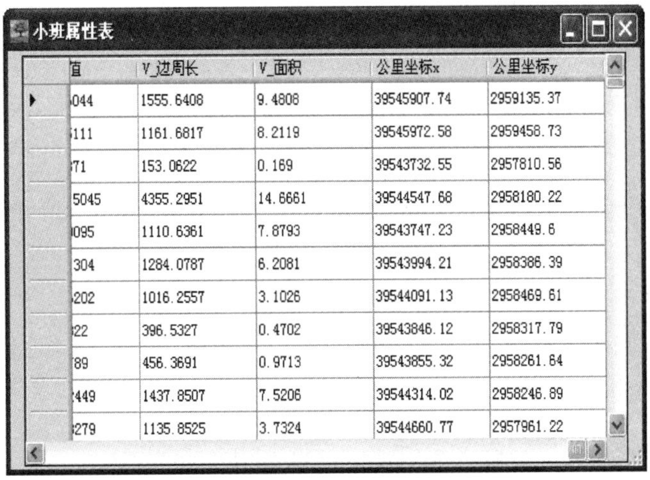


| 值 | V_边周长 | V_面积 | 公里坐标x | 公里坐标y |
|---|---|---|---|---|
| 044 | 1555.6408 | 9.4808 | 39545907.74 | 2959135.37 |
| 111 | 1161.6817 | 8.2119 | 39545972.58 | 2959458.73 |
| 71 | 153.0622 | 0.169 | 39543732.55 | 2957810.56 |
| 5045 | 4355.2951 | 14.6661 | 39544547.68 | 2958180.22 |
| 095 | 1110.6361 | 7.8793 | 39543747.23 | 2958449.6 |
| 304 | 1284.0787 | 6.2081 | 39543994.21 | 2958386.39 |
| 202 | 1016.2557 | 3.1026 | 39544091.13 | 2958469.61 |
| 22 | 396.5327 | 0.4702 | 39543846.12 | 2958317.79 |
| 89 | 456.3691 | 0.9713 | 39543855.32 | 2958261.64 |
| 449 | 1437.8507 | 7.5206 | 39544314.02 | 2958246.89 |
| 279 | 1135.8525 | 3.7324 | 39544660.77 | 2957961.22 |

图6.34　删除水土保持字段界面

```
      MessageBox.Show("有重复字段名,请重新定义.");
      break;
      n++;
   }
 }
 try
 {
 if (n != 0)
   {
      return;
   }
   else
   {
```

```
        ILayer pLayer =pForestLibrary. axMapControl1. get_Layer (layerindex);
        IFeatureLayer pFLayer = (IFeatureLayer)pLayer;
        IFeatureClass pFeatureClass =pFLayer. FeatureClass;
        IClass pClass =pFeatureClass as IClass;
        IField pField =new FieldClass ();
        IFieldEdit pFieldEdit = (IFieldEdit)pField;
        pFieldEdit. Name_2 =this. textBox1. Text. ToString ();
        switch (comboBox2. SelectedIndex)
        {
            case 0:
            pFieldEdit. Type_2 =esriFieldType. esriFieldTypeString;
            break;
            case 1:
            pFieldEdit. Type_2 =esriFieldType. esriFieldTypeInteger;
            break;
            case 2:
            pFieldEdit. Type_2 =esriFieldType. esriFieldTypeDouble;
            break;
            case 3:
            pFieldEdit. Type_2 =esriFieldType. esriFieldTypeGeometry;
            break;
            case 4:
            pFieldEdit. Type_2 =esriFieldType. esriFieldTypeOID;
            break;
            default:
            pFieldEdit. Type_2 =esriFieldType. esriFieldTypeString;
            break;
        }
        pClass. AddField (pField);
    }
}
catch (Exception ex)
    {
        MessageBox. Show (ex. Message);
    }
    finally
    {
      for (int i =0; i < pFeatureLayer. FeatureClass. Fields. FieldCount; i + +)
      {
        if (pFeatureLayer. FeatureClass. Fields. get_Field (i). Name = = this. textBox1. Text)
        {
```

```
        MessageBox. Show("字段添加成功.");
        this. Close();
      }
    }
  }
}//添加字段部分关键代码
```

### 6.3.5.7 系统管理模块

系统管理模块包括用户管理和系统维护两部分内容，用户管理主要指用户登录系统的权限，通过输入用户名、密码，来确定用户信息是否存储于系统数据库中的系统管理信息中，从而确定用户的合法性及相应权限；系统维护指通过网络接收管理员发布的更新数据包实现客户端的升级。系统登录界面，如图 6.35 所示

**图 6.35 系统登录界面**

系统关键代码为:

```
private void btnLogin_Click(object sender, EventArgs e)
  {
        private void btnLogin_Click(object sender, EventArgs e)
    {
      if (txtUserName. Text == "" || txtUserPwd. Text == "")//判断用户名和密码是否为空
      {
        MessageBox. Show("用户名或密码不能为空!", "提示提示",
System. Windows. Forms. MessageBoxButtons. OK,
System. Windows. Forms. MessageBoxIcon. Warning);
      }
      else
      {
        string name = txtUserName. Text. Trim();
        string pwd = txtUserPwd. Text. Trim();
        DataSet ds = new DataSet();
```

```
            string sql = "select * from 管理员 where UserName = '" + txtUserName. Text. Trim () + "
' and UserPwd = '" + txtUserPwd. Text. Trim () + "'";
            SqlConnection con = new SqlConnection(consqlserver);
            SqlDataAdapter da = new SqlDataAdapter(sql, con);
            try
            {
                da. Fill (ds);
                if (ds. Tables [0]. Rows. Count > 0)
                {
                    string time = DateTime. Now. ToString ();
                    this. Hide ();
                    frmFFMSMain ffmsmain = new frmFFMSMain ();
                    ffmsmain. User = name;
                    ffmsmain. Logintime = time;
                    ffmsmain. Show ();
                }
                else
                {
                    txtUserName. Text = "";//清空用户名
                    txtUserPwd. Text = "";//清空密码
                            MessageBox. Show ( " 用 户 名 或 密 码 错 误!", " 信 息 提 示 ",
System. Windows. Forms. MessageBoxButtons. OK, System. Windows. Forms. MessageBoxIcon. Warning);
                }
            }
            catch (Exception ex)
            {
                throw new Exception(ex. ToString ());
            }
            finally
            {
                con. Close ();
                con. Dispose ();
                da. Dispose ();
            }
        }
    }
}//用户登录部分关键代码
```

## 6.4　结论

　　本章使用 GIS 手段,以福建省将乐林场森林作为研究对象构建了将乐林场森林多功能评价指标体系;根据所构建的评价指标体系结合 WebGIS 技术,设计实现了将乐林场森林多功能评价系统。并得出了以下结论：

（1）为了进行经营单位层次的森林多功能评价，首先必须对将乐林场森林所具有的功能进行调查研究。根据调研将乐林场森林资源的具体情况，结合研究区所在地区的经济水平和社会需求，确定了研究区森林所具有的主要功能为水源涵养、水土保持和木材生产。

（2）运用 GIS 的空间分析、数据处理功能进行森林多功能评价研究。一方面，可获取包含空间信息的森林多功能评价指标；另一方面，可实现对评价结果的可视化展示。在使用 GIS 手段进行将乐林场森林多功能评价的实际应用中，实现了快速准确地对将乐林场森林进行多功能评价。从评价结果可以看出，运用 GIS 手段构建林场级的森林多功能评价指标体系和进行主导功能区划是切实可行的。

（3）评价结果表明，水源涵养功能区有 667 个小班，占小班总数的 52.15%，小班总面积为 3594.6hm²，占林场经营面积的 50.78%；水土保持功能区有 247 个小班，占小班总数的 19.31%，小班总面积为 1424.5hm²，占林场经营面积的 20.13%；木材生产功能区有 293 个小班，占小班总数的 22.91%，小班总面积为 1617.4hm²，占林场经营面积的 22.85%；其他林业用地小班 72 个，占小班总数的 5.63%，总面积为 441.7 hm²，占林场经营面积的 6.24%。其中水源涵养功能区、木材生产功能区空间呈面状分布，水土保持林空间呈点状分布的特点，符合研究区森林经营结构功能分布特点。据此说明，评价结果可为研究区森林多功能经营提供参考和依据。

（4）以 ArcGIS10.0 中的 ArcGIS Server 作为 WebGIS 发布的软件平台，采用 Goodatabase 空间数据库模型，结合 ArcSDE 空间数据引擎技术，构建了森林多功能评价系统空间数据库。并以将乐林场森林为研究对象，采用 B/S 架构模式。利用 C#语言设计实现了基于 WebGIS 的将乐林场森林多功能评价系统。其中 Web 应用服务器采用 IIS 服务器，而浏览器端则采用 Flex 技术进行开发。所构建的系统实现了森林多功能评价、专题图生成、森林资源信息查询、地图操作、数据管理以及统计报表功能。从系统实现过程中可以看出，运用 WebGIS 技术构建森林多功能评价系统。可为经营决策者提供有效的辅助决策管理工具，进而为森林资源的可持续经营提供技术支持。

# 7 常绿阔叶林结构功能研究

## 7.1 研究内容与研究方法

### 7.1.1 研究目的和意义

本研究的目的是在分析常绿阔叶林林分结构与功能的基础上，发现单一功能与多功能时空变化规律，构建常绿阔叶林多功能经营目标林分结构，制定多功能经营调整措施。

本研究的意义：①揭示常绿阔叶林单一功能、多功能的时空变化规律，为研究区常绿阔叶林多功能经营提供理论依据。②探索研究常绿阔叶林多功能相互关系，为森林多功能经营提供方法依据。③提出发挥林分主导功能同时协调保持其他功能的关键技术难点，为森林多功能经营提供技术支撑。

### 7.1.2 研究内容

(1)以福建省三明市将乐常绿阔叶次生林为研究对象，探讨不同生长阶段的林分多样性保护功能变化规律。

研究将乐常绿阔叶次生林不同生长阶段下多样性保护功能的主导控制因素，探索生物因素和环境因素如何单独、共同影响生物多样性，发现不同阶段多样性—生境关联变化及形成规律，以期针对不同经营类型的林木制定对应的经营调整措施。

(2)研究森林结构与功能交互作用，探讨林分结构、功能的空间异质性，发现不同林分类型间功能差异。

研究常绿阔叶林生产功能、水源涵养功能的现状及影响因素，通过比较不同林分类型间的功能差异，分析功能的空间异质性，通过评价各林分类型间的功能差异来适应不同主导功能的森林经营目的。

(3)探索森林多功能经营林分目标结构，根据各森林多功能经营类型经营目标，提出各森林多功能经营类型经营技术措施，调整当前林分结构，实现多功能效益最大化。

研究林分单一功能时间异质性，分析多功能间相互关系，提出森林多功能随时间变化规律。结合功能发挥影响因素，确定不同林分主导功能下的林分经营目标结构，制定林分结构调整措施，实现研究区常绿阔叶林多功能经营。

### 7.1.3 研究技术路线

本研究技术路线见图7.1。

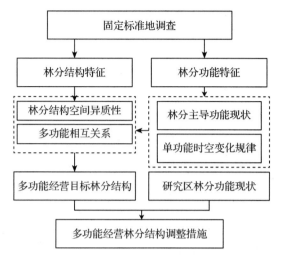

**图7.1  技术路线图**

## 7.1.4  研究方法

从林分结构入手，定性结合定量的方法研究将乐常绿阔叶林的单一功能（生物多样性保护功能，木材生产功能，水源涵养功能）及多功能现状。采用野外调查结合室内实验的方法，分析研究区常绿阔叶次生林的单一功能及多功能的时空变化规律。采用模型模拟法，分析各功能的主导控制因素。比较人工阔叶林与次生阔叶林功能间的差距。提出多功能经营目标林分结构，采用近自然经营的思想对现有林分结构提出调整建议。

## 7.2  常绿阔叶林多样性保护功能

### 7.2.1  林分结构与乔木多样性空间变化规律

#### 7.2.1.1  林分结构与乔木多样性随海拔变化规律

在20块固定样地中，共测量记录了2255株树木（dbh≥5 cm），共计47个科103个种。多样性指数及林分结构因子随海拔变化规律见图7.2。

由图7.2可知，观测到的丰富度（S变化范围15～29）以及稀疏化后的丰富（RS变化范围12～21）均随海拔梯度显著上升，并且稀疏化曲线斜率更大，这是由于高海拔区域更高的株数密度引起的（7.2c）。香农多样性指数随海拔呈现上升趋势（7.2b），在山脊林分和山谷林分中变化范围分别为2.16～2.58和2.53～2.85。分布于500 m以下林分的香农多样性指数（$H'$）平均值为2.35，随着海拔梯度的上升，分布于海拔500 m以上的林分香农多样性指数（$H'$）有轻微上升，平均值为2.57。香农均匀度（E）指数呈现相似的趋势，在海拔270～490 m的变化范围为0.74～0.87，在600～1190 m的变化范围为0.65～0.91，在海拔较高区域树木多样性分布更为均匀（图7.2b）。在海拔500m以下，胸高断面积的变化范围为8.7～27.9 $m^2/hm^2$，而在海拔500 m以上，胸高断面积的变化范围为34.7～53.2 $m^2/hm^2$。株树密度随海拔没有呈现显著变化规律（图7.2c）。在相对较低海拔区域，树木拥有较高的高径比。在邻近海拔 500 m 的标准地中，林分平均高径比由 82.1 降到 69.6(图 7.2d)。

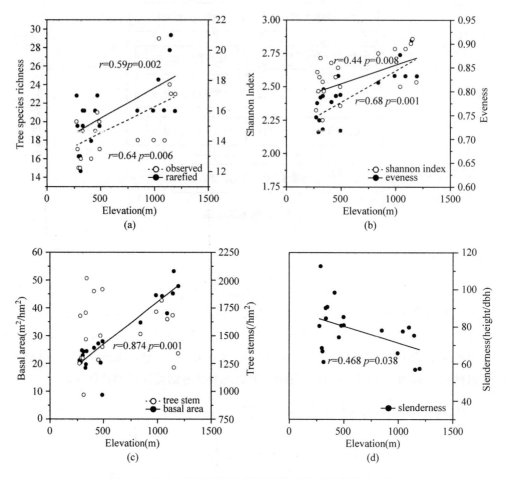

**图 7.2 树木多样性因子和林分结构因子随海拔梯度变化**

注：对与海拔显著相关($p<0.05$)的因子采用直线表示二者关系。(a) 实际观测丰富度 S 及稀疏化后丰富度 (RS，N = 59)；(b) 香农多样性指数 ($H'$) 及均匀度指数；(c)胸高断面积 (m²/hm²)；(d)高径比。

### 7.2.1.2 林分结构与乔木多样性随地形变化规律

根据地势将标准地分为两类：①分布于山脊的林分(类型Ⅰ)：这类林分的树木平均高一般不超过 15 m，林下灌草长势良好。林分中主要乔木类型为栲属 (壳斗科)，栗属 (壳斗科)，赤杨叶属 (安息香科)，木荷属 (山茶科)。②分布于山谷的林分(类型Ⅱ)：与处于山脊的林分Ⅰ相比，此类林分郁闭程度更高，林下灌草较少。主要乔木类型为冬青属 (冬青科)，杜英属 (杜英科) 和青冈属 (壳斗科)。地势对多样性指数及林分结构因子的影响见表 7.1。

表 7.1 不同地势乔木多样性与林分结构因子比较

| 林分结构 | 山脊<br>（平均值 ± 标准差） | 山谷<br>（平均值 ± 标准差） |
|---|---|---|
| 乔木丰富度（/600 $m^2$） | 18.15 ± 2.30 | 21.85 ± 4.14 |
| 稀疏化丰富度<br>（N = 59 trees；/600 $m^2$） | 14.92 ± 1.55 | 17.57 ± 2.15 |
| 香农多样性指数 | 2.35 ± 0.13 | 2.67 ± 0.14 |
| 香农均匀度指数 | 0.81 ± 0.39 | 0.87 ± 0.40 |
| 高径比（树高/胸径） | 76.31 ± 14.08 | 80.38 ± 13.73 |
| 平均胸径（cm） | 11.58 ± 1.71 | 15.58 ± 2.37 |
| 平均树高（m） | 9.38 ± 1.34 | 10.66 ± 0.55 |
| 胸高断面积（$m^2/hm^2$） | 21.96 ± 4.96 | 44.01 ± 6.11 |
| 乔木株数（/$hm^2$） | 1514.77 ± 310.89 | 1563.30 ± 216.36 |

注：显著差异使用粗体表示；显著性阈值 $p < 0.05$。

两种地势中的乔木物种多样性差异显著。林分结构因子中，除株数密度及高径比之外均差异显著。从山脊到山谷，丰富度与稀疏化丰富度均呈现上升趋势，上升百分比分别为 20.4% 和 17.8%。山脊（Ⅰ）和山谷（Ⅱ）林分的香农多样性指数，其平均值分别为 2.35 和 2.67，其中林分类型Ⅱ比Ⅰ高出 13.6%。同样，香农均匀度指数也呈现上升趋势（7.4%，从 0.81 ~ 0.87）。平均胸径显著上升，上升比例高达 34.5%，然而平均树高上升不明显，两类地势平均值仅差 13.6%（从 9.38 ~ 10.66）。由于较大的平均胸径以及相近的株数密度（山脊和山谷相差 3.2%，从 1513.77 到 1563.30），胸高断面积有显著上升，21.96 $m^2/ha$ 到 44.01 $m^2/ha$。分布于山脊中的林分，Sorensen 相似性指数从 0.21 变化至 0.63。分布于山谷的林分中，Sorensen 相似性指数变化范围为 0.21 ~ 0.74。两地势林分类型的平均 Sorensen 指数分别为 0.29 和 0.47。在所有 103 个物种中，共有 71 个物种出现在山脊地势中，62 种出现在山谷地势中。两种林分类型间的 Sorenson 相似性指数为 45%（同时出现在两种林分类型种的物种数为 30）。

## 7.2.2 乔木多样性驱动因素分析

在全部试验区域内，地形因子呈现出较大的变异，其变异系数如下：海拔（58.00%）> 坡向（55.61%）> 坡度（19.53%）。水源涵养因子也有着较大的变异，其变异系数由大到小排序如下：土壤非毛管孔隙度（60.90%）> 土壤含水量（52.71%）> 土壤容重（8.99%）。

单独采用地形因子作为控制因素对乔木多样性进行冗余分析（RDA），尝试确定地形因素对于乔木物种多样性变异带来的影响。结果表明：第一、第二约束轴的特征值分别为 0.498 和 0.037，其中，轴 1 解释了绝大多数的物种多样性差异。全部的地形因素解释了 53.5% 的乔木物种多样性变异（Monte Carlo 置换检验，999 次，$p = 0.001$）。

同样，通过冗余分析（RDA），单独利用水分因子对乔木物种多样性进行变异控制分析。第一、第二约束轴的特征值分别为 0.263 和 0.003。全部水分因子综合解释了 26.6% 的物种多样性变异（Monte Carlo 置换检验，999 次，$p = 0.018$）。最显著的变异是容重，单独解释了 10.7% 的物种多样性变异（Monte Carlo 置换检验，999 次，$p < 0.05$）。

将全部地形因子与水分因子共同对物种多样性变异进行冗余分析。地形因子对于物种多样性变异的贡献度有所不同。海拔（$p < 0.001$）和坡度（$p = 0.01$）对多样性变异有显著影响，而坡向影响则不明显。

对于水源涵养因子，仅有容重对于物种多样性变异有显著影响（$p = 0.05$），土壤含水率、非毛管孔隙度对于物种多样性变异的贡献度很小（999 次 Monte Carlo 置换检验）。综合来看，全部地形和水分因子解释了超过一半以上的物种变异，解释量为 57.8%（$p = 0.01$，图 7.3）。轴 1 解释了大部分的变异（53.1%，$p = 0.001$），轴 2 次之（4.6%，$p < 0.05$）。香农多样性指数，香农均匀度指数与海拔呈现正相关，与其他包括坡度、坡向、土壤含水率、容重和非毛管孔隙度在内的因子呈负相关。

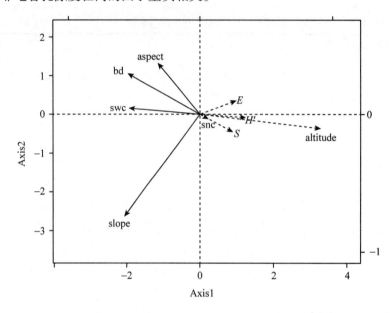

**图 7.3　受地形和水源涵养因子控制的乔木物种多样性冗余分析双序图**

注：$S$（实际观测丰富度），$H'$（香农多样性指数），$E$（香农均匀度指数）为响应变量（带箭头实线）。海拔（Altitude），坡向（aspect），坡度（slope），容重（bd），土壤湿度（swc）和土壤非毛管孔隙度（snc）为解释变量。

利用偏冗余分析（partial RDA），分别提取两组影响因子（地形因子、水分因子）单独对物种多样性变异的影响及两组数据间的交互影响（图 7.4）。两组数据单独（没有考虑另一组数据的影响）对于多样性变异的解释均达到显著水平（地形因子：$p = 0.001$；水分因子：$p = 0.018$）。图 7.4 中显示的是两组因子对于多样性的单独解释与交互影响比例。地形因子和水分因子分别单独解释了 42.5% 和 9.5% 的变异。两组数据共同解释了 5.8% 的变异量。然而，42.2% 的变异量不能被已测的数据解释。

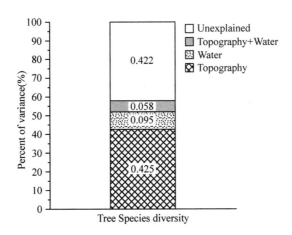

**图 7.4　使用偏冗余分析提取的地形与水分因子**
**对乔木树种多样性变异分解**

注：采用 Monte Carlo 置换检验，检验每一组别因子在不考虑另一组影响的
前提下对多样性的解释程度（999 次置换检验）。

## 7.2.3　小结

　　研究区福建省将乐县分布着丰富的常绿林阔叶林资源，林分物种多样性丰富。在测量的固定标准地中共记录了 47 科 103 个种，共 2255 株树木。对林分结构多样性与树木物种多样性沿海拔梯度变化进行了研究，发现树木丰富度、稀疏化丰富度、香农多样性指数、香农均匀度指数及林分胸高断面积均与海拔呈现显著的线性正相关。高径比随海拔增加而有所下降，树木株数密度随海拔变化不显著。对处于不同地势的林分结构多样性及物种多样性进行了比较，发现生长在山谷地势的林分有着较高的物种多样性。地势对于林分结构有着显著的影响，处于山脊地势的林分平均胸径、树高均较小。然而，地势对于林分树木高径比、株数密度并没有显著的影响。采用冗余分析研究影响研究区物种多样性的主要因素，发现地形因子与水分因子均可以独立的解释物种多样性的变化。全部地形因子（海拔、坡度和坡向）可以解释 53.5% 的乔木物种多样性变异（$p = 0.001$），最主要的影响因素是海拔，海拔可以看做是温度、降水等变化的集合体。全部水分因子可以独立解释 26.6% 的变异，其中影响最显著的是容重，单独解释了约 10% 的物种多样性变异。

　　采用 RDA 对地形因子与水分因子对于乔木物种多样性综合影响效应进行了研究，全部地形与水分因子可以共同解释超过一半的物种变异（57.8%，$p = 0.01$）。结果表明，除海拔外因素，丰富度、香农多样性指数和香农均匀度指数也与土壤非毛管孔隙度呈现正相关关系，但这种关系较为微弱。其余地形水分因子，如土壤湿度、坡度、坡向、土壤容重与多样性均呈现负相关关系。利用偏冗余分析（pRDA）提取地形因素和水分因素共同作用下，对于乔木物种多样性的影响比重。结果表明，地形因子单独解释了约 40% 的物种多样性变异，水分因素解释了约 10% 的物种变异。从结果可以看出，地形因素是影响研究区物种多样性变化的主要因素。水分因子的影响较小，可能是由于研究区常绿阔叶林主要分布于海拔 1200 m 以下，由于较小的海拔梯度，导致林分间的水热条件接近，水分供给不是研究区物种多样性变化的主导因素。

# 7.3 常绿阔叶林生产功能与水源涵养功能特征

## 7.3.1 常绿阔叶林生产功能

### 7.3.1.1 常绿阔叶林林分类型与年龄的划分

利用 TWINSPAN 方法对全部 25 块常绿阔叶次生林进行林分类型划分，将全部标准地划分为 4 种林分类型：

类型 A：赤杨叶—黄樟林，共包含 6 块样地，重要值排名前五的树种为赤杨叶、黄樟（*Cinnamomum porrectum*）、枫香树（*Liquidambar formosana*）、檵木（*Loropetalum chinense*）、苦槠（*C. sclerophylla*）。

类型 B：栲树~苦槠林，共包含 10 块样地，重要值排名前五的树种为栲树（*C. fargesii*）、苦槠（*C. sclerophylla*）、木荷、赤杨叶、南酸枣（*Choerospondias axillaris*）。

类型 C：山杜英~木荷林共包含 9 块样地类型，重要值排名前五的树种为山杜英（*E. sylvestris*）、木荷、红楠（*Machilus thunbergii*）、南岭栲（*C. fordii*）、福建冬青（*I. fukienensis*）。

类型 D：火力楠人工林。

所调查研究区林分平均年龄范围 24~76 a。根据《国家森林资源连续清查技术规定》中的龄级和龄组划分标准结合林分内主要树种生长规律，将研究区的常绿阔叶林划分为三个龄组：（1）幼龄林：林分年龄≤30 a；（2）中龄林：31 a≤林分年龄≤60 a；（3）近熟林：61 a≤林分年龄≤80 a。本研究旨在发现次生林生长前中期各功能随时间的变化规律，因此未在成熟林或过熟林中进行调查研究。划分结果表明，所调查常绿阔叶次生林以中龄林为主体，近熟林与幼龄林数量相近。

### 7.3.1.2 不同林分类型间生产功能差异

四种林分类型年平均生长量与年平均生物量平均值见表 7.2，郁闭度与 LAI 平均值见表 7.3。

表 7.2 四种林分类型年平均生长量与生物量

| 林分类型<br>Forest types | 年平均生长量<br>Average increment(mm) | 年平均生物量<br>Average AGB(kg/m²) |
| --- | --- | --- |
| A | 3. 6431 | 3. 8892 |
| B | 2. 0914 | 4. 6497 |
| C | 1. 7305 | 11. 3705 |
| D | 3. 2250 | 3. 5475 |

表 7.3 四种林分类型郁闭度及叶面积指数

| 林分类型<br>Forest types | 郁闭度<br>Canopy density | 叶面积指数<br>LAI |
| --- | --- | --- |
| A | 0. 8969 | 2. 2487 |
| B | 0. 8531 | 1. 9726 |
| C | 0. 8486 | 1. 9144 |
| D | 0. 8174 | 1. 6886 |

由表 7.2 可以看出，四种林分类型中，林分类型 A 的年平均生长量最大，火力楠人工林（类型 D）次之，二者相差 13%。林分类型 C 现阶段的年平均生长量较低，不足林分 A 的一半（47.5%），但其林分年平均生物量积累值最高，为 11.37 m³。阔叶人工林的年平均生物量最低，为 3.55 m³。从表 7.3 可以看出，将乐常绿阔叶林的郁闭情况良好，郁闭度均高于 0.84，特别是林分类型 A，郁闭度接近 0.9。火力楠人工林郁闭度较其他次生林低，为 0.8147。林分类型 B 与 C 郁闭度相差较小（相差 0.53%），叶面积指数也相近（相差 2.95%）。林分类型 A 郁闭度及叶面积指数均为最高，分别为 0.8969 及 2.2487，这表明其冠层对于光照利用能力更强。

## 7.3.2 常绿阔叶林林冠截留分析

于 2016 年 7~10 月集中测量林冠对于降雨的截留情况，由于相同林分类型的样地相距较近，而不同林分类型样地间隔较大，因此在不同林分类型中所采集的降雨次数也有所差异。四种林分类型采集的降雨数据次数分别为：11（A），18（B），25（C）和 15 次（D）（表 7.4），根据国家气象局发布的雨量等级划分结合研究区观测雨量分布，将实际观测量划分为四个雨量级：小雨（0~10 mm），中雨（10~25 mm），大雨（25~50 mm），暴雨（> 50 mm），实际观测到的降雨量分布见表 7.4。与林冠截留量相比，树干径流所占总截留量比例较小，一般小于截留量的 1%，在本研究中未测量。

**表 7.4 四种林分类型降雨雨量级分布**

| 雨量级<br>Rainfall class( mm) | 降雨次数<br>Number of Rainfall | | | |
| --- | --- | --- | --- | --- |
| | A | B | C | D |
| 0 ~ 10 | 0 | 0 | 4 | 5 |
| 10 ~ 25 | 8 | 11 | 6 | 8 |
| 25 ~ 50 | 2 | 4 | 12 | 2 |
| >50 | 1 | 3 | 3 | 0 |
| 总计 | 11 | 18 | 25 | 15 |

试验区域 2016 年 7~10 月份观测到的降雨中，单次降雨量 1.4~82.6 mm。由表 7.4 可知，观测期间研究区雨量级多为中雨（10~25 mm）和大雨（25~50 mm），日降雨量小于 10 mm 及大于 50 mm 的降雨较少。

四种林分类型（A~D）截留率分别为 22.18%，23.30%，23.84%，19.85%，对降雨及林内穿透雨量、穿透雨率进行回归分析。

由图 7.5 至图 7.8 可知，四种林分类型的林冠穿透雨量均与降雨量呈现显著的线性正相关关系，以林分类型 A 的斜率最大，说明当雨量增加时，类型 A 林分内会更快速的增加穿透雨量。穿透雨率与降雨量均呈现显著的对数曲线关系，且拟合效果均良好，在降雨量处于小雨和中雨之间时，林内穿透雨率随降雨量增加而增加，达到一定程度时趋于稳定。由于不同林分类型空间分布的差异，在各类型林分中观测到的主要降雨量级也有所差异。已观测到的 A 和 B 类型的降雨以小雨为主，而 C 和 D 类型以中到大雨为主。次生林 B

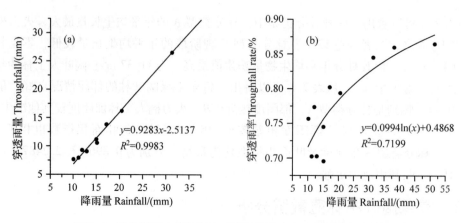

**图 7.5　林分类型 A 降雨量与穿透雨量(a)和穿透雨率(b)关系**

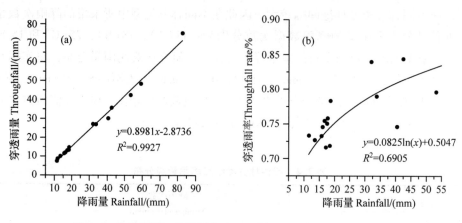

**图 7.6　林分类型 B 降雨量与穿透雨量(a)和穿透雨率(b)关系**

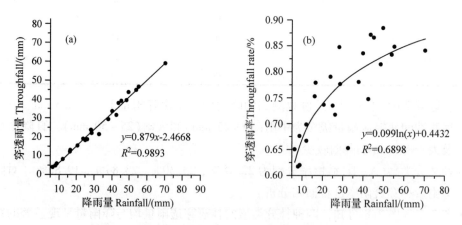

**图 7.7　林分类型 C 降雨量与穿透雨量和穿透雨率关系**

和阔叶人工林(D)最小穿透雨率在 70% 以上，高于其他次生林最小穿透雨率。观测期间四种林分类型的平均截留率分别为 22.36% (A)，23.30% (23.30%)，23.84% (C)和 19.85% (D)。在四种类型林分中，人工阔叶林的平均截留率最低，林分类型 C 最高。

　　采用最小二乘法，以叶面积指数 LAI 和林分平均年龄作为自变量，林分冠层截留率作

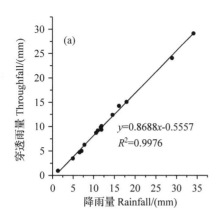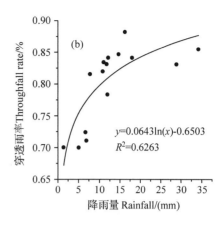

**图7.8 林分类型 D 降雨量与穿透雨量和穿透雨率关系**

为因变量进行回归分析，结果见图 7.9。

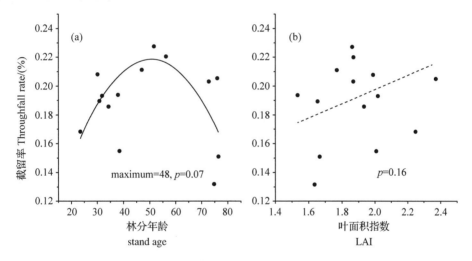

**图7.9 林冠截留率随林龄和 LAI 变化关系**

由图 7.9a 可知，林冠截留率随林分年龄呈现先上升后下降的二次曲线关系（$p = 0.07$），在年龄约 48 a 处达到最大值。在幼龄和中龄林阶段，林冠截留率随年龄增加迅速，当林分达到近熟后，下降规律不显著。由图 7.9b 可知，林冠截留率与叶面积指数的关系不显著（$p = 0.16$），呈现轻度的上升趋势。

由于在观测期间未观测到大暴雨（100 mm）及特大暴雨（≥200 mm），无法根据实际降雨来计算林冠的饱和时的截留量，即林冠最大截留量。常见的替代测量方法为浸水法，即在林地选取标准木，取枝叶浸水后称量持水量，前后差值即为单株标准木枝叶最大持水量，据此推断林冠的最大截留量。但由于这种推算方法需要考虑树种持水特性、林分结构组成、郁闭度等林分条件。研究区域的常绿阔叶次生林林分组成较为复杂，据此方法难以推算出精确的截留量。降雨拦截等林分水文过程具有偶然性与随机性，可将此过程中的降水量看作随机变量，利用统计的原理和方法结合实际观测情况研究其变化趋势，可以推算出较为可信的截留量。

根据图7.5至图7.8的穿透雨率回归曲线及实际观测值分布可知：在全部四种林分类型的林冠截留测量中，当降雨超过某一程度时穿透率均趋于平缓，以观测到最大单次降雨量的林分类型C而言（图7.7b），当降雨量大于60 mm时，降雨穿透率有趋于平稳的趋势。林分类型A和D在降雨量超过30 mm时没有显著的上升趋势。林分类型B再降水超过50mm后有稳定的趋势。林冠承雨能力有限，在达到一定降雨量后截留量在理论上保持不变。研究区域的常绿阔叶次生林林龄较低，林冠蓄留能力有限，因此以降雨100 mm时的拟合曲线推算值作为四种林分类型的最大截留量，得到四种林分类型的最大截留量分别为：7.38 mm（A），11.53 mm（B），10.09 mm（C），5.36 mm（D）。据此得到四种林分类型林冠水源涵养能力分别为：7.38 t/hm²，11.53 t/hm²，10.09 t/hm²和5.36 t/hm²。

## 7.3.3  常绿阔叶林枯落物持水能力

### 7.3.3.1  枯落物持水能力测量

4种林分类型枯落物的总平均厚度及未分解、半分解层平均厚度见表7.5。从表7.5可以看出，火力楠人工林（D）林下枯落物厚度最大，为5.92 cm，其中未分解层是枯落物的主体，所占比例达71.28%。林分C次之，林分A枯落物厚度最小。林分类型A和B中，未分解层与半分解层厚度所占比例相近。对于全部四种林分，半分解层厚度均不足整体厚度的30%。四种林分类型枯落物平均总储量及未分解、半分解层平均储量见表7.6。

表7.5  四种林分类型枯落物厚度

| 林分类型 Forest Type | 总厚度 Total thickness/ (cm) | 未分解层 Undecomposed layer | | 半分解层 Half decomposed layer | |
|---|---|---|---|---|---|
| | | 厚度 Thickness/ (cm) | 百分比 Percent/ (%) | 厚度 Thickness/ (cm) | 百分比 Percent/ (%) |
| A | 5.08 | 3.70 | 72.83 | 1.38 | 27.17 |
| B | 5.54 | 4.03 | 72.68 | 1.51 | 27.32 |
| C | 5.32 | 4.06 | 76.22 | 1.26 | 23.88 |
| D | 5.92 | 4.22 | 71.28 | 1.70 | 28.28 |

表7.6  四种林分类型枯落物储量

| 林分类型 Forest Type | 总储量 Total amount/ (t/hm²) | 未分解层 Undecomposed layer | | 半分解层 Half decomposed layer | |
|---|---|---|---|---|---|
| | | 储量 Amount/ (t/hm²) | 百分比 Percent/ (%) | 储量 Amount/ (t/hm²) | 百分比 Percent/ (%) |
| A | 5.40 | 3.04 | 56.22 | 2.36 | 43.78 |
| B | 5.77 | 3.44 | 59.69 | 2.33 | 40.31 |
| C | 9.10 | 5.39 | 59.28 | 3.71 | 40.72 |
| D | 6.95 | 3.46 | 49.84 | 3.49 | 50.16 |

由表7.6可知，在全部四种林分类型中，枯落物总储量由大到小顺序为：C＞D＞B＞A。林分C的未分解、半分解及枯落物总储量均最大，除林分D外（半分解层超过总储量1/2），未分解层的储量均为枯落物总储量的主体。林分A的未分解层储量最小，林分B

的半分解层储量最小。

影响枯落物持水量的因素有枯落物储量及组成等。此外，林分类型也是影响其持水量的重要因素之一。由于枯落物分为未分解和半分解两层，半分解层由于自然分解，其吸水性质较未分解层也有所不同。在本研究中，将枯落物分层分别浸水24h，四种林分类型枯落物持水量随浸水时间变化见表7.7。

表7.7　四种林分类型枯落物持水量

| 林分类型<br>Forest type | 持水量 Water capacity/（g） | | | | | | | |
|---|---|---|---|---|---|---|---|---|
| | 干重 | 2h | 4h | 6h | 8h | 10h | 12h | 24h |
| A 未分解 | 12.15 | 17.00 | 18.16 | 23.17 | 23.55 | 23.79 | 23.97 | 24.06 |
| A 半分解 | 9.46 | 15.78 | 16.86 | 17.81 | 18.25 | 18.50 | 18.72 | 19.30 |
| B 未分解 | 13.78 | 16.65 | 21.44 | 22.41 | 23.16 | 26.15 | 26.25 | 26.57 |
| B 半分解 | 9.30 | 13.44 | 14.63 | 15.09 | 15.92 | 17.19 | 18.01 | 18.72 |
| C 未分解 | 21.40 | 13.89 | 18.53 | 21.85 | 24.24 | 29.23 | 30.95 | 31.48 |
| C 半分解 | 14.50 | 15.46 | 18.58 | 19.96 | 21.25 | 24.89 | 25.11 | 25.61 |
| D 未分解 | 13.85 | 14.78 | 18.48 | 18.52 | 19.02 | 22.41 | 23.90 | 24.21 |
| D 半分解 | 13.94 | 18.36 | 22.08 | 22.73 | 22.84 | 28.37 | 29.67 | 30.03 |

由表7.7可知，A的未分解层和半分解层持水量分别于约6h和8h处趋于平稳。B、C与D的两层枯落物持水量约在10h处放缓。全部四种林分在12h的持水量与24h的持水量均相近，持水变化范围为0.4%（A未分解层）~3.8%（B半分解层）。各层枯落物的最大持水量是其干重的1.47（C未分解层）~2.15倍（D半分解层）。未分解层最大持水倍数由大到小为：A>B>D>C；半分解层最大持水倍数由大到小为：D>B>A>C。总持水量倍数由大到小为：A>B>D>C。由于不同林分下枯落物的储量有差异，为了便于评价其各自相对的持水性能，将持水量转换为单位干重不同浸水时间下的相对持水量，绘制变化曲线（图7.10）。

从图7.10可以看出，林分类型A的未分解、半分解层单位干重持水量均于6 h处趋于平稳，且两层的持水能力相近，24 h最大持水量分别为1980 g/kg和2039 g/kg。林分B、C和D在浸水8 h前，两层枯落物的持水均有显著增长，在10 h后持水量趋势缓和。特别的，林分D在8~10 h吸水量有明显上升趋势，之后趋于饱和。对于全部四种林分类型，未分解层最大单位干重持水量为林分A，而半分解层最大值为林分D，达到2155 g/kg。未分解层单位干重饱和持水量由大到小的顺序为：A>B>D>C；半分解层单位干重饱和持水量由大到小顺序为：D>A>B>C。从图7.10中可以看出，四种林分的未分解层单位干重饱和持水量均大于半分解层，A，B林分两层最大持水量相近。

由图7.11可以看出，全部林分类型枯落物未分解层、半分解层吸水速率与时间均呈现显著的相关关系，根据图中吸水速率分布趋势，选取幂函数来拟合各层枯落物吸水速率与浸水时间的关系，公式为：$S = at^b$；其中 $S$ 为枯落物吸水速率；$t$ 为吸水时间；$a$，$b$ 为常数。拟合结果见表7.8。可以看出，全部八个拟合回归模型的决定系数（$R^2$）均大于0.95，说明该模型对于研究区枯落物吸水速率的拟合效果良好。林分类型A和B中，半分解层的

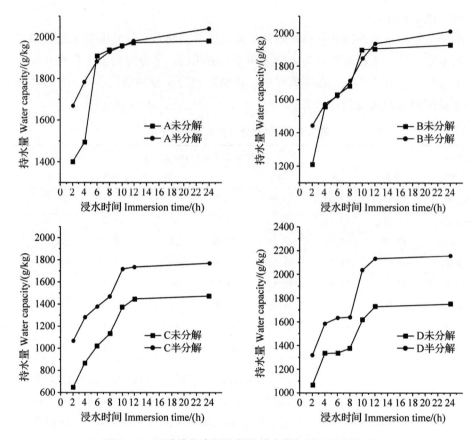

**图 7.10　四种林分类型枯落物持水量与浸水时间关系**

初始吸水速率均大于未分解层，并分别于 4 h 和 6 h 后趋于一致。C 与 D 中，在全部浸水时间段，未分解层吸水速率均大于半分解层(图 7.11c，d)。

**表 7.8　枯落物吸水速率与浸水时间拟合关系**

| 未分解层<br>Undecomposed<br>layer | 拟合方程<br>Equation | $R^2$ | 半分解层<br>Half – decomposed<br>layer | 拟合方程<br>Equation | $R^2$ |
|---|---|---|---|---|---|
| A | $y = 1301t^{-0.839}$ | 0.9885 | A | $y = 1595.9t^{-0.916}$ | 0.9996 |
| B | $y = 1135.4t^{-0.807}$ | 0.9917 | B | $y = 1291.9t^{-0.855}$ | 0.9984 |
| C | $y = 532.8t^{-0.638}$ | 0.9730 | C | $y = 939.5t^{-0.777}$ | 0.9920 |
| D | $y = 951.1t^{-0.792}$ | 0.9916 | D | $y = 1146.8t^{-0.785}$ | 0.9891 |

### 7.3.3.2　枯落物水源涵养能力计算

以枯落物浸水 24 h 的最大持水率作为林地枯落物的水源涵养能力，计算四种林分类型枯落物水源涵养能力(表 7.9)。

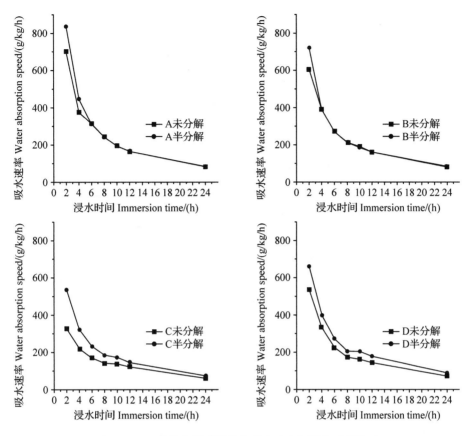

图7.11 四种林分类型枯落物吸水速率与浸水时间关系

表7.9 四种林分类型枯落物水源涵养能力

| 林分类型<br>Forest types | 未分解层<br>Undecomposed layer/<br>(t/hm²) | 半分解层<br>Half – decomposed layer/<br>(t/hm²) | 总体<br>Total/<br>(t/hm²) |
|---|---|---|---|
| A | 6.20 | 4.90 | 11.10 |
| B | 6.69 | 4.60 | 11.29 |
| C | 7.87 | 6.40 | 14.27 |
| D | 6.04 | 7.62 | 13.66 |

从表7.9可以看出，将乐常绿阔叶次生林中，林分类型C林下枯落物未分解层最大持水量最高，为7.87 t/hm²，B林分次之，二者相差约15%。火力楠人工林（D）未分解层蓄水能力最小，而半分解层水源涵养能力最强，为7.62 t/hm²。

从图7.12可以看出，四种林分类型土壤最大持水量（24 h）的大小顺序为：林分类型C>林分类型D>林分类型A>林分类型B。四种林分吸水量在12 h后均变化很小，三种天然阔叶林分在6h~8h间吸水量变化较少。图示中时间的初始值为2h，在2h时C类型林分的初始吸水量最大，4种林分吸水量大小顺序为：C>A>B>D。值得注意的是，阔叶人工林（类型D）在前6 h吸水量迅速增加，至8 h后持水量变化放缓。其初始持水量（g/kg）与类型B林分相近，6 h后超过类型A，最大持水量居第2位。由于初始持水量较高，在

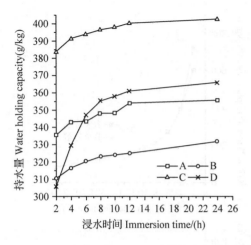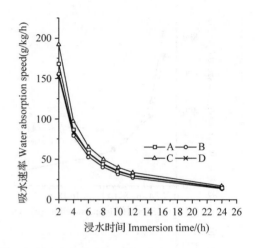

**图7.12　四种林分类型土壤持水量、吸水速率与浸水时间关系**

速率随时间变化曲线上，林分类型 C 的速率值始终最大。由于 D 林分 2 h~6 h 间吸水速率变化最快，该时间段内 D 的斜率也最大。2 h 时，4 种林分初始吸水速率均大于 150 g/kg/h。在 6 h 后 4 种林分土壤吸水速率接近，速度约为 50 ~ 70 g/kg/h。

## 7.4　常绿阔叶林土壤蓄水能力

### 7.4.1　不同厚度土壤吸水速率研究

林分类型 A 土壤蓄水量及吸水速率与浸水时间关系见图 7.13。

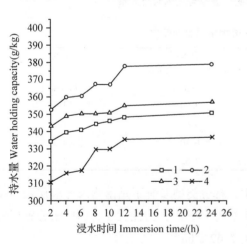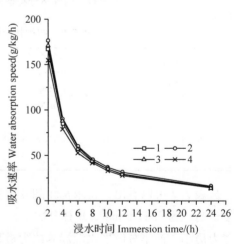

**图7.13　林分类型 A 土壤持水量、吸水速率与浸水时间关系**

从图 7.13 可以看出，林分类型 A 土壤各层最大持水量由大到小顺序为：2 层 >3 层 >1 层 >4 层，除表层土壤外，土壤持水量随深度呈现上升的趋势。在全部 4 层土壤中，第 2 层土壤绝对持水量变化最大，4 层土壤次之，第 1、3 层土壤持水量变化范围较小。第 2、4 层土壤在前 6 h 持水量变化平稳，6 ~ 12 h 处于上升阶段，在 10 ~ 12 h 处均有轻微的上升趋势。吸水速率上，4 层土壤的速率曲线接近，初始吸水速率大小关系与初始持水量（2 h）

顺序相同,吸水速率由大到小依次为。各层土壤 12 h 后土壤持水量及吸水速率均趋于平稳。林分类型 B 土壤蓄水量及吸水速率随浸水时间关系见图 7.14。

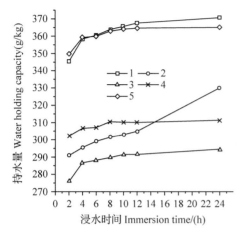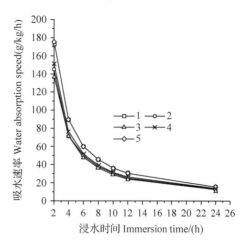

图 7.14　林分类型 B 土壤持水量、吸水速率与浸水时间关系

从图 7.14 可以看出,除第 2 层土壤外,其他层在 12 h 均已接近饱和,各层饱和蓄水量(24 h)由大到小顺序为:1 层 >5 层 >2 层 >4 层 >3 层。全部 5 层土壤在 6 h 后持水放缓,第 2 层土壤持水量在 12~24 h 间也发生了显著增长,增长百分比为 13%。其余 4 层土壤 12 h 时的持水量与最大持水量相近。林分类型 C 土壤蓄水量及吸水速率随浸水时间关系见图 7.15。林分类型 D 土壤蓄水量及吸水速率随浸水时间关系见图 7.16。

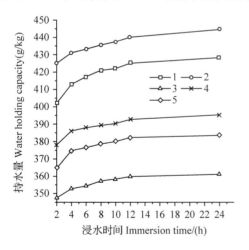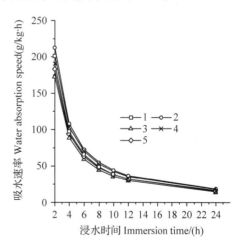

图 7.15　林分类型 C 土壤持水量、吸水速率与浸水时间关系

由图 7.15 可知,林分类型 C 土壤各层最大持水量由大到小顺序为:2 层 >1 层 >4 层 >5 层 >3 层。各层土壤初始持水量排序与最大持水量顺序相同,且均在吸水 4 h 后趋于平稳。从图 7.16 可以看出,林分类型 D 各层土壤最大持水量由大到小顺序为:1 层 >2 层 >4 层 >3 层 >5 层。2 h 时,第 2 层与表层土壤持水量位于前两位,第 5 层土壤局 2 h 持水第三位。随着进水时间的增加,3、4 层土壤吸水量显著上升,在浸水 8 h 后超过了第 5 层

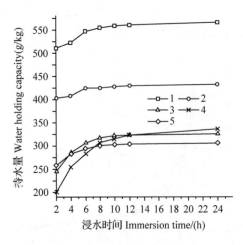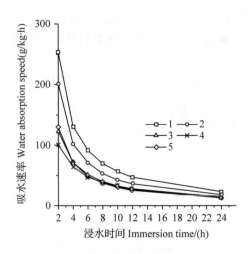

**图 7.16 林分类型 D 土壤持水量、吸水速率与浸水时间关系**

土壤持水量。

## 7.4.2 水源涵养能力随时间变化规律

采用非毛管蓄水量来表示林分土壤的水源涵养能力，林分林冠截留能力与枯落物持水能力随林分年龄变化规律见图 7.17。

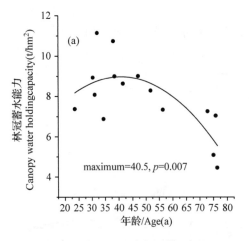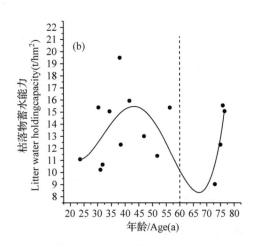

**图 7.17 林分年龄与土壤、枯落物蓄水能力关系**

从图 7.17a 可以看出，枯落物的蓄水能力随林分年龄呈现先上升后下降的趋势，根据散点分布趋势，采用二次曲线对研究区林分年龄~枯落物蓄水能力进行非线性拟合，拟合结果良好（$R^2 = 0.559$，$p = 0.007$）。经 MOS 检验，拟合曲线最大值出现在研究林分年龄区间内，理论极值出现在 40 a 左右（$a = 40.5$），说明常绿阔叶林林分在此阶段的冠层蓄水能力最优。幼龄林林冠蓄水能力初始值居中，随林分年龄的增加，中龄林冠层蓄水能力有所上升，当林分趋于近熟时有显著下降趋势，且蓄水能力小于幼龄林。

图 7.17b 表示的是林分枯落物蓄水能力随年龄变化规律，虚线代表的是林分近熟龄（60 a），从图中可以看出，对于全部龄级的林分而言，林分枯落物的蓄水能力随年龄没有

呈现出显著规律，在幼、中龄阶段，枯落物蓄水量随林分年龄呈现出一个先上升后下降的趋势，峰值约出现在 40~45 a，与冠层最大蓄水量出现的阶段相近(图 7.17 a)。当林分进入近熟阶段后，林分枯落物蓄水能力有上升趋势。土壤蓄水能力与林分总蓄水能力随林分年龄变化规律见图 7.18。

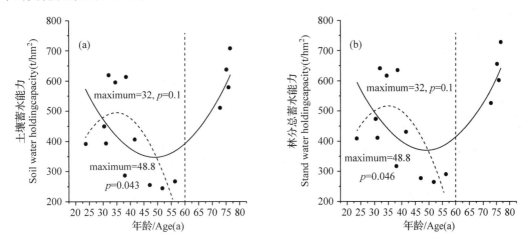

图 7.18  林分年龄与土壤、林分蓄水能力关系

从图 7.18 (a)可以看出，整体趋势上，随着林分年龄的增加，土壤蓄水能力呈现先下降后上升的趋势，经二次曲线拟合结果显著($p = 0.043$)。经 MOS 检验，拟合曲线极小值发生在所观测年龄区间内(a = 49)，这与实际观测的结果相符(最小值时林分平均年龄为 51 a)。对于幼中龄林而言，土壤蓄水能力随年龄呈现先增加后减小的趋势，其峰值出现在 30~35 a 间。处于近熟阶段的林分，其土壤蓄水能力显著增加，平均蓄水能力大于幼中龄林。

由于土壤蓄水是林分蓄水的主体(占总蓄水能力 90% 以上)，因此林分总需水量随林分年龄的变化趋势与土壤蓄水一致(图 7.18 (b))。经 MOS 检验，总蓄水的极小值也同样出现在林分年龄约 50 a 处，当林分生长进入近熟阶段时，林分的整体蓄水能力有显著的上升趋势。

## 7.4.3  小结

将乐常绿阔叶林生长状况良好，根据树木生长组成特性，可将常绿阔叶次生林划分为 3 种林分类型。以赤杨叶~黄樟为主体的林分类型 A，此类林分郁闭程度最高，叶面积指数也最大，林分现阶段年平均生长量也最高，年平均生物量积累也保持较高水平，是四种林分类型中生长功能潜力最大的林分类型。以栲树~苦槠林为主体的 B 林分类型，该林分光照利用程度居第二位，但其年平均生长量较低，仅为 2.09 mm/年，年平均生物量居第二位，仅次于林分类型 C。林分类型 C 年平均生长量较低，仅为 1.73 mm/年，主要树种为山杜英及木荷。此类林分多处于中龄到近熟阶段，其林分年平均生物量积累最高。研究区的火力楠人工林 D 郁闭程度最低，叶面积指数仅为 1.69。年平均积累生物量最低，但却有着较高的年平均生长量。综合来看林分类型 A 有着最高的光照利用率，现阶段生长量最高，生产潜力最大。

研究区的常绿阔叶次生林处于自然演替前中期，其林分处于逐渐郁闭的阶段。与其他成熟常绿阔叶林分相比，林冠的截留能力一般。伴随着是枯落物储量的不足，枯落物总持水量较小。将乐的阔叶人工林，由于冠层树种单一，没有相对完善的冠层结构，其林冠截留能力较差。最大截留能力仅为 C 类型的一半。但由于火力楠叶片面积较大（火力楠树种特性），叶片革质，导致其分解能力较差。未分解层厚度大于次生林分。但其林分本身持水能力较差，未分解层持水能力较小。当有较大降水发生时，若初始吸水能力较差，不能及时减缓洪峰，不利于当地的水源涵养。综合林分三层结构的持水能力，林分类型 C 持水能力最佳，可以有效的增强当地林分的水源涵养能力。阔叶人工林的水源涵养能力较差，不能满足当地的水源涵养功能需求。

## 7.5　不同生长阶段林木生物多样性—生境关联

### 7.5.1　物种丰富度与地上生物量和空间结构因子关系

在全部 25 块样地中，共有 2209 株树木（dbh≥5 cm），共计 47 科 103 种。在全部 103 种林木中，幼龄、中龄、成熟树木所包含的树木种类分别为 103，77 和 43。全部树木及不同生长阶段下地上生物量与丰富度的关系见图 7.19，其中横坐标表示的林分地上生物量，纵坐标表示的是不同生长阶段（a~c）和全部林木（d）的丰富度。

除中龄林木地上生物量与物种丰富度呈线性正相关关系外（图 7.19b），其他生长阶段下的林木地上生物量与林木物种丰富度均呈现单峰曲线关系（图 7.19a，c）。特别对于中龄林木而言，线性正相关关系虽然显著（$p < 0.01$），但其所能解释的变异小于二次模型（线性模型回归 $R^2 = 0.651$，单峰模型 $R^2 = 0.708$）。幼龄林木和成熟林木的回归曲线中，地上生物量的峰值分别为 1.687 和 27.82。对全体林木，地上生物量与树木物种丰富度呈现显著的线性负相关关系。整体二次模型尽管回归结果显著（$p = 0.021$），但由于回归模型的线性部分和二次部分均不显著（线性部分 $p = 0.497$，二次部分 $p = 0.183$），因此选择线性模型为最终回归结果。

林木丰富度与角尺度关系见图 7.20。在 25 块样地中，角尺度变化范围为 0.46~0.69，平均值为 0.55，标准差为 0.049。除成熟树木外（图 7.20c），幼龄、中龄树木的角尺度和树木物种丰富度均有显著相关性。对于幼龄树木，角尺度与物种丰富度呈现单峰曲线关系，而对于中龄树木，二者关系为显著线性正相关（$r = 0.578$，$p < 0.01$）（图 7.20b）。幼龄单峰曲线，其角尺度的顶点为 0.578。对于全部林木，AGB 与丰富度也呈现先上升后下降的二次曲线关系，且回归方程的一次与二次部分均显著（$p < 0.01$）（图 7.20d）。

林木丰富度与大小比数关系见图 7.21。在 25 块样地中，大小比数变化范围为 0.45~0.55，平均值为 0.50，标准差为 0.27。对于三个生长阶段（幼龄、中龄、成熟）的树木而言，仅成熟龄树木的大小比数与丰富度表现出显著相关性（$p = 0.021$）（图 7.21b），回归曲线线性和二次部分均显著（线性：$p = 0.019$；二次：$p = 0.02$）。成熟龄树木大小比数与丰富度的相关关系为单峰曲线，曲线峰值为 0.567（MOS 检验）。对于幼龄、中龄树木，其大小比数与丰富度没有显著相关关系（图 7.21a，c）。

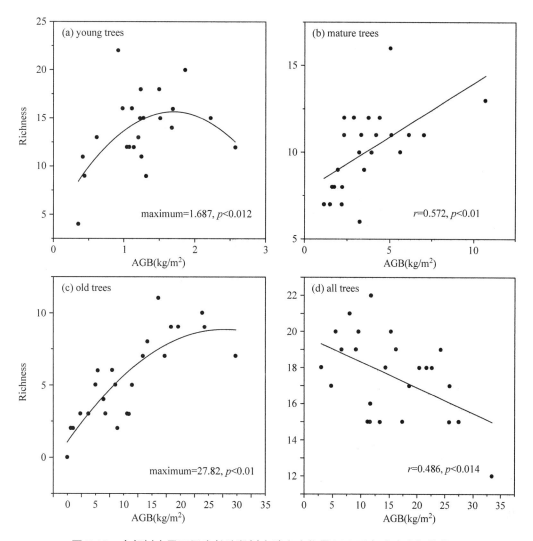

**图 7.19　全部树木及不同生长阶段树木地上生物量(AGB)与丰富度相关关系**

（a）幼龄树木；（b）中龄树木；（c）成熟树木；（d）全部树木。如果回归关系显著，则用实线表示相关关系（p<0.05），其中二次关系使用 MOS 检验判断峰值是否出现在观测数据间

## 7.5.2　广义线性模型与变差分解

对全部树木，广义线性模型的结果(表 7.10)表明，当考虑全部变量时，地上生物量依旧对树木物种多样性有显著影响($F_{1,10} = 16.51$，$p = 0.001$)。角尺度对树种丰富度有着显著影响($F_{1,10} = 5.04$，$p = 0.04$)，然而大小比数对丰富度影响不显著。全部 7 种环境因子中，海拔($F_{1,10} = 7.68$，$p = 0.01$)、坡度($F_{1,10} = 5.35$，$p = 0.04$)、坡向($F_{1,10} = 6.12$，$p = 0.03$)对物种丰富度有显著影响。土壤湿度、有机质含量、P%、K%、N%对丰富度没有显著影响。全部因子共同解释了树种丰富度整体变异的 58.42%。

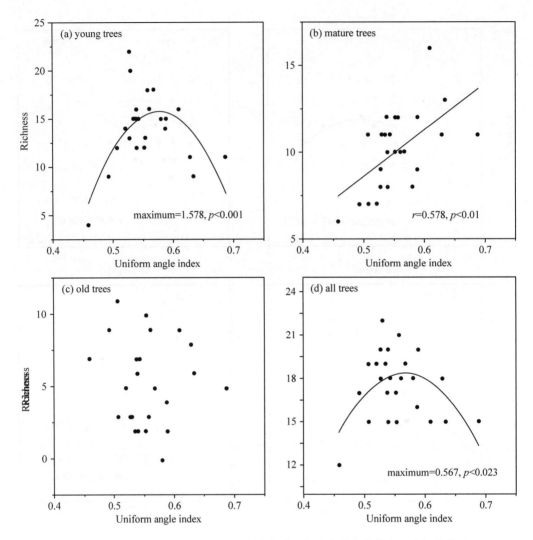

**图 7.20　全部树木及不同生长阶段树木丰富度与空间聚集指数角尺度相关关系**

（a）幼龄树木；（b）中龄树木；（c）成熟树木；（d）全部树木。如果回归关系显著，则用实线表示相关关系（p<0.05），其中二次关系使用 MOS 检验判断峰值是否出现在观测数据间

**表 7.10　生物因素与环境因素对于丰富度影响广义线性模型**

|  | 因素 | DF | F 值 | p |
|---|---|---|---|---|
| 生物因素 | AGB | 1 | 16.51 | 0.001 * * * |
|  | 角尺度 | 1 | 5.04 | 0.041 * |
|  | 大小比数 | 1 | 0.0064 | 0.937 |
| 环境因素 | 海拔 | 1 | 7.68 | 0.015 * |
|  | 坡度 | 1 | 5.35 | 0.037 * |
|  | 土壤湿度 | 1 | 1.08 | 0.316 |
|  | 有机物 | 1 | 0.53 | 0.478 |
|  | 全氮 | 1 | 6.12 | 0.027 * |
|  | 有效磷 | 1 | 0.098 | 0.759 |
|  | 速效钾 | 1 | 2.31 | 0.151 |
|  | 全模型 [a] | 10 | 4.47 | 0.006 * * |

注：广义线性模型整体调整 $R^2$ =0.582；DF：自由度；显著性：* 0.05>p>0.01；* * 0.01≥p>0.001；* * * p≤0.001。

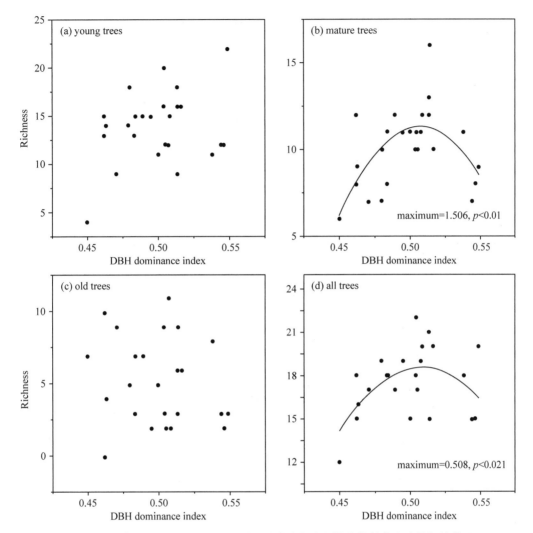

**图 7.21 全部树木及不同生长阶段树木丰富度与空间聚集指数大小比数相关关系**

（a）幼龄树木；（b）中龄树木；（c）成熟树木；（d）全部树木。如果回归关系显著，则用实线表示相关关系（p<0.05），其中二次关系使用 MOS 检验判断峰值是否出现在观测数据间

不同生长阶段树木的广义线性模型结果见表 7.11。当全部生物、环境因素考虑在内的情况下，在全部生长阶段下，地上生物量对树木丰富度均有显著的影响。对于幼龄树木（$F_{1,10} = 5.27$，$p = 0.03$）和中龄树木（$F_{1,10} = 6.24$，$p = 0.026$），角尺度对其丰富度有显著影响。此外，对于幼龄和中龄林木，土壤湿度和海拔对丰富度有显著影响。除了幼龄树木外（$p = 0.055$），其他两个生长阶段中包含全部因素的广义线性模型均显著。对于中龄和成熟林木，全部影响因素分别解释了各自 43.47% 和 75.39% 的变异。

**表 7.11　不同生长阶段树木受生物、环境因素影响广义线性模型**

| 生长阶段 | 影响因素 | DF | F 值 | p |
|---|---|---|---|---|
| 幼龄木<br>(5≤DBH<10) | AGB | 1 | 5.62 | 0.033 |
| | 大小比数 | 1 | 5.27 | 0.038 |
| | 土壤湿度 | 1 | 5.18 | 0.039 |
| | 全模型 [b] | 10 | 2.53 | 0.055 |
| 中龄木<br>(10≤DBH<20) | AGB | 1 | 13.87 | 0.002 |
| | 大小比数 | 1 | 6.24 | 0.026 |
| | Whole model[c] | 10 | 2.85 | 0.036 |
| 成熟木<br>(DBH≥20 cm) | AGB | 1 | 46.50 | <0.001 |
| | 海拔 | 1 | 25.71 | <0.001 |
| | 全模型 [d] | 10 | 8.35 | <0.001 |

注：b 全模型调整 $R^2$ = 0.3410；c 全模型调整 $R^2$ = 0.4347；d 全模型调整 $R^2$ = 0.7539；$DF$：自由度；每个生长阶段仅显示显著相关的因子($p < 0.05$)。

对全部生长阶段树木的变差分解结果见表 7.12。由于整体影响因子对幼龄树木影响并不显著($p = 0.055$)，也就是幼龄树木丰富度的变异不能随着生物和环境因素的变化而产生显著差异，因此没有对其进行变差分解。

**表 7.12　不同生长阶段树木多样性变差分解结果**

| 生长阶段 | 变差分解 | $DF$ | $R^2$ | 调整 $R^2$ | p |
|---|---|---|---|---|---|
| 全部树木 | (A) 总体解释量 | | | | |
| | 生物因素 | 3 | 0.352 | 0.259 | 0.027 * |
| | 环境因素 | 7 | 0.591 | 0.421 | 0.014 * |
| | 全部因素 | 10 | 0.757 | 0.584 | |
| | (B) 分组解释量 | | | | |
| | 受限于环境的生物因素 | 3 | | 0.162 | 0.047 * |
| | 受限于生物的环境因素 | 7 | | 0.324 | 0.024 * |
| | 未解释 | | | 0.416 | |
| 幼龄木<br>(5≤DBH<10) | (A) 总体解释量 | | | | |
| | 生物因素 | 3 | 0.189 | 0.073 | 0.195 |
| | 环境因素 | 7 | 0.432 | 0.198 | 0.144 |
| | 全部因素 | 10 | 0.616 | 0.341 | |
| 中龄木<br>(10≤DBH<20) | (A) 总体解释量 | | | | |
| | 生物因素 | 3 | 0.488 | 0.415 | 0.005 ** |
| | 环境因素 | 7 | 0.306 | 0.020 | 0.407 |
| | 全部因素 | 10 | 0.670 | 0.435 | |
| | (B) 分组解释量 | | | | |
| | 受限于环境的生物因素 | 3 | | 0.414 | 0.008 ** |
| | 受限于生物的环境因素 | 7 | | 0.019 | 0.388 |
| | 未解释 | | | 0.565 | |

（续）

| 生长阶段 | 变差分解 | $DF$ | $R^2$ | 调整 $R^2$ | $p$ |
|---|---|---|---|---|---|
| | （A）总体解释量 | | | | |
| | 生物因素 | 3 | 0.515 | 0.446 | 0.003＊＊ |
| | 环境因素 | 7 | 0.794 | 0.709 | 0.001＊＊＊ |
| 成熟木 | 全部因素 | 10 | 0.856 | 0.754 | |
| （DBH≥20） | （B）分组解释量 | | | | |
| | 受限于环境的生物因素 | 3 | | 0.044 | 0.136 |
| | 受限于生物的环境因素 | 7 | | 0.308 | 0.007＊＊ |
| | 未解释 | | | 0.246 | |

注：调整 $R^2 = 1 - (1 - R^2) \times$（总体自由度/残差自由度）；$DF$：自由度；显著性：＊ $0.05 > p > 0.01$；＊＊ $0.01 \geqslant p > 0.001$；＊＊＊ $p \leqslant 0.001$。

对全部树木的丰富度的变异进行变差分解。两组变量共同解释了超过一半的变异（55.6%），其中有 27.3% 是来自于生物部分的影响。对中龄树木而言，两部分共解释了 43.5% 的变异。生物因素部分对丰富度影响显著（$p = 0.008$），并解释了绝大多数（41.5%）的变异。然而环境因素部分却不显著（$p = 0.407$），对多样性有极小的影响（2.02%）。生物部分和环境部分单独解释了 41.4% 和 1.94% 的变异（表 7.12）。对于成熟林的树木，生物部分（$p = 0.003$）和环境（$p = 0.001$）部分均有显著影响，二者共同解释了 75.4% 的变异。对方差变异进行分解，发现分别有 5.89% 和 40.9% 的变异是由生物部分和环境部所引起的。对于成熟龄林木的生物部分及成熟林木的环境部分分别单独进行了额外的冗余分析，发现均对其各自的丰富度均影响均显著（$p = 0.006$ 和 $p = 0.001$）。

## 7.5.3　小结

研究结果表明，生物（AGB，空间结构）及环境（微地形，水分供给及土壤养分）过程对于将乐地区常绿阔叶林树木生物多样性的维持均有不可替代的作用。对于全部树木，生物量与多样性呈现线性负相关关系；此外两种空间结构因子（角尺度和大小比数）均与多样性呈现单峰曲线的关系；对于不同生长阶段的树木而言，生物量—多样性与空间—多样性关联均产生了变化。变差分解的结果表明，对于整体树木及成熟树木而言，环境因子是决定物种多样性分布的主导因素。相反的，对于幼龄及中龄树木而言，生物因素确实其多样性产生的主要原因。在林分中，随着树木的生长（幼龄—中龄—成熟），控制其多样性分布的主要原因由生物类因素变化为环境因素。不可忽视的是，很大一部分变异不能被所调查的因素解释，这可能是由于未测量的影响变量或其他随机过程所引起的。随着生长阶段的增加，未解释的变异逐步减小，这可能是由于幼树对于未测量因素（如光照可及度，微气候等）的需求更多，或是由于传播限制等中立过程对幼树多样性的影响更大。但由于缺乏可利用的林分微气候或光照强度数据，本研究中难以对这些因素的影响进行分析研究。总之，生物因素和环境因素对于研究区的常绿阔叶林树木多样性均有影响，这两部分影响的重要程度随着树木的生长阶段也会产生变化。

## 7.6 常绿阔叶次生林多功能关系

### 7.6.1 物种多样性与水源涵养功能关系

森林经营具有长周期性，在实际经营中，针对处于不同生长阶段的林分功能的变化规律研究显得尤为重要。森林物种多样性与水源涵养功能均随着林分年龄产生显著变化，因此以林分平均年龄作为自变量，物种多样性与水源涵养功能作为因变量，拟合回归曲线，尝试分析两种关系随时间序列的变化规律，经过标准化预处理的两种功能随林龄变化结果见图 7.22。

由图 7.22 可知，随着林分年龄的增加，树木物种在幼中龄林阶段持续上升，当林分近熟后开始下降。而水源涵养功能的变化趋势与之相反，水源涵养能力呈现先下降后上升的趋势，在约 50 a 处为最小值。林分生物多样性保护功能与水源涵养功能呈现对立、竞争的关系，生物多样性保护功能达到最大值时，水源涵养功能值最小。林分多功能经营的目的是要在维持主导功能良好的前提下其他功能也保持健康状态。因此，将生物多样性保护功能与水源涵养功能赋予相同的权重，计算林分由幼龄阶段开始，生物多样性保护与水源涵养相对功能值之和，以期发现林分处于何种生长阶段时二者功能总体可以维持在较高水平，结果见图 7.23。

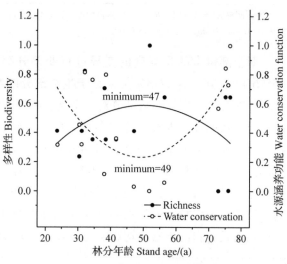

**图 7.22** 多样性保护与水源涵养功能随时间变化关系

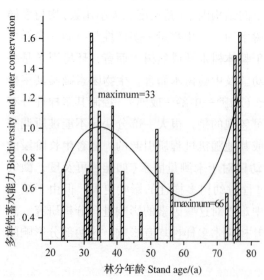

**图 7.23** 多样性水源涵养功能和随林龄变化关系

图 7.23 表示的是对应林龄下两种功能和的相对大小。使用三次曲线对林分多样性及水源涵养能力和变化关系进行拟合。二者之和在林分年龄达到 60 a 之前随林龄呈现先上升后下降的关系，峰值出现于林龄 30 ~ 35 a 间。此后，二者的和开始下降，在林龄约 66 a 时达到一个最小值。当林分进入近熟阶段后（a > 60），二者之和开始显著上升。由此可见，随着林分年龄的增加，多样性保护功能与生产功能间的关系产生变化。在幼龄和近熟龄阶段，两种功能之和呈现上升趋势，在这两个生长阶段中，适宜对林分多样性水源涵养功能进行经营。由于林分单一功能的变化趋势，在幼龄阶段，应加强水源涵

养功能经营相关措施，在近熟、成熟龄阶段，应加强生物多样性保护经营措施。当林分处于中龄阶段时，两种功能之和开始下降，在林分年龄 30~50 a 时应加强水源涵养功能，而50~70 a 时应加强生物多样性保护功能经营。

## 7.6.2 物种多样性与生产功能

森林物种多样性与生产功能随着林分年龄也产生显著变化，以林分平均年龄作为自变量，物种多样性与生产功能作为因变量，绘制回归曲线，尝试分析两种关系随时间序列的变化规律，经过标准化预处理的两种功能随林龄变化结果见图7.24。

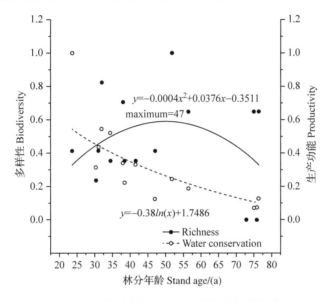

图7.24　多样性保护与生产功能随时间变化关系

由图 7.24 可知，林分生产功能与林分年龄为对数关系，随着林龄的增加，林分生产功能缓慢下降，达到一定林龄后趋于平稳。使用对数曲线对二者关系进行拟合，拟合效果显著（$p = 0.02$）。结果表明，林分多样性保护功能与生产功能在林分年龄约 47 a前，二者呈现对立关系，此后二者为相互独立关系。研究林分由幼龄阶段开始，生物多样性保护与生产功能值之和随林龄的变化规律，结果见图 7.25。

使用对数曲线对多样性生产功能随林龄变化规律进行回归拟合，回归结果显著（$p = 0.05$）。随着林龄增加，多样性保护与生产功能之和呈现下降趋势，当林分进入近熟阶段后，下降速率减缓，最终趋于平稳。林分

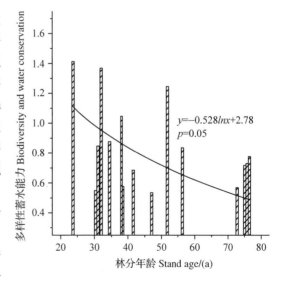

图7.25　多样性生产功能和随林龄变化关系

生产功能随林分年龄呈现负相关关系。因此，需要在各生长阶段采取经营措施以提高林分生产功能。在林分年龄小于 47a 时，林分功能经营以生产功能为主，当林分年龄超过 47a 时，应采取经营措施加强生物多样性保护功能。

## 7.6.3　水源涵养与生产功能

常绿阔叶次生林的水源涵养功能与生产功能标准化后的两种功能值求和，研究其随时间变化规律，其变化规律见图 7.26。

由图 7.26 可知，常绿阔叶次生林水源涵养与生产能力之和随林龄呈现先上升后下

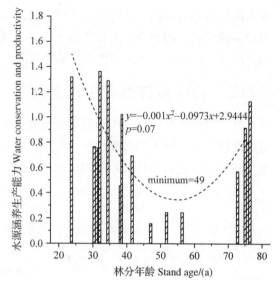

图 7.26　多样性生产功能和随林龄变化关系

降的二次曲线关系，拟合结果在 0.1 水平上显著，最小值发生在林分年龄约 49 a 处。林分年龄在约 50 a 之前，水源涵养功能与生产功能呈现对立关系，当林分年龄超过 50 a 时，二者呈现互利关系。当对这两种功能进行多功能经营时，应优先在近熟、成熟龄林分中进行。

## 7.6.4　三种功能和随时间变化关系研究

在上述过程中研究了常绿阔叶次生林三种功能(生物多样性保护功能、水源涵养功能、生产功能)随林分年龄变化规律及同时考虑两种功能水平较高的情况下，两两功能相对值之和的时间变化规律，当同时考虑三种功能效益时，采用三种功能标准化后相对值之和与林分年龄进行回归分析，结果见图 7.27。

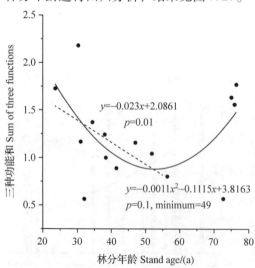

图 7.27　三类功能和随林龄变化关系

从图 7.27 可以看出，在林分经营周期内，常绿阔叶次生林三种主要功能之和呈现先下降后上升的趋势，在林龄约 49 a 处达到最低值。以二次函数来拟合经营周期内的功能和，在 $p < 0.1$ 水平上显著。根据龄组划分为两个阶段时，中幼龄林的功能之和随时间表现出显著的线性负相关关系($p = 0.01$)，近过熟龄之后，各功能都随林龄增加而不断完善，且呈现互利的趋势。即三种功能在林分年龄约 49 a 前呈现竞争关系，此后三者呈现互利趋势。因此，在森林多功能经营过程中，在 49 a 前应注意加强森林经营，尽可能降低各功能的竞争程度。此后，由于多样性的下降，应注意加强林分生物多样性保护功能以

维持林分多功能。

# 7.7  研究区阔叶林多功能目标林设计

## 7.7.1  森林功能需求分析

研究区福建省将乐县有着丰富的森林资源储备，在采取森林多功能经营措施时，要首先考虑当地对于森林功能的需求。随着国家政策与当地社会情况的转变，对于研究区的常绿阔叶次生林，主要功能需求分为以下两类：

（1）森林单一功能需求：长期以来，由于国家及各林业部门对于林业工作的重视，森林生态系统功能需求提升。由于近年来当地经济状况的提升，导致森林经营需求重点由原来的针叶林（如杉木、马尾松）的采伐收获向天然林，特别是常绿阔叶林的保护转变。在以往对于针叶林的经营采伐过程中，大量常绿阔叶林遭到干扰与破坏。针叶林物种相对单一，且杉木、马尾松的连作会导致地力的下降，导致水源涵养能力不足，当发生较大降雨时容易造成水土流失。针对研究区森林结构现状，维持改善当地林分物种多样性是首要条件。单一结构林分缺乏健康性，在发生自然灾害和病虫害时容易受到干扰破坏，林分稳定性较差。而复层、异龄的结构是较为理想的林分结构，可以充分利用林分垂直空间的资源。

（2）森林多功能需求：人们对于森林多功能的需求体现在经营目的的多元化与生态环境的日益变化上。对于森林多功能的需求主要来源于练个方面：首先是对于生物多样性的需求。多样性不仅包含生态系统物种的多样性，也包括生态系统结构及其本身的多元化。人们对于有限的森林资源采取经营时，不仅要考虑保护现有的不可再生资源，更要开发、利用可再生资源。森林作为陆地生态系统多样性的重要组成部分，其生态平衡对人类意义重大。在自然选择中，物种会由于生物间的相互作用而进化或淘汰，而经营者要根据自身需求，有选择性的保护、延续物种的多样性，避免加以干扰和破坏。从长远角度看，对于林分尺度的生物多样性保护有利于区域多样性的维持。森林树木维持着能量及养分的循环，局部的物种间共存形成独特的林分结构，多种林分结构共存形成了区域结构的多样性。此外，对于森林功能的需求还体现在水源涵养上。在水土流失现象严重的今天，森林在保持水土、涵养水源功能上起到了据定性的作用。森林涵养水源的过程是对于降水的再分配过程，它可以将过量的降水加以分流、储存，在降雨频发的季节减缓地表径流，减少地表水分蒸散。在干旱季节增加流量，提供植被必需的供给。通过调节局部地区水分循环，形成小气候，从而影响区域的环境与气候。

然而，由于生态环境的日益恶化，单一的林分功能已不能满足社会的需求，如何发挥森林多重生态效应至关重要。对于具体林分而言，实现林分多功能可持续的前提是需要具有稳定的生产能力。多功能、可持续经营是在确保森林生产力和更新能力的前提下实现的，这就需要在维持功能发挥的同时也兼顾森林的生产与生长。因此，在确定林分目标结构时，对于不同的经营需求，需要充分发挥单一主导林分功能，也需要同时考虑多功能的协调与共赢，在保持林分较高生产能力的前提下确定目标林分结构。根据林分生物多样性保护和水源涵养功能的研究结果，在保持林分相对较高生产能力的前提下，探索以下几个问题：

①以生物多样性保护功能为主导功能林分目标结构是什么；如何对现有林分结构调整以实现生物多样性最大化；②以水源涵养功能为主导功能的林分目标结构是什么；如何通过林分结构调整实现水源涵养能力的加强；③在保持林分功能的前提下，如何提高林分的生产能力；④兼顾多功能(生物多样性保护、水源涵养、生产功能)发挥的林分目标结构是什么，如何通过林分结构调整实现多功能经营。

## 7.7.2　目标林分的构建

目标林分结构是为了实现经营目标，最大限度的满足经营主体的功能需求，实现效益最大化的森林结构类型。它不仅可以指导现实林分结构转变，而且是一种可持续的森林经营结构。在制定目标林分时，需要以现有的林分结构为基础，结合实际生产措施，最大限度发挥林分多功能。本研究依据近自然经营理论，对处于不同生长阶段的林分主体按功能需求制定经营调整措施，尝试构建具有多功能目标林分结构。根据森林主要功能结合当地对于林分功能的需求，将目标林分划分为生物多样性保护林和水源涵养林。

### 7.7.2.1　生物多样性保护林

以生物多样性保护功能为主导目标构建林分目标结构：赤杨叶—黄樟林(林分类型A)，栲树—苦槠(林分类型B)和山杜英—木荷林(林分类型C)中林分类型B的平均丰富度，香农多样性指数及均匀度指数均最高，林分内部植物生长良好，呈现复层、异龄的结构特征，是较为理想的生物多样性保护功能林分。根据多样性的变化规律及受限因素，在林分类型B的结构基础上构建以发挥多样性保护功能为主要目标的林分结构。构建生物多样性保护林分的理想目标是：①保持植被近自然生长：在确定目标结构时，要以近自然经营为理念，以原有生态系统结构为基础，选择其优良结构功能加以保持，不受到外来物种的干扰。②维持稀有物种：稀有物种日益减少的今天，在维持整体林分生物多样性良好的前提下要保存尚存的稀有种，保证稀有种的生存、生长与延续。

综合以上研究结果，在环境及主要树种构成优先的前提下，生物多样性保护林的目标林分结构如下：

①水平聚集分布：目标林分平均角尺度 $\overline{W} = 0.567$。其中幼龄木的水平分布以均匀分布优先($\overline{W} \leqslant 0.578$)，对于中龄木结构调整趋势为聚集分布优先原则，成熟林木个体无特殊调整要求。目标林分平均大小比数 $\overline{U} = 0.508$。中龄树木的大小比数控制在0.5以内，幼龄和成熟龄无特殊调整要求。

②林分以复层结构优先，考虑林分生产能力，主冠层可以以先锋树种为主，如赤杨叶及樟科树种，林下配置耐阴树种，如山杜英、木荷等，这样可以在保持初期生产功能的前提下，丰富物种多样性。林分生长初期水源涵养能力较强，可适当配置深根系树种及少量针叶林。随着林分生长，林下耐阴树种将取代先锋树种，林分主导功能可由生物多样性保护功能向水源涵养功能转变。

③以林分类型C的株数密度作为目标结构特征，将林分株数密度控制在 $1400 \sim 1600 \text{N/hm}^2$。

在森林实践经营中，随着对于森林经营集约化的提升以及发挥生态功能优先为原则思

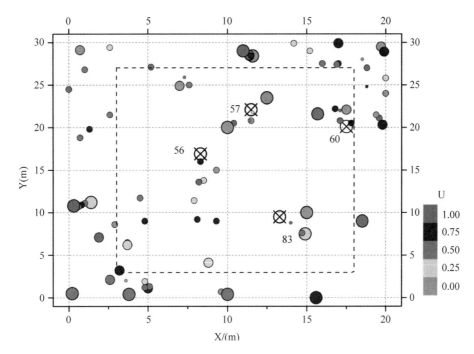

**图7.28 基于树木水平聚集分布的林分结构调整**

注：每个圆圈代表样地内的每株树木的空间分布状态，中心黑色矩形虚线为3m的
缓冲区，圆圈面积的大小代表树木的角尺度（$W$）的大小 $[0-1]$，颜色代表每株树
木大小比数（$U$），疏伐树木用⊗来表示。

想的深化，以森林结构特征作为基础的经营调整措施更具科学性与必要性。在研究区全部
固定标准地中，选择13号标准地，标准地内的树木空间分布见图7.28。采伐木的选择步
骤如下：

①根据该标准地的 $\tilde{W} = 0.628$ ，林分为聚集分布。$\tilde{U} = 0.52$ ，大小分异度过大。据此
需要将标准地 $\tilde{W}$ 和 $\tilde{U}$ 调小，因此首先需要调整的是 $0.75 \leqslant W_i \leqslant 1$ 以及 $0.75 \leqslant U_i \leqslant 1$ 的
林木。据此筛选出6株符合条件的林木，林木基本信息见表7.13。

**表7.13 筛选树木基本信息**

| 树号<br>Tree NO. | 胸径<br>DBH | 角尺度<br>W | 大小比数<br>U | 树种<br>Tree species |
|---|---|---|---|---|
| 37 | 10.5 | 0.75 | 0.75 | 水杨梅 |
| 56 | 7.6 | 1 | 0.75 | 红楠 |
| 57 | 5.9 | 1 | 1 | 红楠 |
| 59 | 5.2 | 1 | 1 | 毛冬青 |
| 60 | 5.7 | 1 | 0.75 | 毛冬青 |
| 83 | 5.5 | 1 | 0.75 | 红楠 |

②采伐木选择：根据生长阶段划分标准，除37号树木属于中龄树木外，其余5株树
木均属于幼龄树木（5 cm < DBH < 10 cm），减小幼龄树木的角尺度，增加中龄树木的角尺
度有助于多样性的提升。而减小中龄树木的大小比数也有着相同的效应。因此，将采伐木

的范围缩小到 56 ~ 83 号等 5 株幼龄树木。根据已有树木的水平分布特征，伐除 4 株树木方可达到目标林分的水平结构需求。由于林分经营的主要目的是保持物种多样性，因此在选择采伐木时优先伐去林分主要树种，保留个体数较少的树种，维持物种多样性。37 号样木树种为水杨梅，在全部样地内仅 1 株，因此予以保留。由于 13 号标准地中红楠属于亚优势树种，而毛冬青个体数较少，因此将优先考虑红楠的采伐。伐去 56 号、57 号和 83 号共 3 株红楠后林分水平聚集分布参数为：$\widetilde{W} = 0.59$，$\widetilde{U} = 0.51$。林分大小比数已经符合林分最优大小分异程度。而角尺度依旧过大，因此需要在 59 号，60 号树木中再选择 1 株进行采伐。考虑到林木的空间分布位置，59 号树木在林木距离分配上比较科学，若加以采伐会造成较大的空地，因此予以保留。60 号树木与其他两株树木空间分布距离较近，竞争作用使三株树木长势均受限，因此选择 60 号树木为第 4 株采伐木。

据此采伐 56 号、57 号、60 号和 83 号共计 4 株树木，模拟采伐后样地 $\widetilde{W} = 0.577$，$\widetilde{U} = 0.50$，林分平均角尺度接近最优分布，而大小比数位于单峰曲线左侧，处于物种多样性上升阶段。模拟伐后林分物种多样性保持不变，达到预期效果。当林分平均角尺度（$W$）和大小比数（$U$）小于目标林分结构时可以对林分进行补植，补植位置以空地或林木竞争小处优先。处于林分生长变化的考虑

研究结果表明，林分整体生物量的大小与多样性有显著的线性负相关关系，而幼龄树是林分物种构成的主体，且处于中等生物量时生物多样性较大。因此在维持林分物种多样性时可以适当选择物种个体数较多的幼树进行疏伐，这样可以在保证树木整体生物量变化不大的条件下提高物种多样性。

### 7.7.2.2 水源涵养林

首先比较不同林分层次结构（冠层、枯落物层、土壤层）上各林分类型的水源涵养能力的差异，以近自然经营的思想，结合现有次生常绿阔叶林分结构确定目标林分结构：四种林分类型中，林分类型 C 的林冠平均截留率最高，达 23.84%。这来源于山杜英—木荷（C）林的多层次林冠结构，乔木第一亚层以山杜英和木荷等树木为主，高达 15 ~ 25 m，并伴随有少量的天然杉木，该层郁闭度较高，可以有效地阻拦降水。第二亚层乔木以米槠、栲树为主，高度为 8 ~ 15 m，一般生长于林隙或主冠层稀疏处，可以完成林冠的二次截流。乔木第三亚层以一些小乔木或乔木幼苗为主。由于林分生长良好，冠层较为完善，林下灌草较少。从整体上来看，山杜英—木荷林是一种林分结构相对稳定的群落，各层分布齐备，具有合理的冠层及亚冠层空间配置。枯落物是水源涵养的第二因子，拦蓄已通过林冠的降水为主，由于栲类树木树叶多为革质，自然分解速率较差，因此需要适当搭配一些针叶树种促进枯落物层的分解，并且可以解决旱季的节水问题。土壤蓄水能力上，应该以促进林分土壤孔隙度为优先，增强土壤蓄水能力。

研究区水源涵养林目标林分结构为：

①林分层次结构上接近天然山杜英—木荷林分，应呈现复层、异龄、混交的状态。兼顾生物多样性保护功能，林分大小比数、角尺度保持中等水平。

②树种组成以天然山杜英~ 木荷林分为主，适量配置针叶树种，如杉木、马尾松。由于林分郁闭情况较好，在选择造林树种时，优先选择节水树种和耐阴树种。在选择林下造林树种时应以深根系树种为主，合理搭配浅根系与深根系树种比例，能够收到良好的水源

涵养和疏松土壤的效果。

③林分生物量应维持在中等水平，以保证树种多样性丰富。特别要注意维持林下灌木和草本层生物量，适当减小林分郁闭度，以确保林下灌草层发育良好，从而提高枯落物蓄水能力。

④林分年龄结构异龄化，在 40 a 以上时，向异龄林调整，以保持林分生产能力。

与天然林相比，将乐县火力楠人工林物种组成相对单一，水源涵养能力较差，生产能力低。以理想结构为依据，针对将乐县现有火力楠人工林现状，提出多功能经营措施建议。

①立地条件：优先选择海拔位于 500~1200 m 间，土壤深厚的林分进行经营调整。坡度以缓坡优先，可以优先选择位于山谷地势的林分以便于生物多样性的维持与水分的供给。

②树种组成：为快速提高林分物种多样性，可以在林隙处优先种植先锋阔叶树种，如赤杨叶、黄樟等。在林下种植耐阴树种，如山杜英、木荷等。由于目前的火力楠人工林中杉木等针叶林的比重较大，可适当减少其比例，补植以当地深根系阔叶树种，疏松深层土壤结构，提高土壤蓄水能力。

③林分结构：在林分生长初期，可对林分适当抚育，对林下进行割灌除草，保证乔木树种生长，待林分逐渐郁闭后，可适当减小林下作业强度。林分空间结构上，以 $\widetilde{W} = 0.59, \widetilde{U} = 0.51$ 为最优水平聚集分布，当林分近熟后，对角尺度和大小比数为 1 或 0.75 的林木进行择伐，以火力楠或林分主要树种优先以保证林分物种多样性。对于过度聚集的林木，可优先砍伐胸径大于 20 cm 的树木，这样可以控制林分整体生物量水平并促进林下更新，维持物种多样性。

④林分年龄：在林分生长在 30~60 a 时，以加强林分水源涵养功能为主，可适当增施有机肥并耕土除草，改善土壤非毛管孔隙度，增强土壤蓄水能力。在此阶段可适当增加林分土壤 P 和 N 的含量，不仅助于提高枯落物分解速率也可以有助于稳定林分物种多样性。当林分年龄超过 60 a 时，林分经营以提高生产能力及生物多样性为主，对林分进行抚育，改善林分空间结构。适当减小林分郁闭度，对林分第一、第二亚层进行调整，将林分郁闭度控制在 0.8 左右以促进林下树种天然更新。

## 7.8　结论

（1）通过对位于将乐县光明乡和龙栖山自然保护区两块研究区域的常绿阔叶次生林的乔木物种多样性进行了调查，共记录了 47 科 103 种，共计 2255 株树木。对于林分结构及树木多样性随海拔梯度和地势变化的研究发现，乔木丰富度及多样性指数均随海拔呈现显著的正相关关系。林分平均冠高比随海拔梯度的增加而减小，株数密度与海拔未呈现显著相关。分地势对于林分结构及多样性进行了对比，发现山谷和山脊地势对于林分平均胸径、平均树高、丰富度及多样性指数均有显著影响，在山谷中上述的林分结构指标均高于山脊地势。林分的树木株数密度与冠高比没有显著差异。

通过冗余分析（RDA），研究林分环境因子（地形因子和水分因子）综合对于丰富度及物种多样性指数的影响程度，发现海拔是影响多样性变化的最主要因素。地形因子中，坡度、坡向与多样性呈现负相关。水分因子中，土壤非毛管孔隙度与多样性间有微弱的正相关关系，而土壤容重与土壤湿度与多样性为负相关关系。采用偏冗余分析(pRDA)提取地形因素和水分因素对于物种多样性变异的影响权重，发现地形因子是主要因素，共同解释了40%的多样性变异。而水分因子共同解释了约10%的变异，两类因子共同解释了5.8%的林分多样性变异。有42%的多样性变异不能被所测因素解释。

(2)根据双向指示种分析(TWINSPAN)对研究区常绿阔叶林进行了林分类型划分。根据乔木重要值将常绿阔叶次生林划分为三种主要林分类型。类型A：赤杨叶—黄樟林；类型B：栲树—苦槠林；类型C：山杜英—木荷林。调查当地火力楠人工林(类型D)来比较人工阔叶林与次生林间的生产功能差异。利用生长锥分径阶钻取年轮条，计算林分平均年龄，将全部林分划分为三个龄组：幼龄林、中龄林、近熟林。从林木物质积累和光照利用两个角度，共计四个指标比较不同林分类型间的生产功能的大小关系。结果表明，赤杨叶—黄樟林(类型A)在四种林分类型中具有最高的年平均生长量，并且对于光照的利用情况最优。林分C生产能力最差，人工火力楠林生产能力一般。

(3)对研究区常绿阔叶林林分水源涵养功能进行了研究。分层次对不同林分类型的林冠截留能力、枯落物、土壤蓄水能力进行了比较。四种林分类型中类型C的平均林冠截留率最高(23.84%)，火力楠人工林最差(19.85%)。四种林分类型的林下穿透雨量与降雨量均呈现显著的线性正相关关系，而穿透雨率与降雨量呈现对数曲线关系。林冠截留率随林分年龄的增加呈现先上升后下降的二次曲线关系，在林分年龄约48a时冠层截留率达到最大。林分截留率与林分叶面积指数呈现正向关系，但这种关系不显著($p = 0.16$)。四种林分类型林冠水源涵养能力分别为：7.38 t/hm$^2$、11.53 hm$^2$、10.09 t/hm$^2$和5.36 t/hm$^2$。

(4)研究枯落物未分解层、半分解层枯落物储量及持水特性。四种林分类型中，火力楠人工林(D)林下枯落物厚度最大，以未分解层为主(71.28%)，林分类型A的枯落物储厚度最小。对枯落物浸水测量持水量及吸水速率。结果表明，四种林分未分解层最大持水倍数大小顺序为A>B>D>C，半分解层最大持水倍数由大到小为D>B>A>C。总持水倍数与未分解层的大小顺序保持一致。四种林分的未分解层单位干重饱和持水量均大于半分解层，A和B两种林分类型的最大持水量接近。对枯落物吸水速率与浸水时间进行回归分析，发现两者呈现显著的指数关系。四种林分类型枯落物层最大持水量分别为：11.10 t/hm$^2$、11.29 t/hm$^2$、14.27 t/hm$^2$和13.66 t/hm$^2$。

(5)对不同林分类型土壤持水特性进行研究。通过浸水实验发现四种林分持水量在浸水12h后均变化不大，土壤最大持水量(24 h)的大小顺序为：C>D>A>B。分层(0~100 cm，每层间隔20 cm)对不同林分类型的土壤吸水速率进行了研究，发现最大持水量一般出现在前三层，随着土壤厚度的增加，土壤吸水速率并未出现显著的变化规律。采用非毛管孔隙度蓄水量来来表示林分土壤水源涵养能力，研究其随时间变化规律。结果表明，林分土壤蓄水能力随林龄呈现先上升后下降的二次曲线关系，在林分年龄约49 a时最小。四种林分类型综合三层蓄水量发现，林分土壤蓄水量是其水源涵养功能主体(>90%)，林分整体水源涵养能力随林龄变化趋势与土壤相近。

(6)对不同生长阶段的林木生物多样性影响因素进行了研究。结果表明，整体上，林分丰富度与生物量呈现显著的线性负相关关系。当对林木划分生长阶段后，两者的关系却产生了显著的变化。幼龄木、成熟木的丰富度与生物量均呈现出先上升后下降的二次曲线关系，而中龄木中二者为显著的线性正相关关系。林分在中度角尺度（$\bar{W} = 0.567$）的情况下具有最大的整体及幼龄木丰富度。中龄木的丰富度随角尺度的增加而显著上升，而成熟木的物种分布于角尺度关系不显著。与角尺度相似，林分整体丰富度随大小比数呈现先上升后下降的二次曲线关系，在中度大小比数（$\tilde{U} = 0.508$）时具有最大的丰富度。中龄林丰富度变化规律与整体林木相似，而幼龄、老龄林丰富度受林分大小比数影响不显著。

（7）对处于不同生长阶段的林木多样性影响因素进行了研究。变差分解的结果表明，对于所研究样地的全部树木，58%的树木丰富度变化是由生物因素及环境因素共同引起的，二者单独影响比例分别为16%和32%，说明环境对于整体物种多样性的影响占主导地位。当划分生长阶段时，二类因子联合解释的变异量随生长阶段的增加而增大（34%到44%到75%）。结果表明，传播限制及随机过程对于幼龄树种的多样性影响起决定性作用，而物种—生物因素的关联在树木中龄阶段形成。随着树木的生长，影响多样性的主导因素由生物因素向环境因素转变。

（8）对林分单一功能及多功能随时间变化规律进行了研究。林分生物多样性保护功能随林分年龄呈现先上升后下降的二次曲线关系，在林龄约47 a时达到最大。水源涵养功能的变化趋势随林分年龄呈现先下降后上升的关系，最小值出现在49 a。林分生产能力与林分年龄为显著的对数关系。同时兼顾两种功能时，林分从幼龄到中龄阶段，多样性与水源涵养能力和逐渐上升，在33 a时达到最大后开始下降，在66a处达到低谷后恢复上升。多样性生产能力和随林分年龄呈现对数关系，而水源涵养生产能力和呈现先下降后上升的二次曲线关系，最小值出现在林分年龄为49 a处。同时考虑三种功能时，多功能和与林分年龄呈现先下降后上升的二次曲线关系，在林分年龄49 a处最小。

# 8 常绿阔叶次生林多功能经营模式

## 8.1 研究内容与方法

### 8.1.1 研究目的与意义

本研究目的是根据研究区社会经济发展对森林多功能需求，构建常绿阔叶次生林林分结构与多功能耦合模型，提出森林多功能经营的目标结构及其经营模式。

本研究意义在于促进常绿阔叶次生林多功能效益发挥，为常绿阔叶次生林的多功能经营提供技术支持，为研究区常绿阔叶次生林的结构恢复、促进多功能的发挥提供科学依据和理论基础。

### 8.1.2 研究的主要内容

①福建将乐常绿阔叶次生林演替过程
②森林结构与功能耦合关系研究
③常绿阔叶次生林多功能评价
④目标林分结构的确定
⑤现实林分结构的调整
⑥常绿阔叶次生林多功能经营模式

### 8.1.3 研究方法

本研究提出以福建将乐县的常绿阔叶次生林为研究对象，运用文献研究法、定性与定量相结合、模型模拟与推测演绎、长期观测等研究方法，研究常绿阔叶次生林的多功能评价和经营模式。

### 8.1.4 数据来源

（1）森林资源小班调查数据
将乐林场两期森林资源小班调查（2007年，2013年）数据。
（2）样地调查数据
固定样地共67块，其中常绿阔叶次生林为44块，样地规格为30 m×40 m的为2块，20 m×20 m的为4块，20 m×30 m的为38块；人工阔叶林为23块，规格为20 m×30 m。

### 8.1.5 技术路线

根据本研究的研究内容，制定了将乐常绿阔叶次生林多功能经营模式技术路线，见

图 8.1。

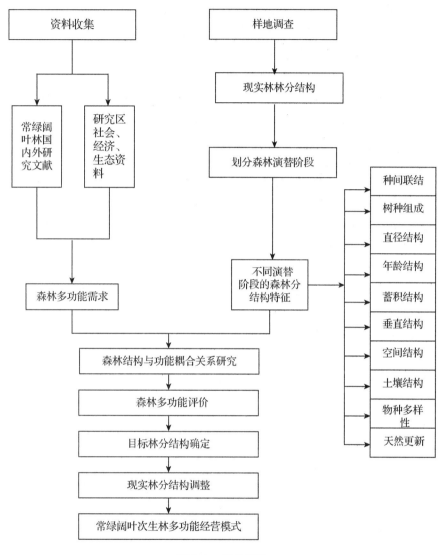

**图 8.1 技术路线**

## 8.2 常绿阔叶次生林群落演替

### 8.2.1 树种组的划分

常绿阔叶次生林的树种丰富多样，这些树种又可分为演替先锋树种、伴生树种及顶极树种。先锋树种一般为更新能力强，竞争适应性强、耐干旱瘠薄的阳性树种。伴生树种多为适应范围大，分布广的喜光，同时也能忍受一定荫庇的树种。顶极树种多为地带性顶级群落的建群种，是顶极群落中的优势树种，对群落的稳定发挥着重要作用。根据乔木树种的特性，并结合同一地区作者之前的研究成果（罗梅，2016），本研究将树种划分成先锋树种组、伴生树种组和顶极树种组。

先锋树种组：南酸枣（*Choerospondias axillaris*（Roxb.）Burtt et Hill）、马尾松、拟赤杨（*Alniphyllum fortunei*（Hemsl.）Makino）、黄檀（*Dalbergia hupeana* Hance）、青榨槭（*Acer davidii* Franch.）、油桐（*Vernicia fordii*（Hemsl.））、木油桐（*Vernicia montana* Lour.）、野漆树（*Rhus sylvestris* Sieb. & Zucc）、盐肤木（*Rhus chinensis* Mill.）、乌桕（*Sapium sebiferum*（L.）Roxb.）、山乌桕（*Sapium discolor*（Champ. ex Benth.）Muell. – Arg.）、苦楝（*Melia azedarach* Linn.）、野柿（*Diospyros kaki silvestris*）、罗浮柿（*Diospyros morrisiana* Hance）、木蜡树（*Toxicodenddron sylvestre*（Sieb. et Zucc.）O. Kunrze.）、檫木（*Sassafras tzumu*）、山槐（*Albizia kalkora*）。

伴生树种组：浙江润楠（*Machilus chekiangensis*）、黄润楠（*Machilus chrysotricha* H. W. Li）、椤木石楠（*Photinia davidsoniae* Rehd. et Wils.）、蓝果树（*Nyssa sinensis* Oliv.）、短梗幌伞枫（*Heteropanax brevipedicellatus* Li）、华南木姜子（*Litsea greenmaniana* Allen）、绒毛山胡椒（*Lindera nacusua*（D. Don）Merr.）、火力楠（*Michelia macclurei* Dandy）、乐昌含笑（*Michelia chapensis* Dandy）、黄牛奶树（*Symplocos laurina* Wal）、杉木、多穗石栎（*ithocarpus polystachya*）、虎皮楠（*Daphniphyllum oldhami*（Hemsl.）Rosenth.）、刨花润楠（*Machilus pauhoi* Kanehira）、白花龙（*Styrax confusa* Hemsl.）、乌饭、短尾乌饭（*Vaccinium bracteatum* Thunb.）、石楠（*Photinia serrulata* Lindl.）、福建冬青（*Ilex fukienensis* S. Y. Hu）、黄瑞木、石栎（*Lithocarpus glaber*（Thunb.）Nakai）、红皮树（*Styrax suberifolia*）、猴欢喜（*Sloanea sinensis*（Hance））、红楠（*Machilus thunbergii* sieb. et Zucc.）、树参（*Dendropanax dentiger*（Harms）Merr）、石斑木（*Rhaphiolepis indica*（L.）Lindl. ex Ker）、福建山樱花（*Prunus campanulata*）、小叶女贞（*Ligustrum quihoui* Carr.）、石木姜子（*Litsea elongata*（Wall. ex Nees）Benth. et Hook. f. var. *faberi*（Hemsl.）Yang et P. H. Huang）、杨梅（*Myrica rubra*（Lour.）S. et Zucc.）、水杨梅（*Geum aleppicum*）、竹叶楠（*Phoebe faberi*（Hemsl.）Chun）、枫香（*Liquidambar formosana*）、披针叶茴香（*Illicium lanceolatum* A. C. Smith）、金叶含笑（*Michelia foveolata* Merr. ex Dandy）、乳源木莲（*MangLietia Yuyuanensis* Law）、福建假卫矛（*Microtropis fokienensis* Dunn）、鸭公树（*Neolitsea chuii* Merr.）、山茶（*Camellia japonica* L.）、细枝柃、鹿角杜鹃（*Rhododendron latoucheae* Franch.）、刺毛杜鹃（*Rhododendron championiae* Hook.）、弯蒴杜鹃（*Rhododendron henryi* Hance）、栓皮栎（*Quercus variabilis* Bl.）、毛冬青（*Ilex pubescens* Hook. et Arn.）、山矾、光叶山矾（*Symplocos lancifolia* Sieb. et Zucc.）、檵木、米饭花（*Vacciniuim mandarinorum* Diels）、天仙果（*Ficus erecta* Thunb. var. *beecheyana*（Hook. et Arn.））、黄樟、香樟（*Cinnamomum camphora*（L.）Presl.）、台湾冬青（*Ilex formosana* Maxim.）、笔罗子（*Meliosma rigida* Sieb. et Zucc.）、茅栗（*Castanea seguinii* Dode）、赤楠（*Syzygium buxifolium* Hook. et Arn.）、山合欢（*Albizia kalkora*（Roxb.）Prain）、八角枫（*Alangium chinense*）、中华石楠（*Photinia beauverdiana* C. K. Schneid.）。

顶极树种组：栲树、木荷、甜槠（*Castanopsis eyrei*（Champ.）Tutch.）、苦槠、阿丁枫、短柄阿丁枫、青冈栎（*Cyclobalanopsis glauca*（Thunb.）Oerst.）、米槠（*Castanopsis carlesii*（Hemsl.）Hay.）、罗浮栲（*Castanopsis faberi* Hance）、小叶青冈（*Cyclobalanopsis myrsinifolia*（Blume）Oersted）、山杜英（*Elaeocarpus sylvestris*（Lour.）Poir.）、杜英（*Elaeocarpus decipiens*

Hemsl. )、黧蒴栲（*Castanopsis fissa* Rehdet Wils）、格式栲（*Castanopsis kawakamii*）、鹿角栲（*Castanopsis lamontii* Hance）、南岭栲（*Castanopsis fordii* Hance）。

## 8.2.2 演替阶段的划分

蓄积量是林分重要的结构因子，与林分的平均胸径、平均树高、胸高断面积等结构因子有着密切的关系，本研究将林分蓄积量与平均胸径、平均树高、胸高断面积（数据见表8.1）做相关分析，结果显示蓄积量与三者均显著相关，相关系数分别为0.796、0.750和0.979，蓄积量的变化同时也能体现平均胸径、平均树高、胸高断面积等结构因子的变化趋势。因此，本研究将蓄积量作为群落演替阶段定量划分的主要依据，划分的结果见表8.1。演替先锋阶段：蓄积量≤150 m³/hm²；过渡阶段：150 m³/hm² < 蓄积量≤300 m³/hm²；亚顶极阶段：蓄积量 >300 m³/hm²。

**表8.1 样地演替阶段划分及林分基本情况**

| 演替阶段 | 样地号 | 平均胸径（cm） | 平均树高（m） | 胸高断面积（m²/hm²） | 蓄积（m³/hm²） | 林分密度（N/hm²） |
|---|---|---|---|---|---|---|
| 先锋阶段 | 1 | 7.58 | 6.37 | 4.65 | 17.98 | 983 |
| | 2 | 13.43 | 8.62 | 5.74 | 30.47 | 300 |
| | 3 | 8.41 | 6.74 | 8.71 | 35.24 | 1400 |
| | 4 | 9.26 | 7.99 | 13.79 | 70.06 | 1567 |
| | 5 | 9.86 | 8.89 | 16.68 | 87.00 | 1833 |
| | 6 | 9.95 | 8.90 | 17.55 | 94.89 | 1592 |
| | 7 | 11.61 | 7.03 | 20.55 | 105.40 | 1217 |
| | 8 | 10.80 | 9.20 | 18.51 | 106.94 | 1467 |
| | 9 | 11.40 | 9.13 | 20.28 | 118.94 | 1500 |
| | 10 | 15.48 | 9.19 | 23.75 | 137.57 | 950 |
| | 11 | 10.95 | 9.79 | 22.43 | 140.80 | 1583 |
| | 12 | 10.29 | 9.02 | 22.05 | 141.77 | 1883 |
| | 13 | 10.76 | 9.70 | 24.38 | 142.16 | 2017 |
| | | 10.75±1.96 | 8.51±1.08 | 16.85±6.44 | 94.56±42.51 | 1407±441 |
| | 14 | 15.11 | 9.48 | 24.83 | 150.18 | 983 |
| | 15 | 11.86 | 7.92 | 22.80 | 155.01 | 1300 |
| | 16 | 10.06 | 11.28 | 20.47 | 162.60 | 1683 |
| 过渡阶段 | 17 | 12.31 | 8.36 | 24.70 | 165.02 | 1300 |
| | 18 | 11.70 | 9.91 | 27.93 | 167.18 | 1917 |
| | 19 | 13.75 | 11.08 | 25.43 | 167.86 | 2125 |
| | 20 | 13.85 | 10.24 | 27.16 | 170.32 | 1283 |
| | 21 | 12.42 | 10.50 | 27.44 | 175.18 | 1967 |

（续）

| 演替阶段 | 样地号 | 平均胸径<br>（cm） | 平均树高<br>（m） | 胸高断面积<br>（m²/hm²） | 蓄积<br>（m³/hm²） | 林分密度<br>（N/hm²） |
|---|---|---|---|---|---|---|
| 过渡<br>阶段 | 22 | 15.07 | 9.51 | 26.23 | 175.44 | 933 |
| | 23 | 9.19 | 8.58 | 29.62 | 176.26 | 2750 |
| | 24 | 15.07 | 10.75 | 26.04 | 178.22 | 1083 |
| | 25 | 11.24 | 8.99 | 21.07 | 180.87 | 1250 |
| | 26 | 13.53 | 10.08 | 28.11 | 186.25 | 1392 |
| | 27 | 12.24 | 11.97 | 26.74 | 193.46 | 1900 |
| | 28 | 11.99 | 10.54 | 30.53 | 201.12 | 2150 |
| | 29 | 16.15 | 11.04 | 29.50 | 211.25 | 983 |
| | 30 | 16.17 | 11.70 | 29.37 | 219.02 | 1083 |
| | 31 | 15.13 | 12.18 | 31.14 | 242.57 | 1217 |
| | 32 | 13.68 | 10.62 | 34.49 | 245.97 | 1483 |
| | 33 | 13.74 | 10.89 | 37.47 | 246.39 | 1617 |
| | 34 | 14.87 | 11.84 | 37.37 | 263.37 | 1583 |
| | 35 | 14.87 | 12.64 | 39.66 | 281.91 | 2017 |
| | 36 | 13.84 | 10.33 | 38.08 | 282.11 | 1700 |
| | | **13.38 ± 1.82** | **10.45 ± 1.22** | **28.96 ± 5.22** | **199.89 ± 40.11** | **1552 ± 453** |
| 亚顶极<br>阶段 | 37 | 17.04 | 10.36 | 42.48 | 300.51 | 1317 |
| | 38 | 13.66 | 12.45 | 40.44 | 305.06 | 2075 |
| | 39 | 15.46 | 9.73 | 46.09 | 311.97 | 1733 |
| | 40 | 18.84 | 9.95 | 48.54 | 340.22 | 1183 |
| | 41 | 15.17 | 10.76 | 49.90 | 350.45 | 1917 |
| | 42 | 19.91 | 11.05 | 52.19 | 350.92 | 1150 |
| | 43 | 15.45 | 11.61 | 45.27 | 363.54 | 1683 |
| | 44 | 20.96 | 13.45 | 50.07 | 422.72 | 1017 |
| | | **17.06 ± 2.42** | **11.17 ± 1.19** | **46.87 ± 3.78** | **343.17 ± 37.27** | **1509 ± 368** |

注：黑体字为平均值±标准差。

由表8.1可以看出，演替先锋阶段，共有13块样地，即样地1~13，占样地总数的29.55%，林分的平均胸径为10.75±1.96 cm，介于7.58~15.48 cm之间，波动的幅度较大；平均树高为8.51±1.08 m，介于6.37~9.79m之间；平均胸高断面积为16.85±6.44 m²/hm²，介于4.65~24.38 m²/hm²；平均蓄积为94.56±42.51 m³/hm²，介于17.98~142.16 m³/hm²；林分平均密度为1407±441株/hm²，介于300~2017 N/hm²。

过渡阶段的样地数量为23个，即样地14~36，占的比例为52.27%，林分的平均胸径为13.38±1.82 cm，平均树高为10.45±1.22 m，平均胸高断面积28.96±5.22 m²/hm²，平均蓄积为199.89±40.11 m³/hm²，林分平均密度为1552±453 N/hm²。演替亚顶极阶段，样地为8个，即样地37~44，占比为18.18%，林分的平均胸径为17.06±2.42 cm，平均树高为11.17±1.19 m，平均胸高断面积343.17±37.27 m²/hm²，平均蓄积为343.17±37.27 m³/hm²，林分平均密度为1509±368 N/hm²。

三个演替阶段中，林分平均胸径、平均树高、平均胸高断面积、平均蓄积都是随着演替的正向发展而呈现递增的规律，即先锋阶段＜过渡阶段＜亚顶极阶段。其中，一半的次生林样地处于过渡阶段，三成比例的样地处在先锋阶段，两成比例的样地处在演替亚顶极阶段。大部分处于亚顶极阶段的次生林位于龙栖山国家级自然保护区。其中，44 号林地的平均胸径、树高、胸高断面积和蓄积分别到达了 20.96 cm、13.45 m、50.07 $m^2/hm^2$ 和 422.72 $m^3/hm^2$，是接近顶极群落的亚顶极林分。

## 8.3 常绿阔叶次生林物种多样性及天然更新

本研究采用熵值法，从分布状况、生长状况、年龄状况三个方面构建常绿阔叶次生林更新的评价指标体系，选取更新苗木平均密度（$N/hm^2$）、总盖度（％）、平均高（m）、平均地径（cm）大苗比例（％）5 个指标计算更新评价综合值。

表 8.2　常绿阔叶次生林更新评价指标体系

| 目标层 | 准则层 | 指标层 |
|---|---|---|
| 常绿阔叶次生林更新评价 | 分布状况 | 平均密度 |
| | | 总盖度 |
| | 生长状况 | 平均高 |
| | | 平均地径 |
| | 年龄状况 | 大苗比例 |

## 8.3.1 不同演替阶段物种多样性

本研究将常绿阔叶次生林的 44 个样地做了详细分析，得到了演替先锋阶段的乔木多样性（表 8.3）、灌木多样性（表 8.4），草本多样性（表 8.5）。演替先锋阶段乔木的 Gleason 指数为 1.251～4.654、灌木为 0.695～5.788、草本 1.243～5.461；Shannon-Wiener 指数乔木为 1.908～2.845、灌木 0.999～2.802、草本 0.282～1.720，Simpson 指数乔木 0.810～0.925、灌木 0.609～0.925、草本 0.149～0.776，Pielou 指数乔木 0.812～0.980、灌木 0.324～0.941、草本 0.407～0.950。

表 8.3　演替先锋阶段样地乔木多样性

| 样地号 | 样地面积 $m^2$ | 丰富度 $R$ | Gleason 指数 $D_G$ | Shannon-Wiener 指数 $H$ | Simpson 指数 $D_s$ | Pielou 指数 $E$ |
|---|---|---|---|---|---|---|
| 1 | 600 | 9 | 1.407 | 1.908 | 0.810 | 0.868 |
| 2 | 600 | 8 | 1.251 | 2.038 | 0.865 | 0.980 |
| 3 | 600 | 17 | 2.658 | 2.301 | 0.841 | 0.812 |
| 4 | 600 | 23 | 3.595 | 2.841 | 0.925 | 0.906 |
| 5 | 600 | 14 | 2.189 | 2.197 | 0.840 | 0.832 |
| 6 | 1200 | 33 | 4.654 | 2.845 | 0.905 | 0.814 |
| 7 | 600 | 25 | 3.908 | 2.762 | 0.894 | 0.858 |
| 8 | 600 | 19 | 2.970 | 2.420 | 0.860 | 0.822 |
| 9 | 600 | 21 | 3.283 | 2.577 | 0.891 | 0.846 |

（续）

| 样地号 | 样地面积 m² | 丰富度 R | Gleason 指数 $D_G$ | Shannon-Wiener 指数 H | Simpson 指数 $D_s$ | Pielou 指数 E |
|---|---|---|---|---|---|---|
| 10 | 600 | 14 | 2.189 | 2.323 | 0.864 | 0.880 |
| 11 | 600 | 16 | 2.501 | 2.465 | 0.899 | 0.889 |
| 12 | 600 | 12 | 1.876 | 2.065 | 0.838 | 0.831 |
| 13 | 600 | 22 | 3.439 | 2.609 | 0.896 | 0.844 |

**表 8.4　演替先锋阶段样地灌木多样性**

| 样地号 | 样地面积 m² | 丰富度 R | Gleason 指数 $D_G$ | Shannon-Wiener 指数 H | Simpson 指数 $D_s$ | Pielou 指数 E |
|---|---|---|---|---|---|---|
| 1 | 75 | 8 | 1.853 | 1.811 | 0.802 | 0.871 |
| 2 | 75 | 12 | 2.779 | 2.239 | 0.867 | 0.901 |
| 3 | 75 | 3 | 0.695 | 0.999 | 0.609 | 0.909 |
| 4 | 75 | 8 | 1.853 | 1.948 | 0.841 | 0.937 |
| 5 | 100 | 9 | 1.954 | 1.904 | 0.805 | 0.867 |
| 6 | 150 | 29 | 5.788 | 2.802 | 0.893 | 0.832 |
| 7 | 125 | 12 | 2.485 | 2.265 | 0.876 | 0.912 |
| 8 | 100 | 15 | 3.257 | 2.497 | 0.901 | 0.922 |
| 9 | 75 | 15 | 3.474 | 2.548 | 0.909 | 0.941 |
| 10 | 125 | 10 | 2.071 | 1.564 | 0.664 | 0.324 |
| 11 | 125 | 11 | 2.278 | 2.048 | 0.843 | 0.854 |
| 12 | 75 | 18 | 4.169 | 2.621 | 0.905 | 0.907 |
| 13 | 125 | 22 | 4.556 | 2.796 | 0.925 | 0.904 |

**表 8.5　演替先锋阶段样地草本多样性**

| 样地号 | 样地面积 m² | 丰富度 R | Gleason 指数 $D_G$ | Shannon-Wiener 指数 H | Simpson 指数 $D_s$ | Pielou 指数 E |
|---|---|---|---|---|---|---|
| 1 | 3 | 5 | 4.551 | 1.433 | 0.730 | 0.890 |
| 2 | 3 | 2 | 1.820 | 0.658 | 0.658 | 0.950 |
| 3 | 3 | 3 | 2.731 | 0.914 | 0.539 | 0.832 |
| 4 | 3 | 6 | 5.461 | 1.378 | 0.659 | 0.769 |
| 5 | 5 | 2 | 1.243 | 0.305 | 0.165 | 0.439 |
| 6 | 5 | 7 | 4.349 | 1.598 | 0.728 | 0.821 |
| 7 | 5 | 7 | 4.349 | 1.499 | 0.707 | 0.770 |
| 8 | 4 | 7 | 5.049 | 1.720 | 0.776 | 0.884 |
| 9 | 3 | 2 | 1.820 | 0.653 | 0.460 | 0.942 |
| 10 | 5 | 2 | 1.243 | 0.626 | 0.435 | 0.904 |
| 11 | 5 | 2 | 1.243 | 0.282 | 0.149 | 0.407 |
| 12 | 3 | 6 | 5.461 | 1.333 | 0.621 | 0.744 |
| 13 | 5 | 3 | 1.864 | 0.568 | 0.294 | 0.517 |

　　过渡阶段的乔木多样性、灌木多样性及草本多样性如表 8.6、表 8.7 和表 8.8 所示。演替过渡阶段中，乔木 Gleason 指数为 1.168 ~ 3.949、灌木 1.390 ~ 7.412、草本 0.910 ~

8.077，Shannon-Wiener 指数乔木为 1.276~2.613、灌木为 1.654~3.260、草本 0~2.198，Simpson 指数乔木为 0.616~0.912、灌木 0.788~0.954、草本 0~0.864，Pielou 指数乔木为 0.656~0.939、灌木 0.618~0.957、草本 0~0.999。

表8.6 演替过渡阶段样地乔木多样性

| 样地号 | 样地面积 $m^2$ | 丰富度 $R$ | Gleason 指数 $D_G$ | Shannon-Wiener 指数 $H$ | Simpson 指数 $D_s$ | Pielou 指数 $E$ |
|---|---|---|---|---|---|---|
| 14 | 600 | 13 | 2.032 | 2.208 | 0.849 | 0.861 |
| 15 | 600 | 15 | 2.345 | 2.351 | 0.884 | 0.868 |
| 16 | 600 | 17 | 2.658 | 2.512 | 0.897 | 0.887 |
| 17 | 600 | 15 | 2.345 | 2.092 | 0.806 | 0.772 |
| 18 | 600 | 20 | 3.126 | 2.548 | 0.898 | 0.850 |
| 19 | 400 | 7 | 1.168 | 1.276 | 0.616 | 0.656 |
| 20 | 600 | 18 | 2.814 | 2.404 | 0.871 | 0.832 |
| 21 | 600 | 10 | 1.563 | 1.619 | 0.694 | 0.703 |
| 22 | 600 | 11 | 1.720 | 1.795 | 0.758 | 0.749 |
| 23 | 400 | 20 | 3.338 | 2.568 | 0.887 | 0.857 |
| 24 | 600 | 14 | 2.189 | 2.060 | 0.776 | 0.781 |
| 25 | 600 | 20 | 3.126 | 2.450 | 0.870 | 0.818 |
| 26 | 1200 | 28 | 3.949 | 2.529 | 0.865 | 0.759 |
| 27 | 600 | 15 | 2.345 | 2.544 | 0.906 | 0.939 |
| 28 | 600 | 11 | 1.720 | 1.925 | 0.799 | 0.803 |
| 29 | 600 | 12 | 1.876 | 1.936 | 0.802 | 0.779 |
| 30 | 600 | 12 | 1.876 | 2.020 | 0.812 | 0.813 |
| 31 | 600 | 12 | 1.876 | 2.228 | 0.873 | 0.897 |
| 32 | 600 | 18 | 2.814 | 2.469 | 0.881 | 0.854 |
| 33 | 600 | 17 | 2.658 | 2.613 | 0.912 | 0.922 |
| 34 | 600 | 18 | 2.814 | 2.425 | 0.878 | 0.839 |
| 35 | 600 | 8 | 1.251 | 1.550 | 0.705 | 0.745 |
| 36 | 400 | 13 | 2.170 | 2.077 | 0.800 | 0.810 |

表8.7 演替过渡阶段样地灌木多样性

| 样地号 | 样地面积 $m^2$ | 丰富度 $R$ | Gleason 指数 $D_G$ | Shannon-Wiener 指数 $H$ | Simpson 指数 $D_s$ | Pielou 指数 $E$ |
|---|---|---|---|---|---|---|
| 14 | 125 | 11 | 2.278 | 2.092 | 0.845 | 0.872 |
| 15 | 100 | 25 | 5.429 | 2.882 | 0.928 | 0.895 |
| 16 | 125 | 13 | 2.692 | 2.252 | 0.862 | 0.878 |
| 17 | 125 | 25 | 5.178 | 2.729 | 0.907 | 0.848 |
| 18 | 125 | 22 | 4.556 | 2.830 | 0.928 | 0.915 |
| 19 | 75 | 18 | 4.169 | 2.703 | 0.917 | 0.935 |
| 20 | 125 | 15 | 3.107 | 2.114 | 0.818 | 0.780 |
| 21 | 75 | 6 | 1.390 | 1.654 | 0.788 | 0.923 |
| 22 | 125 | 18 | 3.728 | 2.551 | 0.899 | 0.883 |

（续）

| 样地号 | 样地面积 m² | 丰富度 R | Gleason 指数 $D_G$ | Shannon-Wiener 指数 H | Simpson 指数 $D_s$ | Pielou 指数 E |
|---|---|---|---|---|---|---|
| 23 | 75 | 21 | 4.864 | 2.509 | 0.871 | 0.824 |
| 24 | 75 | 27 | 6.254 | 3.087 | 0.944 | 0.937 |
| 25 | 125 | 13 | 2.692 | 2.314 | 0.880 | 0.902 |
| 26 | 150 | 31 | 6.187 | 2.853 | 0.904 | 0.831 |
| 27 | 75 | 20 | 4.632 | 2.668 | 0.909 | 0.618 |
| 28 | 75 | 22 | 5.096 | 2.957 | 0.941 | 0.957 |
| 29 | 75 | 28 | 6.485 | 3.003 | 0.932 | 0.901 |
| 30 | 75 | 26 | 6.022 | 3.089 | 0.947 | 0.948 |
| 31 | 75 | 19 | 4.401 | 2.762 | 0.924 | 0.938 |
| 32 | 75 | 28 | 6.485 | 3.138 | 0.950 | 0.942 |
| 33 | 75 | 22 | 5.096 | 2.891 | 0.933 | 0.935 |
| 34 | 75 | 19 | 4.401 | 2.774 | 0.927 | 0.942 |
| 35 | 75 | 18 | 4.169 | 2.641 | 0.910 | 0.914 |
| 36 | 75 | 33 | 7.412 | 3.260 | 0.954 | 0.941 |

### 表 8.8 演替过渡阶段样地草本多样性

| 样地号 | 样地面积 m² | 丰富度 R | Gleason 指数 $D_G$ | Shannon-Wiener 指数 H | Simpson 指数 $D_s$ | Pielou 指数 E |
|---|---|---|---|---|---|---|
| 14 | 5 | 2 | 1.243 | 0.692 | 0.499 | 0.999 |
| 15 | 5 | 11 | 6.835 | 2.190 | 0.864 | 0.913 |
| 16 | 5 | 5 | 3.107 | 1.235 | 0.608 | 0.767 |
| 17 | 5 | 5 | 3.107 | 1.441 | 0.733 | 0.895 |
| 18 | 5 | 4 | 2.485 | 0.945 | 0.495 | 0.682 |
| 19 | 3 | 2 | 1.820 | 0.448 | 0.275 | 0.646 |
| 20 | 5 | 4 | 2.485 | 1.211 | 0.656 | 0.874 |
| 21 | 3 | 2 | 1.820 | 0.304 | 0.165 | 0.439 |
| 22 | 5 | 7 | 4.349 | 1.303 | 0.583 | 0.670 |
| 23 | 3 | 2 | 1.820 | 0.353 | 0.200 | 0.509 |
| 24 | 3 | 2 | 1.820 | 0.333 | 0.186 | 0.480 |
| 25 | 5 | 13 | 8.077 | 2.198 | 0.849 | 0.857 |
| 26 | 2 | 3 | 4.328 | 0.952 | 0.562 | 0.866 |
| 27 | 3 | 5 | 4.551 | 1.462 | 0.741 | 0.908 |
| 28 | 3 | 4 | 3.641 | 0.980 | 0.516 | 0.707 |
| 29 | 3 | 2 | 1.820 | 0.693 | 0.499 | 0.999 |
| 30 | 3 | 3 | 2.731 | 1.044 | 0.629 | 0.950 |
| 31 | 3 | 2 | 1.820 | 0.615 | 0.424 | 0.888 |
| 32 | 3 | 2 | 1.820 | 0.680 | 0.487 | 0.981 |
| 33 | 3 | 2 | 1.820 | 0.629 | 0.437 | 0.907 |
| 34 | 3 | 2 | 1.820 | 0.690 | 0.497 | 0.995 |
| 35 | 3 | 1 | 0.910 | 0.000 | 0.000 | 0.000 |
| 36 | 3 | 3 | 2.731 | 0.927 | 0.571 | 0.844 |

　　亚顶级阶段的乔木多样性、灌木多样性、草本多样性如表8.9、表8.10及表8.11所示。演替发展到亚顶极阶段，乔木的 Gleason 指数为 1.720～3.595、灌木 1.390～9.113、草本 1.820～8.192，Shannon-Wiener 指数乔木 1.853～2.800、灌木 1.479～3.487、草本 0～1.751，Simpson 指数乔木为 0.763～0.920、灌木为 0.714～0.959、草本 0～0.754，Pielou 指数乔木 0.773～0.913、灌木 0.825～0.956、草本 0～0.991。

表 8.9　演替亚顶极阶段样地乔木多样性

| 样地号 | 样地面积 m² | 丰富度 R | Gleason 指数 $D_G$ | Shannon-Wiener 指数 H | Simpson 指数 $D_s$ | Pielou 指数 E |
|---|---|---|---|---|---|---|
| 37 | 600 | 12 | 1.876 | 2.001 | 0.805 | 0.805 |
| 38 | 400 | 14 | 2.337 | 2.324 | 0.876 | 0.881 |
| 39 | 600 | 19 | 2.970 | 2.688 | 0.920 | 0.913 |
| 40 | 600 | 18 | 2.814 | 2.458 | 0.884 | 0.851 |
| 41 | 600 | 22 | 3.439 | 2.669 | 0.899 | 0.864 |
| 42 | 600 | 22 | 3.439 | 2.772 | 0.918 | 0.897 |
| 43 | 600 | 23 | 3.595 | 2.800 | 0.918 | 0.893 |
| 44 | 600 | 11 | 1.720 | 1.853 | 0.763 | 0.773 |

表 8.10　演替亚顶极阶段样地灌木多样性

| 样地号 | 样地面积 m² | 丰富度 R | Gleason 指数 $D_G$ | Shannon-Wiener 指数 H | Simpson 指数 $D_s$ | Pielou 指数 E |
|---|---|---|---|---|---|---|
| 37 | 75 | 25 | 5.790 | 2.801 | 0.902 | 0.870 |
| 38 | 75 | 6 | 1.390 | 1.479 | 0.714 | 0.825 |
| 39 | 125 | 33 | 6.835 | 3.244 | 0.953 | 0.928 |
| 40 | 75 | 30 | 6.948 | 3.118 | 0.939 | 0.917 |
| 41 | 125 | 44 | 9.113 | 3.487 | 0.959 | 0.921 |
| 42 | 75 | 20 | 4.632 | 2.864 | 0.932 | 0.956 |
| 43 | 75 | 23 | 5.327 | 2.976 | 0.941 | 0.949 |
| 44 | 75 | 19 | 4.401 | 2.437 | 0.865 | 0.828 |

表 8.11　演替亚顶极阶段样地草本多样性

| 样地号 | 样地面积 m² | 丰富度 R | Gleason 指数 $D_G$ | Shannon-Wiener 指数 H | Simpson 指数 $D_s$ | Pielou 指数 E |
|---|---|---|---|---|---|---|
| 37 | 3 | 1 | 1.820 | 0.000 | 0.000 | 0.000 |
| 38 | 3 | 9 | 8.192 | 1.751 | 0.754 | 0.797 |
| 39 | 5 | 3 | 1.864 | 0.801 | 0.479 | 0.729 |
| 40 | 3 | 2 | 1.820 | 0.654 | 0.461 | 0.944 |
| 41 | 5 | 3 | 1.864 | 0.934 | 0.578 | 0.850 |
| 42 | 3 | 1 | 2.731 | 0.000 | 0.000 | 0.000 |
| 43 | 3 | 2 | 1.820 | 0.687 | 0.494 | 0.991 |
| 44 | 3 | 2 | 1.820 | 0.668 | 0.475 | 0.964 |

## 8.3.2 不同演替阶段的多样性分析

对各个演替阶段及各个林分垂直层面上的植物多样性进行单因素方差分析,以比较不同演替阶段数据组间的差异。本研究中,由于划分处于演替过渡阶段的样地数量较多,不便于数据间的比较,故将过渡阶段划分为两个子阶段。样地 14~样地 25 处在过渡阶段 1,样地 26~样地 36 处在过渡阶段 2。

比较分析了四个阶段乔木的物种丰富度 Gleason 指数,物种多样性 Shannon-Wiener 指数和 Simpson 指数,物种均匀度 Pielou 指数(表 8.12)。各个演替阶段的四个多样性指数均不存在显著差异。Gleason 指数和 Shannon-Wiener 指数的大小顺序为过渡阶段 2 < 过渡阶段 1 < 先锋阶段 < 亚顶极阶段,Simpson 指数和 Pielou 指数的大小趋势则为过渡阶段 1 < 过渡阶段 2 < 先锋阶段 < 亚顶极阶段,总体而言,多样性随着演替的正向进行,具有先降后升的趋势。演替先锋阶段,各个样地均遭受了较为严重的破坏,林分的郁闭度较低,水分、光照、土壤营养等的竞争不太激烈,当干扰停止时,树种恢复及进入林地,物种多样性获得较快的增长。随着林分结构的进一步恢复,树种对资源环境的争夺日趋激烈,林分逐渐荫庇,强阳性树种被逐步淘汰,物种的丰富度、均匀度及多样性下降。当演替继续进行,发展到亚顶极阶段,由于此阶段的林分结构基本得到恢复,各个树种的生态位分化较为明显,林分处在较为稳定的阶段,物种多样性得到较好的恢复,相较先锋阶段和过渡阶段,物种丰富度、均匀度及多样性均最大。伴随着演替向顶极阶段进行,物种多样性将达到最大值,增长的速度将较为缓慢。林地恢复到顶极阶段,需要经历较长的时间。

表 8.12 不同演替阶段乔木多样性

| 多样性指数 | 演替阶段 | 样地数 | 均值 | 标准差 | 极小值 | 极大值 |
|---|---|---|---|---|---|---|
| Gleason 指数 | 先锋阶段 | 13 | 2.763 | 1.000 | 1.251 | 4.654 |
| | 过渡阶段 1 | 12 | 2.369 | 0.676 | 1.168 | 3.338 |
| | 过渡阶段 2 | 11 | 2.304 | 0.733 | 1.251 | 3.949 |
| | 亚顶极阶段 | 8 | 2.774 | 0.728 | 1.720 | 3.595 |
| Shannon-Wiener 指数 | 先锋阶段 | 13 | 2.412 | 0.309 | 1.908 | 2.845 |
| | 过渡阶段 1 | 12 | 2.157 | 0.410 | 1.276 | 2.568 |
| | 过渡阶段 2 | 11 | 2.211 | 0.337 | 1.550 | 2.613 |
| | 亚顶极阶段 | 8 | 2.446 | 0.359 | 1.853 | 2.800 |
| Simpson 指数 | 先锋阶段 | 13 | 0.871 | 0.033 | 0.810 | 0.925 |
| | 过渡阶段 1 | 12 | 0.817 | 0.090 | 0.616 | 0.898 |
| | 过渡阶段 2 | 11 | 0.839 | 0.062 | 0.705 | 0.912 |
| | 亚顶极阶段 | 8 | 0.873 | 0.058 | 0.763 | 0.920 |
| Pielou 指数 | 先锋阶段 | 13 | 0.860 | 0.046 | 0.812 | 0.980 |
| | 过渡阶段 1 | 12 | 0.803 | 0.072 | 0.656 | 0.887 |
| | 过渡阶段 2 | 11 | 0.833 | 0.065 | 0.745 | 0.939 |
| | 亚顶极阶段 | 8 | 0.859 | 0.048 | 0.773 | 0.913 |

灌木各个演替阶段的 Gleason 指数、Shannon-Wiener 指数、Simpson 指数、Pielou 指数如表 8.13、表 8.14、表 8.15 和表 8.16 所示。先锋阶段、过渡阶段 1 与过渡阶段 2、亚顶极阶段的 Gleason 指数存在显著差异，物种丰富度随着演替阶段的正向进行而不断增大，增长的速率则逐渐趋于平缓，亚顶极阶段的 Gleason 指数最大，为 5.555，与先锋阶段最小数值 2.863 存在较大的差异。Shannon-Wiener 指数同样也在先锋阶段、过渡阶段 1 与过渡阶段 2、亚顶级阶段之间存在显著差异，具有先锋阶段 < 过渡阶段 1 < 亚顶极阶段 < 过渡阶段 2。当林分结构处于恢复时期，Shannon-Wiener 多样性快速增长，当演替处于过渡阶段 2 时，达到最大值 2.912。演替继续进行，Shannon-Wiener 指数小幅度回落，趋于稳定。Simpson 指数的变动趋势与 Shannon-Wiener 指数一致，同样在经历了较为快速的增长后于演替过渡阶段 2 达到最大 0.930，然后再出现较小的下降至亚顶级阶段的 0.901。与物种丰富度、物种多样性三个指数的变化趋势不同，Pielou 指数显示，各个阶段的物种均匀度不存在显著差异，但演替阶段越高级，Pielou 指数越大，即先锋阶段 < 过渡阶段 1 < 过渡阶段 2 < 亚顶极阶段。整体来说，多样性随着演替的正向进行而增大，在过渡阶段的后期或亚顶极阶段达到峰值，说明了强烈干扰的停止及林分结构的恢复，有利于灌木的多样性的提升。

**表 8.13　演替各阶段样地灌木 Gleason 指数**

| 演替阶段 | 样地数 | 均值 | 标准差 | 极小值 | 极大值 |
| --- | --- | --- | --- | --- | --- |
| 先锋阶段 | 13 | 2.863a | 1.364 | 0.695 | 5.788 |
| 过渡阶段 1 | 12 | 3.861a | 1.459 | 1.390 | 6.254 |
| 过渡阶段 2 | 11 | 5.490b | 1.077 | 4.169 | 7.412 |
| 亚顶极阶段 | 8 | 5.555b | 2.264 | 1.390 | 9.113 |

注：同列不同字母表示组间差异性显著（$P < 0.05$）。

**表 8.14　演替各阶段样地灌木 Shannon-Wiener 指数**

| 演替阶段 | 样地数 | 均值 | 标准差 | 极小值 | 极大值 |
| --- | --- | --- | --- | --- | --- |
| 先锋阶段 | 13 | 2.157a | 0.521 | 0.999 | 2.802 |
| 过渡阶段 1 | 12 | 2.476ab | 0.406 | 1.654 | 3.087 |
| 过渡阶段 2 | 11 | 2.912b | 0.198 | 2.641 | 3.260 |
| 亚顶极阶段 | 8 | 2.801b | 0.619 | 1.479 | 3.487 |

注：同列不同字母表示组间差异性显著（$P < 0.05$）。

**表 8.15　演替各阶段样地灌木 Simpson 指数**

| 演替阶段 | 样地数 | 均值 | 标准差 | 极小值 | 极大值 |
| --- | --- | --- | --- | --- | --- |
| 先锋阶段 | 13 | 0.834a | 0.096 | 0.609 | 0.925 |
| 过渡阶段 1 | 12 | 0.882ab | 0.048 | 0.788 | 0.944 |
| 过渡阶段 2 | 11 | 0.930b | 0.017 | 0.904 | 0.954 |
| 亚顶极阶段 | 8 | 0.901ab | 0.081 | 0.714 | 0.959 |

注：同列不同字母表示组间差异性显著（$P < 0.05$）。

表 8.16    演替各阶段样地灌木 Pielou 指数

| 演替阶段 | 样地数 | 均值 | 标准差 | 极小值 | 极大值 |
|---|---|---|---|---|---|
| 先锋阶段 | 13 | 0.852 | 0.162 | 0.324 | 0.941 |
| 过渡阶段 1 | 12 | 0.883 | 0.047 | 0.780 | 0.937 |
| 过渡阶段 2 | 11 | 0.897 | 0.099 | 0.618 | 0.957 |
| 亚顶极阶段 | 8 | 0.899 | 0.052 | 0.825 | 0.956 |

不同演替阶段草本的植物多样性如表 8.17 所示，与灌木层的多样性不同，草本层的每个多样性指数在各个群落演替阶段没有显著差异。Gleason 指数随着演替阶段的上升而呈现先增后减的规律，最小值出现在过渡阶段的后期，亚顶极阶段有小幅的提高；物种多样性 Shannon-Wiener 指数和 Simpson 指数均显示，演替阶段越高，多样性越低，即先锋阶段＜过渡阶段 1＜过渡阶段 2＜亚顶极阶段；物种均匀度 Pielou 指数显示出了波动性，最小值出现在亚顶极阶段，最大值出现在过渡阶段 2。草本层次的多样性与灌木层规律相反，与乔木层次的多样性存在一定相似性。在演替的先锋阶段，林地较为空旷，乔木和灌木的荫庇效应不明显，草本植物的生长所需的空间和光照均较为充足，草本植被旺盛；伴随着强烈人为干扰的停止和林分演替的进行，乔木和灌木层的植物恢复及生长，林地林木逐渐荫蔽，草本植物因得不到足够的水热及光照资源而衰退，此时草本层的多样性降至最低值；当林分进一步演替，进入到亚顶极、顶极阶段时，各个层次的树种生态位分化达到一定程度，种间竞争从激烈到趋于稳定，草本层植物也能有一定程度的恢复，故处在亚顶极的草本植被生物多样性又小幅增加。

表 8.17    不同演替阶段草本多样性

| 多样性指数 | 演替阶段 | 样地数 | 均值 | 标准差 | 极小值 | 极大值 |
|---|---|---|---|---|---|---|
| Gleason 指数 | 先锋阶段 | 13 | 3.168 | 1.718 | 1.243 | 5.461 |
| | 过渡阶段 1 | 12 | 3.247 | 2.148 | 1.243 | 8.077 |
| | 过渡阶段 2 | 11 | 2.545 | 1.174 | 0.910 | 4.551 |
| | 亚顶极阶段 | 8 | 2.742 | 2.225 | 1.820 | 8.192 |
| Shannon-Wiener 指数 | 先锋阶段 | 13 | 0.997 | 0.511 | 0.282 | 1.720 |
| | 过渡阶段 1 | 12 | 1.054 | 0.671 | 0.304 | 2.198 |
| | 过渡阶段 2 | 11 | 0.788 | 0.362 | 0.000 | 1.462 |
| | 亚顶极阶段 | 8 | 0.687 | 0.554 | 0.000 | 1.751 |
| Simpson 指数 | 先锋阶段 | 13 | 0.532 | 0.216 | 0.149 | 0.776 |
| | 过渡阶段 1 | 12 | 0.509 | 0.253 | 0.165 | 0.864 |
| | 过渡阶段 2 | 11 | 0.488 | 0.185 | 0.000 | 0.741 |
| | 亚顶极阶段 | 8 | 0.405 | 0.268 | 0.000 | 0.754 |
| Pielou 指数 | 先锋阶段 | 13 | 0.759 | 0.187 | 0.407 | 0.950 |
| | 过渡阶段 1 | 12 | 0.728 | 0.186 | 0.439 | 0.999 |
| | 过渡阶段 2 | 11 | 0.822 | 0.285 | 0.000 | 0.999 |
| | 亚顶极阶段 | 8 | 0.659 | 0.416 | 0.000 | 0.991 |

## 8.3.3    乔灌草层次的多样性分析

将同一演替阶段的乔木层、灌木层、草本层的 Gleason 指数、Shannon-Wiener 指数、

Simpson 指数和 Pielou 指数分别作单因素方差分析，以便了解同一演替阶段，不同林分垂直层次的多样性差异，结果如图 8.2 和图 8.3 所示。Gleason 指数在先锋阶段和过渡阶段 1，乔灌草三个层次的差异性不大，在过渡阶段 2 和亚顶极阶段，乔木层和草本层差异很小，两者与灌木层有很大的差异，灌木层的物种丰富度是最大的，说明演替阶段的上升，灌木较为繁盛，灌木植物的种类多样；Shannon-Wiener 指数中，每个演替阶段，三个层次上的物种多样性均存在显著差异。从图 8.2 中可以看出，每个演替阶段中，草本层的 Shannon-Wiener 指数均显著性地小于灌木层和乔木层，后两者的取值差异不大，但灌木层的 Shannon-Wiener 指数均大于乔木层；Simpson 指数在各个演替阶段乔灌草层次的变动趋势与 Shannon-Wiener 指数一致，及草本层 < 乔木层 < 灌木层；Pielou 指数每个阶段的三个层次的变动幅度较小，在过渡阶段 1 中，乔灌草的物种均匀度有显著的差异，每个阶段中，Pielou 指数草本层 < 乔木层 < 灌木层。四个多样性指数的分析结果表明，灌木层的多样性最高。

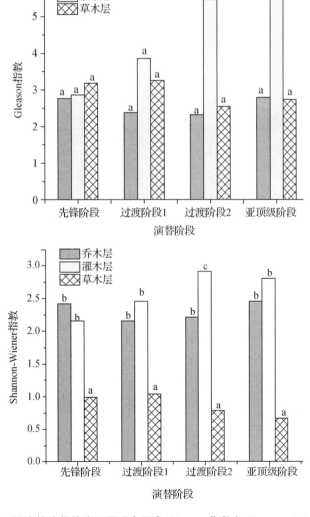

**图 8.2 不同演替阶段林分不同垂直层次 Gleason 指数和 Shannon-Wiener 指数**

注：同一演替阶段不同字母表示组间差异性显著($P < 0.05$)

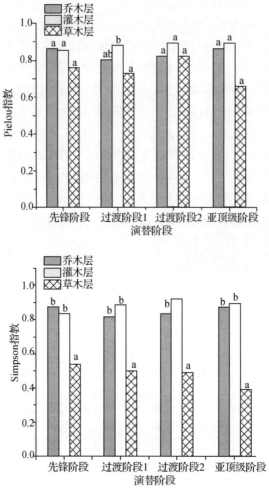

**图 8.3　不同演替阶段林分不同垂直层次 Simpson 指数和 Pielou 指数**

注：同一演替阶段不同字母表示组间差异性显著（$P < 0.05$）

## 8.3.4　更新状况分析

如表 8.18 所示。其中平均密度的最大值为 19733 N/hm²，最小值为 1557 N/hm²，差距很大。除了三个样地的更新密度小于 3000 N/hm²，大部分样地的更新苗木在 5000 ~ 10000 N/hm²，10 个样地的更新密度超过了 10000 N/hm²。在调查中，发现了更新苗木中存在着小乔木，如黄瑞木、山矾、细枝柃、檵木等，且更新密度大。占据上林层的高大乔木，如栲树、苦槠、木荷等更新苗木丰富，青冈、米槠、甜槠也有较多更新。先锋阶段的优势树种拟赤杨、马尾松在各个演替阶段的更新苗木中数量较少，由此可以得出常绿阔叶次生林的苗木株数基本能够满足天然更新的密度需求，先锋树种在更新层中数量少，林分的朝着正向演替的方向进行，未来的林分将以栲树、苦槠、甜槠、米槠、青冈、小叶青冈等栲属树种和木荷、山杜英、阿丁枫、细柄阿丁枫等顶极树种占优势地位。

天然更新评价的总盖度指标中，各个样地也存在较大的波动。其中，样地中更新苗木最小的盖度为4.98%，最大的盖度为76.10%。盖度在相当程度上能够反映苗木的健康和生长情况，盖度越大的苗木，苗木质量也越好。由于林地中乔木层和灌木层的遮蔽，特别是茂盛的灌木植物，与更新苗木争夺光照和土壤营养，其盖度对更新苗木有着较大的影响。各个样地的更新苗木平均高0.41~1.91cm，23个样地的幼苗平均高小于1m；平均地径0.21~2.33 cm，25个样地的幼苗平均地径小于1 cm。平均高和平均地径直观地反映出更新苗木的质量，其数值越大，表明更新幼苗的质量越好，能够成长为幼树，继而进阶进入上林层的可能性也较大。大苗比例指的是地径大于等于1.50 cm的幼苗的比重，体现了幼苗的年龄状况，年龄越大的苗木，其死亡率会相应下降，生长成为幼树的比例也能提高。样地的大苗比例为3.15%~84.21%，在演替的中后期，大苗的比例相比有了较大的提高。

表8.18　常绿阔叶次生林天然更新状况

| 样地号 | 平均密度<br>（N/hm²） | 总盖度<br>（%） | 平均高<br>（m） | 平均地径<br>（cm） | 大苗比例<br>（%） |
|---|---|---|---|---|---|
| 1 | 12000 | 9.08 | 0.41 | 0.73 | 5.56 |
| 2 | 12667 | 35.28 | 0.74 | 0.21 | 7.37 |
| 3 | 16933 | 6.56 | 0.49 | 0.39 | 3.15 |
| 4 | 10133 | 54.37 | 0.52 | 0.52 | 9.21 |
| 5 | 6600 | 4.98 | 0.71 | 0.71 | 13.64 |
| 6 | 19467 | 28.80 | 1.21 | 1.00 | 23.63 |
| 7 | 6000 | 10.61 | 1.08 | 0.97 | 18.67 |
| 8 | 8300 | 13.91 | 1.14 | 0.88 | 21.69 |
| 9 | 9733 | 10.59 | 1.17 | 0.81 | 17.81 |
| 10 | 3280 | 6.75 | 1.05 | 1.00 | 26.83 |
| 11 | 8480 | 12.54 | 1.10 | 0.82 | 18.87 |
| 12 | 9467 | 36.67 | 1.01 | 1.11 | 32.39 |
| 13 | 10480 | 12.44 | 0.86 | 0.71 | 12.21 |
| 14 | 1920 | 7.14 | 1.59 | 1.44 | 58.33 |
| 15 | 1557 | 16.23 | 0.94 | 0.77 | 16.77 |
| 16 | 9280 | 21.26 | 1.15 | 0.92 | 21.55 |
| 17 | 11840 | 16.12 | 1.02 | 0.77 | 13.51 |
| 18 | 11840 | 16.85 | 1.24 | 0.93 | 18.92 |
| 19 | 4800 | 15.33 | 1.26 | 1.37 | 38.89 |
| 20 | 11680 | 12.84 | 1.05 | 0.70 | 9.59 |
| 21 | 2533 | 25.33 | 1.90 | 2.33 | 84.21 |
| 22 | 8080 | 10.05 | 0.87 | 0.67 | 15.84 |
| 23 | 19733 | 76.10 | 1.91 | 1.70 | 35.14 |
| 24 | 8133 | 24.33 | 0.78 | 0.88 | 22.95 |
| 25 | 5680 | 18.38 | 1.20 | 1.16 | 28.17 |
| 26 | 18667 | 31.18 | 1.08 | 0.81 | 17.86 |
| 27 | 9200 | 37.00 | 0.93 | 0.95 | 18.84 |
| 28 | 6533 | 16.33 | 0.51 | 0.39 | 12.24 |

（续）

| 样地号 | 平均密度<br>（N/hm²） | 总盖度<br>（%） | 平均高<br>（m） | 平均地径<br>（cm） | 大苗比例<br>（%） |
|---|---|---|---|---|---|
| 29 | 7867 | 20.90 | 0.99 | 1.43 | 42.37 |
| 30 | 8133 | 20.67 | 0.84 | 0.84 | 14.75 |
| 31 | 7333 | 17.00 | 0.74 | 0.67 | 7.27 |
| 32 | 7333 | 22.53 | 1.35 | 1.55 | 41.82 |
| 33 | 8267 | 13.97 | 0.58 | 1.02 | 17.74 |
| 34 | 4400 | 9.50 | 0.56 | 1.31 | 24.24 |
| 35 | 5067 | 21.67 | 0.93 | 0.68 | 10.53 |
| 36 | 8133 | 22.37 | 0.96 | 1.02 | 21.31 |
| 37 | 10533 | 35.53 | 0.86 | 1.33 | 34.18 |
| 38 | 5333 | 37.00 | 0.77 | 0.96 | 25.00 |
| 39 | 6480 | 15.30 | 1.10 | 1.07 | 34.57 |
| 40 | 4933 | 14.97 | 1.27 | 1.75 | 59.46 |
| 41 | 7280 | 13.92 | 0.68 | 0.97 | 15.38 |
| 42 | 4800 | 17.30 | 0.96 | 1.51 | 38.89 |
| 43 | 8000 | 22.93 | 1.03 | 1.29 | 35.00 |
| 44 | 12267 | 39.50 | 0.92 | 1.43 | 40.22 |

各样地更新层的平均密度、总盖度、平均高、平均地径和大苗比例五个指标的信息熵值、信息效用值及权重，如表 8.19 所示。表 8.20 给出了各样地天然更新综合值 $R_i$，23 号样地的更新综合值最大，为 0.890，23 号样地处在演替过渡阶段 1。更新最小值为 0.484，出现在处于演替过渡阶段 2 的 28 号样地。利用单因素方差分析，了解各个演替阶段的更新综合值是否有显著性差异。表 8.21 的数据说明，四个演替阶段更新综合值的均值不存在显著差异，相比较而言，演替过渡阶段 1 的更新状况最好，更正综合值的平均值为 0.628，过渡阶段 2 的更新综合值的平均值最小，为 0.575，更新状况在各个演替阶段有小幅波动。整体来说，演替各个阶段的更新数量和质量较好，且顶极树种的更新苗木占有了相当的比重。更新层的苗木数量、质量和树种比例，预示着林分演替的方向。将乐常绿阔叶次生林的更新层在干扰较小的情况下，朝着演替正方向进行。

表 8.19　常绿阔叶次生林更新参数值

| 类别 | 分布状况 | | 生长状况 | | 年龄状况 |
|---|---|---|---|---|---|
| | 平均密度 | 总盖度 | 平均高 | 平均地径 | 大苗比例 |
| 信用熵值 | 0.978 | 0.976 | 0.979 | 0.978 | 0.977 |
| 信用效用值 | 0.022 | 0.024 | 0.021 | 0.022 | 0.023 |
| 权重 | 0.198 | 0.211 | 0.191 | 0.196 | 0.205 |

表 8.20 常绿阔叶次生林天然更新综合值

| 样地号 | 平均密度更新值 | 总盖度更新值 | 平均高更新值 | 平均地径更新值 | 大苗比例更新值 | 天然更新综合值 $R_i$ |
|---|---|---|---|---|---|---|
| 1 | 0.147 | 0.092 | 0.076 | 0.107 | 0.086 | 0.508 |
| 2 | 0.151 | 0.138 | 0.101 | 0.078 | 0.089 | 0.558 |
| 3 | 0.179 | 0.087 | 0.082 | 0.088 | 0.082 | 0.519 |
| 4 | 0.135 | 0.172 | 0.085 | 0.095 | 0.091 | 0.578 |
| 5 | 0.112 | 0.084 | 0.099 | 0.106 | 0.098 | 0.499 |
| 6 | 0.196 | 0.127 | 0.137 | 0.122 | 0.113 | 0.695 |
| 7 | 0.108 | 0.094 | 0.127 | 0.120 | 0.106 | 0.555 |
| 8 | 0.123 | 0.100 | 0.132 | 0.115 | 0.110 | 0.580 |
| 9 | 0.132 | 0.094 | 0.135 | 0.111 | 0.104 | 0.577 |
| 10 | 0.090 | 0.087 | 0.125 | 0.122 | 0.118 | 0.543 |
| 11 | 0.124 | 0.098 | 0.129 | 0.112 | 0.106 | 0.569 |
| 12 | 0.131 | 0.141 | 0.122 | 0.128 | 0.127 | 0.647 |
| 13 | 0.137 | 0.098 | 0.111 | 0.106 | 0.096 | 0.547 |
| 14 | 0.081 | 0.088 | 0.166 | 0.146 | 0.166 | 0.648 |
| 15 | 0.079 | 0.104 | 0.116 | 0.109 | 0.103 | 0.512 |
| 16 | 0.129 | 0.113 | 0.133 | 0.117 | 0.110 | 0.603 |
| 17 | 0.146 | 0.104 | 0.123 | 0.109 | 0.098 | 0.580 |
| 18 | 0.146 | 0.105 | 0.140 | 0.118 | 0.106 | 0.615 |
| 19 | 0.100 | 0.103 | 0.141 | 0.142 | 0.137 | 0.623 |
| 20 | 0.145 | 0.098 | 0.125 | 0.105 | 0.092 | 0.565 |
| 21 | 0.085 | 0.120 | 0.190 | 0.196 | 0.205 | 0.797 |
| 22 | 0.122 | 0.093 | 0.111 | 0.104 | 0.101 | 0.531 |
| 23 | 0.198 | 0.211 | 0.191 | 0.160 | 0.131 | 0.890 |
| 24 | 0.122 | 0.119 | 0.105 | 0.115 | 0.112 | 0.573 |
| 25 | 0.106 | 0.108 | 0.137 | 0.131 | 0.120 | 0.601 |
| 26 | 0.191 | 0.131 | 0.128 | 0.111 | 0.105 | 0.665 |
| 27 | 0.129 | 0.141 | 0.116 | 0.119 | 0.106 | 0.612 |
| 28 | 0.111 | 0.104 | 0.084 | 0.088 | 0.096 | 0.484 |
| 29 | 0.120 | 0.113 | 0.121 | 0.146 | 0.142 | 0.641 |
| 30 | 0.122 | 0.112 | 0.109 | 0.113 | 0.100 | 0.556 |
| 31 | 0.117 | 0.106 | 0.101 | 0.103 | 0.088 | 0.515 |
| 32 | 0.117 | 0.115 | 0.148 | 0.152 | 0.141 | 0.673 |
| 33 | 0.123 | 0.100 | 0.090 | 0.123 | 0.104 | 0.540 |
| 34 | 0.098 | 0.092 | 0.088 | 0.139 | 0.114 | 0.531 |
| 35 | 0.102 | 0.114 | 0.116 | 0.104 | 0.093 | 0.529 |
| 36 | 0.122 | 0.115 | 0.118 | 0.123 | 0.110 | 0.588 |
| 37 | 0.138 | 0.139 | 0.111 | 0.140 | 0.129 | 0.656 |
| 38 | 0.104 | 0.141 | 0.104 | 0.120 | 0.115 | 0.584 |
| 39 | 0.111 | 0.103 | 0.129 | 0.126 | 0.130 | 0.598 |

（续）

| 样地号 | 平均密度<br>更新值 | 总盖度<br>更新值 | 平均高<br>更新值 | 平均地径<br>更新值 | 大苗比例<br>更新值 | 天然更新<br>综合值 $R_i$ |
|---|---|---|---|---|---|---|
| 40 | 0.101 | 0.102 | 0.142 | 0.163 | 0.168 | 0.676 |
| 41 | 0.116 | 0.100 | 0.097 | 0.120 | 0.101 | 0.535 |
| 42 | 0.100 | 0.106 | 0.118 | 0.150 | 0.137 | 0.611 |
| 43 | 0.121 | 0.116 | 0.123 | 0.138 | 0.131 | 0.629 |
| 44 | 0.149 | 0.146 | 0.115 | 0.145 | 0.139 | 0.693 |

**表 8.21　不同演替阶段更新综合值单因素方差分析**

| 演替阶段 | 样地数 | 均值 | 标准差 | 极小值 | 极大值 |
|---|---|---|---|---|---|
| 先锋阶段 | 13 | 0.569 | 0.055 | 0.500 | 0.700 |
| 过渡阶段 1 | 12 | 0.628 | 0.110 | 0.510 | 0.890 |
| 过渡阶段 2 | 11 | 0.575 | 0.063 | 0.480 | 0.670 |
| 亚顶极阶段 | 8 | 0.623 | 0.054 | 0.530 | 0.690 |

本研究对常绿阔叶次生林样地更新值与土壤理化性质做相关性分析。更新综合值与土壤容重、土壤孔隙度、土壤含水率、有机质含量、速效钾含量、全氮含量和速效磷含量的相关系数 r 分别为 0.067、0.108、0.131、0.227、−0.214、0.139 和 0.106。结果表明，将乐常绿阔叶次生林天然更新综合值与土壤容重、孔隙度等 7 个土壤理化因子基本不相关。

## 8.4　常绿阔叶次生林结构功能研究

### 8.4.1　森林结构与功能耦合关系

森林的结构决定森林的功能，影响森林功能的发挥。常绿阔叶次生林功能的发挥是由其结构所决定的，同时功能的变化是其结构的外在表象。结构耦合关系因子是构建模型的基础，其确定对建立林分结构与功能耦合关系具有重要的影响作用。森林结构因子众多，不可能全都用来建立结构与功能耦合关系，本研究遵循科学性、可操作性、主导性的选取原则，选定常绿阔叶次生林结构与功能耦合关系因子。本研究通过严格的比选分析，整合以往的研究成果，最终选择了平均胸径、平均树高、蓄积、林分密度、林分混交度、土壤孔隙度、乔木 Shonnon-Wiener 指数、灌木 Shonnon-Wiener 指数、草本 Shonnon-Wiener 指数、天然更新综合值、灌木盖度、草本盖度、林分年龄结构、林分垂直结构共 14 个与森林的功能关联较大的结构因子，构建结构与功能耦合关系模型。

14 个结构因子中，林分年龄结构和层次结构两个因子为非数值型数据，需要将其进行量化处理赋值，转变成数值型数据，结果如表 8.22 所示。

本研究采用多元线性模型，运用主成分分析的数据处理方法，在确保模型精度的前提下，简单明了地表达出林分结构与功能的耦合关系。主成分分析的特征值及方差贡献率见表 8.23，前 5 个成分的特征值大于 1 且累积方差贡献率为 78.573%，符合统计学原理，因此，这 5 个主成分能够体现林分因子的整体结构特征。

**表 8.22　数据量化处理**

| 量化值 | 林分年龄结构 | 林分层次结构 |
|---|---|---|
| 1 | 主林层以幼中龄林木为主 | 一个林层 |
| 2 | 主林层以中龄林木为主 | 两个林层 |
| 3 | 主林层以成熟林木为主 | 三个及以上林层 |

**表 8.23　结构因子特征值及方差贡献率**

| 成份 | 初始特征值 | | | 提取平方和载入 | | |
|---|---|---|---|---|---|---|
| | 特征值 | 方差贡献率<br>（%） | 累积方差贡献率<br>（%） | 特征值 | 方差贡献率<br>（%） | 累积方差贡献率<br>（%） |
| 1 | 4.558 | 32.557 | 32.557 | 4.558 | 32.557 | 32.557 |
| 2 | 2.355 | 16.821 | 49.378 | 2.355 | 16.821 | 49.378 |
| 3 | 1.746 | 12.470 | 61.848 | 1.746 | 12.470 | 61.848 |
| 4 | 1.266 | 9.046 | 70.894 | 1.266 | 9.046 | 70.894 |
| 5 | 1.075 | 7.679 | 78.573 | 1.075 | 7.679 | 78.573 |
| 6 | 0.791 | 5.649 | 84.222 | | | |
| 7 | 0.504 | 3.604 | 87.826 | | | |
| 8 | 0.481 | 3.438 | 91.263 | | | |
| 9 | 0.380 | 2.712 | 93.976 | | | |
| 10 | 0.341 | 2.432 | 96.408 | | | |
| 11 | 0.242 | 1.731 | 98.139 | | | |
| 12 | 0.131 | 0.937 | 99.075 | | | |
| 13 | 0.097 | 0.690 | 99.766 | | | |
| 14 | 0.033 | 0.234 | 100.000 | | | |

由表 8.24 的因子系数矩阵可知，第一主成分在平均胸径（0.394）、平均树高（0.391）、蓄积（0.441）、林分年龄结构（0.413）、林分垂直结构（0.366）上有较大的载荷，这些因子集中表现了木材生产的能力，因此，将第一主成分定义为木材生产功能。第二主成分中，林分混交度、乔木 Shonnon-Wiener 指数、灌木 Shonnon-Wiener 指数、草本 Shonnon-Wiener 指数的系数较大，分别为 0.546、0.514、0.129、0.180，与物种多样性保护关联较大，将第二主成分定义为物种多样性保护功能。第三主成分中林分密度、天然更新综合值、灌木盖度的载荷中，系数分别为 0.418、0.541、0.540，与森林的风景游憩功能密切相关，将第三主成分定义为风景游憩功能。第四主成分中，林分密度、土壤孔隙度、草本盖度的系数较大，反映了森林的水源涵养效益，将其定义为水源涵养功能。林分密度、土壤孔隙度、灌木 Shonnon-Wiener 指数、草本盖度有较大的载荷，体现了森林保持水土的功能，因此将第五主成分定义为水土保持功能。

**表 8.24 因子系数矩阵**

| 结构因子 | 主成分 | | | | |
|---|---|---|---|---|---|
| | 1 | 2 | 3 | 4 | 5 |
| 平均胸径 | 0.394 | 0.078 | − 0.234 | − 0.276 | 0.135 |
| 平均树高 | 0.391 | − 0.147 | − 0.052 | 0.098 | 0.109 |
| 蓄积 | 0.441 | 0.022 | − 0.013 | 0.087 | − 0.071 |
| 林分密度 | 0.044 | − 0.290 | 0.418 | 0.443 | − 0.386 |
| 林分混交度 | 0.076 | 0.546 | 0.196 | 0.024 | 0.161 |
| 土壤孔隙度 | 0.240 | 0.128 | 0.099 | 0.268 | 0.529 |
| 乔木 Shonnon-Wiener 指数 | − 0.026 | 0.514 | 0.292 | 0.234 | − 0.204 |
| 灌木 Shonnon-Wiener 指数 | 0.275 | 0.129 | − 0.030 | 0.078 | − 0.469 |
| 草本 Shonnon-Wiener 指数 | − 0.189 | 0.180 | 0.070 | 0.443 | 0.294 |
| 天然更新综合值 | 0.114 | − 0.117 | 0.541 | − 0.340 | − 0.077 |
| 灌木盖度 | 0.009 | 0.007 | 0.540 | − 0.426 | 0.214 |
| 草本盖度 | − 0.057 | − 0.487 | 0.159 | 0.253 | 0.310 |
| 林分年龄结构 | 0.413 | − 0.032 | − 0.036 | 0.131 | − 0.053 |
| 林分垂直结构 | 0.366 | − 0.088 | 0.130 | 0.050 | 0.107 |

根据表 8.24 的结果并综合以上的分析，构建了常绿阔叶次生林结构与功能关系的耦合模型。设平均胸径为 $X_1$、平均树高 $X_2$、蓄积 $X_3$、林分密度 $X_4$、林分混交度 $X_5$、土壤孔隙度 $X_6$、乔木 Shonnon-Wiener 指数 $X_7$、灌木 Shonnon-Wiener 指数 $X_8$、草本 Shonnon-Wiener 指数 $X_9$、天然更新综合值 $X_{10}$、灌木盖度 $X_{11}$、草本盖度 $X_{12}$、林分年龄结构 $X_{13}$、林分垂直结构 $X_{14}$，14 个结构因子均为标准化后的值，结构与各个功能的耦合关系模型如下：

木材生产功能（$F_1$）

$$F_1 = 0.394X_1 + 0.391X_2 + 0.441X_3 + 0.044X_4 + 0.076X_5 + 0.240X_6 - 0.026X_7 + 0.275X_8 - 0.189X_9 + 0.114X_{10} + 0.009X_{11} - 0.057X_{12} + 0.413X_{13} + 0.366X_{14}$$

物种多样性保护功能（$F_2$）

$$F_2 = 0.078X_1 - 0.1471X_2 + 0.022X_3 - 0.290X_4 + 0.546X_5 + 0.128X_6 + 0.514X_7 + 0.129X_8 + 0.180X_9 - 0.117X_{10} + 0.007X_{11} - 0.487X_{12} - 0.032X_{13} - 0.088X_{14}$$

风景游憩功能（$F_3$）

$$F_3 = - 0.234X_1 - 0.0521X_2 - 0.013X_3 + 0.418X_4 + 0.196X_5 + 0.099X_6 + 0.292X_7 - 0.030X_8 + 0.070X_9 + 0.541X_{10} + 0.540X_{11} + 0.159X_{12} - 0.036X_{13} - 0.130X_{14}$$

水源涵养功能（$F_4$）

$$F_4 = - 0.276X_1 + 0.098X_2 + 0.087X_3 + 0.443X_4 + 0.024X_5 + 0.268X_6 + 0.234X_7 + 0.078X_8 + 0.443X_9 - 0.340X_{10} - 0.426X_{11} + 0.253X_{12} + 0.131X_{13} + 0.050X_{14}$$

水土保持功能（$F_5$）

$$F_5 = 0.135X_1 + 0.109X_2 - 0.071X_3 - 0.386X_4 + 0.161X_5 + 0.529X_6 - 0.204X_7 - 0.469X_8 + 0.294X_9 - 0.077X_{10} + 0.214X_{11} + 0.310X_{12} - 0.053X_{13} + 0.107X_{14}$$

本研究中，森林多功能为木材生产功能、物种多样性保护、风景游憩、水源涵养和水土保持功能的线性组合，其各个功能的权重为其特征值占 5 个主成分总的特征值的比例，计算得出五个功能的权重依次为 0.414、0.214、0.159、0.115、0.098，因此多功能的评价模型为：$F_{多} = 0.414F_1 + 0.214F_2 + 0.159F_3 + 0.115F_4 + 0.098F_5$，由此可知，常绿阔叶次生林结构与多功能的耦合关系模型为：

$$F_{多} = 0.124X_1 + 0.144X_2 + 0.188X_3 + 0.036X_4 + 0.198X_5 + 0.225X_6 + 0.153X_7 + 0.100X_8 + 0.051X_9 + 0.061X_{10} + 0.063X_{11} - 0.043X_{12} + 0.168X_{13} + 0.170X_{14}$$

## 8.4.2　常绿阔叶次生林多功能评价

利用结构与多功能耦合关系模型，计算各个演替阶段林分的多功能值。首先，需要将结构数据标准化，表 8.25 和表 8.26 为结构数据的标准化值，将各个结构的标准化值带入到耦合模型中，可以得出每个样地的多功能值，如表 8.27 所示。将处在各个演替阶段的样地的多功能值做单因素方差分析，从表 8.28 中可以看出，演替先锋阶段、过渡阶段、亚顶极阶段的多功能值存在显著差异。演替先锋阶段，森林多功能均值为 0.417，处在 0～0.680 之间，标准差相比其他两个阶段较大；过渡阶段多功能均值为 0.651，介于 0.418～0.850 之间；亚顶极阶段，常绿阔叶次生林多功能均值为 0.874，介于 0.793～1.0 之间。这些数据说明，多功能值随着演替阶段的上升而增大，且演替上升一个阶段，多功能值也明显变大。表明演替的正向进行，林分结构得到改善，森林发挥的多功能也随之增强，同时多功能的发挥更趋于稳定。

表 8.25　结构数据标准化

| 样地号 | 平均胸径 | 平均树高 | 蓄积 | 林分密度 | 林分混交度 | 土壤孔隙度 | 乔木 Shonnon-Wiener 指数 |
|---|---|---|---|---|---|---|---|
| 1 | −1.941 | −2.325 | −1.884 | −1.165 | −2.078 | −1.716 | −1.072 |
| 2 | 0.052 | −0.886 | −1.751 | −2.702 | 1.075 | −1.244 | −0.715 |
| 3 | −1.657 | −2.091 | −1.700 | −0.228 | −0.253 | −1.158 | 0.008 |
| 4 | −1.367 | −1.291 | −1.329 | 0.147 | 0.079 | −1.041 | 1.492 |
| 5 | −1.163 | −0.714 | −1.149 | 0.746 | −0.087 | 0.443 | −0.278 |
| 6 | −1.133 | −0.707 | −1.064 | 0.203 | 0.162 | 0.351 | 1.503 |
| 7 | −0.569 | −1.900 | −0.953 | −0.641 | 1.158 | 0.348 | 1.275 |
| 8 | −0.842 | −0.519 | −0.936 | −0.078 | −0.502 | −0.439 | 0.335 |
| 9 | −0.638 | −0.559 | −0.808 | −0.003 | 0.577 | −1.212 | 0.767 |
| 10 | 0.749 | −0.523 | −0.610 | −1.240 | 0.909 | 2.477 | 0.069 |
| 11 | −0.792 | −0.140 | −0.575 | 0.184 | −1.912 | −0.815 | 0.459 |
| 12 | −1.015 | −0.631 | −0.565 | 0.859 | 0.079 | −0.222 | −0.641 |
| 13 | −0.857 | −0.196 | −0.561 | 1.159 | 0.660 | −1.710 | 0.854 |
| 14 | 0.624 | −0.337 | −0.476 | −1.165 | 0.328 | 0.227 | −0.248 |
| 15 | −0.481 | −1.334 | −0.424 | −0.453 | 0.245 | −1.448 | 0.145 |
| 16 | −1.096 | 0.812 | −0.343 | 0.409 | 0.577 | 1.830 | 0.588 |
| 17 | −0.328 | −1.054 | −0.317 | −0.453 | 0.079 | −0.242 | −0.566 |
| 18 | −0.536 | −0.063 | −0.294 | 0.934 | −0.253 | −0.445 | 0.687 |

（续）

| 样地号 | 平均胸径 | 平均树高 | 蓄积 | 林分密度 | 林分混交度 | 土壤孔隙度 | 乔木 Shonnon-Wiener 指数 |
|---|---|---|---|---|---|---|---|
| 19 | 0.163 | 0.686 | −0.287 | 1.402 | −2.991 | −0.343 | −2.809 |
| 20 | 0.195 | 0.148 | −0.261 | −0.491 | 0.826 | −1.229 | 0.291 |
| 21 | −0.291 | 0.312 | −0.209 | 1.046 | −2.244 | −0.412 | −1.866 |
| 22 | 0.611 | −0.316 | −0.206 | −1.278 | −0.419 | −0.835 | −1.382 |
| 23 | −1.392 | −0.915 | −0.198 | 2.808 | 0.411 | −1.215 | 0.742 |
| 24 | 0.610 | 0.474 | −0.177 | −0.941 | −0.336 | 0.329 | −0.654 |
| 25 | −0.693 | −0.652 | −0.149 | −0.566 | 0.992 | 1.259 | 0.418 |
| 26 | 0.088 | 0.047 | −0.091 | −0.247 | 0.162 | −0.040 | 0.635 |
| 27 | −0.353 | 1.254 | −0.015 | 0.896 | 0.494 | 2.714 | 0.676 |
| 28 | −0.437 | 0.340 | 0.067 | 1.459 | −1.166 | −0.329 | −1.025 |
| 29 | 0.978 | 0.662 | 0.175 | −1.165 | −0.004 | −0.058 | −0.995 |
| 30 | 0.987 | 1.081 | 0.258 | −0.941 | −0.502 | 0.025 | −0.764 |
| 31 | 0.630 | 1.388 | 0.509 | −0.641 | 0.660 | −0.136 | −0.193 |
| 32 | 0.137 | 0.390 | 0.545 | −0.041 | 0.245 | 0.280 | 0.470 |
| 33 | 0.159 | 0.562 | 0.549 | 0.259 | 0.245 | −0.009 | 0.865 |
| 34 | 0.544 | 1.169 | 0.730 | 0.184 | 0.328 | 1.087 | 0.349 |
| 35 | 0.544 | 1.682 | 0.928 | 1.159 | ~1.663 | 0.015 | −2.056 |
| 36 | 0.193 | 0.205 | 0.930 | 0.446 | ~0.253 | 0.200 | −0.608 |
| 37 | 1.282 | 0.227 | 1.126 | −0.416 | 0.079 | 0.872 | −0.816 |
| 38 | 0.130 | 1.559 | 1.174 | 1.290 | 0.494 | 0.639 | 0.071 |
| 39 | 0.743 | −0.179 | 1.248 | 0.521 | 0.079 | 0.818 | 1.072 |
| 40 | 1.894 | −0.034 | 1.549 | −0.716 | 1.241 | −0.058 | 0.440 |
| 41 | 0.645 | 0.480 | 1.658 | 0.934 | 0.245 | 0.243 | 1.019 |
| 42 | 2.260 | 0.664 | 1.663 | −0.791 | 1.656 | 0.427 | 1.302 |
| 43 | 0.741 | 1.025 | 1.797 | 0.409 | 1.656 | 1.297 | 1.379 |
| 44 | 2.619 | 2.199 | 2.428 | −1.091 | −1.083 | 0.476 | −1.223 |

表 8.26　结构数据标准化

| 样地号 | 草本 Shonnon-Wiener 指数 | 天然更新综合值 | 灌木盖度 | 草本盖度 | 林分年龄结构 | 林分垂直结构 |
|---|---|---|---|---|---|---|
| 1 | 0.982 | −1.134 | −1.425 | 0.205 | −1.282 | −3.727 |
| 2 | −0.457 | −0.491 | 2.525 | 0.202 | −1.282 | −1.625 |
| 3 | 0.018 | −0.993 | −1.249 | −0.189 | −1.282 | −1.625 |
| 4 | 0.880 | −0.233 | 1.330 | −0.329 | −1.282 | −1.625 |
| 5 | −1.113 | −1.250 | −0.901 | −0.015 | −1.282 | −1.625 |
| 6 | 1.289 | 1.273 | 0.350 | −0.233 | −1.282 | −1.625 |
| 7 | 1.105 | −0.529 | −0.832 | −0.958 | −1.282 | −1.625 |
| 8 | 1.516 | −0.207 | −0.452 | −1.132 | −1.282 | −1.625 |
| 9 | −0.467 | −0.246 | −1.065 | −1.306 | −1.282 | 0.478 |
| 10 | −0.517 | −0.684 | 1.739 | 0.273 | −1.282 | 0.478 |

（续）

| 样地号 | 草本 Shonnon-Wiener 指数 | 天然更新综合值 | 灌木盖度 | 草本盖度 | 林分年龄结构 | 林分垂直结构 |
|---|---|---|---|---|---|---|
| 11 | − 1. 156 | − 0. 349 | − 0. 345 | − 0. 382 | − 1. 282 | 0. 478 |
| 12 | 0. 797 | 0. 655 | 0. 778 | 1. 226 | − 1. 282 | 0. 478 |
| 13 | − 0. 625 | − 0. 632 | − 0. 489 | 0. 829 | − 1. 282 | − 1. 625 |
| 14 | − 0. 394 | 0. 668 | − 0. 858 | − 0. 588 | 0. 030 | 0. 478 |
| 15 | 2. 389 | − 1. 083 | 0. 493 | − 0. 377 | 0. 030 | 0. 478 |
| 16 | 0. 614 | 0. 089 | 0. 163 | 0. 398 | 0. 030 | 0. 478 |
| 17 | 0. 997 | − 0. 207 | 0. 137 | 1. 524 | 0. 030 | 0. 478 |
| 18 | 0. 076 | 0. 243 | − 0. 141 | − 0. 541 | 0. 030 | 0. 478 |
| 19 | − 0. 848 | 0. 346 | − 0. 716 | 2. 070 | 0. 030 | 0. 478 |
| 20 | 0. 570 | − 0. 401 | − 0. 270 | − 0. 313 | 0. 030 | 0. 478 |
| 21 | − 1. 115 | 2. 586 | − 0. 106 | 3. 129 | 0. 030 | 0. 478 |
| 22 | 0. 741 | − 0. 838 | − 0. 621 | 0. 932 | 0. 030 | 0. 478 |
| 23 | − 1. 024 | 3. 784 | 3. 883 | 0. 035 | 0. 030 | 0. 478 |
| 24 | − 1. 061 | − 0. 298 | − 0. 028 | − 0. 164 | 0. 030 | 0. 478 |
| 25 | 2. 404 | 0. 063 | − 0. 020 | − 0. 049 | 0. 030 | 0. 478 |
| 26 | 0. 089 | 0. 887 | 1. 564 | − 0. 462 | 0. 030 | 0. 478 |
| 27 | 1. 036 | 0. 205 | 0. 120 | 0. 845 | 0. 030 | 0. 478 |
| 28 | 0. 141 | − 1. 443 | − 0. 421 | 0. 448 | 0. 030 | 0. 478 |
| 29 | − 0. 392 | 0. 578 | − 0. 148 | − 1. 107 | 0. 030 | 0. 478 |
| 30 | 0. 260 | − 0. 516 | − 0. 106 | − 0. 694 | 0. 030 | 0. 478 |
| 31 | − 0. 537 | − 1. 044 | − 0. 362 | − 0. 114 | 0. 030 | 0. 478 |
| 32 | − 0. 417 | 0. 990 | 0. 035 | − 0. 263 | 0. 030 | 0. 478 |
| 33 | − 0. 511 | − 0. 722 | − 0. 708 | − 0. 925 | 1. 342 | 0. 478 |
| 34 | − 0. 398 | − 0. 838 | − 0. 788 | − 1. 091 | 1. 342 | 0. 478 |
| 35 | − 1. 680 | − 0. 864 | − 0. 205 | 0. 879 | 1. 342 | 0. 478 |
| 36 | 0. 042 | − 0. 104 | 0. 092 | 0. 796 | 1. 342 | 0. 478 |
| 37 | − 1. 680 | 0. 771 | 0. 749 | − 1. 024 | 1. 342 | 0. 478 |
| 38 | 1. 573 | − 0. 156 | 0. 267 | 2. 500 | 1. 342 | 0. 478 |
| 39 | − 0. 192 | 0. 024 | − 1. 080 | 0. 064 | 1. 342 | 0. 478 |
| 40 | − 0. 465 | 1. 029 | − 0. 706 | − 1. 107 | 1. 342 | 0. 478 |
| 41 | 0. 055 | − 0. 787 | − 0. 364 | 0. 084 | 1. 342 | 0. 478 |
| 42 | − 1. 680 | 0. 192 | − 0. 454 | − 0. 942 | 1. 342 | 0. 478 |
| 43 | − 0. 404 | 0. 423 | − 0. 126 | − 1. 024 | 1. 342 | 0. 478 |
| 44 | − 0. 439 | 1. 247 | 0. 758 | − 1. 107 | 1. 342 | 0. 478 |

表 8. 27　常绿阔叶次生林森林多功能

| 样地号 | 森林多功能值 | 样地号 | 森林多功能值 |
|---|---|---|---|
| 1 | 0. 000 | 23 | 0. 688 |
| 2 | 0. 381 | 24 | 0. 641 |
| 3 | 0. 199 | 25 | 0. 721 |

（续）

| 样地号 | 森林多功能值 | 样地号 | 森林多功能值 |
|---|---|---|---|
| 4 | 0.406 | 26 | 0.717 |
| 5 | 0.370 | 27 | 0.850 |
| 6 | 0.559 | 28 | 0.538 |
| 7 | 0.502 | 29 | 0.681 |
| 8 | 0.435 | 30 | 0.675 |
| 9 | 0.513 | 31 | 0.704 |
| 10 | 0.680 | 32 | 0.753 |
| 11 | 0.412 | 33 | 0.757 |
| 12 | 0.533 | 34 | 0.822 |
| 13 | 0.436 | 35 | 0.620 |
| 14 | 0.621 | 36 | 0.734 |
| 15 | 0.545 | 37 | 0.806 |
| 16 | 0.745 | 38 | 0.793 |
| 17 | 0.562 | 39 | 0.833 |
| 18 | 0.631 | 40 | 0.884 |
| 19 | 0.418 | 41 | 0.853 |
| 20 | 0.604 | 42 | 0.945 |
| 21 | 0.451 | 43 | 1.000 |
| 22 | 0.507 | 44 | 0.875 |

**表 8.28　演替各阶段样地多功能值**

| 演替阶段 | 样地数 | 均值 | 标准差 | 极小值 | 极大值 |
|---|---|---|---|---|---|
| 先锋阶段 | 13 | 0.417a | 0.169 | 0.000 | 0.680 |
| 过渡阶段 | 23 | 0.651b | 0.111 | 0.418 | 0.850 |
| 亚顶极阶段 | 8 | 0.874c | 0.070 | 0.793 | 1.000 |

注：同列不同字母表示组间差异性显著（$P < 0.05$）。

# 8.5　常绿阔叶次生林多功能经营模式

## 8.5.1　经营理念

基于常绿阔叶次生林对地区的经济效益、生态安全和社会效益发挥的重大作用，本研究认为，现阶段需要在对研究区常绿阔叶次生林功能需求的分析基础上，采用森林多功能经营理念，选择科学合理的经营手段，加速林分结构的恢复和完善，促进常绿阔叶次生林的多功能效益的充分发挥。

## 8.5.2　经营目标

本研究着重分析研究对象的森林多种功能，所以经营目标确定为以实现森林多功能效益最大化的经营异龄、复层、混交林。森林经营中应该注重引导向稳定的生态系统状态发展，使林分生长发育良好。增加树种多样性和林分的总体生态效益。通过适度择伐建立异龄、复层天然林，提高林地生产力，保障正常的生态服务功能，维持其生物多样性、稳定性和复杂性，满足人们对森林的自然、社会和经济需要的同时，各林分类型树种组成、林分结构等达到理想目标的一种状态。由于演替各个阶段的林分特征不同，林分结构存在较大差异，应该区分不同的演替阶段，采用不同的经营目标，促进林分结构稳步完善，促进森林多种功能效益稳定持续发挥。针对不同的演替阶段，其主要的林分特征因子，如株数密度、树种组成、直径结构、更新方式等，制定不同的经营目标。

### 8.5.2.1 树种组成目标

确定将乐常绿阔叶次生林的目标林分结构，首先需要确定的是合理的树种组成结构。本研究中，将100多种乔木树种按照树种生物学特性和生态特征，划分成为先锋树种组、伴生树种组和顶极树种组，通过调整三个树种组的比例来确定树种组成目标。演替先锋阶段先锋树种组：伴生树种组：顶极树种组的树种组成比例为2:4:4；过渡阶段为先锋树种组：伴生树种组：顶极树种组的树种组成比例为1:4:5（或1:3:6），即与现实林分中亚顶极阶段的树种组成相似，此阶段的顶极树种组的比例有了较大的提升；演替亚顶极阶段先锋树种组：伴生树种组：顶极树种组的树种组成比例为1:3:6，先锋树种基本退出群落，间或有零星分布。达到多功能经营目的，森林多功能效益最优化的为群落顶极阶段，此时树种组成为先锋树种组:伴生树种组:顶极树种组 = 1:3:6。

### 8.5.2.2 蓄积结构目标

蓄积是林分结构中重要的因子，也是本研究中划分群落演替阶段的主要因子，直接体现了木材生产功能，对森林的生态效益和社会效益有着深远的影响。森林的稳定和可持续发展，需要合理的蓄积结构。本研究认为，蓄积到达较高的水平，各个径级蓄积保持合理的比例，能够使森林的多功能效益最大程度地发挥，同时能够维持森林的健康。因此，目标蓄积结构为 $450 \sim 550 \ m^3/hm^2$，其中小径级（$6 \sim 18 \ cm$）、中径级（$20 \sim 32 \ cm$）和大径级（$> 34 \ cm$）蓄积比例保持为2:3:5。针对不同的演替阶段，划分了不同的目标结构。演替先锋阶段的蓄积目标为 $150 \sim 200 \ m^3/hm^2$，小中大径级的蓄积比例为3:4:3；演替过渡阶段的蓄积目标为 $200 \sim 350 \ m^3/hm^2$，小中大径级的蓄积比例为2:3:5；演替亚顶极阶段的蓄积目标为 $350 \sim 450 \ m^3/hm^2$，小中大径级蓄积目标为2:3:5。

### 8.5.2.3 直径结构目标

常绿阔叶次生林的直径分布，需要根据演替阶段的特征而确定不同的直径结构目标，最终达到顶极阶段的目标结构。随着演替的进行，常绿阔叶次生林用 Weibull 分布拟合后的形状参数 c 逐渐减小，最后稳定在 0.8 到 1 之间，即呈现递减的倒 J 型曲线。q 值分布范围逐渐减少，稳定在 1.2 附近。常绿阔叶次生林的理想 q 值为 1.1 到 1.3 之间。将乐常绿阔叶次生林的径阶分布曲线演替规律：演替先锋阶段径阶分布呈左偏山状分布，过渡阶段径阶分布呈波状倒 J 型，演替亚顶极、顶极径阶分布呈倒 J 型曲线。倒 J 型曲线的径阶分布，具有稳定性、连续性好，能保证径阶的正常进阶，径阶的缺失现象较少出现。

### 8.5.2.4 年龄结构目标

年龄结构是影响森林功能的重要结构因子之一，不同年龄的立木在各垂直层次中均有分布。常绿阔叶次生林年龄目标结构中演替先锋阶段的左偏山状分布，过渡阶段为倒 J 型分布，亚顶极阶段直到顶极阶段理想的年龄结构均为倒 J 型分布。为了维持林分的多功能效益，常绿阔叶次生林的年龄结构都应该保持动态平衡，维持这种动态平衡的理想结构则为倒 J 型分布。

### 8.5.2.5 空间结构目标

常绿阔叶次生林空间格局的理想分布为随机分布、高度混交。现实林分中先锋阶段角尺度多为团状分布，因此其目标角尺度值 $W_i$ 控制在偏团状分布，接近随机分布；过渡阶段、亚顶极阶段直到演替的顶极阶段，目标空间分布结构均为随机分布，即角尺度 $W_i$ 落在 0.475~0.517 之间。为了促进正向演替，需要提高顶极树种的优势程度，即顶极树种的胸径大小比数 $U_i < 0.5$，增加群落的稳定性。演替先锋阶段、过渡阶段、亚顶极阶段和顶极阶段的理想混交度分别为中度混交、强度混交、极强度混交和极强度混交。因此，研究对象的目标空间结构为林木随机分布状态，大小比数为中庸级占有的比例最多，远高于其它级别，劣势级比例尽可能降低，树种得到极强度混交。

### 8.5.2.6 物种多样性目标

演替先锋阶段多样性的理想结构为乔木 Shonnon-Wiener 指数大于 3.0，灌木 Shonnon-Winer 指数大于 3.0；过渡阶段乔木 Shonnon-Wiener 指数大于 2.8，灌木 Shonnon-Winer 指数大于 3.2；亚顶极和顶极阶段均为乔木 Shonnon-Wiener 指数大于 3.2，灌木 Shonnon-Winer 指数大于 3.5。演替顶极阶段物种多样性即为目标结构，因此物种多样性目标为乔木 Shonnon-Wiener 指数指数大于 3.2，灌木 Shonnon-Winer 指数大于 3.5。

### 8.5.2.7 更新结构目标

演替先锋阶段，更新的方式可以有天然更新、人工促进天然更新和人工更新三种方式，促进林分的恢复，加速进展演替的进程，更新密度大于 6000 N/hm²。先锋阶段，应该注意保护天然更新的幼苗幼树。当天然更新状况不佳时，应及时进行人工促进天然更新，在必要的情况下进行人工更新；过渡阶段，更新方式主要为天然更新，辅助部分人工促进天然更新，更新的密度大于 5000 N/hm²；亚顶极阶段更新方式为天然更新，更新密度大于 4000 N/hm²；更新目标结构为天然更新方式，更新密度大于 3500 N/hm²。

## 8.5.3 目标林分结构

森林的目标结构是指能够持续的最大限度地满足经营目的、发挥森林各种功能、符合资源可持续的森林结构。目标结构分总目标结构和子目标结构体系。本研究以森林多功能经营为指导，结合国内外常绿阔叶次生林的研究和实践成果，提出福建将乐县常绿阔叶次生林目标林分结构。综合上述内容及各个结构因子的经营目标，基于森林多功能经营的林分总目标结构为异龄、复层、混交的常绿阔叶次生林。将总目标划分为若干个子目标结构，分别从树种组成、蓄积结构、直径结构、年龄结构、空间结构、物种多样性和更新结构等方面加以体现。研究区常绿阔叶次生林的目标林分结构见表 8.29 所示。

表 8.29 常绿阔叶次生林目标林分结构

| 总结构目标 | 子目标 | 标准 |
|---|---|---|
| 异龄 | 株数密度 | 900~1100 N/hm² |
| | 郁闭度 | 0.6~0.7 |
| | 树种组成 | 先锋树种组:伴生树种组:顶极树种组 = 1:3:6 |
| | 直径结构 | 倒 J 型分布 |
| | 年龄结构 | 倒 J 型分布 |
| 复层 | 垂直结构 | 3 个及以上林层 |
| | 蓄积结构 | 450~550 m³/hm² |
| 混交 | 空间结构 | 随机分布, 极强度混交 |
| | 物种多样性 | 乔木 Shonnon-Wiener 指数 >3.2, 灌木 Shonnon-Wiener 指数 >3.5 |
| | 更新方式 | 天然更新 |
| | 更新密度 | >3500 N/hm² |

研究区常绿阔叶次生林的不同演替阶段的林分结构存在较大的差异,因此需要相对应地制定不同的目标结构,通过分级制定目标,为处在不同演替阶段的林分结构调整提供依据,使林分结构有计划、有目的、分步骤地靠近目标林分结构。因此,本研究为不同演替阶段的常绿阔叶次生林,制定了相应的目标结构,其目标结构体系如表 8.30 所示。

表 8.30 常绿阔叶次生林不同演替阶段目标结构体系

| 林分结构因子 | 先锋阶段 | 过渡阶段 | 亚顶极阶段 |
|---|---|---|---|
| 株数密度 | 1500~1800 N/hm² | 1200~1500 N/hm² | 1000~1200 N/hm² |
| 郁闭度 | 0.8~0.9 | 0.7~0.8 | 0.6~0.7 |
| 树种组成 | 先锋树种组:伴生树种组:顶极树种组 = 2:4:4 | 先锋树种组:伴生树种组:顶极树种组 = 1:4:5(或 1:3:6) | 先锋树种组:伴生树种组:顶极树种组 = 1:3:6 |
| 蓄积结构 | 150~200 m³/hm²<br>小径级:中径级:大径级 = 3:4:3 | 200~350 m³/hm²<br>小径级:中径级:大径级 = 2:3:5 | 350~450 m³/hm²<br>小径级:中径级:大径级 = 2:3:5 |
| 直径结构 | 左偏山状分布 | 波状倒 J 型分布 | 波状倒 J 型分布 |
| 年龄结构 | 左偏山状分布 | 波状倒 J 型分布 | 波状倒 J 型分布 |
| 垂直结构 | 2~3 个林层 | 3 个林层 | 3 个及以上林层 |
| 空间分布 | 偏团状分布, 中度混交 | 随机分布, 强度混交 | 随机分布, 极强度混交 |
| 物种多样性 | 乔木 Shonnon-Wiener 指数 >3.0, 灌木 Shonnon-Wiener >3.0 | 乔木 Shonnon-Wiener 指数 >2.8, 灌木 Shonnon-Wiener >3.2 | 乔木 Shonnon-Wiener 指数 >3.2, 灌木 Shonnon-Wiener >3.5 |
| 更新方式 | 天然更新 + 人工促进天然更新 + 人工更新 | 天然更新 + 人工促进天然更新 | 天然更新 |
| 更新密度 | >6000 N/hm² | >5000 N/hm² | >4000 N/hm² |

## 8.5.4 常绿阔叶次生林结构调整

通过常绿阔叶次生林的研究,确定了研究对象多功能经营目标及为了满足经营目标的目标林分结构。现实林结构分析结果与确定的林分目标结构有着较大的差距,现实林分中处在演替先锋阶段的林分平均蓄积为 94 $m^3/hm^2$，过渡阶段为 203 $m^3/hm^2$，亚顶极阶段为 343 $m^3/hm^2$，与目标林分结构 450~550 $m^3/hm^2$ 均有不同程度的差异。小中大径级蓄积比例中，先锋阶段为 5:3:2，过渡阶段为 3:4:3，亚顶极阶段为 2:3:5。亚顶极阶段的小中大蓄积比例接近林分目标，先锋阶段存在较大差距。根据现实林结构特征，本研究分别演替阶段提出实现目标结构的调整方案。

### 8.5.4.1 演替先锋阶段森林结构调整

乔木树种组成单一且郁闭度较小，森林恢复较慢且恢复时间短，林相残破、质量差，林地空旷郁闭度低。或是小径级林木多，小乔木密度大，先锋树种有较大的比重，顶极树种和主要伴生树种的株数密度小，但在样地中残存了个别大径级的顶极树种，如栲树、青冈栎、米槠等。林分垂直层次少、结构简单，以中下林层为主，中小径级的林木蓄积比重大，林分动态演替稳定性低。林分状态多呈现灌木林、疏林或残次林，其实质为低质低效林。针对此阶段的森林经营，为了促进森林的多功能效益的发挥，主要是促进森林结构的恢复，结构完整，功能才能完备。这一阶段的经营策略主要是恢复型经营，即通过人为手段，采取适宜的经营措施，阻止森林逆行演替，加速林分结构的恢复。

对于生长较差的林分，根据培育目标，通过全面清理林地中的灌木和生长不良的非目的树种，对目的树种的幼树、幼苗进行保留，并根据适地适树的原则选择多个适生树种进行混交造林；在实施时，采用的主要技术措施包括补植、疏伐间伐、重新造林和加强管护等，其目的在于改变主要组成树种，改善整个林分的生长状况，加速林分进展演替速度，提高林分的各种功能和效益。一般适用于立地条件较好，地势平坦活植被恢复较快的地方，在坡度较大的林地不宜使用，易引起水土流失。

经营调整主要技术：

（1）带状清理，割灌造林。适用于坡度较大，立地条件较好的林地。通过在林地中每隔一定的宽度进行带状割草除灌，保留顶极和伴生树种母树和幼苗幼树，在山脊两侧保留一定宽度的边际隔离带，穴状整地，按一定的密度栽植乡土适生树种。

（2）封山育林，自然恢复。立地条件较差，坡度较陡，人为不合理的开发利用、过度放牧等人为活动频繁造成植被严重破坏，植被稀疏，生产力低下，地表裸露，水土流失严重，水源涵养功能减弱的林地，适宜采用封山育林，自然恢复的方法。注意保护林下天然更新的顶极及主要伴生树种，如栲树、青冈栎、米槠、甜槠、木荷、黄樟、黄润楠等，尽可能地减少人畜干扰和破坏，长期进行管护和封育，采取必要的人工促进天然更新，促进植被自然恢复，从而提高林地的整体功能。

（3）林分改造。在演替先锋阶段的有些样地，先锋树种、伴生树种多，郁闭低、林分质量很差。针对这种林分结构，可以引进顶极树种，逐步诱导林分形成以顶极植被和主要伴生树种组成为主，多树种混交的异龄复层林，使得林地的生产力得到最佳发挥，林分的功能得到提升。改造树种应以乡土树种为主，优良的乡土树种主要有木荷、细柄阿丁枫、枫香、无患子、苦槠等，栽植成活率较高且生长速度较快，能使采伐迹地或林木稀疏的样地较快成林。避免改造成纯林，注意增加林分的混交度和物种多样性，提高林分结构的稳定性和促进森林多功能的发挥。

#### 8.5.4.2 演替过渡阶段森林结构调整

处于演替过渡阶段的森林，大部分是停止强烈的人为干扰后，数十年来未曾经历较大的自然灾害恢复而成的林分。为了加快林分的演替进程，采用适当的经营手段，缩短林分进展演替的时间，尽快促使林分进入亚顶极演替阶段。对于此阶段的林分，多功能经营的策略为改善型经营。林分具备了一定的结构，林分株数密度恢复到了较高的水平，林木种类多，径阶数量多，大中小径级的林木均有一定的分布。幼苗、幼树、幼龄林木、中龄林木和成熟林木均有相应的分布。此阶段的林分，需要改善林分结构，降低株数密度和林下灌草的密度，改善林内光照条件。降低顶极树种和重要伴生树种的竞争压力，保护顶极树种的幼苗幼树，借助天然更新，必要时辅以人工促进天然更新的方式完成林木的自然更替。

经营调整主要技术：

（1）抚育间伐。针对郁闭度、林分密度大，且以乡土树种或地带性群落组成为主的林分，可以用抚育间伐的方式调整林分结构。保留干型良好、饱满通直，生长健康的顶极树种和主要伴生树种，伐除生长不良，没有培育前途的林木，提高林分的更新能力，同时要注重调整林分中林木的分布格局、树种隔离程度和竞争关系，促进林分结构向健康稳定结构逼近。调整林分树种组成，调整保留木的角尺度，将角尺度取值为 1 和 0.75 的林木，零度混交和弱度混交同时被压迫的非顶极林木进行选择为被采伐林木。通过采伐部分最近相邻木，在林中空隙补植其他乡土树种，将林木的分布格局逐步调整为随机分布；在林冠、林隙中栽种其他适生的乡土树种，并促进林下更新，逐渐形成多树种混交的状态。

（2）择伐。树种组成以顶极树种和主要伴生树种为主，郁闭度较高，天然更新状况良好，成熟林木个体较多的林分，可以通过择伐来对成熟林木个体的大径木进行采伐利用。同时，注意树种组成的合理配置，使得林分空间结构优化，从而确保林分健康发展。林分更新主要为天然更新，严格控制采伐强度。

#### 8.5.4.3 演替亚顶极阶段森林结构调整

处在演替亚顶极阶段的林分，林分结构较为完整，顶极树种占据优势地位，年龄结构较为合理，林分垂直分层明显，直径为倒 J 型分布，空间结构以随机分布为主，林分混交度高，天然更新苗木多。针对此阶段的林分，经营的策略应该是保护利用型经营。继续坚持封山育林，将外界干扰减小到最低程度，让林分自然恢复，使林分得到很好的保护。与此同时，可以采伐利用其中成熟的林木，获得大径级的木材，严格控制采伐强度，使森林的木材生产功能、涵养水源、保持水土和维持物种多样性的功能得到持续发挥，同时不破坏林地的景观效果。

经营调整主要技术：

（1）保护林分的多样性和稳定性，禁止对稀有种、濒危种进行采伐利用。对生长健康、干形通直完满、生长潜力旺盛、同树种单木竞争中占优势地位，具有培育价值的顶极树种注重保护，同时留意保护经济价值较低、但在森林群落的稳定和生物多样性的维持中有较大价值的树种。

（2）林分中顶极树种、主要伴生树种中单株林木出现病腐现象，应立即伐除病腐木，改善林分的卫生状况；对于断梢木和特别弯曲的个体，在经营时也可采伐，不仅可以促进林下更新，而且还可以产生一定的经济效益。在树木进入自然成熟后，林木生长势下降，梢头干枯，出现心腐现象，不利于林分的整体健康和可持续经营，因此对于到达成熟的林木，可以进行采伐利用。采伐株数和蓄积严格控制，确保林分健康稳定，满足伐后径级株数曲线为倒 J 型分布。确保伐后的林分依然为复层异龄混交结构，物种多样性和风景游憩功能正常发挥。

## 8.5.5　采伐模式研究

### 8.5.5.1　采伐方式

依据现实林结构特征，结合经营日的，本研究确定采用择伐作业。择伐相比较于皆伐，有诸多优势，使得林地中连续覆盖着林木，林内的动植物种群保持稳定，择伐后异龄林的结构相对稳定，对自然灾害有较大的抵抗能力，林内天然更新能力较强，景观效果能都得到保障。

### 8.5.5.2　采伐强度

采伐强度根据林地所处的演替阶段的不同而发生相应的变化。演替先锋阶段，林分的结构由于之前遭受较大的破坏，急需恢复，此时不宜进行择伐，林分结构破坏严重的还需补植林木和进行林分改造；演替过渡阶段，林分结构得到了较长时间的恢复，可对其进行择伐，择伐强度保持在 10% 以内；演替亚顶极阶段，林分结构较为接近林分目标结构，此时择伐强度控制在 10～15%。

### 8.5.5.3　采伐木的确定

林分结构调整最终主要以采伐的形式实现，合理确定采伐木，林分结构能够得到改善，有利于森林多功能效益发挥。如何确定采伐木是采伐的重要环节，本研究中以目标树来控制采伐木。目标树经营法把研究对象林木划分为目标树、采伐木及经营木三种类型，是实现森林多功能经营目的，适宜在研究区开展的理想的林木经营管理措施。

目标树：能够满足多功能经营目的，要长期保留、重点抚育、完成天然更新并达到目标直径后才采伐利用的树木。

采伐木：影响目标树生长的、需要在近期或下一个择伐周期采伐利用的林木。

保留木：林分中的既非目标树、也不是采伐木，为了保持林分结构的稳定性和可持续性而需要经营的林木。

（1）目标树选择标准

树种选择：选择优势、长寿、抗病虫害的优质乡土树种，本研究中目标树在顶极树种和主要的伴生树种中选择。树龄选择：初选对象一般为树木进入中龄期的树木。外观选择：树干通直、生长状态良好、无损伤的树木。

（2）目标树密度

跟据林分现实结构来确定目标树株数密度，确定常绿阔叶次生林目标树的株数密度为 $300～400 \ N/hm^2$。

（3）目标树空间结构

由于目标树对林分结构的稳定及林分天然更新等方面发挥主导作用，其分布格局应为随机分布，强度混交。为了防止相邻目标树之间互相干扰，形成激烈的竞争，相邻目标树应该保持合理的距离，一般为 4~7 m。

（4）目标树蓄积

根据林分所处的演替阶段不同，林分的结构存在较大差异，因此研究对象结构调整先锋阶段的目标树蓄积量范围为 100~150 m³/hm²，过渡阶段 150~200 m³/hm²，亚顶极阶段 200~250 m³/hm²。

（5）目标树培育径阶

目标树不仅能维持良好的林分结构，而且能不断生产优质木材，具有较强的生态保护功能和较好的景观效果，能够满足森林多功能经营的目的。数量成熟龄是林木材积平均生长量最大时的年龄，此时的林木经济效益最高，但目标树的经营，不仅是考虑林木的木材生产功能及经济价值，同时需要注重林木的生态和社会效益。本研究认为目标树培育胸径为：栲树、阿丁枫、短柄阿丁枫和小叶青冈 ≥45 cm，甜槠、苦槠、青冈栎、米槠 ≥42 cm，山杜英、木荷 ≥40 cm，其余顶极树种和主要的伴生树种 ≥38 cm。

## 8.6 常绿阔叶次生林多功能成熟与经营模式

### 8.6.1 常绿阔叶次生林多功能成熟

本研究建立了林分蓄积量与森林多功能的相关关系，由图 8.4 可知，森林多功能值与蓄积量的非线性模型为：$F_多 = 0.3038\ln(V) - 0.9422$，即随着林分蓄积量的增长，森林多功能效益也随着增加。到达顶极阶段，林分蓄积量会达到最大，且逐渐趋于稳定。森林的多功能存在一个最佳值，即森林多功能成熟。森林多功能成熟指的是在森林具有过程中，林分结构不断趋于完善、稳定性强的状态，即森林的多种功能得到最佳发挥状态。

本研究认为，当群落演替到顶极阶段且蓄积量到达 450~500 m³/hm² 时，森林达到多功能成熟。此时的林分年龄称为多功能成熟龄。对多功能成熟林分可以进行择伐，择伐的强度为 10%~15%，使林分仍然处在演替顶极阶段，林分的结构保持相对稳定结构，始终不影响森林多种功能效益的可持续发挥。随着林分蓄积恢复增长到 500 m³/hm²，又可对再次择伐利用。择伐作业的关键是严格控制蓄积择伐强度在 10%~15% 之间，则可保持森林多功能在波动范围内的持续最佳发挥，使得森林多功能效益持续利用。

### 8.6.2 多功能经营模式

经营模式是为了实现研究对象的可持续、健康、稳定发展而制定的经营目标、经营原则、目标结构、结构调整技术、采伐作业等要素的有机整体或系统组合。由于将乐常绿阔叶次生林缺乏系统的经营模式，本研究在分析现实林结构特征的的基础上，对常绿阔叶次生林的经营理念、经营目标、目标结构体系、调整技术等进行了整合研究，提出了易于操作的动态的常绿阔叶次生林多功能经营模式（表 8.31）。在尊重森林生长规律的基础上，促进常绿阔叶次生林的正向演替，实现森林的多功能效益的持续稳定最佳发挥，为森林多功能经营提供理论依据和技术支撑。

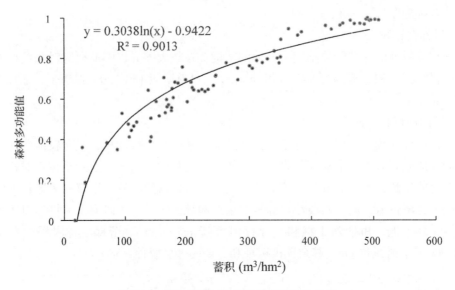

**图8.4 林分蓄积与森林多功能的相关关系**

**表8.31 将乐常绿阔叶次生林多功能经营模式**

| 经营理论基础 | 经营目标 | 目标结构体系 | 经营技术体系 | 多功能经营阶段 |
|---|---|---|---|---|
| 1. 经营理念：遵循林分自然生长演替规律，恢复和维持林分结构的稳定和森林生态系统健康，增强林分的抗干扰能力和恢复力。2. 指导理论：(1)可持续经营(2)多功能经营。 | (1)促进常绿阔叶次生林的正向演替，并将演替维持在演替顶极阶段。(2)将常绿阔叶次生林的多功能效益最大化并维持在适宜的波动范围。 | 1. 林分总目标：复层、异龄、高度混交。2. 子目标：(1)确保林分空间分布的随机性，时间分布的世代交替行，垂直分布的成层性。(2)森林多功能的最佳发挥，满足研究区对常绿阔叶次生林的多功能需求。3. 三级目标：(1)树种组成 目标林分先锋树种组：伴生树种组：顶极树种组的比例为1∶3∶6演替先锋阶段为2∶4∶4，过渡阶段1∶4∶5(或1∶3∶6)，亚顶极阶段为1∶3∶6。(2)直径、年龄结构 目标林分结构为倒J型分布。先锋阶段左偏山状分布，过渡阶段、亚顶极阶段波状倒J型分布。(3)空 | 1. 树种组成调整技术：促进展演替，演替初期，逐渐淘汰先锋树种；过渡和亚顶极阶段，注重顶极树种幼苗幼树的保护。2. 直径结构调整：将林分径阶结构逐渐向倒J型曲线方向调整，将q值稳定在1.2附近。通过择伐，形成小面积的林隙(林窗)，改善林隙内光照条件，促进森林的天然更新。3. 年龄结构调整：林分年龄不易测定，通过调整径阶结构实现年龄结构调整。4. 空间结构调整：对零度混交、弱度混交，不为随机分布且非优势树种的林木进行抚育间伐，确保林分随机分布、极强度混交和顶极树种占优势。5. 采伐模式：根据经营目标和现实林结构确定目标树结构。目标树密度300～400 N/hm²，蓄积200～250 m³/hm²，空间格局为随机分布，强度混交，相邻目标树距离4～7 m，培育 | 1. 演替先锋阶段：恢复型经营，阻止森林逆行演替，加速林分结构的恢复，林分蓄积量达到150～200 m³/hm²。(1)带状清理，割灌造林。带状割灌草除灌，保留有益的母树和幼苗幼树，按一定的密度栽植乡土适生树种。(2)封山育林，自然恢复。保护林下天然更新的顶极及主要伴生树种，长期进行管护和封育，采取必要的人工促进天然更新，促进植被自然恢复。(3)林分改造。引进地带性顶极树种，诱导林分逐步形成以顶极和主要伴生树种组成为主，具有自我更新能力，多树种混交的异龄复层林。2. 演替过渡阶段：改善型经营，改善林分结构及林内光照条件，降低顶极树种和重要伴生树种的竞争压力，保护顶极树种的幼苗幼树。林分蓄积量达到200～350 m³/hm²(1)抚育间伐，(2)抚育 |

（续）

| 经营理论基础 | 经营目标 | 目标结构体系 | 经营技术体系 | 多功能经营阶段 |
|---|---|---|---|---|
| | | 间结构 目标林分结构为随机分布，极强度混交，顶极树种占优势。（4）多样性和更新结构 目标林分结构为乔灌草物种丰富，天然更新能力强。 | 径阶为栲树、阿丁枫、短柄阿丁枫、小叶青冈≥45 cm，甜槠、苦槠、青冈栎、米槠≥42 cm，山杜英、木荷≥40 cm，其余顶极树种和主要的伴生树种≥38 cm。 | 采伐。<br>3. 演替亚顶级阶段：保护利用型经营，继续注重森林保护，采伐利用部分成熟林木，确保森林多功能的持续增长。林分蓄积量达到350~450 m³/hm² |

## 8.7　小结

本研究依据固定样地调查结果，分析了不同演替阶段的林分结构特征。研究了常绿阔叶次生林多功能需求，构建森林结构与功能的耦合机理模型，提出了常绿阔叶次生林多功能经营模式，对该区域的常绿阔叶林的多功能经营有着指导意义。研究得出以下主要结论：

（1）本研究利用定性结合定量的方法，研究常绿阔叶次生林演替过程，将演替划分为三个演替阶段。林分的蓄积量作为主要划分依据，演替先锋阶段：蓄积量≤150 m³/hm²；过渡阶段：150 m³/hm² <蓄积量≤300 m³/hm²；亚顶极阶段：蓄积量>300 m³/hm²。

（2）分析了不同演替阶段的林分结构，结果表明：先锋阶段群落总体种间关系为显著正关联，过渡阶段群落总体为不显著负关联，亚顶极阶段总体为不显著负关联。Weibull函数能较好地拟合直径分布；随着演替阶段的进展，成熟林木密度和大径级林木蓄积比重逐步增加，演替先锋阶段、过渡阶段和亚顶极阶段的小中大径级蓄积比重分别为5:3:2、3:4:3、2:3:5，均为增长型群落；演替先锋阶段林层多为2~3层，过渡阶段、亚顶极阶段均为3个林层；林分分布在演替初期阶段为团状分布，过渡阶段为偏团状分布，亚顶极阶段接近随机分布。三个演替阶段的林分大小比数接近，均为中庸状态。混交度随着演替进展而增大，亚顶极阶段为极强度混交；随着演替的正向进行，林分结构恢复发展的同时改良了土壤物理和化学性质。

（3）比较分析了不同演替阶段乔灌草三个层次的物种多样性和天然更新状况。结果表明乔木层、草本不同演替阶段的四个多样性指数均不存在显著差异，灌木层不同演替阶段Gleason指数、Shannon-Wiener指数及Simpson指数存在显著差异，Pielou指数不存在显著差异。多样性随着演替的进展，具有先降后升的趋势。研究了同一演替阶段灌木层的多样性最高，与乔木层和草本层有显著差异，乔木层的多样性高于草本层。常绿阔叶次生林天然更新株数基本能够满足天然更新的密度需求。利用熵值法，从分布状况、生长状况、年龄状况三个方面构建常绿阔叶次生林更新的评价指标体系。结果表明其天然更新状况较好，不同演替阶段更新综合值不存在显著差异。

（4）研究了常绿阔叶林的功能需求，确定木材生产、水源涵养、水土保持、物种多样性保护和风景游憩为主要的功能需求。选择了平均胸径（$X_1$）、平均树高（$X_2$）、蓄积（$X_3$）、林分密度（$X_4$）、林分混交度（$X_5$）、土壤孔隙度（$X_6$）、乔木 Shonnon-Wiener 指数（$X_7$）、灌木 Shonnon-Wiener 指数($X_8$)、草本 Shonnon-Wiener 指数($X_9$)、天然更新综合值($X_{10}$)、灌木盖度($X_{11}$)、草本盖度($X_{12}$)、林分年龄结构($X_{13}$)、林分垂直结构($X_{14}$)，共 14 个结构因子，构建结构与功能耦合关系模型。

$$F_多 = 0.124X_1 + 0.144X_2 + 0.188X_3 + 0.036X_4 + 0.198X_5 + 0.225X_6 + 0.153X_7 + 0.100X_8 + 0.051X_9 + 0.061X_{10} + 0.063X_{11} - 0.043X_{12} + 0.168X_{13} + 0.170X_{14}$$

利用森林结构与功能的耦合关系模型评价了演替先锋阶段、过渡阶段、亚顶极阶段的多功能值，结果表明三个演替阶段存在显著差异，多功能值随着演替阶段的上升而增大。

(5)对常绿阔叶次生林多功能经营理念、经营目标、目标结构体系、调整技术等进行了研究，提出了常绿阔叶次生林多功能经营模式，为常绿阔叶次生林的多功能经营提供了理论依据。

(6)构建了主导结构因子林分蓄积量与森林多功能的非线性模型：$F_多 = 0.3038\ln(V) - 0.9422$。林分蓄积量到达 $450 \sim 500$ $\text{m}^3/\text{hm}^2$ 时，达到森林多功能成熟。

# 9 杉木人工林凋落物及土壤持水能力研究

## 9.1 研究目的、数据采集

### 9.1.1 研究目的

通过对福建省将乐国有林场不同混交模式、不同生长阶段杉木人工林凋落物和土壤持水特性的研究，分析杉木人工林林下凋落物储量、组成、持水能力、持水过程和土壤物理性质变化，为林业生产过程中造林树种选择、林分密度控制、林下灌草和凋落物清理、经营周期设定等提供科学依据。

### 9.1.2 杉木人工林标准地选择设定

（1）在研究区内选择林龄、海拔、坡向基本一致的林地，设固定及临时标准地共12块（其中杉木纯林3块、杉木马尾松林3块，杉木毛竹林3块，杉木阔叶林3块），每块标准地的面积均为600m²。标准地概况如表9.1。

表 9.1　不同混交模式杉木人工林标准地概况

| 混交模式 | 林龄（a） | 坡度（°） | 郁闭度 | 平均胸径（cm） | 平均树高（m） | 灌木多样性 | 草本多样性 | 每公顷株数 |
|---|---|---|---|---|---|---|---|---|
| 杉纯 | 17 | 23～34 | 0.7 | 13.6 | 11.4 | 0.378 | 0.302 | 1706 |
| 杉火 | 20 | 26～27 | 0.8 | 16.1 | 14.1 | 0.580 | 0.790 | 95 |
| 杉马 | 25 | 24～29 | 0.7～0.8 | 13.2 | 13.2 | 0.397 | 0.493 | 1162 |
| 杉毛 | 14 | 33～39 | 0.6～0.7 | 11.8 | 11.7 | 0.409 | 0.725 | 1108 |

（2）在研究区内选择海拔、坡向基本一致的杉木纯林，按照幼龄林（0～10a）、中龄林（11～20a）、近熟林（21～30a）、成熟林（31～35a）、过熟林（>35a）五个生长阶段分别设固定及临时标准地各3块每块标准地的面积均为600m²。标准地概况如表9.2。

表 9.2　不同生长阶段杉木人工林标准地概况

| 经营周期 | 林龄（a） | 坡度（°） | 郁闭度 | 平均胸径（cm） | 平均树高（m） | 灌木多样性 | 草本多样性 | 每公顷株数 |
|---|---|---|---|---|---|---|---|---|
| 幼 | 8 | 34～35 | 0.9～1.0 | 11.17 | 6.60 | 0.311 | 0.744 | 3250 |
| 中 | 17 | 23～34 | 0.7 | 13.60 | 11.40 | 0.378 | 0.302 | 1706 |
| 近 | 22～23 | 23～32 | 0.8～0.9 | 15.98 | 14.34 | 0.324 | 0.335 | 1700 |
| 成 | 31～32 | 16～28 | 0.7～0.9 | 19.21 | 17.33 | 0.537 | 0.732 | 1986 |
| 过 | 37～40 | 33～34 | 0.6 | 21.65 | 16.81 | 0.407 | 0.672 | 1033 |

在每块标准地四角及中心位置，机械布设 1m×1m 的小样方 5 个。测定凋落物厚度，然后分别未分解层、半分解层、完全分解层收集小样方内的全部凋落物，调查凋落物鲜质量，带回实验室取部分烘干（80℃）至恒质量，由此可计算凋落物单位面积的储量（又称现存量）、自然含水率和持水量等。

## 9.2 不同混交杉木人工林凋落物层与土壤层持水性

### 9.2.1 不同混交杉木人工林凋落物层持水性

从表 9.3 可以看出，林分的凋落物总储量差异显著（$p = 0.001 < 0.05$），范围在 9.571 ~ 24.43 t/hm$^2$ 之间，受林分株数密度影响，不同混交模式杉木林分的凋落物储量排序为杉木纯林 24.43 t/hm$^2$ > 杉木毛竹 15.151 t/hm$^2$ > 杉木火力楠 10.058 t/hm$^2$ > 杉木马尾松 9.572 t/hm$^2$，方差分析结果显示杉木纯林凋落物储量显著高于其他三种杉木混交林，其他三种林分凋落物储量之间没有显著差异。不同类型林分因林下凋落物组成及林内水热条件不同，凋落物分解程度也有所不同：针叶树种与阔叶树种相比起枯枝落叶较难分解，所以杉木纯林未分解叶层所占比例较高，杉木马尾松林和杉木毛竹林则是半分解层所占比例较高。

**表 9.3  凋落物储量及组成**

| 混交模式 | 未分解枝 (t/hm$^2$) | 比例 (%) | 未分解叶 (t/hm$^2$) | 比例 (%) | 半分解 (t/hm$^2$) | 比例 (%) | 全分解 (t/hm$^2$) | 比例 (%) | 总量 (t/hm$^2$) |
|---|---|---|---|---|---|---|---|---|---|
| 杉纯 | 3.82 | 15.78 | 8.06 | 33.35 | 6.60 | 26.76 | 5.95 | 24.11 | 24.11a |
| 杉火 | 1.71 | 16.95 | 3.29 | 32.73 | 2.20 | 21.87 | 2.86 | 28.45 | 10.06b |
| 杉马 | 2.18 | 22.75 | 2.17 | 22.70 | 2.87 | 29.95 | 2.36 | 24.61 | 9.57b |
| 杉毛 | 1.89 | 12.47 | 2.26 | 14.92 | 6.40 | 42.23 | 4.60 | 30.37 | 15.15b |

**表 9.4  凋落物最大持水率和最大持水量**

| 混交模式 | 最大持水率（%） | | | | | 最大持水量（t/hm$^2$） | | | | |
|---|---|---|---|---|---|---|---|---|---|---|
| | 未分解枝 | 未分解叶 | 半分解 | 完全分解 | 平均 | 未分解枝 | 未分解叶 | 半分解 | 完全分解 | 平均 |
| 杉纯 | 165.6 | 177.4 | 208.0 | 195.7 | 186.7 | 3.1 | 8.8 | 5.3 | 4.9 | 22.2a |
| 杉火 | 121.2 | 138.5 | 163.6 | 228.2 | 162.9 | 1.3 | 4.3 | 2.4 | 3.7 | 11.7b |
| 杉马 | 173.3 | 148.8 | 236.2 | 228.3 | 196.6 | 2.9 | 2.6 | 5.1 | 3.8 | 14.5ab |
| 杉毛 | 143.2 | 199.0 | 238.3 | 188.6 | 192.3 | 2.1 | 3.6 | 10.7 | 6.6 | 23.0a |

表 9.4 数据表明，四种混交类型最大持水率之间差异不显著，排序为杉木马尾松 196.6% > 杉木毛竹 192.3% > 杉木纯林 186.7% > 杉木火力楠 162.9%，凋落物的持水作用越大，凋落物的持水能力就越强，杉木马尾松林和杉木毛竹林因具有较高比例的半分解层凋落物而具有较高的最大持水率，显示出杉木马尾松林和杉木毛竹林具有较强的持水能力。不同混交模式最大持水量为杉木毛竹 23.0 t/hm$^2$ > 杉木纯林 22.2 t/hm$^2$ > 杉木马尾松 14.5 t/hm$^2$ > 杉木火力楠 11.7 t/hm$^2$，方差分析结果表明杉木火力楠林显著低于杉木纯林、杉木毛竹林，与杉木马尾松林差异不显著，其他三种类型之间差异不显著。本研究区各类

型森林凋落物均是半分解层最大持水率最高，不同层次的最大持水量与该层储量大小密切相关。

分别用对数函数、多项式函数和幂函数对 0.5~24h 之间不同混交模式杉木人工林凋落物持水率与浸泡时间的关系进行回归分析，结果如表9.5所示，数据表明凋落物持水率与浸泡时间的对数函数关系较为显著，相关系数 R 的平方均大于 0.937，得出该时段内持水率与浸泡时间之间存在如下关系：

$$R_m = a \cdot \ln(t) + b$$

式中：$R$ 为凋落物持水率%；$t$ 为浸泡时间(h)；$a$ 为方程系数；$b$ 为方程常数项。

表9.5 凋落物持水率与浸泡时间的回归方程

| 混交模式 | 回归方程类型 | 方程 | $R^2$ |
|---|---|---|---|
| 杉纯 | 对数 | $R = 23.13\ln(t) + 122.5$ | $R^2 = 0.966$ |
| | 多项式 | $R = -0.327t^2 + 11.01t + 109.8$ | $R^2 = 0.939$ |
| | 幂 | $R = 121.5t^{0.160}$ | $R^2 = 0.952$ |
| 杉火 | 对数 | $R = 21.28\ln(t) + 95.82$ | $R^2 = 0.995$ |
| | 多项式 | $R = -0.442t^2 + 14.09t + 79.30$ | $R^2 = 0.964$ |
| | 幂 | $R = 94.89t^{0.180}$ | $R^2 = 0.968$ |
| 杉马 | 对数 | $R = 21.00\ln(t) + 135.5$ | $R^2 = 0.948$ |
| | 多项式 | $R = -0.592t^2 + 17.65t + 114.3$ | $R^2 = 0.921$ |
| | 幂 | $R = 134.2t^{0.136}$ | $R^2 = 0.906$ |
| 杉毛 | 对数 | $R = 14.74\ln(t) + 149.7$ | $R^2 = 0.937$ |
| | 多项式 | $R = -0.469t^2 + 13.75t + 132.6$ | $R^2 = 0.987$ |
| | 幂 | $R_m = 149.2t^{0.089}$ | $R^2 = 0.922$ |

不同混交模式杉木林凋落物持水率与浸泡时间的变化关系有共性也有差异。图9.1所示为四种林分的凋落物持水率与浸泡时间的对数关系曲线，它们的共同点是浸泡前期持水率上升的速度较快，4h之后变缓，8h后持水率基本不变，说明凋落物持水趋于饱和，符合前人研究的普遍规律。不同林分的凋落物的在持水过程中的持水率也存在明显的差异，表现为杉木毛竹 > 杉木马尾松 > 杉木纯林 > 杉木火力楠。

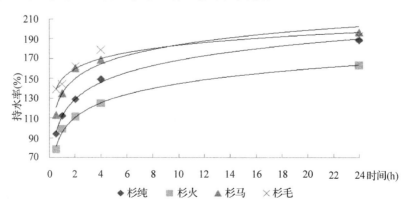

图9.1 凋落物持水率与浸泡时间的对数关系

分别用对数函数、多项式函数和幂函数对 0.5 ~ 24h 之间不同生长阶段杉木人工林凋落物持水量与浸泡时间的关系进行回归分析，结果如表 9.6 所示，数据表明凋落物持水量与浸泡时间的对数函数关系较为显著，相关系数 R 的平方均大于 0.937，得出该时段内持水量与浸泡时间之间存在如下关系：

$$W = a \cdot \ln(t) + b$$

式中：$W$ 为凋落物持水量($t/hm^2$)；$t$ 为浸泡时间($h$)；$a$ 为方程系数；$b$ 为方程常数项。

**表 9.6 凋落物持水量与浸泡时间的回归方程**

| 混交模式 | 回归方程类型 | 方程 | $R^2$ |
|---|---|---|---|
| | 对数 | $W = 3.123\ln(t) + 14.18$ | $R^2 = 0.937$ |
| 杉纯 | 多项式 | $W = -0.05t^2 + 1.610t + 12.18$ | $R^2 = 0.954$ |
| | 幂 | $W_m = 13.98t^{0.185}$ | $R^2 = 0.927$ |
| | 对数 | $W = 1.571\ln(t) + 6.912$ | $R^2 = 0.985$ |
| 杉火 | 多项式 | $W = -0.038t^2 + 1.189t + 5.488$ | $R^2 = 0.961$ |
| | 幂 | $W_m = 6.811t^{0.187}$ | $R^2 = 0.941$ |
| | 对数 | $W_m = 1.561\ln(t) + 9.920$ | $R^2 = 0.950$ |
| 杉马 | 多项式 | $W = -0.044t^2 + 1.311t + 8.343$ | $R^2 = 0.924$ |
| | 幂 | $W_m = 9.818t^{0.138}$ | $R^2 = 0.908$ |
| | 对数 | $W = 1.712\ln(t) + 17.82$ | $R^2 = 0.945$ |
| 杉毛 | 多项式 | $W = -0.041t^2 + 1.265t + 16.34$ | $R^2 = 0.881$ |
| | 幂 | $W = 17.75t^{0.088}$ | $R^2 = 0.915$ |

不同林分的凋落物持水量有随浸泡时间增长的趋势，如图 9.2 所示，在浸泡 0 ~ 4h 期间，各林分的凋落物持水量增长都很迅速，之后增长变缓，8h 后，浸泡时间增加凋落物持水量变化幅度却不大，说明此时凋落物的持水基本饱和。从图上还可以看出，不同林分凋落物的即时持水量也有显著差异，表现为杉木毛竹林 > 杉木纯林 > 杉木马尾松林 > 杉木火力楠林，规律与凋落物储量密切相关。

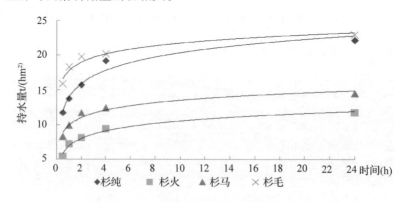

**图 9.2 凋落物持水量与浸泡时间的对数关系**

表 9.7 数据表明，研究区四种林分的凋落物有效拦蓄量的变化范围在 9.18 ~ 19.49t/hm² 之间，具体顺序为杉木毛竹最大，然后是杉木纯林、杉木马尾松，杉木火力楠最小，方差分析显示杉木毛竹林与杉木火力楠林有显著差异。

**表 9.6　凋落物有效拦蓄量**

| 混交模式 | 储量<br>（t/hm²） | 自然含水量<br>（%） | 最大持水率<br>（%） | 最大持水量<br>（t/hm²） | 有效拦蓄量<br>（t/hm²） |
|---|---|---|---|---|---|
| 杉纯 | 24.11a | 85.17a | 186.67 | 22.16 | 17.72ab |
| 杉火 | 10.06b | 47.19b | 162.87 | 11.69 | 9.18a |
| 杉马 | 9.57b | 13.83c | 196.62 | 14.46 | 14.67ab |
| 杉毛 | 15.15b | 34.79b | 192.28 | 22.95 | 19.49b |
| 显著性 | 0.001* | 0.001* | 0.486 | 0.081 | 0.159 |

分别用对数函数、多项式函数和幂函数对 0.5 ~ 24h 之间不同类型杉木人工林凋落物吸水速率与浸泡时间的关系进行回归分析，结果如表 9.7 所示，数据表明不同类型杉木人工林凋落物吸水速率与浸泡时间的幂函数关系较为显著，相关系数 R 的平方均大于 0.991，得出该时段内持水量与浸泡时间之间存在如下关系：

$$V = kt^n$$

式中：$V$ 为凋落物吸水速率（g/（m²·h））；$t$ 为浸泡时间（h）；$k$ 为方程系数；$n$ 为指数。

**表 9.7　凋落物吸水速率与浸泡时间的回归方程**

| 林分类型 | 回归方程类型 | 方程 | $R^2$ |
|---|---|---|---|
| 杉纯 | 对数 | $V = -150.\ln(t) + 393.8$ | $R^2 = 0.881$ |
| | 多项式 | $V = 2.317t^2 - 73.93t + 474.4$ | $R^2 = 0.801$ |
| | 幂 | $V = 368.2t^{-0.86}$ | $R^2 = 0.991$ |
| 杉火 | 对数 | $V = -64.3\ln(t) + 183.3$ | $R^2 = 0.863$ |
| | 多项式 | $V = 2.338t^2 - 66.65t + 265.1$ | $R^2 = 0.900$ |
| | 幂 | $V = 170.2t^{-0.81}$ | $R^2 = 0.996$ |
| 杉马 | 对数 | $V = -96.4\ln(t) + 267.8$ | $R^2 = 0.840$ |
| | 多项式 | $V = 3.587t^2 - 101.8t + 392.7$ | $R^2 = 0.881$ |
| | 幂 | $V = 245.4t^{-0.86}$ | $R^2 = 0.997$ |
| 杉毛 | 对数 | $V = -184.\ln(t) + 500.3$ | $R^2 = 0.816$ |
| | 多项式 | $V = 7.061t^2 - 199.4t + 745.1$ | $R^2 = 0.865$ |
| | 幂 | $V = 449.9t^{-0.89}$ | $R^2 = 0.998$ |

图 9.3 是不同类型杉木林分类型凋落物吸水速率和浸泡时间的幂函数回归关系曲线，从图上可以看出，各林分凋落物在刚浸入水中时的吸水速率最高，0.5 小时后吸水速率明显降低，此后随着时间增加，吸水速率缓慢变小，10 小时后基本不再吸水，表示此时凋落物吸水基本趋于饱和。虽然研究区不同林分的凋落物吸水速率过程线的整体变化趋势基本一致，但不同林分的吸水过程间的速率还是有所差别，呈现杉木毛竹林 > 杉木纯林 > 杉木马尾松林 > 杉木火力楠林的顺序，可见杉木毛竹混交林能比其他林分类型更好的调节地表径流。

## 9.2.2　不同杉木混交林土壤物理特性与持水性

根据样品分析和计算方法，在土层厚度为 0 ~ 80cm 测得各林分类型土壤物理特性如图 9.4。

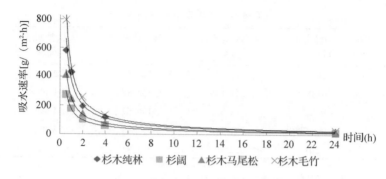

**图 9.3　凋落物吸水速率与浸泡时间的乘幂关系**

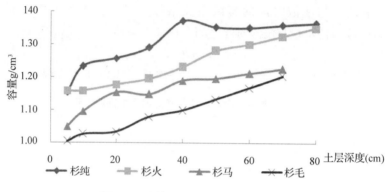

**图 9.4　土壤容重随土层深度的变化**

由图 9.4 可以看出，对于不同类型杉木人工林，林下土壤容重均随土壤深度递增而逐渐增加。总的看来，各林分类型 0~10cm 的表层土壤容重均最小，与林下灌木和草本植物分布有关，这类植物的根系 50% 以上分布在土壤表层，另外表层凋落物积累、腐化后大量积累的腐殖质使土壤表层更加疏松，使得容重小于深层土壤。不同类型林分的土壤容重存在差异，反映出不同林分类型土壤之间熟化程度的差异，各类型容重均值变化范围 1.09 ~ 1.30g/cm³ 之间，大小依次为杉木纯林 1.30 g/cm³ > 杉木火力楠林 1.24 g/cm³ > 杉木马尾松林 1.16 g/cm³ > 杉木毛竹林 1.09g/cm³，杉木火力楠林、杉木马尾松林、杉木毛竹林的容重均值比杉木纯林分别减小了 4.76%、11.13%、16.14%，可见杉木毛竹林保土能力最强，要优于杉木马尾松林和杉木火力楠林，单一针叶林杉木纯林保土功能最差，即树种组成丰富、凋落物储量多的针阔混交林保土能力最强，要优于针叶混交林或阔叶混交林，针叶纯林保土功能最差。本研究中的杉木火力楠林为针阔混交林其土壤容重却大于杉木马尾松、杉木毛竹林，仅小于杉木纯林，可能的原因为：研究区中杉木火力楠林多为防火隔离带，为了有效防火，会定时清理林下灌木、草本以及凋落物，这些措施大幅度减小了植物根系对土壤的疏松作用以及腐殖质的积累，导致了杉木火力楠林的容重较大。

由图 9.5 可以看出，各类型杉木人工林的土壤总孔隙度均是随着土层深度的递增而不断减小。各类型杉木人工林土壤总孔隙度均是表层最大，且表层变化较深层变化显著，说明森林植被对土壤表层影响极为明显，这是因为林下凋落物分解腐烂后增加了表层土壤腐殖质的含量，有利于团聚结构在表层土壤的形成，且林下灌木、草本等植被的细根多分布在土壤表层，而细根的生长和分解有利于改善土壤的孔隙状况。杉木人工林土壤平均总孔隙度的变化范围在50.82%~58.76%之间，大小依次为杉木毛竹混交林58.76% >杉木马尾松混交林56.29% >杉木火力楠混交林53.16% > 杉木纯林50.82%，三种混交林的土壤总孔隙度分别是杉木纯林的1.05、1.11、1.16倍，可见杉木毛竹混交林改善土壤孔隙状况最强，要优于杉木马尾松混交林和杉木火力楠混交林，单一针叶林杉木纯林不利于改善土壤孔隙状况。杉木火力楠混交林为针阔混交林其土壤总孔隙度却小于杉木马尾松、杉木毛竹混交林，仅大于杉木纯林，同样是由于研究区中杉木火力楠混交林多为防火隔离带，定期的防火措施大幅度减小了植物根系对土壤的疏松作用以及腐殖质的积累，导致了杉木火力楠混交林的孔隙含量较少。

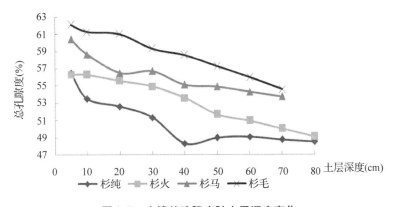

**图9.5 土壤总孔隙度随土层深度变化**

不同类型杉木人工林土壤毛管孔隙度随土壤深度变化状况见图9.6，数据表明各类型杉木人工林的土壤毛管孔隙度也随着土壤深度递增而有减小趋势。各类型林分土壤毛管孔隙度均是表层最大，这表明不同林分类型的森林植被的根系作用对土壤表层物理性质均有影响。杉木人工林土壤平均毛管孔隙度的变化范围在34.38%~41.00%之间，杉木毛竹林最大41.00%，其次杉木马尾松林39.29%、杉木火力楠林36.71%，杉木纯林最小34.38%，三种混交林的毛管孔隙度分别是杉木纯林的1.19、1.14、1.07倍，可见对土壤毛管孔隙度的改善作用也是树种组成丰富、凋落物储量多的杉木毛竹混交林最强，要优于杉木马尾松混交林，单一针叶林杉木纯林最差。杉纯、杉火、杉马、杉毛的毛管孔隙度占总孔隙度的比例差异不大，分别为70%、70%、69%、68%。

杉木人工林土壤非毛管孔隙度均值范围在16.44%~17.75%之间，按大小排序依次为杉木马尾松林17.01% >杉木纯林16.44% >杉木毛竹林17.75% >杉木火力楠林16.48%。对于三种杉木混交林，其土壤非毛管孔隙度随土壤深度递增有减小趋势，如图5-9所示，在0~50cm土层，混交林的非毛管孔隙度有较大变化，杉毛、杉马、杉火分别下降了12.55%、9.87%、5.60%，杉木纯林则无明显变化，杉木与阔叶树种毛竹混交较杉木与针叶树种马尾松混交更有利于改善土壤非毛管孔隙状况，单一杉木纯林对非毛管孔隙含量的改善作用最差(图9.7)。

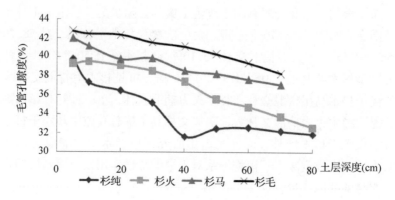

图 9.6　土壤毛管孔隙度随土层深度变化

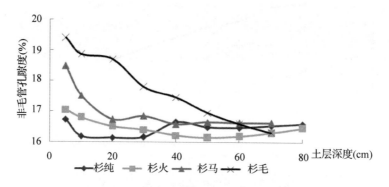

图 9.7　土壤非毛管孔隙度随土层深度变化

表 9.8　土壤蓄水量

| 林分类型 | 土层厚度<br>（cm） | 含水率<br>（%） | 土壤通气性<br>（%） | 土壤饱和蓄水<br>（t/hm²） | 土壤毛管蓄水<br>（t/hm²） | 土壤非毛管蓄水<br>（t/hm²） |
|---|---|---|---|---|---|---|
| 杉纯 | 5 | 42.67 | 7.29 | 282.45 | 198.83 | 83.62 |
|  | 10 | 41.48 | 2.38 | 267.48 | 186.57 | 80.91 |
|  | 20 | 37.51 | 5.47 | 525.91 | 364.56 | 161.36 |
|  | 30 | 35.05 | 6.10 | 513.21 | 351.61 | 161.60 |
|  | 40 | 34.02 | 1.65 | 482.77 | 316.34 | 166.43 |
|  | 50 | 31.44 | 6.43 | 489.56 | 324.72 | 164.84 |
|  | 60 | 28.39 | 10.68 | 490.31 | 325.64 | 164.68 |
|  | 70 | 26.45 | 12.79 | 487.30 | 321.96 | 165.33 |
|  | 80 | 24.84 | 14.58 | 484.91 | 319.01 | 165.90 |
|  | 均值/总和 | 33.54 | 7.48 | 3538.99 | 2390.22 | 1148.77 |
| 杉火 | 5 | 29.98 | 21.74 | 281.60 | 196.38 | 85.23 |
|  | 10 | 28.70 | 23.10 | 281.51 | 197.55 | 83.96 |
|  | 20 | 28.15 | 22.48 | 556.04 | 391.02 | 165.02 |
|  | 30 | 27.63 | 21.92 | 549.25 | 385.30 | 163.95 |
|  | 40 | 26.93 | 20.46 | 535.85 | 373.76 | 162.09 |
|  | 50 | 26.65 | 17.58 | 516.98 | 355.56 | 161.42 |
|  | 60 | 24.81 | 18.69 | 509.43 | 347.56 | 161.88 |
|  | 70 | 24.54 | 17.49 | 500.00 | 337.02 | 162.98 |
|  | 80 | 23.54 | 17.28 | 490.57 | 325.94 | 164.63 |
|  | 均值/总和 | 26.77 | 20.08 | 3730.66 | 2584.15 | 1146.51 |

（续）

| 林分类型 | 土层厚度<br>（cm） | 含水率<br>（%） | 土壤通气性<br>（%） | 土壤饱和蓄水<br>（t/hm²） | 土壤毛管蓄水<br>（t/hm²） | 土壤非毛管蓄水<br>（t/hm²） |
|---|---|---|---|---|---|---|
| 杉马 | 5 | 18.80 | 40.64 | 302.17 | 209.79 | 92.38 |
| | 10 | 18.25 | 38.63 | 293.30 | 205.73 | 87.58 |
| | 20 | 17.51 | 36.27 | 564.91 | 397.57 | 167.34 |
| | 30 | 17.18 | 37.09 | 566.98 | 398.63 | 168.35 |
| | 40 | 16.22 | 36.06 | 551.32 | 385.57 | 165.76 |
| | 50 | 16.17 | 35.98 | 549.06 | 382.54 | 166.52 |
| | 60 | 15.61 | 35.76 | 542.83 | 376.54 | 166.29 |
| | 70 | 15.41 | 35.22 | 537.36 | 371.08 | 166.28 |
| | 均值/总和 | 16.89 | 36.96 | 3907.92 | 2727.44 | 1180.49 |
| 杉毛 | 5 | 35.53 | 26.44 | 310.57 | 213.62 | 96.94 |
| | 10 | 34.41 | 25.98 | 306.42 | 212.13 | 94.29 |
| | 20 | 33.55 | 26.36 | 610.19 | 423.21 | 186.98 |
| | 30 | 32.15 | 24.66 | 593.21 | 415.28 | 177.93 |
| | 40 | 32.03 | 23.39 | 585.66 | 411.12 | 174.54 |
| | 50 | 28.11 | 25.40 | 572.45 | 402.89 | 169.56 |
| | 60 | 26.80 | 24.68 | 559.62 | 393.77 | 165.85 |
| | 70 | 25.20 | 24.23 | 545.66 | 382.59 | 163.07 |
| | 均值/总和 | 30.97 | 25.14 | 4083.77 | 2854.61 | 1229.17 |

如表9.8和图9.8所示，杉木人工林的土壤自然含水量均是随着土壤深度增加而减小的，表层土壤的自然含水率最大。各类型林地土壤的自然含水量均值大小排序为：杉木纯林33.54% > 杉木毛竹混交林30.97% > 杉木火力楠混交林26.77% > 杉木马尾松混交林16.89%，结果显示杉木与毛竹、火力楠等阔叶树种混交后较针叶混交林杉木马尾松林更有利于林下土壤的保湿蓄水。

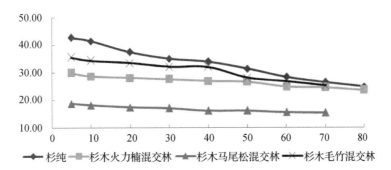

图9.8　自然含水量随土层深度的关系式

杉木人工林的土壤通气性均值排列（表9.8）：杉木马尾松林36.96% > 杉木毛竹林25.14% > 杉木火力楠林20.08% > 杉木纯林7.48%，因为土壤中空气与水分共同存在于土壤孔隙中，土壤含水率的增减必然导致土壤通气性的相应变化，所以以土壤含水率最低的杉木马尾松混交林通气性最好，所调查的杉木纯林因大量降水充塞了土壤孔隙，阻碍了土壤与外界的气体交换，导致杉木纯林的通气性最差。

各类型林分土壤蓄水量情况见图9.9，方差分析显示其土壤饱和蓄水量均值差异不显著（p < 0.05），范围在 3538.99 ~ 4083.77 t/hm² 之间，大小顺序如下：杉木毛竹混交林 4083.77 t/hm² > 杉木马尾松混交林 3907.92 t/hm² > 杉木火力楠混交林 3730.66 t/hm² > 杉木纯林 3538.99 t/hm²，毛管蓄水量变动范围在 2390.22 ~ 2854.61 t/hm²，与饱和蓄水量规律一致相同，说明杉木毛竹混交林土壤持水性最好，杉木马尾松混交林、杉木火力楠混交林次之，杉木纯林土壤持水性最差。方差分析显示不同类型杉木林土壤非毛管蓄水量之间也无显著差异，大小依次为杉木毛竹混交林 1229.17t/hm² > 杉木马尾松混交林 1180.49t/hm² > 杉木纯林 1148.77t/hm² > 杉木火力楠混交林 1146.51t/hm²，杉木毛竹非毛管持水量稍高，其他三种类型无明显差异。

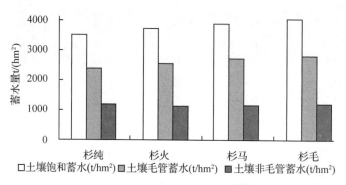

**图9.9 不同混交模式土壤蓄水量变化**

采用坐标综合评定法，对不同类型杉木人工林凋落物层和土壤涵养水源功能指标量纲归一化，结果见表9.9。

表9.9 不同混交模式杉木人工林凋落物层、土壤涵养水源功能综合评价指标排序

| 林分类型 | 凋落物层持水能力 | | | 土壤持水能力 | | 综合能力 | |
|---|---|---|---|---|---|---|---|
| | 最大持水率 $P_1^2$ | 最大持水量 $P_2^2$ | 有效拦蓄量 $P_3^2$ | 土壤饱和蓄水 $P_4^2$ | 土壤非毛管蓄水 $P_5^2$ | $\sum Pi^2$ | 序次 |
| 杉纯 | 0.0440 | 0.1174 | 0.3303 | 0.0330 | 0.0606 | 0.5852 | 2ab |
| 杉火 | 0.0986 | 0.3998 | 0.4756 | 0.0275 | 0.0513 | 1.0529 | 4a |
| 杉马 | 0.0405 | 0.2884 | 0.2556 | 0.0095 | 0.0353 | 0.6293 | 3ab |
| 杉毛 | 0.0392 | 0.1078 | 0.1729 | 0.0040 | 0.0396 | 0.3636 | 1b |

注：* P < 0.05，** P < 0.01。表中值均为同一处理3次重复的平均值。

表9.10 不同混交模式杉木人工林凋落物层、土壤涵养水源功能综合评价方差分析

| | | | |
|---|---|---|---|
| 杉纯 | | 0.067 | 0.345 |
| 杉火 | 0.067 | 0.091 | 0.014* |
| 杉马 | 0.847 | 0.091 | 0.263 |
| 杉毛 | 0.345 | 0.014* | 0.263 |

表9.9数据表明，不同混交模式杉木人工林凋落物层和土壤层持水性能之间存在差异，具体排序为杉木毛竹林最优，其次为杉木纯林、杉木马尾松林，杉木火力楠林持水能

力最弱，表9.10方差分析结果显示杉木毛竹林显著高于杉木火力楠林。从排序看出，树种组成丰富多样、凋落物累积量多的针阔混交林的涵养水源、保持土壤的能力最强，杉木纯林因具有最高的凋落物储量而在综合评价中优于杉木马尾松林和杉木火力楠林。可见森林植被及其凋落物与森林水土保持功能关系密切，选择合适的树种混交、调整林木结构、增加林下灌草丰富度、提高凋落物积累量可以改善土壤物理性质，有利于森林涵养水源功能提高。

## 9.2.3 不同生长阶段杉木人工纯林凋落物层持水性

由表9.11可知，不同生长阶段的杉木人工林的凋落物总储量差异显著（$p = 0.006 < 0.05$），依次为成熟林31.79 t/hm²、近熟林27.98 t/hm²、中龄林24.43 t/hm²、过熟林18.91 t/hm²，幼龄林最小仅为4.38 t/hm²，基本呈现出凋落物储量随着年龄的增长而增长的规律，方差分析结果显示幼龄林凋落物储量显著低于中龄林、近熟林和成熟林，其他生长阶段杉木林凋落物储量之间无显著差异。

**表9.11 凋落物储量及组成**

| 凋落物储量 | 未分解枝(t/hm²) | 比例(%) | 未分解叶(t/hm²) | 比例(%) | 半分解(t/hm²) | 比例(%) | 完全分解(t/hm²) | 比例(%) | 总量(t/hm²) |
|---|---|---|---|---|---|---|---|---|---|
| 幼 | 2.19 | 49.1 | 1.11 | 24.3 | 0.89 | 22.1 | 0.20 | 4.4 | 4.38a |
| 中 | 3.82 | 15.8 | 8.06 | 33.4 | 6.60 | 26.8 | 5.95 | 24.1 | 24.43b |
| 近 | 5.22 | 18.6 | 8.27 | 29.5 | 8.03 | 28.7 | 6.46 | 23.2 | 27.98b |
| 成 | 4.41 | 14.9 | 8.76 | 29.6 | 11.03 | 31.9 | 7.59 | 23.6 | 31.79b |
| 过 | 3.30 | 18.4 | 6.22 | 34.3 | 5.49 | 28.4 | 3.90 | 18.9 | 18.91ab |

不同生长阶段杉木人工林凋落物不同分解层次所占比例也有不同。由表9.11可知，幼龄林中是未分解枝所占比例最大为49.1%，之后依次为未分解叶24.3%，半分解层22.1%，完全分解层4.4%在中龄林、近熟林过熟林中，是未分解叶所占比例最大，分别为33.4%、29.5%、34.3%，之后依次为半分解层26.8%、28.7%、28.4%，完全分解层24.1%、23.2%、18.9%，未分解枝18.6%、15.8%、18.4%，中、近、过熟林内林下植被增加，特别是蕨类、禾本科等叶多、易分解的草本植物增加了凋落物中未分解叶的比例，再加上光照条件较幼龄林好，使林内凋落物分解较幼龄林快，所以半分解层及完全分解层所占比例有所提升，既有利于林地凋落物积累，同时促进凋落物的分解，半分解层和完全分解层所占比例呈增大趋势。成熟林内为半分解层占凋落物比例最大为31.9%，之后依次为未分解为29.6%，完全分解为23.6%，未分解枝为14.9%。

由于不同生长阶段杉木人工林凋落物的组成、分解程度不相同，其凋落物最大持水率和最大持水量也不尽相同，见表9.12。不同生长阶段杉木人工林凋落物最大持水率差异不显著（$p < 0.05$），范围在159.8%~217.1%之间，其中幼龄林最高为217.1%，之后依次为中龄林186.7%、成熟林164.2%、近熟林163.1%、过熟林159.8%，呈现出随着杉木人工林林龄的递增其凋落物最大持水率减小的趋势。除了过熟林，其他生长阶段的杉木人工林都是其凋落物半分解层的最大持水率最高。

不同生长阶段杉木人工林凋落物最大持水量之间差异显著（$p < 0.05$），变化范围在 5.45 t/hm² ~ 23.46 t/hm² 之间，成熟林最大为 24.71 t/hm²，其次为近熟林 23.46 t/hm²、中龄林 22.16 t/hm²、过熟林 16.32 t/hm²，幼龄林最小 5.45 t/hm²，方差分析结果显示幼龄林凋落物最大持水量显著低于中龄林、近熟林和成熟林，其他生长阶段杉木林凋落物最大持水量之间无显著差异。

表 9.12　最大持水率和最大持水量

| 林分类型 | 最大持水率(%) | | | | | 最大持水量(t/hm²) | | | | |
|---|---|---|---|---|---|---|---|---|---|---|
| | 未分解枝 | 未分解叶 | 半分解 | 完全分解 | 平均 | 未分解枝 | 未分解叶 | 半分解 | 完全分解 | 合计 |
| 幼 | 149.2 | 225.2 | 292.1 | 134.8 | 217.09a | 2.07 | 1.32 | 1.27 | 0.40 | 5.45a |
| 中 | 165.6 | 177.4 | 208.0 | 195.7 | 186.67ab | 3.11 | 8.83 | 5.33 | 4.89 | 22.16b |
| 近 | 146.1 | 160.9 | 184.1 | 161.4 | 163.11b | 4.07 | 7.68 | 6.55 | 5.16 | 23.46b |
| 成 | 153.4 | 151.5 | 191.6 | 160.4 | 164.22b | 3.41 | 5.24 | 6.43 | 6.20 | 24.71b |
| 过 | 114.8 | 210.4 | 170.0 | 142.8 | 159.8b | 2.40 | 7.82 | 4.06 | 4.07 | 16.32ab |
| 显著性 | | | | | 0.086 | | | | | 0.006* |

分别用对数函数、多项式函数和幂函数对 0.5 ~ 24h 之间不同生长阶段杉木人工林凋落物持水率与浸泡时间的关系进行回归分析，结果如表 9.13 所示。

表 9.13　凋落物持水率与浸泡时间的回归方程

| 生长阶段 | | 回归方程 | $R^2$ |
|---|---|---|---|
| 幼 | 对数函数 | $R = 27.17\ln(t) + 113.7$ | $R^2 = 0.951$ |
| | 多项式函数 | $R = -0.380t^2 + 13.00t + 98.61$ | $R^2 = 0.957$ |
| | 幂函数 | $R = 112.5t^{0.198}$ | $R^2 = 0.962$ |
| 中 | 对数函数 | $R = 23.13\ln(t) + 122.5$ | $R^2 = 0.966$ |
| | 多项式函数 | $R = -0.327t^2 + 11.01t + 109.8$ | $R^2 = 0.939$ |
| | 幂函数 | $R = 121.5t^{0.160}$ | $R^2 = 0.952$ |
| 近 | 对数函数 | $R = 17.50\ln(t) + 114.1$ | $R^2 = 0.920$ |
| | 多项式函数 | $R = -0.226t^2 + 7.746t + 106.3$ | $R^2 = 0.811$ |
| | 幂函数 | $R = 112.5t^{0.138}$ | $R^2 = 0.867$ |
| 成 | 对数函数 | $R = 16.92\ln(t) + 117.6$ | $R^2 = 0.968$ |
| | 多项式函数 | $R = -0.230t^2 + 7.885t + 108.6$ | $R^2 = 0.938$ |
| | 幂函数 | $R = 117.1t^{0.126}$ | $R^2 = 0.956$ |
| 过 | 对数函数 | $R = 23.45\ln(t) + 94.20$ | $R^2 = 0.949$ |
| | 多项式函数 | $R = -0.360t^2 + 11.94t + 80.00$ | $R^2 = 0.925$ |
| | 幂函数 | $R = 91.94t^{0.215}$ | $R^2 = 0.895$ |

不同生长阶段杉木人工林凋落物持水率与浸泡时间的变化关系有共性也有差异，图 9.10 所示为不同生长阶段凋落物持水率与浸泡时间的对数关系曲线，它们随浸泡时间变化的共同点是浸泡前期 0 ~ 2h 持水率上升的速度很快，6h 之后变缓，10h 后持水率基本不变，说明凋落物持水趋于饱和，符合前人研究的普遍规律。不同生长阶段的凋落物的持水率也存在差异：在浸水初期 0 ~ 1h，不同生长阶段人工林凋落物持水率大小顺序为中龄林

>成熟林>近熟林>幼龄林>过熟林，1h 之后幼龄林凋落物持水率迅速，先后超过近熟林、成熟林和中龄林，其他生长阶段林分凋落物持水率以相对稳定的排序增长，8h 之后持水率排序为幼龄林>中龄林>成熟林>近熟林>过熟林，10h 个生长阶段林分凋落物持水率稳定，基本趋于饱和。

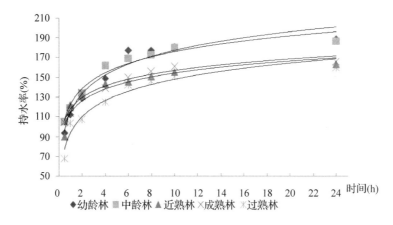

**图 9.10　凋落物持水率与浸泡时间的对数关系**

分别用对数函数、多项式函数和幂函数对 0.5~24h 之间不同生长阶段杉木人工林凋落物持水量与浸泡时间的关系进行回归分析，结果如表 9.14 所示。

**表 9.14　凋落物持水量与浸泡时间的回归方程**

| 生长阶段 | | 回归方程 | $R^2$ |
|---|---|---|---|
| 幼 | 对数函数 | $W = 0.61\ln(t) + 3.114$ | $R^2 = 0.953$ |
| | 多项式函数 | $W = -0.009t^2 + 0.302t + 2.742$ | $R^2 = 0.969$ |
| | 幂函数 | $W = 3.091t^{0.164}$ | $R^2 = 0.949$ |
| 中 | 对数函数 | $W = 3.123\ln(t) + 14.18$ | $R^2 = 0.937$ |
| | 多项式函数 | $W = -0.05t^2 + 1.610t + 12.18$ | $R^2 = 0.954$ |
| | 幂函数 | $W = 13.98t^{0.185}$ | $R^2 = 0.927$ |
| 近 | 对数函数 | $W = 2.641\ln(t) + 16.50$ | $R^2 = 0.915$ |
| | 多项式函数 | $W = -0.038t^2 + 1.270t + 15.08$ | $R^2 = 0.859$ |
| | 幂函数 | $W = 16.28t^{0.143}$ | $R^2 = 0.872$ |
| 成 | 对数函数 | $W = 2.680\ln(t) + 17.50$ | $R^2 = 0.952$ |
| | 多项式函数 | $W = -0.038t^2 + 1.285t + 16.04$ | $R^2 = 0.905$ |
| | 幂函数 | $W = 17.36t^{0.135}$ | $R^2 = 0.931$ |
| 过 | 对数函数 | $W = 2.504\ln(t) + 9.411$ | $R^2 = 0.936$ |
| | 多项式函数 | $W = -0.036t^2 + 1.220t + 7.927$ | $R^2 = 0.949$ |
| | 幂函数 | $W = 9.243t^{0.215}$ | $R^2 = 0.915$ |

不同生长阶段杉木人工林凋落物持水量有随浸泡时间增长的趋势，如图 9.11，在最初浸泡的 0.5h 内，各生长阶段林分凋落物持水量迅速增加，而后随着浸泡时间的延长呈现不断增加的趋势，且增加速度逐步放缓，8h~10h 后，浸泡时间增加但凋落物持水量变化幅度不大，此时，凋落物的持水基本饱和。这一变化规律与凋落物对地表径流的拦蓄原理

相似：降雨前期，凋落物对地表径流的拦蓄作用较强，之后，随着凋落物层含水量的升高，其对降水的吸持能力降低。在整个持水过程中，各生长阶段杉木林凋落物的即时持水量有显著差异，浸水全过程的即持水量都呈现出成熟林 > 近熟林 > 中龄林 > 过熟林 > 幼龄林的大小顺序，与凋落物储量排序一致。

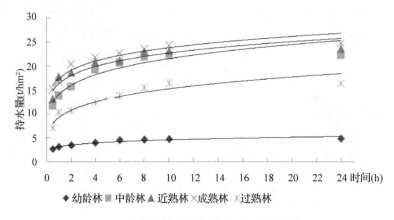

图 9.11　凋落物持水量与浸泡时间的对数关系

表 9.15 数据表明，不同生长阶段杉木林凋落物有效拦蓄量之间存在显著差异（$p <$ 0.05），其范围在 5.03 ~ 14.33t/hm² 之间，各生长阶段杉木林凋落物有效拦蓄量的排列规律为成熟林 14.33t/hm² > 中龄林 12.82 t/hm² > 近熟林 11.41 t/hm² > 过熟林 9.67 t/hm² > 幼龄林 5.03t/hm²，成熟林凋落物层有效拦蓄量显著高于幼龄林和过熟林，与中、近熟林无显著差异。

表 9.15　凋落物有效拦蓄量

| 生长阶段 | 储　量（t/hm²） | 平均自然含水量（%） | 最大持水率（%） | 最大持水量（t/hm²） | 有效拦蓄量（t/hm²） |
|---|---|---|---|---|---|
| 幼 | 4.38 | 69.68 | 217.09 | 5.45 | 5.03a |
| 中 | 24.43 | 106.19 | 186.67 | 22.16 | 12.82bc |
| 近 | 27.98 | 97.88 | 163.11 | 23.46 | 11.41bc |
| 成 | 31.79 | 94.5 | 164.22 | 21.28 | 14.33b |
| 过 | 18.91 | 84.68 | 159.80 | 16.32 | 9.67c |
| 显著性 | 0.006* | 0.008* | 0.086 | 0.006* | 0.002* |

表 9.16　凋落物吸水速率与浸泡时间的回归方程

| 生长阶段 | | 回归方程 | $R^2$ |
|---|---|---|---|
| | 对数函数 | $V = -38.0\ln(t) + 98.45$ | $R^2 = 0.848$ |
| 幼 | 多项式函数 | $V = 0.583t^2 - 18.56t + 118.0$ | $R^2 = 0.751$ |
| | 幂函数 | $V = 90.10t^{-0.87}$ | $R^2 = 0.993$ |
| | 对数函数 | $V = -150.\ln(t) + 393.8$ | $R^2 = 0.881$ |
| 中 | 多项式函数 | $V = 2.317t^2 - 73.93t + 474.4$ | $R^2 = 0.801$ |
| | 幂函数 | $V = 368.2t^{-0.86}$ | $R^2 = 0.991$ |

（续）

| 生长阶段 | | 回归方程 | $R^2$ |
|---|---|---|---|
| 近 | 对数函数 | $V = -158. ln(t) + 411.2$ | $R^2 = 0.858$ |
| | 多项式函数 | $V = 2.368t^2 - 75.38t + 482.1$ | $R^2 = 0.758$ |
| | 幂函数 | $V = 396.8t^{-0.87}$ | $R^2 = 0.994$ |
| 成 | 对数函数 | $V = -169. ln(t) + 435.3$ | $R^2 = 0.848$ |
| | 多项式函数 | $V = 2.600t^2 - 82.62t + 522.2$ | $R^2 = 0.75$ |
| | 幂函数 | $V = 397.6t^{-0.88}$ | $R^2 = 0.998$ |
| 过 | 对数函数 | $V = -97.4ln(t) + 265.6$ | $R^2 = 0.903$ |
| | 多项式函数 | $V = 1.475t^2 - 47.54t + 317.6$ | $R^2 = 0.825$ |
| | 幂函数 | $V = 254.0t^{-0.79}$ | $R^2 = 0.993$ |

分别用对数函数、多项式函数和幂函数对 0.5~24h 之间不同生长阶段杉木人工林凋落物吸水速率与浸泡时间的关系进行回归分析，结果如表 9.16 所示。

图 9.12 是不同生长阶段杉木人工林凋落物吸水速率与浸泡时间的幂函数关系曲线，从图上可以看出，各林分凋落物在刚浸入水中 0~0.5h 内的吸水速率最高，0.5 小时后吸水速率急剧下降，此后随着时间增加，吸水速率变小，10 小时后基本不再吸水，表示此时凋落物吸水基本趋于饱和。森林凋落物的吸水速率与持其水能力紧密相关。吸水速率越大，林内降水涵蓄的速度就越快，从而可以更好地减少地表径流，从图 9.12 可以认为，凋落物拦蓄地表径流的功能在降雨开始时较强，此后随着凋落物湿润程度的增加，吸持能力降低，至达到凋落物的最大饱和持水量。

不同生长阶段杉木人工林凋落物在浸入水中刚开始时吸水速率相差较大，在 0.5h 分别为成熟林 706.34 g/(m²·h) > 近熟林 652.48 g/(m²·h) > 中龄林 581.80 g/(m²·h) > 过熟林 379.07 g/(m²·h) > 幼龄林 159.12 g/(m²·h)。但数据表明随着浸泡时间加长，凋落物的吸水速率将趋向同一水平，在 24h 时各生长阶段林分凋落物持水率分别为近熟林 24.44 g/(m²·h) > 成熟林 23.35 g/(m²·h) > 中龄林 23.09 g/(m²·h) > 过熟林 19.21 g/(m²·h) > 幼龄林 5.80 g/(m²·h)。

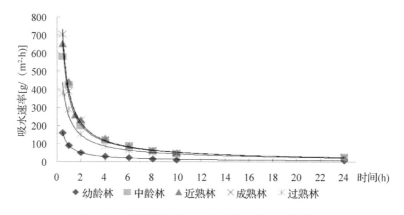

**图 9.12 凋落物吸水速率与浸泡时间的乘幂关系**

## 9.2.4 不同生长阶段杉木人工纯林土壤物理性质与持水性

根据样品分析，在土层厚度为 0~80cm 测得不同生长阶段杉木人工林土壤物理特性如表 9.17。

**表 9.17 土壤容重和孔隙度特征**

| 生长阶段 | 土层厚度<br>（cm） | 容 重<br>（g/cm³） | 总孔隙度<br>（%） | 毛管孔隙度<br>（%） | 非毛管孔隙度<br>（%） |
|---|---|---|---|---|---|
| 幼龄林 | 5 | 0.90 | 66.21 | 43.48 | 22.73 |
| | 10 | 0.95 | 64.18 | 43.26 | 20.92 |
| | 20 | 0.98 | 63.19 | 43.04 | 20.15 |
| | 30 | 1.01 | 61.82 | 42.63 | 19.20 |
| | 40 | 1.04 | 60.91 | 42.27 | 18.63 |
| | 50 | 1.10 | 58.68 | 41.09 | 17.59 |
| | 60 | 1.12 | 57.40 | 40.58 | 16.81 |
| | 70 | 1.18 | 56.08 | 38.89 | 17.19 |
| | 80 | 1.19 | 55.85 | 38.56 | 17.29 |
| | 均值 | 1.05 | 60.48 | 41.53 | 18.94 |
| 中龄林 | 5 | 1.15 | 56.49 | 39.77 | 16.72 |
| | 10 | 1.23 | 53.50 | 37.31 | 16.18 |
| | 20 | 1.26 | 52.59 | 36.46 | 16.14 |
| | 30 | 1.29 | 51.32 | 35.16 | 16.16 |
| | 40 | 1.37 | 48.28 | 31.63 | 16.64 |
| | 50 | 1.35 | 48.96 | 32.47 | 16.48 |
| | 60 | 1.35 | 49.03 | 32.56 | 16.47 |
| | 70 | 1.36 | 48.73 | 32.20 | 16.53 |
| | 80 | 1.37 | 48.49 | 31.90 | 16.59 |
| | 均值 | 1.30 | 50.82 | 34.38 | 16.44 |
| 近熟林 | 5 | 1.25 | 52.89 | 36.74 | 16.14 |
| | 10 | 1.28 | 51.64 | 35.50 | 16.14 |
| | 20 | 1.30 | 50.89 | 34.69 | 16.19 |
| | 30 | 1.35 | 49.23 | 32.80 | 16.43 |
| | 40 | 1.37 | 48.47 | 31.88 | 16.59 |
| | 50 | 1.39 | 47.58 | 30.75 | 16.83 |
| | 60 | 1.38 | 47.91 | 31.16 | 16.74 |
| | 70 | 1.41 | 46.79 | 29.70 | 17.09 |
| | 80 | 1.40 | 47.15 | 30.18 | 16.97 |
| | 均值 | 1.35 | 49.17 | 32.60 | 16.57 |
| 成熟林 | 5 | 1.14 | 56.90 | 40.05 | 16.84 |
| | 10 | 1.19 | 55.07 | 38.67 | 16.39 |
| | 20 | 1.20 | 54.75 | 38.41 | 16.34 |
| | 30 | 1.24 | 53.38 | 37.20 | 16.17 |
| | 40 | 1.30 | 50.80 | 34.60 | 16.20 |
| | 50 | 1.30 | 50.82 | 34.62 | 16.20 |
| | 60 | 1.32 | 50.23 | 33.96 | 16.27 |
| | 70 | 1.33 | 49.67 | 33.32 | 16.35 |
| | 80 | 1.37 | 48.49 | 31.90 | 16.59 |
| | 均值 | 1.27 | 52.23 | 35.86 | 16.37 |

（续）

| 生长阶段 | 土层厚度<br>（cm） | 容　重<br>（g/cm³） | 总孔隙度<br>（%） | 毛管孔隙度<br>（%） | 非毛管孔隙度<br>（%） |
|---|---|---|---|---|---|
| 过熟林 | 5 | 1.11 | 58.21 | 40.90 | 17.31 |
| | 10 | 1.13 | 57.21 | 40.26 | 16.94 |
| | 20 | 1.15 | 56.77 | 39.97 | 16.81 |
| | 30 | 1.15 | 56.49 | 39.77 | 16.72 |
| | 40 | 1.18 | 55.49 | 39.01 | 16.48 |
| | 50 | 1.20 | 54.74 | 38.40 | 16.33 |
| | 60 | 1.27 | 51.92 | 35.79 | 16.14 |
| | 70 | 1.29 | 51.30 | 35.14 | 16.16 |
| | 80 | 1.29 | 51.38 | 35.22 | 16.16 |
| | 均值 | 1.20 | 54.83 | 38.27 | 16.56 |

由表9.17可以看出，不同生长阶段杉木人工林的土壤容重均随土壤深度递增而逐渐增加。各生长阶段杉木纯林土壤容重均是表层最小，且表层0~30cm变化较深层变化显著，这表明森林植被枯落分解对土壤表层物理性质影响极为明显，不同生长阶段杉木人工纯林的土壤容重不同反映其土壤熟化程度的不同。总的看来，各生长阶段杉木人工纯林土壤容重均值变化范围1.05~1.35g/cm³之间，分别为近熟林1.35 g/cm³ > 中龄林1.30 g/cm³ > 成熟林1.27 g/cm³ > 过熟林1.20 g/cm³ > 幼龄林1.05 g/cm³，可见随着杉木林龄的增长，土壤容重表现出幼龄林较低，中龄林、近熟林升高，成熟、过熟林林下凋落物积累量增加，凋落物又逐渐降低的特点，且这种变异在表层土壤(0~20cm)表现最为明显，杉木林的土壤容重均值表现为中龄林 > 成熟林 > 幼龄林，且该现象在杉木林表层土壤表现更为明显。

由表9.17可以看出，随着土层的增加各生长阶段杉木人工纯林土壤总孔隙度均呈下降趋势。各生长阶段杉木纯林土壤总孔隙度均是表层最大，且表层0~30cm变化较深层变化显著，这表明森林植被对土壤表层物理性质影响极为明显，林下灌木、草本等植被的细根多分布在土壤表层，而细根的生长和分解有利于改善土壤的孔隙状况。各生长阶段杉木人工纯林平均总孔隙度的变化范围在49.17%~60.48%之间，大小依次为幼龄林60.48% > 过熟林54.83% > 成熟林52.23% > 中龄林50.82% > 近熟林49.17%，中、近熟林分别比幼龄林下降了15.97%、18.70%，成、过熟林又分别比近熟林回升6.22%、11.51%，可见杉木纯林林下土壤总孔隙度随着林龄增加也表现出明显的幼龄林最高，中龄林、近熟林降低，成熟林、过熟林回升的变化规律。

不同生长阶段杉木人工纯林土壤毛管孔隙度随土壤深度变化状况见表9.17，数据表明不同生长阶段杉木纯林的土壤毛管孔隙度也随着土壤深度递增而减小，变化规律同总孔隙度。其土壤毛管孔隙度均值的变化范围在32.60%~41.53%之间，占总结孔隙度的比例均在66%~70%之间，分别为幼龄林41.53%、过熟林38.27%、成熟林35.86%、中龄林34.38%、近熟林32.60%，中、近熟林分别比幼龄林下降了17.21%、21.51%，成、过熟林又分别比近熟林回升10.00%、17.40%，可见杉木纯林林下土壤毛管孔隙度随着林龄增加也表现出明显的幼龄林最高，中龄林、近熟林降低，成熟林、过熟林回升的变化规律。

不同生长阶段杉木纯林的土壤非毛管孔隙度的变化情况则较复杂见图 9.13，幼龄林在 0~60cm 土层的非毛管孔隙度显著高于其他生长阶段且随土层增加下降趋势明显，所调查幼龄林小班为集约大径材经营类型，采取过整地松土、修枝锄草等幼龄林抚育措施，使其土壤疏松、孔隙含量高。其他生长阶段的非毛管孔隙度变化则无明显规律，并在 60cm 以下土层趋于一致。各生长阶段土壤非毛管孔隙度均值分别为幼龄林 18.94% > 近熟林 16.57% > 中龄林 16.44% > 成熟林 16.37% > 过熟林 16.56%。

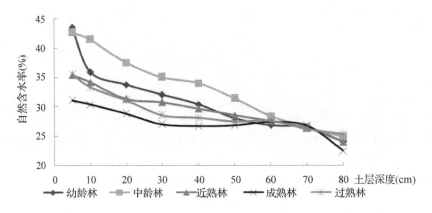

图 9.13　自然含水量随土层深度的关系式

表 9.18　土壤蓄水量

| 生长阶段 | 土层厚度<br>（cm） | 含水率<br>（%） | 土壤通气性<br>（%） | 土壤饱和蓄水<br>（m³/hm²） | 土壤毛管蓄水<br>（m³/hm²） | 土壤非毛管蓄水<br>（m³/hm²） |
|---|---|---|---|---|---|---|
| 幼龄林 | 5 | 43.53 | 27.24 | 331.07 | 217.42 | 113.65 |
| | 10 | 35.91 | 30.09 | 320.88 | 216.28 | 104.60 |
| | 20 | 33.75 | 30.28 | 631.95 | 430.42 | 201.53 |
| | 30 | 32.06 | 29.39 | 618.24 | 426.26 | 191.98 |
| | 40 | 30.42 | 29.39 | 609.06 | 422.74 | 186.32 |
| | 50 | 28.08 | 27.82 | 586.79 | 410.90 | 175.89 |
| | 60 | 26.85 | 27.29 | 573.96 | 405.85 | 168.12 |
| | 70 | 26.46 | 24.76 | 560.75 | 388.89 | 171.86 |
| | 80 | 24.01 | 27.17 | 558.49 | 385.63 | 172.86 |
| | 均值/总和 | 31.23 | 28.16 | 4791.19a | 3304.39 | 1486.80a |
| 中龄林 | 5 | 42.67 | 7.29 | 282.45 | 198.83 | 83.62 |
| | 10 | 41.48 | 2.38 | 267.48 | 186.57 | 80.91 |
| | 20 | 37.51 | 5.47 | 525.91 | 364.56 | 161.36 |
| | 30 | 35.05 | 6.10 | 513.21 | 351.61 | 161.60 |
| | 40 | 34.02 | 1.65 | 482.77 | 316.34 | 166.43 |
| | 50 | 31.44 | 6.43 | 489.56 | 324.72 | 164.84 |
| | 60 | 28.39 | 10.68 | 490.31 | 325.64 | 109.14 |
| | 70 | 26.45 | 12.79 | 487.30 | 321.96 | 130.82 |
| | 80 | 24.84 | 14.58 | 484.91 | 319.01 | 148.07 |
| | 均值/总和 | 33.54 | 7.48 | 4023.90bc | 2709.23 | 1206.79b |

（续）

| 生长阶段 | 土层厚度<br>（cm） | 含水率<br>（%） | 土壤通气性<br>（%） | 土壤饱和蓄水<br>（m³/hm²） | 土壤毛管蓄水<br>（m³/hm²） | 土壤非毛管蓄水<br>（m³/hm²） |
|---|---|---|---|---|---|---|
| 近熟林 | 5 | 35.41 | 8.68 | 264.43 | 183.71 | 43.42 |
| | 10 | 34.15 | 7.87 | 258.21 | 177.49 | 39.37 |
| | 20 | 31.35 | 10.09 | 508.87 | 346.94 | 100.90 |
| | 30 | 30.79 | 7.80 | 492.26 | 327.98 | 78.28 |
| | 40 | 29.68 | 7.95 | 484.72 | 318.78 | 80.36 |
| | 50 | 28.57 | 7.90 | 475.85 | 307.50 | 80.65 |
| | 60 | 27.58 | 9.83 | 479.06 | 311.64 | 99.62 |
| | 70 | 26.35 | 9.65 | 467.92 | 297.01 | 98.02 |
| | 80 | 23.97 | 13.58 | 471.51 | 301.81 | 137.26 |
| | 均值/总和 | 29.76 | 9.26 | 3902.83b | 2572.85 | 757.88b |
| 成熟林 | 5 | 31.11 | 21.36 | 284.48 | 200.26 | 131.66 |
| | 10 | 30.42 | 18.84 | 275.33 | 193.37 | 119.72 |
| | 20 | 28.85 | 20.14 | 547.45 | 384.09 | 259.83 |
| | 30 | 27.02 | 19.99 | 533.77 | 372.04 | 255.87 |
| | 40 | 26.72 | 15.96 | 508.02 | 346.02 | 213.13 |
| | 50 | 26.83 | 15.85 | 508.21 | 346.22 | 210.22 |
| | 60 | 27.41 | 14.08 | 502.26 | 339.61 | 205.33 |
| | 70 | 26.76 | 13.98 | 496.70 | 333.22 | 193.49 |
| | 80 | 22.47 | 17.82 | 484.91 | 319.01 | 229.54 |
| | 均值/总和 | 27.51 | 17.56 | 4141.13bc | 2833.84 | 1818.80ac |
| 过熟林 | 5 | 35.58 | 18.80 | 291.04 | 204.50 | 94.00 |
| | 10 | 33.32 | 19.42 | 286.04 | 201.32 | 97.10 |
| | 20 | 31.13 | 21.12 | 567.74 | 399.67 | 211.27 |
| | 30 | 28.59 | 23.52 | 564.91 | 397.66 | 236.61 |
| | 40 | 28.14 | 22.30 | 554.91 | 390.14 | 224.64 |
| | 50 | 27.47 | 21.79 | 547.36 | 384.02 | 219.14 |
| | 60 | 27.62 | 16.73 | 519.25 | 357.89 | 168.98 |
| | 70 | 26.17 | 17.53 | 513.02 | 351.41 | 176.27 |
| | 80 | 25.28 | 18.80 | 513.77 | 352.21 | 187.99 |
| | 均值/总和 | 29.26 | 20.00 | 4358.02c | 3038.81 | 1616.00abc |

如表9.18所示，不同生长阶段杉木人工林的土壤自然含水量均是随着土壤层深度递增而减小的，0~30cm 表层土壤的自然含水率下降较深层土壤明显，各生长阶段下降幅度在13.05%~26.35%之间。各生长阶段林地土壤的自然含水量均值大小依稀排序为：中龄林33.54% >幼龄林31.23% >近熟林29.76% >过熟林29.26% >成熟林27.51%。整体来说，各生长阶段杉木纯林土壤在0~40cm 土层的自然含水率差异较明显。

不同生长阶段杉木人工纯林的土壤通气性均值排列如下：幼龄林28.16% >过熟林20.00% >成熟林17.56% >近熟林9.26% >中龄林7.48%（表9.18），幼龄林、成熟林和过熟林有较高的孔隙度，因此具有较好的通气性。

表 9.18 数据表明各生长阶段杉木纯林饱和蓄水量和毛管蓄水量随着土壤深度增加均有减小趋势，这是因为总孔隙度和毛管孔隙度均随着土层深度增加而减小，故贮蓄在空隙中的水分也相应减少。各生长阶段土壤饱和蓄水量均值之间差异显著($p < 0.05$)变化范围在 3902.83 ~ 4791.19 t/hm² 之间，分别为幼龄林 4791.19 t/hm² > 过熟林 4358.02 t/hm² > 成熟林 4141.13 t/hm² > 中龄林 4023.90 t/hm² > 近熟林 3902.83 t/hm²，中、近熟林土壤饱和蓄水量于幼龄林相比显著降低，过熟林与近熟林相比显著回升。不同生长阶段毛管蓄水量变化幅度在 2572.85 ~ 3304.39 t/hm² 之间，随林龄的变化规律与饱和蓄水量相同。不同生长阶段杉木人工纯林土壤毛管孔隙持水量占饱和持水量的比例在 63.47% ~ 70.71% 之间，说明土壤所持水分大部分被植物吸收、土壤蒸散，只有少量水分贮存于非毛管孔隙中。不同生长阶段林分土壤非毛管蓄水量之间也存在显著差异($p < 0.05$)，均值变化范围在 644.42 ~ 2277.98 t/hm² 之间，在幼龄林因整地松土等抚育措施具有较高的非毛管孔隙度，中、近熟林阶段则随着杉木生长土壤结构恶化，因此其非毛管蓄水量显著低于幼龄林阶段，到成熟林阶段因林下植被丰富度、数量都有所增加，凋落物腐殖质化改善了土壤孔隙结构，其非毛管蓄水量较中近熟林阶段有显著提高。

采用坐标综合评定法，对不同生长阶段的杉木人工林凋落物层和土壤的涵养水源功能指标量纲归一化，结果见表 9.19。

**表 9.19　不同生长阶段杉木人工林凋落物层、土壤持水能力综合评价指标排序表**

| 生长阶段 | 凋落物层持水能力 | | | 土壤持水能力 | | 综合能力 | |
| --- | --- | --- | --- | --- | --- | --- | --- |
| | 最大持水率 $P_1^2$ | 最大持水量 $P_2^2$ | 有效拦蓄量 $P_3^2$ | 饱和蓄水 $P_4^2$ | 非毛管蓄水 $P_5^2$ | $\sum Pi^2$ | 序次 |
| 幼 | 0.0529 | 0.7234 | 0.4828 | 0.0022 | 0.0142 | 1.2755 | 5a |
| 中 | 0.0094 | 0.1770 | 0.0781 | 0.0403 | 0.5676 | 0.8724 | 4b |
| 近 | 0.0373 | 0.1299 | 0.0862 | 0.0478 | 0.4911 | 0.7923 | 3b |
| 成 | 0.0295 | 0.1336 | 0.0228 | 0.0290 | 0.1542 | 0.3692 | 1C |
| 过 | 0.0423 | 0.3139 | 0.1573 | 0.0162 | 0.1292 | 0.6590 | 2b |

**表 9.20　不同生长阶段杉木人工林凋落物层、土壤持水能力综合评价方差分析**

| 显著性 | 幼 | 中 | 近 | 成 | 过 |
| --- | --- | --- | --- | --- | --- |
| 幼 | | 0.0110 * | 0.0038 * | 0.0000 ** | 0.0016 * |
| 中 | 0.0110 * | | 0.5567 | 0.0013 * | 0.1765 |
| 近 | 0.0038 * | 0.5567 | | 0.0043 * | 0.3862 |
| 成 | 0.0000 ** | 0.0013 * | 0.0043 * | | 0.0556 |
| 过 | 0.0016 * | 0.1765 | 0.3862 | 0.0556 | |

由表 9.19 综合能力排序及表 9.20 方差分析结果可以看出：成熟林阶段杉木人工林凋落物层及土壤层的持水能力显著高于其他生长阶段($p < 0.001$)，主要是因为杉木成熟林具有凋落物储量最大、最大持水量最高、吸水速率最强、土壤非毛管蓄水能力最强等特点，中龄林、过熟林、近熟林阶段之间持水性能无显著差异($p < 0.05$)，幼龄林显著低于($p < 0.05$)其他生长阶段，可见不同生长阶段杉木人工林凋落物层及土壤下层持水综合能力表现为幼龄林阶段较高、中龄林阶段显著恶化、近熟林渐渐恢复、成熟林阶段最强、过熟林阶段稍降低的规律。

# 10 杉木人工林不同间伐强度林分结构及生长过程研究

## 10.1 研究内容与研究方法

### 10.1.1 研究内容

(1)不同间伐强度下杉木人工林直径结构。
(2)不同间伐强度下杉木人工林树高结构。
(3)不同间伐强度下杉木人工林蓄积结构。
(4)不同间伐强度下杉木人工林空间结构。

### 10.1.2 研究方法

(1)系统抽样法。
(2)对比分析法。

### 10.1.3 技术路线

研究技术路线见图10.1。

### 10.1.4 实验区情况

实验区位于将乐国有林场元档工区66林班02大班010小班,面积约3hm², 坡度平均30°,立地质量为1级地位级,平均年龄为8a,郁闭度>0.9,根据实验区地形以及结合实际踏查,消除边缘效应,拟将实验区划分为100m 30m的5条带状试验地,以垂直等高线自上坡位向下坡位划分实验带(图10.2)。

根据间伐强度以及保留木株数,设计极强度间伐50%、强度间伐33%、中度间伐25%左右、轻度间伐20%左右,以及未进行间伐作为对照。极强度间伐即每隔1棵树间伐1棵,强度间伐为每隔2棵树伐1棵,中度间伐为每隔3棵树伐1棵,轻度间伐为每隔4棵树伐1棵。

### 10.1.5 数据采集

在全面踏查的基础上,在不同间伐强度的5条带分别上、中、下坡位设置样地,共设置样地15块,其中有13块标准地面积为15m×20m,2块标准地面积为20m×20m。在每个样地内,利用GPS测定方位和海拔高度,用罗盘仪精确划定样地各边界,对于坡度大于5°的样地要进行坡度矫正。样地基本情况件表10.1。

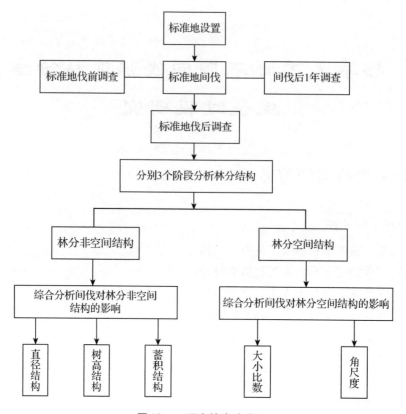

图 10.1　研究技术路线图

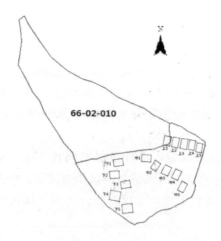

图 10.2　样地分布图

　　注：图中上 1，中 1，下 1 分别代表上坡位 1 号，中
坡位 1 号以及下坡位 1 号。

表 10.1  样地基本情况

| 样地标号 | 样地面积（m×m） | 坡向 | 坡度（°） | 间伐前株数 | 间伐后株数 | 保留株数（hm²） | 间伐强度（%） | 间伐前平均胸径（cm） | 间伐后平均胸径（cm） |
|---|---|---|---|---|---|---|---|---|---|
| 上坡位 1 | 15×20 | 西偏南 23 | 34 | 81 | 71 | 2343 | 25% | 11.9 | 12.1 |
| 上坡位 2 | 15×20 | 西偏北 26 | 31 | 83 | 49 | 1617 | 50% | 11.5 | 11.4 |
| 上坡位 3 | 15×20 | 西偏北 41 | 29 | 88 | 88 | 2904 | 0% | 11.4 | 11.4 |
| 上坡位 4 | 15×20 | 西偏北 25 | 33 | 80 | 57 | 1881 | 33% | 13.0 | 13.5 |
| 上坡位 5 | 15×20 | 西偏北 34 | 31 | 83 | 74 | 2442 | 20% | 13.1 | 13.1 |
| 中坡位 1 | 15×20 | 西偏北 43 | 31 | 91 | 68 | 2244 | 25% | 13.2 | 13.6 |
| 中坡位 2 | 15×20 | 西偏北 33 | 32 | 89 | 50 | 1650 | 50% | 12.6 | 13.2 |
| 中坡位 3 | 15×20 | 西偏北 40 | 31 | 89 | 89 | 2937 | 0% | 12.3 | 12.3 |
| 中坡位 4 | 15×20 | 西偏北 30 | 33 | 95 | 62 | 2046 | 33% | 12.4 | 12.6 |
| 中坡位 5 | 15×20 | 北偏西 14 | 39 | 99 | 74 | 2442 | 20% | 11.5 | 11.8 |
| 下坡位 1 | 15×20 | 西偏北 22 | 32 | 92 | 70 | 2310 | 25% | 13.4 | 13.6 |
| 下坡位 2 | 15×20 | 西偏北 48 | 35 | 96 | 51 | 1683 | 50% | 12.7 | 12.8 |
| 下坡位 3 | 15×20 | 西偏北 33 | 39 | 93 | 93 | 3069 | 0% | 13.0 | 12.9 |
| 下坡位 4 | 20×20 | 西偏北 26 | 30 | 130 | 82 | 2050 | 33% | 12.5 | 12.7 |
| 下坡位 5 | 20×20 | 西偏北 22 | 31 | 117 | 99 | 2475 | 20% | 12.3 | 13.1 |

## 10.1.6  数据分析与模型研建

（1）直径模型拟合

分别采用 6 种理论生长方程和 4 种 Fuzzy 分布函数分别对林分直径累积分布进行模拟，采用偏差、剩余均方根误差和调整后的决定系数 3 个指标对模型进行评价，并且针对方程的拐点的取值讨论影响模拟的原因（见表 10.2、表 10.3）。

表 10.2  理论生长方程的基本形态

| 方程 | 表达式 | 拐点 | 参数范围 |
|---|---|---|---|
| Mitscherlich | $y = 1 - le^{-mx}$ | 无 | $l, m > 0$ |
| Gompertz | $y = \exp(-e^{a-bx})$ | $1/e$ | $a, b > 0$ |
| Logistic | $y = 1/(1 + e^{p-qx})$ | $1/2$ | $p, q > 0$ |
| Richards | $y = (1 - be^{-kx})^m$ | $(1 - \frac{1}{m})^m$ | $k > 0$ |
| Korf | $y = \exp(-b/x^c)$ | $\exp(-1 - 1/c)$ | $b, c > 0$ |
| Weibull | $y = 1 - \exp[-(x/b)^c]$ | $1 - \exp(1/c - 1)$ | $b, c > 0$ |

表 10.3  Fuzzy 分布的基本形态

| 方程 | 表达式 | 拐点 |
|---|---|---|
| Fuzzy – 1 | $\mu(x) = \begin{cases} 0 & (x \leqslant a) \\ 1 - e^{-k(x-a)} & (x > a) \end{cases}$ | 无 |
| Fuzzy – 2 | $\mu(x) = \begin{cases} 0 & (x \leqslant a) \\ 1 - e^{-k(x-a)^2} & (x > a) \end{cases}$ | 0.3935 |
| Fuzzy – 3 | $\mu(x) = \begin{cases} 0 & (x \leqslant a) \\ 1 - e^{-k(x-a)^2} & (x > a) \end{cases}$ | 0.4866 |

（续）

| 方程 | 表达式 | 拐点 |
|------|--------|------|
| Fuzzy - 4 | $\mu(x) = \begin{cases} 0 & (x \leqslant a) \\ 1 - e^{-k(x-a)^4} & (x > a) \end{cases}$ | 0.5276 |

（2）树高结构

通过绘制树高级株数分布分析间伐前后以及不同间伐强度下树高结构，通过统计相对树高的分布以及株数累积分布，通过绘制相对树高株数累积分布曲线分析不同间伐强度的林分树高结构。

（3）蓄积生长

根据夏忠胜、曾伟生所拟合的杉木单木材积公式分别对间伐前后，以及不同间伐强度下的蓄积结构进行比较分析，并分别大径级和小径级分别比较其秀吉结构的变化。

$$V = 0.0000706198 \times D^{1.74277} \times H^{1.09399}$$

## 10.2　间伐对林分结构影响

### 10.2.1　对直径结构的影响

不同间伐强度的胸径生长量如表 10.4 所示，林分平均胸径生长量随着间伐强度的增大而增加，与对照相比，间伐强度为 20%、25%、33% 和 50% 的林分平均胸径生长量分别增大 19.27%、26.51%、50.60% 和 56.63%。

表 10.4　不同间伐强度下的胸径生长量

| 间伐强度 | 间伐前平均胸径 | 间伐后平均胸径 | 间伐后 1 年胸径 | 生长量 | 年生长率 |
|---------|--------------|--------------|---------------|-------|---------|
| 未间伐 | 12.38 | 12.38 | 13.21 | 0.83 | 6.49% |
| 20%间伐强度 | 12.44 | 12.80 | 13.79 | 0.99 | 7.45% |
| 25%间伐强度 | 12.97 | 13.15 | 14.20 | 1.05 | 7.68% |
| 33%间伐强度 | 12.78 | 13.27 | 14.52 | 1.25 | 9.00% |
| 50%间伐强度 | 12.48 | 12.73 | 14.02 | 1.30 | 9.64% |

表 10.5　不同间伐强度杉木胸径方差分析表

| | 平方和 | $df$ | 均方 | $F$ | 显著性 |
|------|-------|-----|------|-----|-------|
| 组间 | 0.444 | 4 | 0.111 | 1271.423 | 0 |
| 组内 | 0.001 | 10 | 0 | | |
| 总数 | 0.445 | 14 | | | |

不同间伐强度的林分平均胸径生长量进行方差分析，结果见表 10.5，说明间伐对林分胸径的生长有显著的差异，其主要原因是调查对象为 8a 生的杉木幼龄林，林木生长正处于速生期，而且经过不同强度的间伐之后，林木的生长空间都会有不同程度的增加，特别是极强度间伐，林分的生长空间迅速增加，且光照、水分、竞争等都有不同程度的改善，因此，间伐对林分平均胸径的生长有显著的影响。

## 10.2.2 对树高的影响

**表 10.6 不同间伐强度下树高的生长**

| 间伐强度 | 间伐前平均树高 | 间伐后平均树高 | 间伐后 1 年树高 | 生长量 | 年生长率 |
|---|---|---|---|---|---|
| 未间伐 | 9.9 | 9.9 | 10.86 | 0.92 | 8.85% |
| 20% 间伐强度 | 10.0 | 10.1 | 11.01 | 0.94 | 8.92% |
| 25% 间伐强度 | 10.2 | 10.3 | 11.24 | 0.91 | 8.44% |
| 33% 间伐强度 | 9.9 | 9.9 | 10.82 | 0.89 | 8.58% |
| 50% 间伐强度 | 9.8 | 9.9 | 10.97 | 1.01 | 9.65% |

间伐前后以及间伐后 1a 的平均树高生长见表 10.6,林分平均树高的生长量与间伐强度的关系不显著,即密度对树高的生长没有显著影响。

## 10.2.3 对蓄积生长的影响

**表 10.7 不同间伐强度的总蓄积生长**

| | 间伐前 | 间伐后 | 间伐后 1 年 | 生长量 | 生长率 |
|---|---|---|---|---|---|
| 未间伐 | 209.24 | 209.24 | 256.17 | 46.93 | 22.43% |
| 20% 间伐强度 | 195.82 | 155.58 | 194.64 | 39.06 | 25.10% |
| 25% 间伐强度 | 241.61 | 193.99 | 243.85 | 49.86 | 25.70% |
| 33% 间伐强度 | 189.21 | 168.56 | 208.38 | 39.81 | 23.62% |
| 50% 间伐强度 | 180.96 | 129.61 | 168.06 | 38.45 | 29.67% |

统计结果表明,间伐前林分蓄积量在 $180 \sim 240 m^3/hm^2$ 之间,间伐后,蓄积发生了较大的变化,极强度间伐林分的蓄积量为 $129.61 m^3/hm^2$,间伐后经过 1a 的生长,不同强度的间伐条件下蓄积生长量不同,生长量在 $38 \sim 50 m^3/hm^2$ 之间,运用普雷斯勒式计算蓄积生长率,从上表可以看出,随着间伐强度的增加,蓄积生长率呈现增加的趋势,极强度间伐林分的蓄积生长率达到了 29.67%(表 10.7)。

## 10.3 间伐对林分空间结构的影响

### 10.3.1 对角尺度的影响

**表 10.8 间伐前后角尺度变化**

| | 间伐强度 | 角尺度 | | | | | 平均值 |
|---|---|---|---|---|---|---|---|
| | | 0 | 0.25 | 0.5 | 0.75 | 1 | |
| 间伐前 | 未间伐带 | 0.033 | 0.190 | 0.499 | 0.278 | 0 | 0.506 |
| | 间伐强度 20% 带 | 0.075 | 0.241 | 0.412 | 0.272 | 0 | 0.470 |
| | 间伐强度 25% 带 | 0.104 | 0.216 | 0.449 | 0.229 | 0 | 0.458 |
| | 间伐强度 33% 带 | 0.105 | 0.214 | 0.437 | 0.244 | 0 | 0.455 |
| | 间伐强度 50% 带 | 0.076 | 0.171 | 0.406 | 0.347 | 0 | 0.506 |

（续）

| 间伐强度 | | 角尺度 | | | | | |
|---|---|---|---|---|---|---|---|
| | | 0 | 0.25 | 0.5 | 0.75 | 1 | 平均值 |
| 间伐后 | 未间伐带 | 0.033 | 0.190 | 0.499 | 0.278 | 0 | 0.506 |
| | 间伐强度20%带 | 0.073 | 0.266 | 0.326 | 0.335 | 0 | 0.481 |
| | 间伐强度25%带 | 0.071 | 0.231 | 0.493 | 0.205 | 0 | 0.458 |
| | 间伐强度33%带 | 0.073 | 0.279 | 0.472 | 0.177 | 0 | 0.438 |
| | 间伐强度50%带 | 0.112 | 0.256 | 0.443 | 0.188 | 0 | 0.427 |

从表 10.8 可以看出：间伐前林木平均角尺度集中分布在 0.5 左右，分别占到各自结构单元总数的 49.9%、41.2%、44.9%、43.7% 和 40.6%，角尺度等于 0.25 和 0.75 的频率相差不很明显。

间伐后林木平均角尺度分布在 0.420~0.500 之间，与间伐前相比，分布格局基本保持一致，对照区平均角尺度为 0.506，仍然呈现随机分布，弱度间伐的平均角尺度由 0.470 增加到 0.481，均匀分布变化到随机分布；中度和强度间伐林分的平均角尺度分别为 0.458 和 0.438，其分布格局为均匀分布，极强度间伐林分的平均值由 0.506 减少到 0.427，由随机分布变化为均匀分布。

综上所述，通过间伐能使杉木人工幼龄林林木水平分布格局愈趋向于均匀，且随着间伐强度的增强，林分中林木均匀分布的频率增大，不均匀分布的频率在减小，间伐前后各间伐带的平均角尺度变化不大，林木水平分布格局主要为均匀分布，这与实验对象是人工林有关，间伐作业在一定程度上会对林分的水平结构产生影响。

## 10.3.2 对大小比数的影响

从表 10.9 可以看出：在间伐前，最大的株数分布频率所对应的胸径大小比数分别为 0.5、0.75、0.75、1 和 0.5，即间伐前林分中大多数生长竞争激烈，不利于林木生长。

**表 10.9 间伐前后大小比数的变化**

| 间伐强度 | | 大小比数 | | | | | |
|---|---|---|---|---|---|---|---|
| | | 0 | 0.25 | 0.5 | 0.75 | 1 | 平均值 |
| 间伐前 | 未间伐带 | 0.25 | 0.09 | 0.31 | 0.16 | 0.19 | 0.54 |
| | 间伐强度20%带 | 0.23 | 0.21 | 0.13 | 0.27 | 0.17 | 0.48 |
| | 间伐强度25%带 | 0.21 | 0.19 | 0.19 | 0.24 | 0.16 | 0.49 |
| | 间伐强度33%带 | 0.25 | 0.12 | 0.17 | 0.17 | 0.29 | 0.53 |
| | 间伐强度50%带 | 0.25 | 0.07 | 0.32 | 0.18 | 0.18 | 0.49 |
| 间伐后 | 未间伐带 | 0.25 | 0.09 | 0.31 | 0.16 | 0.19 | 0.54 |
| | 间伐强度20%带 | 0.25 | 0.07 | 0.32 | 0.18 | 0.18 | 0.56 |
| | 间伐强度25%带 | 0.21 | 0.19 | 0.23 | 0.21 | 0.16 | 0.48 |
| | 间伐强度33%带 | 0.23 | 0.05 | 0.39 | 0.18 | 0.15 | 0.58 |
| | 间伐强度50%带 | 0.15 | 0.16 | 0.24 | 0.26 | 0.19 | 0.54 |

（续）

| 间伐强度 | | 大小比数 | | | | | |
|---|---|---|---|---|---|---|---|
| | | 0 | 0.25 | 0.5 | 0.75 | 1 | 平均值 |
| 间伐后1年 | 未间伐带 | 0.20 | 0.12 | 0.28 | 0.18 | 0.22 | 0.53 |
| | 间伐强度20%带 | 0.20 | 0.15 | 0.23 | 0.23 | 0.19 | 0.52 |
| | 间伐强度25%带 | 0.22 | 0.10 | 0.29 | 0.20 | 0.19 | 0.51 |
| | 间伐强度33%带 | 0.21 | 0.11 | 0.39 | 0.12 | 0.17 | 0.48 |
| | 间伐强度50%带 | 0.20 | 0.17 | 0.31 | 0.16 | 0.16 | 0.48 |

在间伐后不同间伐强度的平均胸径大小比数分别为0.54、0.56、0.48、0.58、0.54，变化不大，且基本都大于0.50，表明在本研究中建立的空间结构单元中，相邻木中直径较大的树木平均为2株或以上，样地内参照树在整体上处于中庸状态。

从间伐后1年的平均大小比数可以看出，对照（0.53）>弱度（0.52）>中度（0.51）>强度（0.48）=极强度（0.48），即不同间伐强度下杉木人工林大小比数相差较小，这主要是由于林分间伐时间较短，间伐强度大的林分内，林木的个体生长优势未能全面表现出来，但杉木人工林大小比数基本呈随间伐强度增加而减小的趋势，即研究区杉木人工林林分保留密度越小其长势越好。

## 10.4 结论

（1）弱度间伐、中度间伐、强度间伐、极强度间伐的林分平均胸径生长率分别为7.45%、7.68%、9.00%和9.64%，均大于对照林分胸径生长率6.49%。

（2）间伐后，各等级林木的生长量由大到小顺序为优势木>中庸木>劣势木，且在优势木和劣势木生长有显著差异，中庸木差异不显著。

（3）间伐林分高生长与对照林分相比，没有显著差异，林分密度对树高生长没有显著影响。

# 11 不同间伐强度的杉木人工林生物量和碳储量估测

## 11.1 研究内容与方法

### 11.1.1 研究内容

(1)不同坡位、不同间伐强度杉木林单木生物量和碳储量的生长规律,并建立单木生物量预估收获模型。

(2)不同坡位、不同间伐强度杉木林下灌木层生物量和碳储量的生长规律,并建立灌木层生物量预估收获模型。

(3)不同坡位、不同间伐强度杉木林下草本层生物量和碳储量的生长规律,并建立草本层生物量预估收获模型。

(4)不同坡位、不同间伐强度杉木林枯落物层生物量和碳储量之间的生长规律。

(5)不同坡位、不同间伐强度杉木林全林分生物量和碳储量之间的生长规律。

### 11.1.2 研究方法

主要采用野外观测、统计分析和模型模拟方法。

### 11.1.3 技术路线(图11.1)

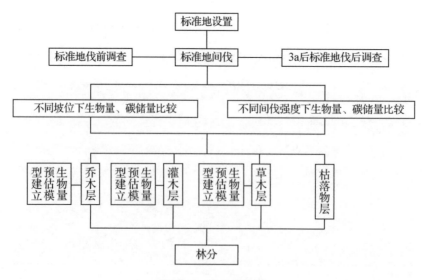

**图 11.1 技术路线图**

### 11.1.4　研究地概况

参照第 10 章相关内容。

## 11.2　杉木人工林乔木层生物量和碳储量的作用

### 11.2.1　乔木层生物量和碳储量

本研究共调查 45 株杉木标准木生物量数据，其中 33 株作为构建模型，另外 12 株用来检验模型，其特征因子及分布见表 11.1、表 11.2。

**表 11.1　杉木建模标准木及特征因子分布**

| 类型 | 胸径<br>（cm） | 树高<br>（m） | （胸径²）×树高<br>（m³） | 树干<br>（kg） | 树枝<br>（kg） | 树叶<br>（kg） | 根系<br>（kg） | 地上部分<br>（kg） | 合计<br>（kg） |
|---|---|---|---|---|---|---|---|---|---|
| 最小值 | 5.9 | 4.6 | 0.02 | 2.52 | 0.15 | 1.62 | 0.60 | 4.82 | 5.65 |
| 平均值 | 14.64 | 13.52 | 0.41 | 52.40 | 4.95 | 4.80 | 11.13 | 22.65 | 73.29 |
| 中位数 | 13.1 | 12.2 | 0.21 | 45.63 | 4.07 | 4.18 | 8.11 | 54.72 | 62.16 |
| 最大值 | 26.3 | 22.0 | 1.37 | 161.81 | 18.45 | 10.76 | 40.33 | 181.34 | 219.44 |
| 方差 | 5.50 | 5.35 | 0.41 | 52.16 | 3.30 | 2.33 | 10.40 | 57.11 | 66.93 |

**表 11.2　杉木检验标准木及特征因子分布**

| 类型 | 胸径<br>（cm） | 树高<br>（m） | （胸径²）×树高<br>（m³） | 树干<br>（kg） | 树枝<br>（kg） | 树叶<br>（kg） | 根系<br>（kg） | 地上部分<br>（kg） | 合计<br>（kg） |
|---|---|---|---|---|---|---|---|---|---|
| 最小值 | 5.1 | 4.1 | 0.01 | 1.82 | 0.48 | 1.39 | 0.91 | 4.60 | 3.68 |
| 平均值 | 16.93 | 15.38 | 0.64 | 11.69 | 76.28 | 87.97 | 7.33 | 5.30 | 12.62 |
| 中位数 | 15.8 | 15.2 | 0.39 | 65.92 | 5.25 | 4.29 | 11.71 | 82.86 | 76.20 |
| 最大值 | 27.7 | 25.0 | 1.71 | 198.34 | 19.44 | 11.03 | 40.61 | 268.45 | 227.83 |
| 方差 | 6.75 | 7.11 | 0.63 | 11.75 | 73.95 | 85.44 | 6.60 | 2.96 | 9.26 |

**表 11.3　杉木胸径、树高与各器官生物量的相关性**

| 因子 | 树皮 | 去皮干 | 树干 | 树枝 | 树叶 | 树冠 | 根系 | 地上部分 | 合计 |
|---|---|---|---|---|---|---|---|---|---|
| $D$ | 0.921** | 0.927** | 0.898** | 0.727** | 0.834** | 0.918** | 0.889** | 0.896** | 0.921** |
| $H$ | 0.868** | 0.891** | 0.817** | 0.616** | 0.721** | 0.784** | 0.856** | 0.811** | 0.841** |
| $(D^2) \times H$ | 0.952** | 0.982** | 0.898** | 0.693** | 0.817** | 0.893** | 0.918** | 0.893** | 0.923** |

从表 11.3 可看出杉木胸径（$D$），树高（$H$）和胸径树高组合（$D^2H$）与杉木各器官、组分的生物量呈现极显著正相关关系，其中胸径（$D$）的相关性最好，各项指标均大于 0.700，树高（$H$）和胸径树高组合（$D^2H$）同树枝的相关性较低。现将这 3 个变量作为解释变量，去皮干、根系等生物量作为因变量建模。

本章选择幂函数 $W = aX^b$（$W$ 为杉木各器官、组分的生物量，$X$ 是建模因子，$a$、$b$ 是参数）方程，用它建立杉木人工林各器官、组分模型后，选取误差最小的。并建立基于各器官、组分联立方程组来联合估计乔木层的生物量。

表 11.4　杉木各器官生物量独立模型

| 组分 | 模型类型 | $a$ | $b$ | $E$ | $RMSE$ | $MEF$ |
|---|---|---|---|---|---|---|
| 树皮 | $W=aD^b$ | 0.0037 | 2.7126*** | 0.0129 | 0.2004 | 0.9015 |
| | $W=aH^b$ | 0.0035 | 2.7899*** | 0.0163 | 0.2780 | 0.8104 |
| | $W=a(D^2H)^b$ | 16.8195*** | 0.9725*** | 0.0130 | 0.1949 | 0.9068 |
| 干材 | $W=aD^b$ | 0.0313* | 2.6226*** | 0.0541 | 0.9292 | 0.9466 |
| | $W=aH^b$ | 0.0077 | 3.1574*** | 0.0877 | 1.3550 | 0.8865 |
| | $W=a(D^2H)^b$ | 108.5939*** | 0.9771*** | 0.0447 | 0.7534 | 0.9649 |
| 树干 | $W=aD^b$ | 0.0350* | 2.6337*** | 0.0593 | 0.9841 | 0.9547 |
| | $W=aH^b$ | 0.0106 | 3.0967*** | 0.0988 | 1.5422 | 0.8888 |
| | $W=a(D^2H)^b$ | 125.4135*** | 0.9765*** | 0.0466 | 0.7804 | 0.9715 |
| 树叶 | $W=aD^b$ | 0.2375* | 1.1154*** | 0.0075 | 0.1138 | 0.6977 |
| | $W=aH^b$ | 0.4790* | 0.8874*** | 0.0104 | 0.1437 | 0.5174 |
| | $W=a(D^2H)^b$ | 7.4113*** | 0.3545*** | 0.0084 | 0.1220 | 0.6521 |
| 树枝 | $W=aD^b$ | 0.0473* | 1.7038*** | 0.0074 | 0.1004 | 0.8829 |
| | $W=aH^b$ | 0.1030 | 1.4644*** | 0.0126 | 0.1756 | 0.6416 |
| | $W=a(D^2H)^b$ | 9.1932*** | 0.5598*** | 0.0090 | 0.1231 | 0.8239 |
| 树冠 | $W=aD^b$ | 0.20352** | 1.4253*** | 0.0132 | 0.1864 | 0.8531 |
| | $W=aH^b$ | 0.4583. | 1.1666*** | 0.0215 | 0.3003 | 0.6189 |
| | $W=a(D^2H)^b$ | 16.6164*** | 0.4590*** | 0.0161 | 0.2209 | 0.7938 |
| 根系 | $W=aD^b$ | 0.0100* | 2.5359*** | 0.0142 | 0.2164 | 0.9482 |
| | $W=aH^b$ | 0.0099 | 2.5862*** | 0.0252 | 0.4064 | 0.8060 |
| | $W=a(D^2H)^b$ | 25.3402*** | 0.8958*** | 0.0182 | 0.2771 | 0.9098 |
| 地上 | $W=aD^b$ | 0.0653** | 2.4748*** | 0.0571 | 0.9424 | 0.9654 |
| | $W=aH^b$ | 0.0353 | 2.7383*** | 0.1205 | 1.8066 | 0.8727 |
| | $W=a(D^2H)^b$ | 142.4512*** | 0.8969*** | 0.0530 | 0.8522 | 0.9717 |
| 整株 | $W=aD^b$ | 0.0752** | 2.4823*** | 0.0573 | 0.9612 | 0.9738 |
| | $W=aH^b$ | 0.0448 | 2.7136*** | 0.1371 | 2.0789 | 0.8773 |
| | $W=a(D^2H)^b$ | 167.7915*** | 0.8967*** | 0.0557 | 0.8621 | 0.9789 |

本文通过对比(表 11.4)发现：胸径($D$)同树皮、树叶、树冠、树枝、根系的相关系数较高。胸径树高组合($D^2H$)与去皮干、树干、地上、整株的相关系数较高，在这四个组分中，$MEF$ 并没有比胸径单因子($D$)估算模型有所提高。仅用胸径($D$)作为自变量可保证总体估计的精度。在实际生产中，树高($H$)多采用目估的方法，偏差较大，而胸径比较容易获得，准确率较高，因此选定 $W=aD^b$ 为各组分的独立模型。用树高($H$)回归的结果最差，与各组分的相关系数($MEF$)的值也最低。

表 11.5　杉木各器官生物量模型精度检验

| | 树皮 | 去皮干 | 树干 | 树枝 | 树叶 | 树冠 | 根系 | 地上部分 | 合计 |
|---|---|---|---|---|---|---|---|---|---|
| $MAE$ | -0.07 | -0.05 | -0.06 | -0.02 | -0.24 | -0.11 | -0.15 | -0.15 | -0.06 |
| $P$ | 99.41% | 99.93% | 99.94% | 99.75% | 95.55% | 99.13% | 98.95% | 98.95% | 99.94% |

利用 12 根检验解析木生物量数据进行模型误差和精度检验，发现 MAE（平均绝对误差）由高到低，依次是树叶 > 根系 = 地上部分 > 树冠 > 树皮 > 树干 > 合计 > 去皮干 > 树枝。树叶的和根系的 MAE 偏低。P（精度）普遍高于 95%，模型拟合效果较好（表 11.5）。

依据胸径，建立杉木人工林相容性生物量模型，估算出 15 个调查样地内杉木人工林乔木层生物量（表 11.6）。

表 11.6 不同间伐强度和坡位下杉木乔木层生物量估算结果

| 样地 | 干材 | 树皮 | 树干 | 树枝 | 树叶 | 树冠 | 根系 | 地上部分 | 全株 |
|---|---|---|---|---|---|---|---|---|---|
| | 2690.91 | 411.08 | 3101.98 | 289.03 | 269.16 | 558.19 | 671.06 | 3660.17 | 4331.23 |
| 上一 | 1915.49 | 289.11 | 2204.60 | 232.01 | 233.06 | 465.07 | 485.48 | 2669.66 | 3155.14 |
| | 3444.67 | 524.65 | 3969.31 | 381.82 | 363.76 | 745.58 | 862.63 | 4714.90 | 5577.52 |
| | 1791.22 | 270.04 | 2061.26 | 219.82 | 223.40 | 443.22 | 455.04 | 2504.48 | 2959.52 |
| 上二 | 931.43 | 138.98 | 1070.41 | 127.10 | 139.25 | 266.35 | 241.13 | 1336.76 | 1577.90 |
| | 2486.97 | 379.79 | 2866.76 | 269.82 | 254.95 | 524.78 | 621.54 | 3391.54 | 4013.08 |
| | 2132.64 | 322.83 | 2455.47 | 253.36 | 254.30 | 507.66 | 539.74 | 2963.13 | 3502.88 |
| 上三 | 2247.00 | 339.28 | 2586.28 | 271.45 | 273.27 | 544.71 | 569.47 | 3130.99 | 3700.46 |
| | 1812.96 | 274.32 | 2087.28 | 215.73 | 215.92 | 431.65 | 458.74 | 2518.93 | 2977.67 |
| | 2742.15 | 414.16 | 3156.31 | 332.11 | 336.29 | 668.40 | 695.68 | 3824.71 | 4520.40 |
| 上四 | 2339.38 | 353.80 | 2693.18 | 278.13 | 276.86 | 554.99 | 591.44 | 3248.17 | 3839.61 |
| | 3361.87 | 509.68 | 3871.56 | 391.43 | 385.74 | 777.16 | 847.79 | 4648.72 | 5496.51 |
| | 2485.47 | 373.17 | 2858.64 | 317.39 | 330.58 | 647.97 | 635.36 | 3506.61 | 4141.97 |
| 上五 | 2309.00 | 345.74 | 2654.74 | 304.41 | 325.42 | 629.83 | 593.94 | 3284.57 | 3878.51 |
| | 2250.98 | 337.35 | 2588.33 | 294.28 | 313.59 | 607.87 | 578.28 | 3196.20 | 3774.48 |
| | 2558.74 | 388.94 | 2947.68 | 287.98 | 275.13 | 563.11 | 641.56 | 3510.79 | 4152.35 |
| 中一 | 2252.95 | 342.43 | 2595.39 | 256.69 | 250.89 | 507.58 | 566.79 | 3102.96 | 3669.76 |
| | 3076.30 | 466.39 | 3542.68 | 358.44 | 353.72 | 712.16 | 775.94 | 4254.84 | 5030.78 |
| | 2042.53 | 310.88 | 2353.40 | 228.56 | 219.43 | 447.98 | 512.27 | 2801.39 | 3313.65 |
| 中二 | 3351.20 | 509.92 | 3861.11 | 375.79 | 361.00 | 736.79 | 840.64 | 4597.90 | 5438.54 |
| | 2557.91 | 388.89 | 2946.80 | 289.82 | 281.38 | 571.20 | 642.77 | 3518.00 | 4160.78 |
| | 1884.32 | 285.59 | 2169.91 | 218.72 | 213.74 | 432.46 | 474.59 | 2602.38 | 3076.97 |
| 中三 | 3848.47 | 588.21 | 4436.69 | 411.61 | 383.61 | 795.22 | 959.50 | 5231.91 | 6191.41 |
| | 2911.33 | 441.73 | 3353.06 | 335.90 | 328.94 | 664.84 | 733.16 | 4017.89 | 4751.05 |
| | 2730.99 | 413.17 | 3144.16 | 325.83 | 328.05 | 653.88 | 691.56 | 3798.03 | 4489.60 |
| 中四 | 3500.68 | 529.24 | 4029.92 | 416.43 | 413.13 | 829.56 | 884.71 | 4859.48 | 5744.19 |
| | 2856.36 | 432.83 | 3289.19 | 334.33 | 331.26 | 665.59 | 720.96 | 3954.78 | 4675.74 |
| | 3941.86 | 599.00 | 4540.86 | 448.26 | 435.40 | 883.66 | 990.83 | 5424.53 | 6415.36 |
| 中五 | 3037.90 | 459.49 | 3497.39 | 362.27 | 363.39 | 725.66 | 768.89 | 4223.05 | 4991.95 |
| | 2689.07 | 407.64 | 3096.71 | 314.79 | 314.01 | 628.81 | 679.23 | 3725.52 | 4404.75 |
| | 4695.23 | 713.62 | 5408.86 | 532.02 | 513.89 | 1045.91 | 1179.26 | 6454.77 | 7634.03 |
| 下一 | 5577.05 | 858.99 | 6436.03 | 552.52 | 490.55 | 1043.07 | 1378.81 | 7479.10 | 8857.91 |
| | 4389.32 | 668.64 | 5057.96 | 486.04 | 462.72 | 948.76 | 1099.09 | 6006.72 | 7105.81 |

（续）

| 样地 | 干材 | 树皮 | 树干 | 树枝 | 树叶 | 树冠 | 根系 | 地上部分 | 全株 |
|---|---|---|---|---|---|---|---|---|---|
|  | 2426.22 | 370.75 | 2796.97 | 259.22 | 239.94 | 499.16 | 604.48 | 3296.13 | 3900.61 |
| 下二 | 1575.25 | 239.78 | 1815.03 | 177.24 | 172.54 | 349.78 | 395.79 | 2164.81 | 2560.60 |
|  | 2352.94 | 359.11 | 2712.05 | 254.35 | 237.01 | 491.36 | 586.99 | 3203.41 | 3790.40 |
|  | 2739.99 | 416.17 | 3156.16 | 311.01 | 299.34 | 610.35 | 687.90 | 3766.51 | 4454.41 |
| 下三 | 3253.18 | 494.41 | 3747.59 | 369.41 | 358.76 | 728.17 | 817.59 | 4475.75 | 5293.35 |
|  | 2865.06 | 438.70 | 3303.76 | 302.45 | 280.67 | 583.12 | 713.63 | 3886.89 | 4600.52 |
|  | 4338.08 | 657.52 | 4995.61 | 504.87 | 496.57 | 1001.44 | 1093.57 | 5997.05 | 7090.62 |
| 下四 | 4937.87 | 752.96 | 5690.83 | 541.95 | 514.19 | 1056.14 | 1235.33 | 6746.98 | 7982.30 |
|  | 4527.03 | 691.68 | 5218.71 | 487.30 | 457.77 | 945.07 | 1130.03 | 6163.78 | 7293.81 |
|  | 5275.24 | 800.07 | 6075.32 | 610.86 | 599.01 | 1209.86 | 1329.01 | 7285.18 | 8614.19 |
| 下五 | 4477.36 | 680.38 | 5157.74 | 508.37 | 492.61 | 1000.98 | 1124.99 | 6158.72 | 7283.71 |
|  | 3181.94 | 480.88 | 3662.81 | 383.24 | 387.38 | 770.63 | 806.71 | 4433.44 | 5240.15 |

从表 11.6 中可以得到不同坡位和间伐强度的杉木人工林乔木层各器官、组分生物量的信息。各个器官和组分的百分比如下：地上部分（84.56%）> 树干（70.69%）> 干材（61.37%）> 根系（15.44%）> 树冠（13.87%）> 树皮（9.32%）> 树枝（7.02%）> 树叶（6.85%）。

依据样地实测胸径和相容性生物量模型，估算出调查样地内杉木人工林乔木层的生物量，并查得杉木中龄林各器官、组分含碳率（干材：46.55%，树皮 47.58%，树干 46.55%，树枝 49.77%，树冠 47.70%，树根 46.94% 等）进而推算得到乔木层的碳储量。

**表 11.7　不同间伐强度和坡位共同作用下乔木层碳储量估算结果**

| 样地 | 干材 | 树皮 | 树干 | 树枝 | 树叶 | 树冠 | 根系 | 地上部分 | 全株 |
|---|---|---|---|---|---|---|---|---|---|
|  | 1252.62 | 195.59 | 1448.21 | 143.85 | 128.39 | 272.24 | 315.00 | 1763.20 | 2078.20 |
| 上一 | 891.66 | 137.56 | 1029.22 | 115.47 | 111.17 | 226.64 | 227.88 | 1257.10 | 1484.98 |
|  | 1603.49 | 249.63 | 1853.12 | 190.03 | 173.51 | 363.55 | 404.92 | 2258.04 | 2662.95 |
|  | 833.81 | 128.49 | 962.30 | 109.41 | 106.56 | 215.97 | 213.60 | 1175.90 | 1389.49 |
| 上二 | 433.58 | 66.13 | 499.71 | 63.26 | 66.42 | 129.68 | 113.19 | 612.90 | 726.08 |
|  | 1157.68 | 180.70 | 1338.39 | 134.29 | 121.61 | 255.90 | 291.75 | 1630.14 | 1921.89 |
|  | 992.75 | 153.60 | 1146.35 | 126.10 | 121.30 | 247.40 | 253.36 | 1399.70 | 1653.06 |
| 上三 | 1045.98 | 161.43 | 1207.41 | 135.10 | 130.35 | 265.45 | 267.31 | 1474.72 | 1742.02 |
|  | 843.93 | 130.52 | 974.45 | 107.37 | 103.00 | 210.36 | 215.33 | 1189.79 | 1405.12 |
|  | 1276.47 | 197.06 | 1473.53 | 165.29 | 160.41 | 325.70 | 326.55 | 1800.08 | 2126.64 |
| 上四 | 1088.98 | 168.34 | 1257.32 | 138.43 | 132.06 | 270.49 | 277.62 | 1534.94 | 1812.56 |
|  | 1564.95 | 242.51 | 1807.46 | 194.81 | 184.00 | 378.81 | 397.95 | 2205.41 | 2603.37 |
|  | 1156.99 | 177.55 | 1334.54 | 157.97 | 157.69 | 315.65 | 298.24 | 1632.78 | 1931.02 |
| 上五 | 1074.84 | 164.50 | 1239.34 | 151.51 | 155.23 | 306.73 | 278.79 | 1518.14 | 1796.93 |
|  | 1047.83 | 160.51 | 1208.34 | 146.46 | 149.58 | 296.04 | 271.44 | 1479.79 | 1751.23 |
|  | 1191.09 | 185.06 | 1376.15 | 143.33 | 131.24 | 274.56 | 301.15 | 1677.30 | 1978.45 |
| 中一 | 1048.75 | 162.93 | 1211.68 | 127.75 | 119.68 | 247.43 | 266.05 | 1477.73 | 1743.78 |
|  | 1432.02 | 221.91 | 1653.92 | 178.40 | 168.72 | 347.12 | 364.23 | 2018.15 | 2382.37 |

（续）

| 样地 | 干材 | 树皮 | 树干 | 树枝 | 树叶 | 树冠 | 根系 | 地上部分 | 全株 |
|---|---|---|---|---|---|---|---|---|---|
|  | 950.80 | 147.91 | 1098.71 | 113.75 | 104.67 | 218.42 | 240.46 | 1339.17 | 1579.63 |
| 中二 | 1559.98 | 242.62 | 1802.60 | 187.03 | 172.19 | 359.23 | 394.60 | 2197.20 | 2591.79 |
|  | 1190.71 | 185.03 | 1375.74 | 144.25 | 134.22 | 278.46 | 301.72 | 1677.46 | 1979.18 |
|  | 877.15 | 135.89 | 1013.04 | 108.86 | 101.96 | 210.81 | 222.77 | 1235.81 | 1458.58 |
| 中三 | 1791.47 | 279.87 | 2071.34 | 204.86 | 182.98 | 387.84 | 450.39 | 2521.73 | 2972.12 |
|  | 1355.22 | 210.17 | 1565.40 | 167.18 | 156.90 | 324.08 | 344.14 | 1909.54 | 2253.69 |
|  | 1271.27 | 196.59 | 1467.86 | 162.16 | 156.48 | 318.64 | 324.62 | 1792.48 | 2117.10 |
| 中四 | 1629.57 | 251.81 | 1881.38 | 207.26 | 197.06 | 404.32 | 415.28 | 2296.66 | 2711.95 |
|  | 1329.63 | 205.94 | 1535.57 | 166.40 | 158.01 | 324.41 | 338.42 | 1874.00 | 2212.42 |
|  | 1834.94 | 285.01 | 2119.94 | 223.10 | 207.69 | 430.79 | 465.10 | 2585.04 | 3050.14 |
| 中五 | 1414.14 | 218.62 | 1632.77 | 180.30 | 173.34 | 353.64 | 360.92 | 1993.69 | 2354.61 |
|  | 1251.76 | 193.95 | 1445.72 | 156.67 | 149.79 | 306.46 | 318.83 | 1764.55 | 2083.38 |
|  | 2185.63 | 339.54 | 2525.17 | 264.79 | 245.13 | 509.91 | 553.54 | 3078.72 | 3632.26 |
| 下一 | 2596.11 | 408.71 | 3004.82 | 274.99 | 233.99 | 508.98 | 647.21 | 3652.03 | 4299.24 |
|  | 2043.23 | 318.14 | 2361.37 | 241.90 | 220.72 | 462.62 | 515.91 | 2877.28 | 3393.19 |
|  | 1129.40 | 176.40 | 1305.81 | 129.01 | 114.45 | 243.46 | 283.74 | 1589.55 | 1873.29 |
| 下二 | 733.28 | 114.09 | 847.37 | 88.21 | 82.30 | 170.51 | 185.78 | 1033.15 | 1218.93 |
|  | 1095.29 | 170.86 | 1266.16 | 126.59 | 113.05 | 239.64 | 275.53 | 1541.69 | 1817.22 |
|  | 1275.47 | 198.01 | 1473.48 | 154.79 | 142.78 | 297.57 | 322.90 | 1796.38 | 2119.28 |
| 下三 | 1514.35 | 235.24 | 1749.59 | 183.86 | 171.13 | 354.98 | 383.78 | 2133.37 | 2517.15 |
|  | 1333.69 | 208.73 | 1542.42 | 150.53 | 133.88 | 284.41 | 334.98 | 1877.40 | 2212.38 |
|  | 2019.38 | 312.85 | 2332.23 | 251.28 | 236.86 | 488.14 | 513.32 | 2845.55 | 3358.87 |
| 下四 | 2298.58 | 358.26 | 2656.84 | 269.73 | 245.27 | 515.00 | 579.86 | 3236.70 | 3816.56 |
|  | 2107.33 | 329.10 | 2436.43 | 242.53 | 218.36 | 460.89 | 530.44 | 2966.87 | 3497.30 |
|  | 2455.63 | 380.67 | 2836.30 | 304.02 | 285.73 | 589.75 | 623.84 | 3460.14 | 4083.98 |
| 下五 | 2084.21 | 323.73 | 2407.94 | 253.01 | 234.98 | 487.99 | 528.07 | 2936.01 | 3464.08 |
|  | 1481.19 | 228.80 | 1709.99 | 190.74 | 184.78 | 375.52 | 378.67 | 2088.66 | 2467.33 |

表 11.7 列出了不同坡位及间伐强度共同作用下杉木人工林乔木层各器官、组分碳储量。各个器官和组分的百分比如下：地上部分（84.56%）＞树干（70.53%）＞干材（61.43%）＞根系（15.44%）＞树冠（14.02%）＞树皮（9.10%）＞树叶（7.15%）＞树枝（6.87%）。

## 11.2.2　相同坡位不同间伐强度下乔木层生物量比较

**表 11.8　Bartlett 方差齐性检验 p-value**

|  | 干材 | 树皮 | 树干 | 树枝 | 树叶 | 树冠 | 根系 | 地上部分 | 全株 |
|---|---|---|---|---|---|---|---|---|---|
| 间伐 p-value | 0.3809 | 0.3781 | 0.3805 | 0.392 | 0.3886 | 0.3898 | 0.3808 | 0.3823 | 0.382 |

如表 11.8 所示，相同坡位不同间伐强度下，杉木林乔木层各个器官、组分的生物量均通过了 Bartlett 方差齐性检验（p-value ＞0.05），可以使用方差分析。

表 11.9　相同坡位不同间伐强度下杉木生物量的方差分析

| | | Df | Sum Sq | Mean Sq | F value | Pr( > F) |
|---|---|---|---|---|---|---|
| 干材 | g | 4 | 11744258 | 2936065 | 3.324 | 0.0193 * |
| | Residuals | 40 | 35331593 | 883290 | | |
| 树皮 | g | 4 | 269331 | 67333 | 3.22 | 0.0221 * |
| | Residuals | 40 | 836311 | 20908 | | |
| 树干 | g | 4 | 15570123 | 3892531 | 3.31 | 0.0196 * |
| | Residuals | 40 | 47038736 | 1175968 | | |
| 树枝 | g | 4 | 167796 | 41949 | 4.718 | 0.00326 ** |
| | Residuals | 40 | 355676 | 8892 | | |
| 树叶 | g | 4 | 173721 | 43430 | 6.086 | 0.000637 *** |
| | Residuals | 40 | 285451 | 7136 | | |
| 树冠 | g | 4 | 681202 | 170301 | 5.342 | 0.00153 ** |
| | Residuals | 40 | 1275129 | 31878 | | |
| 根系 | g | 4 | 750279 | 187570 | 3.479 | 0.0157 * |
| | Residuals | 40 | 2156338 | 53908 | | |
| 地上部分 | g | 4 | 22613782 | 5653445 | 3.559 | 0.0142 * |
| | Residuals | 40 | 63539032 | 1588476 | | |
| 全株 | g | 4 | 31601658 | 7900414 | 3.547 | 0.0144 * |
| | Residuals | 40 | 89104883 | 2227622 | | |

由表 11.9 可以看出，相同坡位下，5 种不同间伐强度对杉木林乔木层各组分、器官生物量的影响均为显著。

表 11.10　相同坡位不同间伐强度下下杉木林乔木层生物量估算结果

| 间伐强度 | 坡位 | 干材 | 树皮 | 树干 | 树枝 | 树叶 | 树冠 | 根系 | 地上部分 | 全株 |
|---|---|---|---|---|---|---|---|---|---|---|
| 间伐强度 1 | 下坡位 | 4887.2 | 747.08 | 5634.28 | 523.53 | 489.05 | 1012.58 | 1219.05 | 6646.86 | 7865.92 |
| | 中坡位 | 2629.33 | 399.25 | 3028.58 | 301.04 | 293.25 | 594.28 | 661.43 | 3622.87 | 4284.3 |
| | 上坡位 | 2683.69 | 408.28 | 3091.96 | 300.96 | 288.66 | 589.61 | 673.06 | 3681.58 | 4354.63 |
| 间伐强度 2 | 下坡位 | 2118.14 | 323.21 | 2441.35 | 230.27 | 216.5 | 446.77 | 529.09 | 2888.12 | 3417.2 |
| | 中坡位 | 2650.54 | 403.23 | 3053.77 | 298.06 | 287.27 | 585.33 | 665.23 | 3639.1 | 4304.32 |
| | 上坡位 | 1736.54 | 262.94 | 1999.48 | 205.58 | 205.87 | 411.45 | 439.24 | 2410.92 | 2850.16 |
| 间伐强度 3 | 下坡位 | 2952.74 | 449.76 | 3402.5 | 327.63 | 312.92 | 640.55 | 739.71 | 4043.05 | 4782.76 |
| | 中坡位 | 2881.37 | 438.51 | 3319.89 | 322.08 | 308.77 | 630.84 | 722.42 | 3950.73 | 4673.14 |
| | 上坡位 | 2064.2 | 312.14 | 2376.35 | 246.84 | 247.83 | 494.67 | 522.65 | 2871.02 | 3393.67 |
| 间伐强度 4 | 下坡位 | 4601 | 700.72 | 5301.72 | 511.37 | 489.51 | 1000.88 | 1152.98 | 6302.6 | 7455.58 |
| | 中坡位 | 3029.34 | 458.41 | 3487.75 | 358.86 | 357.48 | 716.34 | 765.75 | 4204.1 | 4969.84 |
| | 上坡位 | 2814.47 | 425.88 | 3240.35 | 333.89 | 332.96 | 666.85 | 711.64 | 3907.2 | 4618.84 |
| 间伐强度 5 | 下坡位 | 4311.51 | 653.78 | 4965.29 | 500.82 | 493 | 993.82 | 1086.9 | 5959.11 | 7046.02 |
| | 中坡位 | 3222.95 | 488.71 | 3711.65 | 375.11 | 370.94 | 746.04 | 812.99 | 4457.7 | 5270.69 |
| | 上坡位 | 2348.49 | 352.09 | 2700.57 | 305.36 | 323.2 | 628.56 | 602.53 | 3329.13 | 3931.65 |

（续）

| 间伐强度 | 干材 | 树皮 | 树干 | 树枝 | 树叶 | 树冠 | 根系 | 地上部分 | 全株 |
|---|---|---|---|---|---|---|---|---|---|
| 1 | 10200.22 | 1554.61 | 11754.82 | 1125.53 | 1070.96 | 2196.47 | 2553.54 | 13951.31 | 16504.85 |
| 2 | 6505.22 | 989.38 | 7494.6 | 733.91 | 709.64 | 1443.55 | 1633.56 | 8938.14 | 10571.68 |
| 3 | 7898.31 | 1200.41 | 9098.74 | 896.55 | 869.52 | 1766.06 | 1984.78 | 10864.8 | 12849.57 |
| 4 | 10444.81 | 1585.01 | 12029.82 | 1204.12 | 1179.95 | 2384.07 | 2630.37 | 14413.9 | 17044.26 |
| 5 | 9882.95 | 1494.58 | 11377.51 | 1181.29 | 1187.14 | 2368.42 | 2502.42 | 13745.94 | 16248.36 |

由表 11.10 仍然可以看出其中间伐强度 4（17044.26）>间伐强度 1（16504.85）>间伐强度 5（16248.36）>间伐强度 3（12849.57）>间伐强度 2（10571.68）。强度 4 的乔木层生物量含量最高，但比起强度 3（不间伐），有明显的提高。间伐是改变了林分结构，影响林木的生长，33%、25% 和 20% 间伐强度对杉木林乔木生物量有促进作用，50% 间伐强度可以抑制杉木林乔木生物量增长。

通过对五种间伐强度开展研究，得出结论：在间伐 3a 后，中、弱度间伐能够对杉木林乔木层生物量增加起到促进作用，强度间伐却能够抑制乔木层生物量增加。

在间伐强度 1，3，4，5，共计 4 种间伐强度，乔木层生物量排序为：下坡位生物量多于中坡位，中坡位生物量多于上坡位，并且下坡位同中、上坡位生物量的差异较大。在间伐强度 2（50%），中坡位的生物量最大。但是，这个结果可能是由于下坡位的杉木林被人为干扰所导致的结果，并不符合预期。根据其他四个不同强度的间伐，仍然可以得出，杉木林乔木层在不同间伐强度下，下坡位的生物量最大。

表 11.11　不同间伐强度下杉木林乔木层各器官生物量所占比例

| 间伐强度 | 干材 | 树皮 | 树干 | 树枝 | 树叶 | 树冠 | 根系 | 地上部分 |
|---|---|---|---|---|---|---|---|---|
| 1 | 61.80% | 9.42% | 71.22% | 6.82% | 6.49% | 13.31% | 15.47% | 84.53% |
| 2 | 61.53% | 9.36% | 70.89% | 6.94% | 6.71% | 13.65% | 15.45% | 84.55% |
| 3 | 61.47% | 9.34% | 70.81% | 6.98% | 6.77% | 13.74% | 15.45% | 84.55% |
| 4 | 61.28% | 9.30% | 70.58% | 7.06% | 6.92% | 13.99% | 15.43% | 84.57% |
| 5 | 60.82% | 9.20% | 70.02% | 7.27% | 7.31% | 14.58% | 15.40% | 84.60% |

从表 11.11 可以看出各间伐强度下乔木层各器官、组分生物量所占比例，统计结果表明，间伐对杉木林乔木层各器官、组分生物量的改变范围在 ±1% 左右，影响可以忽略不计。

## 11.2.3　相同间伐强度不同坡位下乔木层生物量比较

表 11.12　Bartlett 方差齐性检验 p-value

| | 干材 | 树皮 | 树干 | 树枝 | 树叶 | 树冠 | 根系 | 地上部分 | 全株 |
|---|---|---|---|---|---|---|---|---|---|
| 坡位 p-value | 0.009981 | 0.009942 | 0.009976 | 0.01025 | 0.0113 | 0.01054 | 0.009811 | 0.009828 | 0.0078 |

由表 11.12 可以看出，相同间伐强度不同坡位下，杉木林乔木层各器官和组分的生物量均没有通过 Bartlett 方差齐性检验（p-value < 0.05），因此，采用非参数分析。结果见表

11.13，说明坡位对杉木人工林各器官、组分和全株的生物量的影响是显著的。

表 11.13　相同间伐强度不同坡位杉木林乔木层生物量的非参数分析

|  | Chi-squared | Df | P-value |
|---|---|---|---|
| 干材 | 12.133 | 2 | 0.00232 |
| 树皮 | 12.133 | 2 | 0.00232 |
| 树干 | 12.133 | 2 | 0.00232 |
| 树枝 | 12.133 | 2 | 0.00232 |
| 树叶 | 12.133 | 2 | 0.00232 |
| 树冠 | 13.333 | 2 | 0.00127 |
| 根系 | 12.133 | 2 | 0.00232 |
| 地上部分 | 12.133 | 2 | 0.00232 |
| 全株 | 12.133 | 2 | 0.00232 |

表 11.14　相同间伐强度不同坡位下杉木林乔木层生物量估算结果

| 坡位 | 间伐强度 | 干材 | 树皮 | 树干 | 树枝 | 树叶 | 树冠 | 根系 | 地上部分 | 全株 |
|---|---|---|---|---|---|---|---|---|---|---|
| 下坡位 | 间伐强度 1 | 4887.2 | 747.08 | 5634.28 | 523.53 | 489.05 | 1012.58 | 1219.05 | 6646.86 | 7865.92 |
|  | 间伐强度 2 | 2118.14 | 323.21 | 2441.35 | 230.27 | 216.5 | 446.77 | 529.09 | 2888.12 | 3417.2 |
|  | 间伐强度 3 | 2952.74 | 449.76 | 3402.5 | 327.63 | 312.92 | 640.55 | 739.71 | 4043.05 | 4782.76 |
|  | 间伐强度 4 | 4601 | 700.72 | 5301.72 | 511.37 | 489.51 | 1000.88 | 1152.98 | 6302.6 | 7455.58 |
|  | 间伐强度 5 | 4311.51 | 653.78 | 4965.29 | 500.82 | 493 | 993.82 | 1086.9 | 5959.11 | 7046.02 |
| 中坡位 | 间伐强度 1 | 2629.33 | 399.25 | 3028.58 | 301.04 | 293.25 | 594.28 | 661.43 | 3622.87 | 4284.3 |
|  | 间伐强度 2 | 2650.54 | 403.23 | 3053.77 | 298.06 | 287.27 | 585.33 | 665.23 | 3639.1 | 4304.32 |
|  | 间伐强度 3 | 2881.37 | 438.51 | 3319.89 | 322.08 | 308.77 | 630.84 | 722.42 | 3950.73 | 4673.14 |
|  | 间伐强度 4 | 3029.34 | 458.41 | 3487.75 | 358.86 | 357.48 | 716.34 | 765.75 | 4204.1 | 4969.84 |
|  | 间伐强度 5 | 3222.95 | 488.71 | 3711.65 | 375.11 | 370.94 | 746.04 | 812.99 | 4457.7 | 5270.69 |
| 上坡位 | 间伐强度 1 | 2683.69 | 408.28 | 3091.96 | 300.96 | 288.66 | 589.61 | 673.06 | 3681.58 | 4354.63 |
|  | 间伐强度 2 | 1736.54 | 262.94 | 1999.48 | 205.58 | 205.87 | 411.45 | 439.24 | 2410.92 | 2850.16 |
|  | 间伐强度 3 | 2064.2 | 312.14 | 2376.35 | 246.84 | 247.83 | 494.67 | 522.65 | 2871.02 | 3393.67 |
|  | 间伐强度 4 | 2814.47 | 425.88 | 3240.35 | 333.89 | 332.96 | 666.85 | 711.64 | 3907.2 | 4618.84 |
|  | 间伐强度 5 | 2348.49 | 352.09 | 2700.57 | 305.36 | 323.2 | 628.56 | 602.53 | 3329.13 | 3931.65 |

| 坡位 | 干材 | 树皮 | 树干 | 树枝 | 树叶 | 树冠 | 根系 | 地上部分 | 全株 |
|---|---|---|---|---|---|---|---|---|---|
| 下坡位 | 18870.59 | 2874.55 | 21745.14 | 2093.62 | 2000.98 | 4094.6 | 4727.73 | 25839.74 | 30567.48 |
| 中坡位 | 14413.53 | 2188.11 | 16601.64 | 1655.15 | 1617.71 | 3272.83 | 3627.82 | 19874.5 | 23502.29 |
| 上坡位 | 11647.39 | 1761.33 | 13408.71 | 1392.63 | 1398.52 | 2791.14 | 2949.12 | 16199.85 | 19148.95 |

　　不同坡位作用下乔木层生物量由高到低的排序是：下坡位（30567.48）＞中坡位（23502.29）＞上坡位（19148.95）。下坡位的水热条件、腐殖质含量明显好于上坡位，计算结果符合预期（表 11.14）。

表 11.15　不同坡位下杉木林乔木层各器官生物量所占比例

| 坡位 | 干材 | 树皮 | 树干 | 树枝 | 树叶 | 树冠 | 根系 | 地上部分 |
|---|---|---|---|---|---|---|---|---|
| 下坡位 | 61.73% | 9.40% | 71.14% | 6.85% | 6.55% | 13.40% | 15.47% | 84.53% |
| 中坡位 | 61.33% | 9.31% | 70.64% | 7.04% | 6.88% | 13.93% | 15.44% | 84.56% |
| 上坡位 | 60.83% | 9.20% | 70.02% | 7.27% | 7.30% | 14.58% | 15.40% | 84.60% |

从表 11.15 可以得到不同坡位下杉木林乔木层各器官、组分占整株的百分比，统计结果表明，坡位对杉木林乔木层各器官、组分生物量的改变范围在 ±1% 左右，影响可以忽略不计。

## 11.2.4 不同间伐强度和坡位下乔木层生物量预测模型

针对不同间伐和坡位的杉木林乔木层生物量的计算，并做以下改进：

$$W_i = a_i(1 - S_j)D^{(b_i + c_i S_j)}$$

$S_j$ 对应间伐强度或坡位。间伐强度用小数表示，若间伐强度是 100%，则 $W_i$ 为 0。考虑模型的通用性，坡位也以小数表示，经过计算发现，$S_j$ 的取值范围越小，越接近 0.5，拟合效果越好，考虑到在实际生产过程中，不可能完全存在标准的上、中、下三个坡位，还存在有中下坡位、中上坡位，因此 $S_j$ 的取值如下，上坡位 0.3，中上坡位 0.4，中坡位 0.5，中下坡位 0.6，下坡位 0.7。

**表 11.16 同坡位不同间伐强度杉木林乔木层生物量预测模型建立**　　单位：kg/株

| | | | Estimate | Std. Error | t value | $Pr(>|t|)$ | RMSE | MEF | $R^2$ |
|---|---|---|---|---|---|---|---|---|---|
| 上坡位 | 干材 | a | 0.041944 | 0.001126 | 37.26 | $<2e-16$*** | | | |
| | | b | 2.501577 | 0.009728 | 257.14 | $<2e-16$*** | 2.164004 | 0.996978 | 0.997156 |
| | | c | 0.490903 | 0.003811 | 128.82 | $<2e-16$*** | | | |
| | 树皮 | a | 0.004965 | 0.000134 | 37.18 | $<2e-16$*** | | | |
| | | b | 2.58983 | 0.009736 | 266.01 | $<2e-16$*** | 0.327157 | 0.997163 | 0.99733 |
| | | c | 0.490773 | 0.003793 | 129.4 | $<2e-16$*** | | | |
| | 树干 | a | 0.046755 | 0.001255 | 37.26 | $<2e-16$*** | | | |
| | | b | 2.513198 | 0.009727 | 258.37 | $<2e-16$*** | 2.49061 | 0.997005 | 0.997181 |
| | | c | 0.490892 | 0.003808 | 128.92 | $<2e-16$*** | | | |
| | 树枝 | a | 0.057153 | 0.001541 | 37.08 | $<2e-16$*** | | | |
| | | b | 1.619507 | 0.009925 | 163.18 | $<2e-16$*** | 0.270862 | 0.993005 | 0.993417 |
| | | c | 0.492508 | 0.004143 | 118.89 | $<2e-16$*** | | | |
| | 树叶 | a | 0.26736 | 0.007208 | 37.09 | $<2e-16$*** | | | |
| | | b | 1.055656 | 0.010044 | 105.11 | $<2e-16$*** | 0.287142 | 0.984435 | 0.985351 |
| | | c | 0.494679 | 0.004449 | 111.18 | $<2e-16$*** | | | |
| | 树冠 | a | 0.249161 | 0.006492 | 38.38 | $<2e-16$*** | | | |
| | | b | 1.335125 | 0.009645 | 138.43 | $<2e-16$*** | 0.536762 | 0.990577 | 0.991131 |
| | | c | 0.494235 | 0.004136 | 119.51 | $<2e-16$*** | | | |
| | 根系 | a | 0.015006 | 0.000387 | 38.8 | $<2e-16$*** | | | |
| | | b | 2.376243 | 0.009359 | 253.9 | $<2e-16$*** | 0.536762 | 0.990577 | 0.996988 |
| | | c | 0.492544 | 0.003696 | 133.3 | $<2e-16$*** | | | |
| | 地上部分 | a | 0.097501 | 0.002507 | 38.9 | $<2e-16$*** | | | |
| | | b | 2.315609 | 0.009345 | 247.8 | $<2e-16$*** | 2.897941 | 0.996763 | 0.996953 |
| | | c | 0.492662 | 0.003705 | 133 | $<2e-16$*** | | | |
| | 全株 | a | 0.112305 | 0.002888 | 38.89 | $<2e-16$*** | | | |
| | | b | 2.324962 | 0.009347 | 248.74 | $<2e-16$*** | 3.425479 | 0.996786 | 0.996975 |
| | | c | 0.492647 | 0.003703 | 133.03 | $<2e-16$*** | | | |

（续）

| | | | Estimate | Std. Error | t value | $Pr(>|t|)$ | *RMSE* | *MEF* | $R^2$ |
|---|---|---|---|---|---|---|---|---|---|
| 中坡位 | 干材 | a | 0.037331 | 0.001226 | 30.46 | <2e-16*** | | | |
| | | b | 2.549654 | 0.011499 | 221.72 | <2e-16*** | 2.922267 | 0.995642 | 0.995898 |
| | | c | 0.47254 | 0.003493 | 135.28 | <2e-16*** | | | |
| | 树皮 | a | 0.004403 | 0.000146 | 30.17 | <2e-16*** | | | |
| | | b | 2.639243 | 0.011596 | 227.61 | <2e-16*** | 0.445234 | 0.995849 | 0.996093 |
| | | c | 0.47205 | 0.003478 | 135.72 | <2e-16*** | | | |
| | 树干 | a | 0.041592 | 0.001367 | 30.42 | <2e-16*** | | | |
| | | b | 2.561464 | 0.011512 | 222.51 | <2e-16*** | 3.367291 | 0.99567 | 0.995925 |
| | | c | 0.472477 | 0.003491 | 135.34 | <2e-16*** | | | |
| | 树枝 | a | 0.052499 | 0.001582 | 33.19 | <2e-16*** | | | |
| | | b | 1.655328 | 0.010712 | 154.53 | <2e-16*** | 0.334587 | 0.991451 | 0.991954 |
| | | c | 0.478055 | 0.003751 | 127.44 | <2e-16*** | | | |
| | 树叶 | a | 0.247265 | 0.007034 | 35.16 | <2e-16*** | | | |
| | | b | 1.088063 | 0.010243 | 106.23 | <2e-16*** | 0.337554 | 0.98264 | 0.983661 |
| | | c | 0.482842 | 0.004041 | 119.48 | <2e-16*** | | | |
| | 树冠 | a | 0.229196 | 0.006572 | 34.87 | <2e-16*** | | | |
| | | b | 1.37013 | 0.010256 | 133.6 | <2e-16*** | 0.654987 | 0.988728 | 0.989391 |
| | | c | 0.480593 | 0.003797 | 126.58 | <2e-16*** | | | |
| | 根系 | a | 0.0133 | 0.000428 | 31.06 | <2e-16*** | | | |
| | | b | 2.425776 | 0.0113 | 214.68 | <2e-16*** | 0.727317 | 0.99535 | 0.995623 |
| | | c | 0.473843 | 0.003494 | 135.61 | <2e-16*** | | | |
| | 地上部分 | a | 0.086606 | 0.002768 | 31.29 | <2e-16*** | | | |
| | | b | 2.364317 | 0.011226 | 210.61 | <2e-16*** | 3.973134 | 0.995181 | 0.995464 |
| | | c | 0.474206 | 0.003503 | 135.38 | <2e-16*** | | | |
| | 全株 | a | 0.099721 | 0.003191 | 31.25 | <2e-16*** | | | |
| | | b | 2.373803 | 0.011237 | 211.24 | <2e-16*** | 4.700445 | 0.995208 | 0.995489 |
| | | c | 0.474151 | 0.003501 | 135.42 | <2e-16*** | | | |
| 下坡位 | 干材 | a | 0.040762 | 0.001091 | 37.35 | <2e-16*** | | | |
| | | b | 2.520242 | 0.00932 | 270.4 | <2e-16*** | 3.184237 | 0.996422 | 0.996633 |
| | | c | 0.459814 | 0.00328 | 140.2 | <2e-16*** | | | |
| | 树皮 | a | 0.004829 | 0.00013 | 37.09 | <2e-16*** | | | |
| | | b | 2.608243 | 0.009371 | 278.34 | <2e-16*** | 0.486826 | 0.996599 | 0.996799 |
| | | c | 0.45951 | 0.003275 | 140.31 | <2e-16*** | | | |
| | 树干 | a | 0.045434 | 0.001217 | 37.32 | <2e-16*** | | | |
| | | b | 2.531893 | 0.009325 | 271.51 | <2e-16*** | 3.670332 | 0.996448 | 0.996657 |
| | | c | 0.459776 | 0.003278 | 140.24 | <2e-16*** | | | |
| | 树枝 | a | 0.055872 | 0.001415 | 39.48 | <2e-16*** | | | |
| | | b | 1.635071 | 0.008956 | 182.57 | <2e-16*** | 0.354188 | 0.992723 | 0.993151 |
| | | c | 0.462895 | 0.003452 | 134.1 | <2e-16*** | | | |

（续）

|  |  | Estimate | Std. Error | t value | $Pr(>\mid t\mid)$ | RMSE | MEF | $R^2$ |
|---|---|---|---|---|---|---|---|---|
|  | a | 0.259709 | 0.006247 | 41.57 | <2e-16*** |  |  |  |
| 树叶 | b | 1.07274 | 0.008613 | 124.55 | <2e-16*** | 0.346716 | 0.985224 | 0.986093 |
|  | c | 0.465196 | 0.003636 | 127.95 | <2e-16*** |  |  |  |
|  | a | 0.239413 | 0.005725 | 41.82 | <2e-16*** |  |  |  |
| 树冠 | b | 1.356645 | 0.008504 | 159.52 | <2e-16*** | 0.675147 | 0.990672 | 0.99122 |
|  | c | 0.464405 | 0.003413 | 136.07 | <2e-16*** |  |  |  |
|  | a | 0.014029 | 0.00036 | 38.94 | <2e-16*** |  |  |  |
| 根系 | b | 2.408567 | 0.008955 | 268.96 | <2e-16*** | 0.768064 | 0.996395 | 0.996607 |
|  | c | 0.460704 | 0.00318 | 144.87 | <2e-16*** |  |  |  |
|  | a | 0.091101 | 0.002326 | 39.16 | <2e-16*** |  |  |  |
| 地上部分 | b | 2.348085 | 0.008913 | 263.45 | <2e-16*** | 4.185523 | 0.99626 | 0.99648 |
|  | c | 0.460938 | 0.003182 | 144.87 | <2e-16*** |  |  |  |
|  | a | 0.104932 | 0.002682 | 39.13 | <2e-16*** |  |  |  |
| 全株 | b | 2.357448 | 0.008919 | 264.32 | <2e-16*** | 4.953272 | 0.996282 | 0.996501 |
|  | c | 0.460902 | 0.003181 | 144.88 | <2e-16*** |  |  |  |

表11.16 的结算结果表明，除树叶外，各分量和整株生物量的预估结果都满足要求。

### 表11.17 杉木林乔木层生物量预测模型建立

|  |  |  | Estimate | Std. Error | t value | E | RMSE | MEF | $R^2$ | $Pr(>\mid t\mid)$ |
|---|---|---|---|---|---|---|---|---|---|---|
| 间伐强度1 | 干材 | a | 0.06434 | 0.003569 | 18.03 | 4.463626 | 3.543101 | 0.991489 | 0.99199 | <2e-16*** |
|  |  | b | 2.264941 | 0.019979 | 113.37 |  |  |  |  | <2e-16*** |
|  |  | c | 0.734223 | 0.006068 | 121.01 |  |  |  |  | <2e-16*** |
|  | 树皮 | a | 0.007595 | 0.000424 | 17.93 | 0.677751 | 0.540614 | 0.991997 | 0.992468 | <2e-16*** |
|  |  | b | 2.35456 | 0.020064 | 117.35 |  |  |  |  | <2e-16*** |
|  |  | c | 0.73346 | 0.006037 | 121.5 |  |  |  |  | <2e-16*** |
|  | 树干 | a | 0.07168 | 0.003979 | 18.02 | 5.140243 | 4.083446 | 0.99156 | 0.992057 | <2e-16*** |
|  |  | b | 2.276806 | 0.019989 | 113.9 |  |  |  |  | <2e-16*** |
|  |  | c | 0.734126 | 0.006063 | 121.08 |  |  |  |  | <2e-16*** |
|  | 树枝 | a | 0.092042 | 0.004844 | 19 | 0.518835 | 0.393405 | 0.980983 | 0.982101 | <2e-16*** |
|  |  | b | 1.361214 | 0.019237 | 70.76 |  |  |  |  | <2e-16*** |
|  |  | c | 0.742374 | 0.006479 | 114.58 |  |  |  |  | <2e-16*** |
|  | 树叶 | a | 0.4447 | 0.02248 | 19.79 | 0.505124 | 0.378984 | 0.958089 | 0.960555 | <2e-16*** |
|  |  | b | 0.78214 | 0.01869 | 41.84 |  |  |  |  | <2e-16*** |
|  |  | c | 0.74927 | 0.00679 | 110.35 |  |  |  |  | <2e-16*** |
|  | 树冠 | a | 0.398618 | 0.020392 | 19.55 | 1.007759 | 0.764537 | 0.973537 | 0.975093 | <2e-16*** |
|  |  | b | 1.077352 | 0.018803 | 57.3 |  |  |  |  | <2e-16*** |
|  |  | c | 0.746214 | 0.006567 | 113.64 |  |  |  |  | <2e-16*** |
|  | 根系 | a | 0.022197 | 0.001212 | 18.31 | 1.086876 | 0.877962 | 0.990892 | 0.991428 | <2e-16*** |
|  |  | b | 2.151497 | 0.019701 | 109.21 |  |  |  |  | <2e-16*** |
|  |  | c | 0.736424 | 0.006057 | 121.57 |  |  |  |  | <2e-16*** |

（续）

| | | | Estimate | Std. Error | t value | E | RMSE | MEF | R² | Pr(>|t|) |
|---|---|---|---|---|---|---|---|---|---|---|
| | 地上部分 | a | 0.144441 | 0.007855 | 18.39 | 5.953031 | 4.793135 | 0.990469 | 0.99103 | <2e-16*** |
| | | b | 2.090046 | 0.019637 | 106.43 | | | | | <2e-16*** |
| | | c | 0.736987 | 0.006078 | 121.25 | | | | | <2e-16*** |
| | 全株 | a | 0.166316 | 0.00905 | 18.38 | 7.039328 | 5.670994 | 0.990537 | 0.991094 | <2e-16*** |
| | | b | 2.09956 | 0.019647 | 106.86 | | | | | <2e-16*** |
| | | c | 0.736902 | 0.006075 | 121.3 | | | | | <2e-16*** |
| 间伐强度2 | 干材 | a | 0.058445 | 0.004235 | 13.8 | 3.177151 | 3.100886 | 0.990179 | 0.990757 | <2e-16*** |
| | | b | 2.290518 | 0.025759 | 88.92 | | | | | <2e-16*** |
| | | c | 0.740075 | 0.008994 | 82.28 | | | | | <2e-16*** |
| | 树皮 | a | 0.006893 | 0.000505 | 13.66 | 0.483109 | 0.475083 | 0.990615 | 0.991167 | <2e-16*** |
| | | b | 2.380461 | 0.025941 | 91.77 | | | | | <2e-16*** |
| | | c | 0.739231 | 0.008985 | 82.28 | | | | | <2e-16*** |
| | 树干 | a | 0.065107 | 0.004725 | 13.78 | 3.65981 | 3.575835 | 0.990239 | 0.990813 | <2e-16*** |
| | | b | 2.302414 | 0.025782 | 89.3 | | | | | <2e-16*** |
| | | c | 0.739957 | 0.008993 | 82.28 | | | | | <2e-16*** |
| | 树枝 | a | 0.082873 | 0.005438 | 15.24 | 0.365366 | 0.332471 | 0.981589 | 0.982672 | <2e-16*** |
| | | b | 1.390161 | 0.024143 | 57.58 | | | | | <2e-16*** |
| | | c | 0.748386 | 0.009246 | 80.94 | | | | | <2e-16*** |
| | 树叶 | a | 0.392533 | 0.023964 | 16.38 | 0.356567 | 0.317644 | 0.964191 | 0.966298 | <2e-16*** |
| | | b | 0.819635 | 0.023031 | 35.59 | | | | | <2e-16*** |
| | | c | 0.752824 | 0.009544 | 78.88 | | | | | <2e-16*** |
| | 树冠 | a | 0.358982 | 0.022525 | 15.94 | 0.711612 | 0.641494 | 0.975778 | 0.977202 | <2e-16*** |
| | | b | 1.107336 | 0.023363 | 47.4 | | | | | <2e-16*** |
| | | c | 0.750364 | 0.009277 | 80.88 | | | | | <2e-16*** |
| | 根系 | a | 0.020373 | 0.001452 | 14.03 | 0.775574 | 0.768422 | 0.989557 | 0.990171 | <2e-16*** |
| | | b | 2.174795 | 0.025435 | 85.5 | | | | | <2e-16*** |
| | | c | 0.739901 | 0.008978 | 82.42 | | | | | <2e-16*** |
| | 地上部分 | a | 0.132659 | 0.009381 | 14.14 | 4.241785 | 4.182689 | 0.989198 | 0.989834 | <2e-16*** |
| | | b | 2.113125 | 0.025299 | 83.53 | | | | | <2e-16*** |
| | | c | 0.740493 | 0.008981 | 82.45 | | | | | <2e-16*** |
| | 全株 | a | 0.152739 | 0.010814 | 14.12 | 5.017072 | 4.95108 | 0.989255 | 0.989887 | <2e-16*** |
| | | b | 2.122665 | 0.02532 | 83.83 | | | | | <2e-16*** |
| | | c | 0.740398 | 0.008981 | 82.44 | | | | | <2e-16*** |
| 间伐强度3 | 干材 | a | 0.066423 | 0.00431 | 15.41 | 3.798603 | 3.271416 | 0.990399 | 0.990964 | <2e-16*** |
| | | b | 2.241705 | 0.023528 | 95.28 | | | | | <2e-16*** |
| | | c | 0.75032 | 0.007843 | 95.67 | | | | | <2e-16*** |
| | 树皮 | a | 0.007854 | 0.000513 | 15.32 | 0.576844 | 0.499632 | 0.990853 | 0.991391 | <2e-16*** |
| | | b | 2.330726 | 0.02363 | 98.64 | | | | | <2e-16*** |
| | | c | 0.749551 | 0.007831 | 95.72 | | | | | <2e-16*** |

（续）

| | | | Estimate | Std. Error | t value | E | RMSE | MEF | $R^2$ | $Pr(>|t|)$ |
|---|---|---|---|---|---|---|---|---|---|---|
| | 树干 | a | 0.07402 | 0.004806 | 15.4 | 4.374896 | 3.770791 | 0.990462 | 0.991023 | <2e-16*** |
| | | b | 2.253478 | 0.023541 | 95.73 | | | | | <2e-16*** |
| | | c | 0.75022 | 0.007841 | 95.68 | | | | | <2e-16*** |
| | 树枝 | a | 0.092195 | 0.005574 | 16.54 | 0.441646 | 0.360369 | 0.981885 | 0.982951 | <2e-16*** |
| | | b | 1.349062 | 0.022375 | 60.29 | | | | | <2e-16*** |
| | | c | 0.758064 | 0.008068 | 93.96 | | | | | <2e-16*** |
| | 树叶 | a | 0.429717 | 0.024238 | 17.73 | 0.436258 | 0.350829 | 0.965266 | 0.967309 | <2e-16*** |
| | | b | 0.784048 | 0.021246 | 36.9 | | | | | <2e-16*** |
| | | c | 0.762824 | 0.008344 | 91.42 | | | | | <2e-16*** |
| | 树冠 | a | 0.398175 | 0.023033 | 17.29 | 0.864071 | 0.699507 | 0.976367 | 0.977757 | <2e-16*** |
| | | b | 1.066857 | 0.021584 | 49.43 | | | | | <2e-16*** |
| | | c | 0.760763 | 0.008078 | 94.18 | | | | | <2e-16*** |
| | 根系 | a | 0.023092 | 0.001472 | 15.69 | 0.928273 | 0.808763 | 0.989873 | 0.990469 | <2e-16*** |
| | | b | 2.126045 | 0.023171 | 91.75 | | | | | <2e-16*** |
| | | c | 0.751638 | 0.007786 | 96.53 | | | | | <2e-16*** |
| | 地上部分 | a | 0.150173 | 0.009529 | 15.76 | 5.08244 | 4.412155 | 0.989504 | 0.990122 | <2e-16*** |
| | | b | 2.064831 | 0.023089 | 89.43 | | | | | <2e-16*** |
| | | c | 0.752168 | 0.007793 | 96.52 | | | | | <2e-16*** |
| | 全株 | a | 0.172936 | 0.010981 | 15.75 | 6.010285 | 5.220824 | 0.989563 | 0.990177 | <2e-16*** |
| | | b | 2.074299 | 0.023102 | 89.79 | | | | | <2e-16*** |
| | | c | 0.752087 | 0.007792 | 96.52 | | | | | <2e-16*** |
| 间伐强度4 | 干材 | a | 0.057313 | 0.003133 | 18.29 | 6.55767 | 4.759943 | 0.992938 | 0.993353 | <2e-16*** |
| | | b | 2.298329 | 0.019939 | 115.27 | | | | | <2e-16*** |
| | | c | 0.746 | 0.005831 | 127.93 | | | | | <2e-16*** |
| | 树皮 | a | 0.006763 | 0.000373 | 18.13 | 0.696039 | 0.521764 | 0.992082 | 0.992547 | <2e-16*** |
| | | b | 2.388031 | 0.020083 | 118.91 | | | | | <2e-16*** |
| | | c | 0.745291 | 0.005805 | 128.39 | | | | | <2e-16*** |
| | 树干 | a | 0.063859 | 0.003495 | 18.27 | 5.292732 | 3.952012 | 0.991725 | 0.992212 | <2e-16*** |
| | | b | 2.310146 | 0.019957 | 115.76 | | | | | <2e-16*** |
| | | c | 0.745909 | 0.005828 | 127.99 | | | | | <2e-16*** |
| | 树枝 | a | 0.081371 | 0.004038 | 20.15 | 0.552716 | 0.39184 | 0.983928 | 0.984873 | <2e-16*** |
| | | b | 1.397901 | 0.018477 | 75.66 | | | | | <2e-16*** |
| | | c | 0.753645 | 0.006169 | 122.17 | | | | | <2e-16*** |
| | 树叶 | a | 0.395291 | 0.018096 | 21.84 | 0.554989 | 0.386388 | 0.969122 | 0.970938 | <2e-16*** |
| | | b | 0.817608 | 0.017341 | 47.15 | | | | | <2e-16*** |
| | | c | 0.759731 | 0.006447 | 117.84 | | | | | <2e-16*** |
| | 树冠 | a | 0.360309 | 0.017091 | 21.08 | 1.09213 | 0.771178 | 0.978662 | 0.979917 | <2e-16*** |
| | | b | 1.106442 | 0.017808 | 62.13 | | | | | <2e-16*** |
| | | c | 0.757142 | 0.006255 | 121.04 | | | | | <2e-16*** |

（续）

| | | Estimate | Std. Error | t value | $E$ | *RMSE* | *MEF* | $R^2$ | $Pr(>\mid t\mid)$ |
|---|---|---|---|---|---|---|---|---|---|
| 根系 | a | 0.020545 | 0.001103 | 18.63 | 1.132515 | 0.856314 | 0.991065 | 0.99159 | <2e-16 *** |
| | b | 2.171631 | 0.019632 | 110.62 | | | | | <2e-16 *** |
| | c | 0.7478 | 0.005841 | 128.04 | | | | | <2e-16 *** |
| 地上部分 | a | 0.133785 | 0.007136 | 18.75 | 6.216573 | 4.686 | 0.990715 | 0.991262 | <2e-16 *** |
| | b | 2.109963 | 0.019531 | 108.03 | | | | | <2e-16 *** |
| | c | 0.748329 | 0.00586 | 127.71 | | | | | <2e-16 *** |
| 全株 | a | 0.154045 | 0.008225 | 18.73 | 7.348648 | 5.542264 | 0.990771 | 0.991314 | <2e-16 *** |
| | b | 2.119478 | 0.019547 | 108.13 | | | | | <2e-16 *** |
| | c | 0.748249 | 0.005857 | 127.76 | | | | | <2e-16 *** |
| 干材 | a | 0.075339 | 0.003412 | 22.08 | 4.107474 | 2.974605 | 0.993449 | 0.993834 | <2e-16 *** |
| | b | 2.175153 | 0.017071 | 127.42 | | | | | <2e-16 *** |
| | c | 0.790429 | 0.006003 | 131.68 | | | | | <2e-16 *** |
| 树皮 | a | 0.008944 | 0.000407 | 21.98 | 0.617593 | 0.449897 | 0.99381 | 0.994174 | <2e-16 *** |
| | b | 2.262313 | 0.017114 | 132.19 | | | | | <2e-16 *** |
| | c | 0.790472 | 0.005979 | 132.2 | | | | | <2e-16 *** |
| 树干 | a | 0.084016 | 0.003807 | 22.07 | 4.724229 | 3.424037 | 0.9935 | 0.993882 | <2e-16 *** |
| | b | 2.186613 | 0.017075 | 128.06 | | | | | <2e-16 *** |
| | c | 0.790436 | 0.005999 | 131.76 | | | | | <2e-16 *** |
| 树枝 | a | 0.097955 | 0.004288 | 22.84 | 0.535749 | 0.368345 | 0.986116 | 0.986933 | <2e-16 *** |
| | b | 1.310245 | 0.016877 | 77.64 | | | | | <2e-16 *** |
| | c | 0.790221 | 0.006441 | 122.69 | | | | | <2e-16 *** |
| 树叶 | a | 0.437247 | 0.018467 | 23.68 | 0.57236 | 0.389223 | 0.971011 | 0.972716 | <2e-16 *** |
| | b | 0.763606 | 0.016589 | 46.03 | | | | | <2e-16 *** |
| | c | 0.790477 | 0.006895 | 114.65 | | | | | <2e-16 *** |
| 树冠 | a | 0.420708 | 0.017675 | 23.8 | 1.077436 | 0.735899 | 0.981434 | 0.982527 | <2e-16 *** |
| | b | 1.031202 | 0.016341 | 63.11 | | | | | <2e-16 *** |
| | c | 0.790983 | 0.006481 | 122.04 | | | | | <2e-16 *** |
| 根系 | a | 0.027108 | 0.001188 | 22.81 | 1.007559 | 0.733518 | 0.993177 | 0.993578 | <2e-16 *** |
| | b | 2.047853 | 0.016572 | 123.58 | | | | | <2e-16 *** |
| | c | 0.790947 | 0.005885 | 134.41 | | | | | <2e-16 *** |
| 地上部分 | a | 0.175761 | 0.007672 | 22.91 | 5.550627 | 4.026679 | 0.992892 | 0.99331 | <2e-16 *** |
| | b | 1.987971 | 0.016525 | 120.3 | | | | | <2e-16 *** |
| | c | 0.790983 | 0.005896 | 134.15 | | | | | <2e-16 *** |
| 全株 | a | 0.20252 | 0.008845 | 22.89 | 6.55767 | 4.759943 | 0.992938 | 0.993353 | <2e-16 *** |
| | b | 1.997196 | 0.016532 | 120.81 | | | | | <2e-16 *** |
| | c | 0.790977 | 0.005894 | 134.19 | | | | | <2e-16 *** |

（左侧竖排标注：间伐强度 5）

表 11.17 的结算结果表明，除树枝、树皮和树叶生物量以外，各分项都满足模型预估效果。因此，选用分级联合控制比例平差法的一元模型算不同间伐强度或不同坡位下杉木林乔木层的生物量，模型表达式如下：

$$W_3 = \frac{a_3(1-S_jD)^{\langle b_3+c_3S_j\rangle}}{a_3(1-S_j)D^{(b3+d_3S_j)} + a_4(1-S_j)D^{\langle b_4+c_4S_j\rangle}} * \frac{a_2(1-S_jD)^{\langle b_2+c_2S_j\rangle}}{a_2(1-S_j)D^{(b_2+d_2S_j)} + a_5(1-S_j)D^{\langle b_5+c_5S_j\rangle}} * a_1(1-S_jD)^{\langle b_1+c_1S_j\rangle}$$

$$W_4 = \frac{a_4(1-S_jD)^{\langle b_4+c_4S_j\rangle}}{a_3(1-S_j)D^{(b3+d_3S_j)} + a_4(1-S_j)D^{\langle b_4+c_4S_j\rangle}} * \frac{a_2(1-S_jD)^{\langle b_2+c_2S_j\rangle}}{a_2(1-S_j)D^{(b_2+d_2S_j)} + a_5(1-S_j)D^{\langle b_5+c_5S_j\rangle}} * a_1(1-S_jD)^{\langle b_1+c_1S_j\rangle}$$

$$W_6 = \frac{a_6(1-S_jD)^{\langle b_6+c_6S_j\rangle}}{a_6(1-S_j)D^{(b_6+d_6S_j)} + a_7(1-S_j)D^{\langle b_7+c_7S_j\rangle}} * \frac{a_5(1-S_jD)^{\langle b_5+c_5S_j\rangle}}{a_2(1-S_j)D^{(b_2+d_2S_j)} + a_5(1-S_j)D^{\langle b_5+c_5S_j\rangle}} * a_1(1-S_jD)^{\langle b_1+c_1S_j\rangle}$$

$$W_7 = \frac{a_7(1-S_jD)^{\langle b_7+c_7S_j\rangle}}{a_6(1-S_j)D^{(b_6+d_6S_j)} + a_7(1-S_j)D^{\langle b_7+c_7S_j\rangle}} * \frac{a_5(1-S_jD)^{\langle b_5+c_5S_j\rangle}}{a_2(1-S_j)D^{(b_2+d_2S_j)} + a_5(1-S_j)D^{\langle b_5+c_5S_j\rangle}} * a_1(1-S_jD)^{\langle b_1+c_1S_j\rangle}$$

$$W_5 = W_3 + W_4$$

$$W_2 = W_6 + W_7$$

$$W_8 = W_2 + W_5$$

$$W_1 = W_8 + W_9$$

**表 11.18　杉木林乔木层生物量预测模型精度检验**

| | | 去皮干 | 树皮 | 树干 | 树枝 | 树叶 | 树冠 | 根系 | 地上部分 | 整株 |
|---|---|---|---|---|---|---|---|---|---|---|
| 上坡位 | MAE | −0.17696 | −0.1771 | −0.17698 | −0.17686 | −0.17584 | −0.17635 | 0.004105 | −0.17687 | −0.14905 |
| | P | 99.53% | 96.85% | 99.59% | 96.16% | 96.25% | 98.10% | 99.96% | 99.66% | 99.76% |
| 中坡位 | MAE | −0.17846 | −0.17834 | −0.17845 | −0.17953 | −0.17933 | −0.17943 | 0.003629 | −0.17861 | −0.15044 |
| | P | 99.59% | 97.32% | 99.65% | 96.35% | 96.25% | 98.15% | 99.97% | 99.70% | 99.79% |
| 下坡位 | MAE | −0.16944 | −0.16943 | −0.16944 | 0.123533 | −0.47382 | −0.16903 | 0.011371 | −0.16937 | −0.14144 |
| | P | 99.65% | 97.72% | 99.70% | 97.76% | 91.04% | 98.43% | 99.91% | 99.75% | 99.82% |

从表 11.18 可以看出，基于相同坡位不同间伐强度杉木的预测模型，在不同器官和组分上精度都较高。但是树皮、树叶和树冠的精度偏低，但也符合要求。在实际应用中，综合预测效果、数据获取成本等各项因素，使用一元模型，仅通过胸径($D$)同生物量的关系即可满足调查要求。

**表 11.19　相同间伐强度不同坡位杉木林乔木层生物量预测模型精度检验**

| 间伐强度 | | 去皮干 | 树皮 | 树干 | 树枝 | 树叶 | 树冠 | 根系 | 地上部分 | 整株 |
|---|---|---|---|---|---|---|---|---|---|---|
| 25% | MAE | −0.18641 | −0.18638 | −0.1864 | −0.18631 | −0.18599 | −0.18616 | 0.012012 | −0.18636 | −0.15564 |
| | P | 99.66% | 97.77% | 99.71% | 96.86% | 96.64% | 98.38% | 100.09% | 99.75% | 99.82% |
| 50% | MAE | −0.18366 | −0.18353 | −0.18364 | −0.18445 | −0.18402 | −0.18424 | −0.00055 | −0.18374 | −0.1554 |
| | P | 99.62% | 97.51% | 99.67% | 96.57% | 96.43% | 98.25% | 100.00% | 99.72% | 99.80% |
| 0% | MAE | −0.18468 | −0.18479 | −0.1847 | −0.18334 | −0.18186 | −0.18262 | −0.00128 | −0.18436 | −0.15606 |
| | P | 99.62% | 97.50% | 99.67% | 96.62% | 96.50% | 98.28% | 99.99% | 99.72% | 99.80% |
| 33% | MAE | −0.18636 | −0.18648 | −0.18637 | −0.18599 | −0.18498 | −0.18548 | −0.00348 | −0.18622 | −0.15808 |
| | P | 99.52% | 96.81% | 99.58% | 95.98% | 96.02% | 98.00% | 99.96% | 99.65% | 99.75% |
| 20% | MAE | −0.18953 | −0.18979 | −0.18956 | −0.18634 | −0.18317 | −0.18475 | −0.00578 | −0.18873 | −0.16056 |
| | P | 99.51% | 96.76% | 99.57% | 95.99% | 96.08% | 98.02% | 99.94% | 99.65% | 99.75% |

从表 11.19 可以看出，基于同间伐强度不同坡位杉木的预测模型，在不同器官和组分上精度都较高。但是树皮、树叶和树枝的精度偏低，但也符合要求。在实际应用中，综合预测效果、数据获取成本等各项因素，使用一元模型，仅通过胸径($D$)同生物量的关系可

满足实际需要。

　　本章通过对同间伐强度不同坡位和同坡位不同间伐强度的杉木林乔木层生物量建立若干个生物量相容性模型，将不同坡位、间伐强度作为解释变量。已知坡位，可以求得任何间伐强度下杉木林单木生物量。已知间伐强度，可以求得 5 类坡位下杉木林单木生物量，有较强的可操作性。

## 11.2.5　相同坡位不同间伐强度下乔木层碳储量比较

表 11.20　Bartlett 方差齐性检验 p-value

|  | 干材 | 树皮 | 树干 | 树枝 | 树叶 | 树冠 | 根系 | 地上部分 | 全株 |
|---|---|---|---|---|---|---|---|---|---|
| 间伐 p-value | 0.3809 | 0.3781 | 0.3805 | 0.392 | 0.3886 | 0.3899 | 0.3808 | 0.3806 | 0.3806 |

　　由表 11.20 说明，杉木林乔木层各个器官、组分的碳储量均通过了 Bartlett 方差齐性检验（p-value > 0.05），可以使用方差分析。

表 11.21　不同间伐强度下杉木乔木层碳储量的方差分析

|  |  | Df | Sum Sq | Mean Sq | F value | Pr( > F) |
|---|---|---|---|---|---|---|
| 干材 | g | 4 | 2544866 | 636217 | 3.324 | 0.0193 * |
|  | Residuals | 40 | 7656012 | 191400 |  |  |
| 树皮 | g | 4 | 60973 | 15243 | 3.22 | 0.0221 * |
|  | Residuals | 40 | 189329 | 4733 |  |  |
| 树干 | g | 4 | 3393558 | 848389 | 3.31 | 0.0196 * |
|  | Residuals | 40 | 10253066 | 256327 |  |  |
| 树枝 | g | 4 | 41564 | 10391 | 4.718 | 0.00326 ** |
|  | Residuals | 40 | 88103 | 2203 |  |  |
| 树叶 | g | 4 | 39526 | 9882 | 6.086 | 0.000637 *** |
|  | Residuals | 40 | 64948 | 1624 |  |  |
| 树冠 | g | 4 | 161733 | 40433 | 5.328 | 0.00155 ** |
|  | Residuals | 40 | 303565 | 7589 |  |  |
| 根系 | g | 4 | 165314 | 41328 | 3.479 | 0.0157 * |
|  | Residuals | 40 | 475120 | 11878 |  |  |
| 地上部分 | g | 4 | 5056366 | 1264091 | 3.339 | 0.0189 * |
|  | Residuals | 40 | 15141775 | 378544 |  |  |
| 全株 | g | 4 | 7049802 | 1762450 | 3.36 | 0.0184 * |
|  | Residuals | 40 | 20980724 | 524518 |  |  |

　　由表 11.21 说明，相同坡位下，5 种间伐强度对杉木林乔木层各组分、器官碳储量的影响均为显著。

### 表 11.22　不同间伐强度下杉木林乔木层碳储量估算结果

| | 坡位 | 干材 | 树皮 | 树干 | 树枝 | 树叶 | 树冠 | 根系 | 地上部分 | 全株 |
|---|---|---|---|---|---|---|---|---|---|---|
| | 上坡位 | 1249.26 | 194.26 | 1443.51 | 149.79 | 137.69 | 287.48 | 315.93 | 1759.45 | 2075.38 |
| 间伐强度1 | 中坡位 | 1223.95 | 189.96 | 1413.92 | 149.83 | 139.88 | 289.70 | 310.48 | 1724.39 | 2034.87 |
| | 下坡位 | 2274.99 | 355.46 | 2630.45 | 260.56 | 233.28 | 493.84 | 572.22 | 3202.68 | 3774.90 |
| | 上坡位 | 808.36 | 125.11 | 933.46 | 102.32 | 98.20 | 200.52 | 206.18 | 1139.64 | 1345.82 |
| 间伐强度2 | 中坡位 | 1233.83 | 191.86 | 1425.68 | 148.34 | 137.03 | 285.37 | 312.26 | 1737.94 | 2050.20 |
| | 下坡位 | 985.99 | 153.78 | 1139.78 | 114.61 | 103.27 | 217.87 | 248.35 | 1388.13 | 1636.48 |
| | 上坡位 | 960.89 | 148.52 | 1109.40 | 122.85 | 118.21 | 241.07 | 245.33 | 1354.74 | 1600.07 |
| 间伐强度3 | 中坡位 | 1341.28 | 208.64 | 1549.92 | 160.30 | 147.28 | 307.58 | 339.10 | 1889.03 | 2228.13 |
| | 下坡位 | 1374.50 | 214.00 | 1588.50 | 163.06 | 149.26 | 312.32 | 347.22 | 1935.72 | 2282.94 |
| | 上坡位 | 1310.13 | 202.63 | 1512.77 | 166.18 | 158.82 | 325.00 | 334.04 | 1846.81 | 2180.86 |
| 间伐强度4 | 中坡位 | 1410.16 | 218.11 | 1628.27 | 178.61 | 170.52 | 349.12 | 359.44 | 1987.71 | 2347.15 |
| | 下坡位 | 2141.76 | 333.40 | 2475.17 | 254.51 | 233.50 | 488.01 | 541.21 | 3016.37 | 3557.58 |
| | 上坡位 | 1093.22 | 167.52 | 1260.74 | 151.98 | 154.16 | 306.14 | 282.83 | 1543.57 | 1826.39 |
| 间伐强度5 | 中坡位 | 1500.28 | 232.53 | 1732.81 | 186.69 | 176.94 | 363.63 | 381.62 | 2114.43 | 2496.04 |
| | 下坡位 | 2007.01 | 311.07 | 2318.08 | 249.26 | 235.16 | 484.42 | 510.19 | 2828.27 | 3338.46 |

| 间伐强度 | 干材 | 树皮 | 树干 | 树枝 | 树叶 | 树冠 | 根系 | 地上部分 | 全株 |
|---|---|---|---|---|---|---|---|---|---|
| 1 | 4748.20 | 739.68 | 5487.89 | 560.17 | 510.85 | 1071.02 | 1198.63 | 6686.52 | 7885.15 |
| 2 | 3028.18 | 470.74 | 3498.92 | 365.27 | 338.49 | 703.76 | 766.79 | 4265.71 | 5032.50 |
| 3 | 3676.67 | 571.16 | 4247.83 | 446.21 | 414.76 | 860.97 | 931.65 | 5179.48 | 6111.13 |
| 4 | 4862.06 | 754.15 | 5616.21 | 599.29 | 562.84 | 1162.13 | 1234.69 | 6850.90 | 8085.59 |
| 5 | 4600.51 | 711.12 | 5311.63 | 587.93 | 566.26 | 1154.19 | 1174.63 | 6486.26 | 7660.90 |

由表 11.22 可以看出其中间伐强度 4(8085.59) > 间伐强度 1(7885.15) > 间伐强度 5(7660.90) > 间伐强度 3(6111.13) > 间伐强度 2(5032.50)。和 5.1.2 节生物量的研究结果相同，得出一致结论：在间伐 3a 杉木林，中、弱度间伐利于乔木层碳储量的增加，强度间伐却不利于乔木层生物量的增加。

### 表 11.23　不同间伐强度下杉木林乔木层各器官碳储量所占比例

| 间伐强度 | 干材 | 树皮 | 树干 | 树枝 | 树叶 | 树冠 | 根系 | 地上部分 |
|---|---|---|---|---|---|---|---|---|
| 1 | 60.22% | 9.38% | 69.60% | 7.10% | 6.48% | 13.58% | 15.20% | 84.80% |
| 2 | 60.17% | 9.35% | 69.53% | 7.26% | 6.73% | 13.98% | 15.24% | 84.76% |
| 3 | 60.16% | 9.35% | 69.51% | 7.30% | 6.79% | 14.09% | 15.25% | 84.75% |
| 4 | 60.13% | 9.33% | 69.46% | 7.41% | 6.96% | 14.37% | 15.27% | 84.73% |
| 5 | 60.05% | 9.28% | 69.33% | 7.67% | 7.39% | 15.07% | 15.33% | 84.67% |

表 11.23 说明，间伐对杉木林乔木层各器官、组分碳储量的改变范围在 ±1% 左右，影响可以忽略不计。

## 11.2.6　相同间伐强度不同坡位下乔木层碳储量比较

**表 11.24　Bartlett 方差齐性检验 p-value**

| | 干材 | 树皮 | 树干 | 树枝 | 树叶 | 树冠 | 根系 | 地上部分 | 全株 |
|---|---|---|---|---|---|---|---|---|---|
| 坡位 p-value | 0.009981 | 0.009942 | 0.009976 | 0.01025 | 0.0113 | 0.01053 | 0.009811 | 0.009943 | 0.009921 |

由表 11.24 可以看出，相同间伐强度不同坡位下，杉木林乔木层各器官和组分的碳储量均没有通过 Bartlett 方差齐性检验（p-value < 0.05），因此，采用非参数分析。结果见表 11.25：

**表 11.25　不同坡位杉木林乔木层碳储量的非参数分析**

| | Chi-squared | Df | p-value |
|---|---|---|---|
| 干材 | 12.133 | 2 | 0.00232 |
| 树皮 | 12.133 | 2 | 0.00232 |
| 树干 | 12.133 | 2 | 0.00232 |
| 树枝 | 12.133 | 2 | 0.00232 |
| 树叶 | 12.133 | 2 | 0.00232 |
| 树冠 | 13.333 | 2 | 0.00127 |
| 根系 | 12.133 | 2 | 0.00232 |
| 地上部分 | 12.133 | 2 | 0.00232 |
| 全株 | 12.133 | 2 | 0.00232 |

由表 11.25 说明，坡位对各器官、组分合全株的碳储量的影响均为显著。

**表 11.26　不同坡位下杉木林乔木层碳储量估算结果**

| 坡位 | 间伐强度 | 干材 | 树皮 | 树干 | 树枝 | 树叶 | 树冠 | 根系 | 地上部分 | 全株 |
|---|---|---|---|---|---|---|---|---|---|---|
| 上坡位 | 间伐强度 1 | 1249.26 | 194.26 | 1443.51 | 149.79 | 137.69 | 287.48 | 315.93 | 1759.45 | 2075.38 |
| | 间伐强度 2 | 808.36 | 125.11 | 933.46 | 102.32 | 98.20 | 200.52 | 206.18 | 1139.64 | 1345.82 |
| | 间伐强度 3 | 960.89 | 148.52 | 1109.40 | 122.85 | 118.21 | 241.07 | 245.33 | 1354.74 | 1600.07 |
| | 间伐强度 4 | 1310.13 | 202.63 | 1512.77 | 166.18 | 158.82 | 325.00 | 334.04 | 1846.81 | 2180.86 |
| | 间伐强度 5 | 1093.22 | 167.52 | 1260.74 | 151.98 | 154.16 | 306.14 | 282.83 | 1543.57 | 1826.39 |
| 中坡位 | 间伐强度 1 | 1223.95 | 189.96 | 1413.92 | 149.83 | 139.88 | 289.70 | 310.48 | 1724.39 | 2034.87 |
| | 间伐强度 2 | 1233.83 | 191.86 | 1425.68 | 148.34 | 137.03 | 285.37 | 312.26 | 1737.94 | 2050.20 |
| | 间伐强度 3 | 1341.28 | 208.64 | 1549.92 | 160.30 | 147.28 | 307.58 | 339.10 | 1889.03 | 2228.13 |
| | 间伐强度 4 | 1410.16 | 218.11 | 1628.27 | 178.61 | 170.52 | 349.12 | 359.44 | 1987.71 | 2347.15 |
| | 间伐强度 5 | 1500.28 | 232.53 | 1732.81 | 186.69 | 176.94 | 363.63 | 381.62 | 2114.43 | 2496.04 |
| 下坡位 | 间伐强度 1 | 2274.99 | 355.46 | 2630.45 | 260.56 | 233.28 | 493.84 | 572.22 | 3202.68 | 3774.90 |
| | 间伐强度 2 | 985.99 | 153.78 | 1139.78 | 114.61 | 103.27 | 217.87 | 248.35 | 1388.13 | 1636.48 |
| | 间伐强度 3 | 1374.50 | 214.00 | 1588.50 | 163.06 | 149.26 | 312.32 | 347.22 | 1935.72 | 2282.94 |
| | 间伐强度 4 | 2141.76 | 333.40 | 2475.17 | 254.51 | 233.50 | 488.01 | 541.21 | 3016.37 | 3557.58 |
| | 间伐强度 5 | 2007.01 | 311.07 | 2318.08 | 249.26 | 235.16 | 484.42 | 510.19 | 2828.27 | 3338.46 |

（续）

| 坡位 | 干材 | 树皮 | 树干 | 树枝 | 树叶 | 树冠 | 根系 | 地上部分 | 全株 |
|------|------|------|------|------|------|------|------|----------|------|
| 下坡位 | 9008.23 | 1338.10 | 10346.34 | 976.67 | 995.89 | 1972.56 | 2255.13 | 12318.90 | 14574.03 |
| 中坡位 | 6880.50 | 1018.57 | 7899.06 | 772.13 | 805.13 | 1577.26 | 1730.47 | 9476.32 | 11206.79 |
| 上坡位 | 5559.97 | 819.90 | 6379.86 | 649.66 | 696.04 | 1345.71 | 1406.73 | 7725.57 | 9132.30 |

从表11.26可以获得不同坡位下乔木层碳储量数据，其中下坡位（14574.03）＞中坡位（11206.79）＞上坡位（9132.30）。下坡位水热条件、腐殖质含量明显好于上坡位，计算结果同坡位对生物量的影响相同。

**表11.27　不同坡位下杉木林乔木层各器官生物量所占比例**

| 坡位 | 干材 | 树皮 | 树干 | 树枝 | 树叶 | 树冠 | 根系 | 地上部分 |
|------|------|------|------|------|------|------|------|----------|
| 下坡位 | 61.73% | 9.40% | 71.14% | 6.85% | 6.55% | 13.40% | 15.47% | 84.53% |
| 中坡位 | 61.33% | 9.31% | 70.64% | 7.04% | 6.88% | 13.93% | 15.44% | 84.56% |
| 上坡位 | 60.83% | 9.20% | 70.02% | 7.27% | 7.30% | 14.58% | 15.40% | 84.60% |

表11.27列出了不同坡位下乔木层不同器官占整株碳储量的百分比，统计结果说明，坡位对各器官、组分碳储量改变范围在±1%左右，影响可以忽略不计。

## 11.3　杉木人工林灌木层生物量和碳储量

### 11.3.1　样地灌木层生物量和碳储量

**表11.28　不同间伐强度和坡位的杉木灌木层生物量估算结果**

| | 枝 | 叶 | 根 | 全株 |
|------|------|------|------|------|
| | 332.52 | 250.44 | 331.32 | 914.28 |
| 上一 | 332.52 | 272.16 | 485.52 | 1344 |
| | 332.52 | 217.08 | 283.92 | 776.88 |
| | 787.32 | 587.36 | 2267.66 | 3642.34 |
| 上二 | 256.8 | 234.36 | 2054.09 | 2545.25 |
| | 784.56 | 459.6 | 827.88 | 2072.04 |
| | 14.88 | 9.24 | 3.24 | 27.36 |
| 上三 | 10.92 | 28.44 | 128.88 | 168.24 |
| | 3.84 | 5.16 | 6.6 | 15.6 |
| | 761.3 | 599.21 | 613.32 | 1973.83 |
| 上四 | 251.04 | 229.44 | 258.6 | 739.08 |
| | 1829.33 | 999 | 1221.25 | 4049.58 |
| | 22.44 | 4.8 | 22.32 | 49.56 |
| 上五 | 111.6 | 55.56 | 295.44 | 462.6 |
| | 122.04 | 15.72 | 101.4 | 239.16 |
| | 169.92 | 90.12 | 312.36 | 572.4 |
| 中一 | 240.6 | 317.73 | 2534.02 | 3092.35 |
| | 98.88 | 16.2 | 172.56 | 287.64 |

（续）

|  | 枝 | 叶 | 根 | 全株 |
|---|---|---|---|---|
|  | 2477.38 | 1336.97 | 384.63 | 4198.99 |
| 中二 | 890.41 | 794.96 | 1004.62 | 2689.98 |
|  | 1798.95 | 1108.13 | 1731.85 | 4638.93 |
|  | 67.8 | 14.64 | 165.72 | 248.16 |
| 中三 | 0 | 0 | 0 | 0 |
|  | 0 | 0 | 0 | 0 |
|  | 766.98 | 541.15 | 323.52 | 1631.65 |
| 中四 | 1039.62 | 635.3 | 1281.19 | 2956.11 |
|  | 1040.47 | 674.68 | 519.84 | 2234.99 |
|  | 29.16 | 57 | 566.16 | 652.32 |
| 中五 | 149.28 | 57.96 | 219.36 | 426.6 |
|  | 151.32 | 71.64 | 175.92 | 398.88 |
|  | 256.8 | 82.56 | 297.84 | 637.2 |
| 下一 | 766.67 | 692.71 | 1873.17 | 3332.55 |
|  | 98.76 | 84.96 | 74.04 | 257.76 |
|  | 3014.82 | 2163.57 | 2995.65 | 8174.04 |
| 下二 | 4614.38 | 4002.27 | 4116.16 | 12732.82 |
|  | 1253.5 | 888.53 | 1500.85 | 3642.89 |
|  | 9.12 | 3.72 | 22.56 | 35.4 |
| 下三 | 0 | 0 | 0 | 0 |
|  | 19.32 | 13.56 | 243.36 | 276.24 |
|  | 1802.53 | 1047.22 | 1719.76 | 4569.51 |
| 下四 | 233.64 | 257.36 | 186.24 | 677.24 |
|  | 161.88 | 174.96 | 606.84 | 943.68 |
|  | 81.84 | 10.56 | 2342.54 | 2434.94 |
| 下五 | 196.32 | 22.44 | 259.08 | 477.84 |
|  | 129.36 | 41.64 | 524.85 | 695.85 |

由表 11.28 说明，灌木层生物量同林分密度呈负相关，间伐通常能促进林下灌草生物量增加。枝、叶、根、全株生物量的最大值均下坡位间伐强度为 50% 的样地，即灌木生物量同间伐强度呈正相关关系。各个器官和组分的百分比顺序：根（42.78%）＞枝（33.82%）＞叶（23.40%）。

## 11.3.2 相同坡位不同间伐强度下灌木层生物量

表 11.29 不同间伐强度下下杉木林灌木层生物量估算结果

|  | 坡位 | 枝 | 叶 | 根 | 全株 |
|---|---|---|---|---|---|
|  | 上坡位 | 332.52 | 246.56 | 366.92 | 1011.72 |
| 间伐强度 1 | 中坡位 | 169.80 | 141.35 | 1006.31 | 1317.46 |
|  | 下坡位 | 374.08 | 286.74 | 748.35 | 1409.17 |

（续）

|  | 坡位 | 枝 | 叶 | 根 | 全株 |
|---|---|---|---|---|---|
| 间伐强度 2 | 上坡位 | 609.56 | 427.11 | 1716.54 | 2753.21 |
|  | 中坡位 | 1722.25 | 1080.02 | 1040.37 | 3842.63 |
|  | 下坡位 | 2960.90 | 2351.46 | 2870.89 | 8183.25 |
| 间伐强度 3 | 上坡位 | 9.88 | 14.28 | 46.24 | 70.40 |
|  | 中坡位 | 22.60 | 4.88 | 55.24 | 82.72 |
|  | 下坡位 | 9.48 | 5.76 | 88.64 | 103.88 |
| 间伐强度 4 | 上坡位 | 947.22 | 609.22 | 697.72 | 2254.16 |
|  | 中坡位 | 949.02 | 617.04 | 708.18 | 2274.25 |
|  | 下坡位 | 732.68 | 493.18 | 837.61 | 2063.48 |
| 间伐强度 5 | 上坡位 | 85.36 | 25.36 | 139.72 | 250.44 |
|  | 中坡位 | 109.92 | 62.20 | 320.48 | 492.60 |
|  | 下坡位 | 135.84 | 24.88 | 1042.17 | 1202.88 |

表 11.29 的数据表明，在各间伐强度作用下，全株灌木生物量排序是：间伐强度 2 > 间伐强度 4 > 间伐强度 1 > 间伐强度 5 > 间伐强度 3。说明，林下植被生物量和多样性随间伐强度呈显著的正相关，而弱度间伐对生物量没有显著影响。

通过非参数分析和方差分析，说明：间伐能够促进杉木林灌木层生物量的增加，且对各个器官、组分的影响均为显著。若间伐强度小于 50%，灌木层生物量与间伐强度呈正相关。

**表 11.30　不同间伐强度下杉木林灌木层各器官生物量所占比例**

| 间伐强度 | 枝 | 叶 | 根 |
|---|---|---|---|
| 间伐强度 1 | 23.44% | 18.05% | 56.75% |
| 间伐强度 2 | 35.81% | 26.11% | 38.08% |
| 间伐强度 3 | 16.33% | 9.70% | 73.98% |
| 间伐强度 4 | 39.88% | 26.08% | 34.03% |
| 间伐强度 5 | 17.02% | 5.78% | 77.21% |

表 11.30 得知，不同间伐强度的灌木层枝的生物量占整个灌木层的比例排序为：间伐强度 4 > 间伐强度 2 > 间伐强度 1 > 间伐强度 5 > 间伐强度 3。说明间伐有利于杉木林灌木层枝的生物量的增长，并且在 33% 枝所占生物量的比重最高。

不同间伐强度下，杉木林灌木层叶的生物量占整个灌木层的比例排序为：间伐强度 2 > 间伐强度 4 > 间伐强度 1 > 间伐强度 3 > 间伐强度 5。在 20% 以上间伐强度，叶在杉木林灌木层的生物量的所占比例和间伐强度呈正相关关系。

不同间伐强度下，杉木林灌木层根的生物量占整个灌木层的比例排序为：间伐强度 5 > 间伐强度 3 > 间伐强度 1 > 间伐强度 2 > 间伐强度 4。说明弱度间伐能增加根与杉木林灌木层总生物量比值。

## 11.3.3 相同间伐强度不同坡位下灌木层生物量

**表 11.31 不同坡位下杉木林灌木层生物量估算结果**

| | | 枝 | 叶 | 根 | 合计 |
|---|---|---|---|---|---|
| 上坡位 | 间伐强度 1 | 332.52 | 246.56 | 366.92 | 1011.72 |
| | 间伐强度 2 | 609.56 | 427.11 | 1716.54 | 2753.21 |
| | 间伐强度 3 | 9.88 | 14.28 | 46.24 | 70.40 |
| | 间伐强度 4 | 947.22 | 609.22 | 697.72 | 2254.16 |
| | 间伐强度 5 | 85.36 | 25.36 | 139.72 | 250.44 |
| 中坡位 | 间伐强度 1 | 169.80 | 141.35 | 1006.31 | 1317.46 |
| | 间伐强度 2 | 1722.25 | 1080.02 | 1040.37 | 3842.63 |
| | 间伐强度 3 | 22.60 | 4.88 | 55.24 | 82.72 |
| | 间伐强度 4 | 949.02 | 617.04 | 708.18 | 2274.25 |
| | 间伐强度 5 | 109.92 | 62.20 | 320.48 | 492.60 |
| 下坡位 | 间伐强度 1 | 374.08 | 286.74 | 748.35 | 1409.17 |
| | 间伐强度 2 | 2960.90 | 2351.46 | 2870.89 | 8183.25 |
| | 间伐强度 3 | 9.48 | 5.76 | 88.64 | 103.88 |
| | 间伐强度 4 | 732.68 | 493.18 | 837.61 | 2063.48 |
| | 间伐强度 5 | 135.84 | 24.88 | 1042.16 | 1202.88 |

由表 11.31 看出，样地内全株灌木生物量由高到低的排序是：下坡位（12962.65）＞中坡位（8009.67）＞上坡位（6339.93）。

不同间伐强度作用下，灌木层生物量由高到低的排序是：间伐强度 2＞间伐强度 4＞间伐强度 1＞间伐强度 5＞间伐强度 3。在不同坡位下，杉木人工林灌木层生物量同间伐强度呈正相关。

**表 11.32 不同坡位下杉木林灌木层各器官生物量所占比例**

| | 枝 | 叶 | 根 |
|---|---|---|---|
| 上坡位 | 31.30% | 20.86% | 46.80% |
| 中坡位 | 37.13% | 23.79% | 39.09% |
| 下坡位 | 32.50% | 24.39% | 43.11% |

由表 11.32 可知，不同坡位作用下，灌木层枝与整层生物量比值由高到低的排序是：中坡位（37.13%）＞下坡位（32.50%）＞上坡位（31.30%）。灌木层叶与整层生物量比值由高到低的排序是：下坡位（24.39%）＞中坡位（23.79%）＞上坡位（20.86%）。灌木层根与整层生物量比值由高到低的排序是：上坡位（46.80%）＞下坡位（43.11%）＞中坡位（39.09%）。这是因为下坡位水热条件好，所以根系发达。而中、上坡位的光照条件好，所以枝和叶的生物量较高。

## 11.3.4 杉木人工林灌木层生物量预测模型

建立相同坡位不同间伐强度和相同间伐强度不同坡位下杉木林灌木层生物量模型（表

11.32）。单位为（g/m²）。

$$W = aX_1 + bX_2 + cX_3 + dX_4$$

其中 $a$、$b$、$c$、$d$ 是线性模型参数，$X_1$ 表示间伐强度或坡位（间伐强度以小数表示，坡位表示同乔木层生物量相对应，上坡位为 0.3，中坡位 0.5，下坡位 0.7），$X_2$ 表示优势高，$X_3$ 表示平均胸径，$X_4$ 表示盖度。

由于灌木层占整个林分生物量的比重很小，为了方便实际工作，在建模过程中不考虑模型的相容性。

**表 11.32 相同坡位不同间伐强度杉木林灌木层生物量预测模型建立**

| | | | Estimate | Std. Error | t value | $Pr(>|t|)$ | E | RMSE | MEF | $R^2$ |
|---|---|---|---|---|---|---|---|---|---|---|
| 下坡位 | 枝 | (Intercept) | -0.53261 | 0.76814 | -0.693 | 0.5 | 7.126468 | 22.37762 | 0.743822 | 0.758891 |
| | | $X_4$ | 0.47231 | 0.07477 | 6.317 | 2.67e-05 *** | | | | |
| | 叶 | (Intercept) | -0.74475 | 0.58345 | -1.276 | 0.224 | 5.627628 | 16.90446 | 0.791779 | 0.804027 |
| | | $X_4$ | 0.40708 | 0.05679 | 7.168 | 7.28e-06 *** | | | | |
| | 根 | (Intercept) | 0.4623 | 0.8027 | 0.576 | 0.5753 | 6.263817 | 18.75696 | 0.8039 | 0.815435 |
| | | $X_3$ | 1.6581 | 0.565 | 2.935 | 0.0125 * | | | | |
| | | $X_4$ | 0.433 | 0.0655 | 6.61 | 2.5e-05 *** | | | | |
| | 地上部分 | (Intercept) | -1.2774 | 1.3443 | -0.95 | 0.359 | 12.7541 | 39.10927 | 0.767627 | 0.781296 |
| | | $X_4$ | 0.8794 | 0.1308 | 6.721 | 1.42e-05 *** | | | | |
| | 全株 | (Intercept) | 0.4705 | 1.6951 | 0.278 | 0.786 | 13.94683 | 47.38769 | 0.835293 | 0.844981 |
| | | $X_4$ | 1.3072 | 0.165 | 7.923 | 2.49e-06 *** | | | | |
| 中坡位 | 枝 | (Intercept) | -0.4884 | 0.5599 | -0.872 | 0.4002 | 0.144322 | 0.442799 | 0.831773 | 0.841668 |
| | | $X_2$ | 0.02212 | 0.01226 | 1.804 | 0.0963 . | | | | |
| | | $X_4$ | 0.26997 | 0.09621 | 2.806 | 0.0159 * | | | | |
| | 叶 | (Intercept) | -0.428846 | 0.355347 | -1.207 | 0.2528 | 0.072303 | 0.228209 | 0.866678 | 0.87452 |
| | | $X_1$ | 2.339182 | 1.396388 | 1.675 | 0.1221 | | | | |
| | | $X_2$ | 0.009667 | 0.006258 | 1.545 | 0.1507 | | | | |
| | | $X_4$ | 0.135074 | 0.060049 | 2.249 | 0.0459 * | | | | |
| | 根 | (Intercept) | -0.5781 | 0.7148 | -0.809 | 0.4344 | 0.15627 | 0.498236 | 0.544511 | 0.571304 |
| | | $X_1$ | 3.8662 | 2.3824 | 1.623 | 0.1306 | | | | |
| | | $X_3$ | 2.3553 | 1.0606 | 2.221 | 0.0464 * | | | | |
| | 地上部分 | (Intercept) | -1.36647 | 1.03475 | -1.321 | 0.2135 | 0.213324 | 0.657346 | 0.849895 | 0.858725 |
| | | $X_1$ | 5.2452 | 4.06621 | 1.29 | 0.2235 | | | | |
| | | $X_2$ | 0.03382 | 0.01822 | 1.856 | 0.0905 . | | | | |
| | | $X_4$ | 0.33137 | 0.17486 | 1.895 | 0.0847 | | | | |
| | 全株 | (Intercept) | 0.7534 | 1.0386 | 0.725 | 0.481 | 0.331762 | 1.006043 | 0.805575 | 0.817012 |
| | | $X_4$ | 0.8663 | 0.1309 | 6.62 | 1.66e-05 *** | | | | |
| 上坡位 | 枝 | (Intercept) | -0.750874 | 0.55131 | -1.362 | 0.19822 | 0.119069 | 0.378795 | 0.636002 | 0.657414 |
| | | $X_2$ | 0.040879 | 0.009559 | 4.276 | 0.00108 ** | | | | |
| | | $X_3$ | -0.993588 | 0.35322 | -2.813 | 0.01566 * | | | | |

（续）

|  |  | Estimate | Std. Error | t value | $Pr(>|t|)$ | $E$ | $RMSE$ | $MEF$ | $R^2$ |
|---|---|---|---|---|---|---|---|---|---|
| 叶 | (Intercept) | -0.722349 | 0.413865 | -1.745 | 0.11151 | 0.074145 | 0.241251 | 0.626977 | 0.648919 |
|  | $X_1$ | 2.42976 | 1.751699 | 1.387 | 0.19555 |  |  |  |  |
|  | $X_2$ | 0.025464 | 0.007041 | 3.617 | 0.00472** |  |  |  |  |
|  | $X_3$ | -0.711883 | 0.243194 | -2.927 | 0.01511* |  |  |  |  |
|  | $X_4$ | -0.026812 | 0.016575 | -1.618 | 0.13682 |  |  |  |  |
| 根 | (Intercept) | -0.2185 | 0.87993 | -0.248 | 0.8081 | 0.162309 | 0.61333 | 0.395376 | 0.430942 |
|  | $X_2$ | 0.03966 | 0.01526 | 2.599 | 0.0233* |  |  |  |  |
|  | $X_3$ | -1.08864 | 0.56377 | -1.931 | 0.0774 |  |  |  |  |
| 地上部分 | (Intercept) | -1.14718 | 0.90197 | -1.272 | 0.22752 | 0.188876 | 0.605728 | 0.64282 | 0.66383 |
|  | $X_2$ | 0.06536 | 0.01564 | 4.179 | 0.00128** |  |  |  |  |
|  | $X_3$ | -1.56946 | 0.57788 | -2.716 | 0.01875* |  |  |  |  |
| 全株 | (Intercept) | -1.36568 | 1.71156 | -0.798 | 0.44042 | 0.34751 | 1.164647 | 0.558498 | 0.584469 |
|  | $X_2$ | 0.10502 | 0.02968 | 3.539 | 0.00408** |  |  |  |  |
|  | $X_3$ | -2.6581 | 1.09658 | -2.424 | 0.03208* |  |  |  |  |

由于是线性多元回归，故拟合的效果较乔木层 $R^2$ 明显减小。下、中坡位模型拟合效果好于上坡位。

**表 11.33　相同间伐强度不同不同坡位杉木林灌木层生物量预测模型建立**

|  |  |  | Estimate | Std. Error | t value | $Pr(>|t|)$ | $E$ | $RMSE$ | $MEF$ | $R^2$ |
|---|---|---|---|---|---|---|---|---|---|---|
| 间伐强度1 | 枝 | (Intercept) | -0.018069 | 0.084154 | -0.215 | 0.838 | 0.006568 | 0.023123 | 0.991231 | 0.991747 |
|  |  | $X_2$ | 0.003478 | 0.002169 | 1.604 | 0.17 |  |  |  |  |
|  |  | $X_3$ | -0.232791 | 0.165248 | -1.409 | 0.218 |  |  |  |  |
|  |  | $X_4$ | 0.310678 | 0.014722 | 21.103 | 4.43e-06*** |  |  |  |  |
|  | 叶 | (Intercept) | -0.06634 | 0.07632 | -0.869 | 0.414 | 0.010502 | 0.049938 | 0.949797 | 0.95275 |
|  |  | $X_4$ | 0.27831 | 0.02627 | 10.593 | 1.46e-05*** |  |  |  |  |
|  | 根 | (Intercept) | -0.87919 | 0.73538 | -1.196 | 0.285472 | 0.037089 | 0.127401 | 0.954393 | 0.957076 |
|  |  | $X_1$ | 3.856 | 1.30949 | 2.945 | 0.032084* |  |  |  |  |
|  |  | $X_3$ | -0.03172 | 0.01146 | -2.768 | 0.039458* |  |  |  |  |
|  |  | $X_4$ | 0.95837 | 0.10121 | 9.469 | 0.000222*** |  |  |  |  |
|  | 地上部分 | (Intercept) | -0.41573 | 0.2977 | -1.396 | 0.212 | 0.013377 | 0.056692 | 0.985194 | 0.986065 |
|  |  | $X_1$ | 0.67118 | 0.50942 | 1.318 | 0.236 |  |  |  |  |
|  |  | $X_4$ | 0.61807 | 0.03484 | 17.74 | 2.06e-06*** |  |  |  |  |
|  | 全株 | (Intercept) | -1.26386 | 0.93636 | -1.35 | 0.235 | 0.044497 | 0.162773 | 0.97587 | 0.97729 |
|  |  | $X_1$ | 4.61392 | 1.66738 | 2.767 | 0.0395* |  |  |  |  |
|  |  | $X_2$ | -0.03389 | 0.01459 | -2.322 | 0.0678 |  |  |  |  |
|  |  | $X_4$ | 1.58715 | 0.12888 | 12.315 | 6.25e-05*** |  |  |  |  |
| 间伐强度2 | 枝 | (Intercept) | -5.032 | 3.573 | -1.408 | 0.2019 | 0.204533 | 0.905952 | 0.626918 | 0.648864 |
|  |  | $X_1$ | 21.356 | 6.794 | 3.143 | 0.0163* |  |  |  |  |
|  | 叶 | (Intercept) | -4.684 | 3.069 | -1.526 | 0.1708 | 0.155676 | 0.705362 | 0.677228 | 0.696214 |
|  |  | $X_1$ | 17.541 | 5.834 | 3.007 | 0.0198* |  |  |  |  |

（续）

| | | Estimate | Std. Error | t value | $Pr(>\|t\|)$ | E | RMSE | MEF | $R^2$ |
|---|---|---|---|---|---|---|---|---|---|
| | （Intercept） | −15.9329 | 5.59646 | −2.847 | 0.0465 * | | | | |
| | $x_1$ | 38.73073 | 9.25339 | 4.186 | 0.0139 * | | | | |
| 根 | $X_2$ | −0.04876 | 0.03205 | −1.521 | 0.2029 | 0.129735 | 0.538622 | 0.846401 | 0.855436 |
| | $X_3$ | 2.17906 | 1.15233 | 1.891 | 0.1316 | | | | |
| | $X_4$ | 0.18631 | 0.08105 | 2.299 | 0.0831 | | | | |
| 地上部分 | （Intercept） | −9.715 | 6.544 | −1.485 | 0.1812 | 0.358867 | 1.596989 | 0.652122 | 0.672586 |
| | $X_1$ | 38.896 | 12.442 | 3.126 | 0.0167 * | | | | |
| 全株 | （Intercept） | −15.395 | 9.046 | −1.702 | 0.1326 | 0.455481 | 2.030327 | 0.741228 | 0.75645 |
| | $X_1$ | 59.763 | 17.197 | 3.475 | 0.0103 * | | | | |
| 枝 | （Intercept） | 0.025696 | 0.090419 | 0.284 | 0.7877 | 0.007688 | 0.032972 | 0.762264 | 0.776248 |
| | $X_1$ | 0.004268 | 0.002118 | 2.015 | 0.1000 . | | | | |
| | $X_2$ | −0.061778 | 0.047625 | −1.297 | 0.2512 | | | | |
| | $X_3$ | 0.219119 | 0.088494 | 2.476 | 0.0561 | | | | |
| 叶 | （Intercept） | 0.0597205 | 0.0567355 | 1.053 | 0.3519 | 0.00172 | 0.006699 | 0.880902 | 0.887907 |
| | $X_1$ | −0.1390263 | 0.1071348 | −1.298 | 0.2642 | | | | |
| | $X_2$ | 0.0010577 | 0.0005943 | 1.78 | 0.1498 | | | | |
| | $X_3$ | −0.0256448 | 0.0105248 | −2.437 | 0.0715 . | | | | |
| | $X_4$ | 0.0866874 | 0.0294397 | 2.945 | 0.0422 * | | | | |
| 间伐强度 3 根 | （Intercept） | −0.29702 | 0.34708 | −0.856 | 0.43121 | 0.033764 | 0.131121 | 0.970278 | 0.972026 |
| | $X_2$ | −0.01074 | 0.00813 | −1.321 | 0.243685 | | | | |
| | $X_3$ | 1.85866 | 0.18281 | 10.167 | 0.000158 *** | | | | |
| | $X_4$ | 0.69891 | 0.33969 | 2.058 | 0.094733 | | | | |
| 地上部分 | （Intercept） | 0.016353 | 0.077934 | 0.21 | 0.8421 | 0.00648 | 0.029153 | 0.871859 | 0.879397 |
| | $X_2$ | 0.005813 | 0.001826 | 3.184 | 0.0244 * | | | | |
| | $X_3$ | −0.089874 | 0.001826 | −2.189 | 0.0802 | | | | |
| | $X_4$ | 0.27689 | 0.076275 | 3.63 | 0.0151 * | | | | |
| 全株 | （Intercept） | −0.4266 | 0.2285 | −1.867 | 0.1111 | 0.030968 | 0.125433 | 0.973933 | 0.975466 |
| | $X_3$ | 1.7598 | 0.1666 | 10.565 | 4.23e−05 *** | | | | |
| | $X_4$ | 0.9091 | 0.2938 | 3.094 | 0.0213 * | | | | |
| 枝 | （Intercept） | −2.20272 | 1.15937 | −1.9 | 0.1062 | 0.0762 | 0.291436 | 0.763727 | 0.777626 |
| | $X_2$ | 0.03668 | 0.01228 | 2.988 | 0.0244 * | | | | |
| | $X_3$ | 2.03212 | 1.40022 | 1.451 | 0.1969 | | | | |
| 间伐强度 4 叶 | （Intercept） | −1.277961 | 0.448753 | −2.848 | 0.02927 * | 0.026463 | 0.113058 | 0.889891 | 0.896368 |
| | $X_2$ | 0.022087 | 0.004752 | 4.648 | 0.00351 ** | | | | |
| | $X_3$ | 1.364891 | 0.541979 | 2.518 | 0.04539 * | | | | |
| 根 | （Intercept） | −7.57071 | 5.06193 | −1.496 | 0.195 | 0.144112 | 0.593225 | 0.502578 | 0.531838 |
| | $X_1$ | 8.58386 | 5.91105 | 1.452 | 0.206 | | | | |
| | $X_2$ | 0.04102 | 0.02653 | 1.546 | 0.183 | | | | |
| | $X_3$ | 4.11587 | 3.20185 | 1.285 | 0.255 | | | | |

（续）

| | | | Estimate | Std. Error | t value | Pr( > \| t \| ) | E | RMSE | MEF | $R^2$ |
|---|---|---|---|---|---|---|---|---|---|---|
| | 地上部分 | (Intercept) | -3.48068 | 1.60057 | -2.175 | 0.0726 . | 0.101974 | 0.402309 | 0.815127 | 0.826002 |
| | | $X_2$ | 0.05877 | 0.01695 | 3.467 | 0.0133 * | | | | |
| | | $X_3$ | 3.39701 | 1.93308 | 1.757 | 0.1294 | | | | |
| | 全株 | (Intercept) | -18.40453 | 7.64116 | -2.409 | 0.0737 | 0.125483 | 0.504549 | 0.882807 | 0.8897 |
| | | $X_1$ | 19.3377 | 10.41314 | 1.857 | 0.1369 | | | | |
| | | $X_2$ | 0.12916 | 0.03506 | 3.683 | 0.0211 * | | | | |
| | | $X_3$ | 10.8452 | 4.07864 | 2.659 | 0.0564 | | | | |
| | | $X_4$ | -0.44047 | 0.38101 | 1.156 | 0.312 | | | | |
| 间伐强度5 | 枝 | (Intercept) | -1.17107 | 1.21924 | -0.96 | 0.3809 | 0.050911 | 0.229001 | 0.858557 | 0.866877 |
| | | $X_1$ | 3.09022 | 1.94699 | 1.587 | 0.1733 | | | | |
| | | $X_2$ | 0.0611 | 0.01298 | 4.709 | 0.0053 ** | | | | |
| | | $X_3$ | -3.77793 | 1.80334 | -2.095 | 0.0903 | | | | |
| | 叶 | (Intercept) | -1.014729 | 0.630507 | -1.609 | 0.1684 | 0.027355 | 0.118972 | 0.882048 | 0.888987 |
| | | $X_1$ | 2.428575 | 1.006853 | 2.412 | 0.0607 | | | | |
| | | $X_2$ | 0.031453 | 0.006711 | 4.687 | 0.0054 ** | | | | |
| | | $X_3$ | -1.455608 | 0.932569 | -1.561 | 0.1793 | | | | |
| | 根 | (Intercept) | -6.316 | 1.785 | -3.538 | 0.01225 * | 0.098951 | 0.3744 | 0.819593 | 0.830205 |
| | | $X_1$ | 13.668 | 2.809 | 4.865 | 0.00281 ** | | | | |
| | | $X_3$ | 4.101 | 1.969 | 2.083 | 0.08241 | | | | |
| | 地上部分 | (Intercept) | -2.1858 | 1.81533 | -1.204 | 0.28245 | 0.077886 | 0.346966 | 0.866767 | 0.874604 |
| | | $X_1$ | 5.5188 | 2.89889 | 1.904 | 0.1153 | | | | |
| | | $X_2$ | 0.09256 | 0.01932 | 4.79 | 0.00493 ** | | | | |
| | | $X_3$ | -5.23354 | 2.68501 | -1.949 | 0.10879 | | | | |
| | 全株 | (Intercept) | -8.87514 | 2.13376 | -4.159 | 0.00595 ** | 0.120158 | 0.502219 | 0.899111 | 0.905046 |
| | | $X_1$ | 19.3039 | 3.86684 | 4.992 | 0.00247 ** | | | | |
| | | $X_2$ | 0.08722 | 0.01922 | 4.538 | 0.00394 ** | | | | |

由表11.33表明，相同间伐强度不同坡位预测模型的$R^2$较高，但50%间伐强度的$R^2$偏低。间伐强度1样地的$R^2$都较高。坡位、盖度主要影响灌木生物量。间伐强度2样地的$R^2$都普遍偏低，逐步回归的结果显示，灌木层生物量主要和坡位有关。间伐强度3样地的，器官和组分普遍和建模的各个因素有关。间伐强度4样地的根和枝的$R^2$偏低，各组分和器官的生物量普遍和优势高、平均胸径有关。间伐强度5样地的组分和器官的生物量通常与坡位、优势高、平均胸径有关。

## 11.3.5　相同坡位不同间伐强度下灌木层碳储量比较

表 11.34　不同间伐强度下下杉木林灌木层碳储量估算结果

|  |  | 枝 | 叶 | 根 | 合计 |
|---|---|---|---|---|---|
| 间伐强度 1 | 上坡位 | 171.09 | 102.61 | 156.49 | 430.19 |
|  | 中坡位 | 73.75 | 58.14 | 425.25 | 557.14 |
|  | 下坡位 | 153.77 | 109.65 | 259.88 | 523.30 |
| 间伐强度 2 | 上坡位 | 260.70 | 176.08 | 749.02 | 1185.80 |
|  | 中坡位 | 716.98 | 455.82 | 442.44 | 1615.24 |
|  | 下坡位 | 1282.78 | 985.85 | 1237.66 | 3506.29 |
| 间伐强度 3 | 上坡位 | 4.11 | 5.01 | 19.79 | 28.90 |
|  | 中坡位 | 9.71 | 1.83 | 24.06 | 35.60 |
|  | 下坡位 | 3.84 | 2.20 | 36.05 | 42.09 |
| 间伐强度 4 | 上坡位 | 411.19 | 233.84 | 295.31 | 940.35 |
|  | 中坡位 | 397.62 | 244.65 | 282.80 | 925.07 |
|  | 下坡位 | 326.27 | 209.26 | 336.25 | 871.79 |
| 间伐强度 5 | 上坡位 | 36.13 | 10.31 | 59.14 | 105.59 |
|  | 中坡位 | 47.30 | 26.10 | 133.56 | 206.96 |
|  | 下坡位 | 58.05 | 9.70 | 434.34 | 502.08 |

由表 11.34 可以看出，全株碳储量：间伐强度 2（6307.32）>间伐强度 4（2737.21）>间伐强度 1（1510.64）>间伐强度 5（814.63）>间伐强度 3（106.59）。杉木林灌木碳储量与间伐强度存在正相关关系。

表 11.35　不同间伐强度下杉木林灌木层各器官碳储量所占比例

| 间伐强度 | 枝 | 叶 | 根 |
|---|---|---|---|
| 间伐强度 1 | 26.39% | 17.90% | 55.71% |
| 间伐强度 2 | 35.84% | 25.65% | 38.51% |
| 间伐强度 3 | 16.57% | 8.47% | 74.96% |
| 间伐强度 4 | 41.47% | 25.13% | 33.40% |
| 间伐强度 5 | 17.37% | 5.66% | 76.97% |

根据表 11.35，杉木林灌木层枝的碳储量占整个灌木层的比例排序为：间伐强度 4 >间伐强度 2 >间伐强度 1 >间伐强度 5 >间伐强度 3。说明间伐有利于杉木林灌木层枝的碳储量的增长，并且在 33% 枝所占碳储量的比重最高。

不同间伐强度下，杉木林灌木层叶的碳储量占整个灌木层的比例排序为：间伐强度 2 >间伐强度 4 >间伐强度 1 >间伐强度 3 >间伐强度 5。在 20% 以上间伐强度，灌木层叶的碳储量和灌木层的碳储量的比值和间伐强度呈正相关关系。

不同间伐强度下，杉木林灌木层根的碳储量占整个灌木层的比例排序为：间伐强度 5 >间伐强度 3 >间伐强度 1 >间伐强度 2 >间伐强度 4。说明弱度间伐有利于提高根在杉木林灌木层碳储量的比例。

## 11.3.6 相同间伐强度不同坡位下灌木层碳储量比较

**表 11.36 不同坡位下杉木林灌木层碳储量估算结果**

| | 间伐强度 | 枝 | 叶 | 根 | 全株 |
|---|---|---|---|---|---|
| | 间伐强度 1 | 171.09 | 102.61 | 156.49 | 430.19 |
| | 间伐强度 2 | 260.70 | 176.08 | 749.02 | 1185.80 |
| 上坡位 | 间伐强度 3 | 4.11 | 5.01 | 19.79 | 28.90 |
| | 间伐强度 4 | 411.19 | 233.84 | 295.31 | 940.35 |
| | 间伐强度 5 | 36.13 | 10.31 | 59.14 | 105.59 |
| | 间伐强度 1 | 73.75 | 58.14 | 425.25 | 557.14 |
| | 间伐强度 2 | 716.98 | 455.82 | 442.44 | 1615.24 |
| 中坡位 | 间伐强度 3 | 9.71 | 1.83 | 24.06 | 35.60 |
| | 间伐强度 4 | 397.62 | 244.65 | 282.80 | 925.07 |
| | 间伐强度 5 | 47.30 | 26.10 | 133.56 | 206.96 |
| | 间伐强度 1 | 153.77 | 109.65 | 259.88 | 523.30 |
| | 间伐强度 2 | 1282.78 | 985.85 | 1237.66 | 3506.29 |
| 下坡位 | 间伐强度 3 | 3.84 | 2.20 | 36.05 | 42.09 |
| | 间伐强度 4 | 326.27 | 209.26 | 336.25 | 871.79 |
| | 间伐强度 5 | 58.05 | 9.70 | 434.34 | 502.08 |

由表 11.36 看出，全株碳储量下坡位（5445.54）＞中坡位（3340.01）＞上坡位（2690.83）。随坡位升高，杉木林灌木层碳储量降低。

**表 11.37 不同坡位下杉木林灌木层各器官碳储量所占比例**

| | 枝 | 叶 | 根 |
|---|---|---|---|
| 上坡位 | 32.82% | 19.62% | 47.56% |
| 中坡位 | 46.28% | 29.23% | 48.61% |
| 下坡位 | 28.91% | 21.08% | 50.01% |

由表 11.37 看出，不同坡位下，杉木林灌木层枝的碳储量占整个灌木层的比例排序为：中坡位（46.28%）＞上坡位（32.82%）＞下坡位（28.91%）。杉木林灌木层叶碳储量占整个灌木层的百分比由高到低的排序是：中坡位（29.23%）＞下坡位（21.08%）＞上坡位（19.62%）。杉木林灌木层根的碳储量占整个灌木层的比例排序为：下坡位（50.01%）＞中坡位（48.61%）＞上坡位（47.56%）。

# 11.4  杉木人工林草本层生物量和碳储量的作用

## 11.4.1  样地草本层生物量和碳储量的计算

表 11.38  不同间伐强度和坡位下杉木草本层生物量估算结果

| 样地号 | 样方号 | 地上部分 | 地下部分 | 全株 | 样方号 | 地上部分 | 地下部分 | 全株 |
|---|---|---|---|---|---|---|---|---|
| 上1 | 上1-1-1 | 0 | 0 | 0 | 上1-2-3 | 4347 | 6285 | 10632 |
| | 上1-1-2 | 639 | 285 | 924 | 上1-2-4 | 4038 | 6060 | 10098 |
| | 上1-1-3 | 5676 | 13170 | 18846 | 上1-3-1 | 96 | 105 | 201 |
| | 上1-1-4 | 2934 | 1581 | 4515 | 上1-3-2 | 480 | 282 | 762 |
| | 上1-2-1 | 2427 | 3300 | 5727 | 上1-3-3 | 0 | 0 | 0 |
| | 上1-2-2 | 14573.02 | 76345.37 | 90918.39 | 上1-3-4 | 1494 | 1689 | 3183 |
| 上2 | 上2-1-1 | 14047.94 | 30972 | 45019.94 | 上2-2-3 | 750 | 2610 | 3360 |
| | 上2-1-2 | 3672 | 10248 | 13920 | 上2-2-4 | 774 | 1200 | 1974 |
| | 上2-1-3 | 4182 | 11271 | 15453 | 上2-3-1 | 12213.52 | 38857.62 | 51071.15 |
| | 上2-1-4 | 780 | 1698 | 2478 | 上2-3-2 | 15640.07 | 22188.36 | 37828.43 |
| | 上2-2-1 | 2283 | 4413 | 6696 | 上2-3-3 | 10302 | 15198 | 25500 |
| | 上2-2-2 | 1233 | 2055 | 3288 | 上2-3-4 | 26179.6 | 38364 | 64543.6 |
| 上3 | 上3-1-1 | 660 | 1596 | 2256 | 上3-2-3 | 0 | 0 | 0 |
| | 上3-1-2 | 18 | 420 | 438 | 上3-2-4 | 0 | 0 | 0 |
| | 上3-1-3 | 153 | 111 | 264 | 上3-3-1 | 411 | 1062 | 1473 |
| | 上3-1-4 | 0 | 0 | 0 | 上3-3-2 | 2247 | 399 | 2646 |
| | 上3-2-1 | 1161 | 1716 | 2877 | 上3-3-3 | 1029 | 1770 | 2799 |
| | 上3-2-2 | 693 | 771 | 1464 | 上3-3-4 | 201 | 702 | 903 |
| 上4 | 上4-1-1 | 645 | 1182 | 1827 | 上4-2-3 | 0 | 0 | 0 |
| | 上4-1-2 | 4533 | 5985 | 10518 | 上4-2-4 | 18397.83 | 45816.62 | 64214.45 |
| | 上4-1-3 | 3081 | 15918 | 18999 | 上4-3-1 | 7704 | 30945 | 38649 |
| | 上4-1-4 | 1332 | 5775 | 7107 | 上4-3-2 | 6247.395 | 22281 | 28528.4 |
| | 上4-2-1 | 11171.88 | 15891 | 27062.88 | 上4-3-3 | 825 | 1014 | 1839 |
| | 上4-2-2 | 165 | 1350 | 1515 | 上4-3-4 | 0 | 0 | 0 |
| 上5 | 上5-1-1 | 534 | 555 | 1089 | 上5-2-3 | 0 | 0 | 0 |
| | 上5-1-2 | 303 | 798 | 1101 | 上5-2-4 | 888 | 1131 | 2019 |
| | 上5-1-3 | 189 | 546 | 735 | 上5-3-1 | 165 | 288 | 453 |
| | 上5-1-4 | 2772 | 8427 | 11199 | 上5-3-2 | 0 | 0 | 0 |
| | 上5-2-1 | 990 | 10695 | 11685 | 上5-3-3 | 582 | 1713 | 2295 |
| | 上5-2-2 | 1317 | 6531 | 7848 | 上5-3-4 | 96 | 93 | 189 |
| 中1 | 中1-1-1 | 6669 | 8175 | 14844 | 中1-2-3 | 4206 | 6780 | 10986 |
| | 中1-1-2 | 3264 | 5025 | 8289 | 中1-2-4 | 7188 | 8718 | 15906 |
| | 中1-1-3 | 4716 | 15303 | 20019 | 中1-3-1 | 4161 | 8988 | 13149 |
| | 中1-1-4 | 8400 | 13182 | 21582 | 中1-3-2 | 417 | 3867 | 4284 |
| | 中1-2-1 | 2646 | 7689 | 10335 | 中1-3-3 | 3432 | 7188 | 10620 |
| | 中1-2-2 | 5115 | 5010 | 10125 | 中1-3-4 | 13108.66 | 18015 | 31123.66 |

（续）

| 样地号 | 样方号 | 地上部分 | 地下部分 | 全株 | 样方号 | 地上部分 | 地下部分 | 全株 |
|---|---|---|---|---|---|---|---|---|
| 中2 | 中2-1-1 | 13985.21 | 47868.05 | 61853.26 | 中2-2-3 | 11604 | 14370 | 25974 |
| | 中2-1-2 | 813 | 14118 | 14931 | 中2-2-4 | 8514 | 38380.33 | 46894.33 |
| | 中2-1-3 | 3549 | 10551 | 14100 | 中2-3-1 | 16243.41 | 25929 | 42172.41 |
| | 中2-1-4 | 8463 | 13893 | 22356 | 中2-3-2 | 2550 | 1842 | 4392 |
| | 中2-2-1 | 4902 | 11820 | 16722 | 中2-3-3 | 4251 | 6837 | 11088 |
| | 中2-2-2 | 5367 | 15270 | 20637 | 中2-3-4 | 14949 | 12219 | 27168 |
| 中3 | 中3-1-1 | 0 | 0 | 0 | 中3-2-3 | 1638 | 3504 | 5142 |
| | 中3-1-2 | 36 | 6 | 42 | 中3-2-4 | 0 | 0 | 0 |
| | 中3-1-3 | 660 | 1728 | 2388 | 中3-3-1 | 2370 | 7188 | 9558 |
| | 中3-1-4 | 0 | 0 | 0 | 中3-3-2 | 0 | 0 | 0 |
| | 中3-2-1 | 237 | 2190 | 2427 | 中3-3-3 | 180 | 9 | 189 |
| | 中3-2-2 | 1503 | 1488 | 2991 | 中3-3-4 | 1785 | 3468 | 5253 |
| 中4 | 中4-1-1 | 2718 | 4131 | 6849 | 中4-2-3 | 3339 | 5367 | 8706 |
| | 中4-1-2 | 10514.32 | 18915 | 29429.32 | 中4-2-4 | 3672 | 4821 | 8493 |
| | 中4-1-3 | 22476.64 | 31990.9 | 54467.54 | 中4-3-1 | 8079 | 20475 | 28554 |
| | 中4-1-4 | 10364.33 | 38155.09 | 48519.42 | 中4-3-2 | 369 | 1836 | 2205 |
| | 中4-2-1 | 528 | 1632 | 2160 | 中4-3-3 | 1020 | 2283 | 3303 |
| | 中4-2-2 | 5940 | 7989 | 13929 | 中4-3-4 | 1110 | 1446 | 2556 |
| 中5 | 中5-1-1 | 0 | 0 | 0 | 中5-2-3 | 0 | 0 | 0 |
| | 中5-1-2 | 795 | 939 | 1734 | 中5-2-4 | 3597 | 3699 | 7296 |
| | 中5-1-3 | 750 | 1314 | 2064 | 中5-3-1 | 81 | 36 | 117 |
| | 中5-1-4 | 309 | 399 | 708 | 中5-3-2 | 0 | 0 | 0 |
| | 中5-2-1 | 4941 | 24609 | 29550 | 中5-3-3 | 1542 | 2961 | 4503 |
| | 中5-2-2 | 0 | 0 | 0 | 中5-3-4 | 0 | 0 | 0 |
| 下1 | 下1-1-1 | 7782 | 18054 | 25836 | 下1-2-3 | 1455 | 1848 | 3303 |
| | 下1-1-2 | 2769 | 17094 | 19863 | 下1-2-4 | 18370.95 | 8838 | 27208.95 |
| | 下1-1-3 | 13340.84 | 47174.71 | 60515.55 | 下1-3-1 | 195 | 1230 | 1425 |
| | 下1-1-4 | 4443 | 10632 | 15075 | 下1-3-2 | 1302 | 2166 | 3468 |
| | 下1-2-1 | 3759 | 9021 | 12780 | 下1-3-3 | 738 | 2670 | 3408 |
| | 下1-2-2 | 14893.55 | 15831 | 30724.55 | 下1-3-4 | 5901 | 9390 | 15291 |
| 下2 | 下2-1-1 | 5724 | 22779 | 28503 | 下2-2-3 | 27090 | 37592.19 | 64682.19 |
| | 下2-1-2 | 9891 | 15507 | 25398 | 下2-2-4 | 18295.85 | 17574 | 35869.85 |
| | 下2-1-3 | 15863.27 | 28523.73 | 44387 | 下2-3-1 | 26805.93 | 8415 | 35220.93 |
| | 下2-1-4 | 19814.61 | 48481.66 | 68296.26 | 下2-3-2 | 34224 | 26982.54 | 61206.54 |
| | 下2-2-1 | 13635.9 | 49255.12 | 62891.01 | 下2-3-3 | 3534 | 5625 | 9159 |
| | 下2-2-2 | 14519.64 | 43215.49 | 57735.13 | 下2-3-4 | 2802 | 5463 | 8265 |
| 下3 | 下3-1-1 | 414 | 951 | 1365 | 下3-2-3 | 0 | 0 | 0 |
| | 下3-1-2 | 483 | 1179 | 1662 | 下3-2-4 | 684 | 2235 | 2919 |
| | 下3-1-3 | 576 | 1815 | 2391 | 下3-3-1 | 0 | 0 | 0 |
| | 下3-1-4 | 0 | 0 | 0 | 下3-3-2 | 0 | 0 | 0 |
| | 下3-2-1 | 1899 | 2796 | 4695 | 下3-3-3 | 0 | 0 | 0 |
| | 下3-2-2 | 609 | 2412 | 3021 | 下3-3-4 | 5262 | 8901 | 14163 |

（续）

| 样地号 | 样方号 | 地上部分 | 地下部分 | 全株 | 样方号 | 地上部分 | 地下部分 | 全株 |
|---|---|---|---|---|---|---|---|---|
| 下4 | 下4-1-1 | 1473 | 2199 | 3672 | 下4-2-3 | 11984.25 | 20046 | 32030.25 |
|  | 下4-1-2 | 3828 | 4641 | 8469 | 下4-2-4 | 36478.55 | 31735.12 | 68213.67 |
|  | 下4-1-3 | 0 | 0 | 0 | 下4-3-1 | 2943 | 8685 | 11628 |
|  | 下4-1-4 | 0 | 0 | 0 | 下4-3-2 | 2796 | 7368 | 10164 |
|  | 下4-2-1 | 8787 | 19107 | 27894 | 下4-3-3 | 11291.48 | 10233 | 21524.48 |
|  | 下4-2-2 | 10758 | 4470 | 15228 | 下4-3-4 | 11708.76 | 32935.96 | 44644.72 |
| 下5 | 下5-1-1 | 0 | 0 | 0 | 下5-2-3 | 1512 | 5262 | 6774 |
|  | 下5-1-2 | 1434 | 3771 | 5205 | 下5-2-4 | 1914 | 2652 | 4566 |
|  | 下5-1-3 | 0 | 0 | 0 | 下5-3-1 | 4011 | 17682 | 21693 |
|  | 下5-1-4 | 477 | 7161 | 7638 | 下5-3-2 | 10293 | 6987 | 17280 |
|  | 下5-2-1 | 1800 | 6924 | 8724 | 下5-3-3 | 906 | 4233 | 5139 |
|  | 下5-2-2 | 4392 | 10377 | 14769 | 下5-3-4 | 3219 | 10182 | 13401 |

由表11.38可知，间伐能增加林分灌木草本生物量，但不同干扰强度对生物量影响不同，各个器官和组分的百分比地下部分（66.26%）＞地上部分（33.76%）。

表11.39　不同间伐强度和坡位下杉木草本层碳储量估算结果

| 样地号 | 样方号 | 地上部分 | 地下部分 | 全株 | 样方号 | 地上部分 | 地下部分 | 全株 |
|---|---|---|---|---|---|---|---|---|
| 上1 | 上1-1-1 | 0.00 | 0.00 | 0.00 | 上1-2-3 | 1532.43 | 1802.47 | 3334.90 |
|  | 上1-1-2 | 225.26 | 81.73 | 307.00 | 上1-2-4 | 1423.50 | 1737.94 | 3161.44 |
|  | 上1-1-3 | 2000.94 | 3777.01 | 5777.95 | 上1-3-1 | 33.84 | 30.11 | 63.96 |
|  | 上1-1-4 | 1034.31 | 453.41 | 1487.73 | 上1-3-2 | 169.21 | 80.87 | 250.09 |
|  | 上1-2-1 | 855.58 | 946.40 | 1801.98 | 上1-3-3 | 0.00 | 0.00 | 0.00 |
|  | 上1-2-2 | 5137.38 | 21894.98 | 27032.36 | 上1-3-4 | 526.67 | 484.39 | 1011.06 |
| 上2 | 上2-1-1 | 5441.32 | 10783.09 | 16224.41 | 上2-2-3 | 290.50 | 908.69 | 1199.19 |
|  | 上2-1-2 | 1422.31 | 3567.90 | 4990.21 | 上2-2-4 | 299.80 | 417.79 | 717.59 |
|  | 上2-1-3 | 1619.85 | 3924.07 | 5543.92 | 上2-3-1 | 4730.78 | 13528.52 | 18259.30 |
|  | 上2-1-4 | 302.12 | 591.17 | 893.29 | 上2-3-2 | 6058.01 | 7725.01 | 13783.03 |
|  | 上2-2-1 | 884.30 | 1536.41 | 2420.71 | 上2-3-3 | 3990.37 | 5291.28 | 9281.64 |
|  | 上2-2-2 | 477.59 | 715.46 | 1193.05 | 上2-3-4 | 10140.38 | 13356.66 | 23497.04 |
| 上3 | 上3-1-1 | 250.92 | 534.15 | 785.07 | 上3-2-3 | 0.00 | 0.00 | 0.00 |
|  | 上3-1-2 | 6.84 | 140.57 | 147.41 | 上3-2-4 | 0.00 | 0.00 | 0.00 |
|  | 上3-1-3 | 58.17 | 37.15 | 95.32 | 上3-3-1 | 156.25 | 355.43 | 511.69 |
|  | 上3-1-4 | 0.00 | 0.00 | 0.00 | 上3-3-2 | 854.26 | 133.54 | 987.80 |
|  | 上3-2-1 | 441.39 | 574.31 | 1015.70 | 上3-3-3 | 391.20 | 592.39 | 983.59 |
|  | 上3-2-2 | 263.46 | 258.04 | 521.50 | 上3-3-4 | 76.42 | 234.95 | 311.36 |
| 上4 | 上4-1-1 | 202.02 | 295.37 | 497.39 | 上4-2-3 | 0.00 | 0.00 | 0.00 |
|  | 上4-1-2 | 1419.76 | 1495.59 | 2915.35 | 上4-2-4 | 5762.30 | 11449.12 | 17211.42 |
|  | 上4-1-3 | 964.99 | 3977.75 | 4942.74 | 上4-3-1 | 2412.93 | 7732.85 | 10145.78 |
|  | 上4-1-4 | 417.19 | 1443.12 | 1860.30 | 上4-3-2 | 1956.72 | 5567.80 | 7524.52 |
|  | 上4-2-1 | 3499.09 | 3971.00 | 7470.09 | 上4-3-3 | 258.39 | 253.39 | 511.78 |
|  | 上4-2-2 | 51.68 | 337.35 | 389.03 | 上4-3-4 | 0.00 | 0.00 | 0.00 |

（续）

| 样地号 | 样方号 | 地上部分 | 地下部分 | 全株 | 样方号 | 地上部分 | 地下部分 | 全株 |
|---|---|---|---|---|---|---|---|---|
| 上 5 | 上 5 - 1 - 1 | 199. 56 | 227. 59 | 427. 15 | 上 5 - 2 - 3 | 0. 00 | 0. 00 | 0. 00 |
| | 上 5 - 1 - 2 | 113. 23 | 327. 24 | 440. 47 | 上 5 - 2 - 4 | 331. 86 | 463. 79 | 795. 65 |
| | 上 5 - 1 - 3 | 70. 63 | 223. 90 | 294. 53 | 上 5 - 3 - 1 | 61. 66 | 118. 10 | 179. 76 |
| | 上 5 - 1 - 4 | 1035. 93 | 3455. 68 | 4491. 60 | 上 5 - 3 - 2 | 0. 00 | 0. 00 | 0. 00 |
| | 上 5 - 2 - 1 | 369. 97 | 4385. 72 | 4755. 69 | 上 5 - 3 - 3 | 217. 50 | 702. 45 | 919. 95 |
| | 上 5 - 2 - 2 | 492. 18 | 2678. 18 | 3170. 36 | 上 5 - 3 - 4 | 35. 88 | 38. 14 | 74. 01 |
| 中 1 | 中 1 - 1 - 1 | 2569. 61 | 2655. 31 | 5224. 92 | 中 1 - 2 - 3 | 1620. 60 | 2202. 20 | 3822. 80 |
| | 中 1 - 1 - 2 | 1257. 64 | 1632. 16 | 2889. 81 | 中 1 - 2 - 4 | 2769. 59 | 2831. 68 | 5601. 27 |
| | 中 1 - 1 - 3 | 1817. 11 | 4970. 55 | 6787. 65 | 中 1 - 3 - 1 | 1603. 26 | 2919. 38 | 4522. 64 |
| | 中 1 - 1 - 4 | 3236. 58 | 4281. 63 | 7518. 21 | 中 1 - 3 - 2 | 160. 67 | 1256. 03 | 1416. 71 |
| | 中 1 - 2 - 1 | 1019. 52 | 2497. 45 | 3516. 98 | 中 1 - 3 - 3 | 1322. 37 | 2334. 72 | 3657. 10 |
| | 中 1 - 2 - 2 | 1970. 85 | 1627. 29 | 3598. 14 | 中 1 - 3 - 4 | 5050. 86 | 5851. 43 | 10902. 29 |
| 中 2 | 中 2 - 1 - 1 | 5460. 35 | 15571. 59 | 21031. 94 | 中 2 - 2 - 3 | 4530. 64 | 4674. 59 | 9205. 23 |
| | 中 2 - 1 - 2 | 317. 43 | 4592. 62 | 4910. 04 | 中 2 - 2 - 4 | 3324. 19 | 12485. 21 | 15809. 39 |
| | 中 2 - 1 - 3 | 1385. 66 | 3432. 26 | 4817. 93 | 中 2 - 3 - 1 | 6342. 04 | 8434. 76 | 14776. 80 |
| | 中 2 - 1 - 4 | 3304. 27 | 4519. 42 | 7823. 70 | 中 2 - 3 - 2 | 995. 62 | 599. 21 | 1594. 82 |
| | 中 2 - 2 - 1 | 1913. 92 | 3845. 07 | 5759. 00 | 中 2 - 3 - 3 | 1659. 75 | 2224. 09 | 3883. 84 |
| | 中 2 - 2 - 2 | 2095. 48 | 4967. 37 | 7062. 84 | 中 2 - 3 - 4 | 5836. 65 | 3974. 87 | 9811. 52 |
| 中 3 | 中 3 - 1 - 1 | 0. 00 | 0. 00 | 0. 00 | 中 3 - 2 - 3 | 601. 01 | 1015. 58 | 1616. 58 |
| | 中 3 - 1 - 2 | 13. 21 | 1. 74 | 14. 95 | 中 3 - 2 - 4 | 0. 00 | 0. 00 | 0. 00 |
| | 中 3 - 1 - 3 | 242. 16 | 500. 83 | 743. 00 | 中 3 - 3 - 1 | 869. 59 | 2083. 33 | 2952. 91 |
| | 中 3 - 1 - 4 | 0. 00 | 0. 00 | 0. 00 | 中 3 - 3 - 2 | 0. 00 | 0. 00 | 0. 00 |
| | 中 3 - 2 - 1 | 86. 96 | 634. 74 | 721. 70 | 中 3 - 3 - 3 | 66. 04 | 2. 61 | 68. 65 |
| | 中 3 - 2 - 2 | 551. 47 | 431. 27 | 982. 74 | 中 3 - 3 - 4 | 654. 94 | 1005. 14 | 1660. 09 |
| 中 4 | 中 4 - 1 - 1 | 1057. 02 | 1382. 55 | 2439. 57 | 中 4 - 2 - 3 | 1298. 53 | 1796. 20 | 3094. 73 |
| | 中 4 - 1 - 2 | 4088. 98 | 6330. 39 | 10419. 37 | 中 4 - 2 - 4 | 1428. 03 | 1613. 47 | 3041. 50 |
| | 中 4 - 1 - 3 | 8741. 09 | 10706. 58 | 19447. 67 | 中 4 - 3 - 1 | 3141. 89 | 6852. 49 | 9994. 38 |
| | 中 4 - 1 - 4 | 4030. 65 | 12769. 58 | 16800. 24 | 中 4 - 3 - 2 | 143. 50 | 614. 46 | 757. 97 |
| | 中 4 - 2 - 1 | 205. 34 | 546. 19 | 751. 53 | 中 4 - 3 - 3 | 396. 67 | 764. 06 | 1160. 74 |
| | 中 4 - 2 - 2 | 2310. 05 | 2673. 72 | 4983. 77 | 中 4 - 3 - 4 | 431. 68 | 483. 94 | 915. 62 |
| 中 5 | 中 5 - 1 - 1 | 0. 00 | 0. 00 | 0. 00 | 中 5 - 2 - 3 | 0. 00 | 0. 00 | 0. 00 |
| | 中 5 - 1 - 2 | 272. 73 | 271. 59 | 544. 33 | 中 5 - 2 - 4 | 1233. 98 | 1069. 89 | 2303. 87 |
| | 中 5 - 1 - 3 | 257. 29 | 380. 06 | 637. 35 | 中 5 - 3 - 1 | 27. 79 | 10. 41 | 38. 20 |
| | 中 5 - 1 - 4 | 106. 00 | 115. 41 | 221. 41 | 中 5 - 3 - 2 | 0. 00 | 0. 00 | 0. 00 |
| | 中 5 - 2 - 1 | 1695. 05 | 7117. 86 | 8812. 91 | 中 5 - 3 - 3 | 529. 00 | 856. 43 | 1385. 43 |
| | 中 5 - 2 - 2 | 0. 00 | 0. 00 | 0. 00 | 中 5 - 3 - 4 | 0. 00 | 0. 00 | 0. 00 |
| 下 1 | 下 1 - 1 - 1 | 3065. 87 | 4782. 59 | 7848. 46 | 下 1 - 2 - 3 | 573. 23 | 489. 54 | 1062. 77 |
| | 下 1 - 1 - 2 | 1090. 90 | 4528. 28 | 5619. 18 | 下 1 - 2 - 4 | 7237. 60 | 2341. 23 | 9578. 82 |
| | 下 1 - 1 - 3 | 5255. 89 | 12496. 80 | 17752. 69 | 下 1 - 3 - 1 | 76. 82 | 325. 83 | 402. 66 |
| | 下 1 - 1 - 4 | 1750. 41 | 2816. 47 | 4566. 87 | 下 1 - 3 - 2 | 512. 95 | 573. 78 | 1086. 73 |
| | 下 1 - 2 - 1 | 1480. 93 | 2389. 71 | 3870. 64 | 下 1 - 3 - 3 | 290. 75 | 707. 30 | 998. 05 |
| | 下 1 - 2 - 2 | 5867. 60 | 4193. 71 | 10061. 31 | 下 1 - 3 - 4 | 2324. 81 | 2487. 46 | 4812. 27 |

（续）

| 样地号 | 样方号 | 地上部分 | 地下部分 | 全株 | 样方号 | 地上部分 | 地下部分 | 全株 |
|---|---|---|---|---|---|---|---|---|
| 下2 | 下2－1－1 | 2221.32 | 5864.26 | 8085.58 | 下2－2－3 | 10512.85 | 9677.79 | 20190.63 |
| | 下2－1－2 | 3838.41 | 3992.14 | 7830.56 | 下2－2－4 | 7100.09 | 4524.27 | 11624.37 |
| | 下2－1－3 | 6156.08 | 7343.19 | 13499.27 | 下2－3－1 | 10402.61 | 2166.37 | 12568.98 |
| | 下2－1－4 | 7689.48 | 12481.18 | 20170.66 | 下2－3－2 | 13281.35 | 6946.42 | 20227.77 |
| | 下2－2－1 | 5291.70 | 12680.30 | 17972.00 | 下2－3－3 | 1371.44 | 1448.11 | 2819.55 |
| | 下2－2－2 | 5634.65 | 11125.45 | 16760.11 | 下2－3－4 | 1087.38 | 1406.40 | 2493.78 |
| 下3 | 下3－1－1 | 143.85 | 220.44 | 364.29 | 下3－2－3 | 0.00 | 0.00 | 0.00 |
| | 下3－1－2 | 167.82 | 273.29 | 441.11 | 下3－2－4 | 237.66 | 518.06 | 755.73 |
| | 下3－1－3 | 200.14 | 420.71 | 620.85 | 下3－3－1 | 0.00 | 0.00 | 0.00 |
| | 下3－1－4 | 0.00 | 0.00 | 0.00 | 下3－3－2 | 0.00 | 0.00 | 0.00 |
| | 下3－2－1 | 659.83 | 648.10 | 1307.93 | 下3－3－3 | 0.00 | 0.00 | 0.00 |
| | 下3－2－2 | 211.61 | 559.09 | 770.69 | 下3－3－4 | 1828.35 | 2063.20 | 3891.55 |
| 下4 | 下4－1－1 | 482.96 | 348.08 | 831.04 | 下4－2－3 | 3929.34 | 3173.06 | 7102.39 |
| | 下4－1－2 | 1255.11 | 734.62 | 1989.72 | 下4－2－4 | 11960.40 | 5023.31 | 16983.71 |
| | 下4－1－3 | 0.00 | 0.00 | 0.00 | 下4－3－1 | 964.94 | 1374.74 | 2339.67 |
| | 下4－1－4 | 0.00 | 0.00 | 0.00 | 下4－3－2 | 916.74 | 1166.27 | 2083.01 |
| | 下4－2－1 | 2881.04 | 3024.42 | 5905.46 | 下4－3－3 | 3702.19 | 1619.77 | 5321.96 |
| | 下4－2－2 | 3527.28 | 707.55 | 4234.83 | 下4－3－4 | 3839.01 | 5213.39 | 9052.40 |
| 下5 | 下5－1－1 | 0.00 | 0.00 | 0.00 | 下5－2－3 | 558.37 | 1559.35 | 2117.72 |
| | 下5－1－2 | 529.57 | 1117.50 | 1647.07 | 下5－2－4 | 706.83 | 785.90 | 1492.72 |
| | 下5－1－3 | 0.00 | 0.00 | 0.00 | 下5－3－1 | 1481.24 | 5239.90 | 6721.14 |
| | 下5－1－4 | 176.15 | 2122.10 | 2298.25 | 下5－3－2 | 3801.14 | 2070.53 | 5871.67 |
| | 下5－2－1 | 664.73 | 2051.86 | 2716.59 | 下5－3－3 | 334.58 | 1254.41 | 1588.99 |
| | 下5－2－2 | 1621.94 | 3075.13 | 4697.07 | 下5－3－4 | 1188.76 | 3017.34 | 4206.10 |

表11.39证明坡位对草本层碳储量有影响，其顺序：上坡位（12673.89）＞下坡位（8001.58）＞中坡位（5914.06）。

## 11.4.2 相同坡位不同间伐强度下草本层生物量比较

**表11.40 不同间伐强度下杉木林草本层生物量估算结果**

| | 坡位 | 地上部分 | 地下部分 | 全株 |
|---|---|---|---|---|
| 间伐强度1 | 上坡位 | 3058.67 | 9091.86 | 12150.53 |
| | 中坡位 | 5276.89 | 8995.00 | 14271.89 |
| | 下坡位 | 6245.78 | 11995.73 | 18241.50 |
| 间伐强度2 | 上坡位 | 7671.43 | 14922.92 | 22594.34 |
| | 中坡位 | 7932.55 | 17758.12 | 25690.67 |
| | 下坡位 | 16016.68 | 25784.48 | 41801.16 |
| 间伐强度3 | 上坡位 | 547.75 | 712.25 | 1260.00 |
| | 中坡位 | 694.75 | 1630.75 | 2325.50 |
| | 下坡位 | 827.25 | 1690.75 | 2518.00 |

（续）

|  | 坡位 | 地上部分 | 地下部分 | 全株 |
|---|---|---|---|---|
| | 上坡位 | 4508.51 | 12179.80 | 16688.31 |
| 间伐强度4 | 中坡位 | 5844.19 | 11586.75 | 17430.94 |
| | 下坡位 | 8504.00 | 11785.01 | 20289.01 |
| | 上坡位 | 653.00 | 2564.75 | 3217.75 |
| 间伐强度5 | 中坡位 | 1001.25 | 2829.75 | 3831.00 |
| | 下坡位 | 2496.50 | 6269.25 | 8765.75 |

从表11.40显示，灌木生物量排序为间伐强度2（31620.66）＞间伐强度4（15259.97）＞间伐强度1（14278.95）＞间伐强度5（4150.75）＞间伐强度3（2069.75），说明间伐有利于提高草本层生物量，并且草本层生物量和间伐强度呈正相关关系。

表11.41　不同间伐强度下杉木林草本层各器官生物量所占比例

| 间伐强度 | 地上部分 | 地下部分 |
|---|---|---|
| 间伐强度1 | 32.65% | 67.35% |
| 间伐强度2 | 35.10% | 64.90% |
| 间伐强度3 | 33.91% | 66.09% |
| 间伐强度4 | 34.66% | 65.34% |
| 间伐强度5 | 26.25% | 73.75% |

由表11.41看出，草本层地上部分的生物量占整个草本层比例的顺序为：间伐强度2（35.10%）＞间伐强度4（34.66%）＞间伐强度3（33.91%）＞间伐强度1（32.65%）＞间伐强度5（26.25%）。杉木林草本层地下部分的生物量占整个草本层的比例排序为：间伐强度5（73.75%）＞间伐强度1（67.35%）＞间伐强度3（66.09%）＞间伐强度4（65.34%）＞间伐强度2（64.90%）。说明，间伐会改变杉木林草本层生物量地上部分和地下部分所占的比例，但变化规律和间伐强度并不呈明显的正相关关系。

## 11.4.3　相同间伐强度不同坡位下草本层生物量比较

表11.42　不同间伐强度下下杉木林草本层生物量估算结果

| | 间伐强度 | 地上部分 | 地下部分 | 全株 |
|---|---|---|---|---|
| | 间伐强度1 | 3058.67 | 9091.86 | 12150.53 |
| | 间伐强度2 | 7671.43 | 14922.92 | 22594.34 |
| 上坡位 | 间伐强度3 | 547.75 | 712.25 | 1260.00 |
| | 间伐强度4 | 4508.51 | 12179.80 | 16688.31 |
| | 间伐强度5 | 653.00 | 2564.75 | 3217.75 |
| | 间伐强度1 | 5276.89 | 8995.00 | 14271.89 |
| | 间伐强度2 | 7932.55 | 17758.12 | 25690.67 |
| 中坡位 | 间伐强度3 | 694.75 | 1630.75 | 2325.50 |
| | 间伐强度4 | 5844.19 | 11586.75 | 17430.94 |
| | 间伐强度5 | 1001.25 | 2829.75 | 3831.00 |

（续）

| | 间伐强度 | 地上部分 | 地下部分 | 全株 |
|---|---|---|---|---|
| | 间伐强度 1 | 6245.78 | 11995.73 | 18241.50 |
| | 间伐强度 2 | 16016.68 | 25784.48 | 41801.16 |
| 下坡位 | 间伐强度 3 | 827.25 | 1690.75 | 2518.00 |
| | 间伐强度 4 | 8504.00 | 11785.01 | 20289.01 |
| | 间伐强度 5 | 2496.50 | 6269.25 | 8765.75 |

由表 11.42 可知，草本层生物量的顺序是：间伐强度 2（50%）＞间伐强度 4（33%）＞间伐强度 1（25%）＞间伐强度 5（20%）＞间伐强度 3（0%），说明在各坡位，草本层生物量和间伐强度呈正相关。不同坡位之间，下坡位（91615.42）＞中坡位（63550.00）＞上坡位（55910.93）。

表 11.43 不同坡位下杉木林草本层各器官生物量所占比例

| 坡位 | 地上部分 | 地下部分 |
|---|---|---|
| 上坡位 | 29.40% | 70.60% |
| 中坡位 | 32.65% | 67.35% |
| 下坡位 | 37.21% | 62.79% |

由表 11.43 可知，草本层地上部分生物量与整个草本层生物量比值排序为：下坡位（37.21%）＞中坡位（32.65%）＞上坡位（29.40%）。地下部分的生物量占整个草本层的比例排序为：上坡位（70.60%）＞中坡位（67.35%）＞下坡位（62.79%）。

## 11.4.4 不同间伐强度和坡位下草本层生物量预测模型

建立相同坡位不同间伐强度和相同间伐强度不同坡位的杉木林草本层生物量模型（表 11.44），单位为（g/m²）。

$$W = aX_1 + bX_2 + cX_3$$

其中 $a$、$b$、$c$、$d$ 是线性模型参数，$X_1$ 表示间伐强度或坡位（间伐强度以小数表示，坡位表示同乔木层、灌木层生物量公式相对应，上坡位为 0.3，中坡位 0.5，下坡位 0.7），$X_2$ 表示优势高，$X_3$ 表示盖度。

表 11.44 相同坡位不同间伐强度杉木林草本层生物量预测模型

| | | | Estimate | Std. Error | $t\ value$ | $Pr(>|t|)$ | $E$ | $RMSE$ | $MEF$ | $R^2$ |
|---|---|---|---|---|---|---|---|---|---|---|
| | 地上部分 | (Intercept) | −7.6987 | 5.7391 | −1.341 | 0.1872 | 5.98091 | 13.5193 | 0.61231 | 0.63511 |
| | | $X_1$ | 37.4845 | 17.5092 | 2.141 | 0.0383 * | | | | |
| | | $X_3$ | 0.8468 | 0.1301 | 6.51 | 8.14e−08 *** | | | | |
| 上坡位 | 地下部分 | (Intercept) | 3.8836 | 9.1336 | 0.425 | 0.673 | 11.6294 | 20.3889 | 0.62487 | 0.64694 |
| | | $X_1$ | 68.0097 | 26.7349 | 2.544 | 0.0149 * | | | | |
| | | $X_2$ | −0.3819 | 0.156 | −2.447 | 0.0189 * | | | | |
| | | $X_3$ | 1.5502 | 0.2273 | 6.819 | 3.36e−08 *** | | | | |

（续）

| | | | Estimate | Std. Error | t value | Pr(>\|t\|) | E | RMSE | MEF | $R^2$ |
|---|---|---|---|---|---|---|---|---|---|---|
| | 全株 | (Intercept) | -11.175 | 11.3781 | -0.982 | 0.3318 | 14.5833 | 26.6807 | 0.71861 | 0.73516 |
| | | $X_1$ | 93.8976 | 34.7129 | 2.705 | 0.0099** | | | | |
| | | $X_3$ | 2.1129 | 0.2579 | 8.193 | 3.6e-10*** | | | | |
| 中坡位 | 地上部分 | (Intercept) | -1.2729 | 1.3067 | -0.974 | 0.334 | 3.35665 | 6.3666 | 0.82421 | 0.83455 |
| | | $X_3$ | 0.73024 | 0.04281 | 17.056 | <2e-16*** | | | | |
| | 地下部分 | (Intercept) | -0.1007 | 4.9522 | -0.02 | 0.984 | 7.13113 | 13.4712 | 0.78034 | 0.79326 |
| | | $X_1$ | -20.515 | 13.8794 | -1.478 | 0.145 | | | | |
| | | $X_2$ | 0.1834 | 0.1185 | 1.548 | 0.127 | | | | |
| | | $X_3$ | 1.2721 | 0.1129 | 11.27 | 5.04e-16*** | | | | |
| | 全株 | (Intercept) | -1.302 | 3.571 | -0.365 | 0.717 | 9.47895 | 16.9731 | 0.84214 | 0.85143 |
| | | $X_3$ | 2.066 | 0.117 | 17.656 | <2e-16*** | | | | |
| 下坡位 | 地上部分 | (Intercept) | -0.1892 | 3.34075 | -0.057 | 0.955 | 4.0597 | 8.80507 | 0.52557 | 0.55348 |
| | | $X_1$ | 16.2038 | 10.8106 | 1.499 | 0.141 | | | | |
| | | $X_3$ | 0.62083 | 0.09712 | 6.393 | 7.45e-08*** | | | | |
| | 地下部分 | (Intercept) | 2.2359 | 7.1465 | 0.313 | 0.756 | 11.2064 | 27.2147 | 0.46322 | 0.4948 |
| | | $X_3$ | 1.8629 | 0.2817 | 6.614 | 3.16e-08*** | | | | |
| | 全株 | (Intercept) | 5.6431 | 8.3486 | 0.676 | 0.502 | 13.2629 | 31.5213 | 0.54919 | 0.5757 |
| | | $X_3$ | 2.532 | 0.3291 | 7.694 | 7.3e-10*** | | | | |

表11.45　相同间伐强度不同不同坡位杉木林草本层生物量预测模型建立

| | | | Estimate | Std. Error | t value | Pr(>\|t\|) | E | RMSE | MEF | $R^2$ |
|---|---|---|---|---|---|---|---|---|---|---|
| 间伐强度1 | 地上部分 | (Intercept) | -9.1595 | 3.5898 | -2.552 | 0.0178* | 1.99086 | 5.31597 | 0.85343 | 0.86205 |
| | | $X_2$ | 0.28 | 0.1155 | 2.425 | 0.0236* | | | | |
| | | $X_3$ | 0.7874 | 0.134 | 5.876 | 5.47e-06*** | | | | |
| | 地下部分 | (Intercept) | 1.4743 | 4.6876 | 0.315 | 0.756 | 3.36965 | 10.134 | 0.68807 | 0.70642 |
| | | $X_3$ | 1.2404 | 0.1665 | 7.449 | 1.09e-07*** | | | | |
| | 全株 | (Intercept) | -10.234 | 7.8745 | -1.3 | 0.207 | 4.20197 | 11.6317 | 0.85225 | 0.86094 |
| | | $X_2$ | 0.3949 | 0.2533 | 1.559 | 0.133 | | | | |
| | | $X_3$ | 1.9285 | 0.294 | 6.56 | 1.08e-06*** | | | | |
| 间伐强度2 | 地上部分 | (Intercept) | 28.2998 | 15.4985 | 1.826 | 0.07691 | 6.45762 | 13.5161 | 0.37544 | 0.41218 |
| | | $X_1$ | -37.312 | 23.1488 | -1.612 | 0.11652 | | | | |
| | | $X_3$ | 0.6949 | 0.1937 | 3.587 | 0.00107** | | | | |
| | 地下部分 | (Intercept) | 22.5139 | 13.0489 | 1.725 | 0.0938 | 11.2095 | 22.8898 | 0.39782 | 0.43324 |
| | | $X_2$ | -0.3652 | 0.1993 | -1.832 | 0.0760 | | | | |
| | | $X_3$ | 1.7268 | 0.3481 | 4.961 | 2.07e-05*** | | | | |
| | 地下部分 | (Intercept) | 17.6825 | 15.7485 | 1.123 | 0.269 | 14.9591 | 30.5389 | 0.46136 | 0.49305 |
| | | $X_3$ | 2.2271 | 0.4122 | 5.404 | 5.13e-06*** | | | | |
| 间伐强度3 | 地上部分 | (Intercept) | 0.15348 | 0.49972 | 0.307 | 0.761 | 0.46118 | 1.1285 | 0.91471 | 0.91972 |
| | | $X_3$ | 0.56045 | 0.03348 | 16.739 | 1.93e-15*** | | | | |

（续）

| | | Estimate | Std. Error | t value | Pr( > \| t \| ) | E | RMSE | MEF | $R^2$ |
|---|---|---|---|---|---|---|---|---|---|
| 间伐强度4 | 地下部分 | ( Intercept ) | 22.9418 | 9.0945 | 2.523 | 0.0184 * | 2.75629 | 6.44624 | 0.35816 | 0.39592 |
| | | $X_1$ | −26.339 | 15.7287 | −1.675 | 0.1065 | | | | |
| | | $X_3$ | 0.5041 | 0.2186 | 2.306 | 0.0297 * | | | | |
| | 全株 | ( Intercept ) | 21.632 | 9.4501 | 2.289 | 0.0308 * | 2.98735 | 6.67809 | 0.60814 | 0.63119 |
| | | $X_1$ | −23.672 | 16.3436 | −1.448 | 0.1599 | | | | |
| | | $X_3$ | 1.0821 | 0.2272 | 4.764 | 6.87e − 05 *** | | | | |
| | 地上部分 | ( Intercept ) | −1.9265 | 2.05803 | −0.936 | 0.357 | 2.07595 | 4.63021 | 0.82568 | 0.83593 |
| | | $X_3$ | 0.79528 | 0.06571 | 12.104 | 4.5e − 13 *** | | | | |
| | 地下部分 | ( Intercept ) | −4.598 | 10.432 | −0.441 | 0.663 | 8.00221 | 23.7054 | 0.50989 | 0.53872 |
| | | $X_3$ | 1.943 | 0.333 | 5.835 | 2.21e − 06 *** | | | | |
| | 全株 | ( Intercept ) | −6.5245 | 11.6451 | −0.56 | 0.579 | 8.72465 | 26.396 | 0.62933 | 0.65114 |
| | | $X_3$ | 2.7385 | 0.3718 | 7.366 | 3.32e − 08 *** | | | | |
| 间伐强度5 | 地上部分 | ( Intercept ) | 1.84134 | 3.32052 | 0.555 | 0.583 | 2.9203 | 7.60052 | 0.66615 | 0.68579 |
| | | $X_3$ | 0.64673 | 0.08725 | 7.413 | 3.62e − 08 *** | | | | |
| | 地下部分 | ( Intercept ) | −3.4113 | 4.7541 | −0.718 | 0.479 | 3.91803 | 9.83757 | 0.84262 | 0.85188 |
| | | $X_2$ | 0.2007 | 0.1071 | 1.874 | 0.0714 . | | | | |
| | | $X_3$ | 1.1885 | 0.1479 | 8.037 | 9.44e − 09 *** | | | | |
| | 全株 | ( Intercept ) | −20.775 | 15.5953 | −1.332 | 0.194 | 6.05217 | 14.0167 | 0.84941 | 0.85827 |
| | | $X_1$ | 45.316 | 28.2052 | 1.607 | 0.119 | | | | |
| | | $X_3$ | 1.9795 | 0.1586 | 12.481 | 5.86e − 13 *** | | | | |

由表 11.45 可知，间伐强度 1 样地的 $R^2$ 都较高，取值区间在 0.75～0.85，优势高和盖度主要影响草本层的生物量。间伐强度 2 样地的 $R^2$ 都普遍偏低，逐步回归的结果显示，草本层生物量主要和坡位、盖度有关。

## 11.4.5 相同坡位不同间伐强度下草本层碳储量比较

表 11.46 不同间伐强度下杉木林草本层生物量估算结果

| | 坡位 | 地上部分 | 地下部分 | 全株 |
|---|---|---|---|---|
| 间伐强度1 | 上坡位 | 1078.26 | 2607.44 | 3685.7 |
| | 中坡位 | 2033.22 | 2921.65 | 4954.88 |
| | 下坡位 | 2460.65 | 3177.72 | 5638.37 |
| 间伐强度2 | 上坡位 | 2971.44 | 5195.5 | 8166.95 |
| | 中坡位 | 3097.17 | 5776.76 | 8873.92 |
| | 下坡位 | 6215.61 | 6637.99 | 12853.6 |
| 间伐强度3 | 上坡位 | 208.24 | 238.38 | 446.62 |
| | 中坡位 | 254.91 | 472.65 | 727.56 |
| | 下坡位 | 287.44 | 391.91 | 679.35 |
| 间伐强度4 | 上坡位 | 1412.09 | 3043.61 | 4455.7 |
| | 中坡位 | 2272.79 | 3877.8 | 6150.59 |
| | 下坡位 | 2788.25 | 1865.43 | 4653.68 |

（续）

| | 坡位 | 地上部分 | 地下部分 | 全株 |
|---|---|---|---|---|
| | 上坡位 | 244.03 | 1051.73 | 1295.76 |
| 间伐强度5 | 中坡位 | 343.49 | 818.47 | 1161.96 |
| | 下坡位 | 921.94 | 1857.84 | 2779.78 |

从表11.46得知，全株草本层生物量的排序：间伐强度2（29894.47）>间伐强度4（15259.97）>间伐强度1（14278.95）>间伐强度5（5237.5）>间伐强度3（1853.53）。说明间伐能促进草本层碳储量的增多，并且草本层碳储量与间伐强度呈正相关关系。

**表11.47 不同间伐强度下杉木林草本层各器官碳储量所占比例**

| 间伐强度 | 地上部分 | 地下部分 |
|---|---|---|
| 间伐强度1 | 39.02% | 60.98% |
| 间伐强度2 | 41.09% | 58.91% |
| 间伐强度3 | 40.50% | 59.50% |
| 间伐强度4 | 42.42% | 57.58% |
| 间伐强度5 | 28.82% | 71.18% |

由表11.47看出，地上部分的碳储量占整个草本层比例的排序为：间伐强度4>间伐强度2>间伐强度3>间伐强度1>间伐强度5。地下部分碳储量与整个草本层比值的排序是：间伐强度5>间伐强度1>间伐强度3>间伐强度2>间伐强度4。

## 11.4.6 相同间伐强度不同坡位下草本层碳储量比较

**表11.48 不同坡位下杉木林草本层碳储量估算结果**

| | 间伐强度 | 地上部分 | 地下部分 | 全株 |
|---|---|---|---|---|
| | 间伐强度1 | 1078.26 | 2607.44 | 3685.7 |
| | 间伐强度2 | 2971.44 | 5195.5 | 8166.95 |
| 上坡位 | 间伐强度3 | 208.24 | 238.38 | 446.62 |
| | 间伐强度4 | 1412.09 | 3043.61 | 4455.7 |
| | 间伐强度5 | 244.03 | 1051.73 | 1295.76 |
| | 间伐强度1 | 2033.22 | 2921.65 | 4954.88 |
| | 间伐强度2 | 3097.17 | 5776.76 | 8873.92 |
| 中坡位 | 间伐强度3 | 254.91 | 472.65 | 727.56 |
| | 间伐强度4 | 2272.79 | 3877.8 | 6150.59 |
| | 间伐强度5 | 343.49 | 818.47 | 1161.96 |
| | 间伐强度1 | 2460.65 | 3177.72 | 5638.37 |
| | 间伐强度2 | 6215.61 | 6637.99 | 12853.6 |
| 下坡位 | 间伐强度3 | 287.44 | 391.91 | 679.35 |
| | 间伐强度4 | 2788.25 | 1865.43 | 4653.68 |
| | 间伐强度5 | 921.94 | 1857.84 | 2779.78 |

表11.48，上坡位草本层碳储量由大到小的排序是：间伐强度2>间伐强度4>间伐强

度 1 > 间伐强度 5 > 间伐强度 3。中坡位草本层碳储量由大到小的排序是：间伐强度 2 > 间伐强度 4 > 间伐强度 1 > 间伐强度 5 > 间伐强度 3。下坡位草本层碳储量由大到小的排序是：间伐强度 2 > 间伐强度 4 > 间伐强度 1 > 间伐强度 5 > 间伐强度 3。不同坡位之间，上坡位（26604.78）> 中坡位（21868.91）> 下坡位（18050.73）。

**表 11.49  不同坡位下杉木林草本层各器官碳储量所占比例**

| 坡位 | 地上部分 | 地下部分 |
| --- | --- | --- |
| 上坡位 | 32.76% | 67.24% |
| 中坡位 | 36.59% | 63.41% |
| 下坡位 | 47.64% | 52.36% |

根据表 11.49，地上部分生物量比值的排序是：下坡位（47.64%）> 中坡位（36.59%）> 上坡位（32.76%）；地下部分的排序为：上坡位（67.24%）> 下坡位（52.36%）> 中坡位（63.41%）。

## 11.5  杉木人工林枯落物层生物量和碳储量的作用

### 11.5.1  样地枯落物层生物量和碳储量的计算

**表 11.50  不同间伐强度和坡位下杉木枯落物层生物量估算结果**

|  | 未分解层（叶） | 未分解层（枝） | 未分解层 | 半分解层 | 合计 |
| --- | --- | --- | --- | --- | --- |
|  | 46877.64 | 39516.79 | 86394.4 | 37538.6 | 123933 |
| 上 1 | 60962.62 | 26101.41 | 87064 | 49779.6 | 136844 |
|  | 52394.22 | 28875.42 | 81269.6 | 64896.6 | 146166 |
|  | 30963.34 | 21819.51 | 52782.9 | 24975.3 | 77758.2 |
| 上 2 | 17679.11 | 12074.82 | 29753.9 | 50092.4 | 79846.4 |
|  | 32537.46 | 21140.2 | 53677.7 | 31298.9 | 84976.6 |
|  | 46260.18 | 39753.35 | 86013.5 | 114148 | 200161 |
| 上 3 | 52307.74 | 67962.62 | 120270 | 73100.4 | 193371 |
|  | 62771.01 | 41691.96 | 104463 | 119561 | 224024 |
|  | 70525.78 | 36425.58 | 106951 | 70318.7 | 177270 |
| 上 4 | 71908.94 | 38103.41 | 110012 | 67596 | 177608 |
|  | 34802.2 | 23653.51 | 58455.7 | 112952 | 171408 |
|  | 41919.47 | 31357.39 | 73276.9 | 46201.9 | 119479 |
| 上 5 | 56536.35 | 30207.92 | 86744.3 | 42641.8 | 129386 |
|  | 30934.54 | 18379.89 | 49314.4 | 64113.8 | 113428 |
|  | 30467.62 | 44969.43 | 75437.1 | 61246.6 | 136684 |
| 中 1 | 21986.11 | 28148.13 | 50134.2 | 90966.3 | 141101 |
|  | 53141.14 | 32608.28 | 85749.4 | 56373.1 | 142122 |

（续）

| | 未分解层（叶） | 未分解层（枝） | 未分解层 | 半分解层 | 合计 |
|---|---|---|---|---|---|
| | 12580.65 | 10367.57 | 22948.2 | 37549.6 | 60497.9 |
| 中2 | 29054.56 | 22657.52 | 51712.1 | 12743 | 64455.1 |
| | 31717.72 | 17669.56 | 49387.3 | 27417.8 | 76805.1 |
| | 56911.57 | 62805.94 | 119718 | 60174.6 | 179892 |
| 中3 | 33648.6 | 15800.88 | 49449.5 | 126754 | 176203 |
| | 37144.63 | 36027.59 | 73172.2 | 116021 | 189193 |
| | 32952.62 | 23670.14 | 56622.8 | 88293.1 | 144916 |
| 中4 | 48345.19 | 41314.08 | 89659.3 | 64066 | 153725 |
| | 63961.89 | 33301.35 | 97263.2 | 62689.2 | 159952 |
| | 48789.62 | 31173.23 | 79962.8 | 27604.7 | 107568 |
| 中5 | 28477.2 | 33721.98 | 62199.2 | 47106.5 | 109306 |
| | 28658.69 | 23118.66 | 51777.4 | 38800.2 | 90577.6 |
| | 26282.05 | 22921.73 | 49203.8 | 61920.2 | 111124 |
| 下1 | 56380.96 | 34909.32 | 91290.3 | 28673 | 119963 |
| | 49503.88 | 24670.75 | 74174.6 | 39693.8 | 113868 |
| | 26504.08 | 16307.01 | 42811.1 | 16377.5 | 59188.6 |
| 下2 | 21272.8 | 9072.92 | 30345.7 | 13536.5 | 43882.2 |
| | 26903.88 | 20565.25 | 47469.1 | 22251.2 | 69720.4 |
| | 66404.95 | 49178.36 | 115583 | 43012.6 | 158596 |
| 下3 | 48570.62 | 90393.78 | 138964 | 30742.9 | 169707 |
| | 71438.29 | 49546.86 | 120985 | 40813.5 | 161799 |
| | 30586.67 | 30104.52 | 60691.2 | 97240.1 | 157931 |
| 下4 | 37913.26 | 60154.86 | 98068.1 | 44057.1 | 142125 |
| | 46054.37 | 40787.1 | 86841.5 | 66819.6 | 153661 |
| | 34402.74 | 16328.46 | 50731.2 | 35702.4 | 86433.6 |
| 下5 | 40601.72 | 14408.37 | 55010.1 | 41237.1 | 96247.2 |
| | 27045.53 | 34096.77 | 61142.3 | 31617.5 | 92759.8 |

　　表11.50 列出了不同坡位和间伐强度共同作用下杉木人工林枯落物层各层的生物量。其中未分解层（叶）所占未分解层的百分比是 56.45%，未分解层（枝）占未分解层的百分比是 43.55%。未分解层所占比例为，57.03%，半分阶层的比例是 42.97%。

表11.51　不同间伐强度和坡位下杉木枯落物层碳储量估算结果

| | 未分解层（叶） | 未分解层（枝） | 未分解层 | 半分解层 | 合计 |
|---|---|---|---|---|---|
| | 34363.81 | 17219.82 | 51583.63 | 30109.94 | 81693.57 |
| 上1 | 35037.76 | 18012.99 | 53050.75 | 28944.11 | 81994.86 |
| | 23668.42 | 42175.68 | 65844.09 | 11586.35 | 77430.44 |
| | 14001.85 | 9877.68 | 23879.53 | 7953.18 | 31832.71 |
| 上2 | 7934.62 | 5463.94 | 13398.56 | 12977.08 | 26375.64 |
| | 14603.25 | 9566.08 | 24169.33 | 8108.38 | 32277.70 |

（续）

| | 未分解层（叶） | 未分解层（枝） | 未分解层 | 半分解层 | 合计 |
|---|---|---|---|---|---|
| | 21913.35 | 18494.25 | 40407.59 | 38946.02 | 79353.62 |
| 上3 | 24932.84 | 31426.75 | 56359.59 | 28866.93 | 85226.52 |
| | 30534.86 | 19539.60 | 50074.46 | 40308.33 | 90382.79 |
| | 20191.11 | 14652.18 | 34843.29 | 20493.39 | 55336.68 |
| 上4 | 28018.96 | 14221.09 | 42240.05 | 15478.56 | 57718.61 |
| | 15330.91 | 8652.77 | 23983.67 | 23272.69 | 47256.36 |
| | 16029.75 | 11093.39 | 27123.14 | 29766.74 | 56889.88 |
| 上5 | 23517.45 | 19362.50 | 42879.94 | 21598.95 | 64478.89 |
| | 31501.30 | 15726.34 | 47227.64 | 24315.54 | 71543.18 |
| | 14488.84 | 14005.37 | 28494.21 | 33177.38 | 61671.59 |
| 中1 | 18672.32 | 28407.73 | 47080.05 | 17088.64 | 64168.69 |
| | 22305.50 | 19053.85 | 41359.35 | 28541.59 | 69900.94 |
| | 5689.06 | 4693.39 | 10382.45 | 11957.36 | 22339.81 |
| 中2 | 14188.28 | 10616.38 | 24804.66 | 4360.21 | 29164.86 |
| | 15455.53 | 8421.90 | 23877.43 | 12418.45 | 36295.88 |
| | 27814.46 | 29237.37 | 57051.83 | 22046.54 | 79098.38 |
| 中3 | 16038.83 | 7306.52 | 23345.36 | 50054.45 | 73399.81 |
| | 18293.77 | 17013.79 | 35307.56 | 45001.49 | 80309.05 |
| | 23825.55 | 14606.48 | 38432.03 | 9445.38 | 47877.41 |
| 中4 | 13366.04 | 15753.79 | 29119.84 | 12534.40 | 41654.23 |
| | 13803.87 | 10802.51 | 24606.38 | 17210.28 | 41816.67 |
| | 22910.56 | 18395.83 | 41306.39 | 13753.23 | 55059.62 |
| 中5 | 28613.39 | 12193.71 | 40807.10 | 13245.66 | 54052.76 |
| | 25530.86 | 13762.99 | 39293.84 | 29393.83 | 68687.68 |
| | 12659.13 | 10710.50 | 23369.62 | 27465.42 | 50835.05 |
| 下1 | 26462.94 | 16308.48 | 42771.42 | 7629.50 | 50400.92 |
| | 24533.72 | 11614.34 | 36148.06 | 14408.47 | 50556.52 |
| | 12836.71 | 7617.88 | 20454.59 | 6995.56 | 27450.15 |
| 下2 | 10388.20 | 4251.20 | 14639.39 | 4631.73 | 19271.12 |
| | 12166.13 | 9309.87 | 21476.01 | 7085.71 | 28561.72 |
| | 31652.37 | 22740.68 | 54393.05 | 16985.44 | 71378.49 |
| 下3 | 16959.08 | 11036.19 | 27995.27 | 42569.25 | 70564.52 |
| | 34914.12 | 23065.02 | 57979.14 | 14953.10 | 72932.24 |
| | 16763.90 | 7782.69 | 24546.59 | 16170.79 | 40717.38 |
| 下4 | 18222.59 | 6519.88 | 24742.48 | 10682.99 | 35425.46 |
| | 13098.96 | 15928.44 | 29027.39 | 13505.21 | 42532.60 |
| | 14846.84 | 20981.71 | 35828.56 | 23082.59 | 58911.15 |
| 下5 | 10414.78 | 13095.21 | 23509.98 | 31036.81 | 54546.79 |
| | 25893.11 | 15415.23 | 41308.34 | 24138.53 | 65446.87 |

由表 11. 51 得知，未分解层(叶)占未分解层的百分比为 57. 22% ，未分解层(枝)比例为 42. 78% 。未分解层所占比例为，63. 09% ，半分阶层所占的比例为 36. 91% 。

## 11. 5. 2　相同坡位不同间伐强度下枯落物层生物量比较

**表 11. 52　不同间伐强度下杉木林枯落物层生物量估算结果**

| | | 未分解层(叶) | 未分解层(枝) | 未分解层 | 半分解层 | 合计 |
|---|---|---|---|---|---|---|
| 间伐强度 1 | 上坡位 | 53411. 49 | 31497. 87 | 84909. 36 | 50738. 3 | 135648 |
| | 中坡位 | 35198. 29 | 35241. 95 | 70440. 24 | 69528. 7 | 139969 |
| | 下坡位 | 44055. 63 | 27500. 6 | 71556. 23 | 43429 | 114985 |
| 间伐强度 2 | 上坡位 | 27059. 97 | 18344. 85 | 45404. 81 | 35455. 6 | 80860. 4 |
| | 中坡位 | 24450. 98 | 16898. 22 | 41349. 19 | 25903. 5 | 67252. 7 |
| | 下坡位 | 24893. 59 | 15315. 06 | 40208. 65 | 17388. 4 | 57597. 1 |
| 间伐强度 3 | 上坡位 | 53779. 64 | 49802. 64 | 103582. 28 | 102270 | 205852 |
| | 中坡位 | 42568. 27 | 38211. 47 | 80779. 74 | 100983 | 181763 |
| | 下坡位 | 62137. 95 | 63039. 67 | 125177. 62 | 38189. 7 | 163367 |
| 间伐强度 4 | 上坡位 | 43130. 12 | 26648. 4 | 69778. 52 | 50985. 8 | 120764 |
| | 中坡位 | 35308. 5 | 29337. 95 | 64646. 46 | 37837. 2 | 102484 |
| | 下坡位 | 34016. 66 | 21611. 2 | 55627. 87 | 36185. 6 | 91813. 5 |
| 间伐强度 5 | 上坡位 | 59078. 98 | 32727. 5 | 91806. 48 | 83622. 2 | 175429 |
| | 中坡位 | 48419. 9 | 32761. 86 | 81181. 76 | 71682. 8 | 152865 |
| | 下坡位 | 38184. 77 | 43682. 16 | 81866. 93 | 69372. 3 | 151239 |

由表 11. 52 可知，枯落物层生物量从高至低排序如下：间伐强度 3(550982. 11) > 间伐强度 5(479532. 42) > 间伐强度 1(390601. 76) > 间伐强度 4(315061. 46) > 间伐强度 2(205710. 11)。说明间伐后，单位面积林木株数变小，林隙增加，地温升高，进而会加速枯落物层的分解，枯落物生物量自然减少，进而影响枯落物生物量，这与现有的研究结论相一致。

**表 11. 53　不同间伐强度下杉木林枯落物各组分生物量所占比例**

| 间伐强度 | 未分解层(叶) | 未分解层(枝) | 未分解层 | 半分解层 |
|---|---|---|---|---|
| 间伐强度 1 | 33. 96% | 24. 13% | 58. 09% | 41. 91% |
| 间伐强度 2 | 37. 14% | 24. 58% | 61. 72% | 38. 28% |
| 间伐强度 3 | 28. 76% | 27. 42% | 56. 18% | 43. 82% |
| 间伐强度 4 | 35. 69% | 24. 63% | 60. 32% | 39. 68% |
| 间伐强度 5 | 30. 38% | 22. 77% | 53. 15% | 46. 85% |

由表 11. 53 可知，枯落物层生物量比值由高到低的排序是：间伐强度 2 > 间伐强度 4 > 间伐强度 1 > 间伐强度 5 > 间伐强度 3。

## 11.5.3 相同间伐强度不同坡位下枯落物层生物量比较

**表 11.54 不同间伐强度下下杉木林枯落物层生物量估算结果**

| | | 未分解层(叶) | 未分解层(枝) | 未分解层 | 半分解层 | 合计 |
|---|---|---|---|---|---|---|
| | 间伐强度 1 | 53411.49 | 31497.87 | 84909.36 | 50738.26 | 135647.62 |
| | 间伐强度 2 | 27059.97 | 18344.85 | 45404.81 | 35455.55 | 80860.36 |
| 上坡位 | 间伐强度 3 | 53779.64 | 49802.64 | 103582.28 | 102269.69 | 205851.98 |
| | 间伐强度 4 | 43130.12 | 26648.4 | 69778.52 | 50985.82 | 120764.34 |
| | 间伐强度 5 | 59078.98 | 32727.5 | 91806.48 | 83622.2 | 175428.68 |
| | 间伐强度 1 | 35198.29 | 35241.95 | 70440.24 | 69528.66 | 139968.9 |
| | 间伐强度 2 | 24450.98 | 16898.22 | 41349.19 | 25903.49 | 67252.68 |
| 中坡位 | 间伐强度 3 | 42568.27 | 38211.47 | 80779.74 | 100983.11 | 181762.85 |
| | 间伐强度 4 | 35308.5 | 29337.95 | 64646.46 | 37837.16 | 102483.61 |
| | 间伐强度 5 | 48419.9 | 32761.86 | 81181.76 | 71682.78 | 152864.53 |
| | 间伐强度 1 | 44055.63 | 27500.6 | 71556.23 | 43429.01 | 114985.24 |
| | 间伐强度 2 | 24893.59 | 15315.06 | 40208.65 | 17388.42 | 57597.07 |
| 下坡位 | 间伐强度 3 | 62137.95 | 63039.67 | 125177.62 | 38189.65 | 163367.28 |
| | 间伐强度 4 | 34016.66 | 21611.2 | 55627.87 | 36185.64 | 91813.51 |
| | 间伐强度 5 | 38184.77 | 43682.16 | 81866.93 | 69372.28 | 151239.21 |

由表 11.54 可知，枯落物生物量由高到低排序如下：上坡位(718552.98) > 中坡位(644332.57) > 下坡位(579002.31)。在各个坡位，间伐强度 2(50%)的样地的枯落物层生物量最低，而间伐强度 3(0%)的最高。可以得出结论，杉木林枯落物层生物量和间伐强度呈负相关关系。

**表 11.55 不同坡位下杉木林枯落物层各器官生物量所占比例**

| 坡位 | 未分解层(叶) | 未分解层(枝) | 未分解层 | 半分解层 |
|---|---|---|---|---|
| 上坡位 | 32.91% | 22.13% | 55.04% | 44.96% |
| 中坡位 | 28.86% | 23.66% | 52.52% | 47.48% |
| 下坡位 | 35.11% | 29.56% | 64.67% | 35.33% |

由表 11.55 可知，未分解层(叶)占整个枯落物层生物量比值由高到低的排序是：下坡位(35.11%) > 上坡位(32.91%) > 中坡位(28.86%)。未分解层(枝)和整个枯落物层生物量比值由高到低的排序是：下坡位(29.56%) > 中坡位(23.66%) > 上坡位(22.13%)。未分解层和整个枯落物层生物量比值由高到低的排序是：下坡位(64.67%) > 上坡位(55.04%) > 中坡位(52.52%)。半分解层和整个枯落物层生物量比值由高到低的排序是：中坡位(47.48%) > 上坡位(44.96%) > 下坡位(35.33%)。这是因为下坡位水热条件好，枯落物层分解速度快，半分解层比例低。而上坡位的光照条件好，不利于枯落物的分节，所以未分分解比例高。

## 11.5.4 相同坡位不同间伐强度下枯落物层碳储量比较

表 11.56 不同间伐强度下杉木林枯落物层碳储量估算结果

| | | 未分解层（叶） | 未分解层（枝） | 未分解层 | 半分解层 | 合计 |
|---|---|---|---|---|---|---|
| 间伐强度 1 | 上坡位 | 21218.60 | 12877.77 | 34096.37 | 16501.13 | 50597.50 |
| | 中坡位 | 18488.89 | 20488.98 | 38977.87 | 26269.20 | 65247.07 |
| | 下坡位 | 31023.33 | 25802.83 | 56826.16 | 23546.80 | 80372.96 |
| 间伐强度 2 | 上坡位 | 12179.91 | 8302.57 | 20482.47 | 9679.54 | 30162.02 |
| | 中坡位 | 11777.63 | 7910.56 | 19688.18 | 9578.67 | 29266.85 |
| | 下坡位 | 11797.01 | 7059.65 | 18856.67 | 6237.67 | 25094.33 |
| 间伐强度 3 | 上坡位 | 25793.68 | 23153.53 | 48947.21 | 36040.43 | 84987.64 |
| | 中坡位 | 20715.69 | 17852.56 | 38568.25 | 39034.16 | 77602.41 |
| | 下坡位 | 27841.86 | 18947.29 | 46789.15 | 24835.93 | 71625.08 |
| 间伐强度 4 | 上坡位 | 21180.33 | 12508.68 | 33689.00 | 19748.21 | 53437.22 |
| | 中坡位 | 16998.49 | 13720.93 | 30719.42 | 13063.35 | 43782.77 |
| | 下坡位 | 17051.58 | 16497.38 | 33548.96 | 26085.98 | 59634.94 |
| 间伐强度 5 | 上坡位 | 23682.83 | 15394.07 | 39076.91 | 25227.08 | 64303.98 |
| | 中坡位 | 25684.94 | 14784.18 | 40469.11 | 18797.57 | 59266.69 |
| | 下坡位 | 16028.48 | 10077.00 | 26105.49 | 13453.00 | 39558.48 |

由表 11.56 可知，杉木林枯落物碳储量的排序如下：间伐强度 3（234215.13）＞间伐强度 1（196217.53）＞间伐强度 5（163129.15）＞间伐强度 4（156854.93）＞间伐强度 2（84523.20）。

表 11.57 不同间伐强度下杉木林枯落物各组分碳储量所占比例

| 间伐强度 | 未分解层（叶） | 未分解层（枝） | 未分解层 | 半分解层 |
|---|---|---|---|---|
| 间伐强度 1 | 36.05% | 30.16% | 66.20% | 33.80% |
| 间伐强度 2 | 42.30% | 27.53% | 69.84% | 30.16% |
| 间伐强度 3 | 31.74% | 25.60% | 57.34% | 42.66% |
| 间伐强度 4 | 35.21% | 27.24% | 62.45% | 37.55% |
| 间伐强度 5 | 40.09% | 24.68% | 64.77% | 35.23% |

由表 11.57 可知，杉木林枯落物层未分解层碳储量占整个枯落物层比例的排序为：间伐强度 2 ＞间伐强度 1 ＞间伐强度 5 ＞间伐强度 4 ＞间伐强度 3。可以得出结论，间伐有利于枯落物未分解层碳储量的增加。

不同间伐强度下，半分解层和整个枯落物层碳储量比值的排序是：间伐强度 3 ＞间伐强度 4 ＞间伐强度 5 ＞间伐强度 1 ＞间伐强度 2。可以得出结论，间伐并不利于枯落物半分解层碳储量的增长，并且随间伐强度的增大而减少。

## 11.5.5　相同间伐强度不同坡位下枯落物层碳储量比较

表 11.58　不同坡位下杉木林枯落物层碳储量估算结果

| | | 未分解层(叶) | 未分解层(枝) | 未分解层 | 半分解层 | 合计 |
|---|---|---|---|---|---|---|
| | 间伐强度 1 | 21218.60 | 12877.77 | 34096.37 | 16501.13 | 50597.50 |
| | 间伐强度 2 | 12179.91 | 8302.57 | 20482.47 | 9679.54 | 30162.02 |
| 上坡位 | 间伐强度 3 | 25793.68 | 23153.53 | 48947.21 | 36040.43 | 84987.64 |
| | 间伐强度 4 | 21180.33 | 12508.68 | 33689.00 | 19748.21 | 53437.22 |
| | 间伐强度 5 | 23682.83 | 15394.07 | 39076.91 | 25227.08 | 64303.98 |
| | 间伐强度 1 | 18488.89 | 20488.98 | 38977.87 | 26269.20 | 65247.07 |
| | 间伐强度 2 | 11777.63 | 7910.56 | 19688.18 | 9578.67 | 29266.85 |
| 中坡位 | 间伐强度 3 | 20715.69 | 17852.56 | 38568.25 | 39034.16 | 77602.41 |
| | 间伐强度 4 | 16998.49 | 13720.93 | 30719.42 | 13063.35 | 43782.77 |
| | 间伐强度 5 | 25684.94 | 14784.18 | 40469.11 | 18797.57 | 59266.69 |
| | 间伐强度 1 | 31023.33 | 25802.83 | 56826.16 | 23546.80 | 80372.96 |
| | 间伐强度 2 | 11797.01 | 7059.65 | 18856.67 | 6237.67 | 25094.33 |
| 下坡位 | 间伐强度 3 | 27841.86 | 18947.29 | 46789.15 | 24835.93 | 71625.08 |
| | 间伐强度 4 | 17051.58 | 16497.38 | 33548.96 | 26085.98 | 59634.94 |
| | 间伐强度 5 | 16028.48 | 10077.00 | 26105.49 | 13453.00 | 39558.48 |

由表 11.58 得知，杉木林枯落物层碳储量由高至低的排序如下：上坡位（283488.35）＞中坡位（276285.79）＞下坡位（275165.79）。各坡位碳储量没有差异。

表 11.59　不同坡位下杉木林枯落物层各器官碳储量所占比例

| 坡位 | 未分解层(叶) | 未分解层(枝) | 未分解层 | 半分解层 |
|---|---|---|---|---|
| 上坡位 | 36.71% | 25.48% | 62.19% | 37.81% |
| 中坡位 | 34.04% | 27.17% | 61.21% | 38.79% |
| 下坡位 | 37.55% | 28.37% | 65.92% | 34.08% |

由表 11.59 得知，未分解层和整个枯落物层碳储量比值由高到低的排序是：下坡位（65.92%）＞上坡位（62.19%）＞中坡位（61.21%）。半分解层和整个枯落物层碳储量比值由高到低的排序是：中坡位（38.79%）＞上坡位（37.81%）＞下坡位（34.08%）。未分解层、半分解层碳储量所占枯落物层的百分比和坡位没有直接的关系。

## 11.6 杉木人工林生物量和碳储量

### 11.6.1 相同坡位不同间伐强度下杉木人工林生物量和碳储量比较

**表 11.60 不同间伐强度下杉木林生物量估算结果**

|  |  | 乔木 | 灌木 | 草本 | 枯落物 | 合计 |
|---|---|---|---|---|---|---|
| 间伐强度 1 | 上坡位 | 4354.63 | 1.01 | 4.35 | 135.65 | 4495.64 |
|  | 中坡位 | 4284.3 | 1.32 | 4.28 | 139.97 | 4429.87 |
|  | 下坡位 | 7865.92 | 1.41 | 7.87 | 114.99 | 7990.18 |
| 间伐强度 2 | 上坡位 | 2850.16 | 2.75 | 2.85 | 80.86 | 2936.62 |
|  | 中坡位 | 4304.32 | 3.84 | 4.30 | 67.25 | 4379.72 |
|  | 下坡位 | 3417.2 | 8.18 | 3.42 | 57.60 | 3486.40 |
| 间伐强度 3 | 上坡位 | 3393.67 | 0.07 | 3.39 | 205.85 | 3602.99 |
|  | 中坡位 | 4673.14 | 0.08 | 4.67 | 181.76 | 4859.66 |
|  | 下坡位 | 4782.76 | 0.10 | 4.78 | 163.37 | 4951.01 |
| 间伐强度 4 | 上坡位 | 4618.84 | 2.25 | 4.62 | 120.76 | 4746.48 |
|  | 中坡位 | 4969.84 | 2.27 | 4.97 | 102.48 | 5079.57 |
|  | 下坡位 | 7455.58 | 2.06 | 7.46 | 91.81 | 7556.91 |
| 间伐强度 5 | 上坡位 | 3931.65 | 0.25 | 3.93 | 175.43 | 4111.26 |
|  | 中坡位 | 5270.69 | 0.49 | 5.27 | 152.87 | 5429.32 |
|  | 下坡位 | 7046.02 | 1.20 | 7.05 | 151.24 | 7205.51 |

**表 11.61 不同间伐强度下杉木林碳储量估算结果**

|  |  | 乔木 | 灌木 | 草本 | 枯落物 | 合计 |
|---|---|---|---|---|---|---|
| 间伐强度 1 | 上坡位 | 2075.38 | 0.43 | 3.69 | 50.60 | 2130.09 |
|  | 中坡位 | 2034.87 | 0.56 | 4.95 | 65.25 | 2105.63 |
|  | 下坡位 | 3774.90 | 0.52 | 5.64 | 80.37 | 3861.43 |
| 间伐强度 2 | 上坡位 | 1345.82 | 1.19 | 8.17 | 30.16 | 1385.33 |
|  | 中坡位 | 2050.20 | 1.62 | 8.87 | 29.27 | 2089.96 |
|  | 下坡位 | 1636.48 | 3.51 | 12.85 | 25.09 | 1677.93 |
| 间伐强度 3 | 上坡位 | 1600.07 | 0.03 | 0.45 | 84.99 | 1685.53 |
|  | 中坡位 | 2228.13 | 0.04 | 0.73 | 77.60 | 2306.50 |
|  | 下坡位 | 2282.94 | 0.04 | 0.68 | 71.63 | 2355.29 |
| 间伐强度 4 | 上坡位 | 2180.86 | 0.94 | 4.46 | 53.44 | 2239.69 |
|  | 中坡位 | 2347.15 | 0.93 | 6.15 | 43.78 | 2398.01 |
|  | 下坡位 | 3557.58 | 0.87 | 4.65 | 59.63 | 3622.74 |
| 间伐强度 5 | 上坡位 | 1826.39 | 0.11 | 1.30 | 64.30 | 1892.10 |
|  | 中坡位 | 2496.04 | 0.21 | 1.16 | 59.27 | 2556.68 |
|  | 下坡位 | 3338.46 | 0.50 | 2.78 | 39.56 | 3381.30 |

表 11.62　不同间伐强度下杉木林生物量和碳储量的方差分析

| | bartlett. test. p-value | Df | Sum Sq | Mean Sq | F value | Pr( >F) |
|---|---|---|---|---|---|---|
| 生物量 | 0.3745 | 4 | 32445435 | 8111359 | 3.675 | 0.0122 * |
| | | 41 | 88289615 | 2207240 | | |
| 碳储量 | 0.3878 | 4 | 7206862 | 1801715 | 3.481 | 0.0157 * |
| | | 41 | 20705748 | 517644 | | |

由表 11.60 和表 11.61 看出，相同立地条件和林龄的条件下，随间伐强度增加，林分密度的减少，单株林木生长空间变大，光照条件改善，促进冠幅扩大，树枝、树叶生物量增多。同时，土壤表层温度升高，加速了表土层微生物的活动和腐殖质的积累，提高了土壤肥力，有利于植物生长，反映为随间伐强度增大保留林木的胸径、树高等指标都有所增长，枝叶生物量增加并且所占比重也增加，单株杉木生物量和碳储量积累比未间伐样地明显增加。

杉木人工林总生物量变化规律是：间伐强度 4(17382.96) > 间伐强度 1(16915.70) > 间伐强度 5(16746.09) > 间伐强度 3(13413.66) > 间伐强度 2(10802.74)。间伐对杉木林总生物量作用显著。乔木层所占的比重为 97.29%，灌木层占 0.04%，草本层占 0.10%，枯落物层占 2.58%。因此，变化规律和原因同乔木层一致。

杉木人工林总碳储量变化规律是：间伐强度 5(2754.56) > 间伐强度 4(2695.00) > 间伐强度 3(2583.62) > 间伐强度 1(2104.79) > 间伐强度 2(1766.32)。间伐对杉木林总碳储量作用显著。乔木层所占的比例为 97.44%，灌木层占 0.03%，草本层占 0.19%，枯落物层占 2.34%。

由表 11.62 看出，不同间伐强度的杉木林生物量和碳储量都存在显著差异。

## 11.6.2　相同间伐强度不同坡位下杉木人工林生物量和碳储量比较

表 11.63　不同坡位下杉木林生物量估算结果

| | | 乔木 | 灌木 | 草本 | 枯落物 | 总计 |
|---|---|---|---|---|---|---|
| 上坡位 | 间伐强度 1 | 3393.67 | 1.409171 | 20.28901 | 114.985 | 3530.35 |
| | 间伐强度 2 | 2850.16 | 1.01172 | 41.80116 | 163.367 | 3056.34 |
| | 间伐强度 3 | 3931.65 | 0.25044 | 8.76575 | 57.5971 | 3998.26 |
| | 间伐强度 4 | 4354.63 | 2.063477 | 16.68831 | 151.239 | 4524.62 |
| | 间伐强度 5 | 4618.84 | 0.0704 | 2.518 | 91.8135 | 4713.24 |
| 中坡位 | 间伐强度 1 | 4673.14 | 0.10388 | 1.26 | 139.969 | 4814.47 |
| | 间伐强度 2 | 4304.32 | 3.842632 | 14.27189 | 181.763 | 4504.2 |
| | 间伐强度 3 | 5270.69 | 0.08272 | 3.21775 | 201.758 | 5475.75 |
| | 间伐强度 4 | 4284.3 | 2.274251 | 17.43094 | 152.865 | 4456.87 |
| | 间伐强度 5 | 4969.84 | 2.254163 | 22.59434 | 102.484 | 5097.17 |
| 下坡位 | 间伐强度 1 | 4782.76 | 0.4926 | 3.831 | 135.648 | 4922.73 |
| | 间伐强度 2 | 3417.2 | 8.183248 | 25.69067 | 205.852 | 3656.93 |
| | 间伐强度 3 | 7046.02 | 1.202876 | 2.3255 | 80.8604 | 7130.41 |
| | 间伐强度 4 | 7865.92 | 1.317465 | 12.15053 | 175.429 | 8054.82 |
| | 间伐强度 5 | 7455.58 | 2.753209 | 18.2415 | 120.764 | 7597.34 |

**表 11.64　不同坡位下杉木林碳储量估算结果**

| | | 乔木 | 灌木 | 草本 | 枯落物 | 合计 |
|---|---|---|---|---|---|---|
| 上坡位 | 间伐强度 1 | 1600.07 | 0.523298 | 4.653683 | 80.37296 | 1685.62 |
| | 间伐强度 2 | 1345.82 | 0.430195 | 12.8536 | 71.62508 | 1430.729 |
| | 间伐强度 3 | 1826.39 | 0.105587 | 2.779777 | 25.09433 | 1854.37 |
| | 间伐强度 4 | 2075.38 | 0.871783 | 4.455701 | 59.63494 | 2140.342 |
| | 间伐强度 5 | 2180.86 | 0.028903 | 0.679346 | 39.55848 | 2221.127 |
| 中坡位 | 间伐强度 1 | 2228.13 | 0.042088 | 0.446621 | 65.24707 | 2293.866 |
| | 间伐强度 2 | 2050.2 | 1.615239 | 4.954875 | 77.60241 | 2134.373 |
| | 间伐强度 3 | 2496.04 | 0.035598 | 1.295765 | 29.26685 | 2526.638 |
| | 间伐强度 4 | 2034.87 | 0.925072 | 6.150589 | 59.26669 | 2101.212 |
| | 间伐强度 5 | 2347.15 | 0.940345 | 8.166949 | 43.78277 | 2400.04 |
| 下坡位 | 间伐强度 1 | 2282.94 | 0.206957 | 1.161958 | 50.5975 | 2334.906 |
| | 间伐强度 2 | 1636.48 | 3.506288 | 8.873922 | 84.98764 | 1733.848 |
| | 间伐强度 3 | 3338.46 | 0.502083 | 0.72756 | 30.16202 | 3369.852 |
| | 间伐强度 4 | 3774.9 | 0.557144 | 3.685705 | 64.30398 | 3843.447 |
| | 间伐强度 5 | 3557.58 | 1.185801 | 5.638371 | 53.43722 | 3617.841 |

**表 11.65　不同坡位下杉木林生物量和碳储量的非参数检验**

| | bartlett. test. p-value | Chi-squared | Df | p-value |
|---|---|---|---|---|
| 生物量 | 0.01026 | 12.133 | 2 | 0.002319 |
| 碳储量 | 0.01037 | 12.133 | 2 | 0.002319 |

由表 11.63 和表 11.64 看出，坡位对杉木林乔木层干材、树皮、树枝、树叶、树冠、树干、根系、地上部分、全株的生物量和碳储量的影响均为显著。乔木层生物量和碳储量由高至低的排序是：下坡位 > 中坡位 > 上坡位。下坡位的水热条件、有机质含量明显好于中、上坡位，计算结果符合预期。

坡位对杉木林灌木层各器官的生物量、碳储量作用不显著，但对全株的生物量、碳储量作用显著。灌木层生物量和碳储量由高至低的排序是：下坡位 > 中坡位 > 上坡位。下坡位的水热条件、有机质含量明显好于中、上坡位，计算结果符合预期。坡位对杉木林草本层地上部分的生物量和碳储量作用显著，但对地下部分及全株生物量、碳储量的影响均不显著。各坡位生物量由高至低的排序是：下坡位 > 中坡位 > 上坡位，碳储量由高至低的排序是：上坡位 > 中坡位 > 下坡位。坡位仍然能够影响草本层生物量、碳储量。坡位对杉木林枯落物层各组分、总体的生物量、碳储量的影响均不显著，各坡位生物量由高至低的排序是：上坡位 > 中坡位 > 下坡位。

杉木人工林系统总生物量在各坡位作用下的变化规律为：下坡位(31190.01) > 中坡位(24178.14) > 上坡位(19892.99)。坡位能够显著作用于杉木林总生物量。乔木层所占的比重为 97.29%，灌木层占 0.04%，草本层占 0.10%，枯落物层占 2.58%。因此，变化规律和原因同乔木层一致。

杉木人工林系统总碳储量的变化规律为：下坡位(14898.70) > 中坡位(11456.76) > 上坡位(9332.75)。坡位能够显著作用于杉木林总碳储量。乔木层所占的比重为 97.44%，灌木层占 0.03%，草本层占 0.19%，枯落物层占 2.34%。因此，变化规律和原因同乔木层一致。

## 11.7　结论

（1）不同间伐强度下，杉木人工林系统总生物量由高至低的排序如下：33%间伐强度 >25%间伐强度 >20%间伐强度 >0%间伐强度 >50%间伐强度。杉木人工林系统总碳储量的由高至低的排序如下：20%间伐强度 >33%间伐强度 >0%间伐强度 >25%间伐强度 >50%间伐强度。

（2）不同坡位下，杉木人工林系统总生物量、碳储量由高至低的排序如下：下坡位 >中坡位 >上坡位。

（3）$D$、$DH$、$D^2$ 和 $D^2H$ 能够决定杉木单木各器官、组分生物量，幂函数模型的拟合效果最优。

（4）5 种间伐对杉木人工林各层的生物量和碳储量都有影响：在间伐 3 年后，中、弱度间伐能够促进杉木林乔木层生物量和碳储量增长，而强度间伐能够抑制杉木林乔木层生物量、碳储量的增长；灌木层、草本层的生物量和碳储量和间伐强度呈正相关；枯落物层生物量和间伐强度呈负相关。

（5）相同坡位，5 种间伐强度对乔木层各组分、器官生物量造成的差异均为显著；对杉木林灌木层枝、叶和全株的生物量造成显著差异，对灌木层根的生物量影响不显著；对杉木林草本层各组分和整体生物量造成显著差异；对枯落物层各组分和整体生物量造成显著差异；对杉木人工林总生物量造成显著差异。

（6）间伐能够改变各层内组分、器官占该层生物量和碳储量的百分比：间伐对杉木林乔木层各器官、组分生物量的改变范围在 ±1% 左右，影响可以忽略不计；间伐有利于杉木林灌木层枝的生物量的增长，并且间伐强度 33% 的枝所占生物量、碳储量的比重最高，在 20% 以上间伐强度，叶在杉木林灌木层的生物量、碳储量的所占比例和间伐强度呈正相关关系，弱度间伐能增加根与杉木林灌木层总生物量、碳储量比值比例；间伐会改变杉木林草本层生物量地上部分和地下部分所占的比例，但变化规律和间伐强度并不呈明显的正相关关系；间伐利于未分解层(叶)与枯落物层生物量、碳储量比值的增加，并且所占比例幅度并随着间伐强度增加而增加，间伐不利于未分解层（枝）与枯落物层生物量比值的增加，但所占比例和间伐强度的关系并不明显，间伐和未分解层（枝）的碳储量的并没有直接的关系，间伐利于未分解层与枯落物层生物量、碳储量比值的增加，并且所占比例幅度并随着间伐强度增加而增加，间伐不利于未分解层与枯落物层生物量、碳储量比值的增加，并且所占比例幅度并随着间伐强度增加而减少。

（7）相同间伐强度，3 种坡位对乔木层各组分、器官生物量和碳储量造成的差异均为显著。

（8）坡位能够改变各层内组分、器官占该层生物量和碳储量的百分比。

（9）构建生物量相容性模型，计算杉木林乔木层生物量，将坡位和间伐强度作为模型因子。已知坡位，可以求得任何间伐强度下杉木林乔木层的生物量。已知间伐强度，可以求得 5 类坡位下杉木林乔木层的生物量。在林业工作中有较强的指导性。

# 12 竹木混交林林分结构及择伐优化模型

## 12.1 研究目的与研究内容

### 12.1.1 研究目的

本研究以福建三明市将乐县的不同竹木混交类型——毛竹纯林、竹杉混交林、竹樟混交林为研究对象，应用野外观测和统计分析的方法，以毛竹纯林为参照，研究不同竹木混交林林分非空间结构及其特征，以可持续经营为目标，构建竹木混交林择伐优化模型，确定合理的采伐方案，为竹木混交林的林分结构优化调整提供理论依据，同时为闽西北地区毛竹混交林的经营提供参考。

### 12.1.2 研究内容

(1)不同竹木混交林的空间结构。
(2)竹木混交林空间结构优化模型。
(3)不同竹木混交林经营效果评价。

### 12.1.3 研究技术路线

本研究的技术路线见图12.1。

### 12.1.4 样地

采用典型样地调查方法，考虑不同混交比例的毛竹杉木混交林——7毛竹3杉木(ZSⅠ)、6毛竹4杉木(ZSⅡ)、5毛竹5杉木ZS(Ⅲ)、3毛竹7杉木(ZSⅣ)、2毛竹8杉木(ZSⅤ)、竹樟混交林(ZK)和毛竹纯林(MZ)7种混交比例，共计18块，标准地面积大小为400~600 m²。

## 12.2 不同竹木混交林非空间结构分析

### 12.2.1 植物物种多样性研究

由表12.1可知，各林分类型乔木层的丰富度指数差异较小，灌木层和草本层丰富度指数差异相对较大，各林分不同层次的物种数及物种丰富度指数除 ZSⅡ和 ZSⅢ的物种数灌木层略多于草本层外，总体表现为草本层 > 灌木层 > 乔木层。毛竹杉木混交比例为7毛竹3杉木和6毛竹4杉木林的物种最丰富。

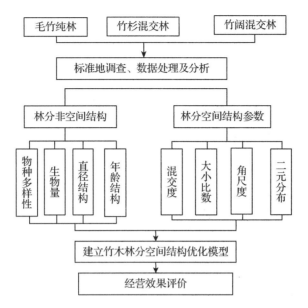

**图 12.1 研究技术路线图**

**表 12.1 不同类型竹木混交林生物多样性指数**

| 林分类型 stands type | 层次 layer | 多样性指数 Diversity indexes | | | | |
|---|---|---|---|---|---|---|
| | | R | D | H | Jsw | Jsi |
| ZS I | 乔木层 | 4.00 | 0.38 | 0.64 | 0.50 | 0.54 |
| | 灌木层 | 18.00 | 0.89 | 2.32 | 0.81 | 0.94 |
| | 草本层 | 20.50 | 0.80 | 2.13 | 0.71 | 0.84 |
| | 群落总体 | 11.50 | 0.62 | 1.44 | 0.63 | 0.72 |
| ZS II | 乔木层 | 2.00 | 0.34 | 0.52 | 0.74 | 0.69 |
| | 灌木层 | 20.00 | 0.89 | 2.61 | 0.88 | 0.94 |
| | 草本层 | 19.50 | 0.82 | 2.12 | 0.74 | 0.87 |
| | 群落总体 | 10.50 | 0.60 | 1.46 | 0.78 | 0.80 |
| ZS III | 乔木层 | 2.00 | 0.44 | 0.63 | 0.91 | 0.88 |
| | 灌木层 | 14.70 | 0.82 | 2.11 | 0.81 | 0.89 |
| | 草本层 | 14.00 | 0.78 | 1.91 | 0.74 | 0.85 |
| | 群落总体 | 8.21 | 0.62 | 1.33 | 0.84 | 0.87 |
| ZS IV | 乔木层 | 2.00 | 0.44 | 0.63 | 0.92 | 0.88 |
| | 灌木层 | 11.00 | 0.75 | 1.95 | 0.81 | 0.80 |
| | 草本层 | 17.50 | 0.86 | 2.32 | 0.81 | 0.91 |
| | 群落总体 | 7.80 | 0.62 | 1.37 | 0.86 | 0.86 |
| ZS V | 乔木层 | 3.30 | 0.51 | 0.77 | 0.83 | 0.88 |
| | 灌木层 | 10.70 | 0.81 | 1.91 | 0.85 | 0.92 |
| | 草本层 | 16.00 | 0.86 | 2.33 | 0.84 | 0.92 |
| | 群落总体 | 8.06 | 0.67 | 1.43 | 0.84 | 0.90 |

（续）

| 林分类型 stands type | 层次 layer | 多样性指数 Diversity indexes | | | | |
|---|---|---|---|---|---|---|
| | | R | D | H | Jsw | Jsi |
| MZ | 乔木层 | 2.00 | 0.02 | 0.05 | 0.07 | 0.03 |
| | 灌木层 | 16.00 | 0.69 | 1.35 | 0.48 | 0.54 |
| | 草本层 | 20.00 | 0.87 | 2.39 | 0.82 | 0.93 |
| | 群落总体 | 9.80 | 0.39 | 0.91 | 0.34 | 0.36 |
| ZK | 乔木层 | 3.00 | 0.20 | 0.36 | 0.43 | 0.35 |
| | 灌木层 | 11.00 | 0.68 | 1.66 | 0.69 | 0.75 |
| | 草本层 | 20.00 | 0.87 | 2.43 | 0.81 | 0.88 |
| | 群落总体 | 8.80 | 0.48 | 1.17 | 0.59 | 0.58 |

注：ZSⅠ为7毛竹3杉木；ZSⅡ为6毛竹4杉木；ZSⅢ为5毛竹5杉木；ZSⅣ为3毛竹7杉木；ZSⅤ为2毛竹8杉木；MZ为毛竹纯林；ZK为竹樟混交林，下同。

不同毛竹杉木混交林的 Simpson 指数（$D$）和 Shannanon-Weiner 指数（$H$）均大于毛竹纯林，不同高度多样性指数表现为灌木层＞草本层＞乔木层，各层间差异显著。

乔木层比较说明，毛竹杉木混交林和毛竹纯林的均匀度指数值有极显著差异，竹杉混交林均匀度指数较毛竹纯林大，说明毛竹混交林群落物种分布较均匀度，这是因为毛竹纯林物种较单一且毛竹生长具有团状聚集现象。

竹杉混交林和毛竹纯林的均匀度指数值有极显著差异，竹杉混交林灌木层的物种分布较均匀，其中6毛竹4杉木（$Jsw=0.876$，$Jsi=0.943$）林分灌木层物种分布较其他林分类型均匀。各林分类型草本层均匀度指数无显著差异，竹杉混交林的均匀度指数最大为8杉木2毛竹（$Jsw=0.876$，$Jsi=0.943$），与毛竹纯林（$Jsw=0.818$，$Jsi=0.927$）差异不显著，说明各林分草本层物种分布较均匀。

综合分析说明，毛竹与杉木适度的混交可以增加林下物种丰富度，其中竹杉混交比例为6:4，林分密度为毛竹 1800 株/$hm^2$，杉木 900 株/$hm^2$ 最佳；竹杉混交林林下物种多样性远远大于毛竹纯林，6毛竹4杉木物种多样性最高，从生物多样性保护的角度出发，毛竹杉木混交林更有利于保护生物多样性；各群落均匀度表现为竹杉混交林比毛竹纯林的物种分布更均匀，林分密度为毛竹 1700 株/$hm^2$，杉木 1300 株/$hm^2$ 时群落均匀度较高。

由表 12.1 可知，竹樟混交林和毛竹纯林各层间有显著差异。总体表现为草本层＞灌木层＞乔木层。竹樟混交林和毛竹纯林的物种丰富度无显著差异。竹樟混交林乔木层的物种多样性指数大于毛竹纯林，两种群落的林下灌木层和草本层物种多样性无显著差异。总的来看，竹樟混交林群落整体的 Simpson 指数和 Shannanon-Weiner 指数均大于毛竹纯林，营造竹樟混交林可增加物种多样性，改善毛竹物种多样性退化的现状。

## 12.2.2 不同竹木混交林分的生物量差异

在研究区采集的18株毛竹分各器官计算得到毛竹总生物量，利用较容获取的林分因子胸径、竹度为自变量建立毛竹单木生物量模型，计算每公顷毛竹的生物量 $W_1$；利用10株杉木的生物量数据拟合出精度较高的模型，利用拟合的单木生物量模型计算单位面积杉木的生物量 $W_2$，阔叶树的生物量利用许昊阔叶树单木生物量模型求算。计算每公顷总生

物量 $W_{总}$。计算公式如下。

$$W_1 = 0.03 \times D^{2.35594} \times \exp(0.26 \times A), R^2 = 0.97237$$

$$W_2 = 0.0483 \times D^{1.7936} \times H^{0.8478}, R^2 = 0.92233$$

式中：$W_1$ 为毛竹单株生物量，kg；$W_2$ 为杉木单株生物量，kg；$D$ 为树种胸径，cm；$H$ 为树种树高，m；$A$ 为毛竹竹度。

表 12.2 不同混交林的林分生物量 单位：t/hm²

| 林分类型 | 总生物量 $W_{总}$ | 树种 | |
|---|---|---|---|
| | | 毛竹 $W_1$ | 杉木/阔叶树 $W_2$ |
| ZS I | 81.79 | 21.86 | 59.93 |
| ZS II | 146.18 | 54.63 | 91.55 |
| ZS III | 133.22 | 39.64 | 93.58 |
| ZS IV | 141.39 | 28.74 | 112.65 |
| ZS V | 161.53 | 28.99 | 132.53 |
| ZK | 170.12 | 48.07 | 122.05 |
| MZ | 76.96 | 76.96 | |

不同竹木混交林林分生物量计算结果见表 12.2，分析可以得出：①竹樟混交林、竹杉混交林的总生物量大于毛竹纯林的总生物量，毛竹的总生物量有显著差异。②不同竹杉混交林分的总生物量均大于毛竹纯林，且不同林分间有差异。7 毛竹 3 杉木的生物量最小，与其他林分差异极显著。3 毛竹 7 杉木的最高，6 毛竹 4 杉木次之。③8 毛竹 2 阔混交林的总生物量最大，每公顷 170.12t，比毛竹纯林增加了 121%，3 毛竹 7 杉木和 6 毛竹 4 杉木的总生物量分别为 161.53 t/hm² 和 146.18 t/hm²，比毛竹纯林增加了 109.8% 和 89.9%。由此说明竹樟和竹杉混交林有利于林木生长，合理的林分结构能够提高单位面积总生物量，从而提高生产力。

## 12.3 不同竹木混交林直径结构特征

本章采用 2cm 的径阶距对林分直径进行径阶整化分析不同林分的径阶分布。从图 12.2 可以看出，毛竹纯林直径分布从 2cm 到 16cm 接近正态分布。在 2cm 到 10cm 径阶范围之间，株数随径阶的增大而增加，从 10cm 到 16cm 径阶范围株数随径阶的增大递减。竹樟混交林的毛竹直径分布为单峰不对称的山状曲线，明显右偏。4cm 到 10cm 范围内，竹木株数随着径阶的增大而增大，10cm 到 16cm 之间株数随径阶增大急剧减小，之后趋于平缓，最大株数出现在 10cm 径阶处。不同竹杉混交林分毛竹直径分布为单峰山状曲线，呈现出不同程度的左偏趋势。

## 12.3 不同竹木混交林林分空间结构分析

### 12.3.1 角尺度

图 12.3、图 12.4 给出了 6 中不同竹杉混交林与毛竹纯林样地平均角尺度及其频率分布，各林分类型平均角尺度值的范围在 0.493~0.58，平均角尺度最大的为毛竹纯林为

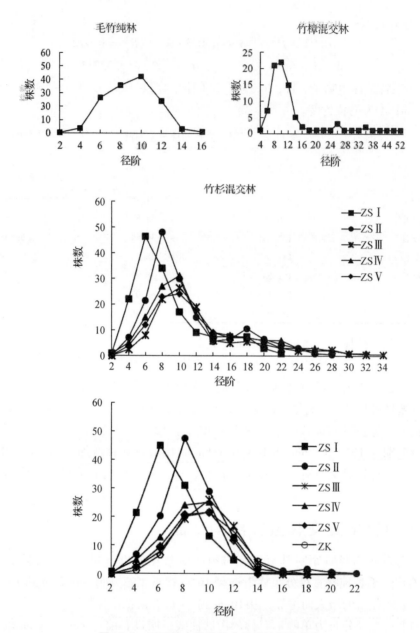

图 12.2　不同竹木混交林中毛竹的径阶分布

0.58，不同类型的竹杉混交林平均角尺度均小于毛竹。由此，6 毛竹 4 杉木、5 毛竹 5 杉木及 7 杉木 3 毛竹为随机分布，其余类型均为聚集分布。不同竹杉混交林的角尺度频率分布基本呈正态分布趋势。

## 12.3.2　林分物种隔离程度

图 12.5 为各林分类型的林木平均混交度。对照毛竹纯林，杉木毛竹混交林能够增加树种隔离程度，林分结构较纯林更稳定。不同竹杉混交林分的平均混交度为 0.440～0.49。

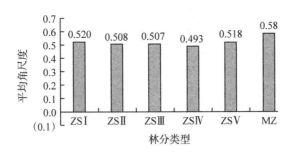

图 12.3    不同林分类型的平均角尺度

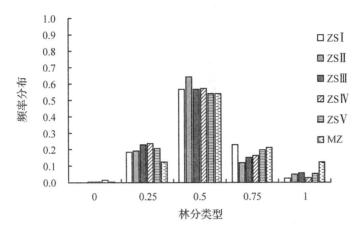

图 12.4    不同林分类型的角尺度频率分布

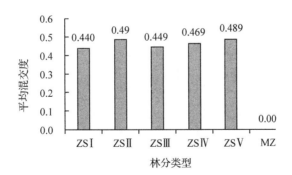

图 12.5    不同林分平均混交度

## 12.3.3    胸径大小比数

图 12.6 描述了各林分胸径平均大小比数值。根据大小比数的定义，$U_i$ 越大代表相邻木越大，而参照树不占优势。各竹木混交林分的平均大小比数个体比例分布比较均匀，平均大小比数为 0.36~0.51，整体处于中庸生长状态。其中，8 杉木 2 毛竹样地平均大小比数最大，林分中林木个体胸径大小差异较大，最小的是 6 毛竹 4 杉木，样地中林木个体呈优势和亚优势生长状态的林木占 58%，其它林分优势和亚优势林木所占比例为 36%~41%。处于中庸生长状态的林木个体在各种林分中所占比例基本在 20% 左右，生长处于劣

势和绝对劣势的林木所占比例最高的为 5 毛竹 5 杉木和 8 杉木 2 毛竹，分别为 42% 和 40%。综合分析，竹杉混交林与纯林相比明显降低林分个体大小差异，6 毛竹 4 杉木更有利于林木个体生长。

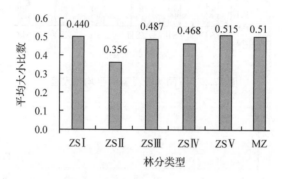

图 12.6　不同林分平均大小比数比较

## 12.4　竹樟混交林的林分空间结构

### 12.4.1　角尺度

由图 12.7 得知，8 毛竹 2 樟树混交林平均角尺度为 0.47，属于均匀分布。林分的角尺度频率分布基本呈正态分布。

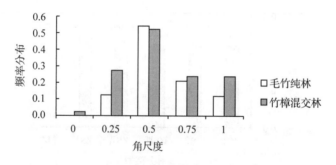

图 12.7　角尺度频率分布

### 12.4.2　林分物种隔离程度

8 毛竹 2 杉木混交林的平均混交度为 23%，属于弱度混交，而且样地中零度不混交比例较高，为 53%，说明林分结构稳定性较差且竹木存在聚集生长现象，毛竹聚集生长较为严重，30% 的毛竹处于弱度到中度混交。林分中樟树平均混交度为 84%，强度和极强度混交个体占 82%（图 12.8）。

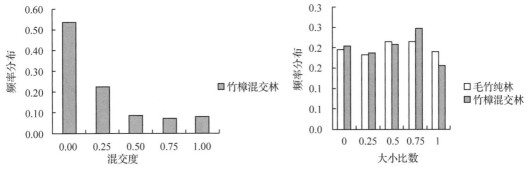

图12.8　混交度频率分布　　　　图12.9　大小比数频率分布

## 12.4.3　胸径大小比数

8毛竹2樟树的大小比数各级比例分布比较均匀，平均大小比数为0.49，小于毛竹纯林，林分整体处于中庸生长状态(图12.9)。

## 12.5　空间结构多样性研究

### 12.5.1　混交度和大小比数的二元分布

从图12.10可以看出，7毛竹3杉木、3毛竹7杉木和2毛竹8杉木三种林分混交度(M)和大小比数(U)的二元分布结构规律一致。即同一大小比数等级下，频率值随混交度等级的减少呈先增加后减小的规律，在混交度为0.5时频率最大，说明中庸生长且中度混交林的结构单元所占比例最高。6毛竹4杉木中零度到中度混交的最高频率出现在大小比数为0.25和0.5中，说明低度混交的林木处于亚优势和优势生长的林木个体较多，绝对优势且强度混交的林木也比其他林分中常见。5毛竹5杉木样地中林木处与亚优势和中庸的个体较多，且多数为零度和弱度混交。竹樟混交林中，同一混交度等级下，优势和亚优势林木数量较多，极强度混交且优势生长的林木占总体林分的比例最高。

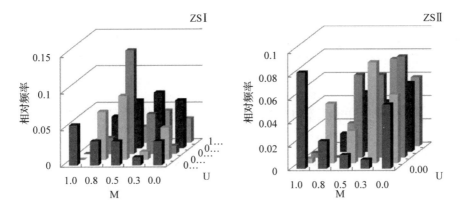

图12.10　混交度(M)和大小比数(U)的二元分布

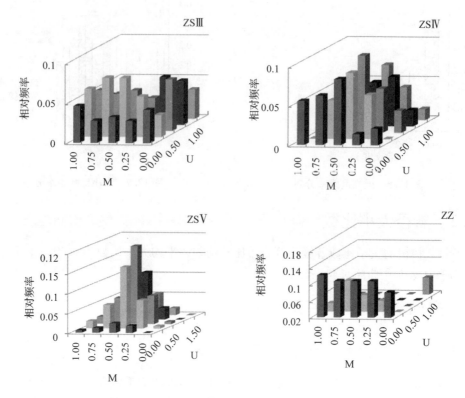

**图 12. 10　混交度(M)和大小比数(U)的二元分布(续)**

## 12.5.2　混交度和角尺度的二元分布

由图 12.11 所示，所有林分的混交度(M)和角尺度(W)的二元分布均呈现出相似的规律，即随着角尺度等级的升高(W = 0 – 1)，同一等级的混交度频率值表现出先增加后减小的趋势，且在角尺度为 0.5 时，频率值最大，说明林分中相同混交度的竹木多处于随机分布。5 毛竹 5 杉木、3 毛竹 7 杉木和 2 毛竹 8 杉木三种林分中，处于同一林分分布格局的相对频率值随混交度的增加先增加后减小，在混交度为 0.5 时频率最大，说明林分中处于随机分布且中度混交的林木株数较多。6 毛竹 4 杉木和竹樟混交林林分中，同一分布格局对应的相对频率值随着混交度的降低(M = 1.0 – 0)而增大，低度混交中处于优势或中庸生长的林木株数较多。

## 12.6　基于林分空间结构的竹木混交林择伐优化模型

## 12.6.1　基于空间结构优化经营的目标函数

本研究主要以混交、竞争和空间分布格局 3 个方面进行目标规划，对子目标作最优状态分析，将各子目标分析结果综合得到总目标，即林分空间结构中林分分布格局 W 随机分布效果最好，用角尺度 W 和聚集指数 R 来描述林分空间分布格局；大小比数和交角竞争指数则是越小越好。基于乘除法的思想(钱颂迪，1990)确定目标函数计算公式如下：

$$Q_i = \frac{\dfrac{[M_i + 1]}{Q_M} \cdot \dfrac{[R]}{Q_R}}{(U - a - Cl_{i+1}) + Q_{U-a-Cli} \cdot [W_{i+1}] \cdot Q_w \cdot [U_{i+1}] \cdot Q_u}$$

式中，$Q_i$ 为第 $i$ 株林木的择伐系数，$U - a - Cli$ 为交角竞争指数，$M_i$ 为第 $i$ 株林木的混交度；$R_i$ 为第 $i$ 株林木的聚集指数；$U_i$ 为第 $i$ 株林木的大小比数，$W_i$ 为第 $i$ 株林木的角

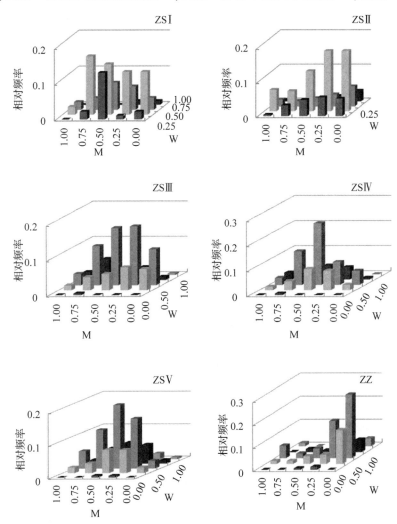

**图 12.11　不同竹木混交林混交度(M)和角尺度(W)的二元分布**

尺度。$Q_M$、$Q_R$、$Q_{u-a-Cli}$、$Q_W$、$Q_U$ 为各因子对应的标准差；$i = (1，2，3，\cdots，N)$ 为单木特征向量，$N$ 为林分内林木总株数。分别计算各林分单木的林木择伐系数和全林分的择伐系数。

$$R = \frac{\dfrac{1}{n} \sum_{i=1}^{N} r_i}{\dfrac{1}{2} \sqrt{\dfrac{F}{N}} + 0.041 + \dfrac{P}{\sqrt{N^3}} 0.0514 + \dfrac{P}{N}}$$

式中：$r_i$ 为第 $i$ 株树树木到最近邻木的平均距离，$F$ 为样地面积，$P$ 为样地周长；$Q_M$ 为林分混交度标准差，$Q_{U-a-CU}$ 为林分交角竞争指数标准差，$Q_W$ 为林分角尺度标准差，$Q_R$ 为林分聚集指数标准差，$Q_U$ 为林分大小比数标准差

## 12.6.2 多目标函数的约束条件

根据林分非空间结构设置模型的约束条件。

(1) $S(x) = S_0$

(2) $E(x) > E_0$

(3) $N_1 < N(x) < N_A$ 或 $N_A < N(x) < N_1$

(4) $D(x) > D_0$

(4) $d(x) = d_0$

(5) $Z(x) \leqslant Z$

(6) $M(x) \geqslant M_0$

(7) $U(x) \leqslant U_0$

(8) $| W(x) - 0.5 | = | W_0 - 0.5 |$

上式中，$S(x)$ ——伐后毛竹的龄级数；$S_0$ ——伐前的龄级数；采伐后毛竹的龄级 $S$ 结构不变；$E(x)$ ——保留竹均匀度（汤孟平，2013）；$E_0$ ——初始均匀度；$N(x)$ ——择伐毛竹的株数；$N_1$ —— I 度竹株数；$N_A$ ——各龄级平均株数；$D(x)$ ——择伐后林分平均胸径；$D_0$ ——伐前林分平均胸径；$d(x)$ ——伐后径级个数；$d_0$ ——伐前径级个数；$Z(g)$ ——采伐量；$Z$ ——林分生长量；$M(x)$ ——林分混交度；$M_0$ ——林分伐前混交度；$W(x)$ ——林分角尺度；$W_0$ ——林分伐前角尺度。

$x$ 为决策向量，$x = (x_1, x_2, x_3, \cdots, x_N)$，当 $x_i = 0$ 时，采伐第 $i$ 株毛竹，$x_i = 1$ 时，则保留第株毛竹，$i = 1, 2, \cdots, N_i$；$N$ 是毛竹总株数。

## 12.6.3 模型构建

将目标函数和约束条件结合，建立竹木混交林择伐优化模型。目标函数取得最小值时，确定采伐木。

## 12.6.4 竹木混交林择伐优化和采伐木

根据竹木混交林择伐优化模型，以 6 毛竹 4 杉木为例检验择伐优化模型的效果，样地大小为 20m×20m，为避免边缘效应，样地边界设置 3cm 的缓冲区，共计株数 167 株，其中落在核心区的株数为 150 株，缓冲区的株数为 17 株。

标准地的树种有毛竹和杉木两种，毛竹林中有 6 个竹度，即 I、II、III、IV、V、VI 度竹，以竹度划分龄级。根据毛竹生长特性和科学的经营研究表明最合理的龄级个数是保留 I、II、III、IV 度竹，伐除 V 度及以上的所有老龄竹和风倒、病害的毛竹。因此，$S_0 = 4$ 较为合理。

将毛竹 I~IV 度竹株数分布均匀度是否提高作为采伐后龄级结构有无改善的标准，计算得到初始均匀度为 $E_0 = 0.8663$。

统计标准地内 I 度竹株数为 11 株，以 I 度竹株数作为生长量控制指标，同时为调整

龄级结构，按各龄级平均株数限定采伐量。利用加权平均计算得到各龄级平均株数 24 株。因此，优化择伐株数应满足 $11 < N(x) < 24$。

径级数及林分生长量控制：核心区内杉木的径级个数 $d_0 = 12$，杉木的林分生长量 $Z = 8.71363\text{m}^3$。控制杉木采伐后径级个数不减少。

伐前空间结构初始值：$W_0 = 0.331$，$U_0 = 0.5089$，$M_0 = 0.532$。

根据竹木混交林择伐优化模型确定采伐木，根据择伐系数计算公式计算样地内每株竹木的择伐系数，根据目标函数值越大越好的原则，筛选出择伐系数最小的竹木作为备伐木。具体流程为：

（1）筛选出 V 度及以上的所有老龄竹进入采伐木最终序列，按照老龄竹的择伐系数大小依次选出编号为 151、160、143、126、164、120、105、173、101 共 9 株老龄竹，判断为达到采伐限额；

（2）伐除所有老龄竹后重新计算样地内剩下竹木的择伐系数，选择 $Q_i$ 最小的竹木 189号作为备伐木，逐一判断各个约束条件，经计算，满足所有约束条件，确定 189 号为采伐木，进入采伐木最终序列。再次计算剩余竹木 $Q_i$ 值，重复以上步骤依次确定采伐木，竹木至少有一个约束条件不满足则保留不予伐除，返回重新筛选下一个 $Q_i$ 值最小的竹木作为备伐木，继续判定是否满足约束条件；

（3）多次循环直至达到最大采伐量，结束循环。样地 4 最终确定 20 株择伐木，表 12.3为样地 4 择伐木基本情况。

**表 12.3 样地 4 择伐木基本情况统计**

| 编号 | 树种 | 胸径 | 树高 | 东西 | 南北 | $X$ | $Y$ | 竹度 |
|------|------|------|------|------|------|------|------|------|
| 151 | 毛竹 | 7.00 | 8.50 | 1.30 | 0.80 | 15.40 | 10.40 | 5 |
| 160 | 毛竹 | 6.00 | 8.50 | 0.85 | 0.70 | 17.60 | 17.60 | 5 |
| 143 | 毛竹 | 5.20 | 7.50 | 1.65 | 1.25 | 17.70 | 12.70 | 5 |
| 126 | 毛竹 | 4.70 | 8.00 | 0.00 | 0.00 | 8.40 | 11.00 | 5 |
| 164 | 毛竹 | 9.10 | 16.50 | 1.55 | 1.20 | 16.50 | 18.00 | 5 |
| 120 | 毛竹 | 12.70 | 19.00 | 1.55 | 1.35 | 4.40 | 14.80 | 5 |
| 105 | 毛竹 | 10.70 | 6.00 | 0.00 | 0.00 | 2.60 | 16.10 | 5 |
| 173 | 毛竹 | 13.50 | 28.00 | 1.50 | 1.35 | 10.80 | 17.40 | 5 |
| 101 | 毛竹 | 6.80 | 6.50 | 1.59 | 1.62 | 3.60 | 17.80 | 5 |
| 189 | 毛竹 | 4.50 | 6.50 | 0.95 | 0.80 | 5.80 | 17.40 | 2 |
| 190 | 毛竹 | 5.20 | 6.90 | 0.45 | 0.35 | 5.00 | 17.60 | 3 |
| 106 | 毛竹 | 8.70 | 15.90 | 1.35 | 1.25 | 3.80 | 16.10 | 1 |
| 187 | 毛竹 | 8.50 | 14.20 | 1.35 | 1.50 | 7.10 | 15.70 | 3 |
| 158 | 毛竹 | 7.30 | 12.00 | 1.40 | 1.10 | 17.40 | 15.40 | 1 |
| 142 | 毛竹 | 8.00 | 16.10 | 1.50 | 0.95 | 15.30 | 10.30 | 4 |
| 139 | 毛竹 | 8.70 | 14.40 | 1.50 | 1.65 | 14.90 | 11.70 | 4 |
| 210 | 毛竹 | 8.60 | 9.30 | 1.15 | 1.45 | 8.80 | 7.60 | 4 |
| 245 | 毛竹 | 9.00 | 10.60 | 1.40 | 1.40 | 11.90 | 3.80 | 4 |
| 169 | 毛竹 | 7.00 | 11.00 | 1.35 | 1.25 | 13.30 | 15.80 | 4 |
| 202 | 毛竹 | 8.00 | 12.20 | 1.20 | 1.60 | 3.10 | 9.00 | 4 |

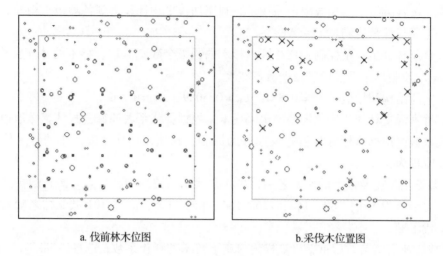

a. 伐前林木位图　　　　　　　b.采伐木位置图

注：空心圆代表保留木，带×为择伐木；黑色实线代表样地边界

**图 12.12　采伐前后林木位置图**

## 12.6.5　林分结构优化效果评价

图 12.12 为样地中采伐木与保留木的位置图。采伐前后林分结构如表 12.4，择伐后株数分布均匀度增加，采伐量不超过生长量，龄级结构更为合理。此次采伐中杉木均未纳入采伐木，因此杉木径级个数未变，因为林分中杉木的生长处于优势、高度混交状态，所以被保留。调整过后的林分空间结构，角尺度和大小比数均减小，混交度明显增大。采伐后的角尺度为 0.521，林分空间分布格局由平均分布趋向于随机分布；交角竞争指数的减小变化幅度较大，表明采伐可以明显改善林分中竹木之间竞争关系；混交度明显提高增加了群落稳定性，整体林分空间结构改善。因此，本采伐方案可作为制定采伐计划的理论依据。

**表 12.4　择伐前后林分结构变化**

| 参数 | $N$ | $S$ | $E$ | $U\_a\_Cli$ | $M$ | $U$ | $W$ |
|---|---|---|---|---|---|---|---|
| 伐前 | 167 | 4.000 | 0.866 | 0.343 | 0.331 | 0.507 | 0.463 |
| 伐后 | 147 | 4.000 | 0.871 | 0.276 | 0.389 | 0.500 | 0.467 |
| 变化趋势 | 变小 | 不变 | 变大 | 变小 | 变大 | 变小 | 变大 |
| 变化幅度(%) | -11.98 | — | 0.5 | -19.5 | 17.5 | -1.38 | 0.8 |

## 12.7　结论

（1）林分非空间结构结构分析

①从物种丰富度、物种多样性和均匀度 3 方面综合分析不同竹木混交林的群落物种多样性得出竹杉混交林和竹樟混交林的物种多样性均大于毛竹纯林，营造竹木混交林有利于保护生物多样性，改善纯林生物多样性单一的状况。同时，合理的林分密度和混交比例将提高群落的物种多样性。

②竹樟混交林、竹杉混交林的总生物量大于毛竹纯林的总生物量，且不同林分类型间有显著差异。8 毛竹 2 阔混交林的总生物量最大，每公顷 170.12t，比毛竹纯林增加 121%，3 毛竹 7 杉木总生物量为 161.53 t/hm²，比毛竹纯林增加了 109.8%。由此说明竹樟和竹杉混交林有利于林木生长，合理的林分结构能够提高单位面积总生物量，从而提高生产力。

③研究不同竹木混交林的均匀度和整齐度可知，竹杉混交林中随着杉木毛竹混交比例的增大，毛竹均匀度降低，7 毛竹 3 杉木均匀度最高；竹樟混交林的均匀度小于毛竹纯林。

（2）不同竹木混交林林分空间结构

①对比不同竹杉混交林与毛竹纯林样地平均角尺度及其频率分布，各竹杉混交林平均角尺度值范围在 0.493～0.58，小于毛竹纯林（$W = 0.58$）。研究表明随机分布的竹林具有较高稳定性，所以竹杉混交林结构比纯林稳定。

②对照毛竹纯林，竹杉混交林和竹樟混交林能够增加树种隔离程度，林分结构较纯林更稳定。

③从林分平均大小比数来看，竹樟混交林和竹杉混交林的平均大小比数值均小于毛竹纯林，说明混交林能够明显降低林分个体大小差异。

④通过分析空间参数二元分布比值可以判断出参照树与其周围树木之间的大小、混交和分布的综合关系，比简单的一元空间结构参数更具有说服力。

（3）林分空间结构优化调整

通过分析聚集指数、混交度、交角竞争指数、大小比数和角尺度 5 个空间结构参数，从混交、竞争与分布格局 3 方面确定空间结构子目标，分析各个子目标最优状态，即林分择伐后保持高混交度、较低的竞争指数和随机分布，利用多目标乘除法将各个子目标综合得到择伐系数，根据竹木混交林可持续经营的目的设置 8 个约束条件，建立竹木混交林择伐优化模型。应用该择伐模型对竹杉混交林样地进行林分结构优化调整，优化后的林分空间结构结构得到明显的改善，林分空间布局更趋向于随机分布，树种隔离程度显著增强，林木间的竞争压力显著减小，同时保持非空间结构不受破坏，最大限度的维持林分结构的多样性和森林生态系统的稳定性，更好的发挥森林多功能效益。

# 13 杉木—草珊瑚套种模式

## 13.1 研究目的、内容和技术路线

### 13.1.1 研究的目的和内容

草珊瑚具有广泛的用途，林下套种草珊瑚模式在南方集体林区具有很好的应用前景，本章主要对福建将乐县杉木林下套种草珊瑚模式进行研究，研究草珊瑚复合经营模式对土壤理化性质以及林木生长量的影响，对草珊瑚复合经营模式具有指导意义。

主要研究内容：

(1)林下套种草珊瑚对林地土壤理化性质的影响分析对套种草珊瑚的林下土壤含水率、土壤比重、土壤容重、孔隙度以及土壤中 N、P、K 元素，分析不同套种模式土壤理化性质规律。

(2)杉木林下不同套种模式草珊瑚生物量分析分析不同坡位、不同林分类型下，杉木林下套种草珊瑚模式的综合情况，研究不同模式下草珊瑚生物量的变化规律。

(3)林下套种草珊瑚对杉木生长的影响分析

分析不同套种模式对杉木的树高、胸径变化的影响。

### 13.1.2 研究技术路线

研究技术路线见图 13.1。

## 13.2 林地土壤理化性质分析

### 13.2.1 上坡位土壤理化性质

由图 13.2 可以看出，杉木纯林上坡位套种草珊瑚模式的土壤含水率在 0~5cm、5~10cm 土壤层与未套种相比差异显著，在 10~20cm、20~40 cm、40~60cm 土壤层差异不显著。这说明杉木纯林上坡位套种草珊瑚会影响土壤含水率。且套种草珊瑚的土壤含水率大于未套种草珊瑚，因为在林下套种草珊瑚的模式下，增加了林下灌木数，从而增强了固水的能力。土壤含水率随土壤层的加深而减少，土壤含水率在 0~5cm 土壤层最高，在 40~60cm 土壤层最低。

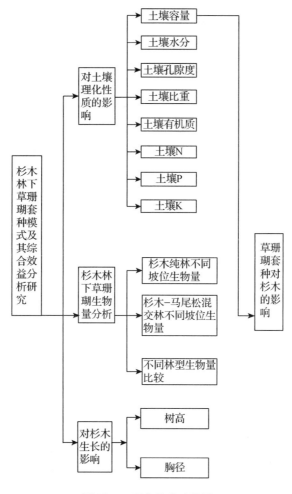

图 13.1　研究技术路线图

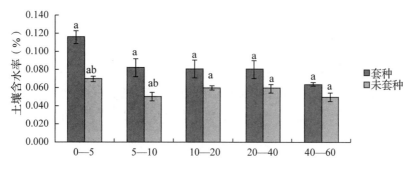

图 13.2　上坡位土壤含水率比较

注：图中同一土壤层标注不同小写字母的表示同一土层套种与未套种的在 0.05 上差异性显著，标注相同小写字母的表示同一土层套种与未套种的在 0.05 上差异性不显著。

**表 13.1 杉木纯林上坡位土壤比重**

| 样地号 | 土壤比重（g/cm³） | | | | |
|---|---|---|---|---|---|
| | 0~5cm | 5~10cm | 10~20cm | 20~40cm | 40~60cm |
| 套种 | 1.232 | 1.307 | 1.431 | 1.539 | 1.560 |
| 未套种 | 1.470 | 1.471 | 1.489 | 1.520 | 1.610 |

从表 13.1 可以看出，杉木纯林上坡位套种草珊瑚的土壤比重与未套种的相比在 0~5cm 土壤层差异显著，在 5~10 cm、10~20cm、20~40cm、40~60cm 土壤层差异不显著。

**表 13.2 上坡位土壤容重**

| 样地号 | 土壤容重（g/cm³） | | | | |
|---|---|---|---|---|---|
| | 0~5cm | 5~10cm | 10~20cm | 20~40cm | 40~60cm |
| 套种 | 1.03 | 1.09 | 1.15 | 1.22 | 1.28 |
| 未套种 | 1.24 | 1.27 | 1.29 | 1.29 | 1.41 |

从表 13.2 可以看出杉木纯林上坡位套种草珊瑚的土壤容重与未套种的相比在 0~5cm 土壤层差异显著，在 5~10cm、10~20cm、20~40cm、40~60cm 土壤层差异不显著。

**表 13.3 上坡位土壤总孔隙度**

| 样地号 | 土壤总孔隙度（%） | | | | |
|---|---|---|---|---|---|
| | 0~5cm | 5~10cm | 10~20cm | 20~40cm | 40~60cm |
| 套种 | 0.208 | 0.168 | 0.199 | 0.189 | 0.181 |
| 未套种 | 0.158 | 0.135 | 0.133 | 0.151 | 0.125 |

从表 13.3 可以看出杉木纯林上坡位套种草珊瑚的土壤总孔隙度与未套种的相比在 0~5cm 土壤层差异显著，在 5~10cm、10~20cm、20~40cm、40~60cm 土壤层差异不显著。

**表 13.4 上坡位土壤全氮含量**

| 样地号 | 土壤全氮（%） | | | | |
|---|---|---|---|---|---|
| | 0~5cm | 5~10cm | 10~20cm | 20~40cm | 40~60cm |
| 套种 | 0.1358 | 0.1313 | 0.1027 | 0.0986 | 0.0928 |
| 未套种 | 0.1760 | 0.1466 | 0.1181 | 0.1108 | 0.0983 |

从表 13.4 可以看出，虽然在套种草珊瑚模式的土壤全氮与未套种的相比差异不显著，但仍然可以观察到土壤的全氮含量基本都是随着土层深度的加大而降低。

**表 13.5 上坡位土壤速效钾含量**

| 样地号 | 土壤速效钾（mg/kg） | | | | |
|---|---|---|---|---|---|
| | 0~5cm | 5~10cm | 10~20cm | 20~40cm | 40~60cm |
| 套种 | 111.42 | 93.05 | 87.81 | 76.89 | 77.62 |
| 未套种 | 102.70 | 91.10 | 75.06 | 70.67 | 71.65 |

从表13.5可以看出杉木纯林上坡位套种草珊瑚的土壤速效钾与未套种的相比在0~5cm土壤层差异显著，在5~10cm、10~20cm、20~40cm、40~60cm土壤层差异不显著。

表13.6 上坡位土壤有机质含量

| 样地号 | 土壤有机质(g/kg) | | | | |
| --- | --- | --- | --- | --- | --- |
| | 0~5cm | 5~10cm | 10~20cm | 20~40cm | 40~60cm |
| 套种 | 29.279 | 26.32 | 25.561 | 18.628 | 17.679 |
| 未套种 | 25.510 | 25.375 | 25.212 | 17.392 | 15.091 |

从表13.6可以看出杉木纯林上坡位套种草珊瑚的土壤有机质与未套种的相比在0~5cm土壤层差异显著，在5~10cm、10~20cm、20~40cm、40~60cm土壤层差异不显著。

## 13.2.2 下坡位土壤理化性质

表13.7 下坡位土壤含水率

| 样地号 | 土壤含水率(%) | | | | |
| --- | --- | --- | --- | --- | --- |
| | 0~5cm | 5~10cm | 10~20cm | 20~40cm | 40~60cm |
| 套种 | 0.115 | 0.097 | 0.103 | 0.084 | 0.064 |
| 未套种 | 0.076 | 0.063 | 0.055 | 0.057 | 0.055 |

从表13.7可以看出，杉木纯林下坡位套种草珊瑚的土壤含水率与未套种的相比在0~5cm、5~10cm、10~20cm土壤层差异显著，在20~40cm、40~60cm土壤层差异不显著。

表13.8 杉木纯林下坡位土壤比重

| 样地号 | 土壤比重(g/cm$^3$) | | | | |
| --- | --- | --- | --- | --- | --- |
| | 0~5cm | 5~10cm | 10~20cm | 20~40cm | 40~60cm |
| 套种 | 1.146 | 1.290 | 1.423 | 1.497 | 1.575 |
| 未套种 | 1.414 | 1.416 | 1.461 | 1.603 | 1.628 |

从表13.8可知，杉木纯林下坡位套种草珊瑚的土壤比重与未套种的相比在0~5cm土壤层差异显著，在5~10cm、10~20cm、20~40cm、40~60cm土壤层差异不显著。

表13.9 杉木纯林下坡位土壤容重

| 样地号 | 土壤容重(g/cm$^3$) | | | | |
| --- | --- | --- | --- | --- | --- |
| | 0~5cm | 5~10cm | 10~20cm | 20~40cm | 40~60cm |
| 套种 | 0.92 | 1.08 | 1.17 | 1.25 | 1.35 |
| 未套种 | 1.19 | 1.23 | 1.25 | 1.40 | 1.45 |

从表13.9可以看出套种草珊瑚的土壤容重与未套种的相比在0~5cm土壤层差异显著，在5~10cm、10~20cm、20~40cm、40~60cm土壤层差异不显著。

表13.10 杉木纯林下坡位土壤总孔隙度

| 样地号 | 土壤总孔隙度(%) | | | | |
| --- | --- | --- | --- | --- | --- |
| | 0~5cm | 5~10cm | 10~20cm | 20~40cm | 40~60cm |
| 套种 | 0.200 | 0.161 | 0.174 | 0.166 | 0.142 |
| 未套种 | 0.159 | 0.132 | 0.141 | 0.128 | 0.108 |

从表 13.10 可以看出，套种草珊瑚模式的土壤总孔隙度与未套种模式相比在 0 ~ 5cm 土壤层差异显著，在 5 ~ 10 cm、10 ~ 20cm、20 ~ 40cm、40 ~ 60cm 土壤层差异不显著。

**表 13.11　杉木纯林下坡位土壤全氮含量**

| 样地号 | 土壤全氮（%） | | | | |
| --- | --- | --- | --- | --- | --- |
| | 0 ~ 5cm | 5 ~ 10cm | 10 ~ 20cm | 20 ~ 40cm | 40 ~ 60cm |
| 套种 | 0.1292 | 0.1057 | 0.0949 | 0.0728 | 0.0693 |
| 未套种 | 0.1430 | 0.1238 | 0.1205 | 0.1009 | 0.0959 |

从表 13.11 可以看出，虽然杉木纯林下坡位套种草珊瑚模式下土壤全氮与未套种模式相比差异不显著，但仍然可以知道土壤的全氮含量基本都是随着土层深度的加人而降低。

**表 13.12　杉木纯林下坡位土壤速效钾含量**

| 样地号 | 土壤速效钾（mg/kg） | | | | |
| --- | --- | --- | --- | --- | --- |
| | 0 ~ 5cm | 5 ~ 10cm | 10 ~ 20cm | 20 ~ 40cm | 40 ~ 60cm |
| 套种 | 116.88 | 112.63 | 105.91 | 93.95 | 91.65 |
| 未套种 | 102.53 | 93.21 | 83.6 | 80.92 | 84.9 |

从表 13.12 可以看出套种草珊瑚模式的土壤速效钾与未套种模式相比在 0 ~ 5cm、5 ~ 10cm、10 ~ 20cm 土壤层差异显著，在 20 ~ 40cm、40 ~ 60cm 土壤层差异不显著。

**表 13.13　杉木纯林下坡位土壤有机质含量**

| 样地号 | 土壤有机质（g/kg） | | | | |
| --- | --- | --- | --- | --- | --- |
| | 0 ~ 5cm | 5 ~ 10cm | 10 ~ 20cm | 20 ~ 40cm | 40 ~ 60cm |
| 套种 | 29.725 | 27.946 | 26.773 | 23.962 | 19.407 |
| 未套种 | 26.924 | 25.536 | 25.151 | 21.479 | 17.312 |

从表 13.13 可以看出套种草珊瑚模式的土壤有机质与未套种模式相比在 0 ~ 5cm、5 ~ 10cm 土壤层差异显著，在 10 ~ 20cm、20 ~ 40cm、40 ~ 60cm 土壤层差异不显著。这说明杉木纯林下坡位套种草珊瑚影响土壤有机质含量。且套种草珊瑚的土壤有机质比未套种草珊瑚的土壤有机质含量多。

## 13.3　不同套种模式的草珊瑚生物量比较分析

**表 13.14　草珊瑚生物量比较**

| | 杉木纯林 | | | | 杉木–马尾松混交林 | | | |
| --- | --- | --- | --- | --- | --- | --- | --- | --- |
| | 生物量（kg/hm²） | | 比重（%） | | 生物量（kg/hm²） | | 比重（%） | |
| | 地上部分 | 地下部分 | 地上部分 | 地下部分 | 地上部分 | 地下部分 | 地上部分 | 地下部分 |
| 上坡位 1 | 3379.90 | 948.50 | 78.09 | 21.91 | 2165.10 | 712.30 | 75.25 | 24.75 |
| 上坡位 2 | 3867.40 | 1102.20 | 77.82 | 22.18 | 6691.50 | 1602.60 | 80.68 | 19.32 |
| 上坡位 3 | 4881.50 | 1435.30 | 77.28 | 22.72 | 2995.40 | 904.20 | 76.81 | 23.19 |
| 下坡位 1 | 5869.50 | 3081.10 | 65.58 | 34.42 | 4524.80 | 1506.40 | 75.02 | 24.98 |
| 下坡位 2 | 6912.90 | 2371.80 | 74.46 | 25.54 | 5446.10 | 1443.60 | 79.05 | 20.95 |
| 下坡位 3 | 3942.80 | 1989.00 | 66.47 | 33.53 | 2471.50 | 653.50 | 79.09 | 20.91 |

由表 13.14 可知，杉木纯林上坡位地上部分生物量在 3379.9kg/hm²~4881.5kg/hm² 之间，占总生物量的比重在 77.28%~78.09%；地下部分生物量在 948.5kg/hm²~1435.3 kg/hm² 之间，占总生物量的比重在 21.91%~22.72%。杉木~马尾松上坡位地上部分生物量在 2165.1kg/hm²~6691.5kg/hm² 之间，占总生物量的比重在 75.25%~80.68%；杉木马尾松上坡位地下部分生物量在 712.3kg/hm²~1602.6kg/hm² 之间，占总生物量的比重在 19.32%~24.75%。

杉木纯林下坡位地上部分生物量在 3942.8kg/hm²~6912.9kg/hm² 之间，占总生物量的比重在 65.58%~74.46%；地下部分生物量在 1989.0kg/hm²~3081.1 kg/hm² 之间，占总生物量的比重在 25.54%~34.42%。杉木－马尾松上坡位地下部分生物量在 2471.5kg/hm²~5446.1kg/hm² 之间，占总生物量的比重在 75.02%~79.09%；杉木马尾松上坡位地下部分生物量在 653.5kg/hm²~1506.4kg/hm² 之间，占总生物量的比重在 20.91%~24.98%。

**表 13.15　杉木纯林不同坡位草珊瑚生物量**

|  | 地上部分生物量<br>（kg/hm²） | 地下部分生物量<br>（kg/hm²） | 总生物量<br>（kg/hm²） |
|---|---|---|---|
| 上坡位 | 4042.9 | 1162.0 | 5204.9 |
| 下坡位 | 5575.0 | 2480.6 | 8055.7 |

由表 13.15 可知，杉木纯林套种草珊瑚的地上部分生物量上坡位比下坡位小，地下部分生物量上坡位比下坡位小，总生物量上坡位比下坡位小。这说明杉木纯林下坡位比上坡位更适合草珊瑚生长，这主要与下坡位土壤物理条件较好有直接的关系。

**表 13.16　杉木－马尾松混交林不同坡位草珊瑚生物量**

|  | 地上部分生物量<br>（kg/hm²） | 地下部分生物量<br>（kg/hm²） | 总生物量<br>（kg/hm²） |
|---|---|---|---|
| 上坡位 | 3950.7 | 1073.0 | 5023.7 |
| 下坡位 | 4147.5 | 1201.2 | 5348.6 |

由表 13.16 可知，杉木－马尾松混交林下套种草珊瑚的地上部分生物量上坡位比下坡位小，地下部分生物量和总生物量上坡位比下坡位小。这说明杉木－马尾松混交林下坡位与上坡位相比，下坡位更适合草珊瑚的生长。

**表 13.17　不同林分类型上坡位草珊瑚生物量比较**

|  | 地上部分生物量<br>（kg/hm²） | 地下部分生物量<br>（kg/hm²） | 总生物量<br>（kg/hm²） |
|---|---|---|---|
| 杉木纯林 | 4042.9 | 1162.0 | 5204.9 |
| 杉木－马尾松混交林 | 3950.7 | 1073.0 | 5023.7 |

由表 13.17 可知，上坡位的杉木纯林套种草珊瑚的地上、地下及总生物量比杉木－马尾松混交林的大。

表 13.18  不同林分类型下坡位草珊瑚生物量比较

|  | 地上部分生物量<br>（kg/hm²） | 地下部分生物量<br>（kg/hm²） | 总生物量<br>（kg/hm²） |
|---|---|---|---|
| 杉木纯林 | 5575.0 | 2480.6 | 8055.7 |
| 杉木 – 马尾松混交林 | 4147.5 | 1201.2 | 5348.6 |

由表 13.18 可知，杉木纯林草珊瑚的地上和地下及总生物量比杉木 – 马尾松混交林的大。

## 13.4  草珊瑚生物量影响因子分析

### 13.4.1  灌木年龄、郁闭度和林分类型的影响

灌木年龄、郁闭度和林分类型的代码见表 13.19。

表 13.19  不同影响因子的划分及其代码

| 因子 | 划分标准 | 代码 |
|---|---|---|
| 灌龄 | 1 年生 | 1 |
|  | 2 年生 | 2 |
|  | 3 年生 | 3 |
|  | 4 年生 | 4 |
|  | 5 年生 | 5 |
| 郁闭度 | 低郁闭度 | 1 |
|  | 弱郁闭度 | 2 |
|  | 中郁闭度 | 3 |
|  | 高郁闭度 | 4 |
| 林分类型 | 杉木林 | 1 |
|  | 马尾松林 | 2 |
|  | 混交林 | 3 |

表 13.20  草珊瑚生物量影响因子的相关分析

|  | 灌龄 | 林分类型 | 郁闭度 | $W_{叶}$ | $W_{枝干}$ | $W_{地上}$ |
|---|---|---|---|---|---|---|
| 灌龄 | 1 |  |  |  |  |  |
| 林分类型 | − 0.525 ** | 1 |  |  |  |  |
| 郁闭度 | 0.244 | 0.059 | 1 |  |  |  |
| $W_{叶}$ | 0.736 ** | − 0.455 ** | 0.026 | 1 |  |  |
| $W_{枝干}$ | 0.774 ** | − 0.506 ** | 0.006 | 0.949 ** | 1 |  |
| $W_{地上}$ | 0.770 ** | − 0.495 ** | 0.013 | 0.977 ** | 0.994 ** | 1 |

注：**．在 0.01 水平（双侧）上显著相关，*．在 0.05 水平（双侧）上显著相关。

由表 13.20 可知，草珊瑚叶、枝干、地上总生物量均与灌龄相关性最高，相关系数分别是 0.736、0.774、0.770，其次与林分类型呈显著性相关，相关系数分别是 − 0.455、− 0.506、− 0.495，灌龄和林分类型均与枝干生物量的相关性均高于与叶的相关性。不同林分类型下草珊瑚的生物量是杉木林 > 马尾松林 > 混交林，杉木林更适宜套种草珊瑚。叶生

物量与郁闭度的相关性明显高于枝干与郁闭度的相关性。

表 13.21　各因子主成分

| 成分 | 初始特征值 | | | 提取平方和载入 | | |
|---|---|---|---|---|---|---|
| | 合计 | 方差(%) | 累积(%) | 合计 | 方差(%) | 累积(%) |
| 1(灌龄) | 1.558 | 51.937 | 51.937 | 1.558 | 51.937 | 51.937 |
| 2(林分类型) | 1.045 | 34.825 | 86.762 | 1.045 | 34.825 | 86.762 |
| 3(郁闭度) | .397 | 13.238 | 100.000 | | | |

　　由表 13.21 可知：第一主成分灌龄的特征根为 1.558，它解释了总变异的 51.937%，第二主成分林分类型的特征根为 1.045，解释了总变异的 34.825%，前两个主成分累计解释了总变异的 86.762%，所以灌龄和林分类型是影响草珊瑚生物量差异的主要原因。

表 13.22　偏相关系数

| | 灌龄 | 林分类型 | 郁闭度 |
|---|---|---|---|
| 生物量 | 0.713 | −0.110 | −0.255 |
| 自由度 | 54 | 54 | 54 |
| 不相关概率 | 0.000 | 0.419 | 0.058 |

　　从偏相关分析可以得出：草珊瑚的生物量与灌龄关系最为密切，相关系数为 0.713，不相关概率 $p < 1‰$，与上面的分析结果一致，其次是郁闭度，相关系数是 −0.255，不相关的概率为 5.8%，与林分类型的相关系数是 −0.110，不相关的概率是 41.9%，远高于郁闭度的不相关概率。

## 13.4.2　立地条件对生物量的影响

　　立地因子类目的划分及其代用值见表 13.23。

表 13.23　立地因子类目的划分及其代用值

| 项目 | 类目的划分标准 | 代用值 |
|---|---|---|
| 土壤质地 | 砂土 | 1 |
| | 壤土 | 2 |
| | 黏土 | 3 |
| 土壤厚度 | 薄土层 | 1 |
| | 中土层 | 2 |
| | 厚土层 | 3 |
| 土壤肥力 | 肥沃 | 1 |
| | 较肥沃 | 2 |
| | 中等肥沃 | 3 |
| | 贫瘠 | 4 |
| 坡度 | 平坡 | 1 |
| | 缓坡 | 2 |
| | 斜坡 | 3 |
| | 陡坡 | 4 |

（续）

| 项目 | 类目的划分标准 | 代用值 |
|---|---|---|
| 坡向 | 阳坡 | 1 |
| | 半阳坡、半阴坡 | 2 |
| | 阴坡 | 3 |
| 坡位 | 上坡位 | 1 |
| | 中坡位 | 2 |
| | 下坡位 | 3 |

由于本章中土壤质地均为红壤，土壤厚度均为厚土层，坡度均为 25°以上的陡坡，因此，在本研究中只选择土壤肥力、坡向和坡位进行分析。

表 13.24　生物量与影响因子的相关性

| | 土壤肥力 | 坡向 | 坡位 | $W_{叶}$ | $W_{枝干}$ | $W_{地上}$ |
|---|---|---|---|---|---|---|
| 土壤肥力 | 1 | | | | | |
| 坡向 | −0.472** | 1 | | | | |
| 坡位 | 0.045 | −0.145 | 1 | | | |
| $W_{叶}$ | −0.620** | 0.343** | 0.266* | 1 | | |
| $W_{枝干}$ | −0.638** | 0.369** | 0.298** | 0.949** | 1 | |
| $W_{地上}$ | −0.639** | 0.365** | 0.291* | 0.977** | 0.994** | 1 |

注：**. 在 0.01 水平（双侧）上显著相关，*. 在 0.05 水平（双侧）上显著相关

从表 13.24 得知，土壤肥力与草珊瑚叶、枝干、地上总生物量均呈现极显著相关，相关系数分别为 −0.620、−0.638、−0.639，呈现负相关是因为随着土壤肥力等级的递增，土壤越来越贫瘠，所以肥沃的土壤是保证草珊瑚高产出的重要因素之一；

坡向与生物量呈现极显著相关，相关系数分别为 0.343、0.369、0.365，呈现正相关，坡向的等级是按照阳坡、半阴半阳坡到阴坡变化的，随着光照的增加，草珊瑚生物量减少，说明光照太充足不利于草珊瑚生长，与草珊瑚耐性的特性一致。

坡位与草珊瑚叶、枝干和地上总生物量呈现显著相关，相关系数分别是 0.266、0.298、0.291，呈现正相关，从上坡位、中坡位到下坡位，生物量逐渐增加，下坡位一般土壤条件较好，利于草珊瑚生长，与相关文献研究结果一致。

枝干生物量与土壤肥力、坡向、坡位的相关性均高于叶与立地条件因子的相关性。

表 13.25　各因子主成分列表

| 成分 | 初始特征值 | | | 提取平方和载入 | | |
|---|---|---|---|---|---|---|
| | 合计 | 方差（%） | 累积（%） | 合计 | 方差（%） | 累积（%） |
| 1（土壤肥力） | 1.508 | 50.272 | 50.272 | 1.508 | 50.272 | 50.272 |
| 2（坡向） | 0.975 | 32.499 | 82.771 | | | |
| 3（坡位） | 0.517 | 17.229 | 100.000 | | | |

由表 13.25 可知：第一主成分土壤肥力的特征根为 1.508，它解释了总变异的 50.272%，第二主成分坡向的特征根为 0.975，解释了总变异的 34.499%，前两个主成分

累计解释了总变异的 82.771%，因此本文中提取土壤肥力、坡向、坡位三个指标作为影响草珊瑚生物量的主成分因子。与简单相关分析的结果一致，各器官生物量与三个因子均有密切关系。

**表 13.26　偏相关系数**

|  | 土壤肥力 | 坡向 | 坡位 |
|---|---|---|---|
| 生物量 | − 0.603 | 0.167 | 0.435 |
| 自由度 | 54 | 54 | 54 |
| 不相关概率 | 0.000 | 0.217 | 0.001 |

从偏相关分析得出：草珊瑚的生物量与土壤肥力关系最为密切，相关系数 − 0.603，不相关概率 $p < 1‰$；其次是与坡位的相关系数是 0.435，不相关的概率为 0.1%，与坡向的相关系数是 0.167，不相关的概率是 21.7%，远高于坡位的不相关概率(表 13.26)。

坡向和坡位对生物量的影响，偏相关分析和相关分析的结果是有所不同的，相关分析中，生物量与坡向呈极显著相关，与坡位呈显著相关，而在偏相关分析中，坡位的相关性远高于坡向，究其原因，坡向是与光照密切相关的，不同的坡向呈现的是光照条件的变化，与郁闭度的影响一致，都是通过光照影响的，坡位与土壤肥力密切相关，下坡位比较阴湿，土壤比较肥沃，坡位与土壤肥力的影响一致，本文中郁闭度在套种前就控制在了中郁闭度范围内，本研究的郁闭度对生物量的影响不显著，所以坡向的影响也不显著，而土壤肥力与坡位均通过土壤的差异影响生物量，所以坡位对生物量的影响显著。

## 13.5　草珊瑚生物量模型的构建与评价

### 13.5.1　生物量预测模型

58 个草珊瑚调查样本基本情况如表 13.27，其中 40 个样本参与建模，18 个样本参与检验。

**表 13.27　草珊瑚各项测量数据**

| 株/丛 | 地径(cm) | 高度(m) | 冠幅(m) | 当年抽高量(m) |
|---|---|---|---|---|
| 5 | 0.61 | 0.75 | 0.53 | 0.10 |
| 9 | 0.58 | 0.80 | 0.63 | 0.12 |
| 9 | 0.50 | 0.75 | 0.48 | 0.08 |
| 10 | 0.53 | 0.85 | 0.38 | 0.08 |
| 7 | 0.50 | 0.70 | 0.40 | 0.14 |
| 6 | 0.50 | 0.75 | 0.40 | 0.10 |
| 6 | 0.60 | 0.80 | 0.60 | 0.15 |
| 8 | 0.60 | 0.75 | 0.53 | 0.10 |
| 12 | 0.40 | 0.65 | 0.43 | 0.10 |
| 18 | 0.43 | 0.70 | 0.45 | 0.08 |
| 5 | 0.40 | 0.65 | 0.45 | 0.10 |
| 4 | 0.48 | 0.45 | 0.33 | 0.15 |

（续）

| 株/丛 | 地径（cm） | 高度（m） | 冠幅（m） | 当年抽高量（m） |
|---|---|---|---|---|
| 10 | 0.53 | 0.70 | 0.50 | 0.16 |
| 11 | 0.55 | 0.65 | 0.43 | 0.12 |
| 8 | 0.50 | 0.65 | 0.40 | 0.16 |
| 5 | 0.51 | 0.55 | 0.33 | 0.16 |
| 4 | 0.40 | 0.53 | 0.33 | 0.13 |
| 4 | 0.40 | 0.50 | 0.38 | 0.12 |
| 9 | 0.45 | 0.45 | 0.33 | 0.16 |
| 8 | 0.45 | 0.55 | 0.43 | 0.19 |
| 7 | 0.48 | 0.65 | 0.35 | 0.15 |
| 10 | 0.50 | 0.70 | 0.45 | 0.13 |
| 5 | 0.48 | 0.70 | 0.43 | 0.15 |
| 13 | 0.50 | 0.65 | 0.53 | 0.18 |
| 3 | 0.30 | 0.15 | 0.14 | 0.07 |
| 1 | 0.34 | 0.25 | 0.13 | 0.05 |
| 1 | 0.30 | 0.20 | 0.10 | 0.05 |
| 2 | 0.35 | 0.30 | 0.23 | 0.10 |
| 3 | 0.36 | 0.20 | 0.20 | 0.08 |
| 2 | 0.33 | 0.20 | 0.23 | 0.08 |
| 2 | 0.33 | 0.30 | 0.23 | 0.08 |
| 2 | 0.33 | 0.25 | 0.30 | 0.07 |
| 3 | 0.43 | 0.50 | 0.33 | 0.12 |
| 4 | 0.43 | 0.50 | 0.35 | 0.10 |
| 1 | 0.32 | 0.30 | 0.23 | 0.10 |
| 3 | 0.33 | 0.30 | 0.20 | 0.09 |
| 2 | 0.34 | 0.30 | 0.20 | 0.08 |
| 2 | 0.37 | 0.40 | 0.30 | 0.08 |
| 3 | 0.40 | 0.50 | 0.28 | 0.15 |
| 3 | 0.38 | 0.40 | 0.28 | 0.10 |
| 3 | 0.36 | 0.40 | 0.28 | 0.08 |
| 2 | 0.41 | 0.40 | 0.23 | 0.12 |
| 3 | 0.22 | 0.10 | 0.13 | 0.04 |
| 4 | 0.22 | 0.10 | 0.15 | 0.03 |
| 2 | 0.25 | 0.06 | 0.06 | 0.04 |
| 2 | 0.23 | 0.12 | 0.08 | 0.06 |
| 2 | 0.28 | 0.25 | 0.15 | 0.06 |
| 6 | 0.24 | 0.25 | 0.15 | 0.10 |
| 1 | 0.27 | 0.17 | 0.13 | 0.06 |
| 4 | 0.23 | 0.14 | 0.15 | 0.06 |
| 2 | 0.22 | 0.18 | 0.10 | 0.07 |
| 1 | 0.27 | 0.16 | 0.08 | 0.06 |
| 2 | 0.24 | 0.25 | 0.18 | 0.08 |

（续）

| 株/丛 | 地径（cm） | 高度（m） | 冠幅（m） | 当年抽高量（m） |
|---|---|---|---|---|
| 1 | 0.27 | 0.25 | 0.13 | 0.07 |
| 1 | 0.30 | 0.30 | 0.15 | 0.07 |
| 1 | 0.29 | 0.25 | 0.14 | 0.08 |
| 3 | 0.25 | 0.18 | 0.14 | 0.04 |
| 3 | 0.25 | 0.18 | 0.15 | 0.06 |

本章选择株/丛（$N$）、当年抽高量（$H_{抽}$）、地径（$D$）、高度（$H$）、冠幅（$C$）5 个因子作为变量，分析与叶、枝干和地上总生物量的相关性，筛选预测模型的变量。利用 spss 进行相关分析，结果如表 13.28。

表 13.28　草珊瑚生物量与各调查因子的相关性

| 变量 | $N$ | $H_{抽}$ | $D$ | $H$ | $C$ | $W_{叶}$ | $W_{枝干}$ | $W_{地上}$ |
|---|---|---|---|---|---|---|---|---|
| $N$ | 1 | | | | | | | |
| $H_{抽}$ | 1.000** | 1 | | | | | | |
| $D$ | 0.680** | 0.680** | 1 | | | | | |
| $H$ | 0.744** | 0.744** | 0.945** | 1 | | | | |
| $C$ | 0.779** | 0.779** | 0.942** | 0.958** | 1 | | | |
| $W_{叶}$ | 0.736** | 0.736** | 0.827** | 0.837** | 0.856** | 1 | | |
| $W_{枝干}$ | 0.794** | 0.794** | 0.861** | 0.870** | 0.909** | 0.944** | 1 | |
| $W_{地上}$ | 0.784** | 0.784** | 0.860** | 0.870** | 0.903** | 0.975** | 0.994** | 1 |

注：**. 在 .01 水平（双侧）上显著相关，*. 在 0.05 水平（双侧）上显著相关

由表 13.28 得知各因子均呈现显著相关。地上总生物量与冠幅的相关性最大，相关系数 0.903，其次是与高度和地径，相关系数分别是 0.870 和 0.860；与枝干生物量相关性最大是冠幅的，相关系数 0.909，其次是高度和地径，相关系数分别是 0.870 和 0.861；与叶生物量相关性最大是冠幅，相关系数 0.856，其次是高度和地径，相关系数分别是 0.837 和 0.827；冠幅与高度和地径、高度和地径的相关系数都大于 0.9，明显高于其他因子的相关性；综上，草珊瑚叶、枝干和地上总生物量的大小与冠幅、高度和地径呈显著相关。

表 13.29　各因子主成分

| 成分 | 初始特征值 | | | 提取平方和载入 | | |
|---|---|---|---|---|---|---|
| | 合计 | 方差（%） | 累积（%） | 合计 | 方差（%） | 累积（%） |
| 1（C） | 4.303 | 86.058 | 86.058 | 4.303 | 86.058 | 86.058 |
| 2（H） | 0.606 | 12.117 | 98.175 | 0.606 | 12.117 | 98.175 |
| 3（D） | 0.051 | 1.029 | 99.204 | 0.051 | 1.029 | 99.204 |
| 4（$H_{抽}$） | 0.040 | 0.796 | 100.000 | | | |
| 5（N） | 9.243E − 17 | 1.849E − 15 | 100.000 | | | |

$C$、$H$、$D$、$H_{抽}$、$N$ 等因子主成分分析见表 13.29，其中第一主成分冠幅的特征根为 4.303，它解释了总变异的 86.058%，因此提取冠幅、高度、地径 3 个主成分。

用单个测树因子来模拟生物量回归方程是不理想的，只有多个观测因子的适当组合才

能比较准确地估算灌木生物量，因此本研究采用以下几个组合建立模型：$CH$：是冠幅与高度乘积，理解为投影纵断面积；$DH$：是地径与株高乘积，理解为树干纵断面周长；$D^2H$：地径平方与株高乘积，理解为树干纵断面积；$A$：植冠面积（$A = \pi C2/4$）；$V$：植冠体积（$V = AH$），分析与叶、枝干和地上总生物量的相关性。由表 13.30 得知各种组合均呈现极显著相关，叶、枝干、地上总生物量与各组和因子的相关系数均高于单个因子，因此宜采用组合因子进行生物量模型构建。具体分析可以得出：叶生物量与 $CH$ 相关性最高，相关系数是 0.886，其次是 $D^2H$，相关性是 0.882，与 $A$、$V$、$DH$ 的相关性系数分别是 0.877，0.877，0.876，均呈现显著相关；枝干生物量与 $V$、$A$、$CH$ 的相关性明显高于 $D^2H$、$DH$，相关系数分别是 0.959，0.951，0.948；地上总生物量与 $V$、$A$、$CH$ 的相关性明显高于 $D^2H$、$DH$，相关系数分别是 0.943，0.939，0.939；总体来看，枝干生物量与各组合因子的相关性最高，其次是地上总生物量，相关系数均在 0.9 以上，明显高于叶生物量的相关性；因此，选择这 5 个组合因子分别建模。

表 13.30　草珊瑚生物量与各组合因子的相关性

| 因子 | CH | DH | $D^2H$ | A | V | $W_叶$ | $W_{枝干}$ | $W_{地上}$ |
|---|---|---|---|---|---|---|---|---|
| $CH$ | 1 | | | | | | | |
| $DH$ | 0.984 ** | 1 | | | | | | |
| $D^2H$ | 0.976 ** | 0.989 ** | 1 | | | | | |
| $A$ | 0.987 ** | 0.953 ** | 0.955 ** | 1 | | | | |
| $V$ | 0.980 ** | 0.943 ** | 0.958 ** | 0.989 ** | 1 | | | |
| $W_叶$ | 0.886 ** | 0.876 ** | 0.882 ** | 0.877 ** | 0.877 ** | 1 | | |
| $W_{枝干}$ | 0.948 ** | 0.916 ** | 0.926 ** | 0.951 ** | 0.959 ** | 0.944 ** | 1 | |
| $W_{地上}$ | 0.939 ** | 0.914 ** | 0.923 ** | 0.939 ** | 0.943 ** | 0.975 ** | 0.994 ** | 1 |

注：**. 在 0.01 水平（双侧）上显著相关，*. 在 0.05 水平（双侧）上显著相关。

## 13.5.2　生物量模型的构建及评价

叶生物量模型：以 $CH$、$DH$、$D^2H$、$A$、$V$ 为自变量，叶生物量为因变量，分别构建模型，具体的模型评价指标如表 13.31。

表 13.31　草珊瑚叶生物量模型参数指标

| 不同因子 | 模型 | $R^2$ | $F$ | 标准估计误差 | 显著性 | 编号 |
|---|---|---|---|---|---|---|
| $CH$ | 线性 | 0.779 | 138.278 | 0.004 | 0 | 1 |
| | 二次 | 0.774 | 67.853 | 0.004 | 0 | 2 |
| | 三次 | 0.781 | 47.422 | 0.004 | 0 | 3 |
| | 幂 | 0.857 | 235.661 | 0.461 | 0 | 4 |
| | 指数 | 0.786 | 144.529 | 0.565 | 0 | 5 |
| $DH$ | 线性 | 0.761 | 124.988 | 0.004 | 0 | 6 |
| | 二次 | 0.770 | 66.423 | 0.004 | 0 | 7 |
| | 三次 | 0.773 | 45.223 | 0.004 | 0 | 8 |
| | 幂 | 0.814 | 172.057 | 0.527 | 0 | 9 |
| | 指数 | 0.807 | 164.280 | 0.537 | 0 | 10 |

（续）

| 不同因子 | 模型 | $R^2$ | $F$ | 标准估计误差 | 显著性 | 编号 |
|---|---|---|---|---|---|---|
| $D^2H$ | 线性 | 0.772 | 133.233 | 0.004 | 0 | 11 |
| | 二次 | 0.766 | 64.968 | 0.004 | 0 | 12 |
| | 三次 | 0.771 | 44.722 | 0.004 | 0 | 13 |
| | 幂 | 0.806 | 162.880 | 0.539 | 0 | 14 |
| | 指数 | 0.739 | 111.277 | 0.625 | 0 | 15 |
| $A$ | 线性 | 0.763 | 126.855 | 0.004 | 0 | 16 |
| | 二次 | 0.759 | 62.303 | 0.004 | 0 | 17 |
| | 三次 | 0.764 | 42.989 | 0.004 | 0 | 18 |
| | 幂 | 0.850 | 222.040 | 0.473 | 0 | 19 |
| | 指数 | 0.739 | 111.176 | 0.625 | 0 | 20 |
| $V$ | 线性 | 0.763 | 126.282 | 0.004 | 0 | 21 |
| | 二次 | 0.783 | 71.217 | 0.004 | 0 | 22 |
| | 三次 | 0.779 | 46.876 | 0.004 | 0 | 23 |
| | 幂 | 0.862 | 245.291 | 0.454 | 0 | 24 |
| | 指数 | 0.668 | 79.494 | 0.704 | 0 | 25 |

方差分析的 $F$ 值概率均小于 0.001，各回归方程均有统计意义，其中幂函数模型的 $R^2$ 均是最大，因此，草珊瑚的叶生物量选择幂函数模型。由表 13.31 还可以看出，以草珊瑚的植冠体积 V 构建的幂函数模型的 $R^2 = 0.862$ 为最大，$F = 245.291$ 也为最大，但是幂函数模型虽然有较高的 $R^2$ 值和 F 值，但是标准估计误差值较大，综合考虑这三项指标，同时 $CH$、$A$、$V$ 这三项组合因子中，均只包含地径高度($H$)和冠幅($C$)这两个易测因子，DH 和 $D^2H$ 中包含高度($H$)和地径($D$)，一般认为地径和高度易于准确测量，是表达生物量的理想指标，冠幅的测量误差随机性很大，且植物生长形态容易受到外界作用而发生变化，影响生物量预测模型的精度，一般不选择作为自变量。结合以上的分析，选择 9 号和 24 号模型，进行检验和评价，选择最优模型。

**表 13.32　叶生物量模型的比较**

| 模型编号 | 方程 | RS | RMA |
|---|---|---|---|
| 9 | $W_{叶} = 0.040(DH)^{1.167}$ | 4.00% | 0.22% |
| 24 | $W_{叶} = 0.046V^{0.618}$ | 7.83% | 0.44% |

由表 13.32 可以得出：9 号模型的总相对误差和平均相对误差明显小于 24 号模型，因此 9 号模型优于 24 号模型。9 号幂函数模型的回归曲线见图 13.3。

枝干生物量模型与叶的生物量模型筛选类似，最终选择 9 号模型为最优预估模型(图 13.4)。

地上全株生物量模型最终选择 9 号模型(图 13.5)。

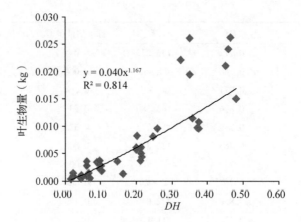

**图 13.3　草珊瑚叶生物量最优模型回归曲线**

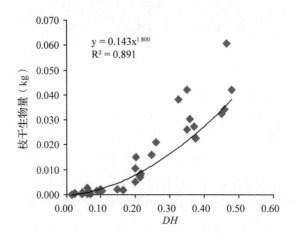

**图 13.4　草珊瑚枝干生物量最优模型回归曲线**

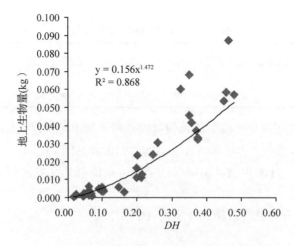

**图 13.5　草珊瑚地上生物量最优模型回归曲线**

## 13.5.3 生物量模型兼容问题

**表 13.33 草珊瑚生物量模型估计值**

| 地径 | 高度 | 地径×高度 | 叶 | 枝干 | 地上 | △1 | △2 |
|------|------|-----------|------|------|------|------|------|
| 0.53 | 0.85 | 0.4505 | 0.0158 | 0.0340 | 0.0482 | − 0.0016 | − 3.27% |
| 0.43 | 0.70 | 0.3010 | 0.0099 | 0.0165 | 0.0266 | 0.0003 | 1.19% |
| 0.40 | 0.65 | 0.2600 | 0.0083 | 0.0127 | 0.0215 | 0.0005 | 2.40% |
| 0.50 | 0.65 | 0.3250 | 0.0108 | 0.0189 | 0.0298 | 0.0001 | 0.47% |
| 0.51 | 0.55 | 0.2805 | 0.0091 | 0.0145 | 0.0240 | 0.0004 | 1.80% |
| 0.48 | 0.65 | 0.3120 | 0.0103 | 0.0176 | 0.0281 | 0.0002 | 0.86% |
| 0.48 | 0.70 | 0.3360 | 0.0112 | 0.0201 | 0.0313 | 0.0000 | 0.14% |
| 0.34 | 0.25 | 0.0850 | 0.0023 | 0.0017 | 0.0041 | 0.0002 | 4.78% |
| 0.36 | 0.20 | 0.0720 | 0.0019 | 0.0013 | 0.0032 | 0.0001 | 4.12% |
| 0.33 | 0.25 | 0.0825 | 0.0022 | 0.0016 | 0.0040 | 0.0002 | 4.68% |
| 0.32 | 0.30 | 0.0960 | 0.0026 | 0.0021 | 0.0050 | 0.0003 | 5.10% |
| 0.38 | 0.40 | 0.1520 | 0.0044 | 0.0048 | 0.0097 | 0.0005 | 5.04% |
| 0.36 | 0.40 | 0.1440 | 0.0042 | 0.0044 | 0.0090 | 0.0005 | 5.15% |
| 0.23 | 0.12 | 0.0276 | 0.0006 | 0.0002 | 0.0008 | 0.0000 | − 4.88% |
| 0.23 | 0.14 | 0.0322 | 0.0007 | 0.0003 | 0.0010 | 0.0000 | − 2.82% |
| 0.22 | 0.18 | 0.0396 | 0.0009 | 0.0004 | 0.0013 | 0.0000 | − 0.44% |
| 0.29 | 0.25 | 0.0725 | 0.0019 | 0.0013 | 0.0033 | 0.0001 | 4.15% |
| 0.25 | 0.18 | 0.0450 | 0.0011 | 0.0005 | 0.0016 | 0.0000 | 0.83% |

注：$\triangle 1 = $ 地上 $-$（叶 $+$ 枝干）（kg），$\triangle 2 = \triangle 1/$ 地上（%）。

采用上述叶、枝干、地上生物量预估最优模型，建立草珊瑚生物量预估模型，预测值如表 13.33：草珊瑚总生物量不等于叶生物量与枝干生物量之和，表明草珊瑚各部分独立生物量模型与总生物量模型之间存在不相容性。

针对上述问题，需要建立相容性生物量模型。其中，平差法（以生物量总量为基础按比例平差）就是一种行之有效的方法。即把地上总量直接平差分配给叶、枝干两个维量，此法可以使两个维量之和等于总量，建立的相容性生物量模型如表 13.34，与不相容的模型误差要小很多（表 13.35）。

**表 13.34 草珊瑚各器官相容性生物量模型**

| 分量 | 相容性模型 |
|------|------------|
| 地上 | $\hat{W}_{\text{地上}} = W_{\text{地上}} = 0.156 \times (DH)^{1.472}$ |
| 叶 | $\hat{W}_{\text{叶}} = \dfrac{0.156 \times (DH)^{1.472}}{1 + 3.575 \times (DH)^{0.622}}$ |
| 枝干 | $\hat{W}_{\text{枝干}} = \dfrac{0.156 \times (DH)^{1.472}}{1 + 0.280 \times (DH)^{0.622}}$ |

表 13.35　相容前后的误差对比

| 相容前 | | 相容后 | |
| --- | --- | --- | --- |
| △1 | △2 | △1 | △2 |
| − 0.00157793 | − 3.27% | 1.04339E − 05 | 0.02% |
| 0.000317599 | 1.19% | 6.23709E − 06 | 0.02% |
| 0.000515947 | 2.40% | 5.13577E − 06 | 0.02% |
| 0.000140736 | 0.47% | 6.89426E − 06 | 0.02% |
| 0.000432723 | 1.80% | 5.68274E − 06 | 0.02% |
| 0.000242264 | 0.86% | 6.53727E − 06 | 0.02% |
| 4.40798E − 05 | 0.14% | 7.19807E − 06 | 0.02% |
| 0.000197972 | 4.78% | 1.01401E − 06 | 0.02% |
| 0.00013364 | 4.12% | 7.803E − 07 | 0.02% |
| 0.000185516 | 4.68% | 9.67723E − 07 | 0.02% |
| 0.000252592 | 5.10% | 1.22455E − 06 | 0.02% |
| 0.000490865 | 5.04% | 2.43114E − 06 | 0.02% |
| 0.000463326 | 5.15% | 2.2476E − 06 | 0.02% |
| − 3.85834E − 05 | − 4.88% | 1.55504E − 07 | 0.02% |
| − 2.80126E − 05 | − 2.82% | 2.03718E − 07 | 0.02% |
| − 5.88168E − 06 | − 0.44% | 2.90898E − 07 | 0.02% |
| 0.000136081 | 4.15% | 7.88955E − 07 | 0.02% |
| 1.34299E − 05 | 0.83% | 3.61199E − 07 | 0.02% |

## 13.5.4　效益效益评价

利用相容性模型，计算研究地区各小班的草珊瑚单位面积地上、叶、枝干生物量和小班地上、叶、枝干总生物量如表 13.36，比较分析发现：在单位面积上，3 年生和 5 年生的草珊瑚叶生物量和枝干的生物量之比在 0.5 左右，说明 3 年及以上的草珊瑚地上生物量中枝干所占比重明显高于叶；2 年生的草珊瑚叶生物量和枝干生物量比值接近 1，此时枝干生物量和叶生物量对地上生物量的贡献差异较小，1 年生的草珊瑚叶生物量和枝干生物量比值高于 1.5，种植当年草珊瑚生物量的累积主要来自于叶。

表 13.36　草珊瑚生物量预测表

| 小班编号 | 单位面积生物量（kg/hm²） | | | 叶/枝干 | 面积（hm²） | 总生物量（kg/hm²） | | | 种植时间 |
| --- | --- | --- | --- | --- | --- | --- | --- | --- | --- |
| | 地上 | 叶 | 枝干 | | | 地上 | 叶 | 枝干 | |
| 1 | 626.95 | 209.11 | 417.70 | 0.50 | 1.60 | 1003.12 | 334.58 | 668.32 | 2007 年 |
| 2 | 150.44 | 52.58 | 97.83 | 0.54 | 1.07 | 160.97 | 56.26 | 104.67 | 2010 年 |
| 3 | 164.43 | 54.25 | 110.14 | 0.49 | 3.80 | 624.85 | 206.16 | 418.54 | 2010 年 |
| 4 | 194.77 | 68.44 | 126.29 | 0.54 | 7.93 | 1544.50 | 542.71 | 1001.45 | 2010 年 |
| 5 | 40.23 | 23.13 | 17.09 | 1.35 | 8.53 | 343.14 | 197.29 | 145.77 | 2011 年 |
| 6 | 128.09 | 59.52 | 68.54 | 0.87 | 7.27 | 931.18 | 432.68 | 498.28 | 2011 年 |
| 7 | 136.16 | 63.10 | 73.02 | 0.86 | 1.33 | 181.09 | 83.93 | 97.12 | 2011 年 |
| 8 | 6.48 | 4.99 | 1.49 | 3.35 | 4.00 | 25.93 | 19.97 | 5.95 | 2012 年 |
| 9 | 32.94 | 20.69 | 12.24 | 1.69 | 2.93 | 96.50 | 60.61 | 35.87 | 2012 年 |
| 10 | 48.98 | 28.54 | 20.43 | 1.40 | 7.53 | 368.81 | 214.88 | 153.84 | 2012 年 |

按照 32 元/kg(赵蓓,2012)的单价计算草珊瑚的经济效益见表 13.37。表 13.37 数据显示:1 年生草珊瑚单位面积上就有 1000 元的收益,2 年生达到 4000 元,3 年生达到 5000 元,5 年生达到 20000 元,套种草珊瑚有很高的经济效益。

计算不同灌龄单位面积经济价值的平均值,利用插值法估算 4 年生的经济价值,绘制草珊瑚单位面积经济价值增长趋势如图 13.6,随着灌龄的增加,草珊瑚的经济价值呈现指数式增长。

**表 13.37  草珊瑚直接经济价值**

| 小班编号 | 单位面积价值(元/hm²) | | | 总计(元) | | | 种植时间 |
|---|---|---|---|---|---|---|---|
| | 地上 | 叶 | 枝干 | 地上 | 叶 | 枝干 | |
| 1 | 20062.35 | 6691.61 | 13366.32 | 32099.77 | 10706.57 | 21386.12 | 2007 年 |
| 2 | 4814.18 | 1682.66 | 3130.44 | 5151.17 | 1800.44 | 3349.57 | 2010 年 |
| 3 | 5261.86 | 1736.12 | 3524.59 | 19995.05 | 6597.24 | 13393.44 | 2010 年 |
| 4 | 6232.53 | 2189.99 | 4041.14 | 49423.98 | 17366.59 | 32046.25 | 2010 年 |
| 5 | 1287.27 | 740.13 | 546.83 | 10980.45 | 6313.33 | 4664.49 | 2011 年 |
| 6 | 4098.74 | 1904.50 | 2193.24 | 29797.86 | 13845.72 | 15944.88 | 2011 年 |
| 7 | 4357.03 | 2019.36 | 2336.60 | 5794.85 | 2685.75 | 3107.68 | 2011 年 |
| 8 | 207.41 | 159.74 | 47.64 | 829.64 | 638.94 | 190.55 | 2012 年 |
| 9 | 1053.94 | 661.94 | 391.77 | 3088.06 | 1939.47 | 1147.88 | 2012 年 |
| 10 | 1567.34 | 913.17 | 653.79 | 11802.04 | 6876.19 | 4923.03 | 2012 年 |

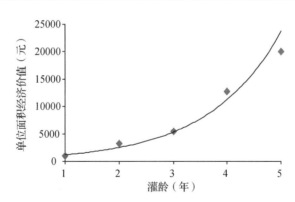

**图 13.6  草珊瑚单位面积经济价值增长趋势**

## 13.6  草珊瑚套种模式的方案优化

### 13.6.1  物种生态习性分析

草珊瑚套种多在杉木和马尾松林下,对主要树种杉木、马尾松以及草珊瑚的生态习性及生长习性的对比分析可以看出(表 13.38):杉木和马尾松都喜光,适宜在温暖湿润的环境下,杉木适宜肥沃的土壤,马尾松在肥沃的土壤上能培育大径材,马尾松根系发达,杉木成年后根系深入生长,都能够充分利用地下土壤的营养,而草珊瑚喜光、浅根系的特性正好相反，可以利用林下的空间和土壤表层的营养，能降低水土流失所造成的地力下降问题，改善小气候以及改善景观格局，改套种模式能够在多效益方面发挥良好的作用。

**表 13.38 物种特性的比较**

| 树种 | 光照 | 温度 | 水分 | 土壤 | 根系 | 其他 |
|---|---|---|---|---|---|---|
| 杉木 | 较喜光，但幼时稍能耐侧方蔽荫 | 年平均温 16～19℃ | 年平均降水量 1300～1800mm，且需分配均匀，无旱季或旱季不超过 3 个月 | 对土壤的要求较高，最适宜肥沃、深厚、疏松、排水良好的土壤，而嫌土壤瘠薄、板结及排水不良。 | 木为浅根性树种，无明显主根，侧根发达，再生能力强，但穿透力弱。成年林木根系可深达 2m，水平根幅大于树冠 1 倍左右。树高直径生长进入旺盛时期，根系向深度和广度发展 | |
| 马尾松 | 阳性树种，喜光 | 年平均温度 13～22℃ | 年降水量 800mm 以上 | 对土壤要求不严格，喜微酸性土壤，在土壤深厚肥沃之地造林，可以发挥最大的生产潜力，培育成大径级用材 | 根系发达，主根明显，有根菌 | 3 到 4 年后逐渐郁闭成林 |
| 草珊瑚 | 喜阴凉环境，忌强光直射 | 适宜温暖气候，忌高温干燥 | 长于海拔 400～1500m 的山坡、沟谷常绿阔叶林下阴湿处 | 喜腐殖质层深厚、疏松肥沃、微酸性的砂壤土，忌贫瘠、板结、易积水的黏重土壤 | 多为须根系，常分布于表土层，采收时易连根拔起。根部萌蘖能力强，常从近地面的根茎处发生分枝，而使植株呈丛生状 | |

## 13.6.2 优化方案设计

根据对研究地区的实地调查发现，草珊瑚的套种一是沿着低山的山脊线及两侧缓坡地带，二是在坡度比较大，山体比较高的中下坡位，同时，本文提出另一种构建模式—沟谷地的模式构建。

### 13.6.2.1 山脊、缓坡地的模式优化

（1）设计技术思路

此模式一般在地势平缓的小山上采用，立地质量较差，土壤养分较为缺乏，但是方便人工作业和管理，是比较容易开展的一种模式。可适当进行低密度种植，保护土地和土壤资源；

（2）技术要点及配套措施

种植配置：株行距 1.0m×1.0m，品字形配置，每亩种植密度约为 500～600 株。

整地：沿山脊线进行带状整地，带宽为杉木林自然行宽，带面要求平整，外高内低.挖掉树兜柴兜，捡去石块草根、打碎土块、然后下足基肥、耙平。

苗木：1 年实生苗，优质良种壮苗。

抚育管理：实行中耕、除草、施肥、保阴湿。中耕以疏松土壤，使根部萌条露出地面。促使萌芽长梢。一年锄松土 4 次，对新栽植的要做到浅锄、勤锄，一般深度 15 cm 左右，中耕时间视草珊瑚的生长和林地草杂情况而定. 为了促其多萌芽、高生长，要施肥。新栽植的要量少次多进行追肥. 以氮、磷为主，追肥时间在草珊瑚抽梢前七天进行，效果

最好，每亩施肥60kg左右。

### 13.6.2.2 陡坡地的模式优化

（1）设计技术思路

此模式一般在坡度较大的大山上采用，水土流失严重，土壤水分和养分条件较中等，同时不利用人工作业和管理，此模式是比较难开展的一种。可采取适当中密度种植，有效防治水土流失的同时提高生物量。

（2）技术要点及配套措施

种植配置：株行距0.7m×0.7m，品字形配置，每亩种植密度约为1100~1200株。

整地：沿等高线进行鱼鳞坑整地方式，带宽为杉木林自然行宽，锄尽带内杂草并扒干净，沿带内滑挖一小沟，可积水保土，在沟内挖0.2m×0.3m的鱼鳞坑。

苗木：1年实生苗，优质良种壮苗。

抚育管理：实行中耕、除草、施肥、保阴湿。中耕以疏松土壤，使根部萌条露出地面。促使萌芽长梢。一年锄松土3次，对新栽植的要做到浅锄、勤锄，一般深度10cm左右，中耕时间视草珊瑚的生长和林地草杂情况而定．为了促其多萌芽、高生长，要施肥。新栽植的要量少次多进行追肥，以氮、磷为主，追肥时间在草珊瑚抽梢前七天进行，效果最好，每亩施肥50kg左右。

### 13.6.2.3 沟谷地的模式优化

（1）设计技术思路

沟谷一般水肥条件好，土壤相对深厚，交通便利，但是要防治浑水冲刷，可适当采取高密度种植，既能防止洪水冲刷，又能提高生物量；

（2）技术要点及配套措施

种植配置：株行距0.5m×0.5m，品字形配置，每亩种植密度约为2000~2200株。

整地：沿沟谷进行穴状整地，带宽为杉木林自然行宽，带面要求平整，挖掉树蔸柴蔸，捡去石块草根、打碎土块、然后下足基肥、耙平。

苗木：：1年实生苗或者是扦插苗移植，扦插移植易成活，效果好，可节省大量资金和劳力。

抚育管理：实行中耕、除草、施肥、保阴湿。中耕以疏松土壤，使根部萌条露出地面。促使萌芽长梢。一年锄松土2次，对新栽植的要做到浅锄、勤锄，一般深度5cm左右，中耕时间视草珊瑚的生长和林地草杂情况而定．为了促其多萌芽、高生长，要施肥。新栽植的要量少次多进行追肥．以氮、磷为主，追肥时间在草珊瑚抽梢前七天进行，效果最好，每亩施肥40kg左右。

## 13.7 结论

①研究结果表明，影响林下草珊瑚生物量的主要因素有土壤肥力、坡位和坡向，同时与郁闭度和林分类型也有密切关系。

②研究表明，草珊瑚地上生物量与冠幅、高度和地径的相关系数较高，进一步分析这三个单因子的组合因子与生物量的关系发现，组合因子的相关性均高于单因子，所以预测模型宜采用组合因子。同时各回归模型中均以幂函数拟合效果最好，最优预测模型为：

$W_叶 = 0.040 \times (DH)^{1.167}$、$W_{枝干} = 0.143 \times (DH)^{1.800}$、$W_{地上} = 0.156 \times (DH)^{1.472}$

③建立了草珊瑚生物量相容模型提高了预估精度。

④分别山脊、缓坡地、陡坡地和沟谷地，提出了可操作的草珊瑚套种经营模式。

# 14 杉木人工林健康评价

## 14.1 研究内容、方法与技术路线

### 14.1.1 研究目的与意义

本研究目的是探索人工林健康评价方法，建立面向不同主导利用功能、龄组的杉木人工林健康评价指标体系，评价杉木人工林健康状况及其变化。

研究意义：

(1)分别杉木人工林经营目的的健康评价，为分类经营提供决策依据。

(2)分别龄组的健康评价，为确定经营周期经营措施提供技术支持。

(3)通过评价两期二类调查数据，评价杉木林的健康动态状况。动态评价相比较于静态评价，能反映出健康水平的动态变化，评价结果更具真实性。

针对评价结果，可采取相应的经营措施，调整林分结构和改善森林经营，稳定和提高杉木人工林的健康水平，为杉木人工林可持续经营提供依据。

### 14.1.2 研究的主要内容

(1)杉木人工林小班森林主导利用功能的划分

通过两期二类调查数据，运用主成分分析方法，构建模型确定1996年和2007年杉木人工林小班主导利用功能。

(2)杉木人工林健康评价指标体系的建立

根据主导功能对评价指标进行筛选优化，利用层次分析法，结合小班主导功能，确定评价指标的权重，建立杉木人工林健康评价指标体系。

(3)杉木人工林森林健康的动态评价

对比1996年和2007年杉木人工林的健康评价结果，评价10a间健康情况的变化。

(4)将乐林场杉木人工林森林健康经营的合理建议

### 14.1.3 研究方法

利用现地调查法和文献研究归纳法，采用定性判断与定量化、模型化、野外调查与科学推理相结合的方法，研究杉木人工林的森林健康。

### 14.1.4 技术路线

杉木人工林健康评价技术路线见图14.1。

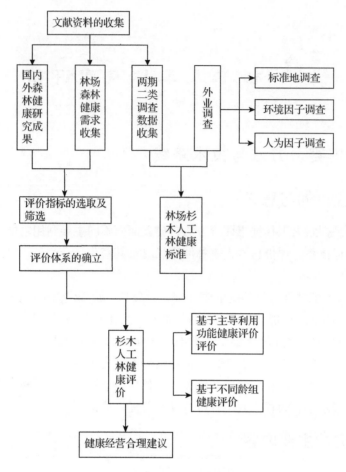

**图 14.1　技术路线图**

## 14.1.5　数据分析与处理

分析处理 1996 年和 2007 年林场森林资源二类调查资料。本研究采用定性与定量相结合的方法，运用主成分分析，研究将乐林场杉木人工林的主导利用功能。

（1）指标的选取

本研究选取郁闭度、年龄、平均胸径、平均树高、每公顷蓄积量、坡度、土壤厚度、草本盖度共 8 个因子作为指标，通过建立结构与功能的模型，最终得出各个小班主导功能。建立基于不同主导功能的森林健康评价指标，并在同一套指标体系中根据主导功能的不同而赋予指标不同的权重。

（2）结构与功能关系模型的构建

本研究选择线性模型对结构指标与功能间的关系进行阐述，模型表达式如下：

$$Y = a_1 x_1 + a_2 x_2 + \cdots + a_n x_n$$

$$\begin{cases} a_{11}x_1 + a_{12}x_2 + \cdots a_{1n}x_n \\ a_{21}x_1 + a_{22}x_2 + \cdots a_{2n}x_n \\ a_{31}x_1 + a_{32}x_2 + \cdots a_{3n}x_n \\ a_{m1}x_1 + a_{m2}x_2 + \cdots a_{mn}x_n \end{cases}$$

式中：$Y$ 为功能，$x_i$ 为结构变量，$a_i$ 为变量系数。

各结构指标与功能的关系可以通过其方差贡献率来解释，所用模型为：

$$g_j^2 = \sum_{i=1}^{P} a_{ij} = a_{ij}^2 + a_{2j}^2 + a_{3j}^2 + \cdots + a_{pj}^2$$

$$F_j \text{ 的贡献率} = \frac{g_j^2}{g^2} = \frac{a_{ij}^2 + a_{2j}^2 + a_{3j}^2 + \cdots + a_{pj}^2}{Var(X_1) + Var(X_2) + \cdots + Var(X_p)}$$

式中：$Var(X)$ 为原始变量 $X$ 的方差；$a_{ij}^2$ 为公共因子 $F_j$ 对 $X$ 的分量 $X_i$（$=1，2，\cdots p$）的方差；$g_j^2$ 为公共因子 $F_j$ 对原始变量的方差贡献；$g^2$ 为所有公共因子对原始变量的方差贡献。

## 14.1.6 主导功能分析

（1）主成分分析

选择的 8 个指标的量纲并不一致，若直接进行分析，将会导致结果失真。所以第一步就是各个指标的标准化处理，消除由于量纲的不同而对结果的精确性带来影响，在此基础上，再进行主成分分析（利用 SPSS 16.0 软件）。分析 1996 年数据，由表 14.1 可知，前 3 个主成分的特征值均 >1，且特征值累计贡献率达到 75.59%，能代表研究的绝大多数信息，符合统计学原理。因此，这 3 个主成分能够代表研究区杉木人工林的多种功能水平。

表 14.1　特征值及贡献率解释（1996 年）

| 成分 | 特征值 | 方差贡献率 | 累积贡献率 |
|---|---|---|---|
| 1.000 | 3.643 | 45.535 | 45.535 |
| 2.000 | 1.366 | 17.080 | 62.615 |
| 3.000 | 1.038 | 12.970 | 75.585 |
| 4.000 | 0.863 | 10.786 | 86.372 |
| 5.000 | 0.624 | 7.801 | 94.173 |
| 6.000 | 0.307 | 3.841 | 98.014 |
| 7.000 | 0.110 | 1.376 | 99.390 |
| 8.000 | 0.049 | 0.610 | 100.000 |

从表 14.2 中可以看出，第一主成分中，年龄、平均胸径、平均树高、每公顷蓄积的载荷相对较大且均匀，分别为 0.225、0.26、0.265、0.254，与杉木人工林的木材生产能力有关，因此将第一主成分定义为木材生产功能。

第二主成分在草本盖度、郁闭度表现了较大的因子载荷，分别为 -0.522、0.553，同时在坡度（0.216）和草本盖度（0.205）上有较均匀的载荷，这与杉木人工林的风景游憩功能具有密切关系，因此将第二主成分定义为风景游憩功能。

第三主成分中，因子载荷集中表现在坡度（0.849）上，土壤厚度（-0.235）和草本盖度（0.387）相对于其他 5 个指标，也有一定的载荷，这与杉木人工林的水源涵养、水土保持功能密切相关，因此，将第三主成分定义为涵水保土功能。

表 14.2　因子得分系数矩阵(1996 年)

| 指标 | 主成分 | | |
|---|---|---|---|
| | 1 | 2 | 3 |
| 坡度 | − 0.054 | 0.216 | 0.849 |
| 土壤厚度 | 0.105 | 0.205 | − 0.235 |
| 草本盖度 | 0.019 | − 0.522 | 0.387 |
| 郁闭度 | 0.086 | 0.553 | 0.089 |
| 年龄 | 0.225 | − 0.213 | − 0.005 |
| 平均胸径 | 0.260 | − 0.082 | − 0.016 |
| 平均树高 | 0.265 | − 0.026 | 0.080 |
| 每公顷蓄积 | 0.254 | 0.114 | 0.156 |

分析 2007 年数据，由表 14.3 可知，前 3 个主成分的特征值均 >1，且特征值累计贡献率达到 70.125%，能代表研究的绝大多数成果，因此，取前 3 个主成分代表多种功能水平。

表 14.3　特征值及贡献率解释(2007 年)

| 分 | 特征值 | 方差贡献率 | 累积贡献率 |
|---|---|---|---|
| 1 | 3.491 | 43.633 | 43.633 |
| 2 | 1.097 | 13.716 | 57.350 |
| 3 | 1.022 | 12.776 | 70.125 |
| 4 | 0.933 | 11.666 | 81.791 |
| 5 | 0.576 | 7.195 | 88.986 |
| 6 | 0.499 | 6.236 | 95.222 |
| 7 | 0.292 | 3.656 | 98.877 |
| 8 | 0.09 | 1.123 | 100.000 |

从表 14.4 中可以看出，第一主成分中，年龄、平均胸径、平均树高、每公顷蓄积的载荷相对较大且均匀，将其定义为木材生产功能。在坡度、土壤厚度、草本盖度方面，第二主成分表现出较大载荷，定义为涵水保土功能。第三主成分中，因子载荷集中表现在草本盖度上，坡度、郁闭度、年龄也有一定的载荷，将其定义为风景游憩功能。

表 14.4　因子得分系数矩阵(2007 年)

| 指标 | 主成分 | | |
|---|---|---|---|
| | 1 | 2 | 3 |
| 坡度 | − 0.054 | 0.696 | − 0.242 |
| 土壤厚度 | 0.052 | − 0.499 | 0.029 |
| 草本盖度 | − 0.044 | 0.309 | 0.867 |
| 郁闭度 | 0.194 | 0.213 | − 0.327 |
| 年龄 | 0.211 | − 0.124 | 0.202 |
| 平均胸径 | 0.262 | 0.069 | 0.101 |
| 平均树高 | 0.264 | 0.067 | 0.090 |
| 每公顷蓄积 | 0.242 | 0.109 | − 0.026 |

（2）结构与功能耦合模型的表达

根据表 14.2，设坡度为 $x_1$、土壤厚度为 $x_2$、草本盖度 $x_3$、郁闭度为为 $x_4$、年龄为 $x_5$、平均胸径为 $x_6$、平均树高为 $x_7$、每公顷蓄积为 $x_8$，建立 1996 年杉木人工林结构与功能耦合关系模型。如下所示：

$$A_1 = -0.054x_1 + 0.105x_2 + 0.019x_3 + 0.086x_4 + 0.225x_5 + 0.26x_6 + 0.265x_7 + 0.254x_8$$
$$A_2 = 0.216x_1 + 0.205x_2 - 0.522x_3 + 0.553x_4 - 0.213x_5 - 0.082x_6 - 0.026x_7 + 0.114x_8$$
$$A_3 = 0.849x_1 - 0.235x_2 + 0.387x_3 + 0.089x_4 - 0.005x_5 - 0.016x_6 + 0.08x_7 + 0.156x_8$$

式中：$A_1$ 为木材生产功能，$A_2$ 为风景游憩功能，$A_3$ 为涵水保土功能

根据表 14.4，建立 2007 年杉木人工林结构与功能耦合关系模型。如下所示：

$$B_1 = -0.054x_1 + 0.052x_2 - 0.044x_3 + 0.194x_4 + 0.211x_5 + 0.262x_6 + 0.264x_7 - 0.242x_8$$
$$B_2 = 0.696x_1 - 0.499x_2 + 0.309x_3 + 0.213x_4 - 0.124x_5 + 0.069x_6 + 0.067x_7 + 0.109x_8$$
$$B_3 = -0.242x_1 + 0.029x_2 + 0.867x_3 - 0.327x_4 + 0.202x_5 + 0.101x_6 + 0.09x_7 - 0.026x_8$$

式中：$B_1$ 为木材生产功能，$B_2$ 为涵水保土功能，$B_3$ 为风景游憩功能

（3）小班主导利用功能的确定

由于主成分得分数值为正数或负数，不适合小班内三种功能的相互比较。因此，在各数值大小关系不变的前提下，对数据进行标准化处理，处理公式如下：

$$A = \frac{A_i - A_{min}}{A_{max} - A_{min}}$$

式中：$A_i$ 表示第 $i$ 个小班功能指数值；$A_{min}$ 表示小班功能指数最小值；$A_{max}$ 表示小班功能指数最大值。

数据标准化后，可以比较小班的 3 种功能，确定每个小班的主导利用功能，其中 1996 年杉木人工林主导功能的划分结果见表 14.5，在 543 个小班中，主导利用功能为木材生产的有 180 个小班（占 33%），风景游憩的有 183 个小班（占 34%），涵水保土的有 180 个小班（占 33%）。2007 年主导功能划分结果见表 14.6，以木材生产为主导功能的小班数占 38%，以涵水保土为主导功能的小班数占 28%，以风景游憩为主导功能的小班数占 34%。

**表 14.5　1996 年杉木人工林小班主导功能划分结果**

| 班编号 | 木材生产功能（A1） | 风景游憩功能（A2） | 涵水保土功能（A3） | 主导功能 |
|---|---|---|---|---|
| 844699 | 0.4580 | 0.6331 | 0.5803 | A2 |
| 844818 | 0.3687 | 0.4919 | 0.6845 | A3 |
| 844861 | 0.4056 | 0.6914 | 0.5888 | A2 |
| 844878 | 0.3811 | 0.4185 | 0.8295 | A3 |
| 844909 | 0.4362 | 0.7731 | 0.6130 | A2 |
| … | … | … | … | … |
| 2799435 | 0.7568 | 0.7760 | 0.6773 | A2 |
| 2799448 | 0.7739 | 0.7442 | 0.6773 | A1 |
| 2809596 | 0.7748 | 0.7785 | 0.6773 | A1 |
| 2861752 | 0.7618 | 0.7788 | 0.6773 | A2 |
| 2898702 | 0.7494 | 0.7722 | 0.6773 | A2 |

表 14.6　2007 年杉木人工林小班主导功能划分结果

| 小班编号 | 木材生产功能(B1) | 涵水保土功能(B2) | 风景游憩功能(B3) | 主导功能 |
|---|---|---|---|---|
| 844699 | 0.5692 | 0.5860 | 0.5934 | B3 |
| 844818 | 0.5698 | 0.5796 | 0.5945 | B3 |
| 844861 | 0.5771 | 0.5866 | 0.5774 | B2 |
| 844878 | 0.5785 | 0.5619 | 0.5935 | B3 |
| 844909 | 0.5707 | 0.5814 | 0.5974 | B3 |
| … | … | … | … | … |
| 2670400 | 0.5786 | 0.6112 | 0.5674 | B1 |
| 2725191 | 0.5941 | 0.5767 | 0.5655 | B1 |
| 2725183 | 0.5693 | 0.5782 | 0.5668 | B2 |
| 2725199 | 0.5743 | 0.5666 | 0.5718 | B1 |
| 2786841 | 0.5770 | 0.5788 | 0.5772 | B2 |

## 14.2　杉木人工林森林健康评价

### 14.2.1　评价指标体系的确立

本研究从三个方面，即生产力指标、稳定性指标、生态性指标来构建指标体系，评价杉木人工林的健康。

生产力指标包括：每公顷蓄积、平均胸径、平均树高、可及度。

每公顷蓄积、平均胸径、平均树高能直接反映出林木的生长状况，是反映林分生产力水平的重要指标。可及度指的是林分具备的采伐、集材和运输的条件，从经济学的角度反映了生产力的水平。

稳定性指标包括：火险等级、灌木盖度、草本盖度、郁闭度

生态性指标包括：坡度、土壤厚度、立地质量等级、树种组成指数、树木活力

火险等级不是二类调查的调查指标，本研究通过坡向、海拔、龄组来综合表达火险等级。

树木活力包括冠长率、冠层褪色率和冠层落叶率三个亚指标，由三者综合表达。

坡向：坡向的不同对林火的易燃程度以及火速蔓延有着一定的影响。一般而言，阳坡日照强、温度高，可燃物干燥易燃烧；阴坡日照弱、温度低，蒸发慢，可燃物则难以燃烧，火势蔓延也相对较慢。

海拔：海拔高度影响林地的气温。林地海拔高度越高，气温则越低，若地被物含水率大，则林木不易燃。

龄组：不同生长阶段的林分，燃烧性能有差异较大。针叶幼龄林树冠与地面较为接近，在生长的过程中，由于林木自然整枝和稀疏，会使林内出现大量枯枝，若清理不及时造成堆积，容易引发林火且地表火易转为树冠火。中龄林和近熟林内，林木高大，自然整枝良好且树冠远离地表。林内光线较少，林火发生的可能性变小。成、过熟林内，树木枯死多，树冠稀疏导致林内光线充足，林下杂草丛生，此时易发生地表火。

树种组成指数参照 Simpson 指数制定而来，公式如下：

$$S = 1 - \sum_{i=1}^{p} N_i^2$$

式中：$N_i$ 为第 $i$ 个树种蓄积所占比例；$p$ 为树种个数。

利用上述指标构建了杉木人工林健康评价体系，并运用层次分析法确定了准则层 - 指标层及指标层 - 亚指标层的权重，结果见表 14.7。

表 14.7    杉木人工林健康评价指标体系及权重

| 目标层 | 准则层 | 指标层 | 亚指标层 |
|---|---|---|---|
| 杉木人工林健康评价 | 生产力指标 | 每公顷蓄积(0.4457) | |
| | | 平均胸径(0.2848) | |
| | | 平均树高(0.1644) | |
| | | 可及度(0.1051) | |
| | 稳定性指标 | 火险指数(0.4668) | 海拔(0.1634) |
| | | | 坡向(0.2970) |
| | | | 龄组(0.5396) |
| | | 灌木盖度(0.0953) | |
| | | 草本盖度(0.1603) | |
| | | 郁闭度(0.2776) | |
| | | 坡度(0.2791) | |
| | | 土壤厚度(0.3027) | |
| | 生态性指标 | 立地质量等级(0.1603) | |
| | | 树种组成指数(0.0975) | |
| | | 树木活力(0.1603) | 冠层落叶率(0.5278) |
| | | | 冠层褪色率(0.3325) |
| | | | 冠长率(0.1396) |

## 14.2.2    评价指标阈值的划分

(1) 通用性指标阈值

指标阈值的确定方法主要有：国家和地方已制定标准的，要以该标准作为指标阈值；前人的研究成果中已有结果的，可参照前人研究成果中的标准作为指标阈值；国家和地方指标及前人研究结果均没有的，可进行典型试点调查和分析计算，确定指标阈值。

杉木人工林健康评价中既有定性指标，也有定量指标。这些指标的阈值确定，可以根据《森林资源规划设计调查主要技术规定》的分级标准，并结合研究区杉木人工林特点，对指标进行分级（分为四级）并赋值，分别赋值为 10、7.5、5、2.5，阈值划分见表 14.8 所示。

表 14.8    评价指标分级标准及阈值

| 指标 | I (10) | II (7.5) | III (5) | IV (2.5) |
|---|---|---|---|---|
| 可及度 | 即可及 | 将可及 | 不可及 | |
| 海拔(m) | >900 | (600, 900] | (300, 600] | ≤300 |
| 坡向 | 东北，北 | 西北，东 | 东南，西 | 西南，南 |

（续）

| 指标 | I（10） | II（7.5） | III（5） | IV（2.5） |
|---|---|---|---|---|
| 龄组 | 中、近熟林 | 成、过熟林 | 幼龄林 | |
| 灌木盖度(%) | >60 | (40, 60] | (20, 40] | ≤20 |
| 草本盖度(%) | >60 | (40, 60] | (20, 40] | ≤20 |
| 郁闭度 | (0.6, 0.8] | (0.4, 0.6] | (0.3, 0.4]或(0.8, 0.9] | >0.9 或[0.2, 0.3] |
| 坡度(°) | ≤15 | (15, 25] | (25, 35] | >35 |
| 土壤厚度(cm) | ≥80 | [40, 80) | <40 | |
| 树种组成指数 | >0.5 | (0.3, 0.5] | (0.1, 0.3] | ≤0.1 |
| 冠层褪色率(%) | <25 | (25, 50] | >50 | |
| 冠层落叶率(%) | <25 | (25, 50] | >50 | |
| 冠长率(%) | [40, 50] | (50, 60] | >60 或 <40 | |

（2）不同主导功能指标阈值

每公顷蓄积、平均胸径、平均树高没有统一标准，可以根据研究对象的分析数据，运用频度分析来确定阈值。由于本研究需要利用两期二类调查数据分析健康情况的动态变化，所以分级均以1996年二类调查数据的分析计算为标准。每公顷蓄积、平均胸径、平均树高的频度分析结果如图14.2和图14.3所示：

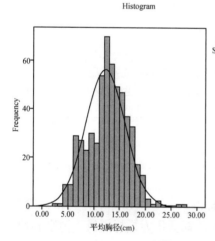

图 14.2 平均胸径频度分析

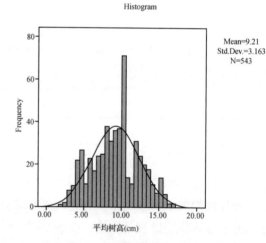

图 14.3 平均树高频度分析

表 14.9 数据分析

| 平均胸径 | | | 平均树高 | | |
|---|---|---|---|---|---|
| N | Valid | 543 | N | Valid | 543 |
| | Missing | 0 | | Missing | 0 |
| Std. Error of Mean | | 0.16465 | Std. Error of Mean | | 0.13573 |
| Std. Deviation | | 3.83679 | Std. Deviation | | 3.1628 |
| Variance | | 14.721 | Variance | | 10.003 |
| Skewness | | 0.014 | Skewness | | 0.058 |
| Std. Error of Skewness | | 0.105 | Std. Error of Skewness | | 0.105 |

| 平均胸径 | | 平均树高 | |
|---|---|---|---|
| Kurtosis | 0.073 | Kurtosis | −0.555 |
| Std. Error of Kurtosis | 0.209 | Std. Error of Kurtosis | 0.209 |
| Minimum | 2.3 | Minimum | 2.2 |
| Maximum | 27 | Maximum | 17 |

从图 14.2 和图 14.3 中可以看出，平均胸径和平均树高基本符合正态分布曲线，两者的均值标准误分别为 0.165 和 0.136(见表 14.9)，可以用等距划分法来划分阈值。每公顷蓄积的频度分析正态分布效果相对不明显，但也可以结合实际情况进行阈值划分，三个指标的分级标准及阈值如表 14.10 所示。对阈值整化，最终确定的分级标准及阈值见表 14.11。

**表 14.10　蓄积、胸径、树高评价指标分级标准及阈值**

| 指标 | I (10) | II (7.5) | III (5) | IV (2.5) |
|---|---|---|---|---|
| 每公顷蓄积(m³) | >225 | (150, 225] | (75, 150] | ≤75 |
| 平均胸径(cm) | (20.9, 27] | (14.7, 20.9] | (8.5, 14.7] | [2.3, 8.5] |
| 平均树高(m) | (13.3, 17] | (9.6, 13.3] | (5.9, 9.6] | [2.2, 5.9] |

**表 14.11　最终确定的蓄积、胸径、树高评价指标分级标准及阈值**

| 指标 | I (10) | II (7.5) | III (5) | IV (2.5) |
|---|---|---|---|---|
| 每公顷蓄积(m³) | >225 | (150, 225] | (75, 150] | ≤75 |
| 平均胸径(cm) | >20.9 | (14.7, 20.9] | (8.5, 14.7] | ≤8.5 |
| 平均树高(m) | >13.3 | (9.6, 13.3] | (5.9, 9.6] | ≤5.9 |

(3)不同龄组指标阈值

利用 1996 年二类调查数据，分别不同龄组对杉木人工林的健康情况进行评价。可及度、海拔、坡向、龄组、灌木盖度、草本盖度、郁闭度、坡度、土壤厚度、立地质量等级、树种组成指数的阈值划分与基于主导利用功能的指标阈值划分标准相同，每公顷蓄积、平均胸径、平均树高的阈值根据不同龄组而有所差异。各龄组的每公顷蓄积、平均胸径、平均树高经频度分析，均符合正态分布，可用等距法划分阈值并进行赋值。结果如表14.12 所示。

**表 14.12　不同龄组评价指标分级标准及阈值**

| 龄组 | 指标 | I (10) | II (7.5) | III (5) | IV (2.5) |
|---|---|---|---|---|---|
| 幼龄林 | 每公顷蓄积(m³) | >150 | (100, 150] | (50, 100] | ≤50 |
| | 平均胸径(cm) | >11.1 | (8.2, 11.1] | (5.2, 8.2] | ≤5.2 |
| | 平均树高(m) | >7.3 | (5.6, 7.3] | (3.9, 5.6] | ≤3.9 |
| 中林龄 | 每公顷蓄积(m³) | >230 | (160, 230] | (90, 160] | ≤90 |
| | 平均胸径(cm) | >17.3 | (13.5, 17.3] | (9.8, 13.5] | ≤9.8 |
| | 平均树高(m) | >13.5 | (10.5, 13.5] | (7.5, 10.5] | ≤7.5 |

（续）

| 龄组 | 指标 | Ⅰ（10） | Ⅱ（7.5） | Ⅲ（5） | Ⅳ（2.5） |
|------|------|---------|----------|--------|----------|
| 近熟林 | 每公顷蓄积（m³） | >245 | （175，245] | （105，175] | ≤105 |
| | 平均胸径（cm） | >17.5 | （15.0，17.5] | （12.5，15.0] | ≤12.5 |
| | 平均树高（m） | >14.4 | （11.8，14.4] | （9.1，11.8] | ≤9.1 |
| 成、过熟林 | 每公顷蓄积（m³） | >255 | （185，255] | （115，185] | ≤115 |
| | 平均胸径（cm） | >20.1 | （17.1，20.1] | （14.0，17.1] | ≤14.0 |
| | 平均树高（m） | >14.6 | （12.3，14.6] | （9.9，12.3] | ≤9.9 |

## 14.3 评价指标权重的确定

在森林健康评价体系中，确定指标权重是一个基本且重要的步骤，权重值确定的合理与否能直接影响到综合评价的结果。因此，科学地确定指标权重在健康评价中有着举足轻重的地位。确定权重的方法很多，现在主要运用的有：主成分分析法、AHP 法、最大熵法、Delphi – AHP 法，本研究采用层次分析法来确定指标权重。

本研究首先就指标访问专家并进行打分，将打分的结果用 AHP 软件构造指标比例的判断矩阵，确定指标体系权重。再调整并检验一致性（当 $CI < 0.1$ 和 $CR < 0.1$ 时，即通过检验；否则重新调整判断矩阵），得各层及各指标的权重值。权重一致性检验结果如表 14.13 至表 14.17 所示。

**表 14.13　生产力指标权重一致性检验结果及权重值**

| 生产力指标 | 每公顷蓄积 | 平均胸径 | 平均树高 | 可及度 | $Wi$ |
|-----------|-----------|---------|---------|-------|------|
| 每公顷蓄积 | 1.0000 | 2.0000 | 3.0000 | 3.0000 | 0.4457 |
| 平均胸径 | 0.5000 | 1.0000 | 2.0000 | 3.0000 | 0.2848 |
| 平均树高 | 0.3333 | 0.5000 | 1.0000 | 2.0000 | 0.1644 |
| 可及度 | 0.3333 | 0.3333 | 0.5000 | 1.0000 | 0.1051 |

注：$\lambda_{max} = 4.0709$；$CR = 0.0265$。

**表 14.14　稳定性指标权重一致性检验结果及权重值**

| 稳定性指标 | 火险等级 | 灌木盖度 | 草本盖度 | 郁闭度 | $Wi$ |
|-----------|---------|---------|---------|-------|------|
| 火险等级 | 1.0000 | 4.0000 | 3.0000 | 2.0000 | 0.4668 |
| 灌木盖度 | 0.2500 | 1.0000 | 0.5000 | 0.3333 | 0.0953 |
| 草本盖度 | 0.3333 | 2.0000 | 1.0000 | 0.5000 | 0.1603 |
| 郁闭度 | 0.5000 | 3.0000 | 2.0000 | 1.0000 | 0.2776 |

注：$\lambda_{max} = 4.0310$；$CR = 0.0116$。

**表 14.15　生态性指标权重一致性检验结果及权重值**

| 生态性指标 | 立地质量等级 | 树种组成指数 | 树木活力 | 土壤厚度 | 坡度 | $Wi$ |
|-----------|-------------|-------------|---------|---------|------|------|
| 立地质量等级 | 1.0000 | 2.0000 | 1.0000 | 0.5000 | 0.5000 | 0.1603 |
| 树种组成指数 | 0.5000 | 1.0000 | 0.5000 | 0.3333 | 0.5000 | 0.0975 |
| 树木活力 | 1.0000 | 2.0000 | 1.0000 | 0.5000 | 0.5000 | 0.1603 |
| 土壤厚度 | 2.0000 | 3.0000 | 2.0000 | 1.0000 | 1.0000 | 0.3027 |
| 坡度 | 2.0000 | 2.0000 | 2.0000 | 1.0000 | 1.0000 | 0.2791 |

注：$\lambda_{max} = 5.0520$；$CR = 0.0116$。

表 14.16　火险等级指标权重一致性检验结果及权重值

| 火险等级 | 海拔 | 坡向 | 龄组 | $W_i$ |
|---|---|---|---|---|
| 海拔 | 1.0000 | 0.5000 | 0.3333 | 0.1634 |
| 坡向 | 2.0000 | 1.0000 | 0.5000 | 0.2970 |
| 龄组 | 3.0000 | 2.0000 | 1.0000 | 0.5396 |

注：$\lambda_{max} = 3.0092$；$CR = 0.0088$。

表 14.17　树木活力指标权重一致性检验结果及权重值

| 树木活力 | 冠层落叶率 | 冠层褪色率 | 冠长率 | $W_i$ |
|---|---|---|---|---|
| 冠层落叶率 | 1.0000 | 2.0000 | 3.0000 | 0.5278 |
| 冠层褪色率 | 0.5000 | 1.0000 | 3.0000 | 0.3325 |
| 冠长率 | 0.3333 | 0.3333 | 1.0000 | 0.1396 |

注：$\lambda_{max} = 3.0536$；$CR = 0.0516$。

（1）不同主导功能的指标权重

森林具有多种功能，根据森林的功能不同，进行健康评价时就需对不同的功能按不同的权重进行评价。主导利用功能为木材生产的杉木林小班，着重于生产力方面；以风景游憩为主导利用功能的小班则注重观赏性和控制森林火险；发挥涵水保土功能的小班，就更看重生态属性方面。本研究采用小班主导利用功能不同而赋予指标不同的权重的方法。

本研究中，小班的主导利用功能为木材生产，则生产力指标权重为 0.5，稳定性和生态性指标权重均为 0.25；风景游憩为主导利用功能的小班评价时，赋予稳定性指标权重 0.5，生产力指标和生态性指标均为 0.25；涵水保土为主导利用功能的小班，赋予生态性指标权重为 0.5，生产力、稳定性指标权重均为 0.25。不同主导功能的评价指标权重分别见表 14.18、表 14.19 和表 14.20。

表 14.18　木材生产为主导功能的评价指标权重

| 指标 | 权重 | 指标 | 权重 |
|---|---|---|---|
| 每公顷蓄积 | 0.2229 | 郁闭度 | 0.0694 |
| 平均胸径 | 0.1424 | 坡度 | 0.0698 |
| 平均树高 | 0.0822 | 土壤厚度 | 0.0757 |
| 可及度 | 0.0526 | 立地质量等级 | 0.0401 |
| 海拔 | 0.0191 | 树种组成指数 | 0.0244 |
| 坡向 | 0.0347 | 冠层落叶率 | 0.0212 |
| 龄组 | 0.0630 | 冠层褪色率 | 0.0133 |
| 灌木盖度 | 0.0238 | 冠长率 | 0.0056 |
| 草本盖度 | 0.0401 | | |

表 14.19　风景游憩为主导功能的评价指标权重

| 指标 | 权重 | 指标 | 权重 |
|---|---|---|---|
| 每公顷蓄积 | 0.1114 | 郁闭度 | 0.1388 |
| 平均胸径 | 0.0712 | 坡度 | 0.0698 |
| 平均树高 | 0.0411 | 土壤厚度 | 0.0757 |

（续）

| 指标 | 权重 | 指标 | 权重 |
|------|------|------|------|
| 可及度 | 0.0263 | 立地质量等级 | 0.0401 |
| 海拔 | 0.0381 | 树种组成指数 | 0.0244 |
| 坡向 | 0.0693 | 冠层落叶率 | 0.0212 |
| 龄组 | 0.1259 | 冠层褪色率 | 0.0133 |
| 灌木盖度 | 0.0477 | 冠长率 | 0.0056 |
| 草本盖度 | 0.0802 | | |

表 14.20　涵水保土为主导功能的评价指标权重

| 指标 | 权重 | 指标 | 权重 |
|------|------|------|------|
| 每公顷蓄积 | 0.1114 | 郁闭度 | 0.0694 |
| 平均胸径 | 0.0712 | 坡度 | 0.1396 |
| 平均树高 | 0.0411 | 土壤厚度 | 0.1514 |
| 可及度 | 0.0263 | 立地质量等级 | 0.0802 |
| 海拔 | 0.0191 | 树种组成指数 | 0.0488 |
| 坡向 | 0.0347 | 冠层落叶率 | 0.0423 |
| 龄组 | 0.0630 | 冠层褪色率 | 0.0266 |
| 灌木盖度 | 0.0238 | 冠长率 | 0.0112 |
| 草本盖度 | 0.0401 | | |

（2）不同龄组的指标权重

对于不同生长阶段的森林健康评价，本研究认为准则层中的生产力指标、稳定性指标、生态性指标三者同样重要，所以分别赋值为 0.334、0.333、0.333。运用层次分析法确定各指标的权重值（见表 14.21）。

表 14.21　基于不同龄组的评价指标权重

| 指标 | 权重 | 指标 | 权重 |
|------|------|------|------|
| 每公顷蓄积 | 0.1489 | 郁闭度 | 0.0924 |
| 平均胸径 | 0.0951 | 坡度 | 0.0929 |
| 平均树高 | 0.0549 | 土壤厚度 | 0.1008 |
| 可及度 | 0.0351 | 立地质量等级 | 0.0534 |
| 海拔 | 0.0254 | 树种组成指数 | 0.0325 |
| 坡向 | 0.0462 | 冠层落叶率 | 0.0282 |
| 龄组 | 0.0839 | 冠层褪色率 | 0.0177 |
| 灌木盖度 | 0.0317 | 冠长率 | 0.0075 |
| 草本盖度 | 0.0534 | | |

# 14.4　杉木人工林健康评价

## 14.4.1　健康指数的计算

运用加权平均法计算健康综合指数，计算公式如下：

$$HCI = \sum_{r=1}^{n}(a_1x_1 + a_2x_2 + \cdots + a_nx_n)$$

式中：$HCI$ 为健康综合指数，值域为 $[0 \sim 10]$；$a_1$，$a_2$，$\cdots$，$a_n$ 为权重，$a_1 + a_2 + \cdots + a_n = 1$；$x_1$，$x_2$，$\cdots$；$x_n$ 为各指标标准化后的相对值，$x_1$，$x_2$，$\cdots$，$x_n$ 的值域为 $[0 \sim 10]$。

## 14.4.2  健康等级的划分

利用林场 1996 年二类调查小班数据，计算健康综合指数，并对其进行频度分析。在 SPSS16.0 中采用 K－S 法对频度分析结果进行正态检验。结果显示，双侧近似概率为 0.59，大大超过显著性水平 0.05，频度分析结果符合正态分布，所以，可以采取等距分组法对健康综合指数进行划分。健康综合指数的最小值为 4.22，最大值为 8.76，所以可以在 $[4.22 \sim 8.76]$ 区间范围内将指数划分成四个等级，即 $[4.22, 5.36]$、$(5.36, 6.49]$、$(6.49, 7.63]$、$(7.63, 8.76]$。综合 2007 年二类调查小班数据健康综合指数，对其取上下极限，划分结果见表 14.22。

**表 14.22  基于主导利用功能健康等级划分标准**

| 健康等级 | 不健康 | 亚健康 | 健康 | 优质 |
|---|---|---|---|---|
| 健康综合指数 HCI | ≤5.36 | (5.36, 6.49] | (6.49, 7.63] | >7.63 |

本研究中，除了对基于主导利用功能的杉木人工林健康进行评价外，也分别不同龄组评价其健康概况。不同龄组的健康综合指数均进行过频度分析，符合正态分布特征。用等距分组法得出健康等级划分标准，结果见表 14.23。

**表 14.23  不同龄组健康等级划分标准**

| 龄组 | 不健康 | 亚健康 | 健康 | 优质 |
|---|---|---|---|---|
| 幼龄林 | HCI≤5.21 | 5.21 < HCI≤5.81 | 5.81 < HCI≤6.42 | HCI > 6.42 |
| 中林龄 | HCI≤5.78 | 5.78 < HCI≤6.51 | 6.51 < HCI≤7.25 | HCI > 7.25 |
| 近熟林 | HCI≤6.12 | 6.12 < HCI≤7.04 | 7.04 < HCI≤7.95 | HCI > 7.95 |
| 成、过熟林 | HCI≤5.64 | 5.64 < HCI≤6.50 | 6.50 < HCI≤7.36 | HCI > 7.36 |

## 14.4.3  不同时期健康评价结果

（1）1996 年健康评价结果

经过分析计算，得出基于主导利用功能的杉木人工林健康评价结果见表 14.24，评价结果为不健康的小班有 59 个，面积 304.3 hm²，面积比例为 11.4%；亚健康的小班有 226 个，面积 1016.1 hm²，面积比例为 38.0%；健康的小班有 193 个，面积 1059.7 hm²，面积比例为 39.7%；优质的小班有 65 个，面积 290.5 hm²，面积比例为 10.9%。

结果显示，杉木人工林的不健康和亚健康小班的数之和（52.5%）与面积之和（49.4%）和健康与优质的小班之和较为接近，说明杉木人工林健康整体处于中庸的水平。在以后的经营过程中，可以针对不健康和亚健康小班在经营上采取提质增效经营措施，提高杉木林的健康等级。

**表 14.24　1996 年基于主导利用功能的健康评价结果**

| | 小班个数 | 小班个数比例(%) | 面积(hm²) | 面积比例(%) |
|---|---|---|---|---|
| 不健康 | 59 | 10.9 | 304.3 | 11.4 |
| 亚健康 | 226 | 41.6 | 1016.1 | 38.0 |
| 健康 | 193 | 35.5 | 1059.7 | 39.7 |
| 优质 | 65 | 12.0 | 290.5 | 10.9 |

从龄组的角度对杉木人工林进行评价,从表 14.25 中得知,近熟林和成过熟林的健康水平较高,健康和优质等级的比重较大。从面积比例上来说,近熟林健康小班和优质小班之和达到了 75.6%,说明大部分林分的健康状况较好。幼龄林和中龄林的健康等级较低,说明以后的经营过程中,应当针对这两个龄组采取改善措施。从健康小班和优质小班的面积比例之和来衡量各个龄组的健康状况,5 个龄组的排序依次为:近熟林(75.6%) > 成、过熟林(70.8%) > 中龄林(53.6%) > 幼龄林(47.7%)。

**表 14.25　1996 年不同龄组健康评价结果**

| | | 小班个数 | 小班个数比例(%) | 面积(hm²) | 面积比例(%) |
|---|---|---|---|---|---|
| 幼龄林 | 不健康 | 20 | 15.0 | 123.3 | 18.9 |
| | 亚健康 | 50 | 37.6 | 218.0 | 33.4 |
| | 健康 | 43 | 32.3 | 214.7 | 32.8 |
| | 优质 | 20 | 15.0 | 97.6 | 14.9 |
| 中龄林 | 不健康 | 32 | 13.3 | 161.5 | 13.0 |
| | 亚健康 | 92 | 38.3 | 416.0 | 33.4 |
| | 健康 | 87 | 36.3 | 515.4 | 41.4 |
| | 优质 | 29 | 12.1 | 151.4 | 12.2 |
| 近熟林 | 不健康 | 9 | 18.0 | 23.4 | 11.2 |
| | 亚健康 | 11 | 22.0 | 27.6 | 13.2 |
| | 健康 | 20 | 40.0 | 119.4 | 57.1 |
| | 优质 | 10 | 20.0 | 38.7 | 18.5 |
| 成、过熟林 | 不健康 | 8 | 6.7 | 19.9 | 3.5 |
| | 亚健康 | 32 | 26.7 | 144.7 | 25.7 |
| | 健康 | 59 | 49.2 | 326.7 | 58.0 |
| | 优质 | 21 | 17.5 | 72.4 | 12.8 |

(2)2007 年健康评价结果

2007 年基于主导利用功能健康评价结果如表 14.26 所示,不健康小班 8 个,面积 45.9 hm²,面积比例为 1.9%;亚健康小班 39 个,面积 226.5 hm²,面积比例为 9.2%;健康小班 224 个,面积 1284.6 hm²,面积比例为 52.4%;优质小班 152 个,面积 894.7 hm²,面积比例为 36.5%。

不健康小班面积比例仅为 1.9%,亚健康小班面积比例也较低,为 9.2%,绝大多数林分处在健康和优质水平,说明划分主导利用功能评价出来的杉木人工林健康状况达到了令人较为满意的水准。

表 14. 26　2007 年基于主导利用功能健康评价结果

|  | 小班个数 | 小班个数比例(%) | 面积(hm²) | 面积比例(%) |
|---|---|---|---|---|
| 不健康 | 8 | 1.9 | 45.9 | 1.9 |
| 亚健康 | 39 | 9.2 | 226.5 | 9.2 |
| 健康 | 224 | 53.0 | 1284.6 | 52.4 |
| 优质 | 152 | 35.9 | 894.7 | 36.5 |

　　2007 年不同龄组健康评价结果如表 14. 27 所示，幼龄林的健康状况不甚理想，评价结果显示为不健康和亚健康的小班面积比例之和达到了 58.6%，远高于其他 4 个龄组，说明幼龄林的健康水平较低。从健康小班和优质小班的面积比例之和来衡量各个龄组的健康状况，5 个龄组的排序依次为：中龄林(81.6%) > 成、过熟林(81.2%) > 近熟林(76.8%) > 幼龄林(41.4%)。

表 14. 27　2007 年不同龄组健康评价结果

|  |  | 小班个数 | 小班个数比例(%) | 面　积(hm²) | 面积比例(%) |
|---|---|---|---|---|---|
| 幼龄林 | 不健康 | 6 | 40.0 | 36.2 | 38.5 |
|  | 亚健康 | 4 | 26.7 | 18.9 | 20.1 |
|  | 健康 | 4 | 26.7 | 28.7 | 30.5 |
|  | 优质 | 1 | 6.7 | 10.3 | 10.9 |
| 中龄林 | 不健康 | 5 | 3.7 | 17.0 | 2.2 |
|  | 亚健康 | 22 | 16.4 | 125.3 | 16.2 |
|  | 健康 | 60 | 44.8 | 341.7 | 44.3 |
|  | 优质 | 47 | 35.1 | 287.4 | 37.3 |
| 近熟林 | 不健康 | 7 | 4.3 | 36.7 | 3.5 |
|  | 亚健康 | 41 | 25.2 | 205.5 | 19.7 |
|  | 健康 | 90 | 55.2 | 626.5 | 60.1 |
|  | 优质 | 25 | 15.3 | 173.8 | 16.7 |
| 成、过熟林 | 不健康 | 1 | 0.9 | 19.5 | 3.6 |
|  | 亚健康 | 22 | 19.8 | 82.7 | 15.2 |
|  | 健康 | 43 | 38.7 | 185.4 | 34.1 |
|  | 优质 | 45 | 40.5 | 256.3 | 47.1 |

## 14.4.4　杉木人工林健康评价动态分析

　　利用两期二类调查数据，可以分析杉木人工林的健康动态变化。其中，基于主导利用功能的健康评价结果如图 14.4 所示，与 1996 年的健康结果相比，2007 年杉木人工林的健康状况有了较大幅度的提高。主要表现在不健康小班面积比例从 1996 年的 11.4% 降为 2007 年的 1.9%，亚健康小班面积比例也从 38.0% 降到了 9.2%。与此同时，与 1996 年相比，健康也优质小班的面积比例分别从 39.7% 升为 52.4%、10.9% 升为 36.5%，上升的幅度也较为明显。整体而言，杉木人工林朝着更好、更优的健康水平发展。1996 年与 2007 年杉木人工林健康综合指数平均值分别为 6.51 和 7.31，两个数值均落在健康范畴。

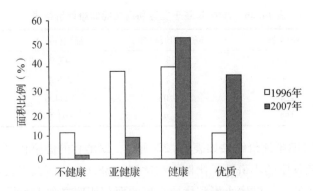

**图 14. 4　基于主导利用功能的两期数据健康评价对比结果**

幼龄林健康评价变化对比(见图 14.5),2007 年的杉木人工林的健康水平较 1996 年有较为明显的下降,2007 年的不健康和亚健康的小班占的面积比例大。究其原因,除了 10a 间对幼龄林的抚育力度不够这一原因外,两期数据样本量的多少对结果也有较大影响。1996 年的幼龄林小班为 133 个,面积 653.6 hm²。2007 年的幼龄林小班为 15 个,面积 94.1 hm²,相比较于 1996 年,数据量明显偏小,导致结果容易失真。1996 年和 2007 年杉木人工林各个小班的健康综合指数平均值分别为 5.80 和 5.43,两个数值均落在亚健康范畴。

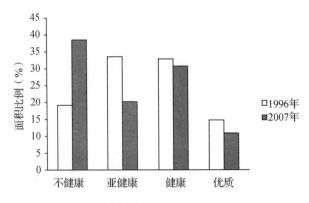

**图 14. 5　幼龄林两期数据健康评价对比结果**

中龄林健康评价变化(见图 14.6)中,在健康等级的小班面积比例相差不大,但不健康、亚健康小班面积比例显著下降,分别由 1996 年的 13.0% 和 33.4% 降为 2007 年的 2.2% 和 16.2%,优质小班则由 12.2% 提高到 37.3%。中龄林的整体健康水平处于上升阶段。1996 年和 2007 年杉木人工林各个小班的健康综合指数平均值分别为 6.49 和 7.03,前者为亚健康,后者为健康水平。

近熟林健康评价变化(见图 14.7),相比较于 1996 年,2007 年近熟林的健康整体水平虽然略有提高,但幅度不大。不健康小班面积比例由 1996 年的 11.2% 降为 2007 年的 3.5%,下降较为明显。亚健康和健康小班面积比例提升不多,优质小班的面积比例反而由 18.5% 降至 16.7%。由此可知,在以后的经营管理中,要加强对近熟林的健康经营,以便提高其健康水平。1996 年和 2007 年杉木人工林各个小班的健康综合指数平均值分别

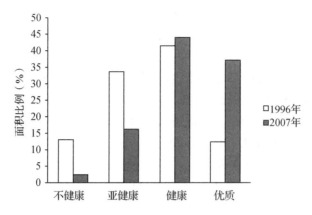

**图 14.6　中龄林两期数据健康评价对比结果**

为 7.15 和 7.33，两组数据显示林分处于健康水平。

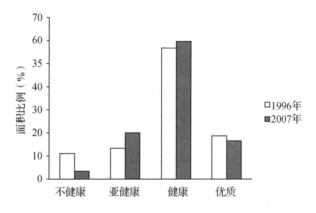

**图 14.7　近熟林两期数据健康评价对比结果**

图 14.8 显示了成、过熟林健康评价变化，其中 1996 年和 2007 年的不健康小班面积比例基本持平，亚健康从 25.7% 降至 15.2%。健康这一等级中，2007 年的小班面积比例出现了下降，由 58.0% 降至 34.1%。优质小班面积有了大比例的提高，从 12.8% 上升为 47.1%，优质小班面积比例接近到总体的一半。在以后的经营中，可以就略微提高健康这一等级的经营活动加强措施。1996 年和 2007 年杉木人工林各个小班的健康综合指数平均

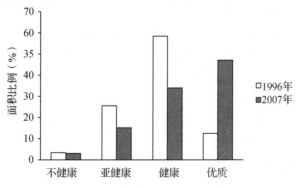

**图 14.8　成、过熟林两期数据健康评价对比结果**

值为分别为 6.78 和 7.22，两组数据显示林分处于健康水平。

## 14.5 结论

本研究系统总结了国内外有关森林健康的研究进展、存在的问题和发展趋势，并对将乐林场的杉木人工林进行了森林健康研究。利用两期二类调查数据，分别从主导利用功能和龄组及不同时期，评价了杉木人工林的健康。得到的主要结论如下：

（1）收集了将乐林场杉木人工林的多种功能需求。通过主成分分析的方法，选用坡度（设为 $x_1$）、土壤厚度（$x_2$）、草本盖度（$x_3$）、郁闭度（$x_4$）、年龄为（$x_5$）、平均胸径为（$x_6$）、平均树高（$x_7$）和每公顷蓄积（$x_8$）8 个指标，确定了杉木人工林的三个主导利用功能，即木材生产、风景游憩、涵水保土功能。构建了结构与功能的关系模型，其中 1996 年杉木人工林结构与功能耦合关系模型，如下所示：

$A_1 = -0.054x_1 + 0.105x_2 + 0.019x_3 + 0.086x_4 + 0.225x_5 + 0.26x_6 + 0.265x_7 + 0.254x_8$；

$A_2 = 0.216x_1 + 205x_2 - 0.522x_3 + 0.553x_4 - 0.213x_5 - 0.082x_6 - 0.026x_7 + 0.114x_8$；

$A_3 = 0.849x_1 - 0.235x_2 + 0.387x_3 + 0.089x_4 - 0.005x_5 - 0.016x_6 + 0.08x_7 + 0.156x_8$；

式中：$A_1$ 为木材生产功能；$A_2$ 为风景游憩功能；$A_3$ 为涵水保土功能

2007 年杉木人工林结构与功能耦合关系模型。如下所示：

$B_1 = -0.054x_1 + 0.052x_2 - 0.044x_3 + 0.194x_4 + 0.211x_5 + 0.262x_6 + 0.264x_7 - 0.242x_8$；

$B_2 = 0.696x_1 - 0.499x_2 + 0.309x_3 + 0.213x_4 - 0.124x_5 + 0.069x_6 + 0.067x_7 + 0.109x_8$；

$B_3 = -0.242x_1 + 0.029x_2 + 0.867x_3 - 0.327x_4 + 0.202x_5 + 0.101x_6 + 0.09x_7 - 0.026x_8$；

式中：$B_1$ 为木材生产功能；$B_2$ 为涵水保土功能；$B_3$ 为风景游憩功能

由此可以确定每个杉木人工林小班的主导利用功能。

（2）利用定性与定量的筛选方法，最终确定 17 个评价指标：郁闭度、龄组、平均胸径、平均树高、每公顷蓄积、可及度、平均海拔、坡度、坡位、坡向、土壤厚度、立地质量等级、灌木盖度、草本盖度、冠长率、冠层褪色率、冠层落叶率。从生产力、稳定性、生态性三个方面展开评价。

（3）采用层次分析法，建立了评价指标体系，从森林功能出发，根据小班主导利用功能的不同而赋予指标不同的权重。郁闭度、龄组、可及度、平均海拔、坡度、坡位、坡向、土壤厚度、立地质量等级、灌木盖度、草本盖度、冠长率、冠层褪色率、冠层落叶率共 14 个指标的阈值划分采用定性与定量相结合的方法确定。每公顷蓄积、平均胸径、平均树高经频度分析符合正态分布，用等距分组法划分阈值。

（4）从不同龄组角度评价杉木人工林健康。郁闭度、龄组、可及度、平均海拔、坡度、坡位、坡向、土壤厚度、立地质量等级、灌木盖度、草本盖度、冠长率、冠层褪色率、冠层落叶率共 14 个指标的阈值划分与基于主导利用功能的阈值划分相同，每公顷蓄积、平均胸径、平均树高用等距分组法，依据龄组的不同而阈值不同。

（5）动态评价杉木人工林的健康状况，基于不同主导利用功能的评价结果显示，2007 年健康水平（健康综合指数 7.31）较 1996 年（健康综合指数 6.51）有了显著提高，杉木人工林朝着更好、更优的健康水平发展；2007 年幼龄林的健康水平（健康综合指数 5.80）较 1996 年（健康综合指数 5.43）有所下降，且两期数据显示的健康等级为亚健康，说明中龄林需要采取进一步的健康经营措施，提高健康水平；2007 年中龄林健康评价结果（健康综合指数 6.49）与 1996 年（健康综合指数 7.03）相比，整体处在由亚健康上升为健康水平阶段；2007 年近熟林的健康状况（健康综合指数 7.33）较 1996 年（健康综合指数 7.15）稳中有升，评价结果均为健康水平；成、过熟林健康状况在 2007 年（健康综合指数 7.22）较 1996 年（6.78）有较大提高，健康评价结果显示森林健康处在健康水平，说明这一龄组的健康水平在 10a 间稳步提升。

# 15 森林多功能经营方案编制主要技术

## 15.1 研究目的、内容与方法

### 15.1.1 研究目的

本研究的目的是探索南方集体林区森林经营方案的经营方针、广度、深度、频度和编案主体等主要编制技术的变化趋势，结合森林经营者对森林的多功能需求，研究参与式森林多功能经营方案的编制关键技术。

### 15.1.2 研究意义

(1)以福建将乐国有林场为例，通过建立森林结构与功能的耦合关系模型，揭示了南方集体林区森林的多功能经营状况。

(2)对将乐国有林场森林经营方案编制技术的变化趋势进行研究，探索南方集体林区森林经营方案的发展趋势。

(3)提出南方集体林区参与式森林多功能经营方案编制关键技术，为公众参与的森林多功能经营方案的编制提供技术依据。

(4)提出将乐国有林场森林多功能经营方案编制技术体系，为研究区编制下一期森林经营方案提供理论和技术支撑。

### 15.1.3 研究内容

(1)南方集体林区森林多功能经营状况评价研究

根据将乐国有林场对森林多功能的需求，筛选关键的森林结构因子，构建森林结构与功能的耦合关系模型，对南方集体林区森林多功能经营状况进行评价。

(2)南方集体林区森林经营方案变化情况及趋势分析

通过分析将乐县森林经营方案和将乐国有林场"八五"、"九五"、"十五"、"十一五"和"十二五"五期森林经营方案的经营方针和经营内容(广度、深度和频度)等森林经营方案编制技术的变化，结合林业的发展方向，探索南方集体林区森林经营方案的经营方针、广度、深度、频度和编案主体等的发展趋势。

(3)南方集体林区参与式森林多功能经营方案编制主要技术

探索南方集体林区森林多功能经营方案编制主要技术，主要从编案前的准备阶段、编案阶段和编案后的监测评价阶段研究各阶段需要哪些相关利益者参与，以及参与的途径与方式。

(4)案例研究—将乐国有林场 2016~2020 年森林多功能经营技术体系研究

提出将乐国有林场森林多功能经营方案编制技术体系，为2016～2020年将乐国有林场森林多功能经营方案编制提供方法和技术支持。

## 15.1.4　研究方法

（1）文献研究法

通过查阅文献，了解国内外关于森林经营方案的研究进展，为本研究的开展做铺垫。

（2）样地调查法

根据将乐国有林场不同森林类型分布情况，选择有代表性的林分进行样地调查，以反映将乐国有林场森林资源状况。

（3）问卷调查与访谈法

通过问卷调查和访谈的方式，分析将乐国有林场林地分布的23个行政村中的林农对森林多功能的需求，使公众参与到森林多功能经营方案的编制中。

（4）专家咨询法

采用专家咨询法筛选关键的林分结构因子，构建将乐国有林场森林多功能评价指标体系。

（5）因子分析法

通过因子分析，建立福建将乐国有林场森林结构与功能的耦合关系模型，对将乐国有林场森林多功能经营状况进行评价。

## 15.1.5　数据来源

根据将乐国有林场不同森林类型的分布情况，选择有代表性的30块样地进行调查，样地基本情况见表15.1。通过样地的基本情况来反映将乐国有林场森林资源状况，作为森林多功能评价指标体系建立的依据之一。

表 15.1　样地基本情况表

| 样地号 | 平均胸径（cm） | 平均树高（m） | 样地面积（m²） | 郁闭度 | 树种组成 |
|---|---|---|---|---|---|
| 1 | 11.8 | 10.1 | 600 | 0.7 | 4 马尾松 3 木荷 1 甜槠 1 苦槠 1 栲树 |
| 2 | 12.5 | 10.6 | 600 | 0.7 | 7 马尾松 2 木荷 1 甜槠 + 福建冬青 |
| 3 | 14.9 | 12.6 | 600 | 0.8 | 7 马尾松 2 甜槠 1 木荷 + 黄润楠 + 福建冬青 |
| 4 | 12.3 | 10.7 | 600 | 0.6 | 6 马尾松 2 甜槠 1 微毛山矾 1 黄润楠 |
| 5 | 15.1 | 12.2 | 600 | 0.7 | 4 甜槠 3 马尾松 1 木荷 1 栲树 1 刨花润楠 |
| 6 | 15.2 | 10.8 | 600 | 0.7 | 7 马尾松 2 栲树 1 黄润楠 + 黄瑞木 + 青冈 |
| 7 | 13.8 | 10.3 | 400 | 0.7 | 7 马尾松 2 黄润楠 1 栓皮栎 + 刨花润楠 |
| 8 | 16.2 | 11.7 | 600 | 0.8 | 5 马尾松 2 米槠 2 甜槠 1 木荷 + 栲树 |
| 9 | 13.8 | 11.1 | 400 | 0.6 | 7 马尾松 2 木荷 1 米槠 - 刨花润楠 |
| 10 | 18.0 | 9.3 | 600 | 0.7 | 5 苦槠 3 栲树 1 米槠 1 微毛山矾 |
| 11 | 19.0 | 9.7 | 600 | 0.7 | 4 栲树 4 米槠 2 苦槠 + 檫木 + 木荷 |

（续）

| 样地号 | 平均胸径<br>（cm） | 平均树高<br>（m） | 样地面积<br>（m²） | 郁闭度 | 树种组成 |
|---|---|---|---|---|---|
| 12 | 15.3 | 7.0 | 600 | 0.6 | 6 栲树 3 木荷 1 苦槠 + 杨梅 + 青冈 |
| 13 | 19.4 | 9.5 | 600 | 0.5 | 7 栲树 2 青冈 1 甜槠 + 细柄阿丁枫 |
| 14 | 7.4 | 5.3 | 600 | 0.1 | 9 杉木 1 马尾松 |
| 15 | 7.2 | 4.8 | 600 | 0.2 | 6 马尾松 2 楠木 2 香樟 |
| 16 | 7.8 | 7.4 | 600 | 0.4 | 7 楠木 3 杉木 |
| 17 | 6.3 | 3.4 | 600 | 0.2 | 4 杉木 3 木荷 2 无患子 1 樟树 |
| 18 | 6.4 | 4.3 | 600 | 0.3 | 5 木荷 3 杉木 1 桉树 1 山乌桕 |
| 19 | 4.4 | 4.3 | 600 | 0.5 | 4 杉木 3 千年桐 3 山乌桕 |
| 20 | 11.0 | 8.7 | 600 | 0.7 | 8 鹅掌楸 2 厚朴 |
| 21 | 14.5 | 14.6 | 600 | 0.8 | 5 杉木 4 火力楠 1 马尾松 |
| 22 | 3.8 | 3.5 | 600 | 0.4 | 5 枫香 3 杉木 2 千年桐 + 乌桕 |
| 23 | 8.9 | 8.8 | 600 | 0.5 | 7 火力楠 1 杉木 1 木荷 1 马尾松 |
| 24 | 10.5 | 10.8 | 600 | 0.9 | 8 火力楠 2 马尾松 + 木荷 |
| 25 | 13.6 | 11.2 | 600 | 0.6 | 10 木荷 |
| 26 | 5.1 | 5.1 | 600 | 0.6 | 8 光皮桦 2 木荷 + 马尾松 − 杉木 |
| 27 | 3.8 | 3.5 | 600 | 0.4 | 5 枫香 3 杉木 2 千年桐 + 乌桕 |
| 28 | 15.8 | 16.1 | 600 | 0.7 | 6 火力楠 4 杉木 |
| 29 | 11.0 | 8.7 | 600 | 0.7 | 8 鹅掌楸 2 厚朴 |
| 30 | 12.3 | 12.8 | 600 | 0.7 | 6 苦槠 4 杉木 |

注：黄瑞木（*Adinandra millettii*）、福建冬青（*Ilex fukienensis*）、微毛山矾（*Symplocos wikstroemiifolia*）、刨花润楠（*Machilus pauhoi*）、米槠（*Castanopsis carlesii*）、檫木（*Sassafras tzumu*）、杨梅（*Myrica rubra*）、青冈（*Cyclobalanopsis glauca*）、细柄阿丁枫（*Altingla gracililoes*）、楠木（*Phoebe zhennan*）、香樟（*Cinnamomum camphora*）、无患子（*Sapindus mukorossi*）、桉树（*Eucalyptus robusta*）、千年桐（*Aleurites montana*）、鹅掌楸（*Liriodendron chinense*）、厚朴（*Magnolia officinalis*）、火力楠（*Michelia macclurei*）、枫香（*Liquidambar formosana*）、光皮桦（*Betula luminifera*）。

在每个样地的四个角分别埋设水泥桩（上面标注样地号），对样地内林木（D≥5cm）进行编号，并挂上铝制的树牌。然后以 10m 为间距将样地分割为面积为 100m² 的正方形调查单元进行每木调查和定位调查；在样地的四个角和中心分别设置灌木样方（5m×5m）和草本样方（1m×1m），分别调查并记录灌木层和草本层物种的名称、频度、盖度；在样地内选择一处挖土壤剖面，根据土层颜色和土壤的致密程度划分土壤的发生层；观测并记录土壤厚度等调查因子；同时记录样地的海拔、坡度、坡向等地形因子。

## 15.1.6 技术路线

南方集体林区森林多功能经营方案编制关键技术的技术路线，如图 15.1 所示。

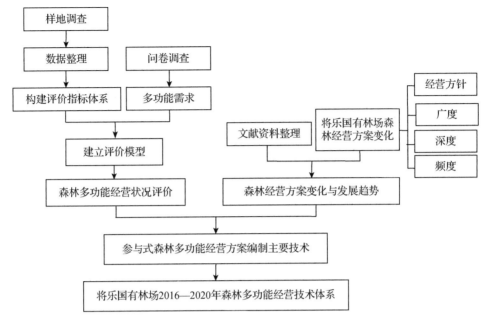

图 15.1 技术路线图

## 15.2 南方集体林区森林多功能经营状况评价研究

### 15.2.1 森林多功能需求分析

通过研究区林业发展规划，结合问卷调查的形式，分析研究区经济社会对森林多功能的需求。

（1）问卷的设计原则

针对林农对森林多功能需求，调查问卷涉及了以下四个方面的内容：户主及家庭基本情况、家庭拥有林地面积、林地主要收入和支出方式、以及林农对森林多功能经营的看法及建议。问卷的设计遵循以下原则：①内容详细完整，选项无遗漏且各选项之间具有独立性；②语言表达避免诱导性；③问题具有代表性，语义清晰，措辞简洁，容易理解。根据各村负责人提供的村民名册和各农户家庭基本信息，采用典型抽样的方法确定参与问卷调查的农户。为了确保调查结果的客观性和全面性，在确定参与农户的人选时，要尽可能考虑农户的以下因素：①不同地理位置。②不同经济状况。③家庭的劳动力人口数量。④家庭拥有的林地面积。⑤不同的受教育程度。

按照以上原则和标准，本研究在将乐国有林场林地分布的 23 个行政村中，每村各抽取 20 户农户，共 460 户农户，分别其发放调查问卷，共发放调查问卷 460 份，实际回收 424 份，回收率为 92.2%。对回收的调查问卷进行整理，剔除无效问卷 26 份，得到有效调查问卷 398 份，有效率为 93.8%。

（2）问卷的设计内容

问卷调查内容见附件 1（略）。

（3）问卷调查结果分析

在"林地主要收入和支出方式"的调查中，76.9%的林农的林业收入全部来自于销售木材或生态公益林补贴，仅有23.1%的林农存在发展林下经济和风景游憩的收入。在"您期望未来林地主要的收入方式"的调查中，林农选择意愿排在前3位的是销售林下经济产品、销售木材和开展森林旅游，所占比例分别为86.3%、81.2%、72.5%。在"您认为森林哪些功能可以创造经济收益"的调查中，选择"提供木材产品"、"观赏游憩"、"提供林副产品"、"提供林下经济产品"林农所占比例分别为100%、72.3%、89.2%、82.3%。综上所述，将乐国有林场林地分布的23个行政村中的林农对森林多功能需求主要是林下经济功能、木材生产功能和风景游憩功能。

由于林业的生产经营周期较长，林农仅仅依靠木材生产，短时期内很难提高收入，加上商品林又实行限额采伐管理，林农开始更倾向于发展森林的非木质产品和森林旅游，采取以短养长的方式来提高经济收益。将乐国有林场是典型的商品型林场，在森林可持续经营原则指导下，林场坚持以经济效益为中心，以培育商品林为主，木材生产功能是将乐国有林场森林的主要功能之一（孟楚等，2015b）。根据《将乐县十二五计划纲要》规定"发挥山地资源优势，加强药材品种种植，扩大中药材生产规模"，将乐国有林场大力发展林下经济产业。此外，将乐县气候温润，森林资源丰富，植物种类繁多，风景优美的森林具有使人身心愉悦的作用。根据《将乐县十二五计划纲要》规定，"围绕建设山水生态旅游城市为目标"，将乐县注重开发森林旅游资源。森林旅游作为一个新兴产业，正在将乐县蓬勃发展。因此，林下经济功能、木材生产功能和风景游憩功能是研究区森林的主要功能需求。

## 15.2.2　评价指标体系的构建与量化

（1）评价指标构建原则

根据将乐国有林场的经营目标与森林资源特点，构建的森林多功能评价指标体系应遵循：①科学性原则。进行森林多功能评价的指标体系应该建立在科学性的基础上，筛选的指标应该是科学的，能够客观真实地反映出森林的多功能情况。②综合性原则。森林多功能评价指标体系是一个综合性的评估体系，所筛选的评价指标要全面，可以综合表达出森林的多功能经营状况。③可操作性原则。在构建森林多功能评价指标体系时，尽可能考虑到原始数据获得的难易程度，所筛选的指标都应该容易获得，容易用数值来表示并进行计算。

（2）评价指标体系的建立

采用专家咨询法确定将乐国有林场森林多功能评价指标体系。首先，邀请国内林业科研院所或者高校相关专家根据30块样地调查数据对将乐国有林场森林资源状况有一个整体的了解，然后对于林分结构因子进行逐一评述，如果有多于1/3的专家认为某个结构因子不重要，则该因子就被淘汰；若某个因子经过三轮之后，有2/3及以上的专家都认同，则将其作为研究区森林多功能评价指标之一。按照此程序，最后确定树种组成、林分起源、郁闭度、龄组、平均胸径、平均树高、每公顷林木株数、每公顷林分蓄积、立地质量等级、坡度等10个林分结构因子作为将乐国有林场森林多功能经营状况的评价指标。

（3）评价指标量化处理

对 10 个评价指标中的树种组成、林分起源、龄组、立地等级 4 个非数值型指标进行量化处理，结果见表 15.2。

**表 15.2 非数值型指标的量化处理**

| 量化值 | 林分结构因子 | | | |
|---|---|---|---|---|
| | 树种组成 | 林分起源 | 龄组 | 立地等级 |
| 5 | | | 过熟林 | |
| 4 | | | 成熟林 | 肥沃级 |
| 3 | 针阔混交林 | | 近熟林 | 较肥沃级 |
| 2 | 针叶混交/阔叶混交林 | 天然 | 中龄林 | 中等肥沃级 |
| 1 | 纯林 | 人工 | 幼龄林 | 瘠薄级 |

## 15.2.3 评价模型的构建

为了消除不同林分结构因子的量纲不同对结果可能产生的影响，先将原始变量进行标准化处理，再进行相关性分析（表 15.3）。通过各林分结构因子的相关系数可知，平均胸径与评价树高的相关系数为 0.884，属于强相关；龄组与平均胸径和平均树高的相关性较大，分别为 0.640 和 0.620。

**表 15.3 林分结构因子的相关性分析**

| | $X1$ | $X2$ | $X3$ | $X4$ | $X5$ | $X6$ | $X7$ | $X8$ | $X9$ | $X10$ |
|---|---|---|---|---|---|---|---|---|---|---|
| $X1$ | 1.000 | | | | | | | | | |
| $X2$ | 0.297 | 1.000 | | | | | | | | |
| $X3$ | −0.428 | −0.003 | 1.000 | | | | | | | |
| $X4$ | −0.233 | 0.194 | 0.503 | 1.000 | | | | | | |
| $X5$ | −0.295 | 0.145 | 0.522 | 0.640 | 1.000 | | | | | |
| $X6$ | −0.325 | 0.089 | 0.568 | 0.620 | 0.884 | 1.000 | | | | |
| $X7$ | −0.128 | −0.460 | 0.110 | −0.345 | −0.449 | −0.323 | 1.000 | | | |
| $X8$ | −0.403 | −0.144 | 0.597 | 0.513 | 0.669 | 0.738 | 0.138 | 1.000 | | |
| $X9$ | −0.060 | −0.209 | 0.019 | −0.101 | 0.001 | 0.031 | 0.127 | 0.118 | 1.000 | |
| $X10$ | 0.155 | 0.563 | 0.063 | 0.004 | 0.018 | −0.016 | −0.187 | −0.145 | −0.207 | 1.000 |

注：树种组成（$X1$）、林分起源（$X2$）、郁闭度（$X3$）、龄组（$X4$）、平均胸径（$X5$）、平均树高（$X6$）、每公顷林木株数（$X7$）、每公顷林分蓄积（$X8$）、立地质量等级（$X9$）、坡度（$X10$），下同。

采用主成分分析法得到各组分的特征值及方差贡献率，前 3 个组分的特征值及方差贡献率见表 15.4。可以看出，前 3 个主成分的特征值均大于 1，且方差累积贡献率达到 70.616%，说明前 3 个主成分能代表福建将乐国有林场森林的总体功能水平。各主成分代表的功能及林分指标因子的重要程度由成分得分系数矩阵（表 15.5）得到。

表 15.4　解释的总方差

| 成分 | 初始特征值 | | | 提取平方和载入 | | |
|---|---|---|---|---|---|---|
| | 特征值 | 方差贡献率（%） | 累积方差贡献率（%） | 特征值 | 方差贡献率（%） | 累积方差贡献率（%） |
| 1 | 3.779 | 37.790 | 37.790 | 3.779 | 37.790 | 37.790 |
| 2 | 2.212 | 22.120 | 59.910 | 2.212 | 22.120 | 59.910 |
| 3 | 1.071 | 10.707 | 70.616 | 1.071 | 10.707 | 70.616 |
| 4 | 0.892 | 8.920 | 79.536 | | | |
| 5 | 0.664 | 6.639 | 86.175 | | | |
| 6 | 0.484 | 4.844 | 91.019 | | | |
| 7 | 0.343 | 3.425 | 94.445 | | | |
| 8 | 0.325 | 3.252 | 97.697 | | | |
| 9 | 0.126 | 1.264 | 98.961 | | | |
| 10 | 0.104 | 1.039 | 100.000 | | | |

表 15.5　成分得分系数矩阵

| 评价指标 | 成分 | | |
|---|---|---|---|
| | 1 | 2 | 3 |
| $X1$ | −0.127 | 0.205 | −0.237 |
| $X2$ | 0.020 | 0.383 | 0.113 |
| $X3$ | 0.195 | −0.075 | 0.388 |
| $X4$ | 0.205 | 0.091 | −0.061 |
| $X5$ | 0.239 | 0.076 | −0.188 |
| $X6$ | 0.243 | 0.029 | −0.127 |
| $X7$ | −0.071 | −0.317 | 0.483 |
| $X8$ | 0.216 | −0.142 | 0.087 |
| $X9$ | 0.004 | −0.182 | −0.423 |
| $X10$ | −0.005 | 0.298 | 0.490 |

由表 15.5 可以看出，第一主成分在平均树高（0.243）、平均胸径（0.239）、每公顷林分蓄积（0.216）等的载荷相对较大且均匀，这些因子与立地条件有关，而立地条件是决定木材生产功能的重要因素之一，因此将第一主成分定义为木材生产功能。第二主成分在林分起源（0.383）上有较大的载荷，在每公顷林木株数（−0.317）和坡度（0.298）也有一定的载荷。一般而言，天然林的美景度高于人工林；每公顷林木株数和坡度越大，森林的可及度越小。这些因子与森林的风景游憩功能有关，因此将第二主成分定义为风景游憩功能；第三主成分在坡度（0.490）和每公顷林木株数（0.483）的载荷相对较大，坡度是限制林下经济产品种植（养殖）的主要因素之一，每公顷林木株数决定着林下空间和林下光照强度等因素，这些都与发展林下经济产品有关，因此将第三主成分定义为林下经济功能。

根据以上研究结果，设木材生产功能为 $Y_1$，风景游憩功能为 $Y_2$，林下经济功能为 $Y_3$，建立的将乐国有林场林分结构与功能的耦合关系模型如下：

$$Y_1 = -0.127x_1 + 0.020x_2 + 0.195x_3 + 0.205x_4 + 0.239x_5 + 0.243x_6 - 0.071x_7 + 0.216x_8$$

$+ 0.004x_9 - 0.005x_{10}$

$Y_2 = 0.205x_1 + 0.383x_2 - 0.075x_3 + 0.091x_4 + 0.076x_5 + 0.029x_6 - 0.317x_7 - 0.142x_8 - 0.182x_9 + 0.298x_{10}$

$Y_3 = -0.237x_1 + 0.113x_2 + 0.388x_3 - 0.061x_4 - 0.188x_5 - 0.127x_6 + 0.483x_7 + 0.087x_8 - 0.423x_9 + 0.490x_{10}$

为了能够综合表达将乐国有林场森林多功能综合状况,构建将乐国有林场森林的木材生产功能、风景游憩功能和林下经济功能的综合评价模型。

$$F = \frac{\lambda_1 Y_1 + \lambda_2 Y_2 + \lambda_3 Y_3}{\lambda_1 + \lambda_2 + \lambda_3}$$

式中,$F$ 代表森林多功能综合评价指数;$\lambda_1$、$\lambda_2$、$\lambda_3$ 分别代表木材生产功能、风景游憩功能和林下经济功能分别对应的特征值,取值分别为 3.779、2.212、1.071。

为了便于对不同小班的森林多功能综合评价指数进行等级划分,对多功能综合评价指数进行标准化处理,如:

$$M_i = \frac{F_i - F_{min}}{F_{max} - F_{min}} \times 100$$

式中,$M_i$ 为标准化的森林多功能综合评价指数,值域为 $[0, 100]$;$F_i$ 为第 $i$ 个小班的多功能综合指数;$F_{min}$ 为所有小班多功能综合评价指数最小值;$F_{max}$ 为所有小班多功能综合评价指数最大值。

对将乐国有林场标准化的森林多功能综合评价指数进行等距划分,确定森林多功能等级(表 15.6)。

**表 15.6 森林多功能等级划分**

| $M_i$ | $[0, 20)$ | $[20, 40)$ | $[40, 60)$ | $[60, 80)$ | $[80, 100]$ |
|---|---|---|---|---|---|
| 多功能等级 | 极差 | 差 | 中 | 良 | 优 |

## 15.2.4 南方集体林区森林多功能经营状况评价

根据将乐国有林场 2010 年森林资源二类调查数据,分别计算每个小班的木材生产、风景游憩和林下经济功能值,进而求出森林多功能综合评价指数,进行多功能等级划分(图 15.2)。

由图 15.2 可以看出,将乐国有林场森林多功能等级为优、良、中、差、极差的小班数量分别为 57 个、264 个、801 个、116 个和 81 个,所占比例分别为 4.32%、20.02%、60.73%、8.79% 和 6.14%;森林多功能等级为优、良、中、差、极差的小班面积分别为 73.60hm²、1310.13 hm²、4352.74 hm²、699.53 hm² 和 437.40hm²,所占比例分别为 5.21%、18.26%、60.68%、9.75% 和 6.10%。无论从小班数量还是面积来看,多功能等级为中等的小班所占比例最大,都达到 60% 以上,而森林多功能等级为差和极差的小班数量达到 18.54%,面积达到 12.24%,也占有相当一部分比例。由此可以看出,南方集体林区急需制定森林多功能经营方案,通过合理的经营措施提高森林质量,更好地发挥森林的多种功能,以满足当地经济社会对森林多功能需求。

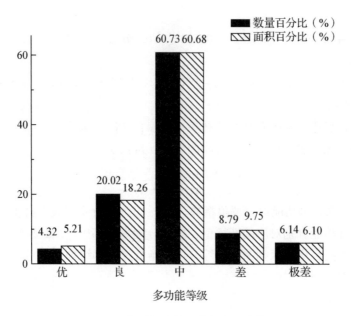

图 15.2　将乐国有林场森林多功能等级

## 15.2.5　南方集体林区森林经营方案变化情况及趋势分析

### 15.2.5.1　将乐国有林场森林经营方案变化研究

将乐国有林场"八五"、"九五"、"十五"、"十一五"和"十二五"五期森林经营方案经营方针、编案的广度、深度和频度见表 15.7。

表 15.7　将乐国有林场森林经营方案的变化分析

| 森林经营方案 | 经营方针 | 广度 | 深度 | 频度 |
|---|---|---|---|---|
| "八五" | 以林为主，多种经营，综合利用，全面发展 | (1)森林资源(2)经营方针与经营目标(3)经营规模(4)森林采伐量的确定(5)森林经营设计(6)伐区生产工艺(7)木材运输(8)木材仓贮(9)多种经营，综合利用(10)管理机构及人员编制、房建(11)场部设计及附属工程(12)效益分析 | 森林经营类型 | 5a |
| "九五" | 以林为本，合理开发，综合经营，全面发展 | (1)基本情况(2)森林资源(3)森林分类(4)森林经营方针、经营目标(5)森林结构调整(6)森林经营培育(7)森林采伐(8)森林保护(9)多种经营、综合利用(10)道路规划建设、房建及附属工程(11)管理机构及人员编制(12)森林经营投资估算与效益分析 | 森林经营类型 | 5a |
| "十五" | 以林为本，合理开发，综合经营，全面发展 | (1)基本情况(2)森林资源状况(3)森林经营方针、经营目标(4)森林结构调整(5)森林经营类型调整(6)林木采伐规划 | 森林经营类型 | 5a |
| "十一五" | 以林为本，合理开发，综合经营，全面发展 | (1)基本情况(2)森林资源现状与分析(3)森林经营目标(4)林种调整(5)培育目标(6)森林采伐 | 森林经营类型 | 5a |

（续）

| 森林经营方案 | 经营方针 | 广度 | 深度 | 频度 |
|---|---|---|---|---|
| "十二五" | 以林为本，合理开发，综合经营，全面发展 | (1)基本情况(2)"十一五"期间森林经营情况(3)森林资源现状与分析(4)森林经营目标(5)森林经营类型组织(6)森林培育(7)种苗科技建设(8)森林公园建设(9)森林保护(10)森林采伐(11)基础设施建设(12)投资概算及效益分析(13)保障措施 | 森林经营类型 | 5a |

（1）经营方针

通过对将乐国有林场"八五"、"九五"、"十五"、"十一五"和"十二五"期间五期森林经营方案的经营方针进行分析（表15.7）可知，"八五"期间将乐国有林场森林经营方案的方针为"以林为主，多种经营，综合利用，全面发展"，以后4期森林经营方案的经营方针都为"以林为本，合理开发，综合经营，全面发展"，表明将乐国有林场近25a以来森林经营的大方向基本保持不变，坚持走以营林为基础，多种经营，全面发展的道路。

（2）广度

对将乐国有林场五期森林经营方案的广度进行分析（表15.8）表明，以往的森林经营方案的内容主要是针对于木材生产和森林保护等，随着社会经济的发展，人们越来越重视森林文化和风景游憩，林场森林经营方案的内容也随之产生变化。林场"十二五"期间的森林经营方案与前四期森林经营方案的内容相比，增加了"森林公园建设"方面的内容，着重介绍了森林公园的基本情况、规划原则、建设期限、客源市场定位、项目总投资估算和资金筹措等，力求在维护和改善森林公园生态环境的前提下，依据森林公园的区位优势，发挥其风景资源的特色，打造一个集度假、休闲、健身、朝圣于一体的森林公园。

表 15.8  将乐国有林场森林经营方案组织经营类型的变化

| 序号 | 森林经营类型 | 代码 | 类型 | "八五" | "九五" | "十五" | "十一五" | "十二五" |
|---|---|---|---|---|---|---|---|---|
| 1 | 集约杉木大径材 | 211 | 1-1 | √ | √ | √ | √ | √ |
| 2 | 集约杉木中径材 | 212 | 1-2 | √ | √ | √ | √ | √ |
| 3 | 集约杉木小径材 | 213 | 1-3 | | | √ | √ | √ |
| 4 | 集约马尾松大径材 | 214 | 1-4 | √ | √ | √ | √ | |
| 5 | 集约马尾松中径材 | 215 | 1-5 | √ | √ | √ | √ | |
| 6 | 集约马尾松小径材 | 216 | 1-6 | | √ | √ | √ | |
| 7 | 一般杉木大径材 | 221 | 1-7 | √ | √ | √ | √ | |
| 8 | 一般杉木中径材 | 222 | 1-9 | √ | √ | √ | √ | √ |
| 9 | 一般杉木小径材 | 223 | 1-10 | √ | √ | √ | √ | |
| 10 | 一般马尾松大径材 | 224 | 1-11 | √ | √ | √ | √ | |
| 11 | 一般马尾松中径材 | 223 | 1-12 | √ | √ | √ | √ | √ |
| 12 | 一般马尾松小径材 | 226 | 1-13 | √ | | √ | | √ |
| 13 | 天然马尾松大径材 | 231 | 1-14 | | | √ | √ | √ |
| 14 | 天然马尾松中径材 | 232 | 1-15 | √ | | √ | | √ |
| 15 | 速生阔叶树中径材 | 217 | 1-16 | | | √ | √ | √ |
| 16 | 慢生阔叶树中径材 | 227 | 1-17 | | | √ | √ | √ |
| 17 | 天然阔叶树大径材 | 233 | 1-18 | √ | √ | √ | √ | |

（续）

| 序号 | 森林经营类型 | 代码 | 类型 | "八五" | "九五" | "十五" | "十一五" | "十二五" |
|---|---|---|---|---|---|---|---|---|
| 18 | 天然阔叶树中径材 | 234 | 1－19 |  | √ | √ | √ | √ |
| 19 | 水源涵养林 | 110 | 2－2 |  | √ | √ |  | √ |
| 20 | 水土保持林 | 120 | 2－3 | √ | √ | √ |  | √ |
| 21 | 防护林（综合） | — | 2－4 | √ |  |  |  |  |
| 22 | 生物防火林 | 590 | 2－5 |  | √ |  |  | √ |
| 23 | 食用油料林（油料林） | 310 | 3－1 | √ | √ | √ |  | √ |
| 24 | 果树林 | 330 | 3－2 | √ | √ | √ |  |  |
| 25 | 饮料林 | 350 | 3－3 |  | √ | √ |  |  |
| 26 | 药材林 | 340 | 3－4 |  | √ | √ |  |  |
| 27 | 母树林 | 530 | 5－1 | √ | √ |  |  | √ |
| 28 | 实验林 | 520 | 5－2 |  | √ | √ |  |  |
| 29 | 毛竹 | 612 | 6－1 |  | √ | √ | √ | √ |
| 30 | 工业原料林 | 320 | — |  |  |  |  | √ |

注：类型号为1－1的类型名称为"集约杉木高指数大径材"、类型号为1－2的类型名称为"集约杉木中指数中径材"、类型号为1－4的类型名称为"集约杉马尾松高指数大径材"、类型号为1－5的类型名称为"集约马尾松中指数中径材"、类型号为1－6的类型名称为"集约马尾松低指数小径材"、类型号为1－8的类型名称为"一般杉木高指数大径材"、类型号为1－9的类型名称为"一般杉木中指数中径材"、类型号为1－10的类型名称为"一般杉木低指数小径材"、类型号为1－12的类型名称为"一般马尾松中指数中径材"、类型号为1－13的类型名称为"一般马尾松低指数小径材"、类型号为1－15的类型名称为"天然马尾松中径材"、类型号为1－17的类型名称为"慢生阔叶树"、类型号为2－4的类型名称为"防护林（综合）"、类型号为3－1的类型名称为"油料林（油茶）"、类型号为3－2的类型名称为"果树（柑桔）经营"、类型号为5－1的类型名称为"特用林（良种基地）"。"√"代表包含的内容。

（3）深度

将乐国有林场"八五"、"九五"、"十五"、"十一五"和"十二五"五期森林经营方案都落实到森林经营类型，由于不同时期林场的森林经营目标不同，组织森林经营类型也不同。"八五"期间森林经营方案组织16个森林经营类型，"九五"期间森林经营方案组织27个森林经营类型，"十五"期间森林经营方案组织27个森林经营类型，"十一五"期间森林经营方案组织25个森林经营类型，"十二五"期间森林经营方案组织24个森林经营类型。

（4）频度

根据《森林经营方案编制与实施纲要》，森林经营方案规划期为一个森林经理期，一般为10a。以工业原料林为主要经营对象的可以为5a。由于将乐国有林场森林资源丰富，森林经营水平较高，其森林经营方案的规划期为5a。

## 15.2.5.2 南方集体林区森林经营方案发展趋势

根据将乐国有林场"八五"、"九五"、"十五"、"十一五"和"十二五"五期森林经营方案的变化情况，结合林业的发展方向，研究南方集体林区森林经营方案的发展趋势。

（1）经营方针

森林经营方针是在国家林业发展政策指导下，根据当地森林资源状况和未来发展计划制定的。南方集体林区以往的森林经营方针千篇一律，大而空，缺乏可操作性。随着市场主体和参与式理念的提出，森林经营方针正在朝着森林管理者的意愿与森林经营者的意愿相一致的方向发展。森林经营方针逐渐体现以林农为主的森林经营者的意愿。

（2）编案主体

南方集体林区森林经营方案打破原来以林业主管部门和林业规划设计部门为森林经营方案编制主体的传统，逐渐采取"自下而上"的编制模式，以林农为主的森林经营者作为编案的主体，全程参与到森林经营方案的编制中来，并起主导作用。森林经营各种决策的制定，也开始由领导、专家决策向相关利益者参与民主决策的转变。

（3）广度

南方集体林区，气候温润，森林资源丰富，风景优美，具有良好的发展森林游憩和林下经济产业的资源。然而由于生态环境建设的需要，南方集体林区划分了大面积的生态公益林，国家对生态公益林禁止或限制采伐后，林农很难通过木材销售获得较大的经济收益，威胁到林农的生存和发展，同时造成林农对公益林管理工作产生抵触情绪，给公益林建设带来压力。而公益林利用机制不完善，林农很难通过其他方式从公益林经营中获益，公益林保护与利用矛盾突出。此外，由于林业周期长的特点，商品林的经营投入多，收益慢，林农致富难。山区农民往往山多地少，如何在森林游憩和林下资源打算盘，也成了山区农民脱贫致富的关键。

随着林业的发展，森林的林下经济功能、风景游憩功能等越来越受到林农的重视，其经济收益甚至远超过传统的木材生产功能。南方集体林区的森林，往往林分质量较好，具有林龄较大，树种组成丰富，林下生境稳定的特点，为森林游憩和林下经济等的发展提供了广袤的空间和稳定的发展环境。南方集体林区森林经营方案可以在传统森林经营方案只重视森林木材生产功能的基础上，根据当地林农的社会需求，增加林下经济功能（林禽结合模式、林畜结合模式、林药结合模式、林菌结合模式、林蜂结合模式等）和风景游憩功能（特色乡村旅游）等除了森林的木材生产以外的其他功能的内容，扩大森林经营方案的广度，满足林农对森林多种功能的需求。

（4）深度

随着社会的发展，森林传统的木材生产功能已经不能满足林农对森林多功能的需求。实现从森林的单一的木材生产功能向多功能经营的跨越，是林业现代化发展的必然途径。这就要求森林经营必须从粗放经营向规模化、集约化经营方向转变。小班经营法的集约森林经营道路，体现了我国现代化林业的发展趋势。

南方集体林权制度改革以后，林农发展森林游憩、林下经济等多种功能已经成为趋势。开展森林游憩，要求大面积的森林连片经营，形成林龄和季相的变化，提高森林的游憩体验。开展林下经济产业，要求森林的集约和连片经营，这样不仅可以形成规模化发展，还便于科学的经营管理。因此，为了适应新时期社会对森林多功能的需求，可以采用小班经营法去经营管理森林，将森林经营方案落实到山头地块。

（5）频度

林业政策、林产品市场等是制定森林经营方案必须考虑的因素。在森林经营方案的10a规划期内，市场和政策可能会发生或大或小的变化，森林经营措施的落实不可能与森林经营方案的内容完全一致。此外，森林经营方案的规划期与当地的森林经营水平有关。因此，以10a为森林经营方案的规划期已经不能满足一些经营水平较高的地区。对于南方集体林区经营水平较高的地区，森林经营方案的规划期可以由10a变为5a。

## 15.3 南方集体林区参与式森林多功能经营方案编制主要技术

### 15.3.1 相关利益者分析

（1）利益界定标准

由于森林功能的多样性，在森林多功能经营方案编制的过程中会涉及很多相关利益者。明确各利益者之间的关系，才能在参与式森林多功能经营方案编制和实施过程中，依据各利益者的有效代表性观点，提高森林多功能经营方案的科学性和实践性。将南方集体林区森林多功能经营方案编制和实施过程中可能涉及的利益分为3种(图15.3)。

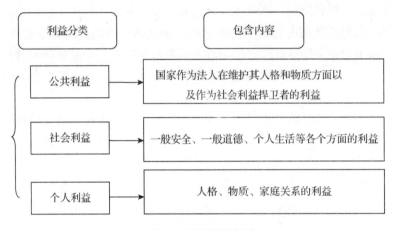

**图 15.3　利益界定标准**

（2）相关利益者分类

根据上文的利益界定标准，把森林多功能经营方案编制过程和实施过程中的相关利益者分为以下5类：森林所有者、经营者、林业主管部门、其他相关部门、专家和社区公众(图15.4)。

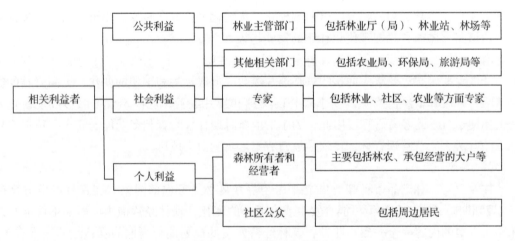

**图 15.4　相关利益者分类**

由图15.4可知，公共利益和社会利益的代表是林业主管部门、其他相关部门和专家；个人利益的代表是森林所有者和经营者、社区公众。林业主管部门是编制森林经营方案的组织者和重要参与者。其他相关部门主要是指森林多功能经营方案的编制和实施可能会涉及的其他部门，例如，森林的风景游憩功能的发挥需要当地旅游局的工作人员参与组织策划；林下养殖和种植等与农业局有关。森林多功能经营方案的内容涉及的相关专家主要有林业、地理信息系统、社区、旅游、畜牧业和农业等相关领域的专家。集体林权制度改革之后，林农成为森林经营的主体，森林所有者和经营者主要指林农和承包经营的大户等。社区公众的参与对森林多功能经营方案的编制具有十分重要的意义。

## 15.3.2 编案流程设计

南方集体林区森林多功能经营方案编制过程分为3个阶段：编案准备阶段、编案阶段和编案后的监测评价阶段（图15.5）。不同阶段都需要森林经营者、相关部门和专家等利益相关者共同参与。

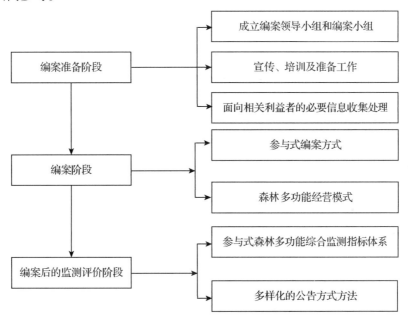

**图15.5  森林多功能经营方案编制流程**

## 15.3.3 编案准备阶段

（1）编案领导小组和编案小组

以往森林经营方案编制只有林业部门参与，导致编制的森林经营方案可操作性差。参与式森林多功能经营方案接纳各相关利益者通过协商，明确编案的目的意义，成立编案领导小组，包括当地政府、环保局、旅游局和水利局等相关部门，林业、社区工作、农业、旅游和畜牧业等相关领域专家和森林经营者代表、社区公众代表等。编案小组主要由包括林农为主的森林经营者组成，由编案小组做好编案前的宣传、培训、收集信息和森林资源监测等工作。

（2）宣传、培训及准备工作

首先，在编案前，组织林业主管部门的技术人员对林农和社区公众进行深入细致的宣传工作，主要内容包括编制森林多功能经营方案的必要性以及发展森林多功能的途径和好处，为编案打下良好的群众基础。其次，由林业调查规划部门采用半结构式访谈、座谈等方式对编案小组成员集中培训多功能经营以及编制森林多功能经营方案相关的注意事项、发展规划等。

（3）面向相关利益者的必要信息收集处理

编制集体林森林多功能经营方案的目的之一，是为了促使林农主动积极去经营森林，因此必须把林农的知识技能水平纳入森林经营方案之中。在编案前，通过组织调查小组到林区对林农进行入户调查，收集林农长期积累的传统知识、乡规民约以及对方案编制的意见和建议，作为编制森林多功能经营方案的基础资料；同时，组织调研小组对旅游局、农业局和环保局等其他相关单位进行调研，以期科学全面地制定森林多功能经营方案。

## 15.3.4　编案阶段

（1）参与式编案方式

在方案的编制阶段，主要参与者是相关专家、林业部门、森林经营者以及社区公众。首先，方案涉及森林保护、森林采伐、更新造林等部分内容，由相关林业专家和林业部门采用座谈会的形式参与讨论；方案涉及风景游憩、水土保持等内容，可分别由旅游专家、水土保持专家等相关专家参与讨论，并形成若干个备选方案。其次，由林业部门将备选方案向公众进行公布，以听证会的形式征求森林经营者和社区公众的意见和建议，对备选方案进行合理修改。然后，将修改后的备选方案再经过专家评估形成初选方案。最后，初选方案再经过听证会和专家评估，形成最初的森林多功能经营方案。

（2）森林多功能经营模式

森林多功能经营是指经营一定面积的森林，采取科学合理的经营措施，使森林发挥2种或2种以上功能。首先，针对于生态公益林和商品林经营的不同特点，采取不同的多功能经营方式。生态公益林的经营目标是发挥其生态和社会效益。对于严格保护的重点公益林，要实施严格的保护措施。对于一般公益林，应该允许森林经营者在以不破坏森林生态结构功能前提下，发挥森林其它功能，以增加森林经营者的收益，解决目前生态公益林建设资金不足的难题。商品林经营以发挥经济效益为主，兼顾生态效益。

综合考虑南方集体林区的森林资源特点、经营管理水平和森林多功能需求状况，按照林种区—森林经营类型—森林经营措施类型的分类系统，提出南方集体林区用材林种区森林多功能经营基本模式（表15.9）。

表15.9　南方集体林区用材林种区森林多功能经营模式

| 多功能经营模式 | 植被类型 | 提供的产品/服务 |
|---|---|---|
| 木材生产功能＋森林游憩功能 | 杉木、马尾松、粗榧等 | 木材生产、旅游观光、净化空气等 |
| 木材生产功能＋林下经济功能 | 杉木（马尾松）＋草珊瑚等 | 木材生产、林下种植产品 |
| | 常绿阔叶林＋珍珠鸡、牛蛙等 | 木材生产、林下养殖产品 |

森林经营者应按照适地适树的原则，根据林地的实际情况，选择适宜的森林多功能经营模式，以达到最大的经营目的。

## 15.3.5  编案后的监测评价阶段

（1）参与式森林多功能综合监测指标体系

随着时代的发展，森林经营从过去片面追求木材经济效益最大化发展到森林的生态、经济和社会等多种功能共同发展。森林资源监测的内容和手段也相应发生变化，由以木材资源为主的监测向多功能监测转变。与传统的森林资源监测不同，森林多功能综合监测目的是将森林多种功能监测所需的指标均纳入其中，除了要对森林资源的面积和蓄积等进行监测以外，还要对森林环境状况、森林健康状况、林农收益状况等方面进行监测，以促进森林多种功能的发挥。因此，森林多功能监测相比于传统的资源监测，其监测指标更加丰富多样，监测手段和过程也更为复杂。

传统森林资源监测主要由林业主管部门负责，由于森林多功能经营方案可能会涉及森林游憩、林下经济等多种功能的发挥，编案小组应根据当地森林经营方案的实际情况，由林业部门、其他相关部门、各领域专家和森林经营者共同参与到森林多功能综合监测活动中。

在监测指标体系的设置方面，应遵循以下原则：①科学性原则，即加强对相关因子的研究，找出与森林多功能相关的关键因子。②主导性原则，即有些监测指标可以从很多不同的因子获取，应该选择代表性最强的因子，同时要注意避免因子间的重叠性。③可操作性原则，即要选择容易监测的因子，提高监测效率。

本研究考虑到成本和南方集体林区实际情况制定了森林多功能综合监测指标体系，并针对不同监测指标选择最适宜的监测方法（表15.10）。森林多功能综合监测包含了四个监测领域：森林资源状况、森林健康状况、森林环境状况、林农收益状况。对森林资源状况进行监测，需要监测的指标主要是林木资源和林地资源，采用的监测方法主要是林地调查法；对森林健康状况进行监测，需要监测的指标主要为群落层次结构、天然更新状况、病虫害程度、人为干扰等级、物种多样性和近自然度等，采用的监测方法有样地调查法和实验室测定法；森林环境状况监测的指标主要有森林火灾、化学物品的使用和森林土壤等，采用的监测方法有样地调查法、资料收集法和实验室测定法等；对林农收益情况进行监测的主要监测指标有经营成本和收益状况，监测方法是成本效益分析法。

表 15.10  森林多功能综合监测指标体系和监测方法

| 监测领域 | 监测指标 | 监测因子 | 监测方法 |
|---|---|---|---|
| 森林资源状况 | 林木资源 | 林木的平均胸径、平均树高、每公顷蓄积量、林木的密度等 | 样地调查 |
| | 林地资源 | 林地的面积、林地所有权等 | 样地调查 |
| 森林健康状况 | 群落层次结构 | 群落层次的复杂程度（简单结构、复杂结构、完整结构） | 样地调查 |
| | 天然更新情况 | 天然更新的林木种类、数量等 | 样地调查 |
| | 病虫害程度 | 病虫害的种类、发生的时间、原因、程度和处理方式等 | 样地调查 |

（续）

| 监测领域 | 监测指标 | 监测因子 | 监测方法 |
|---|---|---|---|
| 森林健康状况 | 人为干扰等级 | 人为活动（割灌、打枝等）对森林的干扰等级 | 样地调查 |
| | 物种多样性 | 森林中动物、植物和微生物种类的丰富度 | 样地调查、实验室测定 |
| | 近自然度 | 属于先锋群落、中间群落或者顶级群落等 | 样地调查 |
| 森林环境状况 | 森林火灾 | 火灾发生的时间、地点、面积、起因、持续时间和处理方式 | 样地调查和资料收集 |
| | 化学物品的使用 | 农药化肥的种类、使用的数量和面积、废弃物的处理方式等 | 资料收集 |
| | 森林土壤 | 土壤的结构、立地等级、土壤污染程度等 | 样地调查、实验室测定 |
| | 水源、水质和水量 | 水源的数量、分布、水质情况等 | 实验室测定 |
| | 林下卫生状况 | 枯枝落叶厚度、有无病虫害和火灾隐患、清理时间、频率等 | 样地调查和资料收集 |
| | 森林空气 | 有害气体含量、$O_2$浓度和$CO_2$浓度、负离子含量等 | 样地调查和实验室测定 |
| 林农收益状况 | 经营成本 | 购买苗木以及管理费用等 | 成本检查和分析 |
| | 收益 | 木材、林下经济产品、森林游憩等销售收入 | 效益检查和分析 |

（2）多样化的公告方式方法

为了使森林经营者能够更好地参与到森林多功能经营方案的实施过程中来，森林经营方案主要内容公告的方式要多样化，内容要通俗易懂。森林多功能经营方案的主要内容可以通过网络、报刊、传单、展示板、墙报、张贴画、广播等形式进行公告，也可以采用讲座的形式，由林业专家或者专门的林业技术人员对森林经营者进行讲解。

公众参与可以显著提高森林经营方案实施的质量。林业部门要及时向公众宣传林业法律法规政策，充分调动各相关利益者参与到方案执行和监督中来。此外，要及时采取问卷调查及座谈会的形式，听取各相关利益者对森林经营方案实施效果的评价和建议，作为下一轮森林经营措施调整的依据。

# 15.4 案例研究——将乐国有林场 2016～2020 年森林多功能经营技术体系

## 15.4.1 森林经营方针

由森林经营者为主、其他相关利益者参与制定森林经营方针，能确保森林经营方案的内容是森林经营者需要的，是提高森林经营方案实用性和可操作性的前提和基础。以森林多功能经营为导向，根据社会对森林的需求情况，本研究制定将乐国有林场 2016～2020 年森林经营方针为"以林为本，多种经营，合理开发，综合利用"。

## 15.4.2 森林多功能监测指标体系和参与式监测方法

根据研究区林业发展方向，结合问卷调查可知，将乐国有林场对森林多功能的需求主要是林下经济功能、木材生产功能和风景游憩功能。以往的森林资源监测主要是针对用材林制定的，本研究针对不同主导功能的森林，制定了不同的监测指标体系，并针对不同的监测指标采用不同的监测方法（表 15.11）。

表 15.11　将乐国有林场森林多功能监测指标体系及监测方法

| 森林类型 | 参与监测人员 | 监测指标 | 监测因子 | 监测方法 |
|---|---|---|---|---|
| 用材林 | 林业部门、森林经营者、经济专家 | 林木资源状况 | 林木平均胸径、平均树高、单位面积林木株数、单位面积蓄积量、郁闭度、年龄等 | 样地调查 |
| | | 收益状况 | 经营成本、收益 | 成本效益检查与分析 |
| 林下经济林 | 森林经营者、林业专家、农业专家、畜牧业专家、经济专家 | 林地资源状况 | 土壤结构、腐殖质厚度、土壤污染程度等 | 样地调查和实验室测定 |
| | | 林下环境状况 | 郁闭度、灌草高度、灌草盖度、空气湿度等 | 样地调查 |
| | | 收益状况 | 经营成本、收益 | 成本效益检查与分析 |
| 风景游憩林 | 森林经营者、旅游部门、环保部门、林业专家、经济专家 | 游憩资源水平 | 针阔叶树比例、天然林面积比例、混交林面积比例、物种多样性、郁闭度、年龄、灌草高度、灌草盖度、林木平均胸径、平均树高 | 样地调查 |
| | | 游憩活动条件 | 坡度、坡向、可及度 | 样地调查 |
| | | 收益状况 | 经营成本、收益 | 成本效益检查与分析 |

由表 15.11 可知，用材林的监测人员以林业部门、森林经营者和经济专家为主，监测指标为林木资源和收益状况，监测方法采用样地调查法和成本效益分析法。对于林下经济林，监测小组成员可由森林经营者、林业专家、农业专家、畜牧专家和经济专家等组成。林下经济作物（养殖）与森林的郁闭度、林下土壤状况、灌草高度和盖度等因子密切相关，因此，本研究从林地资源状况、林下环境条件和收益状况三方面进行监测。由于风景游憩林的美景度与森林资源状况和可及度有关，本研究从森林资源水平、游憩活动条件和收益状况对风景游憩林进行监测。监测小组由森林经营者、旅游部门、环保部门、林业专家和经济专家等组成。

## 15.4.3 森林多功能经营类型的组织

林种区划分和森林多功能经营类型组织是将乐国有林场制定经营措施的前提和基础，也是森林多功能经营方案编制的一项重要的技术环节。本研究以科学性、系统性、差异显著性、适用性和可操作性为原则，根据研究区森林多功能需求、森林经营目的和优势树种（组）等的不同，对将乐国有林场用材林种区组织了 14 个森林多功能经营类型（表 15.12 和图 15.6）。森林多功能经营类型是按照"主导功能在前，次要功能在后"的原则进行命名。

**表 15.12    福建将乐国有林场用材林种区森林多功能经营类型和经营目标**

| 森林多功能经营类型组 | 森林多功能经营类型 | 经营目标 |
| --- | --- | --- |
| 杉木用材风景游憩<br>经营类型组 | 杉木大径材风景游憩经营类型 | 以生产杉木大径材为主，兼顾森林游憩 |
| | 杉木中径材风景游憩经营类型 | 以生产杉木中径材为主，兼顾森林游憩 |
| | 杉木小径材风景游憩经营类型 | 以生产杉木小径材为主，兼顾森林游憩 |
| 杉木复合经营类型组 | 杉木中径材复合经营类型 | 以生产杉木中径材为主，兼顾林下经济 |
| | 杉木小径材复合经营类型 | 以生产杉木小径材为主，兼顾林下经济 |
| 马尾松用材风景游憩经<br>营类型组 | 马尾松大径材风景游憩经营类型 | 以生产马尾松大径材为主，兼顾森林游憩 |
| | 马尾松中径材风景游憩经营类型 | 以生产马尾松中径材为主，兼顾森林游憩 |
| | 马尾松小径材风景游憩经营类型 | 以生产马尾松小径材为主，兼顾森林游憩 |
| 马尾松复合经营类型组 | 马尾松中径材复合经营类型 | 以生产马尾松中径材为主，兼顾林下经济 |
| | 马尾松小径材复合经营类型 | 以生产马尾松小径材为主，兼顾林下经济 |
| 阔叶树用材风景游憩经<br>营类型组 | 阔叶树大径材风景游憩经营类型 | 以生产阔叶树大径材为主，兼顾森林游憩 |
| | 阔叶树中径材风景游憩经营类型 | 以生产阔叶树中径材为主，兼顾森林游憩 |
| 阔叶树复合经营类型组 | 阔叶树中径材复合经营类型 | 以生产阔叶树中径材为主，兼顾林下经济 |
| | 阔叶树小径材复合经营类型 | 以生产阔叶树小径材为主，兼顾林下经济 |

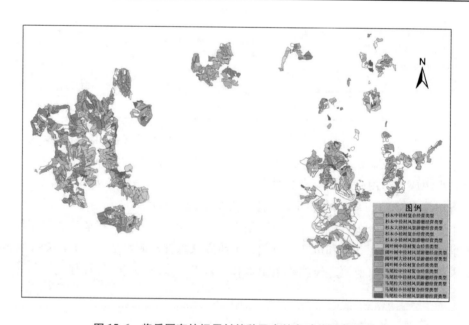

**图 15.6    将乐国有林场用材林种区森林多功能经营类型**

## 15.4.4    森林多功能经营技术措施

　　森林多功能经营是指经营一定面积的森林，采取科学合理的经营措施，使森林发挥 2 种或 2 种以上功能。本研究以马尾松中径材复合经营类型和杉木大径材风景游憩经营类型为例设计森林经营技术措施。

#### 15.4.4.1 复合经营模式

将乐国有林场有丰富的森林资源优势，根据其森林资源现状和气候自然条件，提出以下9种复合经营模式（表15.13）。

**表 15.13　将乐国有林场复合经营模式**

| 复合经营模式 | 经营种类 | 适宜林分类型 |
| --- | --- | --- |
| 林下种植 | 林药　草珊瑚、金银花等 | 喜林下遮蔽环境、耐荫的环境；适宜种植在郁闭度较高的林分 |
| | 林菌　香菇、红菇等 | 喜氧气充足、湿度大、光照强度低的环境；适宜种植在郁闭度高的林分 |
| | 林茶　茶叶 | 喜低山丘陵地区，适当的林下遮蔽；适宜种植在郁闭度中等的林分 |
| | 林果　油桃、柑橘等 | 喜阳；适宜种植在株行距较大，郁闭度较小的林分 |
| | 林粮　豆类、地瓜等 | 喜阳；适宜种植在株行距较大，郁闭度较小的林分 |
| 林下养殖 | 林禽　珍珠鸡、土鸡等 | 喜透光性好、湿度较低、空气流通好的环境；适宜养殖在林龄小、郁闭度低的林分 |
| | 林蜂　蜜蜂 | 喜植被良好、蜜源植物充足的环境；适宜养殖在郁闭度较小的阔叶林中 |
| | 林蛙　棘胸蛙等 | 喜潮湿、温差小的环境；适宜养殖在郁闭度较大的林分 |
| | 林畜　野猪、兔等 | 利用林下草地放养；适宜养殖在乔灌草结构较好、透光性好的林分 |

由表15.13可知，将乐国有林场复合经营模式主要分为林下种植和林下养殖两种类型。林下种植包括"林药"、"林菌"、"林茶"、"林果"和"林粮"等经营模式，是在林下充分利用林下环境和林地资源种植草药、菌类、茶品、水果、粮食等的一系列经营模式。林下养殖主要包括"林禽"、"林蜂"、"林蛙"和"林畜"等模式，通过在林下进行养殖，可以充分利用林间和林下的闲置空间，实现林牧优势互补、资源共享的复合经营道路。不同经营模式适宜的林分类型不同，森林经营者应根据林分类型，合理选择适宜的复合经营模式。

#### 15.4.4.2 马尾松中径材复合经营类型的主要经营技术措施

根据将乐国有林场复合经营模式，本研究以马尾松中径材＋草珊瑚套种为例，介绍马尾松中径材复合经营类型的主要经营技术措施。

草珊瑚具有很高的经济价值，在药用、饮料、饲料、环境等领域都有着广阔的前景。马尾松适宜生长在温暖潮湿、光照充足的环境下，成年以后根系深入土壤，而草珊瑚耐荫，属于浅根性植物。马尾松中径材与草珊瑚套种，可以充分利用林下的空间和土壤营养，不但能够显著增加森林经营者的收入，还能在生态效益方面发挥良好的作用。

（1）造林技术要点

培育马尾松中径材的造林地需满足以下条件：①海拔在800m以下；②立地指数在14以上；③以阳坡或者半阳坡为宜。确定造林地之后，要对造林地进行整地和除草等措施。造林密度的确定要考虑马尾松的生长习性以及培育目的等因素，较大的造林密度有利于提高林地的利用率，培育出干形通直的中径材，因此确定造林密度为2500～2900株/hm²。造林时间一般为1月中旬至2月下旬。

（2）抚育要点

对将乐国有林场马尾松中径材抚育的时间一般在深秋季节，主要的抚育措施为修枝、间伐等（表 15.14）。

表 15.14 马尾松中径材抚育管理

| 抚育时间 | 主要抚育措施 | 抚育目标/内容 |
|---|---|---|
| 深秋季节 | 修枝 | 10a 以前，树冠为树高的 2/3；10a 以后，树冠为树高的 1/2 或 1/3 |
| | 间伐 | 第 1 次间伐为 8a，保留株数密度为 1876 株/hm²；第 2 次间伐为 18a，保留株数密度为 1321 株/hm² |

（3）草珊瑚种植技术

选择套种草珊瑚的马尾松中径材林，要注意以下几点：①草珊瑚适宜栽植在山沟谷地，土壤肥沃、腐殖质深厚，有利于草珊瑚达到较大的生长量，对于条件较差的土壤，可以适当增加施肥量；②林分的郁闭度以 0.6~0.8 为宜，草珊瑚适宜阴凉的环境，尽量不要选择郁闭度过低的林分进行套种，对于郁闭度过高的林分可以适当进行间伐，以保证适宜草珊瑚生长的良好环境；③种植的林分坡位以中下坡位较好。套种的林地确定之后，首先要对林下进行清理，将林下的杂草和石块除去，保留阔叶小灌木，然后再进行整地和播种。人工种植的草珊瑚一般 2~3 年采收，最佳的采收时间是 9~11 月的晴天。

15.4.4.3 杉木大径材风景游憩经营类型的主要经营技术措施

（1）林木培育

林分中大树（尤其是胸径大于 60cm 的树）可以显著提高林分的美景度。杉木大径材风景游憩经营类型可以在培育杉木大径材的基础上，兼顾其风景游憩功能的发挥。

（2）抚育要点

①抚育目标：对杉木大径材风景游憩经营类型进行抚育的总体目标，是以培育杉木大径材为主，兼顾森林风景游憩功能的发挥。具体目标：a. 要确保林分的郁闭度在 0.7 左右，株数密度在 800~1000 株/hm²；b. 是林内无病木、枯木、枯枝等，灌木层的高度在 0.5m 以下，盖度在 30%~50%。

②抚育对象：需要抚育的林分包括：a. 林分株数密度或郁闭度过大，不利于杉木大径材的生长或造成林内光线过暗降低林分美景度；b. 有濒死木、倒木、枯立木等存在；c. 灌木层的盖度和高度影响林内可及度。

③抚育时间和措施：进行抚育的时间一般为深秋季节，抚育的措施主要有修枝、割灌、伐枯和间伐等措施。不同措施的技术要点见表 15.15。

表 15.15 抚育时间和措施

| 抚育时间 | 抚育措施 | 技术要点 |
|---|---|---|
| 深秋季节 | 修枝 | 将活立木上所有枯枝修去，打碎在林地内铺平或者清理出林地 |
| | 割灌 | 根据林地实际情况，间隔一定年限，贴近林地表面平行割除高大灌木，将灌木层的盖度调整到 30%~50%，高度在 0.5m 以下 |
| | 伐枯 | 将林内的枯木伐除，清理出林地 |
| | 间伐 | 首先将被压木、病木、歪脖子树等景观有害木伐去，通过少量多次间伐，将林分郁闭度调整到 0.7 左右，林内株数密度调整到 800~1000 株/hm² |

## 15.5  结论

本研究首先通过建立评价指标体系和评价模型,对南方集体林区森林多功能经营状况进行评价。其次,对将乐县森林经营方案和将乐国有林场"八五"、"九五"、"十五"、"十一五"和"十二五"五期森林经营方案的经营方针、广度、深度和频度等森林经营方案编制技术的变化进行分析,结合林业的发展方向,研究南方集体林区森林经营方案编制技术的变化趋势。然后,研究南方集体林区参与式森林多功能经营方案编制基本过程,包括编案准备阶段、编案阶段和编案后的监测评价阶段各相关利益者的参与途径和方式。最后,提出将乐国有林场 2016～2020 年森林多功能经营技术体系。本研究主要得出以下结论:

第一,通过当地林业发展规划结合问卷调查,确定研究区森林多功能需求为林下经济功能、木材生产功能和风景游憩功能。通过主成分分析法分别建立林分结构因子与林下经济功能、木材生产功能和风景游憩功能的耦合关系模型,对将乐国有林场的森林多功能经营状况进行评价。评价结果表明,将乐国有林场森林多功能等级为优、良、中、差和极差的小班数量所占比例分别为 4.32%、20.02%、60.73%、8.79% 和 6.14%,所占面积比例分别为 5.21%、18.26%、60.68%、9.75% 和 6.10%。因此,南方集体林区急需制定森林多功能经营方案,以满足当地经济社会对森林多功能需求。

第二,随着社会经济的发展,南方集体林区森林经营方案森林经营方针、经营内容等森林经营方案编制技术都发生了变化。首先是森林经营方针发生了变化,由大而空的口号开始向体现以林农为主的森林经营者转变;其次是编案的广度开始由传统的以木材生产为主的经营方式向涵盖森林多种功能经营方式转变。然后是编案的深度由粗放经营向集约经营转变,主要是森林经营技术措施由面向森林经营类型向经营小班转变。对于一些森林经营水平较高的地区,编案的频度由 10a 转变为 5a。最后,森林经营方案的编案主体由林业主管部门为主向以森林经营者为主转变,由领导专家决策向相关利益者参与民主决策的转变。

第三,研究南方集体林区参与式森林多功能经营方案编制主要技术。在编案准备阶段,由当地林业局和林业站、环保局、旅游局等相关部门,林业、社区工作、农业、旅游、畜牧业等相关领域专家和森林经营者代表、社区公众代表等通过协商,明确编案的目的意义,成立编案领导小组。以森林经营者为主成立编案小组,做好编案前的宣传、培训、收集信息等工作。在编案阶段,主要参与者是森林经营者、相关专家、林业部门以及社区公众。在编案后的监测评价阶段,提出森林多功能综合监测指标体系。在传统森林资源监测对森林资源的面积和蓄积等进行监测的基础上,增加了对森林环境状况、森林健康状况和林农收益状况等方面的监测,监测指标更加多样化,监测内容和方法也更加丰富,需要由林业主管部门、林农和相关专家等利益相关者参与。同时,要及时采取问卷调查及座谈会的形式,听取各相关利益者对森林经营方案实施效果的评价和建议,作为下一轮森林经营措施调整的依据。

第四,提出将乐国有林场 2016～2020 年森林多功能经营技术体系。首先,以森林多功能经营为导向,根据社会对森林的需求情况,制定将乐国有林场 2016～2020 年的森林经营方针为"以林为本,多种经营,合理开发,综合利用"。其次,根据将乐国有林场森林多功能需求，分别制定用材林、风景游憩林和林下经济林的监测指标体系和参与式监测方法。对于用材林来讲，主要参与人员为森林经营者、林业部门和经济专家，监测指标是林木资源状况和收益状况，监测方法是样地调查和成本效益检查与分析；对于林下经济林，主要参与人员有森林经营者和林业、农业、畜牧业和经济等领域相关专家，通过样地调查、实验室测定和成本效益分析法等方法，对林地资源状况、林下环境条件和收益状况等进行监测；对于风景游憩林，由森林经营者、旅游部门、环保部门、林业专家和经济专家采用样地调查、成本效益检查与分析的方式对森林的游憩资源水平、游憩活动条件和收益状况进行监测。最后，对将乐国有林场用材林种区组织 14 个森林多功能经营类型，在此基础上提出森林多功能经营主要技术措施。

# 16 杉木人工林多功能经营决策支持系统

## 16.1 研究目的、内容与方法

### 16.1.1 研究目的和意义

本研究旨在针对林农及基层森林经营单位对森林多功能经营的需求，以福建将乐国有林场杉木人工林为研究对象，研究建立面向林农和基层森林经营单位的杉木人工林多功能经营决策支持系统。

本研究意义是为森林多功能经营决策支持系统的研建提供理论依据和方法支撑，以促进基层林业信息化的发展，实现兴林致富，另外，该系统的研建能够为林农及基层森林经营单位在杉木人工林多功能经营过程中提供科学有效的决策支持服务，有利于提高杉木人工林的经营管理水平和森林经营单位的管理质量，对实现杉木人工林多功能经营和林业可持续发展具有重要意义。

### 16.1.2 研究内容

(1)杉木人工林多功能评价

对杉木人工林多功能评价所涉及的内容和方法进行研究，主要包括：杉木人工林多功能评价指标体系的构建，杉木人工林多功能评价模型的构建，杉木人工林小班主导利用功能的确定。

(2)组织杉木人工林经营类型

在确定杉木人工林小班主导利用功能的基础上，组织杉木人工林的森林经营类型；分别经营类型的健康评价指标体系；研究主要经营类型的林分生长收获模型和林分密度控制模型，并对相关参数进行拟合。

(3)杉木人工林多功能经营决策支持系统的总体设计

在对现有系统的功能和技术进行分析的基础上，对杉木人工林多功能经营决策支持系统进行需求分析；根据系统设计遵循的原则，确定系统的体系架构和开发环境，设计系统的总体框架、功能结构、数据库和模型库，并对系统主要功能模块的功能与数据流程进行详细设计，在此基础上建立杉木人工林多功能经营决策支持系统。

### 16.1.3 研究方法

本研究综合森林培育学、森林经理学和管理信息系统等学科的方法与技术，采用跨学科研究法、文献阅读法以及实地调查法，对杉木人工林多功能经营决策支持系统进行研究。

根据对将乐国有林场杉木人工林的实际功能需求分析，利用主成分分析法构建杉木人工林多功能评价模型，运用层次分析法构建杉木人工用材林经营类型的健康评价指标体系，通过数学建模法建立杉木人工用材林经营类型的林分生长收获和林分密度控制模型。在利用现有森林培育专家决策支持系统的基础上，对杉木人工林多功能经营决策支持系统的总体及主要功能模块进行设计研究，建立杉木人工林多功能经营决策支持系统，为将乐地区杉木人工林的科学有效经营提供了理论方法和技术支撑。

## 16.1.4 数据来源

本研究的数据来源包括两部分：一部分是小班调查数据，主要是将乐国有林场 2013 年小班调查数据，调查的内容有小班面积、立地质量等级、优势树种、树种组成、郁闭度、年龄、平均胸径、平均树高、每公顷蓄积、坡度、坡向等；另一部分是其他数据，主要包括福建三明将乐县志(1998 年)，将乐县自然地理、社会经济、森林资源等统计数据，相关技术规定、政策、标准等资料。

## 16.1.5 技术路线

本研究路线如图 16.1 所示。

# 16.2 组织杉木人工林经营类型

首先进行森林主导功能确定，然后根据森林主导功能组织森林经营类型。

## 16.2.1 多功能评价指标体系的构建

本研究在对将乐地区杉木人工林多功能需求进行分析的基础上，整合以往的森林多功能评价研究成果，根据科学性、代表性和可操作性等原则，选择对杉木人工林的木材生产、水土保持和森林旅游等功能有明显影响的结构因子来构建杉木人工林多功能评价指标体系，具体包括每公顷蓄积、林分年龄、郁闭度、坡度、土壤厚度、树种组成、平均胸径和林层 8 个结构因子。构建的多功能评价指标体系如表 16.1 所示。

表 16.1　杉木人工林多功能评价指标体系

| | 需求功能 | 评价指标 |
| --- | --- | --- |
| 杉木人工林多功能评价指标体系 | 木材生产 | 每公顷蓄积 |
| | | 林分年龄 |
| | | 郁闭度 |
| | 水土保持 | 坡度 |
| | | 土壤厚度 |
| | | 树种组成 |
| | 森林旅游 | 平均胸径 |
| | | 林层 |

本研究运用主成分分析法建立杉木人工林各项功能与评价指标的线性模型，通过其方差贡献率来解释各功能与评价指标之间的关系，根据模型计算得到杉木人工林小班层次上

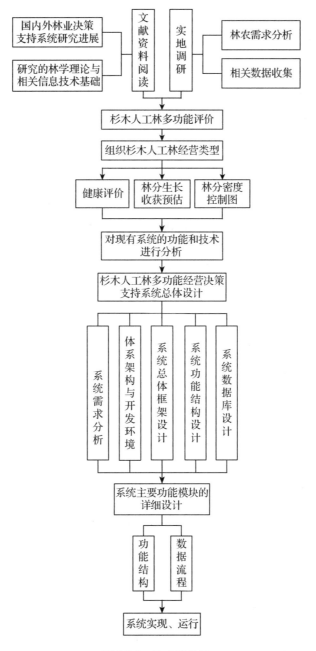

**图16.1  技术路线图**

各项功能的得分和多功能综合得分，最终根据多功能等级划分标准，对经过标准化处理后的杉木人工林小班多功能综合得分进行等级划分，得到杉木人工林各小班的多功能等级，实现杉木人工林的多功能评价，另外，还可以对多功能评价结果进行数据统计分析，得到不同多功能等级的杉木人工林小班个数和小班面积，了解研究区杉木人工林的整体多功能经营水平。

（1）杉木人工林多功能评价模型

本研究选择线性模型对功能与评价指标之间的关系进行阐述，模型为：

$$Y = a_1 x_1 + a_2 x_2 \cdots + a_n x_n$$

式中：$Y$ 为功能；$x_i$ 为各项指标；$a_i$ 为系数。

利用 SPSS 软件对 2013 年将乐国有林场 547 个杉木人工林小班调查数据中各项多功能评价指标进行标准化处理，消除指标量纲不一致所产生的影响，然后进行主成分分析，根据主成分的特征值均 >1，且累计方差贡献率 >75%，来构建杉木人工林多功能评价模型，得出的模型如下：

$$P_1 = -0.045X_1 - 0.021X_2 + 0.044X_3 + 0.584X_4 + 0.485X_5 - 0.126X_6 - 0.043X_7 - 0.053X_8$$

$$P_2 = 0.099X_1 + 0.980X_2 - 0.044X_3 + 0.022X_4 + 0.007X_5 - 0.113X_6 + 0.047X_7 + 0.027X_8$$

$$P_3 = 0.221X_1 - 0.024X_2 - 0.174X_3 + 0.001X_4 + 0.137X_5 + 0.216X_6 + 0.238X_7 + 0.237X_8$$

式中：$P_1$、$P_2$ 和 $P_3$ 分别代表木材生产功能、水土保持功能和森林旅游功能；$X_1$、$X_2$、$X_3$、$X_4$、$X_5$、$X_6$、$X_7$、$X_8$ 分别代表指标郁闭度、坡度、树种组成、林分年龄、每公顷蓄积、土壤厚度、平均胸径、林层。

多功能综合得分计算模型：

$$F = \frac{1.664P_1 + 1.011P_2 + 3.885P_3}{6.56}$$

式中：$F$ 为多功能综合得分；$P_1$、$P_2$ 和 $P_3$ 分别为木材生产、水土保持和森林旅游功能的得分。

利用上述多功能评价模型可以计算杉木人工林小班层次上各项功能的得分和小班多功能综合得分。为了便于对杉木人工林多功能综合得分进行等级划分，需要将 $F$ 值标准化，标准化公式为：

$$Z_i = \frac{F_i - F_{\min}}{F_{\max} - F_{\min}} \times 10$$

式中：$Z_i$ 为第 $i$ 个小班标准化后的多功能综合得分；$F_i$ 为第 $i$ 个小班多功能综合得分；$F_{\max}$ 为小班多功能综合得分最大值；$F_{\min}$ 为小班多功能综合得分最小值。

（2）杉木人工林多功能等级划分标准

经过标准化处理后的多功能综合得分 $Z_i$ 值范围为（0，10），根据等距划分法将杉木人工林多功能综合得分划分为 5 个等级。具体划分标准见表 16.2。

表 16.2　杉木人工林多功能等级划分标准

| 多功能等级 | 多功能综合得分 |
| --- | --- |
| 优 | $8.0 \leqslant Z_i$ |
| 良 | $6.0 \leqslant Z_i < 8.0$ |
| 中等 | $4.0 \leqslant Z_i < 6.0$ |
| 差 | $2.0 \leqslant Z_i < 4.0$ |
| 极差 | $Z_i < 2.0$ |

## 16.2.2 小班主导利用功能的确定

由于通过上述杉木人工林多功能评价模型计算得出的杉木人工林小班层次上木材生产、水土保持和森林旅游功能的得分值存在正数或负数，不能用于杉木人工林每个小班内三种功能得分值的相互对比，所以，需要对各小班中各项功能得分值进行标准化处理，标准化公式为：

$$Y_i^r = (P_i^r - \overline{P_i^r})/S_i^r$$

式中：$Y_i^r$ 为标准化后的第 $i$ 个小班的第 $r$ 项功能得分；$P_i^r$ 为第 $i$ 个小班的第 $r$ 项功能得分；$\overline{P_i^r}$ 为第 $i$ 个小班各项功能得分的平均值；$S_i^r$ 为第 $i$ 个小班各项功能得分的标准差。

以小班为单位，分别比较杉木人工林各小班中木材生产、水土保持和森林旅游三项功能的标准化后得分值大小，将得分值最高的功能确定为该小班的主导利用功能。

## 16.2.3 组织森林经营类型

本研究综合考虑将乐国有林场杉木人工林的林分特点和林农对杉木人工林的多功能需求，根据杉木人工林多功能评价中小班主导利用功能确定的结果，按杉木人工林小班主导利用功能来组织杉木人工林经营类型，分别为杉木人工用材林经营类型、杉木人工水土保持林经营类型和杉木人工风景游憩林经营类型，即：将主导利用功能是木材生产的小班组织为杉木人工用材林经营类型，将主导利用功能是水土保持的小班组织为杉木人工水土保持林经营类型，将主导利用功能是森林旅游的小班组织为杉木人工风景游憩林经营类型。具体划分结果见表16.3。

**表16.3 杉木人工林经营类型**

| 经营类型 | 主导利用功能 | 经营目的 |
| --- | --- | --- |
| 用材林 | 木材生产 | 林分生长较快，生产力较高，生产木材 |
| 水土保持林 | 水土保持 | 稳定性较高，发挥水土保持功能，保护生态环境 |
| 风景游憩林 | 森林旅游 | 具有美好的景观，为旅游、保健提供良好环境 |

合理的确定杉木人工林小班主导利用功能并组织其经营类型是实现杉木人工林科学经营的必要前提，同时，针对不同经营类型的杉木人工林进行科学的健康评价和准确的林分生长收获预估，能够为杉木人工林的多功能经营提供重要依据。但由于个人时间和精力有限，本研究以杉木人工用材林经营类型为例，对其中的健康评价、林分生长收获预估和间伐决策等为例进行说明。

## 16.2.4 杉木人工林经营类型的健康评价

（1）健康评价指标体系的构建

影响杉木人工林健康状况的因子有许多，本研究在对研究区进行实地调研的基础上，整合现有的相关研究成果（罗梅，2013；周君璞，2014；侯绍梅，2014），从生产力、稳定性和生态性三个方面考虑，根据科学性、代表性和可操作性等原则，构建基于"目标层—准则层—指标层"结构的杉木人工用材林健康评价指标体系，其中，目标层是杉木人工用材林健康评价，准则层有生产力指标、稳定性指标和生态性指标 3 个指标，指标层包括每公顷蓄积、平均胸径、平均树高、可及度、海拔、坡向、龄组、灌木盖度、草本盖度、郁闭度、坡度、土壤厚度、树种组成指数等 17 个指标。

①指标权重值的确定：本研究运用专家咨询法结合层次分析法计算各项指标的权重值，由于杉木人工用材林经营类型是以木材生产为主导利用功能，因此专家在对指标进行打分的时候，赋予生产力指标权重 0.5，赋予稳定性指标和生态型指标均为 0.25。最终，通过专家打分法和层次分析法确定的各评价指标的权重值见表 16.4。

表 16.4　杉木人工用材林健康评价指标体系及权重

| 目标层 | 准则层 | 指标层 |
|---|---|---|
| 杉木人工用材林健康评价 | 生产力指标(0.5) | 每公顷蓄积(0.1996) |
| | | 平均胸径(0.1367) |
| | | 平均树高(0.0903) |
| | 稳定性指标(0.25) | 可及度(0.0734) |
| | | 海拔(0.0167) |
| | | 坡向(0.0327) |
| | | 龄组(0.0723) |
| | | 灌木盖度(0.0163) |
| | | 草本盖度(0.0379) |
| | | 郁闭度(0.0741) |
| | | 坡度(0.0711) |
| | | 土壤厚度(0.0790) |
| | | 立地质量等级(0.0415) |
| | 生态性指标(0.25) | 树种组成指数(0.0205) |
| | | 冠层落叶率(0.0164) |
| | | 冠层褪色率(0.0060) |
| | | 冠长率(0.0155) |

注：括弧中数值为各指标的权重。

②指标阈值的划分：评价指标阈值的划分主要包括非连续型变量的阈值划分和连续型变量的阈值划分两个部分。非连续型变量的阈值划分主要采用《森林资源规划设计调查主要技术规定》的分级标准，连续型变量的阈值划分采用的是等距划分法。各评价指标的具体划分标准及赋值见表 16.5。

表 16.5　指标阈值划分标准

| 级别<br>(得分) | 指标 | | | | | | | | |
|---|---|---|---|---|---|---|---|---|---|
| | 每公顷<br>蓄积 | 平均<br>胸径 | 平均<br>树高 | 可及度 | 海拔 | 坡向 | 龄组 | 灌木<br>盖度 | 草本<br>盖度 |
| Ⅰ(10) | >225 | >20.9 | >13.3 | 即可及 | >900 | 阳坡 | 中、近熟林 | >60 | >60 |
| Ⅱ(7.5) | (150, 225] | (14.7, 20.9] | (9.6, 13.3] | 将可及 | (600, 900] | 半阳坡 | 成、过熟林 | (40, 60] | (40, 60] |
| Ⅲ(5) | (75, 150] | (8.5, 14.7] | (5.9, 9.6] | 不可及 | (300, 600] | 半阴坡 | 幼龄林 | (20, 40] | (20, 40] |
| Ⅳ(2.5) | ≤75 | ≤8.5 | ≤5.9 | | ≤300 | 阴坡 | | ≤20 | ≤20 |

（续）

| | 郁闭度 | 坡度 | 土壤厚度 | 立地质量等级 | 树种组成指数 | 冠层褪色率 | 冠层落叶率 | 冠长率 |
|---|---|---|---|---|---|---|---|---|
| Ⅰ(10) | (0.6, 0.8] | ≤15 | ≥80 | 1 | >0.5 | <25 | <25 | [40, 50] |
| Ⅱ(7.5) | (0.4, 0.6] | (15, 25] | [40, 80) | 2 | (0.3, 0.5] | (25, 50] | (25, 50] | (50, 60] |
| Ⅲ(5) | (0.3, 0.4]；(0.8, 0.9] | (25, 35] | <40 | 3 | (0.1, 0.3] | >50 | >50 | >60；<40 |
| Ⅳ(2.5) | >0.9；≤0.3 | >35 | | | ≤0.1 | | | |

（2）健康评价

①杉木人工用材林健康评价模型：综合现有国内外关于森林健康评价的研究成果，森林健康的评价方法主要有健康综合指数法、模糊综合评价法、健康距离法和指示物种评估法等，其中，应用最为广泛的方法是健康综合指数法。本研究也采用该方法对杉木人工用材林进行健康评价，健康综合指数评价模型为：

$$H_j = \sum_{i=1}^{n} W_i S_{ij}$$

$H_j$ 表示第 $j$ 个小班的健康综合指数；$W_i$ 为第 $i$ 个指标的权重；$S_{ij}$ 表示第 $i$ 个指标在第 $j$ 个小班中的等级得分；$n$ 表示指标的个数。

②杉木人工用材林健康等级划分标准：我国目前对杉木人工林健康等级的划分还没有统一的标准，但为了能够运用定性和定量相结合的方法来比较森林健康等级，本研究在前人对森林健康等级划分标准研究的基础上，按基本等量和就近取整的原则将健康综合指数值划分四个等级，等级划分范围为[0, 1.0]，具体划分结果见表16.6。

**表16.6　健康等级划分标准**

| 健康等级 | 不健康 | 亚健康 | 健康 | 优质 |
|---|---|---|---|---|
| 健康综合指数 F | ≤0.4 | (0.4, 0.7] | (0.7, 0.85] | >0.85 |

## 16.2.5　杉木人工用材林经营类型的林分生长收获预估

（1）地位级的划分

利用森林资源规划设计调查中的坡度、坡向、土壤厚度和海拔等指标，结合将乐国有林场2013年杉木人工用材林经营类型的小班调查数据，编制杉木人工用材林地位级分级标准表（表16.7）。

**表16.7　杉木人工用材林地位级分级标准**

| 地位级 | 坡度 | 坡向 | 土壤厚度 | 海拔 |
|---|---|---|---|---|
| Ⅰ | ≤30 | 阳坡 | ≥80 | ≤600 |
| Ⅱ | (30, 37] | 半阳坡，半阴坡 | [40, 80) | (600, 900] |
| Ⅲ | >37 | 阴坡 | <40 | >900 |

（2）林分生长收获模型

常用的林分生长方程主要有单分子、Richards、Logistic、Gomperts 和 Korf 等理论生长方程，本研究在组织杉木人工林经营类型的基础上，运用 SPSS 软件对将乐国有林场 2013 年杉木人工用材林经营类型的小班调查数据中的林分平均年龄和林分平均高数据进行拟合，筛选出最优树高生长方程：

$$H = a\lg A + b/A + c$$

式中：$H$ 为平均高；$A$ 为林分平均年龄；$a$、$b$、$c$ 为参数。

拟合的方程式为：

$$H = 10.285\lg A - 9.057/A - 1.113$$
$$R^2 = 0.874$$

在 SPSS 软件中，运用最优树高生长方程对不同地位级的杉木人工用材林经营类型小班调查数据进行拟合，得出不同地位级的木人工用材林经营类型的树高生长方程参数值，拟合的结果见表 16.8。

表 16.8　杉木人工用材林不同地位级树高生长方程参数值

| 地位级 | $a$ | $b$ | $c$ |
|---|---|---|---|
| I | 10.6914 | -8.9371 | -1.0431 |
| II | 13.0131 | -11.7522 | -1.9847 |
| III | 15.2611 | -14.4903 | -2.5351 |

## 16.2.6　杉木人工用材林经营类型的林分密度控制图

林分密度控制图主要是将林分密度与林分平均树高、平均胸径和蓄积量等林分调查因子的关系在同一平面图上表现出来，能够用来预估不同林分密度下的蓄积量和制定合理的抚育间伐方案。

本研究采用以下林分密度控制图相关模型，利用 SPSS 软件对不同地位级的杉木人工用材林经营类型小班调查数据进行非线性回归分析，拟合不同地位级下杉木人工用材林经营类型的林分密度控制图相关模型的参数值（表 16.9），利用模型可绘制不同地位级的杉木人工用材林经营类型的林分密度控制图，为杉木人工林用材林经营类型的抚育间伐提供辅助决策。

等树高线：$M = a_{11} \times H^{b_{11}} \times N - a_{12} \times H^{b_{12}} \times N^2$

等直径线：$M = a \times D^b \times N^c$

等疏密度线：$M = K_p \times N^{1+K_1}$

最大密度线：$M = K_2 \times N^{1+K_1}$

自然稀疏线：$M = K_4 \times (N_0 - N) \times N_0^{-K_3}$

上式中，$M$ 为林分蓄积量；$H$ 为树高；$N$ 为林分密度；$N_0$ 为林分初始密度；$D$ 为林分平均胸径；$a_{11}$、$b_{11}$、$a_{12}$、$b_{12}$、$a$、$b$、$c$、$K_p$、$K_1$、$K_2$、$K_3$、$K_4$ 均为参数。

表 16.9 杉木人工用材林林分密度控制模型参数

| 地位级 | | I | II | III |
|---|---|---|---|---|
| 等树高线 | $a_{11}$ | 0.357 | 0.302 | 0.495 |
| | $b_{11}$ | $-1.795$ | $-1.131$ | $-1.556$ |
| | $a_{12}$ | 5013 | 4359 | 5427 |
| | $b_{12}$ | $-2.185$ | $-1.997$ | $-2.051$ |
| 最大密度线 | $K_1$ | $-2.347$ | $-1.954$ | $-2.005$ |
| | $K_2$ | 99265 | 68903 | 80168 |
| 自然稀疏线 | $K_3$ | $-0.955$ | $-0.594$ | $-0.685$ |
| | $K_4$ | 394755 | 217480 | 252715 |
| 等直径线 | $a$ | $8.99E-05$ | $4.73E-05$ | $1.12E-04$ |
| | $b$ | 2.254 | 2.885 | 2.017 |
| | $c$ | 0.693 | 1.602 | 1.337 |
| 等疏密度线 | $K_1$ | $-1.753$ | $-1.668$ | $-1.802$ |
| | $K_{p(0.2)}$ | 9344 | 7108 | 7948 |
| | $K_{p(0.3)}$ | 66014 | 27690 | 32076 |
| | $K_{p(0.4)}$ | 79146 | 29641 | 36519 |
| | $K_{p(0.5)}$ | 99570 | 37802 | 41380 |
| | $K_{p(0.6)}$ | 103229 | 43891 | 59012 |
| | $K_{p(0.7)}$ | 211549 | 52502 | 63581 |
| | $K_{p(0.8)}$ | 305189 | 64793 | 70196 |
| | $K_{p(0.9)}$ | 440216 | 79618 | 81539 |
| | $K_{p(1.0)}$ | 527492 | 83012 | 90513 |

# 16.3 杉木人工林多功能经营决策支持系统总体设计

在分析现有系统功能和技术的基础上，研究杉木人工林多功能经营决策支持系统的功能需求和性能需求。根据系统设计遵循的原则，对杉木人工林多功能经营决策支持系统的总体进行完善设计研究。

## 16.3.1 系统需求分析

（1）系统功能需求分析

通过对国内外专家学者在森林经营决策支持系统方面所做的大量研究成果进行整合，发现多数决策支持系统的功能都较为单一，不能同时提供多种功能的决策支持服务，现有的森林培育专家决策支持系统也只能在造林决策、病虫害诊治和森林培育管护方面为用户提供相关的技术服务和决策支持，并不能够满足林农及森林经营单位对森林多功能经营的特定需求，无法解决森林多功能经营过程中评价林分的多功能经营水平、组织森林经营类型、评价林分的健康状况、预估林分的生长收获以及制定间伐设计方案等关键问题。而森林多功能评价、森林经营类型的划分，森林健康评价、林分生长收获预估以及间伐决策又恰恰是森林多功能经营过程中最关键的几个部分。本研究在利用现有森林培育专家决策支持系统的基础上，通过对将乐国有林场的实地调研，得知用户对系统的功能需求主要体现

在以下几个方面:

①森林多功能评价:用户通过该功能模块可以自定义选择多功能评价指标来构建一套合理的杉木人工林多功能评价指标体系,利用研究区域的杉木人工林小班调查数据,实现在小班层次上对杉木人工林的多功能评价,使用户迅速且直观的了解研究区域杉木人工林各小班的多功能经营水平以及林分整体多功能经营水平。

②组织森林经营类型:用户在对森林进行多功能评价的基础上,通过该功能模块可以将杉木人工林组织为不同的经营类型,有利于用户针对不同经营类型的杉木人工林进行健康评价、林分生长收获预估或间伐决策。

③森林健康评价:用户通过该功能模块自定义选择健康评价指标来构建一套合理的杉木人工林健康评价指标体系,利用研究区域的杉木人工林小班调查数据,通过调用系统中的健康评价模型,实现在小班层次上对杉木人工林的健康状况进行快速准确的评价,让用户可以迅速且直观地去了解小班层次上杉木人工林的健康状况以及杉木人工林的整体健康水平。

④林分生长收获预估:用户通过该功能模块实现杉木人工林的地位级划分,且能够对不同地位级的杉木人工林林分生长变化趋势进行预估。

⑤间伐决策:用户通过该功能模块能够根据已知的林分因子信息来制定合理的间伐设计方案,同时可查看不同地位级、不同林分密度下的杉木人工林林分密度控制图。

(2)系统性能需求分析

系统的界面设计应直观简洁,便于用户进入系统后可以很快找到所需的功能;系统是基于 Web 开发的,面对的用户是未知的,而且存在多个用户在同一时间使用的情况,因此,系统应具有较高的安全性和稳定性;系统还应具有一定的可扩充性,便于开发人员后续对系统功能的完善和对数据库内容的更新。

## 16.3.2　系统设计遵循的原则

杉木人工林多功能经营决策支持系统的研制涉及林学、管理科学、运筹学、信息论及心理学等多个学科,因此在系统设计的过程中,应严格遵循以下原则:

(1)科学性和先进性原则

从杉木人工林多功能经营过程中的关键问题出发,采用真实的数据和能够客观真实地反映杉木人工林多功能经营过程中各影响因子之间关系的数学模型,运用科学先进的方法进行设计,以提高系统支持决策的可靠性和用户的工作效率。

(2)实用性和经济性原则

系统应最大限度的吻合不同用户在杉木人工林多功能经营过程中的实际需求,另外,系统应全面汉字化,且具有简单友好的人机交互界面,方便那些没有很强专业知识的用户学习和使用。

(3)经济性原则

在确保系统能够正常运行和各项功能都能够成功实现的前提下,根据当前的社会经济条件,以性价比最高的方式来配置系统的软硬件开发环境,另外,在系统开发过程中,要尽可能缩短开发周期、节省开支、避免资金浪费。

（4）可扩充性原则

由于系统涉及的用户需求和数据信息会随着时间的推移而发生变化，因此，在系统设计的过程中，必须充分考虑系统的可扩充性，为系统功能模块的修改或增减、数据库中数据的更新或补充保留足够的发展空间，以保证系统的现势性。

## 16.3.3 系统体系架构与开发环境

（1）系统体系架构

由于不同功能的信息系统对体系结构有着不同的要求，所以系统的体系结构随着信息系统规模的不断扩大而逐渐发展壮大，从最初的单用户体系结构，发展成 C/S 体系结构，再到 B/S 体系结构，现在又出现了基于复杂网络的 P2P 体系结构。但目前最常见的是 C/S 体系结构和 B/S 体系结构。

C/S 体系结构，即客户端/服务器结构。客户端上布置用户操作模块，服务器端存储相关数据，其中，服务器还可以根据需求分为应用服务器和数据库服务器，应用服务器用于部署业务处理程序，数据库服务器是用来存储和管理数据。B/S 体系结构，即浏览器/服务器结构。用户通过浏览器向 Web 服务器发送指令，Web 服务器将请求解析后传给应用服务器，应用服务器调用数据库中的数据来进行相关处理，最后由 Web 服务器将结果返回给客户端。

早期大多数林业信息系统的开发都是采用 C/S 体系结构，具有这种结构的系统开发成本不高，且方便用户对数据尤其是空间数据的浏览、操作，一般都部署在局域网中供用户操作，用户群相对比较固定，系统的安全性较高，但由于 C/S 结构的系统只局限于特定范围内使用，所以不利于数据的共享，且每个客户端都需要安装应用程序，部署和维护成本较高。随着 Internet 的发展和人们对森林资源数据共享的需求，人们更倾向于开发基于 B/S 体系结构的林业信息系统，采用 B/S 结构的系统核心在服务器，维护和升级方式相对比较简单，只需要对服务器进行管理，且应用在广域网中，用户不论在何地何时，只需安装浏览器，就可以通过浏览器来访问各林业信息系统的服务器，从中获取想要的数据，此外，Internet 防火墙、加密管理等技术也使得 B/S 结构的信息系统具备一定的安全性。

通过上述分析比较，杉木人工林多功能经营决策支持系统采用 B/S 体系结构。系统基于 Web 开发，以向广大林农和森林经营单位提供更广的决策支持服务。系统体系结构如图 16.2 所示。

（2）系统开发环境

杉木人工林多功能经营决策支持系统采用 ASP. NET 技术开发，使用 . net Framework 4.0 组件。表现层采用 Html + CSS + JS 的方式进行美化。开发工具选用 Visual Studio 2010，开发语言选择专门为 ASP. NET 设计的、并且简单易学的 C#语言，Web 服务器采用 IIS 7.0，数据库管理系统采用安全性能较强的 SQL Server 2008，服务器采用 Windows Server 2008 系统，并安装相应的开发环境、数据库管理系统以及程序发布工具。客户端要求安装 Windows 7 或更高版本的系统，同时安装浏览器 IE8.0 或以上版本。

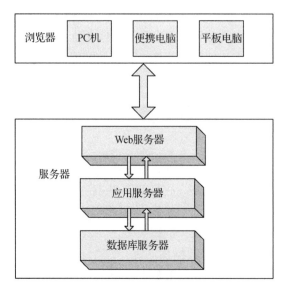

图 16.2　系统体系结构

## 16.3.4　系统总体框架设计

杉木人工林多功能经营决策支持系统主要是在模型的基础上，利用计算机技术为用户提供决策支持服务，系统开发采用的是 B/S 体系结构，整个系统框架由人机交互层、业务层和数据层组成。系统总体框架设计如图 16.3 所示。

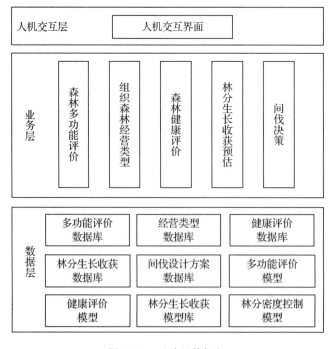

图 16.3　系统总体框架

人机交互层位于最上层，它为用户提供一个交互式操作的界面，一方面，用于显示和接受用户向系统输入的数据，另一方面，用户通过界面向系统提出任务需求，与此同时，系统向用户反馈所提需求的解答信息，为用户制定决策提供参考。

业务层位于中间，即系统的逻辑业务。用户利用该系统，对研究区杉木人工林的多功能经营水平进行评价，在多功能评价的基础上，根据小班主导利用功能组织杉木人工林的经营类型，并在系统中能够对不同经营类型的杉木人工林进行健康评价、林分生长收获预估以及间伐决策。该系统通过实现森林多功能评价、组织森林经营类型、森林健康评价、林分生长收获预估和间伐决策等功能业务，辅助用户在杉木人工林多功能经营过程中做出科学有效的决策。

数据层位于最底层，包含了大量以关系表结构的形式存储在数据库和模型库中的数据及模型。基础数据库主要包括多功能评价数据库、经营类型数据库、健康评价数据库、林分生长收获数据库和间伐设计方案数据库等；模型库包括多功能评价模型、健康评价模型、林分生长收获模型及林分密度控制模型等。数据层是系统运行的基础，也是系统中最重要的一层。

## 16.3.5 系统功能结构设计

本研究在利用现有森林培育专家决策支持系统的基础上，根据杉木人工林多功能经营决策支持系统的功能需求分析，保留原系统的功能模块，同时添加森林多功能评价、组织森林经营类型、森林健康评价、林分生长收获预估和间伐决策等功能模块，来设计杉木人工林多功能经营决策支持系统的总体功能结构，具体如图 16.4 所示。

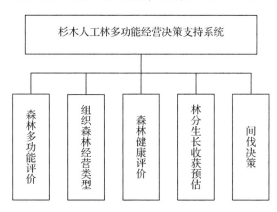

**图 16.4 系统总体功能结构**

①森林多功能评价：该功能模块旨在实现，用户自定义选择评价指标来构建一套合理的杉木人工林多功能评价指标体系，利用研究区域的杉木人工林小班调查数据，通过调用系统中的多功能评价模型，在小班层次上对杉木人工林的多功能进行评价，输出各小班的主导利用功能，并对评价结果进行数据统计分析，使用户全面掌握研究区域杉木人工林各小班的多功能经营水平和整体多功能经营水平。

②组织森林经营类型：该功能模块旨在实现，系统根据森林多功能评价得出的杉木人工林各小班的主导利用功能，来组织森林经营类型，用户利用系统可以对不同经营类型的

杉木人工林小班进行健康评价、林分生长收获预估以及制定间伐设计方案。

③森林健康评价：该功能模块旨在实现，用户自定义选择评价指标来构建一套合理的杉木人工林健康评价指标体系，通过调用系统模型库中的健康评价模型，在小班层次上对某一经营类型杉木人工林的健康状况进行快速准确的评价。评价结果为林农及基层森林经营单位有针对性的实施杉木人工林经营措施和提高杉木人工林的健康水平提供了理论依据和方法参考。

④林分生长收获预估：该功能模块旨在实现，系统根据地位级划分标准将杉木人工林小班调查数据划分为不同的地位级，在划分地位级的基础上，通过调用系统模型库中的林分牛长收获模型向用户输出不同地位级的树高生长曲线。

⑤间伐决策：该功能模块旨在实现，通过计算机模拟的方法，系统调用模型库中杉木人工林林分密度控制模型，绘制不同立地条件、不同林分密度下的杉木人工林密度控制图，并根据用户输入的林分调查因子信息，向用户提供杉木人工林间伐设计方案。

## 16.3.6 系统数据库设计

数据库是系统中最重要的数据资源，数据库结构设计的良好与否对系统的运行效率有直接影响。本研究根据系统的功能需求分析，对系统数据库进行设计。

（1）基础数据库设计

①小班信息表：小班信息表是用来存储林地小班的立木信息、立地信息以及权属等信息，是进行森林多功能评价、森林经营类型组织、森林健康评价和林分生长收获预估等森林源经营管理工作的基础数据。其结构见表 16.10。

表 16.10　小班信息

| 字段名 | 数据类型 | 字段长度 | 备注 |
| --- | --- | --- | --- |
| 小班编号 | varchar | 20 | 主键 |
| 小班面积 | float | 8 | $hm^2$ |
| 小班蓄积 | float | 5 | $m^3$ |
| 每公顷蓄积 | float | 6 | $m^3$ |
| 林分密度 | int | 5 | 株/$hm^2$ |
| 可及度 | varchar | 6 | 即可及、将可及、不可及 |
| 郁闭度 | float | 4 | [0.1，1] |
| 疏密度 | float | 4 | <1 |
| 林分年龄 | int | 3 | |
| 龄组 | varchar | 6 | |
| 树种组成 | varchar | 60 | |
| 树种组成指数 | varchar | 6 | |
| 混交度 | float | 4 | [0，1] |
| 优势树种 | varchar | 10 | |
| 平均胸径 | float | 5 | cm |
| 平均树高 | float | 5 | m |
| 海拔 | varchar | 4 | m |

（续）

| 字段名 | 数据类型 | 字段长度 | 备注 |
|---|---|---|---|
| 坡向 | varchar | 6 | |
| 坡度 | int | 2 | |
| 灌木盖度 | varchar | 6 | |
| 草本盖度 | varchar | 6 | |
| 土壤含水率 | varchar | 6 | |
| 土壤厚度 | float | 4 | cm |
| 立地质量等级 | char | 2 | Ⅰ、Ⅱ、Ⅲ |
| 冠层落叶率 | varchar | 6 | |
| 冠层褪色率 | varchar | 6 | |
| 冠长率 | varchar | 6 | |
| … | … | … | |

②多功能评价指标表：多功能评价指标表主要是用来存储系统对杉木人工林进行多功能评价时所需要的各项指标。其结构见表 16.11。

**表 16.11　多功能评价指标**

| 字段名称 | 数据类型 | 字段长度 | 备注 |
|---|---|---|---|
| 需求功能 | varchar | 20 | |
| 评价指标 | varchar | 15 | |

③多功能评价结果表：多功能评价结果表主要是存放系统对杉木人工林多功能评价后的结果信息。便于用户浏览小班层次上的杉木人工林多功能经营水平和各小班的主导利用功能。其数据结构见表 16.12。

**表 16.12　多功能评价结果**

| 字段名称 | 数据类型 | 字段长度 | 备注 |
|---|---|---|---|
| 小班编号 | varchar | 20 | 主键 |
| 树种 | varchar | 10 | |
| 主导利用功能 | varchar | 20 | |
| 多功能等级 | varchar | 10 | |

④多功能经营水平统计分析表：多功能经营水平统计分析表是用来存放系统对杉木人工林多功能评价结果进行统计后的数据，便于用户更直观的了解和更深入的分析杉木人工林整个林分的多功能经营水平。其数据结构见表 16.13。

**表 16.13　多功能经营水平统计分析**

| 字段名称 | 数据类型 | 字段长度 | 备注 |
|---|---|---|---|
| 多功能等级 | varchar | 6 | 优、良、中等、差、极差 |
| 小班个数 | int | 10 | |
| 小班个数比例 | varchar | 6 | |
| 面积 | float | 10 | |
| 面积比例 | varchar | 6 | |

⑤健康评价指标表：健康评价指标表主要是用来存储杉木人工林健康时所需要的评价指标及各项指标的权重值，其结构见表16.14。

表16.14 健康评价指标

| 字段名称 | 数据类型 | 字段长度 | 备注 |
|---|---|---|---|
| 目标层 | varchar | 25 | |
| 准则层 | varchar | 10 | |
| 指标层 | float | 12 | |
| 权重值 | float | 6 | <1 |

⑥健康评价结果表：健康评价结果表主要用来存储系统对杉木人工林进行健康评价后的结果信息，便于用户浏览小班层次上的杉木人工林健康状况。其数据见表16.15。

表16.15 健康评价结果

| 字段名称 | 数据类型 | 字段长度 | 备注 |
|---|---|---|---|
| 小班编号 | varchar | 20 | 主键 |
| 树种 | varchar | 10 | |
| 经营类型 | varchar | 40 | |
| 健康等级 | varchar | 6 | 优质、健康、亚健康、不健康 |

⑦健康状况统计分析表：健康状况统计分析表是用来存放系统对某一个经营类型杉木人工林的健康评价结果进行统计后的数据，便于用户更直观的了解和更深入的分析该经营类型杉木人工林整个林分的健康状况。其数据结构见表16.16。

表16.16 健康状况统计分析

| 字段名称 | 数据类型 | 字段长度 | 备注 |
|---|---|---|---|
| 健康等级 | varchar | 6 | 优质、健康、亚健康、不健康 |
| 小班个数 | int | 6 | |
| 小班个数比例 | varchar | 6 | |
| 面积 | float | 10 | |
| 面积比例 | varchar | 6 | |

⑧林分生长收获预估表：林分生长收获预估表主要是用来存放系统对杉木人工林林分进行生长收获预测的结果信息。其数据结构见表16.17。

表16.17 林分生长收获预估结果

| 字段名称 | 数据类型 | 字段长度 | 备注 |
|---|---|---|---|
| 树种名称 | varchar | 10 | |
| 地位级 | char | 2 | Ⅰ、Ⅱ、Ⅲ |
| 模型名称 | varchar | 6 | |
| 林分年龄 | int | 3 | |

（2）模型库设计

决策支持系统和传统管理信息系统的主要区别在于决策支持系统是由模型来驱动的，

各类能够分析、评价和预测决策问题的模型以字符串数据类型存储在系统的模型库中，所以说，模型库是决策支持系统的核心，决策支持系统的有效运行也离不开模型库的支持。根据杉木人工林多功能经营决策支持系统的功能需求分析，本系统的模型库中主要有森林多功能评价模型、森林健康评价模型和林分生长收获预估模型，各模型见表 16.18、表16.19、表 16.20 和表 16.21。

表 16.18　多功能评价模型

| 字段名 | 数据类型 | 字段长度 | 备注 |
| --- | --- | --- | --- |
| 树种 | Varchar | 10 | |
| 模型名称 | Varchar | 50 | |
| 模型表达式 | Varchar | 200 | 公式 |
| 模型变量 | Varchar | 20 | |
| 模型描述 | Varchar | 500 | 各参数的意义 |

表 16.19　健康评价模型

| 字段名 | 数据类型 | 字段长度 | 备注 |
| --- | --- | --- | --- |
| 健康评价模型 | Varchar | 200 | 公式 |
| 模型变量 | Varchar | 50 | |
| 模型描述 | Varchar | 500 | 各参数的意义 |

表 16.20　不同地位级树高生长模型

| 字段名 | 数据类型 | 字段长度 | 备注 |
| --- | --- | --- | --- |
| 树种 | Varchar | 10 | |
| 地位级 | Varchar | 2 | Ⅰ、Ⅱ、Ⅲ |
| 树高生长模型 | Varchar | 50 | 公式 |
| 模型变量 | Varchar | 2 | |
| 模型描述 | Varchar | 500 | 各参数的意义 |

表 16.21　不同地位级林分密度控制模型

| 字段名 | 数据类型 | 字段长度 | 备注 |
| --- | --- | --- | --- |
| 树种 | Varchar | 10 | |
| 地位级 | char | 2 | Ⅰ、Ⅱ、Ⅲ级 |
| 模型名称 | Varchar | 50 | |
| 模型表达式 | Varchar | 200 | 公式 |
| 模型变量 | Varchar | 5 | |
| 模型描述 | Varchar | 500 | 各参数的意义 |

## 16.4　系统主要功能模块的详细设计

## 16.4.1　森林多功能评价模块

森林多功能评价模块主要实现对杉木人工林的多功能经营水平进行评价，为用户提供杉木人工林各小班的主导利用功能、多功能等级以及林分整体多功能经营水平等信息。其功能结构由多功能评价指标选择、评价结果生成和数据统计分析三部分构成。

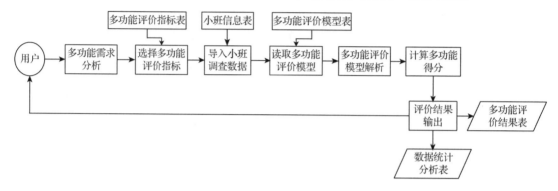

**图 16.5 森林多功能评价模块数据流程**

　　森林多功能评价功能模块的数据流程如图 16.5 所示，用户进入森林多功能评价功能模块之后，首先对杉木人工林进行功能需求分析，选择将乐地区对杉木人工林需求的功能类型，并选择合适的多功能评价指标，然后选择导入系统数据库中小班调查数据，执行多功能评价之后，系统会调用模型库中的多功能评价模型，对其进行解析并计算各项功能得分和多功能综合得分，然后根据杉木人工林多功能等级划分标准对各小班的多功能等级进行划分，并对各等级的小班个数和面积进行统计，最后将多功能评价结果输出系统界面反馈给用户。杉木人工林多功能评价结果界面如图 16.6 所示。

| 小班编号 | 树种 | 主导利用功能 | 多功能等级 |
|---|---|---|---|
| 350428100203061020l0 | 杉木 | 木材生产 | 中等 |
| 350428100203061020l40 | 杉木 | 水土保持 | 极差 |
| 350428100203061020l50 | 杉木 | 水土保持 | 中等 |
| 350428100203061020l70 | 杉木 | 森林旅游 | 差 |
| 350428100203061030l30 | 杉木 | 木材生产 | 极差 |
| 350428100203061040l10 | 杉木 | 木材生产 | 良 |
| 350428100203061040l30 | 杉木 | 森林旅游 | 中等 |
| 350428100203061080l80 | 杉木 | 森林旅游 | 中等 |
| 350428100203061090l10 | 杉木 | 木材生产 | 优 |
| 350428100203061090l20 | 杉木 | 木材生产 | 中等 |
| 350428100203061090l30 | 杉木 | 木材生产 | 中等 |

**图 16.6 多功能评价结果**

## 16.4.2 组织森林经营类型模块

　　组织森林经营类型模块旨在实现用户通过系统界面选择树种名称、林分起源和主导利用功能等因子，系统根据用户输入的信息，调用数据库中杉木人工林多功能评价结果数据，对杉木人工林的经营类型进行划分。

组织森林经营类型功能模块的数据流程如图 16.7 所示，用户进入组织森林经营类型功能模块之后，首先进行基本信息选择，然后执行组织森林经营类型，系统会调用数据库中的多功能评价结果表，对杉木人工林经营类型进行组织，最后将分析结果输出系统界面反馈给用户。杉木人工林经营类型组织结果界面如图 16.8 所示。

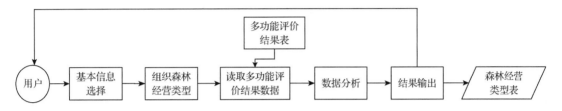

图 16.7 组织森林经营类型模块数据流程图

图 16.8 经营类型组织结果

## 16.4.3 森林健康评价模块

森林健康评价模块主要实现用户对不同经营类型的杉木人工林进行健康评价，为用户提供不同经营类型杉木人工林的小班健康等级和林分整体健康状况。其功能结构由经营类型选择、健康评价指标选择、评价结果生成和数据统计分析四部分构成。

森林健康评价的数据流程如图 16.9 所示，用户进入森林健康评价功能模块之后，首先对杉木人工林经营类型进行选择，本研究选择杉木人工用材林经营类型，并选择合适的健康评价指标，然后选择导入系统数据库中小班调查数据，执行多健康评价之后，系统会调用模型库中的健康评价模型，对其进行解析并计算各小班的健康综合得分，然后根据杉木人工林健康等级划分标准对各小班的健康等级进行划分，并对各等级的小班个数和面积进行统计，最后将健康评价结果输出系统界面反馈给用户。杉木人工用材林健康评价结果界面如图16.10所示。

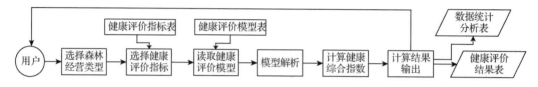

图16.9 森林健康评价模块数据流程图

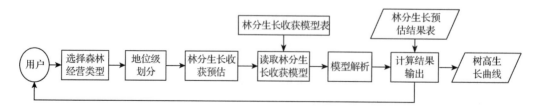

图16.10 健康评价结果

## 16.4.4 林分生长收获预估模块

林分生长收获预估模块旨在实现，对不同经营类型的杉木人工林在不同地位级条件下的生长趋势进行预测。其主要功能结构由经营类型选择、地位级划分和林分生长收获预估三部分构成。

林分生长收获预估的数据流程如图16.11所示，用户进入林分生长收获功能模块之后，首先对杉木人工林的经营类型进行选择，本研究选择杉木人工用材林经营类型，对其进行地位级划分，然后执行林分生长收获预估，系统会调用模型库中该经营类型的林分生长收获模型，对其进行解析并预测杉木人工用材林经营类型不同地位级条件下的树高生长

图16.11 林分生长收获预估模块数据流程

趋势，最后将林分生长收获预估结果和树高生长曲线通过系统界面反馈给用户。杉木人工用材林林分生长收获预估结果界面如图 16.12 所示。

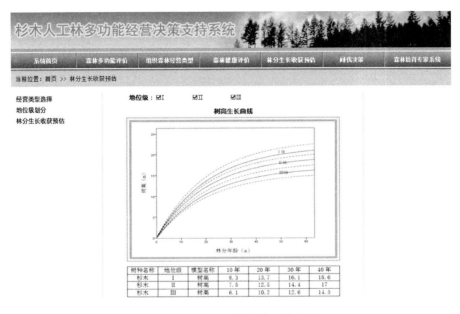

图 16.12 林分生长收获预估结果

## 16.4.5 间伐决策模块

该功能模块旨在实现通过计算机模拟的方法，绘制不同立地条件和不同林分密度下的各杉木人工林经营类型的林分密度控制图，并根据用户输入的林分因子信息，向用户提供杉木人工林间伐设计方案。其主要功能结构由经营类型选择、林分因子信息输入和间伐决策三部分构成。

间伐决策的数据流程如图 16.13 所示，用户进入间伐决策功能模块之后，首先对杉木人工林的经营类型进行选择，本研究选择杉木人工用材林经营类型，然后输入各林分因子信息，并执行间伐决策功能，系统会调用模型库中该经营类型的林分密度控制模型，对其进行解析，并绘制相应地位级的林分密度控制图和制定合理的间伐设计方案，最后将间伐决策结果和林分密度控制图通过系统界面反馈给用户。杉木人工用材林间伐决策结果界面如图 16.14 所示。

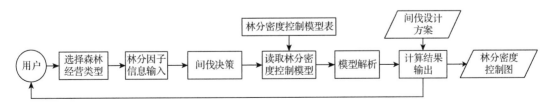

图 16.13 间伐决策模块数据流程图

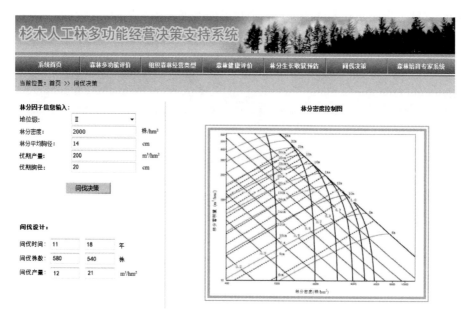

图 16.14　间伐决策结果

# 参考文献

罗梅，郑小贤，杜燕，等. 福建将乐林场杉木人工林多功能评价初探，福建农林大学学报，2013 年 5 月，42(3)：1－4；

杜燕，郑小贤，罗梅. 将乐县常绿阔叶林主导功能类型的研究，中南林业科技大学学报，2013 年 2 月第 2 期，39－43；

李杰，高祥，徐光，等. 森林健康评价指标体系研究，中南林业科技大学学报，2013(8)：79－82

向玉国 郑小贤 刘波云，等. 落叶松人工林生物量密度控制图的编制，中南林业科技大学学报，2013(10)：99－102

王俊峰，郑小贤. 基于森林多功能经营的时空尺度分析，西部林业科学，2013(3)40－44

杜燕，郑小贤，高祥，等. 森林物种多样性保育价值评价方法改进—以将乐林场栲树次生林为例，西北农林科技大学学报，2013(4)：176－179

杜燕，郑小贤，罗梅. 将乐县常绿阔叶林主导功能类型的研究，中南林业科技大学学报，2013(2)：39－43

杜燕，刘东兰，郑小贤. 不同干扰类型栲树次生林林分结构特征分析，西北农林科技大学学报，2014(2)：72－80

候绍梅，刘东兰，郑小贤. 基于 GIS 的将乐林场森林经营类型的划分，中南林业科技大学学报，2014(2)：66－71

赵娜，郑小贤. 福建将乐林场栲类次生林直径结构的研究，中南林业科技大学学报，2014(2)：77－80

赵娜，郑小贤. 福建三明拟赤杨混交林的空间结构，东北林业大学学报，2014(1)：23－26

李俊，郑小贤. 金沟岭林场落叶松人工林空间结构特征，中南林业科技大学学报，2014(1)：60－63

周洋，郑小贤，高祥，等. 金沟岭林场落叶松人工林健康评价研究，西北林学院学报，2014(1)：134－137

李杰，高祥，徐光，等. 福建将乐林场常绿阔叶林幼苗结构分析与更新评价，西北农林科技大学学报，2014(5)：62－68

向玉国，郑小贤，刘波云，等. 福建将乐林场杉木碳储量密度控制图的编制，西北农林科技大学学报，2014(8)：99－104

王琦，杜燕，郑小贤. 将乐林场常绿阔叶林健康评价指标体系研究，西南林业大学学报，2014(5)：74－78

周君璞，郑小贤. 将乐林场栲类次生林物种组成与多样性研究，中南林业科技大学学报，2014(10)：70－75

汪晶，罗梅，郑小贤. 杉木人工林健康评价研究—以福建将乐林场为例，西北农林科技大学学报，2014(6)：195－199

刘晓玥，杜燕，郑小贤. 不同赋权法的将乐林场常绿阔叶林的健康评价，森林与环境学报，2015(2)：141－146

汪晶，向玉国，郑小贤. 落叶松人工林水源涵养量密度控制图的编制与应用，林业资源管理，2015(1)：49－53

周洋，郑小贤，王琦，等. 福建三明栲类次生林主要树种更新生态位研究，西北农林科技大学学报，2015(3)：84－88

孟楚，周君璞，郑小贤. 福建将乐林场栲类次生林健康评价研究，西北农林科技大学学报，2015(4)：198－203

杨雪春，刘东兰，郑小贤. 基于GIS的森林采伐辅助决策系统研究，西北农林科技大学学报，2015(4)：217－222

孟楚，郑小贤. 福建三明马尾松天然林空间结构特征研究，西北农林科技大学学报，2015(5)：181－186

李俊，郑小贤. 将乐林场栲树种群结构与分布格局，西北农林科技大学学报，2015(5)：187－190

工俊峰，郑小贤. 福建三明常绿阔叶次生林物种多样性及群落演替，西北农林科技大学学报，2015(5)：39－45

张梦雅，王新杰，刘乐，等. 迹地炼山对杉木林植物多样性与土壤特性的影响，东北林业大学学报，2017(3)：63－67

张梦雅，王新杰，徐雪蕾，等. 不同间伐强度下杉木人工林多功能评价，东北林业大学学报，2017，45(3)：29－33

张鹏，王新杰，韩金，等. 间伐对杉木人工林生长的短期影响[J]. 东北林业大学学报，2016，44(2)：6－10、14

凌威，王新杰，刘乐，等. 皆伐与不同迹地清理方式对杉木土壤化学性质的影响，中南林业科技大学学报，2016，44(2)：6－10

刘乐，王新杰，王廷蓉，等. 皆伐与不同迹地清理方式对杉木林土壤物理性质的影响，中南林业科技大学学报，2016，36(7)：55－59

卢妮妮，许昊，廖文超，等. 杉木及其混交林的结构与功能模型研究－以福建省将乐国有林场为例，中国水土保持科学，2016(2)：74－80

徐雪蕾，卢妮妮，王新杰，等. 不同套种模式下草珊瑚生物量与土壤理化性质的相关性，东北林业大学学报，2016，44(10)：61－64

张鹏，王新杰，许昊. 杉木幼龄林直径分布，东北林业大学学报，2014，42(11)：7－10，13

卢妮妮，王新杰，张鹏，等. 不同林龄杉木胸径树高与冠幅的通径分析，东北林业大学学报，2015，43(4)：12－16

高志雄，王新杰，王廷蓉，等. 福建杉木单木生物量分配及相容性模型的应用，南京林业大学学报（自然科学版），2015，39(4)：157－162

张鹏，王新杰，高志雄，等. 将乐地区马尾松最优冠幅模型研究，西北林学院学报，2015，30(4)：94－98

卢妮妮，高志雄，张鹏，等. 杉木纯林土壤性质与林下植被的通径分析，东北林业大学学报，2015，43(7)：12－16

张鹏，王新杰，衣晓丹，等. 杉木不同生长阶段凋落物持水性与养分储量，东北林业大学学报，2015，43(10)：22－26

罗梅. 将乐林场常绿阔叶次生林多功能经营模式[D]. 北京林业大学，2017

崔嵬. 福建将乐常绿阔叶林多功能经营研究[D]. 北京林业大学，2017

孟楚. 森林多功能经营方案编制主要技术[D]. 北京林业大学，2016

汪晶. 杉木人工林多功能经营决策支持系统[D]. 北京林业大学，2016.

杨雪春. 基于GIS的将乐林场森林采伐辅助决策系统研究[D]. 北京林业大学，2015.

周洋. 福建三明将乐林场低质低效常绿阔叶林经营技术[D]. 北京林业大学，2015.

李俊. 将乐林场次生林抚育效果分析[D]. 北京林业大学，2015.

赵娜. 将乐林场栲类次生林结构及调整研究[D]. 北京林业大学，2014.

周君璞. 将乐林场栲类次生林健康评价研究[D]. 北京林业大学，2014.

李杰. 将乐林场栲类次生林干扰评价与影响因素分析[D]. 北京林业大学，2014.

刘波云. 基于 WebGIS 的将乐林场森林多功能评价研究[D]. 北京林业大学，2014.

侯绍梅. 基于 GIS 的将乐林场森林健康评价[D]. 北京林业大学，2014.

向玉国. 金沟岭林场落叶松人工林系列密度控制图研究[D]. 北京林业大学，2014.

杜燕. 将乐林场常绿阔叶林健康评价研究[D]. 北京林业大学，2013.

罗梅. 福建将乐林场杉木人工林健康评价[D]. 北京林业大学，2013.

Wei Cui and Xiao-Xian Zheng. Partitioning Tree Species Diversity and Developmental Changes in Habitat Associations in a Subtropical Evergreen Broadleaf Secondary Forest in Southern China, Forests, 2016, 7, 228: 1 – 17

Wei Cui and Xiao-Xian Zheng. Spatial Heterogeneity in Tree Diversity and Forest Structure of Evergreen Broadleaf Forests in Southern China along an Altitudinal Gradient, Forests, 2016, 7, 216: 1 – 12